21世纪心理科学新探索出版工程

主编 林崇德

国家出版基金项目
NATIONAL PUBLICATION FOUNDATION

航空心理学

游旭群　姬鸣　著

浙江教育出版社·杭州

图书在版编目（CIP）数据

航空心理学 / 游旭群，姬鸣著. -- 杭州 : 浙江教育出版社，2025. 1. -- ISBN 978-7-5722-9352-8

Ⅰ．V321.3

中国国家版本馆CIP数据核字第202466E2B6号

21世纪心理科学新探索出版工程

航空心理学
HANGKONG XINLI XUE

游旭群　姬鸣　著

出品人：周　俊	统筹策划：江　雷
责任编辑：操婷婷　苏心怡	责任校对：陈阿倩
美术编辑：韩　波	特约编辑：吴懿伦
营销编辑：陆音亭	责任印务：陆　江
装帧设计：融象工作室_顾页	

出版发行：浙江教育出版社（杭州市环城北路177号）
图文制作：杭州林智广告有限公司
印刷装订：杭州捷派印务有限公司

开　　本：710 mm×1000 mm　1/16	印　　张：34
插　　页：4	字　　数：630 000
版　　次：2025年1月第1版	印　　次：2025年1月第1次印刷
标准书号：ISBN 978-7-5722-9352-8	定　　价：119.00元

如发现印装质量问题，影响阅读，请与我社市场营销部联系调换。联系电话：0571-88909719

总　序

心理学是人类广泛涉猎且不可避免的科学主题。现代心理学作为一门独立学科诞生于1879年，尽管其历史不长，但孕育于西方哲学中的心理学思想和中华传统文化蕴含着的心理学思想却有着悠久的过去。作为横跨自然科学和社会科学的边缘学科，心理学是一门用严格的科学方法对人的心理现象以及人与社会、自然关系中的心理活动进行研究的重要科学。自心理学科诞生以来，已有多位科学家因其卓越的心理学研究工作而荣获诺贝尔奖。国际心理科学联合会的调查结果表明，心理学的发展水平反映了一个国家经济、文明发达的程度。可以说，两千多年的思想积淀和一百多年的历史发展，铸就了心理学今天的发展速度、发展方向和发展规模。

我国心理学的发展起步较晚，北京大学是中国最早传播心理学的学府之一，蔡元培校长曾在德国师从"心理学之父"威廉·冯特修习心理学，为把科学心理学引入中国作出了重要贡献。心理学研究一方面丰富了人类对自身心理现象本质规律的认识，另一方面也极大地促进了人类的文明进步。目前，心理学在我国已广泛应用于心理健康、教育实践、体育运动、人员选拔、技术培训、人力资源管理、组织文化建设、广告与营销、产品设计和司法工作，乃至大数据、模式识别、人工智能、虚拟现实和航空航天等诸多领域，在政治、哲学、经济、法律、管理、金融、文学、历史、教育、新闻、医疗、工业和军事等方面发挥了独特的贡献。

乘着世纪交替的东风，20世纪末浙江教育出版社与中国台湾东华书局联合出版了张春兴先生主编的"世纪心理学丛书"。该丛书的作者是来自海峡两岸的29位久负盛名的心理学家，他们共撰写了22部涉及现代心理学各分支学科的著作。这些专著并不仅仅是纯粹的学理探讨，而是达到了理论、方法、实践三者有机统一的创新境地：不仅在内容的广度、深度、新度上超过当时已出版的心理学同分支学科著作，而且学理和实用兼顾；不仅在取材上注重权威性和适切性，而且在撰写体例上符合心理学国际通用规范。多年来，这套丛书为中国心理学的教学与科研提供了不可多得的高水平与高质量的学术资源，对心理学研究的中国化与现代化作出了不可磨灭的贡献，对海峡两岸心理学家的交流与沟通起到了里程碑式的"桥梁"作用。

弹指一挥间，跨入新世纪的今天，浙江教育出版社秉承出版优秀心理学著作的传统，在"世纪心理学丛书"的基础上，诚意邀请我主编"21世纪心理科学新探索出版工程"。原因有四：其一，无论是国外还是国内，心理科学在近年来取得了令人瞩目的新成就，呈现了关键性的新趋势，应该深入地梳理、探究心理学的新进展；其二，我曾有幸成为"世纪心理学丛书"的作者之一，便于承前启后，有着继承性和连贯性；其三，我在浙江出生，乡情难忘，愈久愈醇，且浙江教育出版社与东华书局合作出版"世纪心理学丛书"也由我搭桥促成，深受浙江教育出版社的信任和厚爱；其四，我的好人缘，能联络、团结国内心理学界的中青年翘楚、名家，与我共同实现浙江教育出版社的宏愿。因此，我于2021年8月给20多位声名在外的中青年心理学家打了电话，简要阐述了此事并发出诚挚邀请。出乎意料，他们欣然应允，先后积极与浙江教育出版社签订了出版协议。我作为一个从事教学与科研60多年的老心理学工作者，对此深感欣慰和感激。

新世纪心理学新气象、新成果、新方法迭现，这是心理科学新探索的基础。

一是呈现出多元化、跨文化和包容性。以"问题"为导向的研究模式，有力地促进了多学科的交叉融合，并逐渐向更广泛的人群和学科领域开放；特别是随着心理学的分支学科剧增，它不再是高高在上的"象牙塔"，而是更好地诠释文化对人类心理和行为的影响，同时映衬出中华优秀传统文化不朽魅力的"母学科"。

二是新科技有力推动了心理学方法与技术的新进展。眼动追踪技术揭示了个体的视觉认知加工过程；脑电图、事件相关电位、脑磁图、多导生理仪成为记录电生理信号的有效技术；磁共振是目前在心理学中应用越来越多的科技手段；功能性近红外光谱成像为脑功能研究提供了一种安全有效的成像方式；利用虚拟现实技术或混合现实技术的设备，模拟各种现实情境，可以更好地研究人类心理和行为。

三是认知神经科学的兴起。这是近年来因心理学与脑科学结合而出现的一个新的交叉学科，是与心理学相关的最具影响力的学科之一，它有助于更深刻地揭示各种心理现象及其病理现象。目前，国内有两千多位心理学工作者参与董奇教授的"脑智发育项目"，这就是一个最好的佐证。

四是在传统的学习理论、学习方法、学习过程和学习策略的基础上，明确学习是大脑活动的结果。深度、有效的学习需要遵循大脑的规律，对人类大脑智能的"硬件"和文化知识积累的"软件"有了越来越深入的认识，这为学校教育提供了前所未有的启示。

五是在心理学界，关于心理健康的含义、测量指标和测量工具，人们从认识各异到逐步取得共识。长期以来，病理学与缺陷观占据心理学的主要地位，对人类积极特征的研究受到忽视。随着积极心理学的兴起，世界卫生组织明确提出心理健康是一种幸福状态，使人们能够应对生活压力，发挥自身能力，好好学习和工作，并为社会作出贡献。

六是中国的人口优势在大数据和人工智能的心理学服务平台建设中发挥了重要作用，有效提升了平台功能的丰富性和服务的智能化水平。毫无疑问，大数据技术创新是一种思维过程，它可为平台提供海量的数据资源。通过人工智能技术，对这些数据进行整合和分析，可形成更全面、更系统的心理学知识库，为心理学研究提供丰富的资源。这是心理学研究的"中国智慧"，也是心理学应用的"中国力量""中国方案"。

需要指出的是，不同于"世纪心理学丛书"以心理学分支学科来分类，每个学科对应一部著作，"21世纪心理科学新探索出版工程"按照当前心理科学的发展态势，重点突出三点：一是国际上最新课题或项目的研究成果；二是该学科领域中关键的研究方法；三是中国的原创研究。"21世纪心理科学新探索出版工程"将"创新"作为第一原则：不仅体现创新的特征——需求是创新的动机，每部著作都以社会需求作为出发点；而且体现信息是创新的源泉，首批出版的6部著作所引用的新世纪文献超过了三分之一；更体现创新是思维过程，每位作者都阐述了新思路、新观点。简而言之，我们关注的是创新成果，每部著作都要经得起社会和历史的评价。当然，创新具有个体差异，每部著作都各具特色，见书如见人。

毫无疑问，"21世纪心理科学新探索出版工程"的每一位作者，都基于新时代、新背景、新形势、新目标、新任务，将自己的研究成果集腋成这项有意义的新探索，"把论文写在中国大地上"，初步建构了符合国情、具有中国特色的心理学自主知识体系，向国际学术界发出了中国心理学者的声音。

值此"21世纪心理科学新探索出版工程"首批作品问世之际，请允许我向全体作者、浙江教育出版社的领导和每位责任编辑，以及对丛书直接或间接提供帮助的研究人员、学生，敬表谢意！这套丛书在创作、编辑、印制过程中尽管力求完美，但出版后疏漏缺失之处恐难以避免，恳请广大学者和读者不吝指教，以匡正之。

林崇德 谨识

2024年10月于北京师范大学

序　言

　　航空运输业是我国国民经济的重要组成部分，是国家基础性、先导性产业，对国民经济的持续发展产生重要影响。近年来，随着航空事故的不断发生及其对整个社会造成的严重影响，航空安全问题已经从一个单纯的行业技术问题上升成为一个重大的社会问题。从世界范围来看，当技术的可靠性提高到相当程度后，作为操作者的人的可靠性的重要作用便凸显出来。事故调查显示，由飞行员人因失误（Human Error）导致的飞行事故已占当今整个事故成因的 80% 左右。因此，如何识别与分析飞行员心理特征及其发生机制，不仅是航空心理学研究中的前沿课题，也是目前航空安全管理实践领域亟待解决的一个重大现实问题。

　　航空心理学（Aviation Psychology）作为心理学、航空医学、工效学以及人因工程等学科交叉融合的一门综合性学科，探讨在飞行过程中人的心理和行为活动规律以及与安全相关的认知、情感、意志、能力和性格等心理现象，其主要任务在于通过有效选拔和训练飞行人员、分析和揭示飞行人员的空间认知特性、优化飞机设备的人因设计以及维护飞行人员的心理保健，最终达到提高机组飞行效率和安全效能的目的。近 30 年来，我国航空心理学发展取得了前所未有的成就，无论是飞行空间认知、飞行员心理品质以及飞行员心理健康等学术研究方面的成果，还是飞行员心理选拔与训练等实践应用方面的成果，都为我国航空安全管理提供了良好的科学指导。但需要关注的是，安全是民航运输业永恒的主题，飞行员人因失误和不安全驾驶行为已然成为现代航空心理学研究的最为核心的课题。

本书以游旭群教授团队近十年研究的最新成果为核心，在系统分析和梳理航空心理学发展动态基础上整合而成，内容涉及飞行员人因失误的理论基础、飞行活动中的注意感知机制、飞行空间认知加工机制、飞行空间定向障碍、飞行员情境意识、飞行员驾驶安全行为的人格和社会认知机制、自动化对飞行安全的影响以及飞行员心理选拔等诸多方面。本书作者以其坚实的学术基础、丰富的研究和教学经验以及严谨的科学态度，通过飞行事故案例分析、基础实验研究、问卷调查等方法，对上述研究内容的认识和理解进行了较为全面而具体的阐述和分析。从研究内容上看，该书既涉及飞行员人因失误的学术探讨，又涵盖应用研究的实践指导；不仅从个体层面的认知、人格、社会心理因素以及组织层面的安全文化角度系统地分析了现代航线飞行员人因失误发生的心理机制，而且从实践干预的角度为飞行员人因失误防御和驾驶安全行为促进提供了良好的科学依据和技术支持。因此，本书既可供航空心理学、管理学、人类工效学以及安全工程等专业的本科生和研究生阅读，还可以供长期从事飞行技术、航空安全管理、航空心理保健等行业的从业人员使用。

本书的顺利完成凝聚了陕西师范大学航空航天心理学及人因工程研究团队的集体努力。姬鸣教授、常明教授、李苑副教授和张媛副教授等团队成员对书稿章节框架结构进行了系统梳理和论证，徐泉、历莹、刘博、秦奎元、王新野、徐帅、解旭东、杨钞操、王朔、朱玉娇、刘煜、潘盈朵、董超武、廖浩辰等博士研究生在书稿整理和体例修订方面做出了大量工作。特别感谢北京师范大学林崇德教授对本书的关心和提供的宝贵意见。此外，特别感谢浙江教育出版社的各位编辑，为本书的如期出版付出了大量的辛勤努力。

尽管我们对书稿进行了反复修改，但由于学识所限，加之时间较紧，疏漏和错误在所难免，我们诚恳地希望广大读者和同行专家对本书中的错误和不足提出宝贵意见！

游旭群　姬鸣
2024年10月于西安

Contents 目录

第1章　心理学与航空安全 _001

　　1.1　人因失误的研究取向 _002
　　1.2　飞行人因失误类型与表现 _017
　　1.3　飞行人因失误分析与防御 _032

第2章　飞行活动中的注意机制 _049

　　2.1　飞行活动中多任务处理的注意分配机制 _050
　　2.2　飞行听觉警报失聪的影响因素研究 _063
　　2.3　多任务管理中视听通信提示方式研究 _082

第3章　飞行空间认知 _098

　　3.1　空间认知的心理加工机制 _099
　　3.2　空间认知在飞行中的作用 _115
　　3.3　飞行员空间认知加工特征研究进展 _124

第4章　飞行空间定向障碍 _139

　　4.1　飞行空间定向障碍 _140
　　4.2　飞行空间定向障碍的理论进展 _144
　　4.3　飞行空间定向障碍的表现形式 _169
　　4.4　飞行空间定向障碍的范式新发展 _178
　　4.5　人工智能与飞行空间定向障碍的预防与干预 _206

第5章　飞行情境意识 _215

　　5.1　情境意识的理论及研究取向 _216
　　5.2　中断任务条件下情境意识的长时工作记忆机制 _230
　　5.3　听觉干扰条件下情境意识的工作记忆机制 _241

第 6 章　航空决策 _262

6.1　航空决策概述 _262

6.2　航空决策模型 _274

6.3　航空决策证实性偏差效应及其影响因素研究 _284

第 7 章　飞行员人格与社会认知机制研究 _299

7.1　空间认知风格对空间认知能力的影响 _300

7.2　飞行员人格特质因素研究 _311

7.3　人格与社会认知的作用机制研究 _323

第 8 章　自动化飞行与人工智能 _351

8.1　自动化飞行系统概述 _352

8.2　自动化对飞行安全的影响 _360

8.3　自动化飞行中的人因问题 _383

8.4　自动化飞行系统与人工智能 _406

第 9 章　安全文化对飞行安全的影响 _418

9.1　航空安全文化 _419

9.2　航空安全文化与飞行安全 _434

9.3　中国航空安全文化的研究与实践 _443

第 10 章　飞行员心理选拔 _449

10.1　飞行员心理选拔概述 _450

10.2　飞行员心理选拔的内容、方法和标准 _457

10.3　飞行员心理选拔前沿技术与应用 _472

参考文献 _479

第1章
心理学与航空安全

2019年2月23日，美国东部时间12:39，阿特拉斯（Atlas）航空公司的3591航班，一架波音767货机（注册号N1217A），从平均海平面约6000英尺（1英尺约合0.3米）的高度快速下降，在距离美国得克萨斯州休斯敦乔治·布什洲际机场东南方向41英里（1英里约合1.6千米）外的浅沼泽泥地中坠毁，事故导致包括机长和副驾驶在内的3名机组成员死亡。美国国家运输安全委员会（National Transportation Safety Board, NTSB）的事故调查报告（编号DCA19MA086）中提到，该事故是由人因失误而导致的差错、征候或事故等不安全事件所致，如当飞行员因为疏忽而启动复飞模式时，副驾驶做出了不恰当的反应，导致飞行员出现空间定向障碍和机头向下的操纵输入，使飞机处于急剧下降状态，且机组人员没有成功改出。同时，机长未能充分监控飞机的飞行轨迹，对飞机进行积极控制和有效干预。此外，由于阿特拉斯航空公司对于第一副驾驶的评估和行业的招聘程序中均存在不足和缺陷，未能成功解决第一副驾驶的相关能力短板和适应性不良的压力反应等问题。此外，美国联邦航空管理局（Federal Aviation Administration, FAA）未能以足够可靠和及时的方式实施飞行员记录数据库也是造成事故的原因之一。

近年来，随着航空事故的不断发生及其对整个社会造成的严重影响，航空安全问题已经从一个单纯的行业技术问题上升为一个重大的社会问题。从世界范围来看，当技术的可靠性提高到相当程度后，作为操作者的人的可靠性的重要作用便凸显出来。事故调查显示，由飞行员人因失误导致的飞行事故占整个事故成因的80%左右。因此，如何识别与分析飞行员心理特征及其发生机制，不仅是航空心理学研究中的前沿课题,也是目前航空安全管理实践领域亟待解决的一个重大现实问题。本章将分别介绍人因失误的内涵与研究取向,飞行人因失误的理论基础、分析技术和预防研究,并就两种典型的飞行员人因失误的心理机制进行详细阐述。

1.1 人因失误的研究取向

人因失误,也称为人为差错、人因差错或人为失误,在各个领域中引起了广泛的关注。英国心理学家里森(Reason)(1990)指出,人是技术系统中的一个信息处理组分,人因失误是指操作者个体或团队在执行某一特定任务时偏离其目标的一种行为。人因失误通常表现为两种情况:一是行为背离了原有的意向计划或规程;二是尽管行为遵循了意向计划,但最终并未实现预期目标。由于受人类自身先天生理和心理资源的限制及其某些固有特性的制约,人因失误的发生可以认为是由人类正常的生理心理现象导致的。

人类对飞行人因失误的认识可以追溯到很久以前,然而,真正意识到它的负面效应是在 20 世纪 40 年代的第二次世界大战过程中。当时出现了大量由操作失误、训练差错以及飞机设计不合理等导致的"非战斗性减员"事故,这些事故的致死人数占整个战争死亡人数的 18% 以上。当前,尽管随着航空工业技术的不断发展,飞机的性能和可靠性得到了大幅提高,但由人因失误而导致的事故仍然是威胁现代航空安全的重要因素之一。一方面,智能化的飞机设备降低了人们的体力负荷,但对飞行员的认知提出了更高的挑战,使得操作系统中人的可靠性并没有显著提高;另一方面,飞行活动是一个动态系统,不仅涉及驾驶舱的机组行为,还涉及地面签派、空中交通管制、机务维修、飞行器设计以及其他系统运行部门,因此签派员、管制员、设计师、生产商、企业决策者以及管理者都有可能导致人因失误的发生。美国联邦航空管理局的飞行事故统计显示,只有 12% 的事故是由飞机本身的问题引起的,而 73% 以上的事故及事故征候原因涉及人为因素,因机组失误而导致的飞行事故及事故征候占 67%,因机务维修人员和空管人员失误而导致的飞行事故及事故征候仅占 6%,如图 1.1 所示。

事实上,人因失误普遍存在于人类的生产实践活动中,它是一个跨学科、

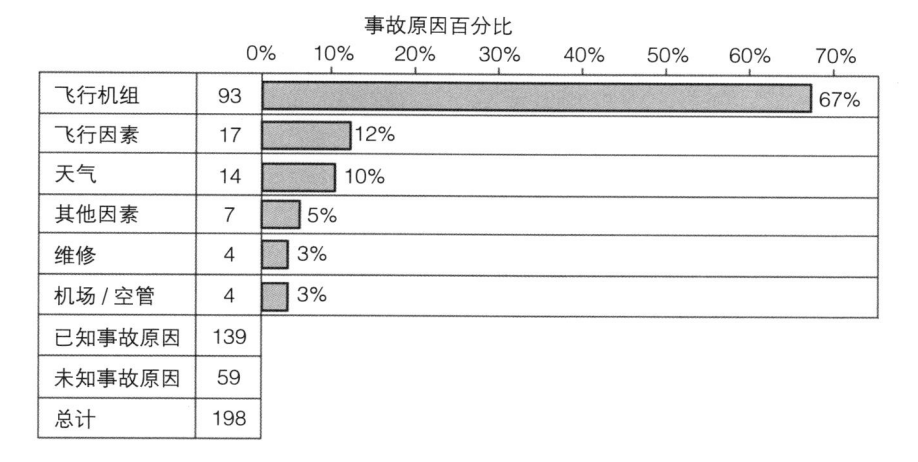

事故原因	数量	百分比
飞行机组	93	67%
飞行因素	17	12%
天气	14	10%
其他因素	7	5%
维修	4	3%
机场/空管	4	3%
已知事故原因	139	
未知事故原因	59	
总计	198	

图1.1 世界民航人因失误事故分析图（2003年至2012年）

资料来源：Federal Aviation Administration. (2013). *Fatigue Risk Management Systems for Aviation Safety* (Advisory Circular 120–103A). Washington, DC: Author.

跨层面的交叉性问题。作为事故主导者，飞行员人因失误不仅会影响到飞行人员的认知、情绪及意志等方面的心理反应水平，还将会直接导致恶性事故的发生，给人们的生命和财产安全造成极大伤害。以往研究中，许多学者从不同视角就人因失误提出了不同的理论框架，试图全面阐述和解释人因失误的内涵及其产生机制，逐步形成了认知视角、工效学视角、行为科学视角以及组织文化视角的研究取向。

1.1.1 认知研究取向

认知研究取向分析人因失误，其主要观点是假设人的思维是可以被概念化的，其本质上就是一个信息处理系统，如同现代计算机一样。认知观点认为，一旦来自环境的信息与其中一种感官（如视觉器官、触觉器官、嗅觉器官等）接触，它便会经历一系列加工阶段或心理操作过程，最终形成反应。

信息加工与决策取向

早期的信息加工模型认为，人的信息加工分为4个阶段。来自环境的刺激（例如，光子或声波）被转换为神经脉冲，并暂时存储在一个短期的感官存储系统中（例如，标志性记忆或回声记忆）。如果对刺激给予足够的关注，那么来自短期感官存储的信息将与长时记忆中先前的模式进行比较，从而创造出对世界当前状态的心理表征。从那里，个人必须决定他们收集的信息是需要响应，还是可以简单地忽略，直到有重要的事情发生。比如，假设在飞行过程中，发动机起火，且需要采取一些措施来避免灾难发生。在这种情况下，信息将被传递到响应执行阶段，在那里将选择合适的行为动作，促使飞行员能够释放正确的发动机灭火瓶。尽管如此，这个过程并没有停止，因为反应是通过一个感官反馈回路来监测的，进而确保火被扑灭；如果火没有被扑灭，又将刺激系统做出必要的修改和调整，直到问题得到解决。

在此基础之上，威肯斯（Wickens）和弗拉赫（Flach）（1988）提出了决策模型。该模型认为，个体广泛捕捉他们环境中的各种线索，并将这些线索与其长时记忆中的知识库进行比较，从而可以对情况进行准确的判断。如果当前情况已经被识别，则会执行要采取的或应该采取的动作。在这一过程中需要对可能的行动进行评估，并利用风险评估和标准设置以确保做出了正确的反应。更重要的是，在这个决策过程中的任何时候，个体都可以寻找额外的信息（由指向感知和注意的线表示）来改善情境评估状况或增强反应。然而，在此过程中的许多地方都可能出现错误。例如，线索可能会缺失或几乎无法被察觉，从而导致对情况的评估不佳或不准确。不过，个体可能会正确地评估他们的现状，但会选择错误的解决方案或承担不必要的风险，从而导致失败。事实上，所有的事情都可能得到正确的处理，但飞行员可能不具备避免灾难所需的技能。

认知控制分类取向

人因失误与人的信息加工过程有关。拉斯马森（Rasmussen）和韦森特（Vicente）（1989）提出了基于认知控制理论的人因失误类型及其发生机理，使失误对系统的影响得到消除或达到最小化的目的，从而达到优化系统设计的目的。因而，基于人的认知活动可以将认知控制表征为技能基（Skill-Based）、规则基（Rule-Based）和知识基（Knowledge-Based）3种类型，拉斯马森和韦森特对失误进行了系统的分类，即学习和适应的影响、竞争性控制结构之间的干扰、缺乏资源以及随机易变性4类，见表1.1。

表1.1　基于认知控制机理的失误分类

失误类型	认知控制类型		
	技能基	规则基	知识基
学习和适应的影响	需要根据行为可接受的界限（如速度、精确度之间的平衡）的反馈来对技能进行优化	最小出力原则导致规则误用	在新颖环境中搜索信息和检验假设，从而可能导致失误
竞争性控制结构之间的干扰	受频繁使用的图式的干扰	功能上的模式固定；遵循相似性匹配（或熟悉的）规则	错误的诊断：受方法—结果（Means-end）层级的干扰
缺乏资源	速度、精确度、力量的缺乏	规则的不充分记忆	受因果关系的直接推理的限制；不充分的知识、时间、力量等
随机易变性	注意力的易变性；人的动作驱动参数的易变性（力量、动作精确度的易变性）	有关规则的参数和数据的错误回忆	心智模型的记忆疏忽

资料来源：Rasmussen, J., Vicente, K. (1989). Coping with human errors through system design: Implications for ecological interface design. *International Journal of Man-Machine Studies, 31*(5), 517–534.

认知神经人因取向

基于认知神经科学和脑电成像等测量技术，人因学家开辟了人因失误研究的新途径（Parasuraman & Rizzo, 2006）。以往人因失误研究通常注重在外在行为层面上开展对人在操作环境中的客观工作绩效和主观评价等方面的测量；而认知神经人因学则开辟了一条新途径，通过有效的脑科学等领域技术的应用（例如，EEG、ERP、fMRI、fNIRS等）和数据分析（例如，信号特征提取及模式分类算法等），能够深入到人的认知神经内部层面上，开始了解在操作环境中人机交互时人的信息加工的神经机制。

首先，认知神经人因学为人因失误研究提供了新的途径以及更客观和更敏感的测试指标。已有研究表明，脑电技术（Electroencephalography, EEG）和事件相关电位（Event-Related Potentials, ERP）等测试指标对心理负荷的变化敏感。也有研究表明，基于脑电成像等测量的认知神经科学指标可能比传统人因学基于绩效和主观评价的指标更敏感（Baldwin & Coyne, 2005）。

其次，利用人脑功能技术可以实现新的自然式人机交互，例如，脑机接口（Brain-Computer Interface, BCI）提供了一种可根据不同情境下的人脑活动（例如，诱发或自发EEG）来操控计算机或设备的人机交互的新方式，BCI也为进一步的人机融合的探索研究提供了实验和技术基础（吴朝辉 等，2014）。

另外，认知神经人因学优化了人因失误的基础理论研究手段，有助于进一步探索复杂作业条件下人脑功能和认知加工的神经机制。例如，利用功能性磁共振成像（functional Magnetic Resonance Imaging, fMRI）来探索空间导航与定位、神经激活与导航能力关联的神经生理机制，这些方面的研究成果可应用到特殊技能人才（例如，宇航员）的选拔和培训中，并进一步了解认知和情感方面个体差异的遗传基因关联，这也可能为个性化人机交互设计提供帮助（Parasuraman & Rizzo, 2006）。

认知计算建模取向

认知计算建模采用基于人的认知模型的计算方法，来定量地模拟计算人在操作和任务条件下的认知加工绩效，在系统研发方面为飞行人因失误提供了一种评价和预测系统设计有效性的工具。针对传统人因失误研究在系统开发流程后期才开展设计有效性的验证工作，以及后期改进可能带来较大代价的"滞后效应"等问题，认知计算建模在系统开发早期即能开展快速低成本的人因学设计验证工作，从而提高了人因失误分析在系统研发中的"发言权"。尤其对一些复杂系统领域（例如，航空、航天）可能出现特殊操作风险的任务和环境，有效的认知模拟仿真试验更显出其价值。美国国家航空航天局（National Aeronautics and Space Administration, NASA）2007年启动了一项人因学认知计算建模研究项目（Foyle & Hooey, 2007）。该项目采用各种常见的模型（ACT-R、MIDAS、D-OMAR、A-SA），对飞机跑道滑行和进场/着陆作业中飞行员人因失误、心理负荷、注意、情境意识（Situation Awareness, SA）等方面进行模拟分析。结果表明，各模型都在一定程度上达到了预期效果，但有效性并不一致。同时该研究也对今后的建模工作提出了改进意见。

在模型开发方面，大多数现有建模采纳产生式（例如，ACT-R）、排列网络（例如，QN）等模型。已有研究尝试整合ACT-R和QN，将新整合的QN-ACTR用于模拟动态复杂多任务中人的绩效，其研究成果在以往采用单一模型的结果的基础上有所改进（Cao & Liu, 2013）。当前人工智能计算技术的发展为认知计算建模发展提供了良好的机遇。研究可计算的人的绩效模型可为智能系统提供实时的自适应人机交互；研究智能系统产品研发中的情感计算建模以及普适计算中的社会交互建模可以扩展现有模型中对认知加工建模的深度和广度。当认知计算建模与其他现有人因学建模（例如，人体测量和生物力学建模等）整合，将为一些航空领域中飞行员操作风险的任务和环境开展有效的模拟仿真试验，从而为系统设计的计算建模提供人因学方案。

1.1.2 工效学研究取向

工效学研究取向认为，人类并非是造成错误或事故的唯一原因。相反，人类的表现涉及几个因素的复杂交互作用，包括"个人、他们的工具和机器之间的不可分割的联系，以及他们的一般工作环境"（Heinrich et al., 1980）。也就是常说的"人－机－环"概念。比如：员工易将信号的形态和含义相互混淆；机器显示装置的布置较为分散，难以将显示的指针方向和操作方向相对应；难以辨别工具的形态，导致最终操作失误；机器设备布局不合理，没有充分利用工作空间。另外，环境因素对人机系统的安全具有重要影响，环境因素必须处于一定的限度之中，超过特定的限度，就会引发人们心理状态的变化，从而造成人们工作的失误，导致危险情况的发生。

"人－机－环"系统作用取向

爱德华兹（Edwards）（1988）提出的SHEL模型描述了一个成功的人－机集成系统所必需的4个基本组件（见图1.2）。在本例中，SHEL是代表模型的4个组成部分的单词首字母的集合体，其中第一个是软件，由字母"S"（Software）表示。然而，与我们今天熟悉的计算机软件不同，这里的软件代表一个系统如何运行的规章制度。"H"（Hardware）是指与给定系统相关联的硬件，如设备、材料和其他物理资产。"E"（Environment）指的是环境，是指广义上的工作环境。"L"（Liveware）则指人、工作者，也就是飞行员、管制员等。爱德华兹认为SHEL模型的4个组件并不是单独起作用的，因此突出显示了组件之间的交互作用。他觉得正是在这些接口的边界上出现了许多问题或不匹配。例如，在航空领域，重点一直集中在人－软件－硬件（更广为人知的是人机）界面上，在驾驶舱布局和其他所谓的"旋钮和刻度盘"的问题上实现了显著的改进。事实上，在特定的环境中，人和设备之间的匹配对今天的飞机设计发展非常关键，因此在整个设计过程中应充分考虑人为因素。

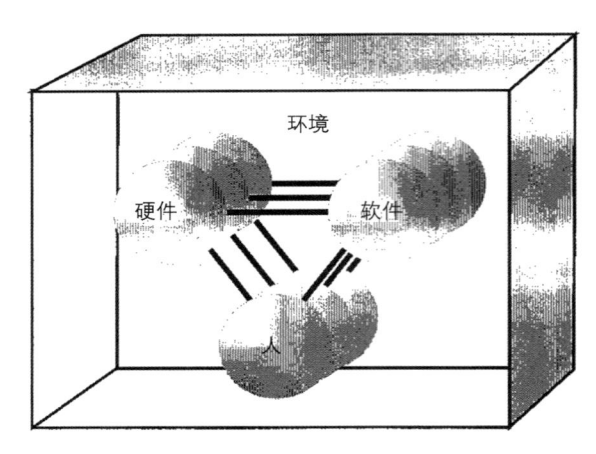

图 1.2　SHEL 模型

资料来源：Edwards, E. (1988). Introductory overview. In E. Wiener, & D. Nagel (Eds.), *Human factors in aviation* (pp. 3–25). San Diego, CA: Academic Press.

认知工程取向

认知工程最初是由诺曼（Norman）(1986) 提出的，但具体的方法和工具则是近 20 年来经过许多人因学家的努力逐步发展形成的。认知工程强调将认知心理学/工程心理学的知识应用在人机系统的设计中。具有代表性的认知工程方法包括认知工作分析、认知计算建模和面向情境意识的设计。

不同于工程心理学的信息加工的角度，基于人与生态环境关系的生态心理学原理，拉斯马森等人（1994）研发出了可为复杂社会技术系统开展定性分析建模并为人机交互设计服务的认知工作分析（Cognitive Work Analysis, CWA）方法体系。该体系注重对整个复杂工作领域中影响人的目标导向和问题解决认知操作行为的各种工作领域内的制约条件（Constraints）和属性特征（Properties）的分析。CWA 倡导从工作领域分析、领域活动分析、策略分析、社会组织与协作分析、人的认知技能分析等 5 个维度对复杂工作领域的各种制约和属性特征开展分析建模，并且提供了相应的分析建模工具。

不同于针对传统飞行人因失误研究注重飞行员具体的作业、界面物理属性等特点，CWA 强调对全工作领域中各种制约条件和属性特征的分析，认为这些制约条件和属性特征决定了飞行员在飞行活动和操作行为上的可能性。而对于飞行员的许多具体操作行为（尤其是解决问题等复杂操作），设计者是无法做出事先预测的。因此，在设计中只有充分考虑所有领域的制约条件和属性特征，才能有效地支持飞行员在飞行中的全部活动，包括在无法预测的应急情境下解决问题的自适应决策操作行为，从而提升系统的总体绩效和飞行安全水平。CWA倡导的生态飞行界面设计（Ecological Interface Design, EID）为人因失误提供了一种针对复杂领域的人机界面的设计方法（Naikar, 2017）。CWA和EID已在航空、医疗、流程控制、核电站控制等领域得到了广泛的应用。目前，人因学的研究面对物联网、智能计算、智能医疗、网络安全、人机融合/协作等复杂领域，CWA和EID可以从全工作领域的大视角，为完整系统化的人因失误研究解决方案提供一个途径。EID还为复杂领域内的大数据信息视觉化设计提供了一种建模工具以及信息视觉化的飞行界面表征架构，从而弥补了以往的人因失误在研究方法上的不足。

面向情境意识的设计取向

恩兹利（Endsley）（1995）系统地提出了最具代表性的基于认知信息加工三水平模型的情境意识（Situation Awareness, SA）理论。该理论强调SA是在一定的时间和空间条件下人对当前操作环境信息（包括来自外界物理环境、操作的系统设备以及其他团队成员）的感知、理解和对未来状态的预测。这种基于结构化认知加工过程的方法为人因失误在人机交互的分析、设计和测评提供了一条清晰的思路，以及有效的方法和工具。传统人因失误研究注重飞行员心理结构（Mental Construct）（心理模型）在飞机系统设计中的作用，但是心理模型是飞行员通常经过长期学习所形成的相对稳定的一种心理结构。随着复杂技术系统的广泛应用，人们在动态操作环境中从事认知特性不断增加的实时动态监控和决策操作任务，而SA则强调依赖飞行员对动态变化环境中快速实时更新的心理结构表征来支持瞬间（Moment-To-Moment）决策和绩效。因此，SA开辟了一种新的研究途径和解决方案。SA的贡献首先体现并应用在航空领域。例如，对航空飞行事故中的人因失误的SA分析研究，飞机驾驶舱中人－自动化交互作用的研究。目前，SA已被扩展应用到航天、军事、医疗、过程控制等领域。

恩兹利和琼斯（Jones）（2012）进一步提出了基于"以人为中心设计"的一

个成熟的面向 SA 设计（SA-Oriented Design）的体系框架。该框架包括了一整套在系统开发中可具体操作的方法、流程和工具，其中包括 SA 需求定义、SA 设计原则、SA 测评、SA 导向的培训等，为人因失误在系统开发中提供了一套系统、实用的方法和流程。SA 在新一波技术应用中可为人因失误研究提供一种有效的方法。例如，在大数据的视觉化显示、人-自动化交互和人-机器人交互中的自动化意识、无人驾驶车、无人机避撞、网络安全监控、普适计算中的隐式人机交互以及其他智能系统的人机交互设计等各个领域中，SA 的研究有待进一步开展。另外，SA 强调依赖飞行员瞬间更新的对动态变化环境的表征来支持快速实时的决策和绩效，今后如果能解决实时精确的 SA 测量问题，SA 将有助于飞行实时自适应人机交互的设计。

1.1.3 行为研究取向

行为研究取向理论认为，行为不是强调个人处理信息的能力，或如何整合到系统中作为一个整体，而是由获得奖励和避免不愉快的后果或惩罚的驱动力引导产生的。行为上的人因失误分类是根据容易观察到的错误行为特征，如行为的外在特点、直接结果、结果的可观察性、可恢复程度以及责任主体等进行分类的。代表性的分类有以下几种：

行为特征分类取向

相关研究人员将人看作技术系统中的一个组成部分，认为人因失误是能够或有可能引发不期望事件的所有人的行为或疏忽，并按外在特征将其划分为疏忽型失误（Errors of Omission）、执行型失误（Errors of Commission）和无关失误（Extraneous Errors）（Latorella & Prabhu, 2000）。

（1）疏忽型失误指该执行的任务或步骤被遗漏而没有执行。从逻辑上来看，它一般存在以下 3 种表现形式：①行为遗忘，即在规定的时间内该行为完全被遗忘，该行为一直都没有被执行过；②行为滞后，即该行为在规定的时间之后才被执行；③行为超前，即该行为在规定的时间之前就被执行了。

（2）执行型失误指任务或行为的不充分执行。根据不同的维度有不同的分类，主要根据选择、序列、时间和质量 4 个维度进行分类。

（3）无关失误指在规定的时间内做了与任务要求不相关的或未作要求的行

为，如按钮要转动而不是移动等。

行为结果分类取向

里森（1990）根据失误结果的可观察性将人因失误划分为显现（Active）失误和潜在（Latent）失误。显现失误是指那些能够被人直接觉察到的失误行为。通常，显现失误与复杂系统的"一线"操作员的行为有关，如飞行员、船长、控制室全体成员等。潜在失误像人体的病原体一样"寄生"在系统中，只有当它们和其他触发因子共同作用突破系统的防御时才表现出来。潜在失误通常是指由那些在时空上远离直接控制界面的人所引发的，如设计者、高层决策者、管理者和维修人员等。潜在失误是引发显现失误的因素之一，而显现失误是潜在失误的一种具体表现形式。同时，里森已经开始区分动机驱动的不安全行为（即违反行为）和那些真正认知的行为（即错误）。在制订减少不安全行为和改善安全的干预措施时，这种区别确实很重要。

动机－奖励－满意度研究取向

彼得森（Peterson）（1978）提出的动机－奖励－满意度模型描述了工作绩效取决于一个人的先天能力和动机，而先天能力和动机又反过来依赖于许多其他因素（见图1.3）。例如，人员的选拔在决定某人是否有成功完成任务的能力时

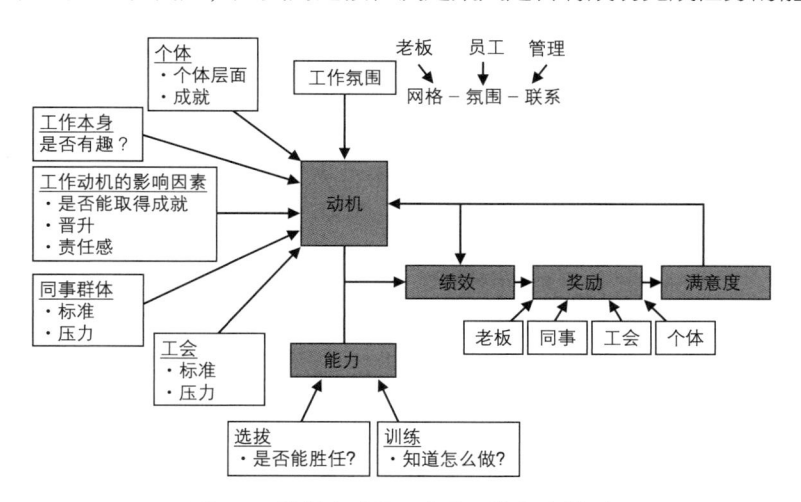

图1.3 彼得森动机－奖励－满意度模型

资料来源：Peterson, D. (1978). *Techniques of safety management*. New York: McGraw-Hill.

起着重要作用；然而，如果没有得到足够的培训，其工作绩效表现很可能会受到影响。同样地，动机对最佳绩效也至关重要，无论动机是来自工作、同事、工会，还是来自自身内部。但是，仅仅是动机和能力还不能完全解释人们的行为方式。事实上，该模型的基石是个人对自己的表现感到满意的程度，而这在很大程度上又取决于他们在一个组织中获得的回报。一个人对做好工作的成就感和自豪感也可以作为一种回报，从而使其产生满足感。最终，正是这种满足感激励着人们一次又一次地做同样的事情。

彼得森的行为模型对我们理解诸如动机、奖励和过去的经验等因素如何影响表现和安全有很大的贡献。例如，当个人缺乏安全行为的动机，或者当存在奖励不安全行为而不是那些安全行为时，事故就很可能发生了。即使在经常强调安全的航空业，也有一些情境因素会促使不安全的行为，或惩罚那些以牺牲其他组织利益为代价而强调安全的个人。更重要的是，安全行为很少能带来直接的回报，而只能防止一些令人不安的事件发生（例如，飞机坠毁）。因此，一些飞行员违反规则就不足为奇了。近年来，以行为为基础的安全项目开始兴起，这些项目寻求奖励安全行为，同时执行规则，并在不安全行为发生时追究机组人员及其主管的责任。然而，尽管有明显的好处，航空安全专业人员却从未完全接受该行为观点，直到今天，许多人仍然质疑它的适用性。这可能是由于在航空安全领域内，不安全行为的后果往往是致命的，因此很难令人相信有人会没有动力去做到最好。

协同认知系统取向

在人因失误的发展进程中，研究的侧重点从最初的"人适应机器"到"机器适应人"，再到广义的人机交互，或称为人－计算机交互（Human-Computer Interaction, HCI），如今正呈现出逐步向人机融合（Human-Computer Integration/Merger）的方向发展。在传统的人机交互中，人与机器（包括一般机器或基于计算技术的产品）之间的交互关系基本上是一种刺激－反应的关系，即两者间的"反应"基本上按顺序取决于另一方的"刺激"（输入或输出）。这种交互关系从最初的机械式人机界面到数字式人机界面，再到如今的自然式人机界面，在本质上没有变化（许为 等，2024）。

在人机融合中，人和机器是合作的关系。这种合作表现在以人脑为代表的生物智能（认知加工能力等）和以计算技术为代表的机器智能（人工智能等）通过深度的融合来达到智能互补。人机交互与人机融合形成了一个连续体的两端。随着智能技术的发展，人机关系将继续向人机融合端演化，各种具有不同智能程度的产品在这样一个连续体内共存。按照郝纳根（Hollnagel）和伍兹（Woods）（2005）提出的理论，人机融合就是通过人和机器两个认知主体，互相依存和合作组成的协同认知系统（Joint Cognitive Systems, JCS）。

人机融合的应用至少可表现在两方面。一方面，在"机器+人"式的融合智能系统、"机器+人+网络+物"式的复杂智能物联网系统（例如，智能工厂、智能城市等）中，通过智能融合，达成高效的协同式人机关系。可以认为，今后的智能社会将由大量的不同规模的协同认知系统组成。借助于人工智能、感应、控制等技术，机器已不再是以"刺激－反应"的方式为人类服务的工具，它们具有一定的感知、推理、学习、决策能力，与人类协同工作和生活。另一方面，基于脑机接口技术，可开发出综合利用生物（包括人类和非人类生物体）和机器能力的脑机融合系统，为残疾人开发的神经康复服务和动物机器人系统就是脑机融合的应用实例（吴朝晖 等，2014）。

1.1.4 组织研究取向

多年来，分析人因失误的组织方法已经在多种行业中被使用。然而，直到最近，航空界才接受其作为航空事故分析的人因失误方法之一。这可能是由于在航空业的早期发展中，重点只放在飞机和驾驶它们的机组人员上。直到现在，安全从业者才意识到事故和征候原因的复杂性，以及组织（不仅仅是机组人员和飞机）在人因失误的发生和管理中所扮演的角色。事实上，正是组织模式强调管理者、主管和组织中其他人员的错误决策，才使这一视角区别于其他研究取向。

多米诺理论

伯德（Bird）（1974）指出，"事故的发生是一系列事件或情况的自然结果，这些事件总是以固定的逻辑或顺序发生"，并以此构建了人因失误的多米诺理论（见图1.4）。该理论强调，人因失误的连锁性质从组织内部的管理失误开始，逐步发展到失去控制。在此基础上，亚当斯（Adams）等人（1995）将管结构、操作失误和策略失误的元素考虑其中并发展了事故链理论,更彻底地解决了员工、主管和其他管理人员对事故发生原因的相对影响。例如,策略失误主要集中在员工行为和工作条件上,而操作失误更多地与监督管理者的行为相关。韦弗(Weaver)(1971)通过检查"事故的原因",以及检查"为什么允许不安全行为,以及监督管理者是否有预防事故的安全知识"来暴露操作失误。换句话说,管理层是否了解与安全操作相关的法律、法规和标准?如果是的话,员工是否对组织的目标、工作者的角色和责任分配等存在困惑?韦弗通过类似问题更深入地探究了操作失误的根本原因,所有这些原因都是建立在管理的基础上的。

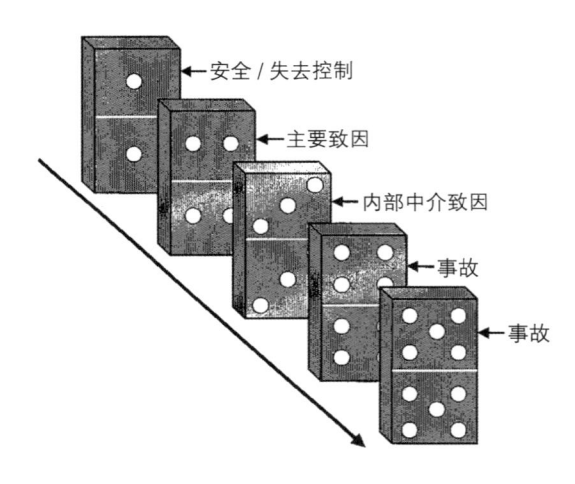

图 1.4 事故发生的多米诺理论

资料来源:Bird, F. (1974). *Management guide to loss control*. Atlanta, GA: Institute Press.

驾驶舱失误管理模型

组织研究取向认为,航空人因失误和事故预防中已被证明有价值的方法与在其他工业领域中用于控制生产质量、成本和数量的方法没有什么不同。组织观点的其中优点之一是,它将所有的人因失误都看作是在风险背景下需要管理的因素。这种风险管理方法的好处是,它允许在评定特定差错给安全带来的风险程度的基础上,客观地确定具体差错的严重性。但组织模型往往倾向于关注单一类型的因果因素(管理层中各级管理者的错误决策,如航线主管和监察人员的决策失误),而不是机组人员本身。因此,组织模式倾向于培养一种极端的观点，即"每一次事故，无论多么轻微，都是组织的失败"或"事故是对管理层管理能力的反映，即使是轻微的事件也是管理者无能的表现，可能导致重大损失"。

在此基础上，威纳（Wiener）（1994）提出了驾驶舱失误管理模型。他们认为，减少驾驶舱内人因失误的组织方法是通过建立政策或规则来规范飞行员在驾驶舱内能做什么和不能做什么。这些规则可能会限制飞行员驾驶飞机时的天气条件，也可能会限制飞行员在驾驶舱内停留的时间，以避免疲劳对其身体机能可能造成的有害影响。通过只将安全和熟练的飞行员安置在驾驶舱内，并将飞机操作限制在安全的飞行条件下，各组织就能够减少飞行员犯错和造成事故的可能性。

组织结构行为取向

组织/系统或组件的交互是通过一线人员（如操作员、维修人员）的行为进行的。一线人员处于特定的情境环境中，其行为受各种组织因素和状态因素的影响。基于此，国内学者李鹏程等人（2010）提出组织定向"结构－行为"人因失误因果模型，共包括4个子模型：组织子模型、情境状态子模型、个体因素子模型，以及人因失误子模型。

（1）组织子模型

组织子模型从组织框架上共分为3个层次：组织目标指导层、组织结构元素层，以及组织安全、绩效支持层。同时，组织子模型从属性上又可以分为8类：组织的目标和战略、组织结构、组织管理、交流、培训、规程、组织资源和组织文化。在组织子模型中，组织的目标和战略是由组织高层决策者制定的，如长期计划等。部门或个人目标应该尽力服从组织目标和战略。它是制订和评价中层和低层计划及相关管理活动、确定组织结构和资源配置、管理主次问题，以及提升安全水平等的指导性框架。组织结构主要由组织各组件（如人员、各部门或单元等）构成，涉及活动、权力、责任以及资源的分配等，以达到组织功能的有效运行。组织绩效/安全支持层主要包括对人和组织绩效以及系统安全起支持作用的组织因素。

（2）情境状态子模型

在情境状态子模型中，人的操作行为都是在特定的场景（Scenario）中执行的。由于技术的发展和自动化程度的提高，在像核电厂这种复杂的高风险系统中，操作员的主要任务表现为认知任务，主要包括：监控和发觉、状态评价、响应计划、响应执行。控制室操作员通过人-机界面来监视和控制系统的安全运行。当系统状态处于异常情况时，系统就会通过报警提示，以及通过传感器将异常情况在显示器中显示出来。操作员可通过显示系统在人机界面获得系统状态信息，并依此评估系统当前状态。然后依据诊断结果确定异常状态，选择操作程序。最后执行控制响应任务。状态因素分为4类：技术系统、人机界面、工作环境和任务。

（3）个体因素子模型

人因失误是直接由个体因素触发的，这主要是因为受情境环境因素的影响，个体的生理、心理、素质等因素产生失衡，从而导致人的认知和行为失误。尽管难以通过改变人的自身条件来提高其认知和操作的可靠性，但由于自身因素的优劣主要受情境环境因素的影响，因此可以通过减少情境环境因素的劣势来提高人的可靠性，减少人因失误。个体因素主要包括心理状态、生理状态、记忆中的信息，以及人的素质和能力等4类。生理状态、人的素质和能力、记忆中的信息都会影响人的心理状态，如生理疲劳会影响人的警觉性。心理状态反过来也会影响人的生理状态，如紧张心理会引起人的生理运动机能失调等。

（4）人因失误子模型

随着认知工程的发展，人们逐渐认识到人的认知过程不是按阶段连续进行处理的。例如，当处理复杂事件时，人的决策和解释是同时进行的。因此，人的认知过程采用"认知域"（Cognitive Domain）来表示更为合理，可将其分为5部分：感知、注意、记忆、解释、决策制定和计划执行。对于控制室的操作员来说，在感知阶段可能包括以下的"认知行为"。首先在感知认知域，操作员观察系统状态，发现系统异常状态（当有一个或多个状态参量超出了正常的范围时，这种状态被认为是一种异常状态）。对状态进行假设，通过对观察到的信息进行分析以及与状态假设进行比较匹配，并进行检测（验证）以达到对异常状态的确认。其次在问题解决认知域（或诊断阶段），则包括以下认知行为：对发觉的异常状态进行解释或评估，寻找产生异常状态的原因，根据设立的一套标准，选择解决问题所需达到的目标并据此选择执行程序或策略，形成执行计划或行为序列。注意在处理问题和制定决策中，对操作员的认知有很高的要求。因此，该处理阶段非常容易出错。最后，就是行为执行。

1.2 飞行人因失误类型与表现

1.2.1 不同飞行阶段的人因失误

飞行阶段是理解飞行操纵过程的基础，也为飞行员提供了结构化的行为操作框架，确保飞行任务能够按照预定计划进行。飞行阶段的划分与具体机型和任务类型密切相关，每个阶段中都有不同的任务要求和操作规范。通常来说，飞行阶段包括飞行前阶段、起飞阶段、爬升阶段、巡航阶段、下降阶段、进近阶段和着陆阶段（见图1.5）。

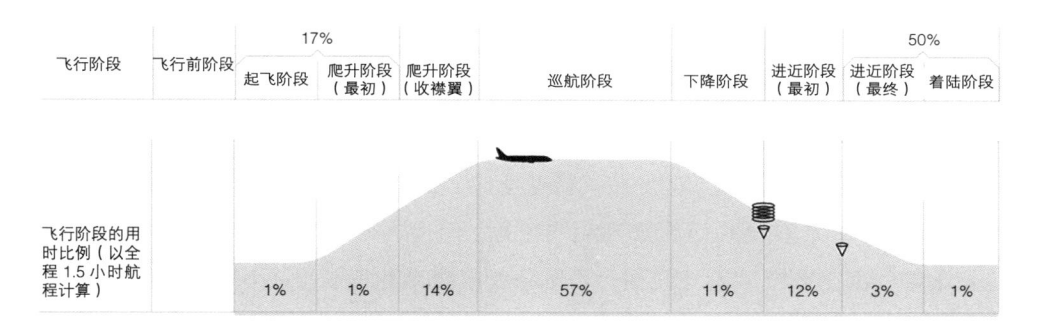

图1.5 飞行阶段划分示意图

资料来源：Boeing. (2022). *Statistical summary of commercial jet airplane accidents (1959–2021)*. Boeing.

飞行前阶段

飞行员需要对飞机和飞行计划的所有准备工作进行检查与核对。飞行计划方面，飞行员应审查和了解飞行路径、天气状况、燃料需求、飞行任务高度以及目标机场信息，并在天气评估中仔细检查航路和目的地的情况，评估如风暴、湍流、云层高度等因素的潜在风险；飞行器检查方面，飞行员需要对飞机各项系统设备的状态进行确认，包括机翼、机身、引擎、起落架等外部结构，导航与通信设备、仪表与飞行控制系统的功能，以及燃料存量情况和载荷的分布平衡性等；信息沟通方面，飞行员应与副驾驶和其他机组成员进行飞行简报共享，并与塔台或相关空中交通管制（Air Traffic Control, ATC）中心联系，取得起飞许可、确认飞行高度和起飞跑道等信息。上述信息均需通过起飞前检查单进行逐项确认。

尽管起飞前检查单已经全面规定和要求了各项安全事宜，但仍存在由飞行员人因失误而导致的飞行安全问题。美国国家商用航空协会（National Business Aviation Association）曾在2013年至2015年间分析了379架公务机的143756次飞行记录，发现其中15.60%的航班在起飞前只进行了部分飞行控制检查，有2.03%的航班完全没有进行任何起飞前检查（Garvey, 2016），为后续飞行阶段埋下了重大安全隐患。

起飞与爬升阶段

在此阶段中，飞行员的主要任务是确保飞机安全离地，并在进入下一阶段前完成一系列关键操作和判断，以及其他特殊情况的处理（见图1.6）。随后进入加速阶段，飞行员需要监控飞机的加速性能，确保飞机能够在预期内达到所需的起飞速度，具体的关键速度如下：

- V1速度（决断速度）。在飞机速度达到V1前，若发生引擎故障或其他特殊情况，飞行员可以选择放弃起飞任务，但当飞行速度达到V1后，飞行员无论如何都需要继续起飞进程，否则将面临剩余跑道长度不够而冲出跑道的危险。
- VR速度（抬前轮速度）。当飞行速度达到VR时，已经产生了足够的飞机起飞所需的速度和升力，此时飞行员需要轻拉操纵杆使飞机机头抬起，准备离地。
- V2速度（安全起飞速度）。飞机离开地面后达到某规定高度的最小速度，若低于V2速度爬升，飞行员可能面临飞机失速的问题。

在离地后，飞行员需要通过调整方向舵和副翼来保持稳定的上升姿态并保持航向。在起飞阶段的全程中，飞行员都需要对引擎状态、风速与风向、重量与平衡等关键信息进行判断。若引擎在达到V1速度前发生故障，则必须立刻中断起飞，并刹车停机；若在V1速度后发生引擎故障，则需要按照单引擎起飞程序继续起飞流程，并维持V2速度上升至安全高度后进行特情处理。若遇到横风天气，飞行员需要调整机头方向，使其与风向保持一定夹角，以抵消风对飞机的侧向影响。在飞机离地过程中，飞行员需要通过副翼和方向舵调节飞行姿态，防止飞机偏离跑道中线起飞。当飞机在低能见度条件下起飞时（如浓雾或夜晚），飞行员需要采用恰当的飞行策略和视觉参考规则，避免由倾斜或俯仰角度感知判断异常而导致的飞行空间定向障碍问题。

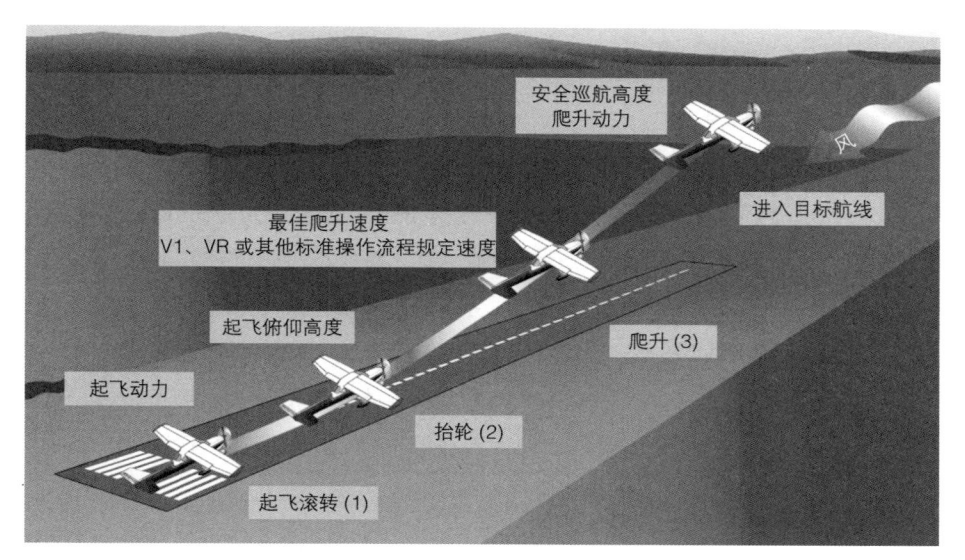

图1.6　起飞与爬升阶段流程示意图
资料来源：FAA. (2016a). *Airplane flying handbook (No. FAA-H-8083-3B)*. Federal Aviation Administration.

在起飞和爬升阶段中，常见的失误包括：
- 起飞前未能审查飞行手册（AFM）、飞行操作手册（POH）和性能图表。
- 在进入活跃跑道的起飞位置前，未能充分清理区域。
- 突然使用油门。
- 在施加起飞动力后未检查发动机仪表以察觉故障迹象。
- 在初始加速时未能预见飞机向左转的趋势。
- 对左转趋势过度修正。
- 仅依赖空速指示器，而未能理解视觉参考和飞机空速与可控性的追踪线索。
- 未能达到适当的起飞姿态。
- 在初始爬升阶段未能充分补偿扭矩因素，导致侧滑。

- 在初始爬升过程中对升降舵过度操作，并对升降舵缺乏修整。
- 将目光限制在飞机正前方（俯仰姿态和方向），导致起飞后通常是左翼下垂。
- 未能达到/维持最佳爬升空速或期望的爬升空速。
- 在爬升过程中未能运用姿态飞行原则，导致"追逐"空速指示器。

巡航与下降阶段

飞行员在此阶段中的主要任务是确保飞机在预定的高度和航线上飞行，并保持对天气、通信、飞行系统等信息的持续注意。通常情况下，飞行员将在此阶段打开自动驾驶系统，按照飞行计划和ATC指令设定目标巡航高度、速度和航线，并采用固定的规律扫视监控各项系统的正常运行，在系统异常时按照特定操作检查单进行故障处理。

在巡航阶段的最后，应根据风向与机场跑道朝向情况准备对应的五边飞行进场模式（见图1.7），这一流程的设计旨在标准化飞机的进场与离场操作，从而保障机场周边空域的飞行活动既安全又高效。通过五边飞行，飞行员能够按照既定的模式进行操作，减少空中交通冲突，并提高整体的飞行效率（FAA, 2016a）。

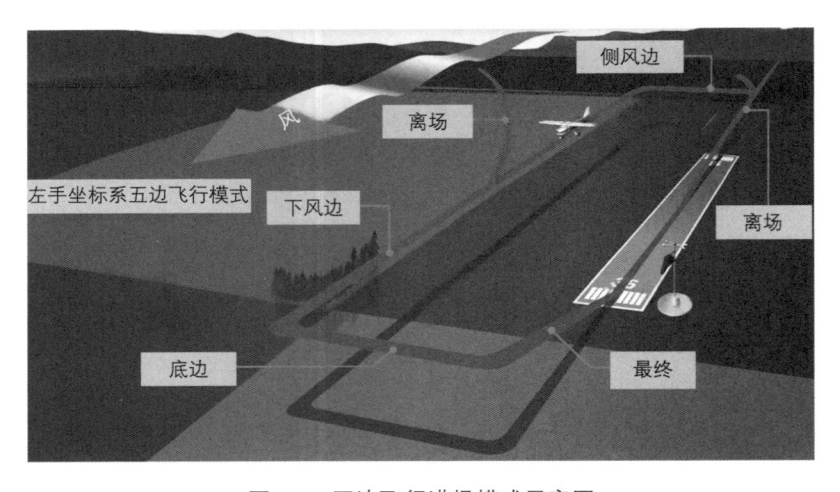

图1.7 五边飞行进场模式示意图

资料来源：FAA. (2016a). *Airplane flying handbook (No. FAA-H-8083-3B)*. Federal Aviation Administration.

巡航阶段相对其他阶段更为稳定，飞行员的行为操作工作负荷相对较低，但仍需要关注长时间单调飞行或在云层、夜间或大面积水域飞行时面临的空间定向障碍问题。在飞行过程中保持较高水平的情境意识，将有利于飞行员处理如自动化接管等注意转移与风险决策事件。此外，还需要采用恰当的注意扫视和执行检查单等策略，避免长时间飞行导致的注意广度降低（如自动运动错觉或相对运动错觉）问题，以及长时间固定倾斜角度转向导致的前庭感官错觉（如躯体旋转错觉）问题，等等。

进近与着陆阶段

飞行员在此阶段中的主要任务是确保飞机在稳定且可控的飞行路径上接近跑道，这涉及精细管理下降率、空速，适时调整飞机配置，如放下起落架、展开襟翼等，以优化升力和阻力特性，确保着陆安全。同时，对高度和距离的准确判断是不可或缺的，特别是在复杂气象条件下，如遇到强风时，需灵活调整以应对变化。飞行员还需将速度维持在既保证足够控制力又留有安全余量的水平，这要求他们密切监控并适时调整功率和俯仰姿态。此外，飞行员还需保持高度且持续的情境意识，实时掌握周围空域动态、障碍物信息及天气变化情况，以便及时做出正确决策。

在着陆阶段，飞行员需确保飞机沿着稳定的下降速度和精确的滑翔路径前进，通过不断调整高度和动力设置，以实现平稳的最终进近。此阶段，飞行员需密切监控进近角度与跑道对齐情况，并适时做出修正，以维持最佳着陆姿态。飞行员会根据着陆程序精确设置襟翼参数，增加低速飞行时的升力，并在适当时机放下起落架，为着陆做好物理准备。面对横风等不利条件，飞行员需采用漂移校正技术，调整飞机姿态以对抗风的影响，保持与跑道的稳定对齐。着陆瞬间，飞行员需通过精确控制飞机姿态，执行环形飞行或平飞动作，降低下降率，以实现平稳触地。着陆后，飞行员要谨慎执行制动管理和操作，以确保飞机在跑道上安全减速并滑行至指定位置。在整体进近着陆过程中，飞行员需要对飞行高度和水平距离进行估计和判断，避免以过高或过低的下滑轨迹进场降落（见图 1.8）。

图1.8 下滑轨迹过高/正常/过低的情况示意图

资料来源：FAA. (2016a). *Airplane flying handbook (No. FAA-H-8083-3B)*. Federal Aviation Administration.

在进近和着陆阶段中，常见的失误包括：
- 在底边未能充分纠正风漂移。
- 在转入最终进场时出现超转或不足转，导致进场转弯过陡或过平。
- 从底边转到最终进场时因超转/风漂移纠正不足而导致平坦或滑行转弯。
- 从底边转入最终进场时，协调性差。
- 未能及时完成着陆检查清单的核查。
- 不稳定的进场。
- 未能充分补偿襟翼伸展。
- 在最终进场过程中修整技术差。
- 试图仅用升降舵保持高度或到达跑道。
- 过于关注飞机近处，导致抬头过高。
- 过于关注飞机远处，导致抬头过低。
- 在未达到适当着陆姿态前就触地。
- 着陆后未能保持足够的拉杆压力。
- 着陆后刹车过度。
- 着陆和滑行过程中失去对飞机的控制。

1.2.2 飞行人因失误类型

根据不安全行为的表现，可以将飞行员人因失误行为划分为感知类失误、理解类失误、目标类失误、程序失误和策略类失误、执行类失误、违反类失误、其他因素引起的失误等 7 类。这些失误种类大都属于认识失误，每一种失误都会对飞行事故及事故征候产生重要的影响。

感知类失误

（1）没有重视资料（提示、公告、气象情报）

这些错误关系到耽误获得系统状态资料的机会，在决定采取某些行动的过程中没有使用有效资料，分为两种类型：一是没有成功地监视油门手柄位置和发动机参数显示状态，这在三代飞机上都发生过，即在短时间内（几分钟）对飞机失去监控，事态迅速恶化，直到飞机倒扣或关错发动机。二是失去对发动机参数显示状态的有效监控，用于监控的时间范围很大，但从清楚记录的发动机参数看，需要采取相应行动，但事实上飞行机组没有利用这些有用资料做出采取什么样行动的决策。

（2）注意到资料，但后来又忘了

此类记忆失误，除非有飞行机组的直接报告，否则识别和确认起来都非常困难。然而它是在许多事件中，特别是决策行为的一种可能的辩解借口。

（3）错误理解资料

这种类型的错误是飞行机组内部协调和交叉检查的障碍，是飞行机组在尝试确认"在哪里，发生了什么"的过程中发生的"错读""错听"有关资料/提示的事实。它的确认难度也很大。同时，与"没有重视资料"和"不公正、不全面地进行联想推断"等错误进行区别也很困难。

理解类失误

（1）不全面或拙劣的资料综合

这种失误会影响飞行机组完成从资料（如独立的提示）向信息（去回答"在哪里，发生了什么"，一如系统或部件的失效）的有效转换。许多飞行事故、事故征候或不安全事件正是由系统失效加上飞行员对系统状态的不正确理解，以及在此基础上采取的不正确行动的综合错误引发的。此类错误的发生原因可能是知识缺乏、时间紧迫或感知觉不充分（例如，飞机抖动导致飞行员不能清晰阅读仪表指示数）。

（2）对资料之间的关系产生推理性错误

此类失误是由系统标准和可能的飞机标准中的智力模式的不精密或受限制而引起的（例如，推力与其他系统之间的关系），或许是对独立的提示（征兆）的错误识别，导致了对事件性质的错误推断并使个体选择了不适当的反应行为。它包括两种类型：错误地推断了系统或征兆的关系；对征兆的错误识别和推断。

（3）对资料模式的错误理解

产生此类失误的直接原因是，不全面或不精确，甚至错误地对系统或征兆的识别，导致没有成功地对征兆资料进行集成。当然，时间紧迫时，负荷经常会加大犯错误的可能性。产生此类错误的原因，基于现有的数据库资料还是很难确认的。此外，由此类错误引发的不安全事件是根据机组不适当的反应行为和机组的直接报告确认的。

（4）没有从其他机组成员处获得有关资料/信息

此类失误与"不全面或拙劣的资料综合"错误非常相似。将其他机组成员的喊话失效和输入在征兆模式中的表现给予区别是提建议时需要考虑的一个重要问题。这些错误虽然可以勉强被容忍为不充分的机组内部协调，但另一方面的特征将被遗忘。将其定性为"不充分的机组内部协调"错误太复杂，而且涉及机组在整个事件过程中的行动。

（5）没有成功地理解不正常状态

这种失误主要表现为飞行机组未能认识到飞机已处于不安全或不正常状态。

（6）没有真正理解征兆/提示的关系

这种失误与"对资料模式的错误理解"的错误行为是有区别的。当不安全事件发生时，那些使人迷惑的反应行为是判断产生此类错误的有力证据。

（7）系统运行不正常状态知识缺乏或不全面

这类错误与系统不正常状态性能的智能化错误或不全面有密切关系。它的行为与第三种理解错误有些重叠，但与智能化缺点的联系更紧密。

目标类失误

（1）建立了一个不适当的目标

如果要将中断起飞的事件划归此类失误的话，那必然是事件发生单位没有公布有关的政策和程序，而且飞行机组从来没有接触过相关规范资料。否则，中断起飞事件应当划归到"规则性失误"。

（2）没有成功选择优先目标

选择了第一行动目标，但却限制了其他重要目标的实现。

（3）错误地应用了相互冲突的目标

程序失误和策略类失误

所谓"程序失误"是指当机组对发生的征兆模式进行适当解释时，有可依据的文字性程序或被广泛应用的"实践经验"。这类失误属于"规则型失误"。而"策略类失误"是指当机组遭遇事件时，没有任何已提供的程序可供使用，只能由他们面对事件去设想一个行动的策略。如果状况没有先例供机组去执行文字的程序或没有实践经验供参考，而执行了一个不适当的策略，这类失误则属于"知识型失误"。

（1）不适当的程序/策略选择

这是两种"规则型失误"。机组选择执行了一个与状态不相适应的程序或偏离了"实践经验"的策略。在大于V1速度时采取中断起飞行动，是失误前期的表现；在低于安全高度时减小发动机油门则是最后一个失误行为。

（2）由于缺乏相应的技能和知识，程序和策略未能得到贯彻

这属于"知识型失误"。目标选择是正确的，但机组缺乏相应的知识和技能去完成所选择的适当策略。

（3）选择了一个无法完成的适当程序

这些属于"规则型失误"。正确的程序和策略已明确提供，但被飞行机组漠视了。他们滑向了选择不适当程序/策略的一边。

（4）没有成功地协调冲突的程序/策略

执行类失误

执行类失误是针对推力系统失效采取反应行动中的一些错误，是与理解错

误相匹配的，主要有 7 种类型：采取非故意行动、没有完成计划的行动、贫乏的执行行动、初始行动失败、在履行一项行动时缺乏机组内部的协调、拙劣的驾驶技术（闭环控制技术）和初始行动未能及时执行。

违反类失误

里森曾于 1990 年提出了界定违反的两个标准，在此基础上我们结合实践重新进行了定义，即常规型和特殊型。常规型是比较轻微的对公司政策或程序的违反，但它是事件原因的主要成分；特殊型是指一个非常严重的违反行为，并直接导致了事件的发生。

1.2.3 飞行人因失误的行为表现

尽管飞行员失误的类型不同，引发的后果也可能不同，但导致飞行员失误的因素除了气象、飞机设计、生物动力、控管和机场等环境原因之外，绝大多数人因失误都是由飞行员自身行为表现造成的，如信息接收失误、决策或操作失误、疏忽或判断失误、飞行技能不胜任、违规违章、紧急情况处置不当、机组失能，以及机组资源管理不当。

信息接收失误

在飞行中，飞行员依据总的飞行目的，通过接收来自飞机和外界环境的各种信息来操纵飞机。在此过程中，由于各种干扰因素的影响，可能在信息接收方面发生失误，如偏重于个别信息的知觉，忽视正常信息的显示，知觉的信息内容不准确，知觉的对象发生改变，对信息的判断能力下降，知觉反应速度迟钝，忽视新信息的出现，等等。

决策或操作失误

俄罗斯飞行研究院对 1958 年至 2000 年这 43 年中苏联及独联体发生的 407 起重大飞行事故进行分析后发现，其中 81 起与机组操作失误有关，约占 20%。飞行安全基金会对有完整资料的 78 起非致命进近着陆事故及事故原因的研究指出，机组在低于决断高度或没有足够目视参考物的最低下降高度时仍在继续下降，这种"照常进近的决断错误"占 42%。造成此种错误的原因：一是飞行机组缺乏"位置意识";二是缺乏相对地形的高度意识;三是缺乏危险意识,在当时状态已高于正常危险率时仍然使飞机继续进近。正是这类丧失处境意识的决断错误,经常导致飞机可控飞行撞地(Controlled Flight Into Terrain, CFIT)事故的发生。

疏忽或判断失误

思想麻痹、作风松散、态度马虎,以及机组配合不好、注意分配不当等原因造成的疏忽和判断失误,甚至完全丧失处境意识,是危及飞行安全的另一类常见问题。

- 操作遗漏造成的航空器堵塞,套管、销子、夹板、挂钩、尾撑杆未取下起飞。曾有报道,一架大型运输机的静压源管口被封条封死,起飞后不久便因高度表不指示而坠海失事。我国亦有类似事件,如某架运七飞机带尾撑杆起飞,未拿掉空速管布套等。1998年10月15日,第二十大队一架BO-105直升机在天津机场起飞时,因驾驶杆锁住,直升机在原地垂直起飞,然后因旋翼转动产生的扭力,导致离地后其带右坡度向右倾斜并向前位移和向右转弯。机组无法控制,直升机侧滑坠地烧毁。
- 丢失飞机状态。飞行中,机组未持续有效地监视飞行状态或系统工作状态,一旦发生险情将失去正确判断的依据,往往会做出错误处置,导致严重后果。
- 迷航。
- 滑行时碰撞障碍物(含推出过程)。
- 两机在地面相撞。
- 向错误跑道进近,落错跑道,进入错误跑道准备起飞。
- 起飞时用错地面导航台。
- 未察觉及修改飞行控制计算机内有关的错误数据。

飞行技能不胜任

飞行技能不胜任的原因可能是飞行员技术不熟练,知识和经验不足;也可能是情况异常复杂。前者是训练问题,后者涉及不可抗拒因素。但两者的界定是相对的。同样的情况,训练良好的机组可能处置自如,能化险为夷;而对没有经验的机组而言就可能是不可抗拒的灾难。解决这类问题的途径是要根据机组的技能状况严格进行放飞把关，而根治的方法则应是加强训练，特别是特殊情况的训练、经验的传播和知识的培训。

（1）超越机组技术能力飞行

1996年1月14日，第七飞行大队一架伊尔-14飞机在贵阳机场进近。由于领航员技术不足，飞机未能按穿云图航线飞行，背台飞行阶段严重偏航；又因转弯提前较多，到五边时，机长也未依靠无线电导航台核对航迹，在实际与五边夹角达30°的情况下，盲目下降高度，导致飞机撞山坠毁。

（2）遭遇不可抗拒因素

1997年7月9日，第十九飞行大队一架运五飞机执行森林灭虫任务调机飞行。飞机起飞滑跑、离地均正常。当爬升至10米高度时，飞机被上升气流抬升至15米。接着遇到下降气流，飞机表速维持在每小时80公里至85公里，高度10米，升降速度表指零或零下，飞机只好沿河滩向前飞行，但被一排大树（8米至14米高）阻挡，转弯不行，上升也不行，飞机大迎角撞树摔毁。

（3）在不明原因的情况下，机组失去对飞机的控制

2002年，中国南方航空珠海直升机公司一架S-76直升机在浙江温州地区执行海上油平台服务飞行。可能的电器故障，引起了主要飞行仪表和自动驾驶失效，加之能见度不好，机组失去主要姿态参考基准，直升机安定性变差，驾驶员难以控制，致其坠海。

违规违章

违规违章行为主要包括：

- 使用了错误的程序，导致偏离预定航线或高度。
- 仪表进近低于决断高度或最低下降高度。
- 在非目视气象条件下，盲目低于安全高度飞行是飞机撞山和撞击障碍物的主要原因。
- 未执行检查单而违反程序操作。
- 低于机场最低天气标准（机组最低天气标准）着陆或起飞。
- 飞机外表带着冰、霜、雪起飞。当飞机外表带有冰、霜、雪等物时，会破坏飞机的空气动力性能，使飞机产生升力的能力降低，增速困难，会造成严

重后果。

- 偏离空中交通管制放行许可。
- 超载和（或）重心超限。
- 违反飞行手册飞行。
- 误入禁区、限制区。
- 违反规定程序飞行。
- 航空器低于主最低设备清单、外形缺损清单规定的标准起飞。
- 飞行中擅离岗位，让不称职人员操作。
- 未获得允许起飞或着陆。

紧急情况处置不当

飞行人员在这方面的失误可分为3类：一是反应迟钝——发现得晚，二是判断错误，三是处置失当。其结果往往是加剧紧急程度。多年前，我国航空公司曾发生了几起典型事例，教训极其深刻。1998年1月18日，中国西南航空公司一架伊尔-18飞机在重庆机场走廊内飞行。第4发右启动发电机因故障烧毁，导致4发失火后自机翼坠落，因而引起机翼的气动外形破坏，气流严重分离和气动力不对称，飞机操纵困难；气流分离引起飞机结构强烈抖振；右翼分离气流对平尾也造成一定影响，引起飞机纵向振动，并使飞机严重向右滚转和向右偏航，飞机失控而不规则向右转。飞机严重抖动，导致左右机翼低频大幅值的振动过载，并可能造成了1发区域内燃油管路破裂，燃油外漏；机翼大振幅抖动引起发动机进气畸变或燃油压力脉动，造成发动机供油不足，功率下降，螺旋桨扭矩下降而1发顺桨停车。仅有的2发和3发使飞机处于负剩余拉力状态，更不足以克服4发脱落后飞机外形变化所增加的阻力，致使飞机保持不了高度而坠地失事。

机组失能

机组失能通常有3种情况：

（1）驾驶舱内任何一个飞行人员失能

这种情况包括起飞前发现并考虑可能在起飞后发生的失能状态。

（2）任何一个客舱机组成员失能而不能执行紧急状态值勤

（3）产生错觉

飞行员在飞行过程中丧失工作能力的原因，可从如下方面考虑：

- 是否由高度、氧气或增压系统缺陷，引起生理缺氧症。
- 是否由缺氧症或身体健康问题引起意识的丧失。
- 心理条件，心理压力情况。
- 中毒损害情况。
- 空间定向障碍/眩晕。
- 睡眠情况。
- 是否使用药物、眼镜、矫形支架、助听器等。
- 医疗经历。
- 机组成员是否突然受伤。

机组资源管理不当

据飞行安全基金会报告指出，几乎一半的致命进近和着陆事故，是由不完善的机组资源管理造成的。包括教与学的关系处置失当、机组配合失当等。

1.2.4　飞行人因失误理论

早在第二次世界大战时期，人们就已经开始认识到人因失误在影响机组成员行为上的重要作用。20世纪70年代后期，人们对其进行了更加深入、广泛的研究。到目前为止，有关人因失误的研究已经涉及众多领域，并形成了较为广泛的方法体系，人们针对它提出了许多有价值的概念，如墨菲定律、事故链理论、海恩法则、圆盘漏洞理论及SHEL模型等。

墨菲定律

墨菲定律亦称墨菲法则、墨菲定理等，它是美国空军上尉工程师爱德华·墨菲（Edward Murphy）在1949年提出的，即当面临多种行事方式且其中一种将导向灾难时，人类往往倾向于选择那条不幸之路。该定律通常蕴含四大核心要义：首先，任何事物的复杂性远超表象所及；其次，所有事情的完成时间往往超乎预期；再次，会出错的事情总会出错；最后，若你担忧某种情况发生，那么它更可能发生。墨菲定律的普适性已跨越多个领域并得到验证，例如，贝努里（Bernoulli）等学者的数学实验便是其科学性的有力佐证，同样，现实中的种种事件更是不断显示着这一铁律。以 2003 年"哥伦比亚"号航天飞机悲剧为例，该飞机在即将返回地面时，在得克萨斯州中部地区上空发生了事故，导致 6 名宇航员不幸罹难。这一事件成为复杂系统脆弱性的醒目标志，并深刻揭示了，无论多么先进的技术体系，都无法完全免除事故的风险，它可能在任何时刻以意想不到的方式显现。然而，在那次震惊世界的重大事故之后，人类社会迅速行动起来，深入剖析事故根源，旨在防止悲剧重演。正如广泛共识所体现的，任何国家都不会因单次航天挫折而放弃对航天事业的探索。诚然，此类灾难性事件发生的概率极低，然而，若在日常运营中忽视了细微的安全隐患，这些隐患便可能如滚雪球般累积，直至达到一个不可逆转的临界点，引发灾难性后果。因此，将墨菲定律的智慧融入日常生活中，它警醒我们：在启动任何行动之前，均务必深思熟虑，全面排查可能引发错误的每一个细节，保持高度的警觉与专注，不容丝毫懈怠。同时，预先策划并严格执行防范措施，以未雨绸缪之姿，有效预防潜在事故的发生。

事故链理论

国际民航组织（International Civil Aviation Organization, ICAO）在防止事故过程中最早提出了事故链理论，认为安全事故的发生并非是单一的原因促成的，而是由一连串的失误链导致。即一些大事故极少是由一个原因引起的，而是由许多因素像链条一样，把各个环节连接在一起时发生的。所以，要防止事故，就应在事故发生之前，将某一失误链打断或者移走。因此，只要切断这个链条上的某一个环节就可以了。

海恩法则

海恩法则是由德国飞机涡轮机的发明者提出的一个关于航空飞行安全的理论，指的是每一起重大事故的背后，必然有 29 起事故征候和 300 起事故征候的苗头以及 1000 个事故隐患。根据人因失误的概念和民航安全事件的划分原则，可以把事故征候的苗头进一步细化为：严重失误、一般失误、不安全事件。因此，抓好不安全事件及失误的信息共享，认真吸取航空界的教训，特别是他人的教训，也是预防事故的有效手段。

1.3 飞行人因失误分析与防御

由于人类所固有的生理和心理局限，人因失误的发生通常被认为是一种不可避免的正常现象。然而，飞行实践表明，飞行员人因失误是造成现代航空事故的主要原因。因此，如何有效地分析和防御飞行人因失误已经成为现代航空安全管理中的一个重大课题。

1.3.1 飞行人因失误的分析技术

人因分析与分类系统（Human Factors Analysis and Classification System, HFACS）是当前对航空事故进行人为因素分析的关键技术，它对航空事故中人为因素的分类准则进行了全方位且精细的优化与完善，融合了事故分析的理论基础与实际操作，构建了一套既实用又便于操作的分类体系。

人因分析与分类系统（HFACS）

夏佩尔（Shappell）和威格曼（Wiegmann）（2001）对来自美国军事和民用航空的飞行数据进行了综合分析，提出了人因分析与分类系统。HFACS梳理并具体化了瑞士奶酪模型中提出的导致事故发生的4个层次的原因，从而形成了一种系统导向的人因事故分析框架。HFACS作为一种分类体系完备且应用极其广泛的工具，其核心聚焦于航空领域，并拓展至煤炭、医疗、航海、铁路和核电等行业。通过应用HFACS框架，我们能够系统地识别并剖析事故中涉及的人为因素，深入剖析人因失误的根源，同时它还能够从表面的行为原因深入到根本的组织层面原因。在事故原因的识别以及预防策略的制定方面，HFACS的应用具有极其重要的意义。HFACS框架将事故原因划分为4个层级，涵盖了不安全行为、不安全行为的先决条件、不安全监管和组织影响。首先，不安全行为是触发事故最直接的因素，通常被视为事故分析的首要切入点。这些行为分为失误（Errors）和违规（Violations）两大类。其次，探究不安全行为的前提是深入理解事故原因的深层机制，是航空事故分析深入剖析的第一步。这些前提因素主要包括操作者的不合格状态和任务执行的不当。再者，不安全监管作为管理层面的关键环节，在HFACS中被详细划分为4类：不恰当的任务安排、监管不足、对已知问题未能及时纠正的疏忽，以及监管违规。最后，尽管高层管理决策看似不直接引发事故，但其决策瑕疵若未能及时被识别并纠正，往往会成为事故发生的潜在隐患。其中，组织影响包括组织文化、资源管理和工作流程3个层面。

基于HFACS的个案事故人因分析

以韩亚航空OZ214号航班事故为例，利用HFACS技术，从编号为AAR-14-01的NTSB公布的航空事故报告中提取并分析事故中的人为因素。

（1）事故经过

2013年7月，韩亚航空公司运营的OZ214次航班，一架波音777-200ER型客机，在美国旧金山国际机场执行降落程序时不幸发生严重事故。飞机意外撞上了机场外围的防波堤，随后引发剧烈火灾，整个飞机陷入火海之中，遭受了毁灭性的损毁。此次灾难性事件导致了令人痛心的后果：3名乘客不幸遇难，另有40名乘客、8名乘务人员及1名机组人员身受重伤，其余机上人员虽幸免于难，但也均受到了不同程度的轻伤。

①事故详情：飞机在以180节（1节约合每小时1.85公里）的速度向28L跑道靠近时，与跑道的水平距离仅为14海里（1海里约合1852米）。飞行员未能妥善控制下降速率，导致飞机低于规定的进近高度。在此情况下，飞行员决定启用自动驾驶进行爬升，随后又取消了自动驾驶，并将推力杆置于"空闲"位置。此时，自动油门处于"待机"状态，但机组并未意识到这一点。随后，飞行员操纵飞机进行俯冲，下降速率进一步增加。当飞机降至机场高度以上500英尺时，速度降至137节，下降率达到1200英尺/分钟。然而，机组未能察觉这个不安全的状态，也未能及时执行复飞程序。随着飞机持续向下，其高度已完全低于跑道平面，精密进近航道指示器（PAPI）的4个红灯亮起，明确警示进近高度已远低于下滑道安全范围，但这一明确的视觉警告依然未能促使机组及时采取行动。直至飞机降至距离地面仅200英尺的危急关头，机组人员才意识到问题的严重性，并在高度已减至100英尺时仓促尝试复飞，然而此时已回天乏术。最终，飞机的主起落架及后机身部分不幸撞击到跑道外侧的防波堤，造成机尾断裂的灾难性后果，随后机身滑出跑道并燃起熊熊大火，酿成了一场本可避免的空难。

②机上人员：机组人员由1名负责驾驶飞机的实习机长、1名担任监控飞

行员同时兼任飞行指导的机长、1 名负责观察的救援大副以及 1 名担任救援的机长组成。此外，航班上配备了 12 名专业的乘务人员，为共计 291 名乘客提供服务。

③气象状况：在旧金山国际机场，当时的记录显示，风向范围从 170° 至 240°，风速达到 7 海里/小时，能见度为 10 英里，气温维持在 18℃。

④事故结论：导致本次事故的主要原因可追溯至机组在执行目视进近阶段时，对飞机下降速度的失控管理。操纵飞行员无意中关闭了自动空速控制系统；机组对空速监控不力；在发现飞机高度低于着陆标准时，机组未能及时执行复飞程序。其他促成因素包括：波音公司的指南和韩亚航空的飞行员训练中对自动油门系统和自动巡航指示系统的说明不够充分；机组在使用自动油门系统和自动巡航指示系统时，信息交流和协作不符合标准；操纵飞行员在目视进近程序的计划和执行方面训练不足；监控飞行员对操纵飞行员的监督不足；机组成员存在过度疲劳的问题。

（2）事故原因中的人为因素判断

依据 HFACS 框架对各级人为因素的界定，以及每一类人为因素所列举的代表性示例，通过主观判断的方法，可以从事故调查报告的原因分析部分提炼出对应的人为因素。本研究对所有事故报告的分析均遵循这一流程，进而搜集到全面的人为因素数据。

①技能型失误：在飞机进近的关键阶段，操纵飞行员在运用自动系统时明显表现出经验上的不足。该飞行员作为波音 777 机型的"新手"，其驾驶该型号飞机的总时长仅 43 小时，且正面临在旧金山国际机场首次降落的挑战。在需要手动操作的情况下，他仍然选择了自动操作。由于对自动系统的不熟悉，飞行员在执行自动系统操作时出现了步骤上的遗漏，且未能敏锐地察觉到系统中某些设置已不再适应当前的飞行需求或已处于非最优状态。然而，这种情况的发生并非飞行员有意为之，而是属于不安全行为层级中的技能型失误。

②决策失误：当飞机下降至距离地面仅 200 英尺的高度时，机组成员已意识到空速明显偏低，且当前高度已不足以确保一次正常的降落。然而，在这一关键时刻，机组成员未能迅速做出复飞的决定，也未能相互提醒这一紧急应对措施的必要性。直至飞机继续下降至距离地面仅 100 英尺的危急关头，才匆忙决定执行复飞操作。这种延误和迟缓的决策过程，被明确归类为不安全行为层

级中的决策失误。

③不利生理状态：当飞机于旧金山国际机场降落时，时间为当地时间上午11:28，这恰好对应的韩国时间，正是大多数人按照正常作息应处于深度睡眠的时间段。根据操纵飞行员的个人陈述，他在事故发生前的24小时内，仅获得了5.5小时的休息时间，远低于他个人所需的7.5小时睡眠量。因此，在即将执行降落任务的关键时刻，操纵飞行员实际上处于显著的疲劳状态，未能获得充分的休息与恢复。这种情况被归类为不安全行为前提层级中的不利生理状态。

④机组资源管理不达标：在操控飞机的自动巡航指示系统与自动油口控制系统过程中，操纵飞行员与监控飞行员之间的沟通与协作机制未能遵循规范流程，这一不规范行为直接引发了角色定位的模糊与混乱，进而削弱了两者对这些关键系统状态的准确感知能力。面对是否需要执行复飞的紧急决策时，机组内部因对现状的极度恐慌、信息交流的不顺畅以及角色职责的混乱，导致决策过程出现了严重的拖延。这属于不安全行为前提层级中的机组资源管理（Crew Resource Management, CRM）不达标。

⑤监管不足：波音777型飞机的巡航指示系统因其高度的复杂性而著称，然而，波音公司的相关说明文件却未能详尽阐述该系统的所有细节。与此同时，韩亚航空公司在飞行员培训方面存在明显不足，特别是对这一复杂系统的操作训练缺乏重视，导致飞行员们对自动巡航指示系统的运行机制及其与自动油口控制系统间的相互影响知之甚少，甚至不清楚该系统如何影响空速的调节。这种知识盲区直接导致了操纵飞行员在不经意间关闭了自动空速控制功能，而他自己却对此浑然不觉。这属于不安全监管层级中的监管不足。

⑥监管违规：韩亚航空公司历来重视飞行员的疲劳管理，会执行飞行任务前的疲劳教育与应对策略培训，且在飞行进近阶段明确要求由已充分休息的机组人员来主导操作，同时设有专门的观察员负责监控飞行员的疲劳状态。然而，在本次航班任务中，公司明知操纵飞行员存在睡眠不足的情况，却仍安排其参与飞行并负责进近操作，这一做法违反了公司的监管规定。此外，观察员也未严格履行其职责，未能对飞行员的选派提出变更建议。这些情况均属于不安全监管层级中的监管违规。

⑦组织氛围：事故调查深入揭示了韩亚航空公司的一个显著特点，即高度

重视自动系统的全面应用，并在日常航线航班中倾向于减少飞行员的人工干预。据波音777客机首席飞行员的说明，公司操作手册明确指示飞行员应优先使用自动系统，仅在高度降至1000英尺以下时才转为手动操作。此规定虽旨在减少人为错误，但其副作用也显而易见：它促使飞行员过度依赖自动系统，从而在手动飞行技能与经验上产生了明显的短板。本次事故正是这一问题的集中体现，飞行员在飞机进近过程中持续依赖自动系统，即使在高度偏低的紧急情况下也未及时转为手动控制以进行必要的爬升调整，并在后续的复飞决策中判断失误，最终导致了事故的发生。这属于组织影响层级中的组织氛围。

总之，依据HFACS模型分析，韩亚航空OZ214次航班事故中的人为因素涵盖了技能型错误、决策失误、不利生理状态、CRM不达标、监管不足、监管违规、组织氛围问题等7种。

基于HFACS的事故数据灰色关联分析

（1）数据来源

本研究依托的数据基础是NTSB与FAA公开发布的事故调查报告。这些报告的选取时间跨度为1990年至2014年，广泛覆盖了在美国本土发生的90起航空事故案例，并额外纳入了5起虽在美国境外发生但由NTSB主导深入调查的事故。这些事故报告的编号连续，从AAR-90-02至AAR-14-04，总计构成了95篇详尽的事故分析报告，为本研究提供了坚实的数据支撑。

（2）事故数据灰色关联分析

灰色关联分析是基于灰色系统理论发展起来的一种方法，还是用于揭示不同因素之间的关联顺序及其关联程度的系统性分析技术。在事故分析领域，灰色关联分析是一种常用的多因素分析方法。此方法巧妙地将个体数据与整体数据集分别视为比较序列与参考序列，其核心在于通过比较这两个序列曲线的贴近程度，来评估特定数据与整体数据之间的相似性。如果比较序列与参考序列展现出高度的接近性，即曲线形态相似度高，则意味着两者间的灰色关联性增强；反之，若接近性低，曲线形态差异显著，则关联度相应减弱。灰色关联分析的一大亮点在于对数据量的大小及分布形态无严格限制，分析流程相对简洁直观，因此极为适用于那些数据量稀缺、信息不完整或数据分布无典型规律的不确定性问题研究领域。

该研究采用灰色关联分析法来处理事故数据，评估HFACS模型中4个层级的人为因素对航空事故发生的具体影响力度。为了细化分析，针对每个层级的子因素都进行了单独的灰色关联度分析。综合上述两种分析的结果，我们不仅能够从宏观上把握各层级人为因素对航空事故影响的总体格局，还能从微观层面洞悉各子因素在各自层级内的相对重要性。基于此，我们成功地对导致航空事故发生的各类人为因素进行了系统性的重要性排序与判断，为后续的安全管理、风险防控及事故预防策略的制定提供了有力的数据支持与理论依据。

①HFACS四层级灰色关联分析。依据前述方法，我们对HFACS模型中的4个层级进行了详尽的灰色关联分析。我们根据与航空人因事故的关联度得到了以下排序：影响航空人因事故的各因素的影响力，从高到低依次为不安全行为、不安全监管、不安全行为的先决条件、组织影响。

②HFACS各层级子因素灰色关联分析。在航空人因事故的不安全行为层面，各影响因素按照其影响力度由高到低排序，依次为决策失误、特殊违规行为、习惯性违规、技能型失误、认知失误。在不安全行为的前提层面，事故影响因素的排序为不利的精神状态、不利的生理状态、CRM不达标、个体准备不足、生理与心理的限制。在不安全监管层级中，事故影响因素的排序为监管不足、未纠正已识别的问题、任务规划不当、监管违规。最后，在组织影响的层面，事故影响因素按照影响程度排序为组织氛围、组织的工作流程资源管理。

（3）事故数据灰色关联预测分析

灰色关联预测分析是灰色理论中另一种具有显著实用价值的技术，它能够在计算序列间灰色关联度的基础上，对未来的序列趋势进行预测。传统的灰色关联预测模型，即GM（1，1）模型，是一种针对单一变量并采用一阶微分方程进行预测的模型。该模型在计算上较为简便，但预测的精确度有限，对序列数据随时间变化的反应较为迟钝。为了突破这一瓶颈，我国学者曾波等人（2009）在深入研究GM（1，1）模型的基础上，勇于创新，提出了GIFM（m）模型——一种多序列灰色关联预测模型。GIFM（m）模型的一大创新之处在于将时间因素巧妙融入灰色关联度的计算之中，并通过双序列预测模型的融合策略，实现了多个相关序列信息的综合利用。最终，通过精细的加权计算，模型能够输出更为精准的未来序列预测值，这一突破极大地丰富了小样本数据预测的方法论体系。多项应用研究已充分证明，GIFM（m）模型在预测精度上较传统的GM

（1,1）模型及 GM（1,n）模型展现出显著优势。鉴于其卓越性能，本研究决定采用 GIFM（m）模型作为分析工具，针对时间序列分组数据进行前瞻性预测。具体而言，旨在预测 2015 年至 2019 年这 5 年间，因人为失误而引发的飞行事故频数。

依据灰色关联预测分析的技术路线，我们将总人因事故次数设定为参考序列，记为 X0，同时将 HFACS 模型的 4 个层级分别设定为 4 个比较序列，分别记为 X1、X2、X3、X4。通过这一方法，我们可以计算出 4 个层级与航空人因事故的灰色关联系数以及预测值权重。根据对 2015 至 2019 年这 5 年的航空事故数据的分析，我们预测出未来 5 年内由人因失误导致的航空事故发生次数的最终预测值为 14.1246。这意味着与过去相比，未来 5 年内航空人因事故的发生次数呈现下降趋势。

1.3.2 威胁与差错管理模型

关于机组资源管理（CRM）的研究逐渐揭示了飞行人因失误的本质，虽然人类都难免会犯错误，但并非所有的"错误"都会演变成"差错"。基于此，威胁与差错管理（Threat and Error Management, TEM）模型是继 CRM 后提出的一种机组差错检测与管理的新模型，它提供了一种防御性飞行的安全理念，以及对威胁、差错和非预期的航空器状态进行管理的技术。本节内容将从 4 个方面对 TEM 模型进行解释。

TEM 概述

TEM 是一个涵盖航空运营和人员表现的安全理念，它是通过人为因素的知识在实践中综合应用而不断演进的产物。TEM 的起源与航线运行安全审计（Line Operations Safety Audits, LOSA）密不可分，它始于一个简单的问题："飞行训练中教授的知识能够全部运用到日常飞行操作中吗？"该问题促成了得克萨斯大学人为因素研究项目组和达美航空在 1994 年建立合作关系，共同开发了一套航线审计方法：利用驾驶舱观察员座椅的位置对日常航班进行观察。各方意识到，为了真实地看到航线上发生的事情，必须消除机组的顾虑进行匿名记录，保证机组不会因此受到公司或管理部门的处罚。第一份观察记录表格由得克萨斯大学人为因素研究组的研究人员设计，首先用于评估飞行机组的 CRM 行为，随后被拓展到对差错的发现和管理。最终，研究者对表格进一步开发，建立并提出威胁与差错管理等概念，以便全面把握整个航线飞行过程的复杂性。1996年，第一套基于TEM的完整的LOSA观察表在美国大陆航空公司实施并获得成功。此外，美国大陆航空公司为所有飞行员都开设了一个为期一天的TEM训练课程，这次课程获得了非常积极的反响。鉴于美国大陆航空公司以及其他航空公司LOSA项目的成功经验，国际民航组织和美国联邦航空管理局将LOSA视为飞行安全与人为因素模块的重点内容。

事实上，要理解TEM模型，一个直观且易于理解的方式是将其类比为汽车司机的"防御性"驾驶理念。这里的防御性驾驶，其核心并不局限于传授驾驶技巧，即如何操作车辆（例如，如何踩离合、刹车、加油门、换挡等），而是着重向人们强调将驾车时安全风险减小到最低的技巧（例如，如何应对车轮打滑等）。同样地，TEM的核心目的并非仅仅传授飞行员技术层面的飞行操作知识，而是传授给飞行员一种积极主动的飞行理念和技巧，帮助他们在复杂飞行环境中将安全裕度最大化。因此，从这种意义上来说，TEM训练对于飞行员而言是一种防御性飞行的基本框架。

从飞行机组的角度来看，TEM包含3个基本部分：威胁（如恶劣天气）、差错（如飞行员选择自动化模式时发生错误）和非预期的航空器状态（如航线偏离）。TEM模型深刻揭示了不安全事件往往遵循一个由威胁到人的差错，再到非预期航空器状态，最终演变为不安全事件的渐进式过程（李智，2013）。具体而言，对潜在威胁的忽视或管理不善会触发人为错误，而未能有效纠正这些错误则会导致航空器进入非预期状态。进一步地，若对非预期状态的处理不当，将直接促使不安全事件的发生。因此，从TEM模型对不安全事件发展过程的阐述中，我们可以清楚地看到，对威胁、差错和非预期航空器状态的管理是预防不安全事件的3个重要环节。下面的内容我们将就这3个关键环节进行详细阐述。

威胁及其管理

在执行飞行任务过程中，飞行员需要处理飞行环境中出现的各种复杂情况或事件。在TEM模型中，这些外部复杂事件通常被视为飞行员所受的威胁。具体来说，威胁指的是飞行机组在飞行期间需要加以注意和应对的外部情况，包含以下 3 个方面的特征：涉及了机组成员之外的因素，即那些不由飞行员或机组成员直接引起的情况或事件；这些情况的出现提高了航班飞行的复杂度；为确保飞行过程维持足够的安全水平，机组成员必须对这些外部因素保持高度的警觉性、专注力以及快速有效的应对能力。根据以上对威胁的定义和特征描述，一个威胁可以是不利的气象条件（如低能见度、结冰等）、飞机自身的故障（如发动机故障）、复杂的机场地形、拥堵的交通状况；也可以是签派员、空管员等驾驶舱之外的人员的失误，如地勤人员给出一个不准确的油量记录、签派文件错误等。所有这些事件的发生虽然与机组人员自身无关，但增高了机组的工作负荷，要求机组必须采取及时、有效的管理和应对措施。在航空公司的实际运营中，威胁常被明确区分为两大类别：外部威胁与内部威胁。前者主要源自航空公司难以掌控的外部环境因素，如极端天气状况、复杂多变的地理条件，以及无线电通信的拥塞等；后者更多地关联于航空公司自身的运营过程，具体可能涉及飞行中的机械故障，以及地面空勤人员操作不当或疏忽等引发的问题。

　　航空飞行中的这些威胁增加了飞行操作的复杂程度，容易导致机组出现差错，从而给飞行安全带来不利影响。譬如，通过对来自 14 个国家 28 家航空公司的近 5500 个航班进行航线运行安全审计的分析，结果显示机组在每次飞行中平均遭遇 4.2 次威胁，其中大约有 10% 的威胁未能被机组恰当地处理，最终导致了后续的操作失误（李智，2013）。因此，在实际航空运行中，机组应该对威胁加以管理来确保充分的安全裕度。威胁管理被定义为机组成员对飞行期间各种威胁的预判和反应的方式，它是差错管理以及非预期航空器状态管理的基石。威胁管理的失误常常与机组的错误行为相联系，而这往往又与飞机的非预期状态相关联。在商业航空公司，一般用于威胁管理和预防机组失误的常见技术和工具包括：在执行飞行任务前详细查阅天气预报，提前设置和收听气象电台，并在规划飞行路线时避开恶劣的气象区域；提前获取备用跑道的信息以防止原定跑道有变更；充分考虑因恶劣天气发生转场时是否有充足的燃油余量；明确并能正确使用飞机意外故障的诊断程序；了解客舱服务人员在特定时间中断服务的原因。总之，机组作为威胁管理者，是抵御威胁、确保飞行安全不受影响的最终屏障和防线。同时，威胁管理也为飞行安全提供了最为提前主动的保障。

差错及其管理

在 TEM 模型中，差错是指由机组人员的作为或不作为而导致的出现偏离机组或组织的意图的情况。简单地说，威胁是外部因素"施加给"机组的，而差错则"来源于"机组。差错的定义主要有以下 3 个方面的特征：降低安全裕度、提高在地面或空中发生对飞行安全造成不利影响的事件的可能性、导致偏离机组或组织的意图和期望的情况。差错可能是机组人员由于受到外界预期或非预期的威胁而引起的瞬间失误或失效的结果。例如，跑道的临时变更可能会分散机组人员的注意力，这种分心状态可能妨碍他们顺利完成飞行前的检查单程序，进而在起飞准备阶段遗漏对襟翼设置的检查，增加了飞行操作的风险。在航空公司实际运行中，飞行机组人员的差错通常被分为 3 种类型：飞机操纵差错、程序性差错和通信差错。其中，飞机操纵差错是指那些与航向、速度和正常飞行参数等相偏离的一系列差错。它们可能涉及自动驾驶中的差错，如设置错误的飞行高度；或者手动驾驶中的差错，如进近过程中下滑道高度过高或速度过快。程序性差错是指飞行机组偏离航空法规和飞行手册的要求或航空公司的标准操作程序的一系列不当行为。通信差错是指由飞行机组之间或飞行员与驾驶舱外工作人员（如空管员、空乘人员和地勤人员）之间无法获得有效的沟通与交流所导致的差错。

差错管理是机组人员学习、适应和技能维持中的一个不可或缺的组成部分，是指为减少差错发生频率和数量、减轻可能发生的差错后果而采取的方法。当差错被及时察觉并得到有效管理时，将不会对航空飞行造成不利的影响；反之，当差错没有得到有效管理时，通常会引发进一步的错误或导致飞机出现不安全状态，从而降低飞行安全裕度。因此，TEM 背后的主要驱动力是理解在各种威胁存在或不存在的情况下，会产生哪些类型的差错，以及在这些情况下机组是如何反应的。例如，机组成员是否能够迅速察觉并修正差错，他们是否意识到差错但对此没有采取任何措施。这可能是因为他们认为这种差错是无关紧要的，或者之后可以化解这种差错引发的困境，又或者直到差错发展成不安全的飞行状态时才看见。差错管理的核心就是察觉并纠正发生的一切差错。但是，根据 LOSA 档案的记录，大约有 45% 的差错是没有被机组人员察觉或机组人员对此完全没有采取任何措施的，这使得有效差错管理中的一个重要原则得到了证实：无法察觉的差错不可能被有效地管理。

非预期的航空器状态及其管理

事实上，全部的差错都得到有效的管理是不可能的。有时，有些差错会诱发另一个差错，或者危害飞行安全的事件，也被称为非预期的航空器状态（Undesired Aircraft State）。非预期的航空器状态是指系统已经产生实际偏差（包括飞机位置、速度、姿态或系统构型等方面的改变），偏离预期的正常状况进入到危险的状况。非预期的航空器状态主要包含以下两方面的含义：一是由机组人员的错误或不恰当行为导致，二是由此明显降低了飞行安全裕度。也就是说，非预期的航空器状态是一种危害飞行安全的状态，是由无效的差错管理引起的。例如，机组成员误听高度指令信息后，操纵飞机穿越指定高度后继续上升，致使航空器处于一个危险高度的状态中；在飞机的进近着陆阶段，飞行员可能操纵飞机未能准确对准预定的跑道；在进近过程中，操纵飞机超出空管员指定的速度限制等。需要说明的是，虽然空管员的失误或飞机突发故障也可能导致航空器处于一种非预期的危险状态，但是在TEM的分类中，这些事件并不是由飞行机组人员的行为所导致的直接结果，它们都被视为一种来自外部环境的威胁。

非预期航空器状态的出现表明系统已经在牺牲飞行安全裕度，它的风险和可能带来的危害比威胁与差错更大。因此，对非预期的航空器状态进行管理往往比对威胁与差错的管理更加紧迫，因为它是避免征候或事故的最后机会（霍志勤 等，2007）。与差错管理一样，如果非预期的航空器状态能够得到有效管理，则会使飞机返回到最佳安全飞行状态；如果对非预期的航空器状态管理缺失，则会导致进一步的差错以及飞机异常状态，甚至出现更糟糕的征候或事故。根据LOSA档案的记录，35%的飞行会出现非预期的航空器状态，其中最常见的非预期航空器状态是不正确的系统参数（如在积冰情况下没有开启防冰）。此外，在正常定期航班运行中，约5%的航班会出现不稳定进近，而其中只有5%的不稳定进近会执行复飞，这意味着对于绝大多数的不稳定进近情况，机组即使知道飞行参数不在允许范围之内，但他们还是会选择继续降落。最后要明确的一点是，非常有必要将非预期航空器状态与其造成的后果区分开来，这对机组人员的学习和训练过程来说是很重要的。非预期航空器状态介于正常操作状态（如稳定的进近）与后果之间的一种过渡状态，而后果是一种结束状态，多为可报告的事件（如征候或事故）。

1.3.3 飞行人因失误防御策略

为了尽可能地减少人因失误,弱化其带来的严重后果,人们在长期的飞行实践和事故分析中已逐步探索了飞行员人因失误的主要来源、形成原因及发生机制,并通过飞行员心理选拔、人机交互系统的人因设计以及机组资源管理训练等方面对其进行预防和干预,取得了良好的实践效果。

飞行员心理选拔

飞行员心理选拔的主要目的在于全面评估候选人的生理适应性、心理素质稳健度及社会性技能水平,旨在遴选出最契合飞行职业要求的高素质人才,同时淘汰不利于飞行安全的候选者。从这种意义上来说,心理选拔从根源上预防和控制了飞行员的人因失误。飞行员心理选拔由飞行领域的专家与心理学研究者共同参与,他们基于候选人的心理品质、心理特征等多个维度进行深入考察,旨在筛选出那些不仅具备通过严苛的飞行训练能力的个体,更筛选出有望成长为卓越机长的候选人。这不仅能降低培训的淘汰率,达到节约培训经费、提高飞行员总体素质的目的,也能减少人因失误,以确保飞行安全。我国民航近年来已经越来越重视飞行员的心理选拔。1995 年,中国南方航空公司、中国国际航空公司以及中国民航飞行学院已相继从德国引进了 3 套先进的"初始飞行员心理选拔系统",经过 4 年的实践和研究,建立了中国飞行员的常模及其评分标准。2008 年,陕西师范大学与中国南方航空公司联合开发了旨在降低人因失误和提高机组资源管理效能的"中国航线飞行员心理选拔系统"。该系统较好地筛选出了现代航线飞行员必须具备的心理品质,取得了良好的社会效益,目前已投入使用。

然而,我国飞行员心理选拔还存在较多问题。如飞行员的选拔方式主要还是以考察候选者的身体条件为主,其淘汰率高达 80%至 90%。而飞行基本能力或个性测验在选拔中所占的分量微乎其微。特别是国内现行测验体系还存在诸多问题,包括选拔理念缺乏专业性和针对性的设计标准、选拔内容缺乏效度、选拔手段单一、选拔系统与训练系统脱节,以及缺乏统一的心理选拔系统等。为建立一套既高效又贴合中国文化特色的选拔系统,针对国内民航飞行员心理选拔过程中存在的问题,我们应聚焦于以下三大方面进行改进与优化:一是鉴于飞行事故统计数据显示,飞行员人因失误已成为导致飞行事故或事故征候的主要因素，其占比逐年攀升，目前已高达 60% 至 80%。因此，如何提高人的可靠性，最大程度上克服和避免飞行员失误的发生已成为当今世界各国普遍关注的一个热点问题。以往研究发现，一些人格因素、认知因素和社会心理因素会对人因失误产生重要影响。因此，若能将上述心理因素结合起来，以此选拔民航飞行员，这样获得的理论支持和实践依据显然更有科学价值。二是人格特质与人格状态因素相结合。行为是特质与情境交互作用的结果，特质可能只在与之相关的某个情境中得以体现，同样，某些情境也会反映出特质的一面。显然，个体行为受到特质和情境因素的双重影响。在预测和诊断驾驶行为，尤其是针对飞行员潜在失误行为时，需要同时考虑情境因素与个体特质的相互作用。因此，在针对民航飞行员的心理选拔研究中，应该考虑到这两大因素对飞行员失误行为的预测和诊断价值。三是将能力特征与心理状态相结合。影响现代航线安全驾驶行为的因素不仅涉及飞行员自身稳定的能力特征，而且还包含那些与驾驶操作环境密切相关的心理状态因素。事实上，心理状态具有深刻的情境依赖性和事件依赖性，会持续不断地影响能力特征对驾驶安全行为的作用。换言之，飞行员能力特征对驾驶安全行为和工作绩效的预测效率在很大程度上取决于其心理状态水平。因此，将民航飞行员心理选拔内容分为具有稳定性的能力特征和动态性的心理状态，无疑能更好地预测飞行员的驾驶安全行为绩效。

人机交互系统的人因设计

人机交互系统的人因设计可以减少操作者的失误。良好的系统设计一方面能大大降低操作者犯错误的概率；另一方面，当失误发生时，系统会容忍一定程度的错误，以避免灾难性后果。因此，减少人因失误的不利影响可以从人以外的环节入手，使硬件、软件、环境这 3 个环节更适宜或更匹配于人。

（1）改善硬件本质上的安全设计

与飞行员操纵相比，自动化系统通常能更好地操纵飞机。然而，为了保障飞行安全，飞行员必须处于闭环系统中，以便在自动化系统出现故障时及时接替操纵。要解决这一问题，不仅需要加强自动化系统等硬件设备的自我避错、容错和纠错功能；同时，各种控制器的设计应采取不同形式的编码，其运动属性也应符合飞行员的认知特点，尤其显示器提供信息的方式必须有助于提高飞行员的信息加工效率，这样我们才能从根本上强化并提升系统的可靠性。

（2）注重软件的编排设计

软件的编排与设计涵盖了广泛的领域，如完善规章标准和计算机软件的格式保护、改进检查单和工作单/卡、优化运行程序、修订运行手册和地图与航图（机场与航路设计）等。因此，在对软件进行设计时，要充分考虑人的局限和认知特点，使软件适宜于人。虽然严格遵照标准操作程序（Standard Operating Procedures, SOPs）可以降低飞行员的失误率，但标准操作程序本身也并非适合任何条件和情况。因此，标准操作程序仍然具有一定的变通性。尤其是近年来，美国联邦航空管理局在对飞行事故和事故征候调查的基础上，几乎每年都会对联邦航空条例（Federal Aviation Regulations, FAR）进行多次修改并公布新的航空条例，这无疑为改善人－软件界面的相容性做出了重要贡献。

（3）改进工作环境

环境这一概念相对宽泛，其中某些环境因素是人类力量难以改变的，比如气象状况、跨时区飞行、机场的设计布局、净空限制、地形特点和夜间值班等，对于这种情况我们只能选择积极适应和应对；而另一些环境则可以被改造和优化，如地空通信设施、工作场所的物理条件、微气候环境、外部干扰等因素。尤其需要重视飞行员的座舱环境，可以采取防噪装置对抗高强度的噪声，改进其工作环境，努力创造舒适、安全的工作场所，尽可能减少对人的不利影响。

（4）改善人－人界面相容性

改善人－人界面的相容性，对维护航空安全具有重要意义。其途径之一就是提高飞行员之间，以及飞行人员与飞行活动关联者之间的交流或沟通技能。2007年4月13日，某航空公司机组在肯尼迪机场滑行过程中，与地面管制员之间产生了严重的语言沟通障碍。此事件的根源之一在于管制员的沟通兼容性显著不足，具体表现为其语速过快，且在交流过程中表现出急躁与缺乏耐心的态度，完全忽视了通话对象——即非英语母语的飞行员——在语言理解上的潜在困难。因此，提升飞行机组、空管班组、机务维修等运营人员之间的协作与沟通水平，是确保航空安全的关键措施之一。

机组资源管理训练

机组资源管理（CRM）是一种训练方法，旨在通过利用所有可用资源（包括人员、设备和信息）来保障飞行安全，并通过对机组人员失误的预防和处理来提升飞行安全的水平。其目的是为机组从团队角度克服和避免各种飞行失误提供可能性。本小节将从CRM训练的意义、CRM技能培训的内容等方面对该部分加以简单介绍。

（1）CRM训练的意义

近年来，由人因失误导致的飞行事故频发，这不仅加深了人们对航空人因训练重要性的认识，也促使了对传统飞行训练模式的深刻反思。虽然精湛的飞行技术是保障航班安全高效运行的基石，但在缺乏有效机组协作的情况下，即便是高超的技术也难以独自确保飞行的万无一失。现代航空人因训练体系在强调飞行员个体知识与技能的同时，更加突出了人际沟通与团队协作训练的重要性，以及培养飞行安全管理的正确态度与习惯，旨在构建全方位的安全防线。此外，心理训练的焦点也由单一强调个体的心理运动技能转向了对复杂情境下的认知监控、交流与协作技能的训练。尤其是当代航空人因研究已经明确证实，特定的知识体系、技能水平、机组人员之间的有效沟通、人际交往、决策制定、问题处理、情境意识，以及领导才能等，这些CRM相关技能在确保飞行安全操作中发挥着至关重要的作用。可见，采用符合现代航空工业发展需求的CRM训练模式，对于进一步提升飞行员的心理素质和提升航空安全标准，具有极其深远的现实意义。

（2）CRM技能培训的内容

现代航线飞行员的驾驶角色已经从传统的飞机操纵者转变为机组资源的管理者，机长既是驾驶舱环境的控制者，又是机组的决策者、信息的发布者和代言人。尽管机长的这种多重角色任务模型涉及的CRM训练内容十分广泛，但可概括为飞行情境意识、领导与管理技能训练、机组交流与合作技能训练、工作负荷管理训练以及飞行决策训练这5个模块。通过实施和强化这些CRM训练模块，可以帮助飞行员从容应对各种情况，提高航线运行的安全性。

①飞行情境意识。CRM对飞行情境意识技能的训练设定了如下4个方面：一是注意分配训练。飞行活动常出现各种平行任务，特别在紧急状态下往往会导致注意分配紧张而表现为剩余注意力几近于零，从而直接危及飞行安全。注

意分配主要由当时情境下的思维定势所驱动。二是模拟机训练。模拟机训练能够使飞行员安全地重建日常飞行中很少遇见的处境。通过训练和强化特定的紧急情况程序，许多问题可以通过经验数据库内容得到解决。三是自动化意识训练。自动化设备的应用，大大降低了飞行员的工作负荷，但必须处理好自动化设备与情境意识之间的关系，利用它们准确有效地完成飞行任务，建立正确的情境意识，以确保飞行安全。四是短期策略训练。在航空领域，驾驶舱短期策略指的是机组人员针对当前或即将面临的特定飞行任务、紧急状况或特殊处境，迅速制定并执行的行动方案。这种策略的核心特点在于对处境的针对性更强。

②领导与管理技能训练。机长承担着评估与管理所有与确保安全飞行任务顺利完成相关的可用资源的核心职责。因此，在训练的过程中，应从如下4个方面加强或训练机长的相关能力。一是冲突处理训练。在机组协作和配合中，冲突是不可避免的。处理冲突的原则是把注意力集中在"什么"是正确的，而不应强调"谁"是正确的。二是授权和委派训练。作为一个领导者，通过授权和任务的委派可以使整个机组的效益达到最佳。三是影响力训练。机长的权力是法律所赋予的，权力影响力的显著特征就是有一定的强制性。此外，有效的领导还需依赖于由品格、才能、知识和感情等因素构成的非权力影响力的作用。四是环境设置训练。只有在一定条件下，领导功能才能得到充分发挥。在建立健康良好的交流质询环境、完善短期策略、对工作负荷进行控制的同时，将恰当合理的管理方式运用其中是关键。

③机组交流与合作技能训练。训练内容包括：一是简述与讲评训练。简述是实现信息共享并征集机组其他成员的反馈，飞行后讲评的价值在于为以后的飞行安全奠定基础。二是标准操作程序训练。该训练是飞行员必须遵守的飞行程序、飞行规章以及驾驶操作行为规范，不仅是驾驶舱管理的重要功能，也为大多数驾驶舱交流提供了一个基本结构。三是标准喊话训练。对模式、高度等的标准喊话能够保证机组共享相同的情境意识。四是质询与反馈训练。良好的质询技巧要求我们在积极提问的基础上，确保质询的信息能够被接收者清晰理解。并且需要根据不同情境，运用恰当的技巧，使被质询者愿意接受并积极响应。五是检查单的执行训练。执行检查单是确保飞行安全和预防遗漏关键步骤的重要措施，应做到"口到，手到，眼到"。同时，执行检查单的时机应当根据

飞行当时的具体情况和整个机组的精力状态灵活决定。

④工作负荷管理训练。具体训练包括以下内容。一是疲劳识别训练。飞行疲劳将导致感觉技能、认知和手控能力下降。因此，及时、准确地监控和识别这些机组的行为是工作负荷管理技能的重要内容。二是任务分配训练。驾驶舱内的自动化设备能降低飞行员的工作负荷，使他们专注于亟待解决的问题。这是将驾驶舱工作负荷状态控制在适宜范围内的有效途径。三是注意分散识别训练。在飞行过程中，多种因素可能导致飞行员的注意力分散，例如模糊的信息、对自动控制系统的过度依赖等，通过训练该方面的能力，以降低可能导致的飞行事故。四是警戒意识训练。过低或过高的警戒水平都可以使工作效率降低。使警戒意识处于一种适当水平，有助于降低工作负荷。

⑤飞行决策训练。CRM中，决策是其最基本的训练技能，它主要涉及4个方面的内容。一是模拟训练。在机组资源管理训练中，采用模拟机模拟已经发生过的飞行事故进行训练会取得事半功倍的效果。二是重视决策行为中的不同意见。在飞行机组中，必须明确机长的地位和领导权威，同时机长本身也应保持出色的判断力、决策力和指挥能力。三是资源分配及反馈调整训练。要求自行设定一个航班飞行任务的工作的重点，对飞行任务完成的时间、人员和资金进行计划和分配。四是风险决策训练。在紧急状态下，机组决策涉及飞机与旅客的安全，被要求做出风险型决策，对于这种决策行为的思维方法，机长应着重选择最有希望的方案行动并准备好必要的应变方案。

第2章
飞行活动中的注意机制

1972年,一架宽体运输机在美国迈阿密附近的大沼泽地(Everglades)坠毁,当时机组正在试图更换一个失效的前起落架灯。美国国家运输安全委员会的事故调查发现,机组注意力分散可能扰乱了机组的正常飞行。主要表现有:正常的进近和着陆被异常的起落架指示灯打乱;他们移动了灯罩组件,却没有正确装上;副驾驶一直试图取下被卡阻的起落架灯罩组件,且注意力一直被这一想法所吸引;机长将他的注意力集中分配于帮助副驾驶更换组件和尝试另外的进近方式这两项任务上;机组对飞行其他需求的注意力降到了最低;最后,机长没有确保有一名飞行员始终对飞机动态发展保持监控状态。

注意是个体心理活动或意识对特定对象的指向与集中,维持良好的注意对于人机系统的高效运作至关重要。注意力的集中使飞行员能够迅速捕捉到感知线索,并及时获取来自驾驶舱仪表和外部环境的信息,尤其是那些需要优先处理的任务提示。选择性注意则有助于飞行员在复杂多变的飞行环境中保持对关键目标的警觉,而视觉空间选择性注意机制在目标定位和追踪等军事研究领域有广泛的应用。注意力的转移能力是确保飞行任务高效且安全执行的关键,例如,飞行员若过度专注于视觉信息而忽略了听觉告警信号,可能会导致"非注意盲视",从而错失对飞行绩效和安全至关重要的信息。本章介绍飞行活动中多任务处理的注意分配机制、飞行听觉警报失聪的影响因素研究,以及多任务管理中的视听通信提示方式。

2.1 飞行活动中多任务处理的注意分配机制

随着航空业的发展，人机交互系统的复杂度不断提升，飞行员的职责也随之发生转变。相较于以往，飞行员不仅执行操作，还更多地参与到系统监控和决策等管理任务中。20 世纪 70 年代以来，包括导航、飞行控制和推进控制在内的自动化系统逐渐整合，使得飞行员的操作任务减少，而监控、决策和管理等职责则相应增加。在这种趋势下，飞行员在执行飞行任务时，尤其是在飞机的启动、爬升、下降和进近等关键操作阶段，需要同时处理和关注多方面的信息和任务，这对他们的任务管理能力提出了更高要求（姬鸣，2015）。

情境意识涉及在特定环境和时间点上对相关元素的感知、理解，以及对未来可能状态的预测。注意力的有效分配是评估飞行员情境意识水平的关键因素（Wickens et al., 2008）。注意力资源的不当分配不仅可能导致飞行绩效下降，还可能增加操作失误的风险，对飞行安全构成威胁。本节将基于与飞行任务相关的多任务管理实验，探讨飞行活动中多任务处理的注意分配机制。我们的目标是丰富和完善相关理论，为优化人机界面设计、飞行员培训策略，提高飞行员的情境意识，以及预防航空人因失误提供理论依据和实证支持。

2.1.1 多任务注意分配概述
多任务处理与注意分配

在认知科学领域，注意被视作一种高级认知功能，其核心在于通过策略性地分配有限的认知资源，以优化对特定任务的处理能力。这一过程不仅涉及对无关刺激的主动抑制，还包括选择性注意与分散注意机制的精细调控。作为注意系统的重要组成部分，选择性注意使得个体能够在复杂环境中筛选出对当前任务至关重要的信息，是认知资源高效利用的关键。而分散注意则进一步拓展了认知加工的广度，使个体能够同时应对多个并行任务，如在飞行任务中，飞行员需忽视冗余信息，专注于与任务相关的听觉信号。

多任务处理（Multitasking）作为同时执行两个或两个以上独立任务的行为模式，目前已成为现代飞行作业中的常态。随着新一代飞机驾驶舱的智能化与飞行任务的复杂化，飞行员在执行多任务时面临的认知挑战愈发严峻，需频繁地在多源信息间切换，管理复杂多变的认知负荷。其中，情境意识作为飞行事故链的重要防线，其水平与飞行员的注意分配策略紧密相关，尤其在高负荷、多目标的环境下，注意分配的效率直接反映了作业人员的情境意识水平。

研究表明，影响飞行员注意分配的因素是多维度的。外部因素能在不同程度上影响飞行员的注意分配模式，如天气条件（Ahmadi et al., 2022）、飞行复杂度（Lounis et al., 2021）等，界面设计的合理性也是影响注意导向的关键因素，它通过优化信息显示与交互方式，促进飞行员对关键信息的有效捕捉与处理。此外，特定环境设置也会引发个体的空间定向障碍，同时，飞行员之间的个体差异也不容忽视，如注意广度、操作经验等个体特征在塑造视觉扫描模式与注意分配策略方面发挥着重要作用（Lounis et al., 2021; Mika et al., 2022; Shao et al., 2021）。当个体内部因素与外部条件无法匹配时，如仪器指示与个体感知间的不一致，会进一步增加注意分配的复杂性（Fudali-Czyż et al., 2024）。

综上所述，多任务处理下的注意分配是飞行作业安全高效的关键，其复杂性要求综合考虑外部环境、任务特性、界面设计以及个体特征等多重因素，以优化飞行员的注意资源配置，确保飞行任务的顺利执行与航空安全。

理论基础

（1）资源限制理论

波斯纳（Posner）与博伊斯（Boies）（1971）率先提出了注意的资源限制理论，该理论将注意解构为机警性注意、选择性注意及有限的处理能力三大核心要素。诺曼与博布罗（Bobrow）（1975）通过深入研究集中处理与共享注意资源的界限，指出任务性能不仅受中央处理资源量的影响，还高度依赖于输入数据的质量。这一修正对于理解情境意识中信息资源的处理尤为关键。随后，纳冯（Navon）与戈弗尔（Gopher）（1979）提出了多资源理论，该理论主张人类认知系统具备多通道并行处理能力，各通道资源独立，若任务间资源需求无重叠，则可实现任务的并行高效执行。

（2）多任务管理理论

多任务管理理论为探讨注意机制提供了丰富的实验场景，其中双耳分听实验尤为典型，它通过让被试同时接收并仅关注一侧耳朵的声音，评估其对非关注侧声音的回忆能力，从而量化选择性注意与分散注意的能力。它可以模拟飞行员在复杂飞行环境中处理多重听觉刺激的场景，飞行员需从众多空中交通管制指令中筛选出特定呼号并做出响应，这一过程体现了高度的选择性注意能力。

（3）SEEV（Salient Effort Expectancy Value）注意分配模型

威肯斯等学者通过一系列实验，深入研究了影响飞行员注意分配行为的多种因素，包括信息突显性、期望、价值、努力等，并据此构建了SEEV模型（Wickens et al., 2003）。该模型将信息加工机制划分为自下而上的输入特征驱动与自上而下的自动搜索或选择性控制两条路径。SEEV模型将影响注意分配的因素归类为：信息突显性、获取信息的努力程度（自下而上），以及信息呈现概率与信息重要度（自上而下）。此模型为理解注意分配机制提供了全面的视角。

（4）注意-情境意识（Attention-Situation Awareness, A-SA）模型

威肯斯等人（2008）引入的A-SA模型，专注于飞行员情境意识导致的人为失误建模。该模型假设情境意识在无关事件注意过程中的衰减速率快于缺乏注意需求时的长时工作记忆遗忘速率。A-SA模型基于SEEV模型的注意分配原理，利用眼动数据作为注意分配的客观指标。模型由两大模块构成：一是控制特定情境下事件或通道注意分配的资源管理模块；二是基于当前情境对飞机状态进行理解与预测的决策模块。A-SA模型的核心逻辑关系包括脑力负荷影响注意分配的效能与模式、注意分配水平反映情境意识的高低、情境意识驱动对未来态势的感知，进而影响注意分配的期望与策略。

2.1.2 不同飞行经验飞行员在多任务情境中的注意分配研究

较为普遍的观点认为，经验能够拓展人类的认知能力，包括记忆与注意能力，它们能够帮助作业人员克服认知瓶颈。经验不仅加快操作行为的自动化，降低执行任务时的注意需求和消耗，还涉及知识、能力、策略等多维度的复杂组合。长时记忆、心理模型、决策制定、模式匹配及自动化等情境意识的核心认知功能均受到经验的影响。专家飞行员通过长期飞行实践，在长时记忆中构建了与情境紧密相关的心理模型和模式，这些模型在飞行过程中被激活，并与环境线索相匹配，从而有效评估当前情况，这是维持高水平情境意识的关键。

高、低经验者在多任务情境中的注意分配

（1）不同经验的飞行员的注意分配与视觉搜索模式

在复杂的航空环境中，飞行员的注意分配和视觉搜索模式对于任务执行的效率和飞行安全至关重要。专家飞行员凭借其高度发展的视觉搜索模式，能够迅速且精准地识别关键信息，并优先处理高优先级任务，从而显著提高信息获取的效率和准确性。研究表明，具有一定飞行经验的飞行员在注意分配上表现出更高的效率（Lounis et al., 2021; Mika et al., 2022）。有研究发现，飞行模式（自动驾驶vs手动控制）和飞行经验（多vs少）都会影响飞行员在驾驶舱中的视觉扫描模式（Lu et al., 2020）。与飞行经验丰富的飞行员相比，飞行经验不足的飞行员在手动控制空速时表现出更多的注视次数和更短的停留时间。这种差异可归因于专家飞行员对飞机动力学的深刻理解和其形成的心理模型，使其能够预见性地扫描关键仪表，在有限时间内提取更多有价值的信息从而维持高水平的情境意识。

视觉扫描模式是飞行员注意力管理的核心环节，直接影响决策质量（Shao et al., 2021）。飞行员若过度集中于某一方面而忽视其他重要线索，可能导致决策失误（White & O'Hare, 2022）。视觉扫描模式作为注意分配的个性化视觉策略，在飞行经验丰富的飞行员和新手飞行员之间存在显著差异，并受到能见度条件的显著影响（Ahmadi et al., 2022）。在复杂情况下，飞行经验丰富的飞行员比新手飞行员展现出更灵活的扫描策略。专业飞行员在感知上表现出更高的效率（更多的注视次数和更短的停留时间），其注意分配和视觉扫描模式优于没有实际飞行时数的新手（Lounis et al., 2021; Mika et al., 2022）。怀特（White）和奥黑尔（O'Hare）（2022）证实了"无意失明"在航空领域的影响，他们发现许多见习飞行员会由于参与手机通话而未在视觉场景中发现清晰物体。当新手飞行员将注意力集中在其他驾驶舱指标上时，他们可能会在最后的进近中忽略驾驶舱外的其他重要线索。尽管将注视视为人类注意是一种简化，但这些发现表明，飞行经验丰富的飞行员比飞行经验不足的飞行员更频繁地切换注视，从而利用不同的视觉策略。

航空学家发现，专家飞行员拥有更有效的视觉分配策略和独特的扫描策略，他们知道在当前任务中，注意应该集中在哪里以及应该获取什么信息。专家飞行员不仅能快速转移注意以有效地获取重要信息，也能比新手更快地决定哪些是优先级较高的任务，需要集中注意力。马东（Matton）等人（2016）研究了在多任务情境中，当子任务价值发生变化后，不同经验水平的被试表现的差异。结果发现，新手倾向于遵循局部优先策略，会过度关注更重要的任务而忽略其他任务，影响整体绩效。而有经验的被试则遵循整体优先策略，即使在子任务价值变化时，也继续关注低价值的子任务，特别是当它威胁到整体绩效时。这表明新手在多任务情境中更易发生注意隧道效应，过度关注高优先级任务而忽略其他任务。但也有实验发现新手在多任务情境中更易发生任务优先失误，他们首先关注了较低优先级的任务而损害了更高优先级的任务。这种截然相反的结果可能源于实验任务属性的不同。在当前的国际研究中，威肯斯提出的 SEEV 模型是飞行员注意分配研究的前沿成果之一。SEEV 模型认为飞行员的注意分配主要受到 4 个因素的影响：信息的突显性（Salience）、获取信息所需的努力（Effort）、作业人员的期望（Expectancy），以及信息的价值（Value）。其中，信息的突显性和努力是自下而上的驱动因素，主要与物体的客观属性相关；而信息的价值和作业人员的期望则是自上而下的驱动因素，更多地与经验有关。冯传宴等人（2020）的研究通过操纵价值和期望来研究不同负荷下注意分配策略对情境意识的影响。研究发现，在不同负荷条件下，平均分配注意的策略（如主次分配和多级分配）相较于其他策略，会导致更低的情境意识水平。这可能是因为平均分配策略容易导致注意力的分散。然而，该研究的实验任务较为简单，且未考虑经验的影响。因此，在飞行生态效度更高的多任务情境中，具有不同经验水平的飞行员的表现差异以及价值和期望对注意分配的影响，还需要进一步研究。

（2）高、低经验对多任务情境中的注意分配的影响

崔旭阳（2021）通过多属性任务管理实验，利用眼动仪研究了不同经验水平的被试在不同情境下的注意分配（见图 2.1）。实验设计为 2×2×2 的混合设计，其中自变量为注意分配方式、工作负荷和经验水平（分为无经验和有经验两组）。注意分配方式和工作负荷为组内变量，而经验水平为组间变量。实验对象包括普通大学生（无经验组）和飞行学员（有经验组）。实验的因变量为眼动指标，具体为被试在任务中对各个兴趣区域的注视时间百分比。研究旨在分析被试在多任务环境下的注意分配模式。

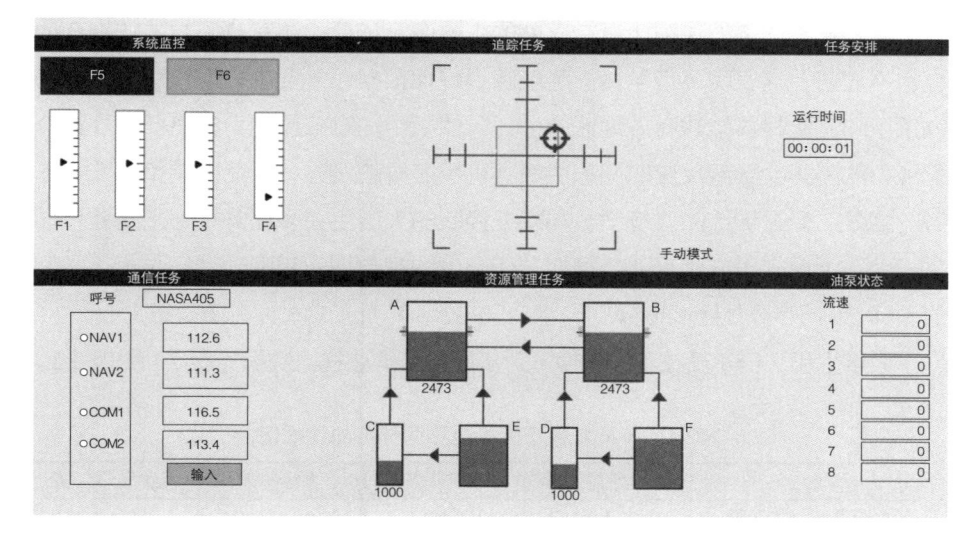

图2.1 多属性任务管理界面

资料来源：崔旭阳. (2021). 注意分配方式与负荷对多任务管理的影响：飞行经验的调节效应 (硕士学位论文). 陕西师范大学, 西安.

研究结果表明，大学生被试的注意分配方式对系统监控任务的注视比具有显著的主效应。具体来说，当注意进行多级分配时，系统监控任务的注视比显著低于注意平均分配的情况。然而，注意分配方式对于追踪任务、通信任务和资源管理任务的注视比没有显著影响，这表明注意分配方式主要影响多属性任务管理中的系统监控任务。这一发现表明，经验较少的个体在多级注意分配时情境意识的降低，并非由于任务处理能力的限制，而是由于未能根据任务需求合理分配注意力。此外，研究发现任务负荷对系统监控任务的注视比有显著的主效应，其中高负荷条件下的注视比显著高于低负荷条件。同时，注意分配方式与任务负荷之间存在显著的交互作用。在追踪任务中，任务负荷的主效应同样显著，高负荷条件下的注视比显著低于低负荷条件。这些结果揭示了任务的总体难度和子任务的相对难度对经验较少者注意分配的影响：在任务总体难度较低（即低负荷）的情况下，难度较高的追踪任务更可能吸引被试的注意力。

与大学生被试不同，飞行学员被试的注意分配方式对系统监控任务、追踪任务、通信任务和资源管理任务的注视比均产生了显著的主效应。这表明飞行学员经过长时间的训练，已经能够根据任务要求有效地分配注意力。此外，任务负荷对这些任务的注视比没有显著的主效应，负荷和注意分配方式的交互效应也不显著。这表明飞行学员已经能够很好地根据任务要求分配注意力，且研究采用的实验材料能够有效地区分多任务情境中注意分配能力的高低。注意分配能力的差异会导致反应时间和决策准确性差异的发生，进而影响整体飞行任务的绩效。受过训练的飞行学员与毫无经验的大学生在多任务处理上的差异非常显著。因此，研究优秀飞行员在多任务中的视觉搜索和眼动特征与新手之间的差异，对于针对性地训练新手、降低事故率和训练成本具有重要意义。

大学生和飞行学员在不同条件下对不同任务的注视比数据见表2.1和表2.2。

表2.1 不同条件下大学生不同任务的注视比

	系统监控任务	追踪任务	通信任务	资源管理任务
低负荷注意平均分配	0.203 ± 0.183	0.254 ± 0.124	0.198 ± 0.198	0.338 ± 0.183
低负荷注意多级分配	0.204 ± 0.188	0.259 ± 0.175	0.197 ± 0.146	0.340 ± 0.186
高负荷注意平均分配	0.231 ± 0.180	0.245 ± 0.099	0.203 ± 0.199	0.343 ± 0.164
高负荷注意多级分配	0.209 ± 0.147	0.251 ± 0.157	0.201 ± 0.113	0.349 ± 0.197

表2.2 不同条件下飞行学员不同任务的注视比

	系统监控任务	追踪任务	通信任务	资源管理任务
低负荷注意平均分配	0.228 ± 0.190	0.229 ± 0.191	0.180 ± 0.199	0.352 ± 0.145
低负荷注意多级分配	0.218 ± 0.118	0.250 ± 0.180	0.170 ± 0.122	0.367 ± 0.194
高负荷注意平均分配	0.236 ± 0.153	0.223 ± 0.179	0.187 ± 0.203	0.346 ± 0.169
高负荷注意多级分配	0.219 ± 0.165	0.240 ± 0.174	0.167 ± 0.170	0.373 ± 0.196

资料来源：崔旭阳. (2021). *注意分配方式与负荷对多任务管理的影响：飞行经验的调节效应*(硕士学位论文). 陕西师范大学, 西安.

飞行员期望对多任务情境注意分配的影响

研究指出，经过专业训练的飞行员能够依据信息的价值和期望来调整他们的视觉搜索策略，而不易受到信息突显性及获取信息所需努力等不利因素的影响。在基础认知实验中，期望被证实能够显著影响个体对意外刺激的检测能力，其中高期望个体检测到意外刺激的概率显著高于低期望个体。航空领域的研究也发现，飞行员倾向于更多地关注那些变化频繁的仪表，这是因为他们对这些仪表持有更高的期望。期望与任务的重要性一样，是影响注意分配的关键因素。在威肯斯提出的SEEV模型中，信息的出现概率（期望）和信息的价值构成了自上而下的加工机制。经验丰富的飞行员之所以拥有更优秀的注意分配和视觉搜索策略，正是因为他们更频繁地采用自上而下的注意分配模式。

（1）期望对注意分配的影响

期望与价值虽然有所区别，但又是相辅相成的。例如，在夜间驾驶时，由于能见度低和车流量相对较少，驾驶员对车外景象的采样频率较低，但忽视路面障碍可能带来严重后果，因此对车外景象的观察具有较高的价值。这种期望与价值的整合模型揭示了由知识驱动的自上而下的注意因素，可能代表了实际视觉搜索的最佳策略。在汽车驾驶研究中发现，驾驶员往往难以注意到意料之外的危险区域，而这些区域往往是他们未进行视觉探索的低期望高价值区域。在航空领域，飞行员对低概率异常事件的反应是影响未来航空安全状况的关键。未来的研究将探讨是否可以通过训练强化人们对期望价值模型的遵循，以及期望价值模型对注意力、情境意识和决策的影响。

（2）期望对多任务情境注意分配的影响

崔旭阳（2021）采用多任务管理范式，研究了期望在多任务情境中对注意分配的影响。在实验中，期望作为自变量，通过系统监控任务的频率来操纵。追踪任务和资源管理任务各占总得分的40%，而系统监控任务和通信任务各占总得分的10%。追踪任务、通信任务和资源管理任务的频率保持不变，高期望组的系统监控任务频率较高，每个部位发生故障的概率为2%；而低期望组的系统监控任务频率较低，故障概率为1%。系统监控任务的响应时间和注视比作为因变量指标。

研究结果显示，期望对系统监控任务的响应时间和注视比均有显著影响（见表2.3）。高期望组在系统监控任务的响应时间上显著短于低期望组，同时，高期望组在系统监控任务的注视比上显著高于低期望组。这些发现表明，在多任务环境中，期望是影响飞行员注意分配的一个重要因素。

表2.3 期望对系统监控任务响应时间与注视比的影响

	系统监控任务响应时间（ms）	系统监控任务注视比
低期望	4688.03±453.79	0.232±0.015
高期望	3856.18±499.86	0.251±0.016

资料来源：崔旭阳. (2021). 注意分配方式与负荷对多任务管理的影响：飞行经验的调节效应(硕士学位论文).陕西师范大学,西安.

当某一通道或兴趣区以高频率更新信息时，工作人员会预期更多信息的出现，并因此更频繁地对其进行采样。对飞行员仪表扫视和视觉搜索模式的分析表明，姿态仪，即表征飞机俯仰和翻滚的仪表，因其变化频繁而受到飞行员最多的关注。崔旭阳（2021）的研究发现，被试对更新频率较高的兴趣区抱有更高的期望，并因此更多地关注这些区域。根据威肯斯的SEEV模型，信息呈现概率（期望）和信息重要度是自上而下的加工机制的关键因素。经验丰富的个体之所以拥有更优秀的注意分配和视觉搜索策略，是因为他们更倾向于使用自上而下的注意模式。期望价值模型，将期望和价值整合在一起，描述了由知识驱动的自上而下的注意因素，这可能是实际视觉搜索的最佳策略。注意分配策略和视觉搜索策略作为一种认知技能，是可以通过模拟、训练和迁移来提升的。研究价值和期望对注意分配的影响，以及探索注意分配和视觉搜索的最佳方案，可以显著降低训练成本、提高训练效率和降低事故率。

最后，艾哈迈迪（Ahmadi）等人（2022）开发了一种基于注视的培训计划，以改善通用航空领域新手飞行员的视觉表现。建议通过更多选择性的注意，将分配视觉训练与仪表阅读相结合，以改善飞行经验不足的飞行员的视觉扫描模式。例如，使用基于视频的训练进行基于凝视的干预（Ahmadi et al., 2022），注意分配技能和仪表阅读的整合训练（Shao et al., 2021），可能会提高他们视觉信息获取的效率。此外，配备眼动追踪技术的飞行训练设备能够深入分析飞行员的注视模式，从而改善视觉表现和提升飞行训练的效率。

2.1.3 注意定势和刺激特征对非预期物体觉察的影响研究

在飞行作业中，飞行员需在多个任务之间进行灵活的注意选择与分配，同时有效屏蔽非相关信息的干扰。因此，合理的注意分配和转移是高效处理多项任务的关键。然而，人类的视觉意识是有限的，当注意资源不足时，可能导致视野中的信息无法提升到意识层面，进而诱发功能性视盲。特别是当注意被高度锁定在某项任务中时，一旦出现突发性或非预期性的刺激，它们极有可能被忽略，这种个体对视野中非预想事物的出现视而不见的现象被称为无意视盲（Inattentional Blindness, IB）（Hutchinson et al., 2022; Simons et al., 2024），在航空领域，IB尤为危险，特别是在目视进近阶段，飞行员需应对众多视觉信息，需强大的视觉意识保障安全操作。回顾2008年至2018年间的航空运输目视进近事故报告，视觉意识被多次强调。例如，飞行员忽视跑道障碍或邻近危机等情形，将直接增加碰撞风险。IB 已在多种不同的刺激和任务研究中得到了广泛的验证和探索。研究通过操纵刺激特征和注意任务，探索注意定势与刺激特征对非预期物体觉察的影响。然而，由于研究方法的多样性，实验结果间存在争议，且各因素间的相互作用机制尚待深入剖析。需要进一步研究的是，哪些自下而上的刺激特性（如物理属性）与自上而下的注意定势（即基于个体经验、目标或预期）共同作用于 IB 现象。这些探索有助于增进研究者对注意分配与监控机制的理解，为减少现实环境中因注意盲视导致的潜在风险提供重要的理论支撑。

注意定势与视觉特征对无意视盲的影响

（1）视觉特征显著性对无意视盲的影响

非预期刺激的觉察依赖于其显著性，即越显著的非预期刺激越有可能捕获注意。例如，麦克（Mack）和罗克（Rock）（1998）的研究表明，白色三角形比黑色三角形有更低的无意视盲率，证实了非预期物体的亮度显著性可以减少无意视盲的产生。

（2）视觉特征相似性对无意视盲的影响

在觉察非预期物体的相似性效应方面，以往的选择性注视研究结果存在冲突。有研究发现，当非预期物体与注意项目相似时，并没有增加对非预期物体的觉察（Neisser & Becklen, 1975）。而莫斯特（Most）等人（2001）的研究则发现，与注意项目亮度相似的非预期刺激（无意视盲 6%）相比，与被忽略项目的亮度相似时（无意视盲 94%），觉察率有所提升。

（3）注意定势对无意视盲的影响

注意定势是指观察者对于特定任务或信息的一种准备状态，在这种状态下，准备接收的信息会得到精细加工，而其他信息可能被忽略。有条件注意捕获假设认为，注意的捕获依赖于观察者的注意定势，只有与观察者当前目标特征相匹配的刺激才会捕获注意。在一项动态显示的无意视盲研究中，当观察者专注于黑色或白色项目时，大约 30% 的观察者没有注意到一个大红色的移动的"+"，即使它具有独特的颜色、亮度、形状和运动轨迹，并且持续 5 秒可见（Most et al., 2001）。

（4）注意定势与特征显著性对非预期物体觉察的影响

在既往研究中，非预期项目的刺激特征被系统地操纵，以探讨这些特征显著性对 IB 的影响。具体而言，当被试专注于圆形物体时，其注意定势则集中在形状这一维度，导致圆形物体成为注意目标，而正方形物体则被视为非注意目标。任何未被预期出现的物体均被归为非预期物体。其中，形状特性被视为与注意定势紧密相关的维度，而颜色特性则被视为无关维度。当前研究尚需深入探究的是，注意定势相关与不相关维度的显著性是否同等影响非预期物体的识别，以及特征显著性是否独立于注意定势存在。

郭亚宁（2010）采用动态无意视盲的经典实验范式，探讨了注意定势与特征显著性对非预期物体觉察的影响。实验采用了 2（注意定势：相关维度，不相关维度）× 2（显著性：显著，不显著）的被试间因素设计，通过动态视觉场景模拟，包含 8 个不同颜色和形状的图形元素（如绿色与青色的圆形，蓝色与青色的正方形），这些元素以随机速度在独立轨迹上移动并相互碰撞。每位被试需完成 6 次试验（含 1 次练习），每次试验时长 15 秒，主要任务为默数特定颜色或形状的图形的碰撞次数，同时忽略其他图形。

结果显示，非预期物体在不相关维度（颜色）上的显著性提升了觉察率，降低了无意视盲的发生率，这支持了自下而上刺激特征在注意捕获中的重要作用。当被试依据形状建立注意定势后，他们倾向于优先处理与定势相符的物体，而自动忽略其他无关特征（如颜色）。即便非预期物体在形状（即注意定势相关维度）上具备显著特征，若其未与当前注意定势匹配，仍会被忽略，以确保基本任务的顺利执行。

（5）注意定势与特征相似性对非预期物体觉察的影响

在以往的研究中，注意定势与物体特征相似性对非预期物体觉察的单独效应虽已分别探讨，但两者在无意视盲现象中的交互作用机制尚未获得系统性分析。一个核心议题在于，非预期物体与注意定势相关及不相关特征维度上的相似性，是否同等程度地影响无意视盲的发生。

为解决这一关键疑问，郭亚宁（2010）采用动态无意视盲范式，设计了一项 2×2 的被试间实验，旨在深入剖析注意定势维度（相关，不相关）与物体特征相似性（相似，不相似）对觉察效率的联合效应。实验中，研究者通过形状特征构建注意定势，并分别考察了非预期物体在形状（相关维度）及颜色（不相关维度）上与注意项目的相似性对觉察率的影响。

研究结果显示，非预期物体在注意定势相关维度上的相似性显著促进了觉察，具体而言，当观察者依据形状特征形成注意定势时，非预期物体与注意项目在形状上的相似度提升显著提升了觉察率。反之，颜色等非相关特征的相似性则未对觉察率产生显著提升作用，表明这些特征在区分注意焦点与非注意区域时的作用有限。上述发现强调了注意定势在调控非预期物体觉察中的核心作用：当非预期物体在注意定势所关注的特征维度上与注意项目相似时，其被觉察的可能性显著增加，从而有效减少了无意视盲的发生。这一结论揭示了注意定势在区分相关与无关刺激、优先处理目标信息，以及抑制对无关刺激反应中的关键作用。

注意定势和刺激意义对非预期物体觉察的影响

根据双耳分听任务和鸡尾酒会效应，有意义的信息会以较低的阈限值进入意识，而其他种类的不注意信息则不太会被知觉到。麦克等人提出意义－信号假设，认为有意义的刺激更容易逃脱无意视盲。观察者的名字和一张卡通笑脸会自动地吸引注意，容易被观察者发现；而非常普遍的单词、稍微改过的名字、一张拼凑的脸或悲伤的脸等，却很少捕获观察者的注意。刺激的意义促进了观察者对它的觉察，而不是其熟悉性。尽管人们能够基于视觉维度（如形状和颜色）灵活地构建注意定势，这些视觉特征也容易被视觉系统所分析。然而，关于人们是否能够依据更高层次的分类标准来建立注意定势的研究尚不充分。探讨非预期物体与注意目标在意义和分类上的相似性，对于理解知觉加工与注意之间的深层次功能联系具有重要意义。

（1）注意定势和刺激特征对非预期物体觉察的影响

郭亚宁（2010）在研究注意定势与特征显著性对非预期物体觉察的影响时发现，非预期物体的特征显著性与注意定势无关，而特征相似性则受到注意定势的影响。基于此，他们进一步探讨了自上而下的注意控制与自下而上的显著性特征如何相互作用，影响无意视盲现象的发生。实验采用了2（刺激显著性：显著，不显著）×2（特征相似性：相似，不相似）的被试间设计。其中刺激显著性是指非预期物体的颜色相比注意项目的颜色是否显著，特征相似性是指非预期物体的形状与注意项目的形状相比是否显著相似。研究中，当以形状特征建立注意定势时，考察了非预期物体的颜色与注意目标颜色的显著性差异，以及非预期物体的形状与注意目标形状的相似性。通过色环中的相似色和对比色，研究者操纵了非预期物体与注意目标在颜色特征上的视觉对比。当观察者依据颜色来区分注意目标和非注意目标时，颜色成为了注意定势的相关维度特征，而形状则成为了不相关维度特征。在实验中，被试仅需关注并默数两个物体的碰撞次数。

研究结果表明，自下而上的显著性特征与自上而下的注意定势相互作用，共同影响非预期物体的觉察率。显著性刺激并不总能自动捕获注意，其影响力还受到观察者自上而下的注意定势的调节。与注意定势相关维度相似的非预期物体更易被觉察。虽然刺激的显著性增加了捕获注意的可能性，但被试的注意定势仍是关键的影响因素。

（2）注意定势与刺激类型对非预期物体觉察的影响

意义是选择性注意的关键决定因素，它决定了知觉意识所关注的内容。尽管基于自下而上的属性，如独特的颜色或某物的突然出现，并不总能吸引注意，但富含意义的刺激却能显著捕获注意。当刺激因其蕴含的意义而被选中为注意焦点时，其语义内容往往在注意完全锁定前即被自动解析。相反，与当前任务脱节、缺乏意义的刺激则较难成为注意的对象。近期研究聚焦于探索观察者是否能依据高级分类框架构建注意定势，并在注意捕获前预先处理刺激的语义特征，以此提升对任务外有意义刺激的觉察能力。

郭亚宁（2010）的研究通过动态视觉与文字材料的结合，系统考察了注意定势（如水果、五金工具分类）与刺激类型（图像、文字）间的一致性对无意视盲现象的影响（实验材料见图2.2）。实验设计中，每个刺激均被赋予双重特征：语义类别（如水果、五金工具）与刺激类型（如图像、文字）。实验操纵了以语义分类为基础的注意定势，要求被试专注于特定类别（如水果图像）的注意目标。研究的核心在于评估非预期刺激在语义及形式层面与注意目标的一致性对其觉察概率的影响，采用了2（刺激类型：一致，不一致）×2（语义类别：一致，不一致）的被试间设计。实验材料通过电脑呈现，使用动态无意视盲任务，几何图形被具有实际意义的图像所替代。在实验中，当被试默默计数水果类别的撞击次数时，水果图像成为注意目标，而非水果图像则成为非注意目标。当非预期物体为水果图像时，刺激类型一致（都是图像），语义类别也一致

（都属于水果类别）。若非预期物体为水果文字，则刺激类型不一致（如文字与图像），但语义类别一致。

图2.2 实验中的刺激材料

资料来源：郭亚宁. (2010). *注意定势和刺激特征对非预期物体觉察的影响*（硕士学位论文）. 陕西师范大学, 西安.

研究发现，非预期物体与注意目标的刺激类型一致性对觉察率有显著影响。与图像相比，文字具有更丰富的语义内容，并在刺激的外在特征上表现出显著性。语义相关的非预期刺激更容易被察觉，这表明在吸引注意并被意识到之前，刺激的语义特征已经被前注意阶段激活。当观察者根据特定的语义类别建立注意定势，并区分注意目标与非目标时，与语义相关的非预期物体更有可能被察觉。进一步分析指出，基于语义分类的注意定势相较于基于低级视觉特征（如颜色、形状等）的定势，需要更高的认知加工负荷，这反映了注意在信息加工中心阶段对目标导向与刺激驱动注意分配的双重影响，可能干扰对非预期、任务无关视觉信息的意识处理。

综上所述，这些研究为理解复杂环境下注意的分配机制提供了新视角，并提示了通过针对性训练与干预策略增强个体对非预期物体觉察能力的可能性，这对于减少因注意分散引发的潜在风险具有重要意义。

2.2 飞行听觉警报失聪的影响因素研究

人的整体知觉对周边环境变化的探测是很敏感的，多数情况下个体可以检测到环境中的信号刺激。但情况并不是一直如此。很多研究表明，人类在执行注意需求型任务时难以捕获环境中的关键事件。譬如，飞行员沉浸于驾驶舱操作时没有发觉飞机警告信号的突然出现，这便是无意视盲。当前关于无意视盲的研究已经趋于成熟。同理，当人们集中注意于眼前的事物时，是否也能捕获偶然出现的听觉刺激？例如，人们沉浸于玩手机而未听到身后车辆鸣笛的声音。研究表明，当人们专注于当前任务时，可能会出现短暂性失聪的现象。这种现象在心理学上被称为无意失聪（Inattentional Deafness）或警报失聪（Alarm Deafness），它是指当人们专注于某一事件或场景时，对非预期出现的听觉刺激的忽略，以及对意外的听觉刺激的忽略（Causse et al., 2022; Zhu et al., 2023; 朱荣娟，游旭群，2022）。航空安全报告指出，无意失聪是导致航空事故发生的重要原因，因此有必要探索飞行员的无意失聪的发生机制并有针对性地进行干预，从而规避航空风险，提高航空安全效益。

2.2.1 听觉警报失聪的概述

单通道和跨通道听觉警报失聪

当前关于无意失聪的研究主要包括单通道和跨通道无意失聪。单通道研究主要探讨在不同听觉负荷条件下，被试对偶然出现的听觉刺激的探测，其关键刺激探测范式是通过给被试呈现一段听觉材料（如音乐片段）或构建贴近自然环境的日常对话场景作为情境，随后在这些背景刺激中嵌入新的关键声音线索作为刺激。实验结束后询问被试是否听到了额外的声音刺激，从而量化其对非预期听觉信息的敏感度。

跨通道无意失聪在现实生活中更为普遍，它主要探讨在不同视觉任务负荷条件下，被试对偶然出现的听觉刺激的探测。跨通道听觉关键刺激探测范式最早由麦克唐纳（Macdonald）和拉维（Lavie）（2011）提出并使用，这是探讨跨通道无意失聪的典型范式，它要求被试在低负荷条件下对两条垂直交叉的线段进行颜色判断，在高知觉负荷条件下进行长短判断（如图2.3所示）。其基本特点是关键试次中呈现意外的听觉刺激，避免预期等额外变量的影响。在实际研究中，研究者们通常对其范式进行一些改变，如视觉任务变为字母搜索和汽车驾驶任务等，听觉刺激也不再是单次呈现，而是以一定的小概率形式呈现。

跨通道Oddball范式被细化为两大类别：一类是视听Oddball范式（Auditory-Visual Oddball），另一类则是任务无关型听觉探测范式（Task-Irrelevant Auditory Probes）。这些范式被广泛用于探索跨模态听觉警报失聪的神经基础与机制。两者的共同之处在于，它们均同步向被试施加视觉与听觉双重刺激。视觉任务涵盖视觉搜索任务、模拟飞机驾驶和空中交通管制任务，而听觉刺激则以Oddball序列形式呈现，要求被试不仅执行视觉任务，还需对特定的听觉信号

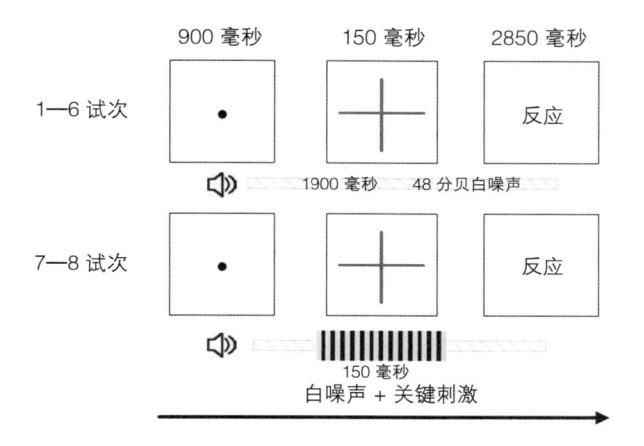

图 2.3　麦克唐纳和拉维（2011）所采用的范式

资料来源：Macdonald, J. S., & Lavie, N. (2011). Visual perceptual load induces inattentional deafness. *Attention, Perception, & Psychophysics, 73*(6), 1780–1789.

进行探测。这一范式的设计旨在全面评估被试在多感官输入下的注意分配与处理能力。任务无关型听觉探测范式则侧重于视觉任务的执行，同时要求被试尽量忽略伴随的听觉刺激。由于此范式下不直接记录对听觉刺激的行为反应，研究者往往依赖于脑电活动的微妙变化来间接推断警报失聪现象的发生与否。这种方法提供了无创且高时间分辨率的监测手段，有助于深入理解大脑在复杂多感官环境中的信息处理机制及潜在的注意调控障碍。

在航空领域中，飞行员和空管员在专注于飞行和监控任务时，往往会忽略听觉警报声音。尤其对于安全生产领域而言，探究跨通道无意失聪的认知因素更具有现实意义。跨通道无意失聪的认知机制探讨可以为规避无意失聪提供针对性指导，从而提高其安全性。

听觉警报失聪的研究理论

（1）知觉负荷理论

拉维（1995）基于资源有限性理论提出了选择性注意的知觉负荷理论（Perceptual Load Theory）。该理论认为目标任务的知觉负荷水平能够调节注意选择过程中资源的分配。在高知觉任务负荷水平下，个体投入较多的认知资源用于加工高负荷任务，没有多余的资源加工非预期出现的听觉刺激，从而导致偶然出现的听觉刺激在早期知觉阶段被过滤；而低知觉任务负荷则相反，目标任务不会消耗完所有的认知资源，个体有足够多的资源用以加工，从而导致非预期听觉刺激能够进入晚期加工阶段，没有在知觉阶段被过滤。该理论结合了注意的早期选择理论和晚期选择理论，高知觉负荷条件下的非预期刺激因没有足够的注意资源而得不到加工，这是一个被动的注意选择过程，同早期选择理论观点一致；低知觉负荷水平下的注意选择同晚期选择理论一致。

（2）认知控制负荷理论

拉维等人（2004）在深入探究选择性注意机制时，揭示了工作记忆负荷与知觉负荷在信息处理层面的差异性，并就此提出了认知控制负荷理论（Load Theory of Cognitive Control）。该理论框架指出，工作记忆对选择性注意的作用体现为一种主动的、自上而下的认知调控策略，即工作记忆能够主动介入注意加工过程，通过抑制非任务相关刺激的加工，有效屏蔽其对任务关键刺激的潜在干扰。具体而言，当工作记忆负荷增大时，这一高强度的记忆任务将占据大量的认知控制资源，相应地，分配给非任务相关刺激抑制过程的资源便会被削减，并削弱了抑制无关刺激的能力。这一资源分配的变化，最终促使无关刺激获得更多机会进行后续的认知处理。

（3）认知负荷理论

斯威勒（Sweller）等人（1998）基于工作记忆的有限容量，发展了认知负荷理论。该理论将认知负荷分为3种类型：外部认知负荷、内部认知负荷和相关认知负荷。外部认知负荷通常由信息的呈现方式或结构所引起；内部认知负荷则主要由信息本身的固有特性，如信息量和复杂度等因素所导致；相关认知负荷则涉及工作记忆在处理相关信息时所分配的资源。由于认知资源的总量是有限的，并且同时处理的信息量也受到限制，当认知活动所需的资源总量达到上限时，不同的认知活动之间会遵循一种资源分配的权衡原则。个体会根据任务的认知要求、难度或复杂性来决定投入多少精力或资源进行处理。在高认知负荷的任务条件下，个体倾向于将更多的认知资源投入到视觉任务的加工中，而对偶尔出现的听觉刺激分配较少的资源，这可能导致对这些听觉刺激的感知失败。

（4）多资源理论

如上文提到的，威肯斯构建了多资源模型。该框架强调认知资源具有多样化的结构特征，且每种结构下的资源总量是有限的。他认为存在多种不同结构的认知资源，且每一种结构的认知资源总量是有限的。这一差异导致了在同一通道内并行处理两项任务时，资源竞争相较于跨通道任务更为激烈。视觉通道和听觉通道在信息编码阶段各自依赖不同的认知资源结构，因此同通道内部的两个任务加工之间的竞争大于跨通道的任务加工。假设视觉任务与听觉任务之间共享相同的认知资源，当视觉任务负荷增加时会不可避免地削弱听觉任务的加工效能；反之，若两者资源分配相互独立，视觉和听觉任务之间不共享资源，那么每种任务负荷的增加并不会影响另一个通道的刺激加工。

听觉警报失聪的认知因素

（1）任务负荷

①行为证据。在现有研究中，研究者普遍采用调整视觉任务的注意分配策略或任务本身的复杂度作为手段，以实现对知觉负荷水平的精确调控，进而揭示在高知觉负荷状态下，关键性听觉刺激被遗漏或未能有效感知的现象更为显著。如麦克唐纳和拉维（2011）通过改变视觉任务的注意需求操纵负荷水平，探究被试对关键性听觉刺激的探测率。航空领域中，研究者进一步聚焦于飞行作业负荷及空中交通管制任务复杂性对听觉警报失聪的影响路径及其背后的神经生理学机制。具体而言，有研究者通过设计模拟飞机着陆过程中的决策任务，并人为操控其负荷水平，细致地考察了通航飞行员在不同负荷场景下执行着陆决策任务的绩效，以及他们对突发性听觉警报的反应能力。研究发现，相较于低负荷的着陆情境，当面临高负荷条件（如遭遇侧风等复杂天气状况）时，有39.3%的飞行员在专注于着陆任务的同时，未能有效捕获偶发的听觉警报信号（Dehais et al., 2014）。这一现象可归因于飞行员的认知加工问题，即飞行员需投入大量认知资源以应对着陆操作及侧风挑战，导致分配给处理非预期听觉信息的心理资源显著减少。在关键时刻，听觉警报信号可能因资源竞争而被忽视，从而增加了操作风险与安全隐患。此研究不仅深化了对多任务处理中资源分配策略的理解，也为提升航空作业中的安全警觉性提供了重要的理论依据与实践启示。

②神经生理证据。行为证据表明认知资源的限制导致高负荷水平下出现听觉警报失聪，那么资源的限制与大脑的哪些加工区域有关，以及体现在大脑加工的哪些阶段？范德海登（van der Heiden）等人（2022）考察了在自动化驾驶

情境下，额外认知负荷如何影响驾驶员对声觉警报的神经反应。研究发现，在伴随认知负荷的自动化驾驶条件下，参与者大脑额叶区域的 P3 波幅出现了显著的减小。这一结果表明，认知负荷可能降低了驾驶员对声音警报的神经敏感性。法布雷（Fabre）等人（2017）同样借用 ERP 技术，探究飞行员在不同飞行负荷任务中的表现和听觉警报的感知程度，该研究认为高认知负荷水平使得听觉偏差刺激在早期知觉阶段被过滤；而德艾（Dehais）等人（2019）证明了偶然出现的听觉警报刺激在早期知觉阶段也得到了一定的认知加工，当进入到晚期选择阶段时才被过滤。此外，任务相关性也会影响听觉失聪，施洛斯马赫（Schlossmacher）等人（2021）在其研究中发现，仅在任务相关的条件下，非预期的单词刺激引发了晚发性脑电位成分。相比之下，其他条件下的非预期刺激则触发了与听觉意识相关的早发性负向波形。

③心理负荷的评估：心率变异性（HRV）。心率即人体在静息状态下每分钟心搏的次数，是衡量心脏活动状态的一个关键指标。其上升趋势往往与任务强度的增加及能量消耗的加剧紧密相关，尤其体现在飞行作业中，如飞机起降这类认知要求高、操作繁复的阶段，飞行员的心率会显著攀升。相较于单纯的心率，HRV 与心理承压能力及认知投入水平的关联性更显著，已被确立为评估心理负荷的有效度量工具。HRV 指的是连续两次心跳之间时间间隔的细微变化，它作为交感神经与副交感神经活动平衡的关键指标，能够深刻反映自主神经系统的动态调节能力与活性。

元分析研究表明，HRV 指标在反映认知负荷时能够展现出较高的敏感性，表明随着负荷的加重，HRV 水平倾向于降低（Hughes et al., 2019）。特别是在航空领域的研究中，HRV 的下降被视为飞行员在执行飞行任务期间遭遇高强度工作负荷的一个显著标志，揭示了其在实时监测飞行员心理状态及工作效能方面的潜在能力。

（2）工作记忆容量

工作记忆作为人类认知活动的中枢环节，代表了一个在执行各类认知任务时负责临时存储并加工信息的有限容量系统。这一系统对于人类成功执行复杂认知活动至关重要，因为它不仅依赖于高效的暂时存储与深度加工能力，还涉及对相关信息进行选择性处理的关键技能。而工作记忆内置了一种控制性注意的功能，该功能在筛选、维持并优先处理任务相关信息中发挥着核心作用，从而确保了认知过程的高效与精确。

①任务投入：分心权衡的认知神经模型。任务投入-分心权衡的认知神经模型认为，任务难度的变化（任务负荷水平不同）和工作记忆能力在分心干扰上的作用基于相同的心理机制，这一机制涉及注意分配的稳固性及对无关刺激的感觉门控功能。具体而言，任务负荷的增减与工作记忆效能共同塑造了任务的参与深度，这体现在注意的广度及其稳定性的变化上。任务的参与深度与工作记忆效能又协同作用于无关听觉刺激的筛选过程，决定了这些刺激是否能穿越至晚期（皮层水平）处理阶段，以及已感知的无关刺激是否能继续获得高级认知处理。以低知觉负荷情境为例，此时目标任务的资源需求较低，释放出的额外注意资源使得无关干扰刺激有机会被觉察并推进至更高层次的认知加工阶段。然而，高效的工作记忆系统能够作为进一步的屏障，有效遏制这些无关刺激的深入处理。为了工作记忆系统免受容量限制的困扰，注意机制充当了关键"看门人"的角色，选择性地排斥无关干扰，确保认知资源的有效配置。尤其是在面对高负荷任务时，这种注意的筛选作用更为明显。由于高负荷任务本身即占据了大量的认知资源，为防止中枢神经系统过载，高工作记忆容量的个体展现出更为优越的抑制与过滤机制。这一优势使得在高负荷条件下，拥有高水平工作记忆的个体能够更有效地阻断无关听觉刺激的干扰，从而保障任务执行的效率与准确性。

②单路径理论和双路径理论。任务投入分心权衡模型主要从认知控制的角度阐述工作记忆容量与意外刺激加工之间的关系，单路径理论则立足于资源有限性视角，为该关系提供了一种解释框架。具体而言，该理论主张，拥有较高工作记忆容量的个体，其中心注意资源更为充裕，且信息编码过程更为高效，因此能够有效分配足够的注意资源以应对突发的、非预期的刺激加工需求。相反，对于工作记忆容量较低的个体而言，他们的中心注意资源相对匮乏，且信息编码效率较低，这限制了他们有效处理偶然出现刺激的能力。另一方面，双路径理论起源于对无意视盲现象的深入研究，该理论框架是否能够有效拓展至解释工作记忆容量与无意失聪现象之间的关系，目前仍是一个值得进一步探讨与验证的研究领域。

（3）工作记忆负荷

工作记忆被视为在选择性注意机制中扮演核心且主动的认知调控角色。此过程旨在确保目标任务的优先处理，通过工作记忆的主动机制抑制非目标刺激进入深层次的认知处理阶段。然而，值得注意的是，实施这种主动抑制策略本身即构成了一项认知资源的消耗。当个体面临高工作记忆负荷情境时，双重效应显现：一是维持目标任务处理优先性的效能减退；二是高负荷任务本身已大量占用认知控制资源，导致可用于屏蔽非目标刺激进入高级处理阶段的资源显著减少。因此，未被有效抑制的非目标刺激得以进一步处理。一些研究支持工作记忆负荷增加了注意分散的观点；另一些研究表明，增加工作记忆负荷可以减少注意力分散（Bayramova et al., 2021）。因此，工作记忆负荷对与听觉任务无关的刺激可能产生不同的影响，这可能与这些刺激的处理或抑制能力受损有关。研究结果的不一致性可能源于工作记忆的复杂性，它包含了多种机制和过程。

依据上述理论逻辑，工作记忆负荷对听觉警报感知的影响路径与知觉负荷的影响路径形成鲜明对比。具体而言，在高工作记忆负荷条件下，偶发的听觉警报反而更可能获得处理，进而降低听觉警报感知失败的风险。这一理论预期在跨通道选择性注意的研究中得到了部分验证，显示高工作记忆负荷时，非相关的听觉干扰刺激对视觉任务执行构成了实质性的影响。然而，也有与之相反的观点，这些观点强调工作记忆在资源分配策略上的灵活性，即在目标任务与无关刺激之间实施精细的认知调控。具体而言，工作记忆倾向于优化资源配置，减少向非任务相关刺激的分配，同时增强对目标任务的资源支持。这种资源分配的动态调整机制随负荷水平的变化而灵活变动，为理解工作记忆在复杂认知任务中的调控作用提供了另一视角。

2.2.2 任务负荷对航空听觉警报失聪的影响研究

航空领域现有的文献仅探讨了听觉警报失聪的负荷效应，并没有考察由视听反应顺序引起的暂时性记忆遗忘等因素对听觉警报失聪负荷效应的影响。此外，相关研究只关注听觉警报探测率或漏报率等指标，并没有采用反应敏感性和反应偏向指标。其中，反应敏感性通常以辨别力指数（d'）作为测量指标，能够反映出一个操作者从噪声中分辨出信号的能力，而反应偏向则可以反映出操作者的主观判断标准。

因此，可以采用信号检测论分析方法，考察模拟航空着陆决策任务负荷对偶然出现的听觉警报刺激探测的影响，以及视听反应顺序引起的暂时性记忆遗忘因素和期望水平对听觉警报探测的负荷效应的影响。

任务负荷对航空听觉警报失聪的影响

现有研究发现，高水平的视觉负荷环境显著降低了个体对非预期听觉信号的察觉灵敏度。然而，另有一些研究成果表明，认知负荷虽是关键因素之一，却非造成听觉警报忽视现象的唯一原因，这表明除了认知负荷外，尚有其他多维度因素在影响这一认知过程。当前针对听觉警报失聪的认知机制的探索普遍遵循先视觉后听觉的探测范式，并且在面临高负荷视觉任务时，被试的反应时间相较于低负荷任务显著延长，即在高视觉负荷条件下，从听觉刺激呈现到个体做出相应反应的时间间隔相较于低负荷情境会有明显的增加。那么，在该时间间隔内，暂时性记忆遗忘或回忆失败等因素是否会影响任务负荷的作用？

朱荣娟（2021）通过改编吉罗代（Giraudet）等人（2015）的研究程序，采用信号检测论的分析方法，探究航空降落决策过程中的认知负荷对听觉警报反应敏感性和反应偏向的影响（具体流程如图2.4）。正式实验中同时采集被试的心电信号。实验中采用高、低任务负荷单因素被试内设计，因变量指标为航空决策任务的正确率和反应时、心电反应，以及听觉警报探测任务的表现（如被试在听觉探测任务上的辨别力指数等指标）。

研究发现，在高负荷任务条件下，被试的正确率显著低于低负荷任务条件。具体来说，低负荷条件下的正确率为96.26%，而高负荷条件下的正确率降至83.80%。此外，高负荷条件下被试的平均反应时间也较长，为1893毫秒；相比之下，低负荷条件下的平均反应时间为1217毫秒。综合考虑正确率和反应时间，可以得出结论，在低负荷条件下，被试在航空着陆决策任务中的表现更佳。在生理反应方面，高负荷条件下被试的平均心率（80.63 bpm）高于低负荷条件（76.04 bpm）。在心率变异性的两个指标——RMSSD和SDNN上，高负荷条件下的RMSSD和SDNN的平均值均显著低于低负荷条件，表明高负荷任务对被试造成的生理压力更大。航空着陆过程中的决策任务负荷对听觉警报的辨识产生了显著影响。具体表现为，在高强度的任务负荷情境下，相较于低负荷状态，被试对于听觉警报的觉察率明显下降，其即时反应的敏锐度也有所降低。进一步的分析显示，在面临高负荷任务时，被试的反应偏向值较低，这

(a)

200 毫秒

800 毫秒　　　　　3000 毫秒　　　　　2000 毫秒

白噪声（50 分贝）

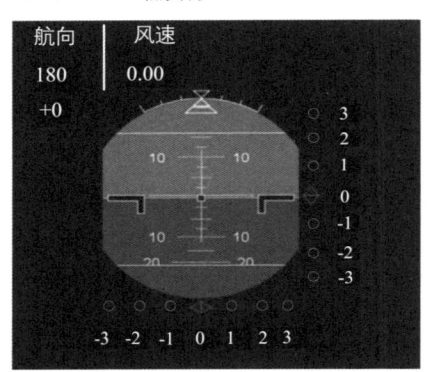

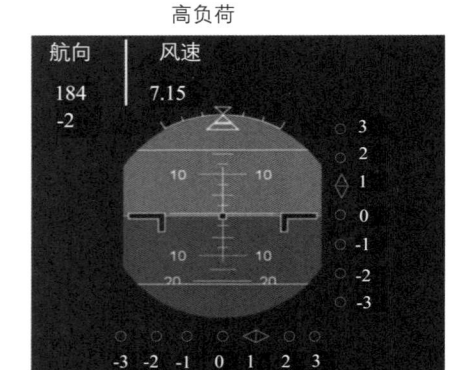

(b)　　低负荷　　　　　　　　　高负荷

着陆决策判断规则

负荷条件	指标值	符合着陆条件的信标位置
低负荷	标准条件	横轴与纵轴菱形位置处于[−2,−2]
高负荷	航向和风速指标值与其标准指标值之间的偏差值小于5	横轴与纵轴菱形位置处于[−2,−2]
	航向和风速指标值与其标准指标值之间的偏差值一个大于5，另一个小于5	横轴或纵轴菱形位置一个处于[−1,−1]，另一个处于[−2,−2]
	航向和风速指标值与其标准指标值之间的偏差值大于5	横轴与纵轴菱形均在[−1,−1]

图2.4　实验刺激呈现及流程示意图

注：(a)实验流程图，(b)高和低负荷条件下呈现的刺激及其决策判断规则。
资料来源：朱荣娟. (2021). 任务负荷和工作记忆对航空听觉警报失聪的影响机制 (博士学位论文). 陕西师范大学, 西安.

映射出他们在高压环境下倾向于采取更为宽松的判别阈值，进而引发了高负荷条件下的更高的误报率，即所谓的"虚警"现象频发。

鉴于认知资源的有限性，高负荷任务要求更多的认知资源投入，这可能导致不同任务间资源分配的不均衡。在航空着陆决策任务中，高负荷条件增加了被试的心理负担和压力，消耗了大部分可用的心理认知资源。因此，对于小概率事件的听觉警报，由于分配到的认知资源较少，被试在高负荷条件下可能会出现听觉警报感知的缺失。

任务负荷与暂时性遗忘对航空听觉警报失聪的影响

在上述认知负荷实验中，对听觉警报的探测反应安排在视觉任务之后，然而这种序列安排难以规避暂时性记忆衰减效应的介入。为排除这种遗忘因素的混淆，朱荣娟和游旭群设置了新的实验条件，即要求被试在探测到警报刺激后的第一时间做出判断，确保听觉反应占据优先位置，从而检验认知负荷如何作用于听觉警报反应的敏感性与反应偏向。

研究结果揭示，即便调整至听觉警报优先反应模式，认知负荷对听觉探测任务的影响模式与先前实验仍保持一致：高负荷任务显著削弱了被试对听觉警报的反应敏感度，并伴随着较低的反应偏向。值得注意的是，原实验中视觉任务先行、听觉任务随后的序列，导致了警报刺激与响应操作间的短暂时间滞后，而新实验规避了这种反应顺序，有效剔除了记忆衰减效应的干扰，这表明认知负荷对听觉警报感知能力的削弱，既非源于记忆遗忘，也非反应顺序的自身属性所致。

任务负荷与期望水平对航空听觉警报失聪的影响

概率较高的刺激频率会使人们对听觉刺激的出现形成较高的期待。在后续的实验研究中，朱荣娟和游旭群设计了着眼于调整听觉刺激呈现的频率以诱发不同的期待层次的实验，具体做法是显著提升警报信号的出现概率，此举旨在避免前两次实验中因低概率（听觉警报出现的概率为20%）而可能导致的被试在高认知负荷下自动忽视细小听觉变化的现象。此调整策略旨在探究，随着被试期望水平的升高，听觉警报探测任务中的负荷效应是否会产生变化，并进一步分析被试是否会采取更为积极的策略来应对，而非简单地忽略这些更为频繁出现的听觉信号。通过这样的设计改动，期望能够更深入地理解期望水平与认知负荷间的相互作用机制。实验中采用 2（负荷类型：高，低）× 2（期望水平：高，低）的被试内设计，通过改变听觉警报刺激出现的概率来操纵期望水平，高期望水平下有 60% 的试次为警报音，而在低期望水平下，警报音出现在了 40% 的试次中。

该实验结果发现，当听觉警报比例占 40%，即被试的期望水平处于较低状态时，面对高负荷任务的被试对听觉警报的反应敏感性显著降低；而被试的期望水平较高（警报占 60%）时，无论是处于高负荷还是低负荷情境，其对警报的反应敏感性并未展现出显著差异，揭示了提升被试的期望水平能够调整任务负荷对听觉警报敏感性影响的效应。而这与之前的研究结果相反。对于这一结果的不一致性，可能的一个解释为当前实验中，在较高的期望设定水平下，警报信号相较于背景噪声出现的比例显著增加，这一因素可能成为了影响结果的关键因素。

当警报信号出现概率增加至 40% 时，随着任务负荷的增加，被试对听觉警报的反应敏锐性呈现出持续减弱的趋势。此现象从侧面印证，在高负荷任务环境下，反应敏锐度的下降并非单纯源自警报信号的低频，进而促使被试采取有意识去忽略的策略。过往一些综述性研究也提到，警报的低频呈现并非诱发听觉警报失聪的原因。进一步的研究发现，当警报信号出现概率增加至 60% 时，听觉警报的反应敏感性却能够稳定地调节视觉负荷上升所带来的影响。对这一现象的解释为，高频出现的警报信号使其出现频率超越了背景噪声的常态水平，而频繁的听觉刺激在被试脑海中自然构建出一套可识别的模式框架。基于这一模式化的认知框架，被试能够更有效地依据既定规则预判信号刺激的到来，从而显著提升在嘈杂环境中甄别出警报信号的能力。

任务负荷条件下工作记忆能力对航空听觉警报失聪的影响

工作记忆容量是工作记忆资源的直接体现，它影响注意的广度和稳定性。研究者探究了工作记忆容量与意外刺激感知能力的关系，但发现结果并不一致。一些理论认为高工作记忆能力者对意外刺激的敏感性较低，而另一些则认为他们的感知能力较强。这些理论大多基于视觉研究，而工作记忆与听觉警报失聪的关系尚需研究。现有研究结果通常将工作记忆视为单一结构，忽略了类型和功能的差异性。不同类型的工作记忆(如空间和言语)对听觉选择性注意的调控作用可能不同,但这一点尚未被充分研究。此外,工作记忆的中央执行功能,尤其是刷新功能,与高级认知功能紧密相关,但其对听觉警报失聪的影响尚待探索。朱荣娟(2021)采用视听双重n-back范式,以刷新功能来测量中央执行功能,以期深入理解其在听觉警报感知中的作用。工作记忆容量的评估通过言语和空间复杂操作广度进行,而工作记忆的执行功能则通过视听双重2-back任务进行测试(见图2.5)。实验采用高、中、低能力的单因素组间设计。

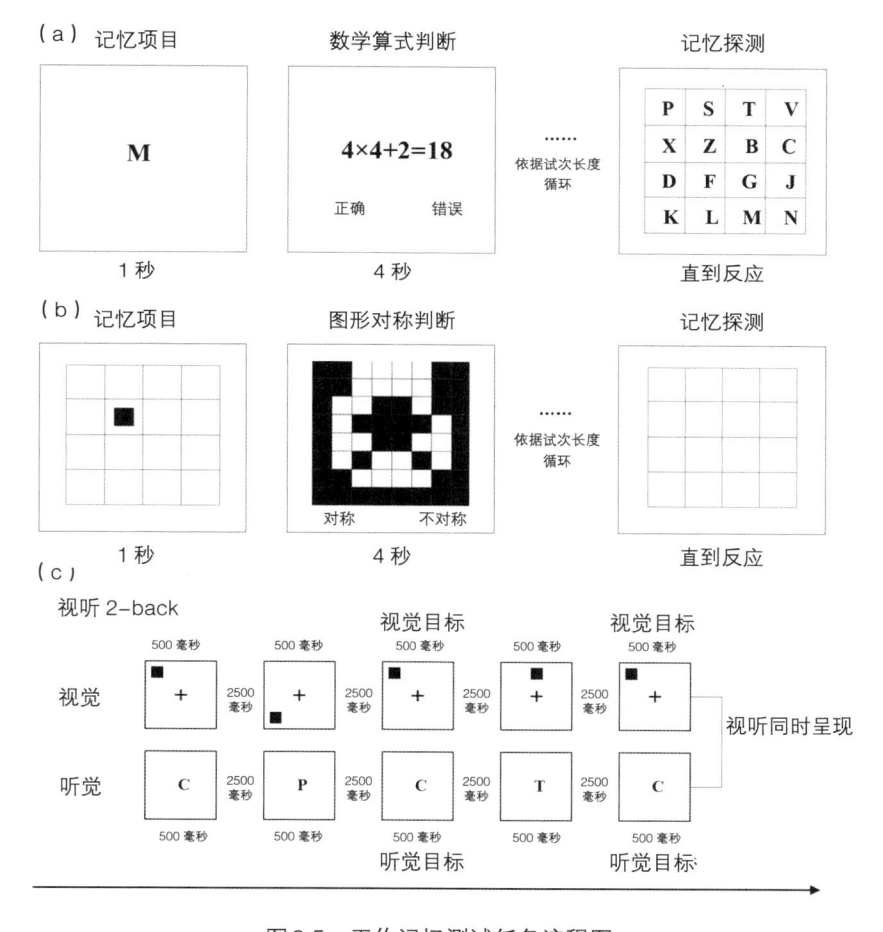

图2.5 工作记忆测试任务流程图

注:(a)言语复杂广度流程图,(b)空间复杂广度流程图,(c)视听双重2-back流程图。
资料来源:朱荣娟. (2021). *任务负荷和工作记忆对航空听觉警报失聪的影响机制* (博士学位论文). 陕西师范大学, 西安.

结果发现，无论是言语还是空间工作记忆容量的高低，均未对听觉警报的反应敏感性及反应偏向产生显著影响，表明工作记忆容量可能不是偶然听觉警报探测的预测因素。根据双路径理论，高工作记忆容量个体可能因过度抑制控制而忽视听觉警报，而低容量个体则可能因资源有限无法处理额外刺激，导致两者在听觉警报探测上表现相似。尽管理论预测中等容量个体因平衡的抑制和资源容量而有较好的听觉警报感知能力，研究数据显示，言语和空间工作记忆容量的高、中、低三组在听觉警报反应敏感性上虽呈"U"形趋势，但中等与高容量组间无显著差异，不足以证实中等容量个体的优势。

与存储功能不同，工作记忆的执行功能与听觉警报反应敏感性显著相关，支持单路径理论。在视听 2-back 任务中表现较好的个体展现出更强的听觉警报反应敏感性。先前研究未发现工作记忆执行功能与跨通道听觉警报失聪之间的联系，可能与使用的单 n-back 任务有关，该任务主要关注单一视觉通道。视听 n-back 任务则要求个体同时处理视听信息，涉及信息更新、非目标抑制和视听通道转换。表现良好的个体在信息编码与加工方面效率更高，能更有效地区分目标与非目标刺激，协调认知资源。研究表明，工作记忆中央执行功能与其他高级认知能力之间的预测关系可能与共享的认知成分和脑机制有关。因此，视听双通道刷新任务可能更紧密地与跨通道听觉警报反应敏感性相关。

研究结果揭示了工作记忆不同，认知功能在听觉警报探测中的不同作用。工作记忆存储能力与听觉警报反应敏感性无关，而执行功能较强的个体则表现出更好的听觉警报感知能力（见图2.6）。以往研究发现，双路径理论更适用于

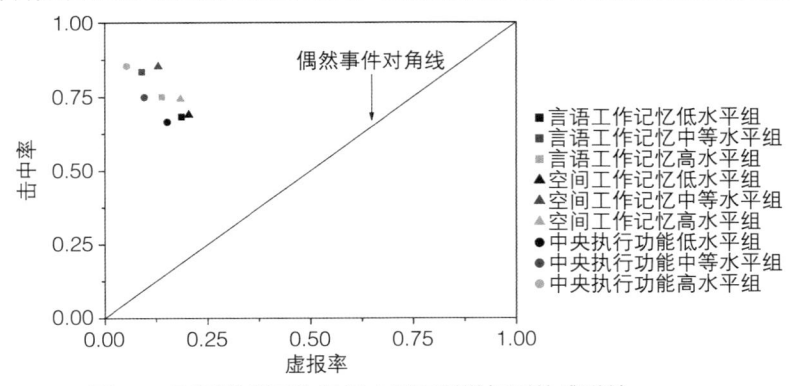

图2.6 不同类型工作记忆水平下听觉探测的感受性

资料来源：朱荣娟. (2021). *任务负荷和工作记忆对航空听觉警报失聪的影响机制*（博士学位论文）. 陕西师范大学, 西安.

跨通道无意失聪，而同通道无意失聪更符合单路径理论。这表明工作记忆能力与听觉警报失聪的关系复杂，受多种因素影响。未来的研究可以进一步探讨工作记忆不同功能在跨通道和同通道无意失聪中的作用。

2.2.3 工作记忆负荷对跨通道听觉警报失聪的影响研究

通过前面的研究发现，高强度视觉任务显著消耗认知资源池，进而减少了可分配给突发听觉警报信号的认知资源份额，造成听觉警报响应敏感度降低。相比之下，认知控制负荷理论虽同样植根于资源稀缺性原理，却侧重于认知控制机制在资源调配中的核心作用。此理论构想指出，当工作记忆任务被激活时，该任务直接占据认知控制资源，同时，处理偶发听觉警报亦需额外注意调控资源。因此，随着工作记忆负荷的攀升，认知控制资源愈发紧张，分配给偶然听觉警报的注意调控资源相应缩减，最终导致对这类警报的抑制控制效能减弱。现有的研究缺乏从工作记忆负荷细分类型出发，系统考察其对意外听觉刺激处理影响的深入探讨。以下内容将分别探讨视觉空间信息存储负荷、视觉和听觉言语信息存储负荷，以及中央执行功能负荷各自对航空听觉警报失聪的影响，以期填补这一研究领域的空白。

视觉空间信息存储负荷对航空听觉警报失聪的影响

朱荣娟（2021）探讨了视觉空间工作记忆存储负荷对听觉警报反应敏感性和反应偏向的影响。在低工作记忆负荷条件下，屏幕中央呈现 4×4 的十六宫格，上面随机出现 4 架小飞机，要求被试记住小飞机的呈现位置；然后呈现注视点 800 毫秒，注视点消失后呈现航空决策任务（低负荷条件），并做出相应的按键反应，同时耳机里呈现声音刺激，声音呈现时长 200 毫秒，要求被试在进行航空决策任务的同时，一旦听到警报声音刺激，立刻按键盘上的"V"键进行反应；间隔 800 毫秒后呈现工作记忆测试界面，要求被试判断十六宫格中呈现的一架小飞机的位置是否是记忆矩阵中呈现过的位置。在高工作记忆负荷条件下，十六宫格中随机出现 6 架小飞机，呈现时长 1500 毫秒，要求被试记住 6 架小飞机的位置，其他要求与低工作记忆负荷条件下一致。控制组条件（无负荷）下被试没有工作记忆负荷任务，只需要进行航空着陆决策任务和听觉警报探测任务。听觉警报探测任务流程如下（见图 2.7）。

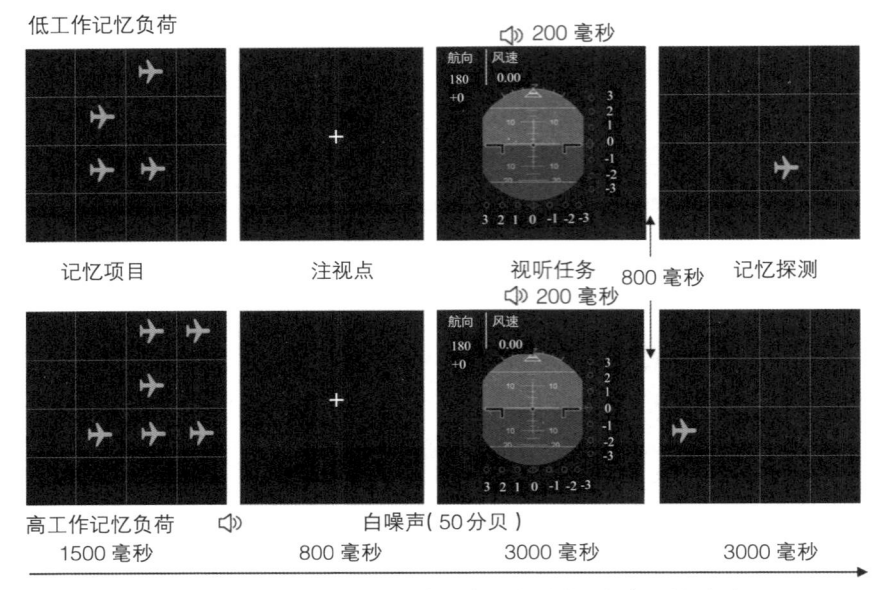

图2.7 视觉空间工作记忆存储负荷下的听觉警报探测任务流程图

资料来源：朱荣娟. (2021). *任务负荷和工作记忆对航空听觉警报失聪的影响机制*（博士学位论文）. 陕西师范大学, 西安.

实验结果显示，视觉空间信息的存储负荷对听觉警报的反应敏感性有显著影响，尤其是在高存储负荷条件下，个体对听觉警报的敏感性降低。这表明工作记忆资源在处理主要任务与偶然刺激时存在认知分配的调节作用，人们倾向于将更多的认知资源投入到主要任务上，从而减少对偶然刺激的资源分配，且这种分配会随着任务负荷的增加而调整。因此，随着视觉空间信息存储负荷的增加，被试对意外听觉警报的感知能力降低（见图2.8）。然而，该实验未在反应偏向上观察到负荷效应，这意味着视觉空间工作记忆的存储负荷并不改变个体的反应标准。

视觉和听觉言语信息存储负荷对航空听觉警报失聪的影响

朱荣娟（2021）探讨了视觉言语工作记忆和听觉言语工作记忆存储负荷对听觉警报反应敏感性和反应偏向的影响。听觉探测任务的材料和呈现方式与先前实验相同，实验流程如图2.9所示。实验中采用2（组别：视觉言语工作记忆，听觉言语工作记忆）×3（负荷大小：无负荷，低负荷，高负荷）的混合设

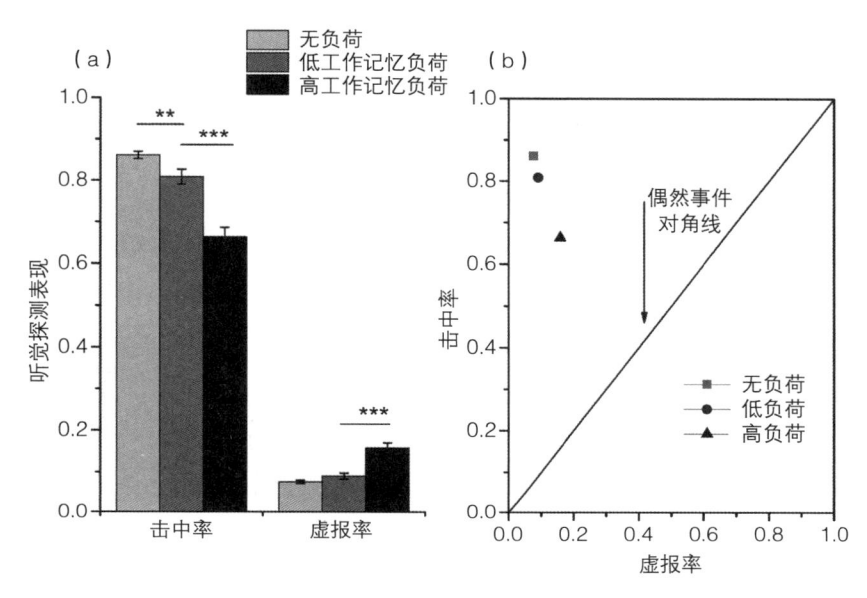

图2.8 视觉空间工作记忆负荷下的听觉探测表现

注：(a)不同负荷下的听觉警报击中率和虚报率，(b)不同负荷下的听觉警报感受性。
** $p < 0.01$，*** $p < 0.001$。
资料来源：朱荣娟. (2021). 任务负荷和工作记忆对航空听觉警报失聪的影响机制 (博士学位论文). 陕西师范大学, 西安.

计，负荷大小为组内变量。在视觉言语工作记忆的低负荷条件下，被试面对一个4×4的字母矩阵，需记忆出现的4个英文字母，忽略其位置。紧接着是航空决策任务，基于先前研究的低负荷设置，被试需根据特定指标判断飞机应降落还是复飞。同时，被试需对偶然出现的警报声做出反应。实验过程中，背景噪声持续存在。高负荷条件下，字母数量增加至6个，其余要求与低负荷条件一致。控制组（无负荷组）仅参与航空决策和听觉警报探测任务。组别为组间变量，分为视觉言语工作记忆组和听觉言语工作记忆组。对于听觉言语工作记忆负荷，实验流程与视觉任务类似，主要区别在于字母通过听觉方式呈现，而非视觉。因变量指标为任务的正确率与反应时、心率和心率变异性、航空决策任务表现，以及听觉探测任务表现。

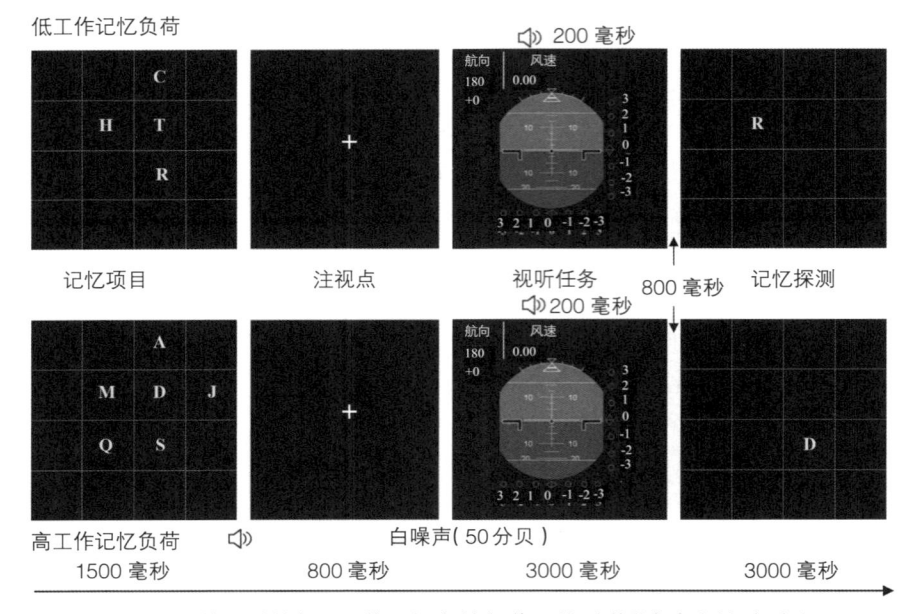

图2.9 视觉和听觉言语工作记忆存储负荷下的听觉警报探测任务流程图
资料来源：朱荣娟. (2021). *任务负荷和工作记忆对航空听觉警报失聪的影响机制*（博士学位论文）. 陕西师范大学, 西安.

实验结果显示，随着视觉言语工作记忆负荷的增加，个体对听觉警报的反应敏感度显著减弱，而此过程中并未观察到个体对反应偏好的改变；而听觉言语工作记忆负荷的增减对听觉警报的响应敏感度及偏好均未产生显著影响。前人研究发现，言语工作记忆的负荷在调节听觉选择性注意中的作用被证实与刺激材料的本质紧密相关。具体而言，当记忆负荷与听觉刺激共享相同的模态特征时，会触发资源分配的冲突；若两者模态相异，则不存在此类冲突。虽然在本实验中，听觉言语记忆与听觉警报分别代表不同的刺激类别（语言与非语言），它们之间未显现直接的交互效应，但视觉言语记忆与听觉警报，同样作为不同模态的刺激，却在高视觉言语记忆负荷下观察到了听觉警报响应敏感度的降低。这些结果表明，言语工作记忆存储负荷对偶然出现的听觉警报反应敏感性的作用核心在于刺激信息处理的通道特性。

听觉言语工作记忆与听觉警报刺激同属于听觉通道，而前人研究发现，同一听觉通道内，听觉负荷也可能对听觉刺激加工不产生任何影响。听觉系统内的资源分配具有更高的灵活性，即使注意集中于某个特定的任务，也并不会将所有的认知资源都用于加工该任务，直至资源耗尽，故仍然留有资源用于加工其他的听觉任务。此外，听觉通道呈现的工作记忆信息更容易让被试注意听觉通道的内容，从而对听觉通道的信息产生更高的心理预期；在较高的认知期望条件下，听觉警报反应敏感性不受视觉任务负荷的调控。以上这几种可能因素导致了听觉警报反应敏感性不受听觉工作记忆存储负荷的调控。

中央执行功能负荷对航空听觉警报失聪的影响

尽管视觉领域中无意视盲的研究也发现视觉空间工作记忆存储负荷和执行功能负荷在视觉探测敏感性中的作用是分离的，但他们的研究并没有分开探讨存储负荷和执行功能负荷高低对刺激敏感性的影响。而存储负荷任务和执行功能负荷任务本身的难度水平并不一致，因此，将两者的作用进行比较很难解释存储负荷与执行功能负荷的差异性。

朱荣娟（2021）选取航空决策任务嵌套的n-back任务作为中央执行功能负荷任务，旨在探讨中央执行功能负荷对听觉警报反应敏感性和反应偏向的影响。实验结果发现，与工作记忆执行功能低负荷相比，执行功能高负荷条件下听觉警报反应敏感性较高，没有出现警报失聪。这与拉维等人提出的认知控制与注意选择理论观点一致，该理论认为工作记忆在选择性注意过程中起着积极主动的认知控制作用，能够主动抑制额外的刺激进入高级认知加工阶段。而当加载的高负荷工作记忆任务需要占用较多的执行控制资源时，用于抑制额外刺激的执行控制能力将会减弱，因此，主动的执行控制不再能有效地抑制听觉刺激的加工，从而导致执行功能高负荷条件下听觉警报刺激得到进一步加工。该实验中采用的n-back任务要求被试不断地更新信息与监控信息，而不是纯粹地记忆信息，其对中央执行控制资源的需求较大，可能会提高执行功能脑区的神经元活动水平，从而对任务过程中出现的偶然刺激保持较高的警觉性。此外，与存储负荷一样，反应偏向也不受工作记忆执行功能负荷的影响。这表明被试的判断标准与工作记忆负荷程度、工作记忆类型以及工作记忆的功能都没有关系。

多资源理论强调注意资源是有限的，但是人类拥有很多不同类型的资源，如视觉和听觉通道资源，它们会依据具体的任务性质灵活地利用相同或不同的认知资源。如果两项任务共享相同的资源，则其中一项任务的注意需求增加会导致另一项任务绩效的下降。当工作记忆负荷内容与目标加工之间共享相同的认知资源时，额外的听觉刺激引起的干扰效应将增强，即听觉刺激反应敏感性较高；而负荷内容与额外听觉刺激加工之间共享认知资源时，则干扰减弱，即听觉刺激反应敏感性较低。上述研究发现，视觉和听觉工作记忆信息存储与听觉警报刺激加工共享相同的言语加工资源，视觉言语工作记忆存储信息处于高负荷状态时，听觉警报刺激反应敏感性变低，但是并没有发现听觉言语工作记忆信息存储负荷在听觉警报反应敏感性中的作用。这表明言语工作记忆存储负荷的通道差异在偶然出现的听觉刺激加工中起着重要的作用。众多研究也表明，视觉通道形式和听觉通道形式的言语工作记忆具有不同的神经机制，听觉言语工作记忆可能与额下回、背外侧前额叶，以及额叶腹侧通路等密切相关；视觉言语工作记忆存储能力可能与颞顶叶区域联系更为紧密。且早期关于工作记忆的理论研究也证明了听觉言语工作记忆和视觉言语工作记忆加工资源的双重分离。由此可见，言语工作记忆加工存在通道特异性，言语工作记忆负荷在听觉警报感知中的作用也存在通道特异性。

2.3 多任务管理中视听通信提示方式研究

通信作为现代航线飞行活动的一项核心任务，承担着飞机和地面信息交换与共享的重要职责，其工作效率不仅直接关系到空中交通管制的有效性，而且会对整个飞行活动的安全保障产生重要影响。能够影响飞行通信绩效的因素有很多，比如来自飞行员自身的因素——疲劳、经验水平等。但是从硬件上来说，其中一个重要的影响因素就是呈现信息指令的通道，即通过探索最优的通信通道，在最大程度上使接收人员（飞行员）能够在保持最低的错误水平上理解、记住并执行指令。

2.3.1 视听通信方式概述

以航空领域为例，当前大部分飞机上所使用的都是语音通信，即飞行员和空管员通过耳机直接进行对话的方式来传递和交流信息指令。虽然语音通信方式有着简单、便捷、回复速度快的优势，且目前使用最为广泛，但其本身固有的特点也带来了诸多不便，如易受频率干扰、会增加飞行员的认知负荷等。因此，对提高现有的通信效率的方法加以研究显得非常关键，其中一个研究热点在于是否存在一种新的通信方式能够代替或部分代替语音通信，从而在一定程度上避免由于语音通信自身特点带来的通信缺陷。

数据链通信及其特点

数据链通信（Data-Link Communications）作为一种新型的通信技术，在空域系统中采用数字化形式交换信息，能够帮助实现在通信网络中任何一架飞机及地面控制指挥中心共享信息，以适应实时变化因素，如实时空间信息、天气与安全信息，以及飞机运行状况，是实现新一代空中交通管理系统（NGATS）计划的重要通信资源。它能够潜在替代或者部分替代语音通信方式。在空管员－飞行员数据链通迅（Controller Pilot Data Link Communications, CPDLC）界面，空管员与飞行员之间以文本的方式进行信息交换，每个单一飞行机组都会收到由空管员发来的信息，飞行员同样以文本的形式进行回复。因此，与传统语音通信相比，从文本方式的通道本身的独特性来看，其具有一定的优势，例如：

（1）如果事先准备好需要发送的指令，则空管员可同时对多个飞行机组发送指令，极大地减少其他飞行机组等待的时间，从而提高飞行空域的利用效率。

（2）每个飞行机组只会接收针对该机组的特定指令，而在语音方式中，机组会听到同频率内的所有信息（包括对其他飞行机组的指令）。使用文本方式可以保护飞行员免受其他信息的干扰，避免飞行员因错误理解而做出不安全决策。

（3）文本指令的信息会直接呈现在机舱中的某个位置，飞行员查看显示屏即可。而语音指令需要飞行员进行主观上的记忆，尤其对于一次性的较长的指令而言，当以文本方式呈现时，飞行员只需要在显示屏上查看获得的文本指令即可，降低了飞行员的记忆负荷。文本形式作为储存信息的外部手段，让飞行员可以利用更多的注意资源进行其他操作。

（4）由于使用的是文本指令，消除了语音指令自身存在的语音音量、语调、发音等方面的问题。

与传统语音通信相比，数据链通信在接收方式、操作方式等方面均发生了重大转变。通过数字化信息实现信息交流，可以减少由语音通信带来的理解错误、频率拥挤等问题，从而排除潜在的安全隐患。

虽然从通道本身来说，文本呈现方式相比于语音呈现方式有着天然的优点，但是飞行活动是一个需要保持高度关注与警惕的活动，使用文本呈现方式同样也存在一些缺点，如增加飞行员的视觉负荷与操纵负荷等。

通信方式的理论模型

根据以往研究者提出的理论模型，在飞行领域，不同的通信方式都有着各自不同的支撑理论模型。

（1）多资源理论

威肯斯（1980）提出的特定结构资源理论（多资源理论雏形）认为，每个特定结构的资源容量是有限的。如果两个同时进行的任务使用同一个结构中的资源，那么操纵其中一个任务时，其难度会影响到另外一个任务的绩效。如果另外一个任务没有占有或者只是占有极少量的操纵任务所需要的资源，那么操纵这个任务的难度不会影响到另外一个任务的绩效。该理论可以从 3 个维度区分不同的结构资源：加工过程、脑半球操作、信息编码时的加工通道。以信息编码时不同的加工通道为例，该理论认为听觉和视觉在信息编码时属于不同的特定资源。例如，编码一个视觉信息对编码另一个视觉信息绩效的影响程度，要比编码一个听觉信息对编码另一个视觉信息的影响更大。在之前，资源需求背后的概念是，当一个任务在双任务环境中变得更加困难（需要资源）时，它会对并行任务产生越来越多的干扰，或者自身会遭受越来越大的衰减作用。前者或后者效果被观察到的程度将取决于所讨论的任务被指定为"主要"或"次要"的程度。之后，威肯斯（2002）又以三结构资源维度为基础，提出了四维多资源理论模型——加工阶段、视觉频道、加工模式和知觉通道。每个维度下分成两个不同的水平，并且需要相同资源或难度相当的两个任务都处于一个维度的一个水平上（比如两个任务都是视觉任务），那么这两个任务相互之间的干扰会多于处在一个维度的不同水平（比如一个是视觉任务，一个是听觉任务）之间的干扰，知觉通道维度包括听觉和视觉通道。在飞行通信中关注的是多资源理论中的加工通道维度，也就是说在各自不同的通道中加工语音和文本信息。在飞行机舱中，飞行员观察仪表数据和外部环境已经占用了大量的视觉通道注意资源，若用文本方式互现通信信息，可能会对视觉结构中的资源占用过大，造成视觉资源的负担过重，而使用语音通信占用的是听觉结构中的资源，不影响或者对视觉信息的加工影响较小。因此，多资源理论能够支持语音通信方法，而不支持数据链通信。

（2）干扰理论

研究者发现听觉刺激的警觉水平要比视觉的高。或者说，相对于视觉刺激，听觉刺激更能引起操作者的注意。因此，在一个正在执行的视觉任务中，如果同时出现一个听觉刺激，这个听觉刺激很有可能会引起操作者的注意，将其从视觉任务中转移一部分资源以促进听觉任务的反应，但也会妨碍正在执行的视觉任务。因此，视听任务混合呈现相比于两个任务都是视觉形式呈现，会更容易发生注意资源的转移（从视觉转移到听觉任务上）。在飞行通信中执行的任务以视觉信息的输入和视觉操作为主，如果使用语音通信，则会使飞行员注意在视觉信息上的资源分散，降低正在执行的飞行任务绩效；而如果使用文本方式，则能更少地影响其他的飞行任务绩效。因此，干扰理论支持文本通信，不支持语音通信。

数据链通信对飞行员的认知要求

传统语音通信依赖于飞行员的听觉通道，而 CPDLC 界面的数据链通信则更多地依赖飞行员的视觉通道。由于两种通道的信息加工特点不同，这将会给数据链通信模式下飞行员的信息加工能力提出不同的要求。飞行过程中，飞行员既要进行飞行控制操作，又要监控各种仪表，同时还兼顾与空管员进行通信，这些活动会给飞行员造成很高的工作负荷。有人研究发现，使用数据链通信时的工作负荷要比语音通信的高。同时，也有研究显示，不同通信方式对工作负荷的影响受到飞行任务复杂性（例如，空管员是否发出错误的信息指令）与数据链通信系统自动化水平的影响，具体表现在飞行任务复杂性越高，数据链通信系统自动化水平越低的情况下，数据链通信下的工作负荷会增高。另外，不同通信方式对工作负荷的影响还受到通信过程的复杂性的影响（例如，是否需要做出接受指令的判断反应），具体表现在通信过程越复杂，数据链通信下的工作负荷越高。

2.3.2 文本及提示方式的绩效研究

通信任务绩效

通信任务绩效是飞行活动中的重要指标之一，研究者对不同通信方式下的通信任务绩效进行了大量研究，主要体现在通信时间、信息执行正确性、信息执行精确度等3个方面。在航空领域，研究者们进行了大量的实证系列研究，来检验文本方式相对于语音方式，其实际的绩效如何。

（1）通信时间

通信时间指的是从空管员发出通信信息开始，飞行员进行阅读（默读）、理解并确认信息所需要的时间。不同通信方式下的通信时间受到通信信息指令类型的影响，具体表现在对于不需要改变飞行参数（不需要对飞机进行操控）的指令来说，数据链通信方式下要快于混合通信（从信息呈现到飞行员按显示是否接受指令的按钮）；对于需要改变飞行参数的指令来说（例如，改变速度），混合通信和数据链通信方式下接收时间没有差异。有人对指令进行了另外的分类，发现接收一般数据链信息（改变速度）（与数据链相比）和自动终端服务信息（天气）（与语音相比）时，混合通信方式下所需时间最短（从信息呈现到按接受按钮或者开始操作时的时间），并指出之所以会产生这种结果，可能是因为该实验中所用的飞行员具有丰富的飞行经验。不同通信方式下的通信时间还受到通信负荷（每个信息指令包含的参数量的高低）的影响，表现为在较高的通信负荷方式下，数据链通信比语音通信效率更高（从指令发出到飞行员开始执行指令）。

以往研究中的混合通信都是采用数据链和语音同时呈现相同指令的方式，而有研究者使用混合通信方式下，数据链和语音交替呈现不同信息指令，然后与在单一的数据链或者单一的语音通信方式下的对应指令进行比较，发现在数据链方式下接收信息（从信息发出到飞行员按显示是否接受指令的按钮）和混合通信方式下没有差异，总体上单一语音通信方式下的语音信息接收时间（从语音信息发出到回读结束）要快于混合通信方式下。可以看出，在通信方式交替使用下混合通信方式并非最佳。

（2）信息执行正确性

能否正确地执行空管员发出的信息指令是保证飞行安全最直接的指标。有研究者通过基础实验探究不同通信方式下呈现导航信息指令时的执行正确率情况，基本实验范式中，要求被试按照指令，使用鼠标在相应的电脑屏幕上点击由4个4×4的方格依次上下叠加的区域中相应方向的相应步数（比如向左3格），通过视觉和听觉（数据链和语音通信）呈现导航信息指令。基于这种研究范式，德米克（DeMik）和韦尔什（Welsh）（2007）使用模拟飞行实验，比较了语音和文本呈现方式的绩效是否会受到通信信息指令负荷水平的影响，飞行员是否正确执行信息指令（比如要求降低高度，其没有降低或者降错了高度）。研究中把通信信息负荷水平分为3种类型，即认为每条信息指令包含1个或2个命令参数的为低负荷水平，包含3个命令参数的为中等负荷水平，包含3个以上命令参数的为高负荷水平。结果显示，文本呈现方式下的执行信息指令的正确率高于语音呈现方式下，并且不同呈现方式下的绩效受到通信信息指令负荷水平的影响，即在中等负荷水平以上的情况中，文本呈现方式会展现出显著优势；但是在低通信负荷水平下文本和语音呈现方式并没有显著性差异，即文本呈现方式的优势体现在高通信负荷水平条件下。这一发现与施奈德（Schneider）等人结果不一致的原因可能是施奈德等人模拟的指令只含有导航指令（左右、上下、前后）。而德米克等人所使用的指令数较多，包括航向、高度、航速、仪表飞行许可、通信密码等，这可能导致施奈德等人研究中的听觉呈现变得相对简单。

（3）信息执行精确度

即使正确按照空管员发出的信息指令进行操作，但在飞行过程中仍然会出现偏差，例如指令中要求飞行高度为5000英尺，而实际可能在4900英尺至5100英尺内的高度飞行，偏差程度越小，说明绩效越高。研究发现不同通信方式下飞行员操控的偏差程度不一样。赫勒贝里（Helleberg）和威肯斯（2003）通过模拟飞行实验，探究语音方式、文本方式以及两种方式同时呈现（混合呈现）等不同方式，将综合航向偏差、航行高度偏差、航速偏差的绩效进行对比。实验结果以被试操控的飞行轨迹精确度，即控制飞行器在指定路线上的偏差程度为绩效评价指标。研究发现，在航向偏差方面，文本方式的绩效要优于混合呈现，语音方式的成绩最差；在航行高度偏差方面，文本方式的绩效要优于混合和语音方式；在航速偏差方面，文本方式的绩效要优于语音方式，混合呈现成绩略好于语音呈现。总之，数据链通信下偏差程度最小，混合呈现次之，语音通信条件下的偏差程度最大。

斯蒂尔曼（Steelman）等人（2013）发现语音通信下的航行高度偏差大于数据链通信或混合通信，与赫勒贝里等人的结论一致。由于听觉呈现负荷较高，飞行员需要记笔记，这一行为影响了航行控制。但是威肯斯等人（2003）认为赫勒贝里等人在实验中所使用的部分信息指令太长，最多的一个信息指令中包含了6个命令数（需要操作的命令，例如改变高度），由于接收过多的指令，促使飞行员不得不通过做笔记来保持记忆，这会消耗飞行员更多的注意资源，产生较高的接收通信信息指令所带来的工作负荷，从而影响到飞行员对航行任务的执行。因此，威肯斯等人减少信息指令，控制每个信息指令中的命令数为1个或3个，比较不同的呈现方式下（语音方式、文本方式、混合）的绩效差异，发现信息指令的长度确实会影响飞行任务绩效。在航行高度偏差方面，语音通信的绩效要优于数据链通信和混合通信的绩效，这一结果正好与赫勒贝里等人的结论相反。正是由于缩短了信息指令的长度，飞行员不需要记笔记，从而能够把更多的注意资源放在飞行控制上，因此避免了由通信信息指令负荷水平太高而导致听觉通道的劣势产生情况。从注意的角度出发，语音呈现中表现出来的优势也符合多资源注意理论。可见，不同呈现方式的绩效会受到通信信息指令负荷水平的影响，文本方式相较于语音方式的优势更能够在较高的通信信息指令负荷的情况下体现。

文本和直接提示方式绩效比较

有人使用了接近飞行活动的实验室中的实验任务作为通信任务。在该实验范式中，给被试一个有模拟飞行活动的任务操作板，被试需要在板上完成不同类型的操作来模拟飞行中不同类型的操作任务。实验中的干扰任务采用研究范式中的3种，并且对采用的具体信息指令内容进行了分类，分别为需要操作的指令和不需要操作的指令。实验结果表明，在主观干扰任务条件下，语音呈现方式下的绩效要优于文本呈现方式；在视觉和听觉干扰任务条件下，这两种呈现方式下的绩效并没有显著性差异。因此，对于通信任务来说，总体上支持语音呈现。该研究中还报告了干扰任务的绩效，即对需要按空格键的字母进行正确的按键：结果发现，在听觉干扰任务条件下，文本呈现方式下的绩效要优于语音呈现条件（即文本下干扰任务完成的绩效更好）；在视觉和主观干扰任务条件下，这两种呈现方式下的绩效之间并没有显著性差异。对于不需要按键但被试还是进行了按键这一现象来说，在视觉干扰任务条件下，语音呈现方式的绩效要优于文本呈现方式；在听觉和主观干扰任务条件下，这两种呈现方式下的绩效之间并没有显著性差异。由此可见，在不同的信息指令呈现方式下，干扰任务的绩效会受到干扰任务类型自身的影响。

有人在这个基础上加入了通信信息指令负荷这一因素，试图探究不同的呈现方式在多任务情境下的绩效是否会受到不同的信息指令负荷的影响。实验结果表明，对于被试正确按照呈现的指令顺序进行操作这一绩效指标来说，语音呈现方式下的绩效要优于文本呈现。考虑到信息指令负荷的影响，虽然从总体上来说，信息指令负荷越大，绩效越差（该实验中所用的指令长度为2、3、4），但是，不同的呈现方式在不同的信息指令负荷下的绩效差异并没有变化。而从那些没有呈现的指令但被试也进行了操作这一现象来看，语音呈现方式下的绩效要优于文本呈现。由此可见，研究总体上支持语音呈现。

还有学者尝试了更加具有生态效度的飞行任务范式，如利用计算机软件进行模拟飞行。在实验过程中，在一条指令呈现完后再呈现干扰任务，然后再进行模拟飞行任务。实验结果表明，对于没有呈现的指令但被试也进行了操作这一指标来说，总体上语音呈现下的绩效要优于文本呈现。同时也发现，不同的呈现方式下的这一绩效受到干扰任务类型的影响，在视觉和主观干扰任务下，语音呈现方式下的绩效要优于文本呈现。

上述的一系列多任务、不同的呈现方式下的研究表明，虽然从总体上来说，语音方式呈现的绩效要优于文本呈现的绩效，但不同方式呈现的绩效可能会受到信息指令负荷的影响，且通信任务的复杂程度（例如是否需要进行确认）、干扰任务出现的时机等都会影响通信任务的绩效。

针对导航指令而言，前人的研究中纳入了一种新的呈现方式——直接提示方式，并且通过实验证明了直接提示这种新型方式呈现的绩效要优于文本方式呈现的绩效。在导航指令的传递方面，希利（Healy）等人（2013）的研究探讨了直接提示方式与文本方式的效果，发现在重复呈现信息指令的情况下，直接提示方式的性能优于文本方式。然而，该研究并未明确验证单次呈现情况下哪种方式更为有效。

夏振康（2016）进一步比较了直接提示方式与文本呈现方式在导航指令传递中的优劣。他们的实验采用了一个2（呈现方式：文本，直接提示）× 6（信息指令负荷：1—6）× 6（区组：1—6）的混合设计。在该设计中，呈现方式作为被试间变量，包含文本呈现和直接提示两种水平；信息指令负荷作为被试内变量，涵盖 6 种负荷水平，即一条信息指令中包含的命令数量为 1—6；区组同样作为被试内变量，意味着实验被分为 6 个区段（Blocks）。实验的因变量是被试根据指令进行操作的正确率。在文本呈现条件下（见图 2.10 和图 2.11），方块右侧展示文本指令，被试需根据这些指令进行点击操作。每条文本信息指令包含的所有命令会同时出现，且每次点击后，相应的方块会改变颜色，以指示

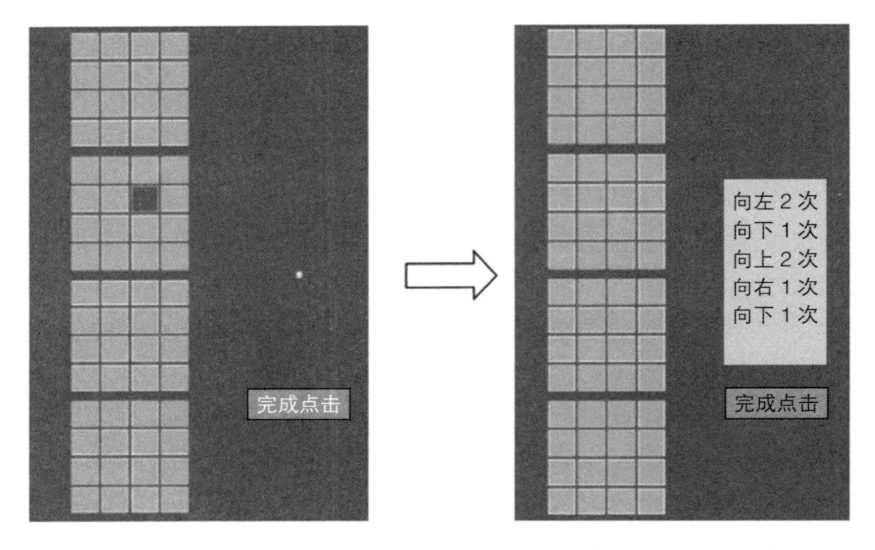

图 2.10　文本呈现方式：点击起始点界面（左）；文本呈现方式：根据指令进行点击界面（右）

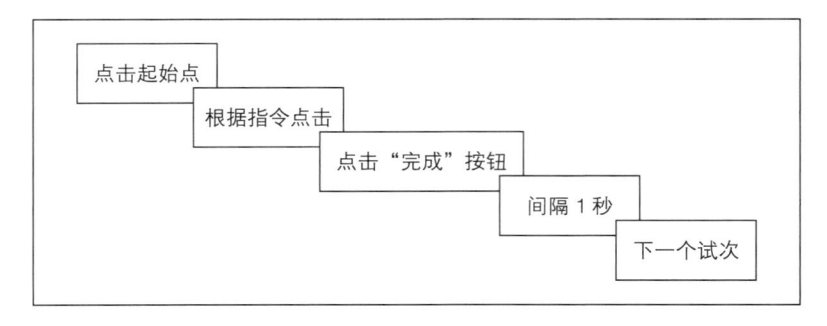

图 2.11　文本呈现方式实验程序图

资料来源：夏振康 . (2016). *单双任务下导航信息最优空间提示方式探索 (硕士学位论文).* 陕西师范大学, 西安.

操作进度。而在直接提示条件下（见图 2.12 和图 2.13），点击起始点后，所有需点击的方块会同时变深灰，被试需按照特定规则进行点击操作。

实验结果揭示了呈现方式对绩效的显著主效应，表明在直接提示条件下的操作绩效优于文本呈现条件。此外，区组与呈现方式之间的交互作用亦达到显著水平。具体而言，在第 2、3 和第 5 区组中，直接提示方式的绩效明显优于文本呈现方式。然而，在其他区组中，两种呈现方式的绩效并未表现出显著差异。尽管如此，从整体趋势来看，直接提示方式在各个区组中的正确率普遍高于文本呈现方式，详见图 2.14。

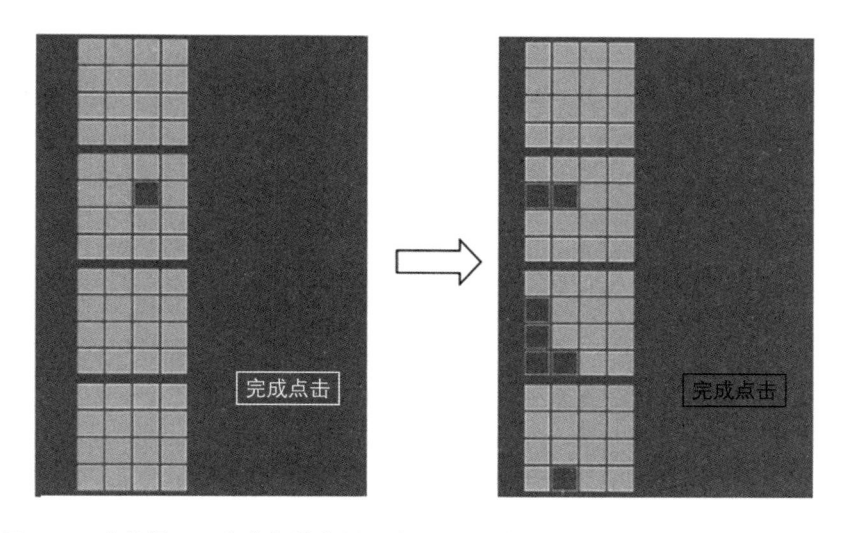

图2.12　直接提示：点击起始点界面（左）；直接提示：点击灰色方块界面（右）

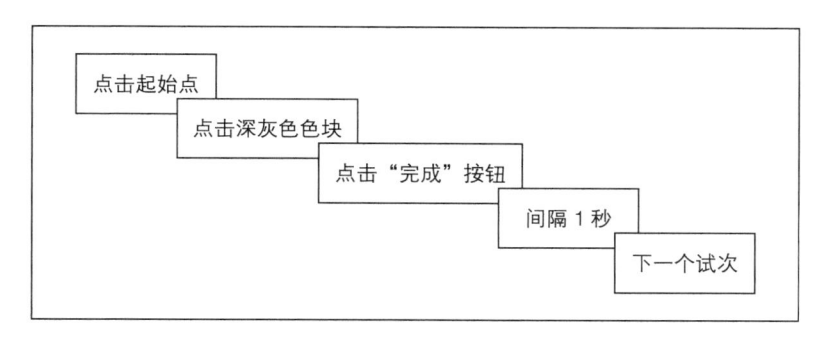

图2.13　直接提示方式实验程序图

资料来源：夏振康. (2016). 单双任务下导航信息最优空间提示方式探索 (硕士学位论文). 陕西师范大学, 西安.

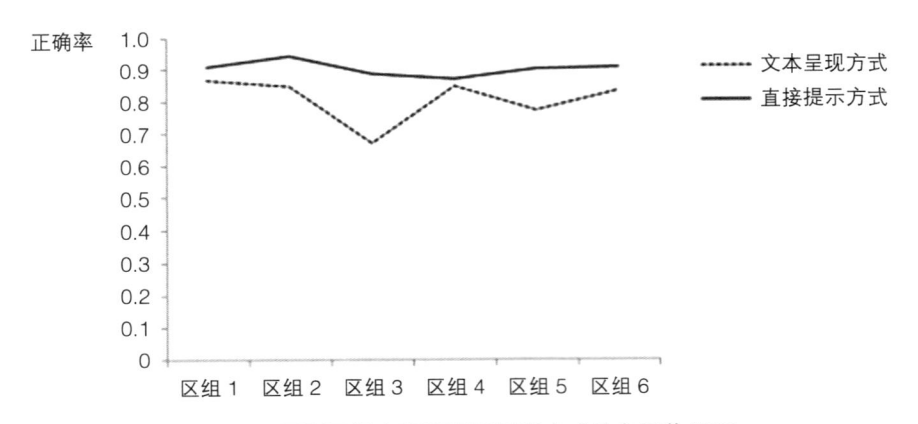

图2.14　不同区组水平下不同呈现方式的交互作用图

资料来源：夏振康. (2016). *单双任务下导航信息最优空间提示方式探索* (硕士学位论文). 陕西师范大学, 西安.

实验结果表明，直接提示方式在导航指令传递中相较于文本呈现方式具有明显优势。产生这一现象的可能原因包括：首先在文本呈现方式中，界面每次仅显示一个深灰色小方块作为操作提示，点击后前一个小方块的提示消失，可能导致被试在执行连续点击任务时遗忘已点击次数，从而增加错误判断的风险；其次由于界面包含64个小方块分布在4个大方块中，每个大方块包含16个小方块，被试在不同大方块间切换时可能因方块数量众多而难以准确识别目标方块，尤其是在急于完成任务的情况下，这种识别困难可能加剧；最后从认知加工的角度来看，文本呈现方式要求被试首先理解文本指令，然后将其转化为具体操作，这一过程中可能发生编码错误，如将"向左2次"误记为"向左1次"，导致点击错误。相比之下，直接提示方式通过直接高亮显示目标方块，省去了文本加工的步骤，减少了认知负荷和错误发生的可能性。

2.3.3　多任务管理中提示方式的绩效对比研究

先前的实验结果表明，与文本呈现方式相比，直接提示方式在绩效上显示出了优势。然而，该实验中直接提示方式的实施是将一条信息指令的全部内容同时展现，即一次性展示所有提示。这种集中的信息呈现可能会对执行指令的绩效造成影响。因此，一个尚未解决的问题是，对于直接提示方式，分步在界面上展示信息指令的部分内容（即单一命令），是否能够带来更优的执行绩效？

这一问题指向了信息呈现策略对任务执行效率的潜在影响，值得进一步研究和探讨。

单一任务环境下不同直接提示方式的绩效比较

夏振康（2016）的研究旨在探究在单一任务环境下，不同直接提示策略对绩效的影响。该实验采用2（直接提示方式：分步，集中）× 6（信息指令负荷：1—6）× 6（区组：1—6）的混合设计。直接提示方式作为被试间变量，分为分步提示和集中提示两个水平；信息指令负荷作为被试内变量，涵盖6种负荷水平，即信息指令中包含的命令数量在1至6之间变化；区组同样作为被试内变量，意味着整个实验被划分为6个区段。实验的因变量是被试根据指令进行操作的正确率。研究基于先前实验中使用的鼠标点击任务，但在直接提示条件下，引入了两种不同的提示方式：集中提示和分步提示。在集中提示条件下，所有需点击的目标方块一次性全部变深灰，与先前实验中的直接提示方式相同。而在分步提示条件下，点击起始点后，不会一次性呈现所有需点击的深灰色方块，而是逐个出现，被试只需按界面上出现的顺序点击每个方块，直至所有目标方块按顺序被依次点击完毕。

研究发现，信息指令负荷水平对操作正确率具有显著的主效应，即随着负荷水平的提高，被试的操作正确率呈现下降趋势（见图2.15）。这表明在处理更为复杂的信息指令时，被试的绩效受到了影响。然而，直接提示方式的主效应并未达到显著水平，这意味着在整体上，分步提示和集中提示对被试反应正确率的影响没有显著差异。此外，区组的主效应同样不显著，表明不同区组对绩效的影响在统计上未显示出差异。进一步分析显示，呈现方式与负荷水平之间的交互作用显著。当信息指令负荷达到最高水平（即6条命令）时，分步提示方式的正确率显著高于集中提示方式。这可能表明在高负荷条件下，分步提示有助于减轻认知负荷，从而提高操作的正确率。在其他负荷水平下，两种提示方式的正确率并无显著差异（见图2.16）。最后，区组、负荷水平和呈现方式的三因素交互作用未达到显著水平。

图 2.15　不同负荷下的鼠标点击任务正确率

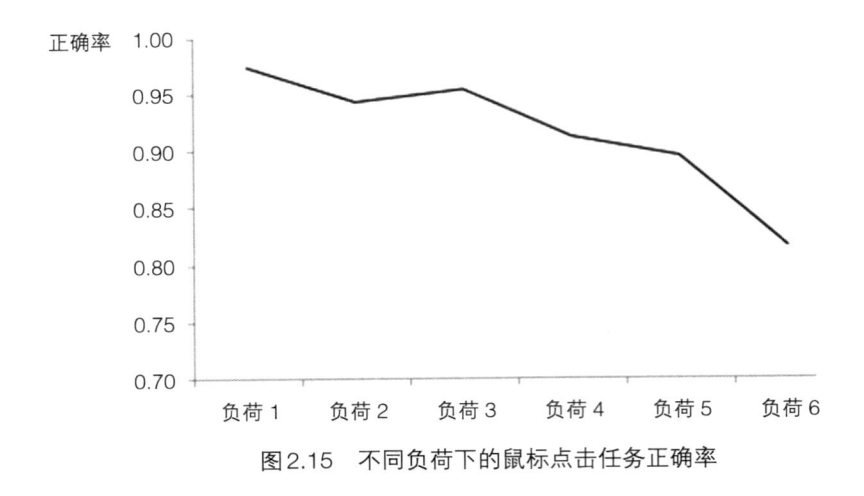

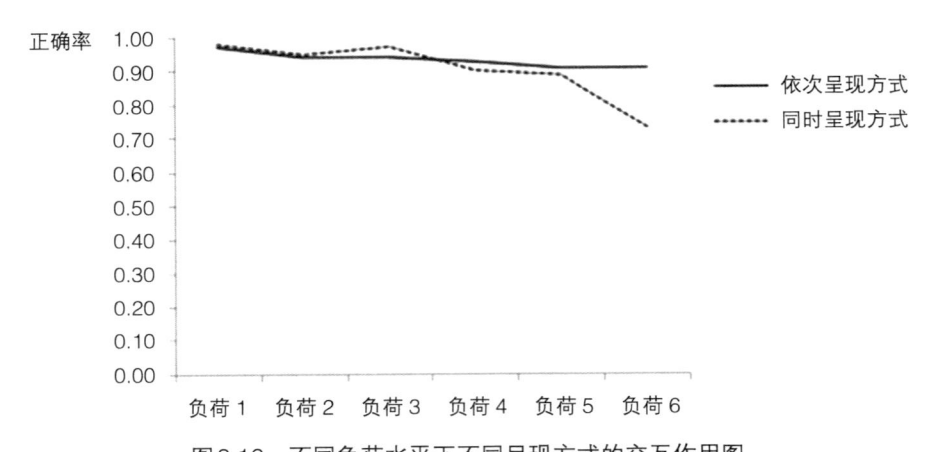

图 2.16　不同负荷水平下不同呈现方式的交互作用图

资料来源：夏振康. (2016). *单双任务下导航信息最优空间提示方式探索*(硕士学位论文). 陕西师范大学, 西安.

实验结果表明，在高信息负荷水平下，同时呈现方式的正确率下降，可能是因为在面对大量同时出现的点击目标时，任务复杂性较高，导致被试操作混乱，其反应速度下降。相反，在依次呈现方式中，由于每次只出现一个点击目标，任务的复杂性较低，被试能够更准确地执行指令。在低负荷水平下，同时呈现方式可能由于目标数量较少，被试能够直观地识别点击顺序，甚至形成机械式反应，从而保持较高的正确率。然而，当负荷水平上升，需要重复点击同一方向上的多个目标时，同时呈现方式的复杂性增高，导致正确率下降。而依次呈现方式由于始终保持较低的任务复杂性，其正确率不受负荷水平变化的影响。尽管在负荷水平 1—5 时两种呈现方式的绩效差异不显著，但随着负荷水平的提高，同时呈现方式的绩效下降趋势更为明显。特别是当负荷水平超过 3，需要在相同维度上重复点击时，同时呈现方式的绩效降低更为显著。这一趋势表明，随着任务要求的增加，同时呈现方式的劣势更加明显，而依次呈现方式则因其较低的任务复杂性而保持了稳定的绩效。

在日常生活中，人们可能不仅仅只专心做一件事，例如执行信息指令，有些时候还可能碰到多任务的场景。在航空领域，多任务场景很常见。威肯斯提出的飞行任务包括四大类：航行任务、导航任务、通信任务（机组成员间及与空管员间）和系统管理任务（油量管理等），这些任务可能同时发生。

因此，研究通信方式时，考虑多任务存在情况、不同呈现方式下的绩效的差异具有极其重要的意义。

多任务管理中直接提示方式的绩效比较研究

夏振康（2016）进一步在不同直接提示方式的基础上加入干扰任务来研究干扰任务下最优的直接提示方式。在本实验中，研究者采用了 2（直接提示方式：分步，集中）× 6（信息指令负荷：1—6）× 6（区组：1—6）的混合设计。直接提示方式作为被试间变量，分为分步提示和集中提示两种条件；信息指令负荷作为被试内变量，涉及 6 种不同负荷水平，代表信息指令中包含的命令数量为 1—6 个；区组同样作为被试内变量，将实验分为 6 个区段。此外，实验在基础的鼠标点击任务中引入了干扰任务，以考察其对绩效的影响。干扰任务分为 3 种类型：视觉干扰、听觉干扰和主观干扰。视觉干扰任务要求被试在屏幕上呈现特定字母（包含曲线部分，如"UQPDBDGRC"）时按下空格键，而在其他字母（不含曲线，如"ENTVLZWH"）出现时不做反应。听觉干扰任务则要求被试在字母发音中包含特定元音（如/i:/，对应字母"EPBDGTCV"）时响应，而在其他发音（不含该元音，如"UNQLZWHR"）时保持静默。主观干扰任务要求被试随机口头报告 26 个英文字母，每个字母报告间隔约 2 秒，且需避免重复、连续报告或拼写单词，同时在报告时不得查看键盘。干扰任务下实验过程如图 2.17 所示。因变量指标为鼠标点击任务的正确率。

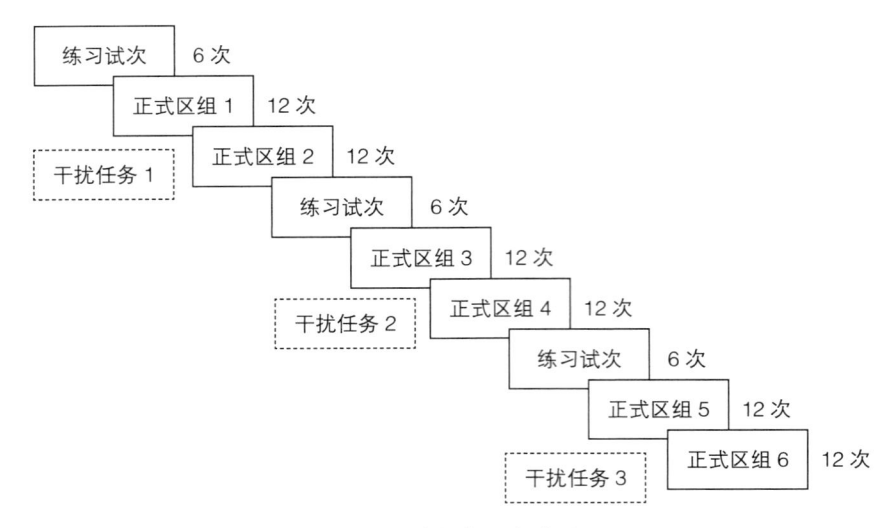

图2.17 干扰任务下实验过程图

资料来源：夏振康. (2016). *单双任务下导航信息最优空间提示方式探索*(硕士学位论文). 陕西师范大学, 西安.

实验结果显示，在低信息指令负荷条件下，依次呈现和同时呈现的正确率无显著差异；而在高负荷条件下，依次呈现的正确率优于同时呈现。当存在干扰任务时，干扰任务的类型显著影响了两种呈现方式的绩效。具体而言，在视觉和听觉干扰任务中，依次呈现的正确率优于同时呈现；而在主观干扰任务中，两种呈现方式的绩效未表现出显著差异。此外，依次呈现在视觉干扰任务中的绩效优于同时呈现，而在听觉干扰任务中，两种呈现方式的绩效相似。实验中观察到区组效应显著，随着实验区组的增加，正确率有所下降。这一趋势并非由练习效应或疲劳导致，而可能与被试对干扰任务的适应和资源分配策略有关。随着实验的进行，被试可能逐渐将更多注意力转移到干扰任务上，从而分散了对鼠标点击任务的注意力资源，导致正确率下降。尽管存在干扰任务，鼠标点击任务的正确率（平均0.906）仍远高于干扰任务（平均0.236），这表明被试可能将主要认知资源分配给了鼠标点击任务。在高信息指令负荷条件下，依次呈现由于任务复杂性较低，可能更适应于处理复杂信息；而在低负荷条件下，两种呈现方式的差异不大。在不同干扰任务的条件下，依次呈现在视觉和听觉干扰任务中的绩效优于同时呈现；但在主观干扰任务中，两种呈现方式的绩效无显著差异。这可能表明主观干扰任务需要更多的认知资源。由于干扰任务的呈现时间较短，被试可能在双任务情况下难以做出及时反应，而将更多注意力集中在鼠标点击任务上。这些发现对于提升执行导航指令的绩效具有重要意义。直接提示方式相较于文本方式在绩效上的优势表明，其在实际导航应用中可能更为有效，尤其是在空间资源有限的环境中，如驾驶舱或车辆内部，相关人员使用直接提示方式可以更高效地利用资源，提高任务执行的准确率和效率。

第3章
飞行空间认知

　　2016年3月19日，迪拜航空981号班机在由阿联酋迪拜飞往俄罗斯顿河畔罗斯托夫的过程中坠毁，搭乘航班的55名乘客和7名机组成员不幸全部遇难。事故报告显示，飞行员在低能见度条件下进行目视降落失败，随后在机场的等待航线持续盘旋近2小时后进行复飞。复飞过程中，机长和副驾驶分别采用了标准复飞和风切变复飞操作，在快速爬升过程中生理机能过载导致空间认知错误，在爬升至4050英尺时，飞机开始以超过21000英尺/分钟的速率陡然下降并在约1分钟后坠毁。

　　作为飞行员认知能力的核心成分，空间认知能力受社会因素（如教育、社会经济地位等）影响较小，是个体对表象事物的表征、转换、生成、保持，以及操作非言语信息加工的能力。关于空间认知能力的研究多以视觉空间认知能力作为研究对象，其核心是视觉空间表象能力，是对视觉信息进行知觉、表征、记忆、转换、同构、推理等认知处理后，推出或重建视觉经验的能力。当前对飞行空间认知的研究主要围绕视觉空间研究展开，较少涉及其他感觉通道，因此本章以视觉空间能力研究发展为基础，从空间认知的心理加工机制、空间认知在飞行中的作用，以及飞行员空间能力的认知加工特征3个方面阐述飞行空间认知的研究动态。

3.1 空间认知的心理加工机制

3.1.1 空间认知能力

空间认知能力(Spatial Cognitive Ability),也被称为空间智能(Spatial Intelligence)或空间能力(Spatial Ability),是指个体对表象事物的表征、转换、生成、保持,以及操作非言语信息加工的能力。关于空间认知能力的研究多以视觉空间认知能力作为研究对象,其核心是视觉空间表象能力,是对视觉信息进行知觉、表征、记忆、转换、同构、推理等认知处理后,推出或重建视觉经验的能力。发展视觉经验的能力,是现代教育应赋予个体的基本能力之一。对视觉空间能力因素的发现归因于 20 世纪初心理测验的兴起与繁荣,其发现极大地促进了对人类智能的研究。视觉空间能力是多个学科的重要研究领域,已有研究从测量、差异研究和认知神经等方面从多个角度揭示了视觉空间能力的本质与特性(游旭群,晏碧华,2004)。

空间认知能力的分类

从认知加工过程看,空间认知能力可分为空间知觉能力、空间注意能力、空间表象能力、空间记忆能力、空间思维(推理)能力。根据空间认知能力所包含的认知过程,研究者提出应该至少有 4 种空间子能力:空间想象、空间知觉、心理旋转和瞬时空间判断。

从空间加工的客体状态看,根据刺激是否运动,将空间能力分为静态空间能力和动态空间能力。静态空间能力强调加工的刺激或者客体是静止的非运动刺激;动态空间能力是判断一个运动的客体的目的地以及所需时间的能力,即客体以某种速度按照固定路径运动,被试估计时间、速度以及不同运动路径的交叉。与静态空间能力在表征中涉及对静止客体的操作不同,动态空间能力着重考察个体对当前运动客体的反应和处理情况。

从加工的空间规模看,空间认知能力可分为大尺度空间能力和小尺度空间能力。小尺度空间能力可以简单定义为在心理上表现和转换二维和三维图像的能力。大尺度空间能力的代表性例子包括导航和空间定向能力。在此过程中,观察者的视角会随着更大的环境而变化,但各个物体之间的空间关系保持不变。

空间认知能力测量

（1）空间认知能力测量内容

虽然研究者们对于空间能力的要素有着不同见解，但是大部分研究者一致认为空间能力中存在视觉化、空间关系、空间定向3个要素，其中视觉化能力达成的一致性似乎是最强的。

视觉化是指表象性地操作或转换空间图形的能力，判断指定的空间图形在心理上被旋转、折叠、移位或变形后将会如何呈现，即操纵涉及形状配置的复杂空间信息的能力，或将二维客体在心理上转换为三维对象的能力。视觉化测试主要包括6类任务：折纸任务、表面发展任务、纸质图形板任务、组块/积木任务、组块/积木旋转任务和透视/视点（Perspective）任务。

空间关系能力是指识别物体视觉成分之间关系的能力。空间关系表征的是客体与客体之间或客体的部分与部分之间的相互关系，如上下、左右、里外等关系，相对来说，这是一种迅速处理视觉图形的能力。典型的测定空间关系因素的任务有心理旋转任务，包括数字旋转、简单二维图形旋转等。

空间定向能力包括对客体空间构形变化的正确判断能力和对视觉刺激的元素排列模式的理解。定向能力测验通常针对单一情境下的两个不同表征，要求个体判断两个表征之间的关系。图3.1所示为空间定向测验：图中第一个例子呈现的是从一艘运动的船上连续拍摄的画面，要求被试指出掌舵过程的偏离；第二个例子呈现的是一个景象中的一架飞机，飞行员从驾驶舱向外看到的两种景色，要求被试鉴别出该飞行员的视图。两个例子中，A均是正确的选项。

（2）空间认知能力测量方法

口头报告和纸笔测量两种测量方法或可称为最早的空间能力操作测量方法，主要用于实验前测量被试的表象能力，或在表象建构任务后以口头报告或量表的形式检验表象建构的质量，以测定被试的表象建构程度。随着科技的进步和发展，空间认知能力的测量从早期的纸笔测验逐步演化为使用计算机呈现视觉刺激，以更精确地测量个体在空间任务中的反应水平。最具有代表性的是戈登（Gordon）开发的认知侧化成套测验（Cognitive Laterality Battery, CLB）。此外，在标准化的智力测验或用于选拔人员的成套测验中，都有涉及视觉空间能力的分测验，如韦氏儿童智力量表（Wechsler Intelligence Scale for Children,

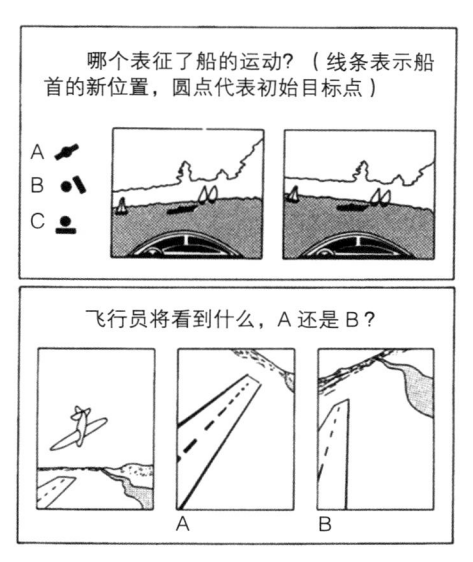

图3.1 空间定向能力测验示例

资料来源：Gal, R., & Mangelsdorff, A. D. (2004). *军事心理学手册* (苗丹民，王京生，刘立等译). 北京：中国轻工业出版社.

WISC）中的积木设计、图画概念、矩阵推理、拼图、填图提供了比较全面的空间、书写运动、视觉搜索能力的测评。

空间认知能力测量任务可以分为单一任务和综合性任务。1983年，埃利奥特（Eliot）和史密斯（Smith）出版了《空间测试国际指南》（*An International Directory of Spatial Tests*）一书，将空间测试分为单一任务和综合性任务。其中，单一任务包括仿制或迷宫测验、隐藏图形测验、视觉记忆测验、形状综合测验、图形旋转测验、积木计算测验、积木旋转测验、折纸测验、表面发展测验、视点测验；综合性任务主要是结合多种心理操作程序和多种任务的操作，包括组合测验、拼贴测验、混合测验。

此外，空间能力的测量还会考虑不同任务场景的状态，如大尺度空间任务中的场景可以是具体的（如真实环境空间），也可以是抽象的（如导航地图）。图3.2是一个人工场景测试任务，该测验共有12道题，每题有一幅对应图片。个体根据题目要求想象自己处于圆心所代表的物体处，面朝箭头指向的另外一个物体，然后在圆圈上标出题目要求的物体所在的相对位置。这种视点转换测试被用来检验个体的方位和方向判断能力。

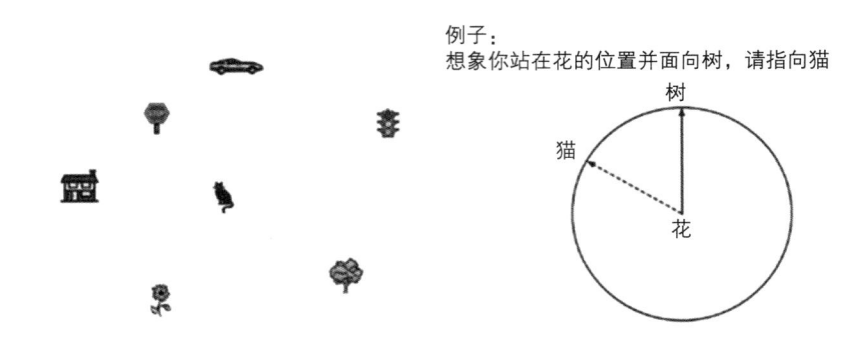

图3.2 大尺度空间能力测试-场景视点转换测试示意

资料来源：Hegarty, M., Montello, D. R., Richardson, A. E., Ishikawa, T., & Lovelace, K. (2006). Spatial abilities at different scales: Individual differences in aptitude-test performance and spatial-layout learning. *Intelligence, 34*(2), 151–176.

（3）动态空间能力的测量

空间能力有关静止和动态的分类受到了大多数研究者的认同。动态空间能力是个体对运动客体的反应和处理，其主要变量有运动方向、运动时间、运动距离、运动速度（快慢）、运动轨迹、运动模式等。这一能力是飞行认知能力中的一个十分重要的因素，对飞行员和空管员而言是非常重要的：在起飞、飞行以及着陆的过程中，飞行员需要实时、准确地判断飞机的姿态、高度、飞机与其他客体的相对位置、其他客体的运动速度等；对于空管员来说，在管制过程中要同时处理多项动态视觉任务，良好的动态空间能力显得尤为重要。动态空间能力任务涉及多个种类，如时间任务、轨迹任务、定向任务等。

时间任务主要有相对到达时间（Relative Arrival Time, RAT）任务和碰撞时间（Time To Collision, TTC）任务。前者要求判断两个运动的客体中哪个先到达指定目标，是对由相对距离改变联合相对速度对相对运动时间做出判断；后者是对接近物体何时到达或经过眼睛判断的探索，两个物体之间的TTC研究包括判断一个物体何时与另一个物体碰撞。现实中，我们走路、开车时会避免碰撞，打球时则要引发准确碰撞，这些依赖于碰撞时间估计、客体定位及深度知觉等。单个运动客体的时间与速度判断是个体自动感知的动态空间加工任务，而两个客体的相对运动则注重相对时间差，任务更为复杂，要求精确，空间是即时动态变换的，并需要中央系统加工功能利用有限的资源进行比较与判断。

运动轨迹任务常常对运动轨迹和距离进行判断。在轨迹任务上，科基（Cocchi）等人（2007）采用圆球飞行任务（Ball Flight Task, BFT）和静态模式任务（Static Pattern Task, SPT）对比了精神分裂症患者和正常人的动态和静态视觉空间认知，发现精神分裂症患者整合动态视觉信息的能力较差。其中，BFT是由计算机控制的，在该任务中，个体需要辨认、记忆和识别一个圆球的运动轨迹，需要在表象中将圆球运动轨迹组成一幅完整表征。

运动定向任务以空间定向动态测试（Spatial Orientation Dynamic Test, SODT）最为典型，不同于静态空间定向的元素排列模式，SODT运动定向是对运动客体的方向进行调节，包括修正版的SODT。被试在实验中需要根据位于屏幕上方的数据罗盘来同时控制屏幕上两个运动圆点到达各自的目的地。

3.1.2　空间认知能力的个体差异

空间认知能力的年龄差异

儿童的空间能力随年龄的增长而增长，儿童的空间理解能力在9岁至10岁时达到成人水平，但增长速度及在不同空间任务上的发展并不均匀，如符号SNARC效应在8岁至9岁的儿童中才出现，但非符号SNARC效应在6岁至7岁的儿童中就已出现（蒋家丽 等，2024）。个体视觉工作记忆在20岁左右时达到峰值，到55岁时降至较低值。复杂的和高级别的空间认知功能衰退得更快一些，当空间认知加工过程涉及更大的神经机制或需要更大的同步网络时，老年人表现得更差一些。例如，在视觉特征捆绑和视觉轮廓提取这些高水平视觉加工上，老年人衰退严重。

游旭群（2004）将老年人和年轻人进行对照研究，系统探索了多个空间任务的老年化效应，发现老年人在心理旋转、数量空间关系判断、视觉特征提取能力上衰老得更快；而老年人在类别空间关系判断、表象扫描，以及表象运动推断任务上的表现与年轻人无差异。进一步分析发现，老年人在涉及右脑加工的复杂任务上表现较差，如表象旋转、数量关系判断、视觉特征提取等；而年轻人表现较好。这些任务的共同特征是涉及多个子系统或模块协同加工且激活的神经网络区域也较大。例如，在心理旋转任务中，一共有多个加工子系统参与了判断加工，即形状编码、形状确认、表征位置转换、空间关系监控、位置查询等。这些发现表明，当越高级的空间加工过程涉及更大的神经网络时，老年人表现得越差且衰老得越快。需要说明的是，衰老伴随着视觉功能的多方面变化并不是指视力下降，而是指对空间刺激和空间任务的认知加工处理能力下降。

神经机制的研究结果表明，老年人缺乏涉及运动全局处理的整合同步机制（Legault et al., 2012）。年龄增长对正常人群视觉空间认知能力的影响体现在各个维度，视觉空间认知能力随年龄增长呈先下降后趋于稳定的特征；前庭功能障碍是导致视觉空间认知能力下降的风险因素，表现为缺乏运动全局处理的整合机制。

空间认知能力的性别差异

众多学者关注到，空间能力可能存在一定的性别差异。研究者从具体任务表现差异、空间因素水平差异，以及空间能力性别差异理论解释等方面进行了大量的研究分析。

关于空间测试与空间任务差异表现的研究发现，3岁至10岁的儿童在空间认知方面就已经表现出了显著的性别差异，男孩在提供路线指示方面表现普遍优于女孩，这种差异的关键在于指导的质量而非数量（Yacoub et al., 2024）。在简单的空间能力测验（如空间知觉）上性别差异很小，而在比较困难的空间能力测验上则表现出显著的性别差异：男性在与心理旋转能力有关的空间测试上的表现优于女性，而女性在与空间位置的记忆能力有关的空间测试上的表现一般优于男性，男性在动态空间能力上普遍强于女性。有研究者认为，男女的性别差异或许与他们在进行空间信息加工任务时所采用的空间策略不同有关：男性倾向于使用非语言模式思维，而女性则倾向于使用语言模式思维；男性在心理表象任务中倾向于使用整合策略，而女性则倾向于采用分析型策略，更注重细节。这种观点也得到了大部分研究者的认同。

在大尺度空间能力研究中，有研究者通过两项研究从行为和神经层面进行了探索，发现男性的大尺度空间能力和小尺度空间能力均优于女性，且大尺度空间能力上的性别差异效应显著大于小尺度空间能力。研究者进一步使用激活似然估计（Activation Likelihood Estimation, ALE）方法确定了男性和女性在大尺度和小尺度空间能力方面大脑活动的共性和差异，发现在大尺度空间能力方面表现出高水平的性别差异，在小尺度空间能力方面表现出中等水平的性别差异

（Li et al., 2019）。

关于空间能力为什么存在性别差异，研究者们从生物学、环境因素和进化论三方面进行解释。第一，生物学观点主要强调大脑功能分化：男性比女性表现出更明显的大脑功能分化特性，使男性在视觉空间认知方面存在显著优势。第二，环境因素观点则强调了经验的作用，认为男性之所以比女性表现得更好，是因为他们自愿参与了很多空间活动，如做模型、玩积木，这些活动了男孩子的空间能力。第三，从进化心理学角度出发，空间能力可解释为需要在物理空间中移动和跟踪其他生物体的生物体所拥有的支持这些活动的大脑和认知系统。如果不同客体与物理空间的接触存在差异，那么空间能力相关系统可以在物种之间、物种内部性别之间产生差异，变得更加精细或更加粗略。例如，研究人员推测嵌入式数字测试可能反映了一个人进化出的发现猎物或隐藏在树叶中的能力，而心理旋转测量可能支持有助于工具构建的机械推理，这在传统环境中主要是男性活动。

空间认知能力的职业差异

空间能力在航空航天、机械、建筑设计、测绘技术作业等领域，以及各种日常任务如工具使用、导航、学科学习等方面都很重要，以这些任务为主的职业或专业领域的从业人员的空间能力表现较为突出，职业/专业对特定能力也具有塑造作用，而较好的空间能力也可以促进从业者的成功。

相比其他从业者，飞行员和空中交通管制人员的视觉空间认知能力水平较高，且高性能战斗机飞行员的空间能力更强。一方面，说明飞行职业对空间认知能力的要求远远高于普通职业，在选拔飞行员和空管员之初就应该重视视觉空间能力；另一方面，说明飞行职业特点可能会促使个体高空间能力水平的养成，这是一个相辅相成的过程。

在教育领域，依据复杂空间能力测验能对未来学业成绩和职业成就做出有效的判断，空间测验的成套量表与职业培训效果的多重相关系数可达 0.60，而与智力的相关系数仅为 0.07，在与空间能力相关紧密的职业上更是如此。职业特征保证了某些特定能力得到优先发展且保持良好，例如，从事与空间视觉化能力密切相关的职业的人员比没有从事该职业的人员空间视觉化能力衰退得更慢。詹科拉（Giancola）等人（2021）比较了 106 名军事飞行员与 92 名普通人的导航认知风格，发现军事飞行员表现出更倾向于调查式用户（Survey Style Users）的导航策略，这一风格在执行空间认知风格测试（SCST）的 6 项任务中得以体现，包括在地标、路线和调查方面的优势，以及在 3D 旋转任务和地图描述任务中的优势。

3.1.3 视觉空间认知加工机制研究

视觉是人类加工外部信息最常用的感觉通道，空间认知的加工大多是基于视觉信息所产生的，因此大部分的空间认知研究集中在视觉空间认知加工领域，主要从视觉表象化加工、空间关系加工和空间定向三方面探究视觉空间认知的加工机制。

视觉表象化加工机制

视觉表象化加工强调将视觉信息进行表象性的操作或转换为空间图形的过程。这一加工涉及将视觉信息表象（表象产生和表征）、对客体进行表象性操作（心理旋转、心理扫描）、利用信息解决问题（视觉空间工作记忆）等过程。

（1）表象产生和表征

在缺乏感觉输入的条件下，视觉表象加工包括了视觉表象的产生和操作的过程。作为一个基础的加工过程，视觉表象的生成和产生同样受到研究者们的关注。视觉表征指抽取事物或刺激的最基本特征，以此建立具备特定属性的代表物，即该事物或刺激的表象。对于由几个刺激构成的空间构型而言，就是这几个刺激的相互关系的表达。科斯林（Kosslyn）等人（1990）提出了视觉表征的高级视觉空间认知加工子系统理论，为厘清个体视觉加工子系统的性质提供了理论途径。

为进一步拓展科斯林关于视觉空间关系加工的大脑半球专门化观点，宋晓蕾和游旭群（2011）通过一系列实验来探究视觉表象产生过程中大脑的半球专门化效应。结果发现大脑两侧半球以不同的分工参与视觉表象的产生，大脑左半球通过类别空间关系产生表象更有效，大脑右半球运用数量空间关系产生表象更有效。视觉表象的复杂程度和个体所采用的加工策略呈现出不同的偏侧化优势，当个体采用局部特征加工复杂图形的心理表征时，左半球为优势脑区，存在偏侧化趋势；而采用整体加工策略时，则无偏侧化趋势。基于此，他们在对不同年龄阶段被试进行视觉表象的可塑性的研究中发现了系统训练对视觉表象加工水平的增益,且这一增益现象存在个体发展阶段的差异:低龄儿童无法产生空间表征,9岁左右可能是儿童类别表象产生能力发展的一个重要时期。

空间注意贯穿在任务切换中,探索个体空间表征加工机制必须重视注意的重要性,决定注意分配策略的认知判断过程可能是持续存在的。在仿真场景中采用提示-目标范式,探讨单双任务情境下类别空间关系判断中的空间注意分配,结果发现类别空间关系判断效率受提示、任务类型和判断类型影响。具体而言,提示有效性与注意资源分配效率呈正相关关系;注意分配与第二任务要求的影响,当任务需要注意大范围情境时,注意分配较少受到后期提示的影响(游旭群,张媛,刘登攀,2008)。即便排除了特征绑定阶段,位置对客体加工的影响仍然存在,但时程有所缩短,空间注意可能是对视觉场景中客体和位置进行整合的早期机制。上述研究表明不同的客体表象加工过程有不同的加工机制,个体对表象编码的自动加工过程存在机制差异。

此外,何立国等人(2017)发现,随着被试表象任务知识表征和技能表征水平的提高,表象眼动的任务信息通达效应消失。这一结果表明,在表象任务信息的低通达水平,表象任务中的眼动与知觉任务中的眼动保持一致;但随着表象任务信息通达水平的变化,表象表征的注视点平均持续时间等眼动参数则会发生变化。此外,积极情绪条件下的表象扫描注视点数量下降,单个注视点平均注视时间会缩短,眼跳距离和眼跳时间增加,表现出较低的心理负荷和高绩效的加工模式。

(2)心理旋转和心理扫描

心理旋转(Mental Rotation)指个体想象自身或者客体旋转的空间表征的转换能力,随着旋转角度的增大,个体的反应时随之增加。心理旋转是一种参照系内的表象操作行为,第一人称视角的心理旋转和第三人称视角的心理旋转是人类视觉系统通常采用的两种不同的空间表征动力转换策略。心理扫描就是要求个体构成一个视觉表象并对其加以审视的过程,如同利用内部的"眼睛"来扫描,以确定其中的空间特性。心理扫描主要涉及系统地转移人在物体或图画中的注意,即对这种表象的移动是发生在客体的背景上的。

在心理旋转中,想象空间两种角色水平面心理旋转存在显著差异,第三人称角色心理旋转的优势可概括化于旋转轴物理方向与重力方向不一致的水平面心理旋转中；日常工作生活中的心理旋转存在于三维空间当中，角色效应普遍存在于心理旋转的过程当中，空间表征转换的角色方式会对心理旋转产生显著影响，且第三人称角色心理旋转易于第一人称角色心理旋转；物理旋转的有限性是影响自我旋转的重要因素，水平面自我旋转易于冠状面自我旋转，这一发现将心理旋转由传统的二维平面延伸到了三维环境中，推动了后续的研究。此外，对不同场认知方式个体的心理旋转机制的研究发现，场独立个体比场依存个体的心理旋转更好。例如，长期参与体育实践和学习相关专业知识有可能增强心理旋转的能力。以上研究结果均可以说明，心理旋转在空间维度上存在差异。

除空间维度外，时间维度上的差异也会对心理旋转产生影响。心理旋转的操作成绩随任务间隔的缩短而降低，且心理旋转任务的反应选择显著影响基础感知加工任务（T1）的反应选择，表明当T1的反应选择占据中枢瓶颈时，心理旋转任务和其他认知操作任务在中枢瓶颈中并行，得到了有效加工。

从神经生理机制来看，心理旋转表现与包括视觉网络（Visual Network）、显著性网络（Salience Network）和感觉运动网络（Sensorimotor Network）在内的大脑网络拓扑连接性之间存在显著相关性，表明心理旋转是一个涉及分布式网络之间整合和交互的复杂认知任务；视觉和显著性网络的跨网络交互指数显著影响了心理旋转表现中的性别差异；相比女性，男性在视觉网络中的跨网络交互较少，而在显著性网络中的网络内整合和跨网络交互更多。

早期研究揭示了心理扫描中的距离效应，即扫描表象中的两个部位所需的时间与两个部位间的几何距离呈线性关系。这一效应可以进一步拓展为几何距离效应和类别距离效应，前者指扫描时间随着几何距离的增加而增加，后者指扫描时间随着类别距离的增加而增加。在排除了距离影响后，视觉表象扫描时间受表象对应刺激的视角大小影响，即使扫描的几何距离相等，不同视角大小条件下的扫描时间仍存在显著差异。这一结果首次证明了心理扫描中存在视角大小效应，具有重要的理论意义。

表象扫描加工中的自上而下控制机制证明了在与外界环境交互的过程中，个体认知系统可以主动控制表象加工进程；视觉表象扫描中存在任务冲突效应，仅内源性认知控制增强能够在降低任务冲突效应的同时提高反向扫描任务扫描效率的结果，证明了视觉表象扫描中认知控制机制的存在（梁三才，游旭群，

2011)。对心理扫描过程的眼动研究显示,眼动在表象扫描中更具功能性作用,且不同扫描任务中的眼动特征不同,不同情绪效价会使表象扫描产生规律性的眼动分化的研究结果,佐证了眼动在表象扫描中的功能性假设(何立国 等,2017)。

(3)视觉空间工作记忆

空间工作记忆(Spatial Working Memory, SWM)指对空间信息动态的临时存储和操作,是工作记忆的一个重要的中央执行功能,也是支持复杂任务的一项基本认知能力。空间工作记忆的容量有限,个体的空间工作记忆水平会影响一系列高阶认知功能的表现,如流体智能、空间导航、心理旋转、空间定向和航空技能。因此,提高空间工作记忆能力可以作为改善特殊职业从业人员(尤其是飞行员和宇航员)空间认知能力的有效途径。

为进一步探索不同类型记忆在表象的心理旋转中的作用,钱国英和游旭群(2008)通过在图形旋转任务中的训练和实验过程中对旋转角度进行控制,探索了图形旋转对知觉性内隐记忆、再认、意识性和熟悉性的影响。研究指出知觉性内隐记忆和图形旋转角度之间存在相对独立性,即两者异步改变,表明图形旋转的记忆阈限不存在显著差异。

朱荣娟等人(2020)探索了视觉工作记忆对心理旋转的影响,具体使用经颅直流电刺激结合空间工作记忆训练操控心理旋转能力。结果表明,工作记忆负荷越大,心理旋转的难度越大;提升工作记忆能力能强化心理旋转能力。为飞行员及其他特殊职业人员的选拔和训练提供了新思路。研究表明,右后顶叶皮层在空间工作记忆中起着重要作用,且右后顶叶皮层区域不仅支持维护和检索空间工作记忆中的信息,还涉及空间工作记忆中的信息更新操作。为进一步探究重复经颅直流电刺激是否能增强空间工作记忆,以及在右后顶叶皮层上是否对空间工作记忆会产生影响,研究中还设定并对比了3种重复经颅直流电刺激方案,以n-back任务结果为指标。结果表明,针对右后顶叶皮层上的重复经颅直流电刺激可以提高空间n-back任务的反应速度,显示针对右后顶叶皮层的重复经颅直流电刺激可以作为改善空间工作记忆的一项干预措施。

根据表象维持理论的观点,"空间信息的前语言表征是通过空间想象建立的,而手势促进了空间表象的保持"。也就是说,手势可以促进数据的维持,将非词汇概念留在记忆中,表明个体可以通过手势为自身的空间认知系统提供稳定的外部、身体和视觉的支持，以此提升空间能力表现。

空间关系加工机制

空间关系加工主要用于识别物体视觉成分之间的关系，对判断客体间关系具有重要的作用。

（1）空间关系表征

科斯林提出空间关系识别时存在两种不同的表征方式：类别空间关系表征和数量（坐标）空间关系表征，且分别由类别关系编码子系统和数量（坐标）位置加工子系统执行。类别关系编码子系统以等量级的方式表征客体空间关系的一般特征（如连接的/非连接的、上/下、左/右等），有助于客体或场景的识别；数量（坐标）位置加工子系统以分量级的方式表征客体空间关系的差异性特征，这种精确的比较或表征有利于定向和导航。

类别空间关系加工在物体识别中有重要的作用，尤其是可用于识别那些可以扭曲变形的物体；而数量空间关系加工更多地指导人们的空间行动。这两个子系统不仅存在功能上的分离，并且存在大脑神经水平的分离，这种神经水平的分离表现为两种空间关系加工的大脑半球偏向，即类别空间关系加工的左半球偏向与数量空间关系加工的右半球偏向，但不同研究中获得的脑半球偏向是相当不稳定的，并且受到研究方法因素的影响。

晏碧华、游旭群和屠金路（2008）采用简单与生动刺激，以及任务相互影响和知觉判断范式，通过加入先行任务刺激表征作为启动和干扰刺激，以探察类别与数量空间任务的加工特性和相互关系。结果发现，类别关系对空间关系判断的启动和干扰效应具有普遍性，从而支持了视觉空间的认知加工既分离又协同的观点。在随后的研究中，游旭群和李晶（2010）采用空间关系判断任务探讨了数量空间关系加工中参照系参数的表征及其相互作用，发现数量空间关系加工中存在方向表征，在一定任务情境下存在朝向表征。距离参数与参照系的表征之间存在紧密联系，距离匹配的促进效果仅发生于启动刺激与探测刺激处于参照系同轴方位的情况中。可见，数量空间关系加工中内隐地包含类别空间关系表征。

张媛等人（2017）通过"单双任务"的研究范式探索视觉空间信息加工过程中是否存在内隐学习。研究结果表明，在类别空间关系判断中，对空间背景信息的学习可以是内隐的学习过程，而且对空间背景信息的学习还受到信息量大小、信息加工深度及空间关系等环境特性的影响。后又采用"目标−类别"范式，通过两个实验探讨三维情境中观察角度、靶刺激所在物体的颜色和形状的相似性、靶刺激空间距离，以及离开水平方向的角度对类别空间关系加工的影响。发现在不同的观察角度，获得物体的信息越多，类别空间关系判断越容易；背景颜色相似性高时，类别空间关系加工的效率较低；两个靶刺激之间的距离对于类别空间判断影响较小；靶刺激观察角度为竖直和水平方向时，类别空间关系判断的效率较低（张媛 等，2017）。

徐泉（2019）通过一系列实验探究了飞行员在位置判断任务中的证实性偏差及其影响因素。研究发现：证实性偏差在位置判断中普遍存在，个体倾向于选择支持假设的信息；表象型认知风格的个体比言语型认知风格的个体表现出更弱的证实性偏差；高认知负荷会加剧证实性偏差，尤其在低负荷条件下更为明显；经验对证实性偏差的影响不显著，但与认知风格的交互作用对证实性偏差有显著影响；高视觉空间能力的个体证实性偏差较低，而注意广度对证实性偏差无显著影响。这些结果为飞行员选拔、训练和航空安全管理提供了理论支持。

（2）空间参照系与表象更新

两个及两个以上的客体刺激之间存在空间方向和方位的概念，个体基于一定的方向参照系统，从一个"空间"参考目标指向另一个空间"源"目标，方向参照框架、参考和源目标都属于空间方向的基本组成部分，表现在人们对周围刺激目标的定位和定向上。这种能力通常被称为空间方向感（Sense Of Direction, SOD），方向感知水平的差异是造成空间定向差异的主要原因，因而被用于衡量环境空间能力。

在与环境交互的过程中，个体需要不断地对自己进行定位，以维持当前情境意识水平。当个体移动时，会根据目的、用途和观点对空间进行划分，这一过程中会不断地建立并调整定向参考框架。空间参照系统一般包括内部参考框架（指在一个目标的自身内部建立一个方向参考框架）、直接参考框架（以观察者的自身视点建立，根据前、后、左、右等方位对空间进行划分，建立空间方向判断的参考框架）和外部参考框架（以空间中某个高于地表的视点建立参考框架）3种。参照系指定义了方向、朝向以及距离等参数的三维坐标系。对参照系的选择影响个体对客体的再认，正投影问题的解决是以一个具有三维结构特性的心理表征为基础的，而并非对二维正投影信息进行了充分识别。

梁三才和游旭群（2011）采用三维场景图片作为学习材料，通过系统控制不同参照系间的差异引发冲突来考察两种不同表象更新任务的参照系冲突效应。结果显示，参照系冲突显著影响以自我为中心的表象更新，场景引发的参照系冲突效应大于个体躯体倾斜造成的参照系冲突效应，与场景同步变化的局部空间参照系能降低这一效应。在这一过程中，旋转前的参照系冲突不影响心理旋转的角色效应，且两种不同方式的参照系引发的冲突均导致心理旋转的角色效应显著下降，表明心理旋转角色效应可能受参照系冲突的影响，并进一步扩展了空间更新参照系冲突模型。

现有研究大多认为空间参照框架通常锚定在个体的躯干和头部之间，忽视了其他身体部位对于空间参照框架建立的贡献和优势。郭森（2023）基于头-躯失谐对空间参照框架的影响，在模拟飞行研究中，通过制造在飞行场景下的空间方位冲突区域探索个体环境选取空间参照框架的动态变化现象。结果发现，个体在头部失谐时，选择躯干作为空间参照框架的锚定载体在空间方位的判断上表现更好；个体在躯干失谐时，选择头部或者躯干作为空间参照框架的锚定载体上是相对平衡的，但在0°和15°上出现了头躯优势效应的分离情况；在双人驾驶场景中，主驾驶头部失谐时，头-躯优势效应发生在45°和60°，45°成为被试反应最慢的客体角度位置；当主驾驶躯干失谐时，头-躯优势效应的分离趋势一直随着角度的增大而变大，被试倾向于选择处于稳定态的头部作为空间参照框架锚定的载体。上述发现表明，个体在单人驾驶场景中面临头-躯失谐时，更倾向于转变参照框架的锚定载体为头部，而这种倾向在双人驾驶场景中则不显著。此外，头-躯效应的分离程度在单人驾驶场景中多发生在客体相对于个体角度较小的情形下，而双人场景中则多发生在客体相对于个体角度较大的情况下。

空间定向加工机制

空间定向是指对客体空间构形变化的正确判断和对视觉刺激的元素排列模式的理解，空间定向能力是人类空间认知的关键，是飞行员执行飞行任务的基础，对于飞行安全、宇航员选拔训练、阿尔茨海默病临床诊断等具有重要意义。

　　空间定向的性别差异在不同文化中表现不一，地域因素单独作用时，乡村未成年被试的空间定向能力优于城市同龄人；空间参照框架的使用也存在地域文化差异，如"东南西北"与"前后左右"术语的使用偏好。例如，我国南北方人群在大尺度环境中的空间定向和导航能力存在显著地域差异，北方人表现更佳；空间参照框架的切换使用能力同样存在地域差异，北方人较强，且与路线回溯任务表现相关。这项研究不仅揭示了地域文化对空间认知的影响，有助于理解后天文化、语言、生活环境和社会化对人类空间认知的影响，进一步阐释文化与认知的关系；也在高生态效度的研究场景中深入探讨了地理层面大尺度环境下的空间定向差异，为现实情境中的应用（如导航软件设计）提供了更有力的证据。

　　有研究者通过操控第一视角定向地图放置与被试方位关系（0°、90°和180°），考察了心理旋转能力与使用地图进行方向判断的正确反应的关系（Campos & Campos-Juanatey, 2020）。结果表明，心理旋转能力对方向获取的正确性有正向预测作用。历莹（2022）在3项研究和10项实验中探讨了心理旋转如何影响空间定向，并确定了空间更新在其中的作用机制：高空间能力者一般采用自我中心参照系以激活空间更新，改善心理旋转表现；空间更新的表现取决于场景参照轴与自我参照系，究其根本是视角朝向，即当想象朝向和实际朝向一致时，使用自我中心参照系的个体在空间更新任务中表现较好；在空间定向中，以自我为中心参照系的空间更新和外部线索共同作用，促进个体形成自我–物体空间关系。

不同尺度空间能力的加工机制

　　空间能力的小尺度测试（Small Scale Tests, SST）是在实验室或安静的环境中进行的纸笔测验、在桌面上进行的物体操作测验等，也包括用计算机呈现非言语刺激的认知行为测验，执行这些测验需要对部分刺激图形进行心理操作，如几何图形、积木、卡片等。大尺度测试（Large Scale Tests, LST）是在室内或室外的大场地、虚拟环境中进行的，如导航测试、方位任务、地图定位等，它可以反映基于外部空间表征的外部空间能力。

　　目前，大尺度和小尺度空间能力之间的关系可以用4个模型来解释：第一，"单一模型"假设两个尺度上的空间能力表现出完全重叠；第二，"部分分离模型"则提出两种类型的空间能力表现出相似性和差异性；第三，"完全分离模型"假设这两组能力是不同的；第四，"中介模型"假设小尺度和大尺度空间能力可以分离，但由第三个变量决定。这里模型一和二提出两种形式的空间能力是相关的，模型三和四提出它们不是相关的。上述每个模型在以前的研究中都得到了一定程度的验证。值得注意的是，在一项对221名参与者的空间能力、空间更新、言语能力和工作记忆进行检查的研究中，赫加蒂（Hegarty）等人（2006）报告的结果仅与部分分离模型一致。此外，他们还规定了小尺度和大尺度能力之间的重叠程度，为这些能力之间的相似性和差异提供了新的见解（见图3.3）。这种重叠意味着两类任务的完成都需要以下3种能力：对视觉刺激信息进行空间编码加工的能力；在工作记忆中保持和进行操作表征的能力；进行空间表征推理的能力。

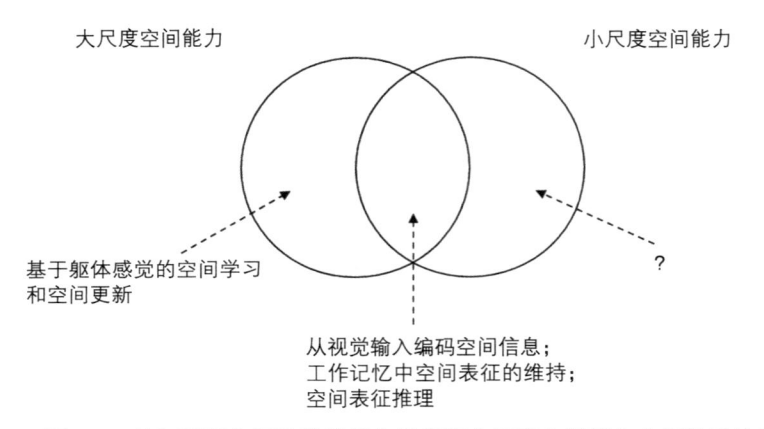

图3.3 赫加蒂等人提出的表征大尺度和小尺度空间能力之间关系的模型
注：图中"?"表示小尺度空间能力中尚未明确的具体过程和独特机制。
资料来源：Hegarty, M., Montello, D. R., Richardson, A. E., Ishikawa, T., & Lovelace, K. (2006). Spatial abilities at different scales: Individual differences in aptitude-test performance and spatial-layout learning. *Intelligence, 34*(2), 151–176.

关于大小空间尺度能否作为单独的实体及如何进行表征需进一步探索。

近年来，神经成像技术的快速发展促使人们利用功能磁共振成像（fMRI）和正电子发射断层扫描（PET）对大尺度和小尺度空间能力进行了广泛的研究。神经心理学研究表明，大小尺度空间任务的脑区活动并不相同但有重叠，为两类任务的分离与协同进一步提供了证据。李苑等人（2019）通过激活似然估计方法分析阐明了大尺度和小尺度空间能力的神经基础，结果发现大尺度空间能力与边缘叶、后叶、枕叶、顶叶、右前叶、额叶和右叶下区的激活有关，小尺度空间能力与顶叶、枕叶、额叶、右后叶和左叶下区的激活有关。此外，连接分析显示亚回、右额上回、右顶叶上小叶、右枕中回、右枕上回、左枕下回和楔前体存在重叠区域。对比分析表明，在大规模空间任务中，海马旁回、左舌回、小脑顶、右颞中回、左小脑坡、左枕上回和右豆状核的激活更强烈。相反，在小规模空间任务中，楔前叶、右额下回、右中央前回、左顶叶下小叶、左缘上回、左顶叶上小叶、右枕下回和左额中回的激活更强烈。

3.2 空间认知在飞行中的作用

3.2.1 空间认知是飞行员主要认知特征

空间能力是飞行能力的基本组成部分，与飞行安全绩效有密切联系。飞行员的视觉空间能力对飞行技能与飞行绩效具有较高的预测效度。

飞行活动对空间能力的需求

飞行活动是在三维空间中进行的一种活动，需要多项空间能力的参与。在飞行中，各种仪表和舷窗外视景能帮助飞行员判断飞机的位置，利于个体构建对外部视觉表象的内部空间体系，随后根据该内部空间坐标调节自身行动，确定所知觉的物体空间方位、方向与空间关系。宇航员的空间认知能力研究在未来的深空探索任务中扮演着至关重要的角色。随着人类太空探索任务的不断深化，宇航员将面临微重力、辐射、隔离等多种环境压力，这些压力可能会对大脑结构和功能造成负面影响，进而影响空间认知能力。对于宇航员来说，空间参照系发生改变，外界可依赖的视觉信息更少，宇航员需要判断飞船的姿态并进行穿舱与出舱活动，这时空间认知能力显得格外重要。因此，研究和开发针对性的对抗措施，以减轻太空飞行对空间认知能力的影响，对于保障未来深空探索任务的成功至关重要（Stahn & Kühn, 2021）。

相较于航天领域，航空领域中对空间能力的研究开展得更早。具体而言，飞行实践活动对飞行员空间能力的需求集中体现在飞行空间定向方面。飞行空间定向指飞行员在飞行过程中对地空目标、目标空间位置、自身飞行状态，以及自身与飞行环境之间空间位置关系的识别和判断。该过程需要飞行员对接收到的视觉信息、仪表信息、前庭和本体信息进行整合加工，依赖于人类的视觉、前庭和本体感受器等基本感觉系统。自 20 世纪 80 年代后期开始，飞行空间定向的信息整合加工逐渐受到重视，而不仅仅限于对感知过程的研究。游旭群等人认为，良好的空间认知表征有助于飞行员空间定向，使优秀的飞行员能准确而快速地加工来自不同感觉通道的信息，从而获得主体与客体准确的空间位置关系等信息。在这个过程中，个体需要利用认知结构和空间概念来建立一个反映外界环境的认知坐标系。

飞行活动中的参照系不同于通常地面条件下的参照系，当认知坐标系发生改变时，出色的空间能力显得尤为重要。基于物理概念定义的位置、角向和运动的坐标系被称为参照系，图 3.4 展示了人类身体坐标系。在常规地面场景中，人体垂直于地面，因此一般采用外在引力环绕作为静态框架，人可以很好地根据这种静止的或固定的参照系进行定位定向。飞行实践中，由于 Z 轴上存在重力偏移（尤其在爬升和降落时），带来了视觉场景上下矢量相对于观察者的 Z 体轴的偏离，导致爬升和降落阶段中发生飞行事故的概率显著高于巡航阶段。此外，空间表象能力是视觉空间能力的核心，这在飞行活动中得到了充分体现。在飞行实践中，飞行员为了控制飞机姿态，需要构建当前飞行状态的表象，比较构建的表象与标准飞行状态的差异，做出各种飞行操作。根据仪表读数和视觉感知，使飞机状态进一步形象化。飞行人员在无法看清天地线时（如

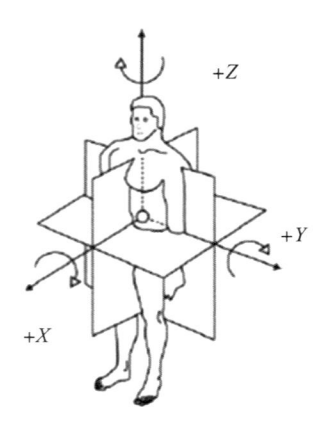

图 3.4　人类身体坐标系

在云层中飞行），也必须在头脑中保持各种明确的飞行状态和正确的空间位置判断，保持飞机飞行姿态的表象能力是飞行员所必需的。此外，良好的空间表象能力是飞行人员进行空间定向的基础，合格的飞行员必须正确感知外部环境中的客体的位置及其与主体位置的差异（如距离、方向、方位及客体的大小和外形等）。

飞行能力中的空间认知能力

飞行能力（Flight Ability）指飞行员顺利完成飞行活动必需的各种心理品质的集合。客观上，飞行活动的特殊性要求飞行员具备良好的注意力、判断力、决策力、空间定向能力等一系列心理品质。为保证飞行活动的质量和安全，一名合格的飞行员需要参与重重选拔和训练才能真正进行飞行实践。系统的飞行员心理选拔源于第一次世界大战前后，是飞行员选拔的重要环节。在内容上，飞行员选拔从一开始就包括了3项基本要素：基本认知能力/智力、特殊认知能力/心理运动能力、人格。空间认知能力一直是飞行能力也就是飞行员心理品质模型研究的核心内容，基本上所有的选拔系统都包括空间能力测试。

美国空军军官职业资格测验（Air Force Officer Qualifying Test, AFOQT）起源于20世纪30年代，在1953年首次用于选拔美国空军军官候选人。AFOQT包括学业能力（语言能力、数学能力）、空间能力、知觉速度和技术知识。AFOQT测验包括许多版本和多个子测试，AFOQT-M类子测验包括机械原理、机械知识、航空知识、表象操作、仪表理解、杆舵定向等，其中多个内容如表象操作、定向等均为空间能力测试内容；AFOQT-Q类子测验用于官员任命与机组人员培训选择。这个子测验在操作分类中包括了更多的空间和感知速度测试，其中空间测试包括机械理解、电迷宫、组块计数、旋转模块和隐藏图形等。

空间能力测验通常包括基本认知测验和人机认知测验，目的在于检验候选者的表象旋转、方位判断以及知觉运动能力，这些均属于空间能力测试内容。在1997年开始研发的适合我国的军事飞行员心理选拔评价系统中，心检一平台基本能力测试有多项涉及空间能力的测试，如知觉速度、心理旋转、图形组合、判别方向等。心检二平台特殊能力主要测评心理运动能力和动态空间能力，如靶子追踪等，也和动态空间能力相关联。

在航线飞行系统，《民航飞行学生心理选拔智能测验》（1990）中对基本认知能力的测试限于简短的纸笔测试，主要包括知觉速度和空间定向任务，这两项都是重要的空间能力内容。在陕西师范大学与中国南方航空公司合作开发的航线飞行员心理选拔系统（2008）中，也特别强调了空间能力对飞行员的重要作用，认为形状知觉、大小知觉、方位知觉、距离知觉等是由多种感官联合协调活动的结果。一般而言，航线飞行一般能力由注意分配能力、工作记忆能力、判断力、决策力和数学推理能力构成；而航线飞行特殊能力由心理表象旋转能力和空间定向能力构成（见图3.5）。研究者认为，空间认知能力水平是飞行员在应激状态下处理突发事件的重要影响因素，其中的心理表象旋转能力和空间定向能力更是必不可少的飞行认知因素（游旭群，姬鸣，2008）。

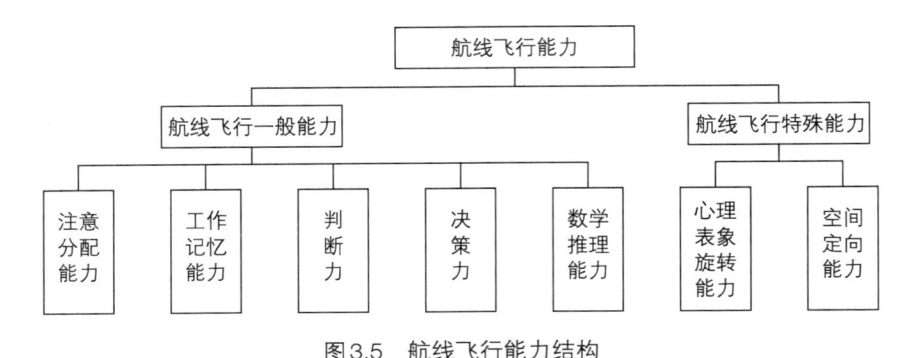

图3.5 航线飞行能力结构

资料来源：游旭群，姬鸣．(2008)．航线飞行能力倾向选拔测验的编制．心理研究，1(1)，43–50．

王永刚和马文婷（2023）运用结构方程模型的方法和理论，构建飞行员驾驶技能、飞行作风和自我效能感对安全绩效的影响模型，以确定飞行员驾驶技能、飞行作风及自我效能感共同作用会对安全绩效产生何种影响。结果表明，飞行员驾驶技能、飞行作风和自我效能感的单因素作用均对安全绩效具有显著正向影响，同时驾驶技能在飞行作风、自我效能感和安全绩效之间存在正向中介效应。该研究结果可为民航管理人员选拔和考核飞行员提供有效依据。

可见，空间认知能力测量与评估是飞行员心理品质评估的重要内容，是飞行能力结构的核心要素。飞行员依靠空间能力维持对当前飞机空间状态的感知是飞行活动得以进行的基础。在飞行过程中，如果飞行员无法判断正确的空间位置，就很容易发生人为失误，造成险情出现。因此，飞行员应具备优秀的空间能力，以降低心理工作负荷和失误风险，更好地应对日常飞行任务和突发情况下的险情处置。从选拔的角度分析，应重点将那些与飞行活动密切相关的空间认知能力作为选拔系统中的核心内容，研究者们也正是这样做的。

3.2.2 空间认知对飞行绩效的预测

多年来，研究者们不断探索对从事飞行职业非常重要的空间能力因子，用于飞行员选拔测验和飞行训练。已有研究以飞行安全绩效作为指标，发现具备高空间能力的飞行员得分高于具备低空间能力的飞行员，优秀飞行员的空间能力高于一般飞行员。结合问卷调查和实验收集到的数据结果，空间知觉、时间知觉等认知能力正向影响安全遵守和安全结果，而情绪记忆则会产生负向影响（张香瑜，2020）。由此可以推断，飞行员的空间认知水平在一定程度上影响飞行绩效。

空间认知能力的预测力

空间认知能力对于飞行员形成良好的飞行空间定向能力、降低错觉具有重要的意义，一系列研究考察了空间认知能力对飞行员水平和飞行安全绩效的预测力。使用最为广泛的认知侧化成套测验（CLB）由神经心理学家戈登编制。该测验用于检验个体认知特性。CLB由两套测验构成：视觉空间认知能力测验和言语连续性能力评定量表。其中，视觉空间认知能力测验包括定位测验、定向测验、图画完形测验、积木连接测验。戈登等人（1982）考察了不同职业群体的认知特性，发现飞行员和飞行管制人员的视觉空间认知能力都非常高，尤其是那些被认为是"天生的"飞行员的，他们通常有着优异的视觉空间测验成绩。进一步，戈登用CLB对美国海军航空兵和以色列空军飞行学员进行测试发现，飞行学员的测验分数每增大一个标准差，其毕业率就会增大两倍，而不管其言语认知的水平如何。

游旭群在20世纪90年代引入CLB的相关研究成果并进行了广泛的验证，以认知心理学的理论方法和大脑半球功能一侧化理论为基础，综述了空间认知技能在选拔军事飞行员中的重要作用，强调了空间认知能力与飞行实践的密切联系。刘宁等人（1994）采用CLB的空间认知能力测验探讨了飞行学员空间认知特征与飞行能力的关系，其中飞行能力根据飞行学员飞行绩效评估分为3个水平。结果发现，飞行学员组的 4 项视觉空间认知测验得分高于陆军学员，并且飞行技术水平越高的飞行学员，其空间认知测验成绩也越好，而在 4 项语言连续性测验中，飞行学员和陆军学员有 3 项无显著性差异。可见，飞行学员是一个空间认知能力较强的群体，这种空间认知能力与飞行技术相关联。通常，飞行技术水平越高，个体空间认知能力就越强。通过对基于CLB的测试结果进行分析，证实了飞行员的空间认知能力与其飞行错觉水平之间存在关联。研究发现，那些经历较轻飞行错觉的飞行员在视觉空间认知测试中取得了更高的分数，显著优于那些经历较重飞行错觉的飞行员。这一发现表明，空间认知能力的不同水平是影响飞行员飞行错觉程度的一个重要因素。进一步的研究对海军歼击机飞行员进行了调查，使用修订版的CLB空间认知任务和专家评定法来评估飞行技术，结果再次显示，技术更娴熟的飞行员往往展现出更为典型的空间认知特征。

在单一测验的基础上，可以结合认知分化测验、团体镶嵌图形测验（Group Embedded Figures Test, GEFT）和飞行定向水平（飞行错觉水平）对飞行员的认知特征、场独立性（Field Independence, FI）和飞行空间定向水平的关系进行评价。通常，高水平的视觉空间认知能力及较强的场独立性特征可以较好预测飞行定向水平。飞行定向错觉较轻组的飞行员表现出了良好的视觉空间信息组织、加工和较强的场独立性。可见，良好的视觉空间信息加工水平和特定的场独立性认知特征对于降低飞行错觉、保持良好的定向水平有重要作用。这里需要进一步说明的是，用GEFT检测的认知风格包括两个维度：场独立性是指个体在客体间关系特征识别、非结构情境组织，以及认知维度的问题重建能力；而具有场依存性（Field Dependence, FD）特征的个体则在问题表征上更多地受限于先导组织结构特点，极少或不依赖视觉环境因素的个体被认为具有场独立性特征。具有较强场独立性特征的飞行员可以更好地构建并利用自身内部的认知参照系，以此获得准确的内外环境的空间关系等信息。场独立性是适宜飞行员的认知风格，并且与空间认知能力紧密关联，具备两者可使飞行员较好预测飞行定向水平。最新的研究验证了这一观点，贺雅（2024）基于多重参照系冲突，通过双大炮任务的训练，发现个体在解决参照系冲突的过程中，空间认知能力得到了提升。这为提高飞行员空间认知能力提供了一种可能的训练方法，有助于提高他们的工作效能和安全性。

空间认知能力与飞行绩效

如前所述，飞行活动是特定的高度专业化的职业领域的活动项目，需要对起初没有相关工作经验的候选者进行培训，也需要对现役飞行员的工作绩效与航空飞行绩效进行评估，以确定哪些因素在绩效提升方面发挥着重要作用。在飞行员空间认知能力与飞行安全绩效的研究中，空间能力和感知速度测试一直是美国空军航空训练选拔小组的主要测试内容，是航空训练候选人选拔过程的重要组成部分。

已有研究发现，能力测试在确定飞行员培训的适用性方面发挥着重要作用。空间能力已显示出可以预测美国空军飞行员学员的训练等级（Carretta & Ree, 1995）。一项针对 11 个国家飞行员的元分析（Martinussen, 2014）支持了空间能力对预测飞行员训练成功的有效性和普遍性。在飞行员选拔领域，空间能力测验（Direction Orientation Task, DOT）被广泛应用。经验丰富的飞行员通常具备较强的心理旋转能力和数量空间关系。在其他领域，空间能力对科学、技术、工程和数学（Science, Technology, Engineering, Mathematics, STEM）学科的有效教育作用受到重视。乌塔尔（Uttal）等人（2013）的元分析研究显示，空间技能的提升是取得STEM成就的重要助推力量之一。作为STEM领域的一个重要而典型的实践例子，在军事航空领域中，空间能力可以提高候选者的甄别和发展水平并有效提升培训效益（Johnson et al., 2017）。约翰松（Johnson）等人（2017）探讨了空间能力和知觉速度测试对空军飞行员飞行训练结果的预测作用，发现相对于数学、语言和技术知识，空间能力、航空知识和知觉速度测试能更好地预测飞行员飞行绩效，且知觉速度在预测飞行学员飞行绩效方面的增量效度高于学业能力和技术能力，而数学、语言和技术知识只能预测课堂表现。他们总结后认为，空间能力、航空知识和知觉速度对"动手"型飞行员绩效有高预测性，这些绩效包括基本程序以及日常和检查飞行等级等方面。此外，感知速度是空间能力的一个方面，它可以为军事航空等应用科学、技术、工程和数学领域提供超越学术和技术知识测量的增量预测有效性。在大尺度的空间导航能力上，与非飞行员相比，早期的民航飞行员在新的虚拟环境中能够形成更准确的认知地图。并且，在飞行过程中，视角选择是导航意识的核心，随着经验的增加，飞行员的视角选择会得到改善，逐渐趋于最佳。科因（Coyne）等人（2021）重点关注了DOT的两个关键问题：一是测试随时间推移的有效性，二是非空间策略使用与性能的正相关性。研究发现，自 DOT 实施以来，申请人的表现力显著提高，这可能反映了他们对测试方法改变的适应和策略的运用。尽管存在天花板效应，但数据表明 DOT 在 2015 年后对预测航海技能（PBM）的增量有效性下降。此外，使用基本方向策略与更好的测试表现相关，这引发了对 DOT 是否可以真正测量空间能力的疑问。研究还指出，DOT 的分数提升可能意味着其在区分申请人空间能力方面的有效性降低。因此，沿用已久的 DOT 测验能否在当前的背景下持续用作飞行员选拔和测验项目值得怀疑，其有效性和实用性需要得到进一步研究。

王永刚和李苗（2015）运用多层线性模型方法对 206 名飞行员进行了调查，考察了飞行员安全绩效的变化趋势以及飞行员的空间能力与安全绩效的关系，他们对飞机快速存取记录器（Quick Access Recorder, QAR）数据和飞行员心理选拔笔试数据进行了分析。其中，QAR 译码数据按时间序列记录了所有航线飞行员自入职以来在飞行实践中发生的所有安全等级事件，飞行员心理选拔笔试数据来自选拔时的认知能力测试，通常包括人体罗盘旋转、图形分割、方向判断、变换运算和字母规律核检 5 个部分，其中人体罗盘旋转表征个体的空间关系能力，图形分割表征个体的空间视觉能力，方向判断表征个体的空间定向能力。结果发现，空间关系能力对入职 1 至 4 年的飞行员的安全绩效下降速率有显著的影响，而对空间视觉能力与空间定向能力的影响不显著。该研究本质上检验的是选拔任务对飞行绩效的预测，检验的是心理选拔系统的长效性。不同经验水平的飞行学员在匀速运动和变速运动中存在认知差异。根据不同经验水平的学员在这两种运动模式下的眼动特征，研究发现，在匀速直线运动实验中，测试时间与平均扫视距离及平均扫视速度之间存在显著的负相关关系；而在变速曲线运动实验中，测试时间偏差和距离偏差与平均扫视时间和平均扫视距离的相关性则相对较弱。基于上述结果，该研究建议在现有的选拔体系中加入运动推断能力的测试，并利用关键眼动指标（如平均扫视距离和平均扫视速度）来辅助开展飞行学员的目标筛选过程，提升其空间能力表现。

较民用航空而言，军用航空领域涉及更多的飞行相关人员培训，高性能战斗机，对相应飞行员空间能力的要求更高。当前，我国军事飞行员心理选拔体系亟待优化，其中选拔与训练环节的不匹配问题较为突出。以空间能力选拔为例，当前的选拔流程过分侧重于空间视觉化和空间关系测试，而这些小尺度空间能力与飞行员在实际飞行中所需的大尺度空间能力，如导航和空间定向，相关性并不强。显然，大尺度空间能力才是飞行员必备的核心素质。同时，现有的认知能力测试多在理想化的实验室环境中进行，这与飞行员将来面临的复杂、极端的飞行作战环境相去甚远。因此，我们认为在这种缺乏实际应用背景的测试环境中得出的结果，或许不能够准确预测飞行员在真实飞行情境下的表现。近来，新技术的发展为飞行训练提供了新方式，最为典型的是虚拟现实（Virtual Reality, VR）技术。张梦迪（2023）的研究通过比较不同飞行技能水平的飞行员在心理旋转测试和迷宫测试中的表现，检验了基于虚拟现实技术的空间能力测试在评估飞行员空间视觉化和空间定位能力方面的有效性。此外，研究还分析了飞行员的年龄、飞行时长和性别对空间认知能力的影响，并开发了一种创新的空间认知能力测试方法。这种新方法有助于准确预测飞行员的空间能力，提升了飞行员选拔和培训的效率，同时也改善了医学评估的标准。有研究者考察了基于虚拟现实的心理旋转测试（Mental Rotation Test, MRT）在预测飞行员空间可视化能力（Spatial Visualization Ability, SVA）方面的有效性，通过VR技术对118名健康飞行员的SVA进行MRT评估，并以飞行员飞行能力评价量表为效度标准，将飞行员分为高、中、低空间能力组，结果显示，高空间能力组的反应时间较短，但每秒正确个数（Correct Number Per Second, CNPS）较多，且与量表评分呈正相关。性别间无显著差异，而年龄较大的飞行员反应时较长但每秒正确数较多（Zhang et al., 2023）。此外，邱化珂（2024）对自适应注意控制训练方法进行改编，发现行为学任务、问卷调查、飞行模拟和视线追踪技术等考察训练，对注意控制、情境意识和飞行绩效有提升作用。结果显示，注意控制、情境意识和飞行绩效之间存在显著相关性，情境意识在注意控制和飞行绩效之间起到中介作用。自适应注意控制训练能有效提升注意控制和飞行绩效。自适应反眼跳注意控制训练在提升情境意识和飞行绩效方面效果更优。研究表明，通过自适应注意控制训练可以提高飞行员的飞行绩效，为心理训练方法提供了研究基础和理论依据。

总之，通过对不同空间能力的飞行员进行对比，并探讨其空间能力与飞行技能、飞行绩效的关系，可以得到飞行员空间能力的职业发展特点，探索飞行实践对不同空间能力因素的作用，确认空间能力与飞行能力、飞行绩效的关系，以便提炼出核心空间能力和空间任务并引入到选拔和训练过程中，达到提升选拔和训练效率与飞行绩效的目的。在空间认知内容上，与普通人群相比，经验丰富的空军飞行员表现出更好的空间定向、心理旋转、数量空间关系判断，以及视觉特征提取的能力。

3.3 飞行员空间认知加工特征研究进展

3.3.1 飞行员的空间认知加工特征

飞行员表象旋转的认知加工特征

表象旋转被作为评定飞行空间定向认知水平的主要指标之一，是飞行员从事飞行所必备的一种空间认知能力。以表象为核心是高水平视觉空间认知活动的特征，涉及对各种视觉空间信息进行处理，以及视觉再认、空间定位和定向、表象转换等高级的认知加工过程。心理旋转是空间表征转换的典例，依赖于表征并对表征进行旋转操作。已有研究表明，飞行员的心理旋转能力显著优于普通人。

研究结果表明，在低氧状态下，飞行员心理旋转行为绩效并不受低氧状态的影响。但低氧会导致 P2 幅值显著降低，N2 潜伏期显著缩短，Alpha、Low Beta、Mid Beta 这 3 种波的功率值显著增高，该研究为探究低氧条件下飞行员认知加工机制提供了更多的生理证据。

近年来虚拟现实的发展为了解人类空间认知能力提供了新的技术手段。VR 技术带来了心理旋转测验的新方法，能够更准确地发掘飞行员的能力范围，为评估飞行员空间视觉化能力提供了新的方法。

飞行员空间关系判断的认知加工特征

飞行实践中，所有操纵都需要飞行员基于对空间关系快速、精准的识别和判断实施。比如，在着陆时，要求飞行员以恰当的下滑角度保持正确的下滑曲线，飞行员必须清楚地知道他的飞机究竟位于这个下滑线的上面还是下面。另外，飞行员还需要根据仪表与外部视野信息了解实际下滑角度的偏差值，以便有效地对偏差进行控制和校正。这里涉及的空间认知功能就是空间关系判断。基于科斯林提出的类别和数量（坐标）空间关系表征的概念分析，数量表征在飞行活动中非常重要，飞行员需要清晰地判断飞机与障碍物的精确距离并为必要的操纵做好准备。

为了探索飞行员的职业经验对两类空间关系的影响，游旭群和杨治良（2002a）对 20 名歼击机飞行员和 20 名控制组被试进行了视觉空间关系判断的测试。结果发现，在类别判断任务上，两组无显著差异，且两组成绩呈现出天花板效应；在数量判断任务上，飞行员组在难度较大的测试条件下反应既快又好，表明飞行训练对提高飞行员空间关系判断的数量和识别方面等能力有益。其机制可以理解为数量关系上的组间差异与飞行员所从事的职业活动密切相关，类别判断任务中不存在练习效应（系统训练带来的功能增益），表现出了鲁棒性（Robustness）（或低可塑性）；而数量空间关系加工则具有相对较高的可塑性。

飞行员视觉特征提取的认知加工特征

视觉特征提取（Visual Features Retrieval）是指在表象中对图形被遮挡部分（即图形残缺部分）的完形加工过程，该过程的绩效取决于个体能否有效提取物体关键的固有空间拓扑特征，以及个体能否通过视觉表象对所提取到的客体关键特征进行延伸，以建立视觉表象空间上的完形效果。视觉特征提取是飞行员必须具备的重要的飞行认知能力，飞行员在飞行实践中必须能够在可视性较差的环境中控制飞机状态并保持正确的航向，特别是在被云雾遮挡的地标识别、夜航和大雾等低能见度的气象条件下，以及在受到电子干扰情况下的仪表飞行状态中尤为如此。因此，良好的视觉特征提取能力对于飞行员保持良好的飞行姿态、保持正确航向、提高飞行情境意识水平具有重要意义。

为了检验经过系统飞行训练的飞行员，其视觉特征提取加工水平是否有改变，游旭群（2004）招募了 20 名现役飞行员和 20 名控制组被试参与实验。实验刺激如图 3.6 所示。通过连接单个、两个或三个近似椭圆形的光带（灰色阴影区）构成实验的刺激形状，并设置了视觉噪声条件（线条干扰）和不同难度等级。实验任务要求被试观察由单个曲线轮廓所构成的形状，并判断"x"是否落在该形状中。结果显示，与控制组相比，飞行员在视觉噪声测试条件下的反应时更短、正确率更高；在无附加视觉噪声任务中两组的表现则无显著差异。该结果表明，飞行员在附加视觉噪声背景下具有较强的视觉特征提取加工能力，日常的飞行训练可以改善飞行员在较困难视觉条件下的视觉特征提取加工能力。

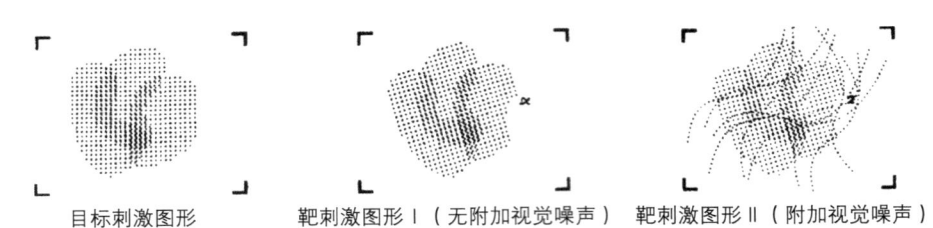

| 目标刺激图形 | 靶刺激图形Ⅰ（无附加视觉噪声） | 靶刺激图形Ⅱ（附加视觉噪声） |

图3.6　飞行员视觉特征提取实验刺激样例

资料来源：游旭群. (2004). 视觉特征提取加工中的认知可塑性. 心理科学, 27(1), 46–50.

飞行员视觉表象扫描的认知加工特征

表象扫描是要求被试构成一个视觉表象并加以审视的过程，如同利用内部的"眼睛"来扫描，以确定其中的空间特性。飞行员需要就各种飞行方案产生各种表象模式，例如，在着陆过程中，飞行员必需利用这种表象模式来控制飞机的姿态和高度，以便能够以正确的角度和方位着陆于跑道上。此外，飞行情境意识是由飞行员对外界环境的表象所构成的，如有关其他飞机与自己飞机间的相对位置等，这些活动的出现都要求对表象情境进行必要的扫描。因此，表象扫描是日常飞行训练中所必须触及的一个认知要素。

为了检验飞行训练是否有助于改善飞行员的表象扫描加工系统的功能水平，游旭群和杨治良（2002b）用实验测试了20名海军现役歼击机飞行员和20名控制组被试的表现。实验结果发现，飞行员和普通被试在难度不同的表象扫描上均没有显著差异，表明系统的飞行训练无法显著提升表象扫描加工水平，表象扫描的可塑性较低。

情绪对表象扫描存在一定影响，在积极情绪下，表象扫描的注视点个数会减少，注视点平均持续时间会缩短，眼跳距离和眼跳时间却会增大或延长；在消极情绪下的眼动则刚好相反。这说明不同情绪效价会使表象扫描产生规律性的眼动分化，佐证了眼动在表象扫描中的功能性假设（何立国 等，2017）。

飞行员静态空间定位认知加工特征

传统的空间定位测验（Localization Test, LT）是静止的定位测验，是一种较为典型的视觉空间工作记忆任务。飞行员属于工作记忆能力较强的人群，这是职业特征使然。飞行员在现代航空飞行中的工作任务已经转向认知、监控任务，需要在短时间内综合加工大量冗杂的信息并以此做出精准的决策。这就要求飞行员具备较高的工作记忆能力，且性能越复杂、机动性越大的飞机对飞行员工作记忆的要求就越高。工作记忆还是影响飞行决策过程的重要成分。

空间定位任务是较为单纯的空间工作记忆任务。为了探察飞行员在静态空间定位任务中的视觉空间模板的表征建构特征，刘真等人（2016）采用对照研究范式，对25名现役民航飞行员和25名普通成年男性进行了实验研究，采用有距离参照和无距离参照的单一目标、双目标定位任务，对比考察飞行员和控制组被试的表现，如图3.7所示。当实验材料（a）或（b）呈现3秒后，被试需要在答题纸（c）上标出目标位置。结果发现，在有距离参照任务上，飞行员和普通组的表现无异；在无距离参照任务中，飞行员完成情况较好，尤其是在进行双目标同时定位时的准确性更高。结果显示，飞行员在无距离参照条件下也能做出精确定位，表明飞行员在定位任务的距离编码上存在优势，双目标协同定位具有认知功能易变性的特点，可以通过系统训练而获得改善。

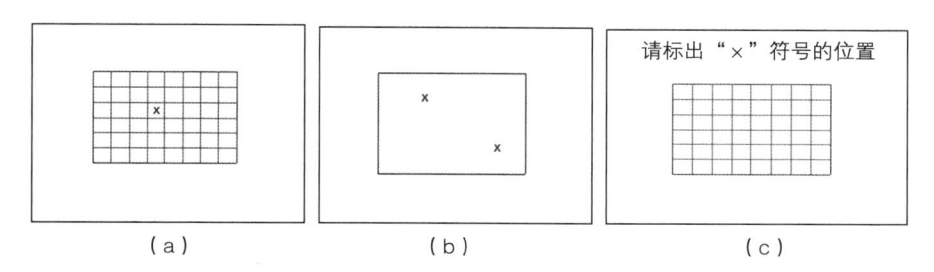

图3.7　静态空间定位有距离和无距离参照两个任务所用材料示例

注：（a）有距离参照单一目标定位，（b）无距离参照双目标定位，（c）单个答题纸方格示例。

资料来源：刘真，晏碧华，李瑛，杨仕云，游旭群.(2016).静止与动态定位任务中飞行员视觉空间模板的表征计算.*心理科学*，39(4)，814–819.

上述研究内容显示，在静态空间能力上，飞行员相对于普通人在一些高水平空间任务上具有加工优势。例如在表象旋转、数量空间关系的判断、视觉特征提取、复杂空间定位等方面，飞行员表现出了其飞行职业特性对空间能力的影响效应，这些认知加工表现出了相对可塑性和易变性；而在诸如表象扫描、类别空间关系判断和简单空间定位等任务上，飞行员并没有表现出认知加工优势，这些任务在认知功能上具有相对稳定的特点，没有表现出飞行职业的训练效应。

飞行员在导航与场景任务中的认知特征

导航能力是具有代表性的大尺度空间能力，飞机的成功导航涉及复杂的认知技能，要求飞行员规划路线，并能够在紧急情况下快速规划备用路线。这种寻路的基础是飞行员能够在飞行中不断了解飞机相对于地标和其他物体的即时位置。这是一种心理"鸟瞰"能力。而导航中的视点采择是指使用类似地图的记忆来快速计算路线，需要了解物体相对于飞机的当前位置，并具备从心理上转换这些关系以适应新航向的能力。萨顿（Sutton）和凯勒（Keller）（2014）的研究表明，在年龄和游戏经验相仿的条件下，早期民航飞行员相较于对照组在新的虚拟现实环境中形成了更为精确的认知地图。为了探究认知地图的准确性是否与飞行员的飞行经验相关，他们研究了飞行经验与小型空间技能（即计算机化任务）以及基于地面虚拟现实环境的认知地图能力之间的联系。研究结果显示，随着飞行经验的增加，视角切换能力得到提升，这进一步提高了记忆中认知地图的存储和检索的精确度。

另有研究证明，飞行经验的增加可能会提高飞行员在巡航中的空间工作记忆水平。空间工作记忆除了在导航观点采择中具有视觉化作用外，还可能在更新、存储和检索空间信息以形成精确的认知地图方面发挥作用。例如，优秀的领航员依赖语言和空间工作记忆来存储认知地图知识，而表现不佳的领航员则仅使用语言工作记忆进行存储。在充满干扰的复杂导航记忆任务中，飞行员的表现优于非飞行员，普通人群的导航工作记忆会受到空间环境的影响。女性非飞行员的能力不如男性非飞行员。除此之外，飞行员也受到了空间环境的影响，但程度较小，空间环境干扰是唯一导致表现下降的干扰。

靳芳（2017）采用仿真软件，研究了空间导航绩效的影响因素，包括空间维度、速度、加速度、偏转角度和反馈方式，以及时间压缩效应在飞行空间导航中的作用。通过3个实验，得出以下主要结论：三维空间导航相比于二维空间导航产生了更大的时间压缩效应，且三维空间的调头角度显著大于二维空间。返航过程中的时间压缩效应比出航时更为显著。速度、加速度和偏转角度对返航时间估计的准确度没有影响，但速度显著影响实际返航时间，加速度显著影响距离误差。左滚转的导航绩效普遍优于右滚转。随着飞行试次的增加，被试的导航绩效提升，但时间压缩效应并未减小。在反馈方式上，文本反馈的导航绩效最佳，其次是图形反馈，语音反馈最差。研究结果表明，提高飞行员的时间估计能力和改善导航反馈方式可以有效提升飞行空间导航绩效和航空安全水平。这些发现为飞行模拟训练的优化提供了实证依据，并扩展了飞行空间导航绩效和时间估计研究领域的内容。

赵盼盼（2018）探讨了在大尺度三维飞行空间中，空间焦虑、性别和参照系对空间导航绩效的影响。通过3个实验研究发现，高空间焦虑个体的导航绩效较差，男性导航绩效优于女性，且性别与空间焦虑在位置误差上有交互作用。参照系的形式和位置对导航绩效也有显著影响，图形参照系表现最优。研究结论对飞行员选拔和驾驶舱界面设计有重要启示，建议优先选拔空间焦虑水平较低的男性，并使用图形参照系，根据飞行员的空间焦虑水平调整参照系位置以提升导航绩效。这些发现丰富了三维空间导航绩效领域的研究，并为实际应用提供了理论支持。

3.3.2 飞行员动态空间能力的加工特征

在航空领域，飞行员的认知场景往往是动态变化的，因此相较于静态空间，动态空间与真实的飞行情境有着更为紧密的联系。研究飞行员的动态空间能力对于提升飞行绩效具有更重要的价值。

飞行员在相对到达任务中的认知加工特征

杨仕云等人（2009）采用相对到达时间（RAT）判断任务对13名现役民航飞行员、15名民航一年级飞行学员和19名普通成年男性进行对照研究。实验基本刺激为在屏幕上–上–下以不同速度但同方向的水平匀速运动的两个圆点，它们向着各自的目标线（竖直线）前行，在运动一段时间后消失（未达到目标线）。距离判断任务要求被试判断哪个消失的圆点离自己的目标线更近一些。到达时间判断任务要求被试判断哪一个圆点率先到达目标线（假定其消失后以原来的速度继续前进）。结果表明，在距离判断任务上，飞行员的成绩优于飞行学员，飞行学员的成绩优于普通大学生；在到达时间判断任务上，飞行员的成绩优于飞行学员和普通大学生，而飞行学员和普通大学生之间无差异。这个实验总体上发现了飞行员和飞行学员在动态空间能力加工上优于控制组被试，说明了飞行员在客体运动到达时间判断上的绝对优势。

进一步地，为了考察飞行员在 RAT 上的刺激特征、运动特征及其变式中的认知加工特点，晏碧华和游旭群（2015）对 35 名现役民航飞行员和 31 名普通成年男性进行对照研究，分别考察了运动客体颜色、方向及速率大小对运动时间判断的影响（实验 1）、运动客体大小与视线方向对运动时间判断的影响（实验 2），以及运动背景对运动时间判断的影响（实验 3）。其中，运动方向是客体运动方向，视线方向变量指运动往返方向是否与通常水平的视线一致，运动背景因素是通过改变目标线斜率实现的，如图 3.8 所示。被试需要判断哪一个圆点率先到达自己的目标线（假定其消失后以原来的速度继续前进）。实验 1 的结

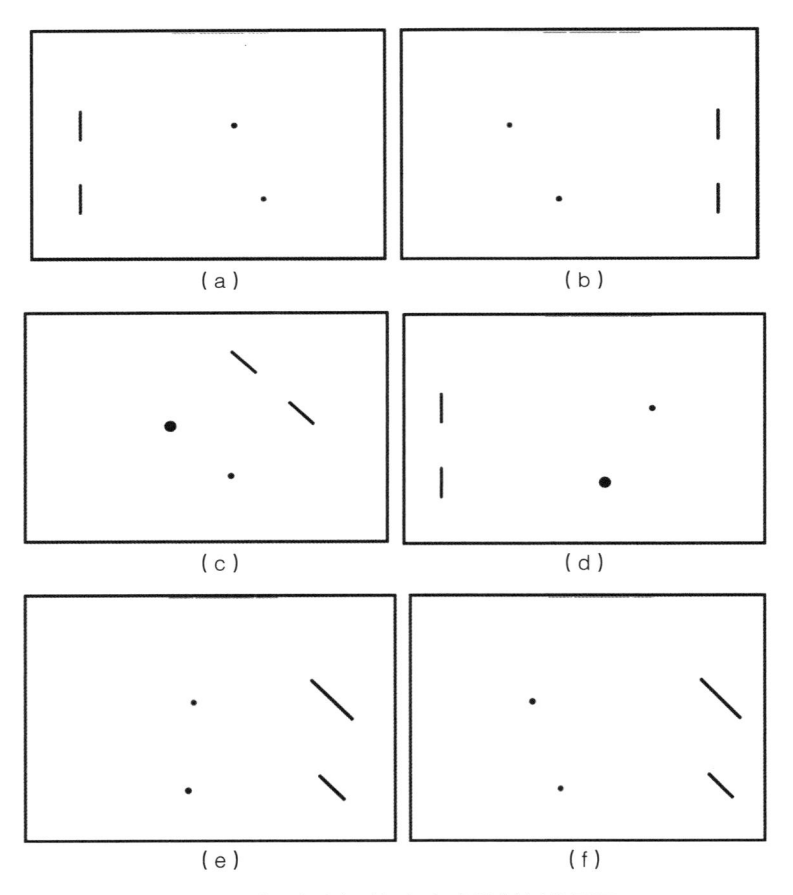

图3.8 相对到达时间任务实验材料截屏图

注：(a)(b)为实验1材料，(c)(d)为实验2材料，(e)(f)为实验3材料。
资料来源：晏碧华，游旭群. (2015). 相对到达时间任务中飞行员对客体特征与运动特征的分离. 心理学报, 47(2), 212–213.

果发现，飞行员的快速加工优势集中体现在从右到左的运动及小速率（即两个圆点速度更接近）的相对运动客体判断上，飞行员的准确反应全面表现在各方向及各速率的运动任务上，显示飞行员对相对运动的运动特征掌握更为精确。实验 2 不仅发现 RAT 的大小到达效应，被试在小客体行驶速度低于大客体时可以更好地区分相对到达时间，而且与双眼视线方向不一致的运动方向会使对相对运动时间的判断更难；与控制组比较，客体相对大小和客体运动方向使飞行员对相对运动时间的判断的影响大大降低，且飞行员能准确掌控运动方向，尤其当运动方向与两眼视线方向不一致时。实验 3 发现飞行员对相对运动客体的判断并没有受到目标线特征改变的影响，与控制组比较，飞行员可以更为轻松地在视觉背景变异情况下提取目标客体的运动信息。研究结果整体上说明，飞行员在分离运动客体的客体特征与运动特征、在分离运动空间属性对运动线索特征的影响上具有加工优势，体现了更高的运动优先加工水平。

刘煜（2022）对注意负荷和时间结构在预测运动中的作用进行了研究，发现高注意负荷会降低碰撞时间（TTC）估计的准确性，时间结构一致时，注意负荷对 TTC 的影响较小；不一致时，高注意负荷条件下 TTC 更准确。该研究表明，个体可以根据线索和环境，动态地调整对碰撞时间的估计，使得估计的时间更为精准。

秦奎元等人（2022）采用遮挡范式，研究了时间结构和速度线索对于碰撞时间估计的影响。通过隐去物体的运动轨迹以消除视觉速度线索的影响，研究发现，当时间结构一致时，不论物理速度的快慢及是否存在视觉速度线索，被试的绩效都没有显著的差异，但是当时间结构不一致时，不论物理速度快慢，存在视觉速度条件下，被试的绝对偏差都小于无视觉速度条件。由此得出结论，时间结构一致时，被试主要使用时间线索进行碰撞时间估计；时间结构不一致时，被试需要通过整合其他线索以提升绩效。除此之外，研究者还采用功能性近红外光谱技术（functional Near-Infrared Spectroscopy, fNIRS）研究了预测运动中时间和视觉速度线索的神经机制（Qin, 2024），结果表明，视觉速度线索不可用时，在相同时间结构条件下，左侧下顶叶（IPL）表现出更高的激活。视觉速度线索可用时，左侧 IPL 和上顶叶（SPL）在相同时间结构条件下都表现出了更强的激活。

杨天奇等人（2023）通过对简化设计的空间视觉化动态测验，研究了飞行员在空间视觉化中运动方向与预定角度同时加工时产生的相互干扰。结果表明，军校生对水平向右运动的时间估计准确性好于水平向左和垂直向上；垂直向下运动的时间估计准确性好于垂直向上。个体在水平向右、水平向左和垂直向上运动方向上，对于预定角度识别的准确性好于垂直向下。在对运动时间的估计中，需要识别预定角度，判断运动距离并估计运动速度。尽管在垂直向下运动方向条件下对角度识别的准确性最差，其运动时间估计的准确性却好于垂直向上，反映出在垂直向下运动方向条件下对运动距离的判断或运动速度的估计可能相对更准确。预定角度为90°时，对角度识别的准确性最佳，随着预定角度的增大或减小，角度识别的准确性逐渐降低。预定角度对运动时间估计的准确性的影响表现为，随着角度的增大，时间估计的准确性呈现出逐渐降低的趋势。预定角度较小时，尽管对角度识别的准确性较差，但对运动时间的估计却较好，因此在运动距离的判断或运动速度的估计中，预定角度相对较小时可能好于相对较大时。运动方向与预定角度之间存在交互作用，这意味着在军校生的空间视觉化中，不同空间信息的加工不能被有效分离。

有研究者探讨了背景信息和运动速度对于TTC性能的影响（Tong & Zhou, 2024）。研究发现，当物体在平行于观测者的平面中进行移动时，不同的背景信息会对TTC绩效产生影响，同时背景方向与运动速度存在交互作用。在低速情况下，人们会低估TTC，而在中速和高速情况下，则会高估，高速条件下的TTC绩效更优；垂直背景条件下的TTC会被高估，水平背景条件下的TTC则会被低估。同时，与二维背景相比，三维背景中的TTC会被高估。

飞行员动态空间表征建构特征

动态空间表征建构是指对动态客体或运动客体的活动或运动轨迹形成表征。个体在进行动态空间表征建构时会采用不同的策略，如整体策略和分析策略。为了考察动态空间表征建构中策略运用的个体差异，并探讨飞行员动态空间任务解决策略特征，戴琨等人（2010）运用动态视觉空间工作记忆任务（即圆球飞行任务）对22名民航飞行员和26名普通成年男性进行了考察。在该研究中，被试需要识别并记忆一个圆球的运动轨迹然后进行判断，如图3.9所示。在反应变量上，除了要对运动轨迹选项进行选择（6个备选项代表不同策略），被试还需描述记忆和识别圆点运动轨迹时所用的策略和使用的捷径。结果发现，飞行员更多使用整体策略，对运动轨迹的表征更倾向于整体掌握，控制组更多采用局部策略或者片断策略。研究显示，飞行员在对运动客体运动轨迹的动态工作记忆的整体性知觉、记忆与识别方面的表现更佳。

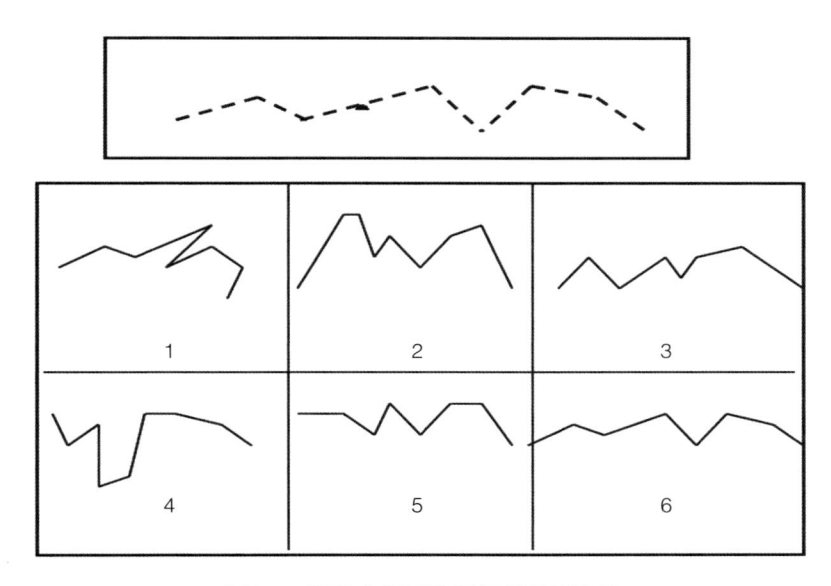

图3.9 视觉空间工作记忆任务示意图

注：6个选项中，1为起点相同，2为中间相同，3、5为整体相同，4为末梢相同，6为正确答案。

资料来源：Cocchi, L., Schenk, F., Volken, H., Bovet, P., Parnas, J., & Vianin, P. (2007). Visuo-spatial processing in a dynamic and a static working memory paradigm in schizophrenia. *Psychiatry Research, 152*(2–3), 129–142.

与上面提到的静态空间定位不同，动态空间定位任务针对运动的客体，更关注动态空间表征，对动态视觉空间模板特性的考察是当前视觉工作记忆研究的热点内容。为了探察飞行员在动态空间定位任务中视觉空间存储器（Visual Spatial Sketch Pad, VSSP）的表征建构特征，刘真等人（2016）对25名现役民航飞行员和25名普通成年男性进行了实验研究，探索了动态空间定位中运动轨迹定位机制和动态视觉空间模板操作特性。研究发现，飞行员组比控制组在有轨迹任务和无轨迹任务上的表现均更好，且无轨迹参照会对控制组产生更大的影响，当进行双目标定位时，无轨迹参照影响更大。研究显示，飞行员在某种程度上已经较少依赖呈现的轨迹，在完成任务时更多依赖运动表象表征，且飞行员能较好利用双目标的位置关系来掌握动态空间的整体构型。

飞行员在动态空间定向上的加工特征

为了探索飞行员在空间定向动态任务上的加工特征，晏碧华等人（2011）采用空间定向动态任务修订版（SODT-R）对 22 名现役民航飞行员和 26 名普通被试进行了检测。在该任务中，被试需要估计两个圆点的运动状态并决定操控顺序，随后需要持续权衡并操控两个圆点，力求快速准确地达到目标点位，如图 3.10 所示。在反应变量上，可从 3 个方面衡量任务执行过程中的个体差异：反应潜伏期（指从客体开始运动到被试开始反应之间的时间）、反应频率（被试调整方向箭头时按鼠标的频率）和投入时间。整体成绩指标有：方向偏差，指终点运动轨迹方向和目标点的方向偏差；距离，指终点与目标的距离。结果发现，飞行员的方向偏差和反应频率小于对照组，而在反应潜伏期上则比对照组长，两组在投入时间、距离上未表现出差异。研究显示了飞行员在动态空间中的定向能力好于对照组，表现为更为迅速地掌握、操控并调整客体方向。而飞行员在反应潜伏期和反应频率上的优势则显示了飞行员情绪较稳定，且在完成动态空间任务时采取了整体的动态权衡策略。

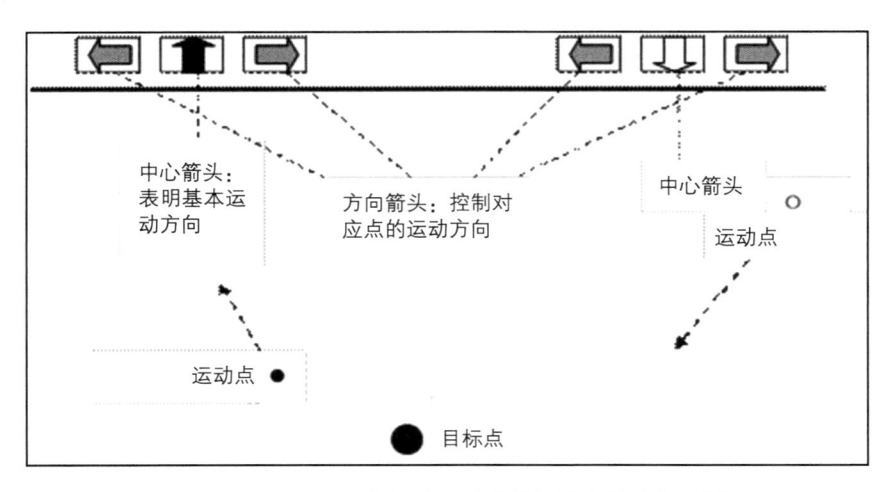

图 3.10　SODT-R 示意图（运动点目标为上下方向示例）

注：虚箭头即按照中心箭头指示的运行方向。控制实心圆点的中心箭头为实心箭头，控制空心圆点的中心箭头为空心箭头。

资料来源：晏碧华, 游旭群, 杨仕云. (2011). 飞行员在空间定向动态任务中的加工优势. 人类工效学, *17*(4), 5–8.

除SODT-R外，也有研究者设计了类似的实验，对动态空间定向能力进行了研究（Yang et al., 2024）。在该实验中，初始点与终点位于正方形区域的对角侧，移动目标开始以恒定速度从初始点水平向右移动，移动一定距离后消失，但移动目标仍旧保持原始速度移动，要求被试将目标从初始点移动到终点。研究表明，运动中的空间定向会受到表征引力的影响，当两者方向一致时，会导致认知资源消耗的增加。虽然该研究以大学生为被试群体，研究结果具有一定的局限性，但对于探究飞行员动态空间定向能力仍具有一定的借鉴意义。

上述多项实验研究结果显示，飞行员相对于普通人在动态空间任务加工上具有优势，这些加工优势表现出了飞行职业对动态空间能力的影响效应。从可塑性来看，各个动态空间任务中均表现出了认知可塑性较高的特点。值得一提的是，在游旭群等人（1998）的实验中，实验条件下的表象运动推断是一个相对稳定的加工子系统，是一个认知可塑性较为稳定的任务。复杂动态空间任务涉及多个模块协同加工，这样的任务通常激活的神经网络区域也较大，因此表现出不同的训练效应和可塑性，具有认知功能的易变性特点。对飞行训练和飞行实践提高动态空间能力的效用评估，有利于设计出更为生动的检测工具和敏感的训练程序，以提升飞行员的动态空间能力。

3.3.3　飞行员空间认知研究展望
新的训练方式——AR应用

研究空间能力的目的在于发现改进空间能力的可能性与方法。除了长期的职业训练效应，我们也可以探察空间能力的短期或即时训练效应。乌塔尔等人（2013）将空间能力的即时训练归纳为3种类型：视频游戏训练、课程训练和专门的特定空间任务训练。例如，在航空航天领域的特定训练中，空间定向障碍的训练与克服是非常重要的，是针对飞行员的专门训练。

近年来，随着智能终端的更新升级，增强现实（Augmented Reality, AR）技术被引入空间能力提升过程中。AR是一种对产品使用者的视觉、听觉等感觉通道接收到的信息进行增强的技术，其核心内容是将计算机根据遥测数据模拟生成的环境图形、文字和注释等虚拟信息结合生成的真实场景信息有机地融合。AR目前在导航领域被广泛地应用，AR地图通过在现实世界的第一人称视角上叠加虚拟图形来加强寻路功能，使其更容易定位、导航和学习，而无需额外的视觉注意力切换。显示技术的研究与训练的关联是美国空军的空间定向研究的重点主题。虚拟现实技术也被用于空间站内定向导航的训练仿真。使用虚拟现实技术对失重条件下的运动与操作特性的仿真，可提供视觉、听觉、力刺激、力反馈等综合信息，可以进行空间运动操控及环境交互建模，提升宇航员在训练中的生态有效性和真实性，保证训练场景与任务场景的一致性。针对空间能力训练的组合适应性或个性化过程有待进一步探索，以便针对不同个体进行个性化训练。相较于传统的 2D 训练图像，在 AR 训练中，参与者的认知负荷较低，表现更好。在未来的移动智能设备训练中，AR 技术结合 Unity3D、Vuforia、3ds Max 等开发工具能在空间能力方面为学习者提供个性化的训练设计方案，有助于学习者激发学习动机，增进参与度并提高学习成绩。

未来研究需进一步探索增强现实中涉及的学习体验（例如，动机或认知负荷）和学习者特征（例如，空间能力或感知存在），考虑采取调查学习过程的混合方法（例如，内容分析和序列分析）和对可用性以外的用户体验的深入检查（例如，审美愉悦或情感满足的情感变量）。将基于图像和基于位置的增强现实技术相结合能为科学学习带来新的可能。

多感觉整合促进空间认知

多感觉整合（Multisensory Integration, MSI）指个体整合加工多个感觉通道的信息，建立对事件或刺激的统一连贯的表征的过程，受不同感觉通道刺激之间的空间方位特征的影响较大，多感官刺激被认为比单感官刺激能更有效地吸引注意力，因为它们能够引发超级加性神经元反应（Lunn, 2019）。当多个感觉通道在同一时间接收到来自相同空间位置的刺激时，整合效果最好。具体而言，在进行涉及空间和对象注意力处理的任务时，可以通过在感官模式间分散注意力来克服视觉空间注意力的局限。但若仅需要空间注意力处理，分散注意力方法则无法突破这一限制。

当前针对空间能力的研究集中在视觉通道领域，早期研究人员认为失去视觉的盲人也会失去其空间能力。通过发展其他感觉通道，如触觉，盲人能够并且确实能够以与视力相同但质量不同的方式感知和表示空间。此外，在提取空间信息方面，触觉感知的非连续性导致了盲人空间表征建构方面的局限性，但在对空间学习的提升上并不亚于视觉。与有视力的人相比，盲人的空间能力并没有降低，他们可以从触觉感知中获得功能等效的空间感知和表征。

以往航空心理学的研究较少关注除视觉通道外的感觉通道，而人脑对多个感觉通道信息的加工是建立正确的情境意识的关键因素，空间意识是情境意识中非常重要的部分。近年来，听觉线索在飞行工作中的重要性逐渐显露。听觉工作记忆的增加会导致情境意识的下降，听觉干扰会对情境意识预期进行干扰，从而更有可能导致飞行事故的发生。由此可见，进行多感觉通道的整合研究对于促进飞行安全具有重要的意义。当前发展多聚焦于空中交通管制工作，这一过程涉及了大量的语音交流，原有的系统无法满足当下的航线流量。对此，德国宇航中心的研究人员针对当前过程中的信息干扰设计了全新的三维音频协助系统（Spatial Pilot Audio Assistance, SPAACE），用于降低工作负荷并提升安全绩效。与之相比，驾驶舱内的发展则较为缓慢，多聚焦于视觉通道线索优化。然而，现代飞机驾驶舱中的听觉通道利用存在不小的优化空间，还未出现驾驶舱中稳定的听觉辅助系统，如使用空间化音频提供飞机姿态信息。

生态任务与动态空间任务的开发

在空间能力及其相关因素的研究中，使用虚拟现实技术进行的研究多针对距离知觉，许多研究结果显示，在虚拟环境中，相对于在现实场景中，人们低估了距离。但这些任务的设置相对简单，且并未对空间能力进行因素分解。VR作为近些年飞速发展的技术，对于提高空间认知研究的生态效度有着非常重要的意义。目前已有许多采用VR训练以改善特殊人群空间认知障碍的研究，它们发现在改善轻度认知障碍的老年人的空间认知和情境记忆方面，VR训练有显著效果（Temme et al., 2024）。除此之外，这项工作为基于相对运动的空间定向障碍的研究打开了大门。尽管如此，利用VR对飞行员的空间认知进行探索的研究还是十分匮乏。

从整体上看，现有空间能力的研究有以下缺陷：第一，针对生态空间能力和动态空间能力的探索不足，表现为对空间任务的开发不足与更新缓慢；第二，心理学科对空间能力的研究没有发展成综合性的系统任务，缺少与真实场景协同的任务系统；第三，研究任务生态有效性的缺失加剧了心理学研究的分析科学性的降低，无法有效地解构空间能力的具体因素；第四，可应用性有限，对个体差异的研究更多关注一般群体、性别差异及临床研究，对特殊职业的研究较少,应该注重练习、经验与实践对空间能力的重要作用。

随着计算机技术的发展,对人类空间能力的测试将越来越注重生态性。对空间能力的研究必然越来越注重综合性动态任务的开发和实践,注重个体在变换情境中的实时处理能力,后续应开发具有动力性、整体性、变换性和新异性的空间测验任务体系。

第4章
飞行空间定向障碍

20世纪下半叶以来，由空间定向障碍（Spatial Disorientation, SD）所导致的飞行事故比例逐年增加，是一个极其严重的飞行安全隐患。2020年，美国著名NBA篮球运动员科比·布莱恩特（Kobe Bryant）在一次直升机事故中丧生，事故的原因是飞行员在坠机前做出了一个飞入云层的错误决定，导致他在迷雾中失去了方向。2019年，日本一架F-35A战机在高速飞行过程中，飞行员出现空间定向障碍，导致操作失误坠入大海。2017年，一架幻影2000战斗机在中国台湾东北海岸的一次演习中失联，当飞机进入浓密的低云时，失踪的飞行员可能经历了空间定向障碍。2013年，韩亚航空一架波音777-200型客机在降落美国旧金山国际机场过程中失事。2007年，埃及一架航班在飞往法国的途中坠落在红海海面。2007年，肯尼亚航空公司一架波音737-800型飞机从喀麦隆起飞后坠毁。这些事故案例表明，空间定向障碍不仅增加了飞行事故的风险，而且一旦发生，往往会导致灾难性的后果。据各国的统计数据，在所有引起飞行事故的因素中，空间定向障碍占4.0%至9.6%；在所有导致机毁人亡事故的因素中，空间定向障碍更是占10.0%至26.0%。

空间定向障碍的研究是一个复杂且多维度的领域，涉及飞行空间定向障碍的特征、飞行空间定向的加工机制与飞行错觉，以及飞行空间定向障碍的预防与干预。空间定向障碍是一个重要的研究领域，可能导致飞行员对自己飞机位置、运动或状态的错误感知，甚至可能导致事故发生。飞行空间定向障碍通常是指在飞行过程中，由于视觉、前庭和本体共同作用而产生的错误认知。空间定向障碍中最典型、最常见的一种表现形式就是飞行错觉。调查显示，几乎所有的飞行员在飞行生涯中都或多或少地经历过飞行错觉，且大多数飞行错觉都发生在复杂的气象条件中，极少的错觉发生在昼间飞行时。各种机型的飞机都有可能致使飞行员发生飞行错觉，但发生在歼击机上的飞行错觉最多且最严重。飞行错觉会严重影响飞行质量并威胁飞行安全。因此，研究空间定向障碍可以更好地理解飞行员在飞行中的心理活动规律，以及在飞行员选拔、训练和飞行过程中提高飞行安全系数，对于减少飞行事故具有重要意义。通过研究，可以更好地选拔和训练飞行员，优化飞机设备的人因设计，维护飞行人员的心理健康，从而提高飞行效率和保证飞行安全。本章介绍飞行空间定向和飞行空间定向障碍的概念、飞行空间定向的操作过程、飞行空间定向障碍的类型与特征、飞行空间定向障碍的空间定向生理基础和认知神经机制、飞行空间定向障碍的表现形式，以及飞行空间定向障碍的研究范式。

4.1 飞行空间定向障碍

4.1.1 飞行空间定向

飞行空间定向（Spatial Orientation in Flight）是飞行员在三维空间中感知自身位置和姿态的能力，对安全飞行至关重要。在复杂的飞行环境中，飞行员需不断整合来自视觉、听觉和前庭系统的信息，以准确判断航向和高度。然而，在某些特定条件下，飞行员无法有效地感知自身位置与运动状态，可能导致严重的飞行失误与事故。长期以来，空间定向一直是航空医学的一个重要课题（游旭群，晏碧华，2004），这一认知过程主要解决个体感知、识别的是什么的问题，并确定自身与它之间的空间关系。空间定向维持了个体与环境的平衡，使个体在意识层面上可以在动态、不断变化的环境中了解自身的空间状态和空间位置，也就是回答"是什么"和"在哪里"这两个基本空间特征的问题。

随着航空技术的发展，飞机本身的机动性和智能性越来越完善，军用航空和民用航空客机的电子显示设备也越来越复杂，这不可避免地给飞行员带来了大量生理和心理问题，也给现代飞行条件下，飞行员进行空间定向带来了新的挑战。空间感知是人与空间环境交互的重要过程，在飞行过程中，飞行员对飞机运动状态的正确感知是决策和执行操纵的前提，也是飞行安全的重要保证。航空运输是一个人－机器－环境三者交互作用、耦合的过程。人作为三者交互系统中最复杂多变的部分，在航空中起着举足轻重的作用。

4.1.2　飞行空间定向障碍

空间定向障碍的发生主要受到飞机类型、昼夜节律、飞行环境和任务的影响。空间定向障碍可能与多种因素有关，包括环境因素（如恶劣天气造成糟糕的视觉环境）、机动因素（如转弯、回旋）、人为因素（如疲劳、压力）、技术因素（如设备故障、仪器设计缺陷）及其他警觉因素。在实际飞行中，天地线视觉提供的定向信息较强且较稳定，而仪表视觉提供的信息较脆弱且较不稳定。因此，空间定向障碍发生的基础机制，主要是因为飞行员的各种感觉通道或中枢系统对空间信息处理和整合的错误。由此，空间定向障碍主要由感觉通道输入错误的空间信息和中枢加工错觉两个基本因素决定。研究表明，空间定向障碍的发生不仅影响飞行员的决策能力，还可能引发失去控制的危险局面。这些障碍不仅威胁到飞行员的安全，也对乘客及地面人员构成潜在风险。因此，准确理解飞行空间定向与空间定向障碍的概念、飞行空间定向的操纵过程，明确具体的类型与特征，对空间定向障碍的理论与范式发展、预防与干预具有重要的理论和实际意义。

在大多数情况下，受飞机类型、飞行环境和任务概况等许多因素影响，当飞行员在飞机机动时感知到的飞机空间状态与驾驶舱中仪表显示的信息之间存在差异时，往往表明他/她正在经历空间定向障碍。这种感知差异往往是不可避免的，特别是当飞行处于极端的视觉环境和机动状态时，会引起飞行员视觉和前庭感官错觉。如果飞行员在飞行过程中未能及时发现或处理这种差异，可能对航空安全构成巨大威胁。以往研究发现，空间定向障碍会损害认知功能和精神运动表现，直接影响飞行控制和飞行绩效（Kowalczuk et al., 2016）。不同国家的统计数据表明，至少90%以上的飞行员都发生过空间定向障碍。进一步统计发现，下降、巡航和机动飞行是空间定向障碍的高发阶段。下降阶段既受到视觉参照的影响，也受到复杂天气和地形现象的影响；而巡航阶段主要受到视觉参照的影响。空间定向障碍已被列为所有飞机事故的主要原因之一，占比为33%，死亡率几乎为100%。

4.1.3 飞行空间定向障碍类型

飞行空间定向是一个复杂的过程，涉及从基本的空间知觉到高级的空间认知、思维和意识的多个层面。从意识与应对方面进行分类，飞行空间定向障碍可被分为Ⅰ型（不可认知；Unrecognized）、Ⅱ型（可认知；Recognized）和Ⅲ型（不可抵御；Uncontrollable Overwhelming）。

Ⅰ型指飞行员已经发生了空间定向障碍但却没有意识到，无法有效处理或理解空间信息。其主要原因是飞行员情境意识丧失（Loss of Situation Awareness, LSA）或不足。

Ⅱ型指飞行员能够在主观上意识到自己发生了空间定向障碍，但自身的本体感受与真实情况并不一致。

Ⅲ型指飞行员已经意识到自己发生了空间定向障碍，但无法及时有效地对飞机进行正常操纵，涉及完全无意识的空间认知过程。

此外，从飞行空间定向障碍发生的感觉通道方面来区分，可分为视性错觉（Visual Illusions）、前庭感官错觉（Vestibular Illusions）、前庭本体错觉（Vestibular-Proprioceptive Illusions）等不同表现形式。

视性错觉指飞行员在飞行过程中，由于视觉系统对外界刺激信息的错误解释，出现了感知与实际情况不符的现象。包括跑道属性相关错觉、黑洞错觉（Black Hole Illusion, BHI）、自动运动错觉、虚假天地线错觉、相对运动错觉等，其中黑洞错觉是飞行进场着陆过程中，在视性错觉分类方面中最为高发的类型。

前庭感官错觉指飞行员在飞行过程中，自身内耳的前庭系统对身体位置和运动感知出现偏差，导致可能感到错误的倾斜或旋转的现象。包括倾斜错觉、躯体旋转错觉、科里奥利错觉等。

前庭本体错觉指飞行员在飞行过程中，自身的前庭系统与本体感觉系统的交互作用导致的错误感知，通常表现为对运动方向与速度的错误判断，包括躯体重力错觉、倒飞错觉等。

4.1.4 飞行空间定向障碍特征

高过载

在航空工程上，过载是指加速度和重力加速度的比值。高过载现象主要源于飞机在变速或曲线飞行时所产生的加速度。在飞行过程中，飞行员会感受到由惯性力引起的生理和心理上的变化，这种惯性力使得人体承受了超出常态的负荷，在航空医学中被称为"超重"或"过荷"。过载的程度通常以惯性力与人体正常体重之比的倍数来衡量，这一比值被称为 G 值。对于一般人来说，在基础状态下，G 值的耐受力大约在 3.5 至 4.0 G。当飞行的加速度增大时，飞行员所承受的超重或过荷也会相应地增加。

高认知负荷

认知负荷是一个多维度概念，涵盖了输入、输出及信息处理过程，主要体现在人与机器、环境组成的系统中，人类子系统在信息处理方面所展现出的能力状态。这种负荷状态不仅体现了信息的接收（输入）和传达（输出）效率，还反映了在复杂环境中进行认知加工和决策制定的能力。随着自动化技术的发展，飞行员不仅要准确及时地处理仪表综合显示信息，还要处理视觉环境中的各种视觉信息，并且还不断受到各种加速度和重力变化的影响。长时间飞行过程中，连续的注意转移和信息处理任务重复等因素也会显著增加飞行员的认知负荷水平。

有大量的飞行任务涉及警觉，其主要任务是要求飞行员时刻保持注意一些罕见的重大事件，如监测反映飞行状态的核心信息。在高空高速飞行时，飞行员会接收数量大且性质复杂的信息，伴随着不确定成分导致的情绪负荷，势必使其难以保持正常的警戒水平。因此，警觉水平的降低被认为是空间定向障碍的主要成因之一，如何训练和提高飞行员在复杂环境中的警觉和决策能力，是防止和减少空间定向障碍的重要措施。

情境意识丧失

情境意识不仅要求个体能够识别和感知多种分散的信息或数据，更核心的是，它需要在操作者的高级认知层面构建对当前情境的深刻理解，并据此对系统未来的运行态势做出精准预测。这种能力深受个体基础能力、经验积累及训练水平的影响。情境意识丧失特指飞行员在面对错综复杂的飞行数据时，无法或难以有效解读飞行情境，进而导致决策能力下降甚至丧失的现象。近年来，它不仅成为民航事故频发的主要诱因，也是高性能战斗机飞行员产生空间定向障碍问题的关键所在。

4.2 飞行空间定向障碍的理论进展

4.2.1 视觉空间定向机制

在飞行中，视觉系统是空间定向的关键，它处理着飞行过程中 80% 的信息。这个系统由眼睛、视神经和视觉中枢组成，分为外周视觉和聚焦视觉两个子系统。外周视觉覆盖整个视野，是空间定向的主要信息来源；而聚焦视觉则专注于细节和颜色的识别。视觉系统将光能转化为电脉冲，由视锥细胞和视杆细胞这两种感光细胞完成。视锥细胞集中在视网膜中央，负责色彩和细节的感知；而视杆细胞则在光线较暗时发挥作用，对运动和低光视觉更为敏感。了解这些视觉机制有助于飞行员在飞行中有效地利用视觉信息，同时识别并克服视觉的局限性，确保飞行的安全。

视觉类型

视觉分为 3 种类型：昼视、黄昏视和夜视。每种类型在不同的感官刺激或环境光线条件下发挥作用。

（1）昼视

昼视能够让人看到颜色并分辨细节，但它只在良好的照明条件下起作用，视觉敏锐度能达到 20/20。昼视可以在白天或高水平的人造照明下体验到。眼睛中央凹集中的视锥细胞主要负责明亮光线下的视觉加工。由于光线水平高，视紫红质（一种负责形成感光细胞和感知光线最初事件的视网膜生物色素）被漂白，导致视杆细胞变得不那么有效。

（2）黄昏视

黄昏视是通过视杆细胞和视锥细胞的功能联合实现的，可以在黎明、黄昏和满月的月光下体验到。随着可用光线的减少，视觉敏锐度逐渐降低，颜色感知也会改变，因为视锥细胞变得不那么有效了。黄昏视期被认为是最危险的观察时期。随着视锥细胞敏感度的降低，飞行员应该使用偏中心视觉和适当的扫描技术，在低光水平下检测物体。

（3）夜视

夜视可以在低光水平下体验到，视锥细胞变得无效，导致细节分辨率差。视觉敏锐度降低到 20/200 或更低，使人只能看到比视力测试表上的大"E"更大的物体。换句话说，一个人必须站在相距 20 英尺的地方才能看到在白天条件下 200 英尺处能看到的东西。在使用夜视时，会失去颜色感知，并且在低光水平下，当视锥细胞敏感度丧失时，视野中心会出现夜盲点。

视野

在航空学中，视野的定义与医学领域的定义有所差异。它不仅指的是在眼球静止不动时人体所观察到的空间区域，还包含了眼球进行最大幅度运动、头部与眼球协同运动时人体所观察到的空间区域。

在飞行员发现目标和判断方位的过程中，视野越大，感知的定向目标与参照物就越多，越有利于更好地进行空间定向；反之，视野越小，或者视野范围内的定向目标较少，则有可能导致定向困难。飞行员的注意广度和飞机驾驶舱的视野范围决定了实际飞行中飞行员的视野大小，它与空间定向密切相关。因此，不同型号的飞机可能通过其差异化的驾驶舱视野影响飞行视野。

距离与深度知觉

在探讨飞行空间定向时，我们必须认识到，相较于静止物体，对运动物体的观察更具挑战性。特别是当物体以极高的速度移动时，其观察难度显著增加。实际上，任何超出人类感知阈值的运动速度，无论是过快还是过慢，都会导致个体无法形成准确的运动知觉。而物体运动的方法、视野的大小、复杂程度等因素均会对观察速度产生影响。在飞行领域，飞行员需要对高速运动的物体进行距离判断，并对飞机与地面的相对深度进行评估。因此，了解影响距离判断和深度知觉的机制和线索对于飞行员至关重要。这些线索可以分为单眼线索和双眼线索，而单眼线索在飞行员的距离判断和深度知觉中起着关键作用。

（1）单眼线索

①运动视差。运动视差是指当观察者在景观中移动时，静止物体的表观运动。当飞行员或机组人员垂直于飞机的行进方向向外看时，近处物体似乎会向后或与运动路径相反的方向移动，远处物体似乎会沿着运动方向移动或保持固

定。表观运动速率取决于观察者与物体的距离。

②几何透视。从不同距离处和不同角度观察物体时，物体可能呈现出不同的形状。几何透视线索包括线性透视、表观缩短和视野中的垂直位置。

线性透视——如跑道灯、电线和铁轨等平行线，随着观察者距离的增加而趋于汇聚。

表观缩短——当从远处观察时，物体或地形特征的真实形状看起来是椭圆形的。

视野中的垂直位置——距离观察者较远的物体或地形特征在地平线上的位置比靠近观察者的物体要高。

③大气透视。物体的清晰度和它投下的阴影是大脑感知的线索，用于估计距离。观察者越接近物体，颜色或阴影的细微变化就越清晰。然而，随着距离的增加，这些区别可能变得模糊。物体的细节或纹理也是如此。随着一个人离物体越来越远，其细节将变得不那么明显。在夜间飞行时需要记住的另一个重要事实是，每个物体都会从光源处投下阴影。阴影投向的方向取决于光源的位置。如果物体的阴影投向观察者，那么物体比光源更靠近观察者。

（2）双眼线索

物体的双眼线索取决于每只眼睛对物体略有不同的视角。双眼感知仅在物体足够近，以至于两只眼睛的视角有明显的差异时才有用。在飞行环境中，驾驶舱外的大多数观察对象的距离都太远，双眼线索的价值十分有限。此外，双眼线索在潜意识层面上比单眼线索更有效，并且是自动进行的。

在实际飞行中，飞行员如何进行距离判断是一个复杂的问题。在不同的飞行高度和距离中，飞行员需要侧重于用不同的线索来进行距离判断。环境特点和气象条件可能会对这些线索产生较大影响，而飞行员的经验也会影响距离判断的准确性。例如，在飞行高度低和飞行距离远的两种情况下，飞行员分别依赖的线索如表 4.1 所示。

表4.1 距离判断的线索示例

飞行高度低	飞行距离远
清晰度	亮度
双眼视差	色彩

续表

飞行高度低	飞行距离远
双眼辐辏	运动视差
晶体调节	视角大小
相对运动速度	视网膜成像大小

资料来源：游旭群．（主编）．(2017)．航空心理学：理论、实践与应用．杭州：浙江教育出版社．

视觉空间定向中的错误：在视觉空间定向系统中，可能出现的信息错误包括两类：一是距离/高度的识别错误，如高低混淆、远近颠倒、产生倾斜错觉等；二是为了与空间定向系统中已经建立空间条件联系而发生的错误，如向阳错觉、跑道错觉、相对运动错觉等。

高速低空飞行的挑战：在高速低空飞行时，飞行员可能面临前方和下方的盲区，导致对地观察范围缩小。此外，时间、距离和目标大小之间的关系异常可能影响飞行员对目标大小的判断。这些因素增加了目测判断的难度，并可能加重飞行员的心理负荷。有限的飞行时间和经验可能使发现目标变得更加困难。但有研究表明，这种情况在通过反复训练后，会有部分改善。

高空飞行的感知变化：高空飞行时，由于光线分布模式的变化，飞行员可能遇到仪表阅读障碍。经历强光环境后所产生的眼睛适应性损害可能导致视觉感知困难。此外，高空飞行时，飞行员在开阔的视野中缺乏足够的目标来刺激视觉调节机制，导致飞行员会出现相对近视的情况，从而增加目标搜索的难度。随着飞行高度的增加，飞行员对地面的感知也会发生变化，可能会误认地面颜色。

4.2.2 前庭空间定向机制

前庭作为感知方向和加速度的器官，对人体维持平衡起着重要作用。它位于内耳的迷路部位，具有小而复杂的结构。在左右内耳中，3条半规管彼此呈近似直角。每个管道都充满了液体，并且有一段充满了细毛。内耳在任何方向上的加速都会导致细小的毛发偏转，从而刺激神经冲动，向大脑发送信息。前庭神经通过将来自脑室、囊和半规管的冲动传递给大脑，来传递运动信息。与视觉等其他定向系统不同的是，它不具有意识性，人们通常只会在导致恶心、头晕等前庭刺激或临床疾病的情况下感觉到前庭空间维度。

前庭系统可以分为 3 个部分：外周前庭系统、前庭中枢处理系统和运动输出系统。其中，外周前庭系统由前庭感受器、前庭神经和前庭神经节组成，前庭中枢处理系统由前庭神经核、传导束和前庭皮层中枢组成。前庭觉是指通过上下行的传导束将前庭神经核与脊髓、小脑等结构联系起来，共同作用下产生的知觉。

前庭在生理上包括 3 个半规管、1 个椭圆囊和 1 个球囊。将整个前庭感受器按照其功能和形态进行划分，包括两大类：耳石器官和半规管。

耳石器官

耳石器官或耳石是指通过小管道连接的椭圆囊和球囊部分，它负责感知相对于重力方向的头部倾斜，以及线性加速度的方向和大小。耳石器官的感觉上皮（又叫囊斑）由毛细胞、支撑细胞及神经纤维束组成。毛细胞上覆盖着的凝胶状基质被称为耳石膜，上面内嵌着被称作耳石的碳酸钙晶体，其密度大约是内淋巴液和凝胶状基质的 3 倍。

耳石膜和毛细胞的纤毛之间的相对位置发生改变是产生感觉的原因。当重力或者线性加速度导致头部位置发生变化时，耳石膜会发生位移，毛细胞的纤毛也会弯曲变形，从而支配囊斑，放电频率发生变化，形成空间位置觉。而当头部位置正常直立时，毛细胞会产生静息脉冲，在这种情况下，球囊斑位于垂直平面上，而椭圆囊斑则位于水平位置。据此，大脑能感知来自各个方向的直线加速度的变化。

无论是位于地面，还是在实际飞行过程中，耳石器官始终受到重力的影响。当人体的垂直轴线与重力作用线平行时，人们会感觉到自己的身体是直立于地面的，否则就会产生倾斜感。由于人们的视觉信息与耳石器官的信息在地面上通常是相匹配的，因此空间位置错觉现象通常不会在地面上出现。然而，在飞机进行直线加速的过程中，耳石器官会受到重力和惯性力所形成的合力，倘若其方向平行于飞行员的身体垂直轴，此时飞行员会感觉自己的身体垂直于地面，否则就会产生身体倾斜或者俯仰的感觉。当该合力与重力之间的夹角大于 50° 时，飞行员此时知觉到的倾斜角度是偏大的；而当这个夹角小于 50° 时，飞行员知觉到的倾斜角度通常与实际的倾斜角度相符。此外，当耳石器官受到恒定的直线加速度的刺激时，如果头部向一侧倾斜，眼球则会产生与倾斜方向相反的偏移，其偏移幅度约为头部角度的 5% 至 10%。这种现象被称为代偿性耳石器－眼动反射。

半规管

人体头部的左右两侧分别分布着 3 个充满毛细胞和淋巴液的管状结构，即半规管感受器。作为角加速度的主要感受器，半规管由 3 个部分组成：前半规管、水平半规管和后半规管。各半规管内分别含有与之相对应的膜半规管。由于 3 个半规管基本呈现相互垂直的形态，角加速度在任意平面上都会激活两个以上的半规管感受细胞。半规管稍微膨大的那一端被称为壶腹。当半规管位于旋转平面时，其壶腹嵴的感觉细胞会受到最大的角加速的刺激。

前庭的平衡觉信息通过由毛细胞组成的能够感受位置变化的前庭末梢感受器传递给前庭中枢处理系统。毛细胞有着长的束状纤毛，上面布满了胶状物质，末梢挨着内壁，通常被称为胶顶。而内淋巴液的流动会导致胶顶出现偏移，其偏移的方向和程度决定了毛细胞的兴奋程度。当身体发生移动时，半规管内的淋巴液就会发生流动，并通过改变毛细胞兴奋性，将加速度、旋转等运动信息传递给前庭神经。

当头部进行旋转运动时，半规管会随之进行角加速度运动。由于惯性的存在，内淋巴液一开始无法与半规管同步，会出现反方向流动的现象，导致了胶顶偏移。随后通过毛细胞将这一偏移信息传递给前庭中枢系统，从而出现旋转感觉。只有当半规管恢复到匀速运动状态，内淋巴液赶上半规管以后，胶顶才会逐渐回到静止时的位置，旋转的感觉随之逐渐消失。反之，当半规管处于角减速度运动状态时，惯性的作用导致内淋巴液仍旧按照旋转的方向继续流动，从而使胶顶出现偏移，此时就会出现逆旋转方向的旋转错觉。由上述可知，半规管感受器会根据头部运动的不同速度提供不同的信息。然而，由于测量条件和个体特征差异较大，关于半规管感受器的角加速度的生理阈限，目前的研究并没有达成统一的数值，通常认为各个轴的阈值大致处在 $0.035°/s^2$ 至 $8.2°/s^2$ 的范围内，其均值为 $0.5°/s^2$ 左右。

除了让人产生旋转的感觉，前庭器官的阈上刺激还可能会导致眼球的代偿性运动，即半规管－眼动反射现象。在正常情况下，为了保证人在走路、跑步等运动状态中看清物体,头部运动和前庭-眼动反射协调一致。然而,当头部进行一定的角减速度运动时,倘若视线和眼球随着头部一起运动,物体的成像就会跟着一起在视网膜上运动,导致视力严重下降。因此,为了看清目标物体,此时眼球就会朝着反射的逆着头动的方向运动,以便该反射能够使目标物体稳定于视网膜的某个部位。在飞行过程中,尽管较大的角减速度引发的前庭性眼震通常可以通过固定注视物体来抑制,但如果角减速度超出范围,固视抑制作用将会失效,出现眼球震颤现象,从而导致飞行员感觉到座舱内外的物体发生了跳跃性的运动,视物不清,严重时会对飞行产生较大影响。

4.2.3 本体空间定向机制

本体空间定向系统是由本体感受器和触压感受器这两个部分组成的。

本体感觉(Proprioception)是由刺激通过关节、肌肉等深部组织的特异化刺激接收器,经传入神经到达神经中枢而形成的一种躯体感觉。它的特殊性在于:当躯体静止的时候,人们意识不到本体感觉的存在;然而当存在肢体运动的时候,由于皮肤、肌肉和关节等受到牵拉等相应刺激,从而使得本体感受器产生神经冲动,信号经由神经通路到达中枢,最终形成本体感觉,以便让人们对此刻躯体正在进行的运动有所知觉。这也就是为什么当我们走在崎岖不平的道路上时,不需要低头查看就能感受到地面的情况。

本体感受器也被称为固有感受器,它是一种以力学的状态作为直接感觉刺激,从而感受到躯体或其某一部分所处状态的感受器,作用是感知运动器官的位置变化。本体感受器主要包括肌梭、腱器官和关节感受器等。例如,位于骨骼肌中的肌梭会将由牵拉等刺激引起的骨骼肌变化信息,经过神经传入中枢,在产生本体感觉的同时,腱器官的反射被激发并保持肌肉的紧张,从而有助于随意运动的调节。而位于关节韧带等部位附近的腱器官则通过接受牵拉等刺激来感受骨骼肌的变化,从而形成相应的本体感觉。

触压感受器顾名思义是一种用来传导触觉和压觉的感受器。当物体和皮肤发生接触时,在适当的刺激外力作用下会产生触压感觉。实际上,产生触觉的原因并非压力本身,而是压力变化引起的末梢器官形变。与触觉相关的神经末梢除了游离的神经末梢,还分布在真皮层的触觉小体、皮下组织及深层结构的环层小体中。皮肤表面的负荷会在加速度的影响下发生改变,或者出现切向移位。由此可见，压觉同时参与了运动觉和位置觉的形成。在这个过程中，压觉的强度取决于皮肤产生变形的速度，具体来说，在相同的压力作用下，压觉强度与变形速度成正比。

在许多情况下，触觉和压觉对空间定向都起着重要作用。例如，在结合其他本体感觉信息的基础上，指尖接触到静止的平面时得到的身体姿态的相关信息可以作为感受身体摇摆情况的方式。这种方式对于存在双侧内耳迷路缺陷的人来说，可以替代前庭功能，以减少姿势的摆动。此外，触压感受器还能够在缺乏良好的视觉信息时，根据对身体表面的触碰及压力刺激来大致确定自己的定向。具体来说，根据躯体姿势的不同，为了维持平衡，会给臀部皮肤、足底等位置的感受器造成一定的压力，从而形成相应的定向信息。这些感受器所受到的重力和惯性力会形成一个合力，它垂直于飞机驾驶舱的底板，但不一定与地面垂直。如果飞行员有错误的空间定向习惯，即认为飞机座椅和驾驶舱底板总是垂直于重力、平行于地面，则可能会出现各种错误的知觉。尽管在飞行过程中飞行员的座位直觉对飞行状态的判断不一定正确，然而出于触觉反馈对飞行员判断过程的重要性考虑，未来飞机驾驶舱设计试图通过使部分控制杆来刺激触摸感应器并控制飞行员的注意力作为一种警告机制。例如，把控制杆的猛烈摇晃，即"摇杆"，作为对即将发生的失速的警告。

总的来说，空间定向系统是通过多种感觉信息进行相互对照、补偿、冲突、制约和整合而形成空间知觉的一个复杂系统。在这个过程中，视觉提供了最重要的主导性信息。倘若视觉受到限制，飞行员是无法单独凭借前庭觉来做出准确的空间定向判断的，这是由前庭器官的不可靠性决定的。而本体觉和触压觉虽然在位置觉和运动觉的形成过程中都有所参与。甚至当飞行状态发生某些变化时，能够给飞行员提供需要、及时关注仪表的指示信号，从而有助于飞行员更好地完成飞行。然而，由于其所提供的信息可能存在一定程度的不准确性，我们仍旧无法在需要进行空间定向的时候把它们作为主要的信息来源。

4.2.4　飞行空间定向的认知神经机制
空间定向的认知基础

从认知心理学角度来说，空间定向认知系统主要涉及信息加工过程和认知方式两个方面。其中，信息加工理论包括了诺曼的信息加工模型以及威纳、内格尔（Nagel）的四阶段信息加工模型。

（1）诺曼的信息加工模型

1981年，诺曼基于对将人仅仅看作与计算机类似的符号系统的理论的批判，提出了人的信息加工系统模型，如图4.1所示。他认为，人不仅是一种具有生物基础与演化历史的有生命的机体，还是与他人和环境密切联系、相互作用的社会性生物。在他看来，有生命的信息加工系统，除了具有与人工的信息加工系统相同的部分，即认知系统或纯粹认知系统以外，还拥有另一种可用于维持自身生命，进行自我保护和适应自然与社会环境变化的生物结构，即调节系统（Regulatory System）。正是由于调节系统能够对心理资源进行控制和分配，有生命的信息加工系统才能拥有动机和愿望，才能够选择感兴趣的任务，并进行与目的相关的作业，在适当的时候启动和结束相关的活动。调节系统是一种内稳态系统，它通过情绪系统这一中间系统，与认知系统产生相互作用。在这个过程中，调节系统是处于核心地位的，而认知系统是服务于调节系统的。甚至只有当认知方面达到较高水平以后，才形成了独立存在的功能子系统。也就是说，认知系统是伴随着调节系统对智力因素不断增长的需要而出现的结果。

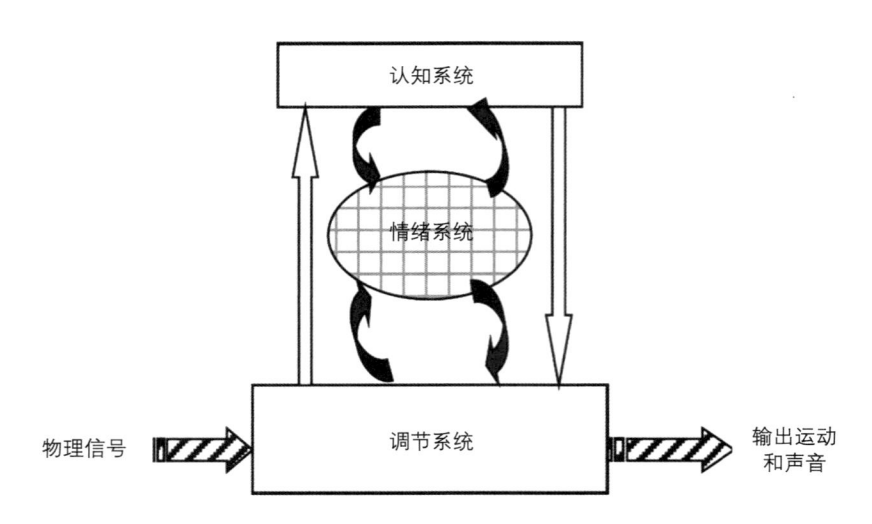

图4.1 人的信息加工系统

资料来源：Norman, D. A. (1981). Categorization of action slips. *Psychological Review, 88*(1), 1–15.

调节系统的提出触及了信息加工心理学在动机、情绪、能力、性格等现象上的缺失,指出了人的主体性。尽管随着计算机技术的飞速发展,计算机空间定位系统不断完善,加上信息在该系统中呈现的严密、详尽且合乎逻辑的特征,计算机精准而快速获取信息、永久保存信息的优势愈发凸显。与之相比,人脑的操作较慢,容易受到情绪等因素的影响,出现分心和犯错误,从而导致错误提取信息或者丢失信息的情况发生。然而,相比于计算机,人具有更强的适应性,在吸收新的知识和发现新的问题方面独具优势。由此可以看出,人和计算机都有各自的长处和短处,应该在发挥人的主体性的基础上,充分整合计算机的优势来弥补人脑的不足。在面向未来的航空领域的空间定向发展过程中,我们应该始终坚持飞行员在空间定向系统中的主体地位和先进计算机定位系统的辅助定位。

(2)威纳和内格尔的四阶段信息加工模型

威纳和内格尔将空间定向过程视同其他的人类认知过程,基于这个观点,他们于 1988 年提出了空间定向过程的四阶段信息加工模型,如图 4.2 所示,依次包括短时感觉贮存(Short-Term Sensory Store)阶段、模式识别(Pattern

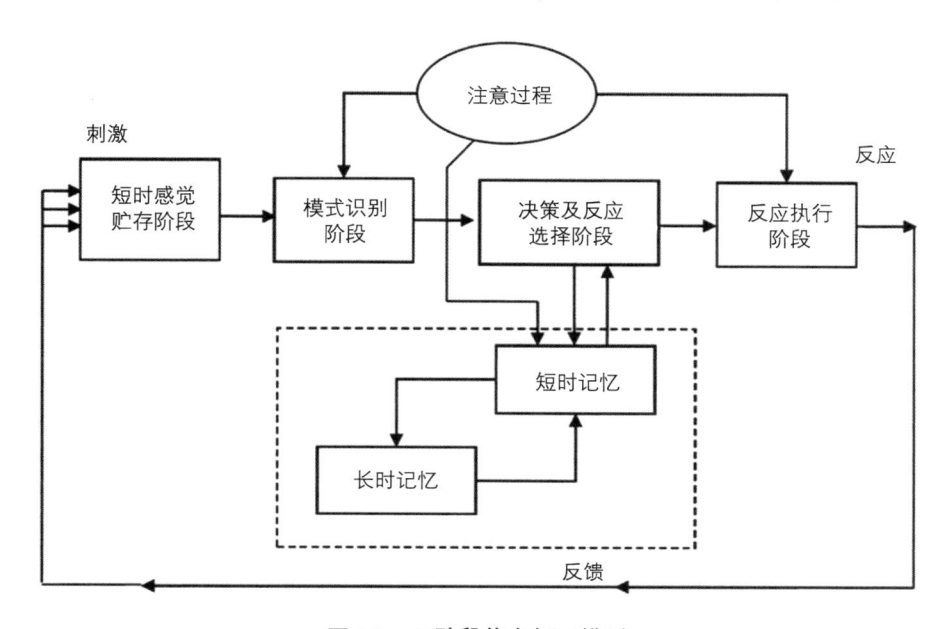

图 4.2 四阶段信息加工模型

资料来源:Wiener, E. L., & Nagel, D. C. (1988). *Human factors in aviation.* San Diego, CA: Academic Press.

Recognition）阶段、决策及反应选择（Decision and Response Selection）阶段和反应执行阶段。具体来说，在第一阶段，各种刺激首先通过各个感受器被接收并暂时存储；随后它们在第二阶段中通过进一步的识别与整合；紧接着，第三阶段需要根据这些要素完成相应的决策与反应方案的选择；最后，第四阶段是对前一阶段形成的方案的执行落实。为了更好地对反应进行有效的实时监控与调节，整个加工过程还包括了一个反馈回路。除此之外，在这个模型中，个体的记忆和注意资源量会制约后面3个阶段的加工效率。

（3）威肯斯的信息加工阶段模型

威肯斯信息加工模型，也称为多资源理论，强调信息加工资源的多样性和并行性。该模型将信息加工过程分为4个主要阶段：感知、认知、反应选择和反应执行，每个阶段涉及不同类型的资源，可同时用于多个任务，解释了人类在多任务处理中的表现。模型简化为5个步骤：接收刺激、感知、认知加工、反应决策和执行决策。在注意与记忆系统的参与下，人脑通过整合内部需求与外部环境信息进行认知与决策。威肯斯模型的重要贡献是提出了多资源理论，表明不同类型的任务可同时使用不同资源，从而减少资源竞争和干扰。这一观点在航空、驾驶等高效多任务处理领域具有重要应用价值。

（4）场依存-场独立性理论

认知方式是指个体在感知、记忆与思维过程中经常采用的，习惯化和偏爱的风格与态度，或者说是人们在进行信息加工整合过程中表现出的个体差异。研究表明，认知方式对个体心理活动的影响，不仅存在于认知过程中，还反映到个体的个性心理特征和社会性活动方面。

威特金（Witikin）在认知方式领域提出了场依存-场独立性特征理论，即人们在信息加工的过程中对内部或者外部信息依赖的倾向性。把极端的场独立作为端点，构成一个包含不同认知方式的连续体；在这个连续体上，每个人均占有相应的位置。实际上，除了一些非常明显的场依存和场独立性者之外，大多数人都或多或少处于中间状态。通过框棒测验和镶嵌图形测验等方式，能够对个体所具有的场依存-场独立性特征进行识别。而这些测验与空间因素密切相关，因此它们在某种程度上也体现了个体的空间智力水平。相关研究表明，空间能力测验和场依存-场独立性测验一起出现在一个类似于空间定向的因素负荷上，并且随着空间能力性别差异的消除，场依存性上的性别差异也随之消失。在飞行空间定向判断中，场独立性发挥了重要作用。例如，在运动空间定向判断中，不同的运动位置和运动方向会影响个体的判断能力，而具有较高场独立性的飞行员可能在这种情况下表现得更好，能够更有效地处理和解释复杂的空间信息（晏碧华 等，2019）。此外，飞行员的场独立性也与其年龄有关。研究表明，31 岁至 35 岁的飞行人员在技术和认知方式上趋向成熟，表明在这个年龄段，飞行员的场独立性可能达到最佳状态，从而能更好地掌握飞行技能（王昊 等，2001）。个体的场独立性水平不仅受到个体心理的发展阶段的影响，还能够通过后天有针对性的社会实践来实现逐步提高。在飞行空间定向过程中，错觉的发生大多是以视觉的方式呈现。有研究发现，不同的认知方式（如场依存性或场独立性）会影响飞行员面对云层倾斜等视性错觉时的反应，从而影响他们的空间定向能力（Bednarek et al., 2019）。因此场依存－场独立性理论对于研究和评估错觉产生程度及其机制具有重要的理论和实践价值，同时为深入理解空间定向的认知加工机制提供了基础。

空间定向的认知神经模型

（1）大脑半球认知功能分化理论

脑功能分化理论诞生于 20 世纪 60 年代，由斯佩里（Sperry）通过研究割裂脑病人发现大脑的许多高级功能在两半球上具有不对称性。因此又被称为脑功能的非对称性理论，并且在 20 世纪七八十年代成为神经心理学的重大基础理论。关于大脑半球认知功能分化问题，目前有以下 3 种不同的模型：单侧特异化模型、相互作用模型和偏好认知模型。

单侧特异化模型主要是指大脑的两个半球分别进行着方向不同的特异化过程，其中左半球朝着局部功能定位的方向发展，具有功能定位性和特征性，而右半球则朝着弥散的等位化方向发展，具有功能等位性和整体性。也就是说，当损伤的部位在左半球时，即使损伤面积再小也会导致特定的机能障碍；而右半球的局部损伤则通常不会导致明显的功能障碍，只有当损伤面积足够大时才会导致空间知觉障碍。除此之外，两个半球在功能上也具有较大差异，例如，左半球主导着语音的听觉识别、文字的视觉识别、语言信息的记忆，以及基于这些记忆的阅读、计算和书写等能力；相对地，右半球则主要涉及复杂物体的触觉感知、面部识别、复杂图形视觉处理、音乐欣赏、非语言声音的识别，以及非语言信息的记忆存储等功能。

相互作用模型是由莫斯科维茨（Moscovitch）在1979年提出的,是为了弥补单侧特异化模型中的两半球的明确分工无法被证实的缺陷,所提出的修正的脑功能—侧化模型。他认为两半球的功能不仅具有同时性互补作用,即基于不同的信息处理机制,大脑两半球通过相互补充来共同完成同一心理任务,例如,多通道感受器的协同工作;同时,也存在相互抑制的现象,即在执行同一心理功能时,两半球之间会有相互制约的情况,例如,左半球的音乐和环境声的信息加工会受到右半球的抑制,而左半球则会抑制右半球的语言功能。具体来说,当儿童在早期遭受影响左半球的脑部损伤时,右半球将有机会充分发展其语言功能。除此之外,该模型还提出了两半球之间信息加工的分配性和选择性观点,即各侧的大脑半球均倾向于选择具有与自己相关特性的加工任务,但是当某一个半球的加工满负荷时,它可能会先把新任务暂时委托给另一个半球代为预加工。

偏好认知模型由韦伯斯特（Webster）和瑟伯（Thurber）在1978年提出,该模型回答了为什么在个体发育中会逐渐形成两半球的相互作用关系的问题。他们认为大脑的两个半球各自倾向于处理不同类型的认知任务,左半球更倾向于语言信息、分析和逻辑的处理;而右半球则更偏向于整体形象信息的处理。研究还表明,持续的认知训练可以改变成年人在特定认知任务上的优势半球。因此,他们得出结论,两半球的优势关系的形成主要源于社会环境因素通过影响认知过程及任务,从而对个体的神经生物机制进行调节的过程。

基于上述3种模型,我们将进一步阐述脑功能分化理论与飞行空间定向之间的关系。戈登等人（1982）根据该理论提出了"认知特征"的概念,它主要指的是个体在空间功能和言语功能这两种特殊的认知功能上表现的相对差异。通过对不同职业群体的认知特征研究,发现某些职业群体取得卓越成就的重要特征是在视觉空间能力测试或言语能力测试中获得高分,这种现象在飞行员群体中得到明显的印证。因此他编制了认知侧化成套测验用于评价个体的言语功能和空间功能,从而获得其认知特征信息。研究者们运用该测验对驾驶不同种类飞机的飞行员进行认知特征研究,发现直升机飞行员呈现两种功能均势的特征,而歼击机飞行员则在空间认知功能上具有显著优势。不仅如此,研究者们还发现了视觉空间认知得分与美国海军航空学校的飞行员成功毕业的可能性之间的正向数量关系。

（2）高水平视觉加工子系统模型

1990年，科斯林等人通过对前人的研究进行大量的回顾性分析，同时结合计算学、认知心理学、神经心理学、神经生理学和神经解剖学方面的多学科研究成果，提出了以表象为核心内容的高水平视觉加工子系统模型。他们认为，加工子系统（Processing Subsystem）指的是一组通过执行运算来完成任务的、由神经细胞构成的组成部分。为此，他们还提出了12个假定的加工子系统，如表4.2所示。高水平视觉加工与感觉意义上的视觉加工有所不同，它不仅与大脑的特异性功能密切相关，还涉及视觉再认、表象转换、空间定向和轨迹追踪等高级的空间认知加工过程。高级视觉皮层上的某些神经细胞所具有的特异性往往是构成加工子系统可塑性和特异性的神经学基础。通过各个加工子系统之间动态地有机组合，构成了各种功能不同、特征相异的高水平视觉空间认知加工活动。

表4.2　12个假定的加工子系统

子系统	输入	目的	输出
形状编码	来自注意窗口的模式	把形状编码送入联想记忆中	形状表征
空间拓扑图的建构	低水平网膜图上各单元的位置，注意窗口的位置及眼、头、身体的位置	形成实际空间中的位置地图	与注意窗口有关的地图
类别关系编码	两个位置	对两个位置空间关系的类别表征进行编码	类别表征
坐标位置编码	一个或多个位置	对相对于单一原点的各单位的坐标进行编码	坐标表征
视觉记忆激活	来自联想记忆中的部分名称	激活所储存的视觉表征来形成表象或在知觉过程中形成启动	视觉缓冲器中的激活模式
类别关系的建立和解释	用于查询部分位置类别表征的指令	查询部分的位置，然后将注意窗口指向该部分的位置。在知觉中，这个部分被送入形状编码子系统。在表象中，一个新的部分在那个位置上被表象出来（通过视觉记忆激活子系统）	发出进行注意转移的各项指令（由注意转移的子系统执行）

续表

子系统	输入	目的	输出
坐标位置的建立	用于查询部分位置的坐标表征的指令	除了旨在使用坐标表征外，其余同上	发出进行注意转移的各项指令（由注意转移的子系统执行）
注意转移	一个新位置的说明书	转移注意窗口的位置	对新位置的注意
位置改变	视觉缓冲器中的部分及其位置的坐标表征	转移部分位置的表征	经过重新定位的部分
部分重排	加上部分关系的类别表征，其余同上	对各部分的位置进行重排以便与类别关系相吻合	为位置变换子系统提供有关如何对各位置表征进行重新排列的方向
言语输出	控制器有关声音顺序的指令	使两侧言语装置程序化以便产生出一个词或字	有关言语发生装置的各种指令
搜索控制器	路径搜索的有关指令	使子系统搜索路径得以程序化	注意转移子系统所发出的有关使用搜索路径的各种指令

资料来源：Kosslyn, S. M., Flynn, R. A., Amsterdam, J. B., & Wang, G. (1990). Components of high-level vision: A cognitive neuroscience analysis and accounts of neurological syndromes. *Cognition, 34*(3), 203–277.

（3）空间定向认知神经机制研究新进展

随着认知神经科学的发展，以及相应技术的成熟和发展，越来越多的研究者开始使用脑成像和电生理技术来探究各种各样的认知任务背后的脑机制，例如用事件相关电位（ERP）、经颅磁刺激技术（TMS）、功能性磁共振成像（fMRI）、经颅直流电刺激技术（tDCS）、功能性近红外光谱技术（fNIRS）等。以往研究通过 ERP 电生理结果表明，预测运动任务涉及广泛的脑网络，包括枕叶皮层、颞叶皮层和额叶皮层，而更加细致平滑的眼动追踪，速度和空间轨迹估计都与背外侧前额叶（Dorsolateral Prefrontal Cortex）有关，因为背外侧前额叶在维持运动表征方面有重要作用。

对时间的知觉是进行运动预测的基础。认知结构时间期待（Temporal Expectations）指个体利用环境中的时间信息来估计目标刺激何时出现的注意状态。时间期待可以根据提示线索的不同分为外源性时间期待（Exogenous Temporal Expectation）和内源性时间期待（Endogenous Temporal Expectation）。

内源性时间期待是指个体主动采用具有预测性质的前置任务线索来进行时间估计。当个体的时间期待由刺激运动的节律性或动态性信息引起时，个体对时间信息的加工是自下而上的，这时个体将产生外源性时间期待。外源性和内源性时间期待都能帮助个体加快其反应速度，然而两者又存在不同，外源性时间期待具有不随意性的特点，主要通过刺激本身运动的节律性形成；内源性时间期待具有自主性的特点。感知的时间结构（Time Structure）指对客体变化规律的识别，即对事物在时间维度上联结关系规律性的识别。这能应用于雷达监测与定向，当空管员负责的空域面积较大时，飞机在雷达界面上通常以间隔某一固定时间闪烁的方式呈现，这种固定的时间间隔会产生节律感。

秦奎元（2023）使用预测运动（Prediction Motion, PM）范式来探究碰撞时间估计的加工机制：运动客体以恒定的速度向目标位置运动，在到达目标位置之前被遮挡，要求被试在认为运动客体到达目标位置时及时按键，并用fNIRS技术探究了时间结构线索影响预测运动任务表现的神经机制。结果发现，时间结构一致，即运动客体在可见阶段和遮挡阶段的运动时间相比，当运动客体在两部分运动的时间相同时，被试的任务绩效显著提升，同时左侧下顶叶皮层有着更高的激活水平，使用tDCS刺激个体的左侧下顶叶皮层能显著提高个体在时间结构一致条件下的任务绩效，这说明左侧下顶叶皮层参与了个体根据内源性时间期待来判断刺激何时到达的认知过程。当个体根据节律背景进行任务估计时，左侧背外侧前额叶皮层显著激活，使用tDCS刺激个体的左侧前额叶皮层能显著提升个体在节律背景较长条件下的任务绩效，说明左侧背外侧前额叶参与了个体根据外源性时间期待来估计刺激何时到达的认知过程。

4.2.5 飞行空间定向的情境交互机制

环境是影响飞行空间定向能力的重要因素，也是飞行员进行空间定向的主要视觉线索之一。了解环境因素对飞行员空间能力的影响，以及飞行员如何通过与环境的交互进行空间定向，可以帮助我们设计出更加贴合人因的飞行系统，以及对飞行员进行更有针对性的空间能力训练。视觉搜索是飞行员与环境进行交互的第一步，通过在复杂的视觉环境中进行目标搜索，飞行员可以获取视觉线索信息、锁定任务目标，这是飞行员完成飞行任务和空间定向的基础。在获取视觉线索信息后，飞行员需要构建自己的空间物体位置关系表征，通过不同的表征策略，建立起自己相对于环境的认知地图，这意味着对自我－环境空间关系的认知、理解和保存，是情境意识建立和空间定向中最重要的部分之一。在建立正确的空间物体位置关系表征的前提下，飞行员需要对自己的运动状态进行估计，以运动视觉估计来判断自己的运动方向及路径，从而避免碰撞，确保航线的正确。空间导航则是飞行员最基础的能力之一，它建立在良好的动态空间能力基础之上，需要飞行员对环境进行感知、分析，并在此基础上做决策，对飞行员的工作记忆、空间能力与其对环境的分析能力有着较高的要求。

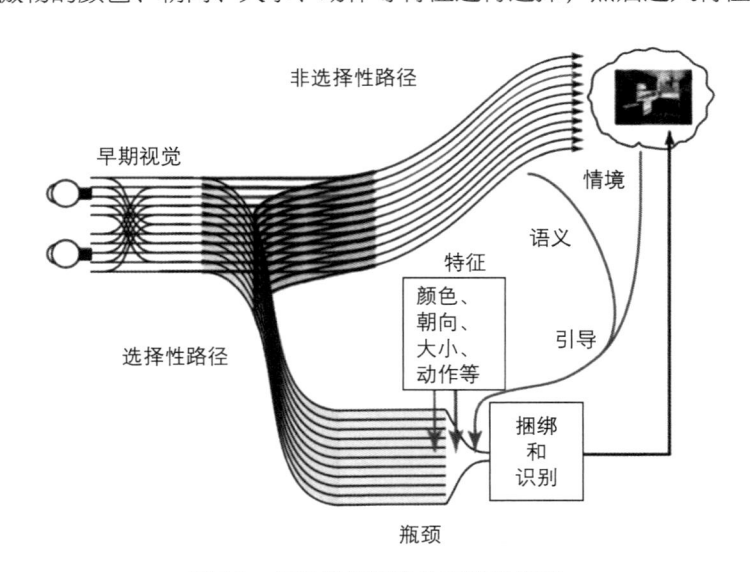

视觉搜索的双路径模型

视觉搜索的双路径模型（Dual-Path Model）的核心观点是：在场景搜索中存在两条路径，选择性路径（Selective Path）单独选择可能的目标对象并识别；非选择性路径（Nonselective Path）则可以从全局和（或）统计信息中提取有用信息指导视觉搜索（见图4.3）。早期视觉输入提供了一个容量有限的选择性路径。在这条路径上的信息选择方式与经典的视觉搜索模型是一致的：视觉加工系统会对刺激物的颜色、朝向、大小、动作等特征进行选择，然后进入特征捆绑和

图4.3 场景视觉搜索的双路径模型

资料来源：刘博. (2023). *无人机视角下视觉搜索绩效的影响因素研究——以模拟城市场景为例 (博士学位论文). 陕西师范大学, 西安.*

识别，但这一过程受"瓶颈"限制。对"瓶颈"的访问被引导机制控制，该机制允许更有可能成为目标的项目被优先访问，以进入特征捆绑和识别。那么，何为非选择性路径？全局的非选择性图像处理允许观察者从整个图像中快速提取统计信息。观察者可以评估各种基本视觉特征维度的平均值和分布样态：大小、方向、速度和运动方向、规模估计、一组物体的质心和区域中心。此外，还可以对更复杂的属性进行汇总统计，如情绪信息或场景中存在的物体类别（例如，动物）。利用这些图像统计数据，人们可以对场景进行分类，并提取基本的空间结构。这种非选择性路径可以从整个场景中提取统计信息，实现一定数量的语义处理，但不能精确地识别对象。所以，情境引导是基于选择性和非选择性路径共同处理的结果。

此外，场景引导包括语义引导（Semantic Guidance）和情境引导（Episodic Guidance）。语义引导包括物体在场景中出现的可能性、物体在给定空间布局场景中的可能位置，以及物体间的关系（例如，刀倾向于靠近叉子）。在这种双路径模型中，语义引导的原始材料可以在不受容量限制的非选择性路径中生成。情境引导指的是对特定的、之前遇到的场景的记忆，其中包含关于特定物体的特定位置的信息。

综合起来，非选择性的分类信息结合选择性路径中对一两个物体的识别，就可以迅速而准确地识别场景表达的内容。非选择性的结构信息可以提供空间表征的基本布局，并智能地指导分配选择性路径的认知资源，这样眼神和注意力就可以迅速到达目标的可能位置。

刘博（2023）的研究通过模拟城市场景的视觉搜索任务，揭示了影响无人机操作员视觉搜索绩效的关键因素。研究采用模拟城市场景3D图片作为实验材料，通过4个子研究分别探究场景特征、工作记忆负荷、视角转换空间能力和空间认知风格对无人机视角下视觉搜索绩效的影响。研究发现，视觉混乱度和场景旋转角度显著影响搜索绩效，提示我们在设计无人机搜索任务时应考虑场景的复杂性和视角变化。此外，工作记忆负荷的增加会降低视觉搜索的准确性和反应速度，这要求我们在操作员培训中加强工作记忆能力的训练。

视角转换空间能力和空间认知风格对视觉搜索绩效的影响表明，在选拔无人机操作员时，应考虑个体的空间处理能力。这些发现对于提高无人机操作员的选拔标准和培训质量具有重要的指导意义。

物体位置（空间）表征的参照系协变选择模型

在现实世界的大尺度空间中，人类的巡航活动涉及与环境的实时交互，这要求对空间结构和物体间位置关系进行动态表征，体现了人类的动态空间能力。动态空间能力与静态空间能力不同，它侧重于个体在变化环境中的实时处理能力，对生态效度具有重要意义。然而，现有研究在探讨空间物体位置关系表征时，往往强调静态空间能力，忽略了动态空间能力的实时性和生态效度。目前的空间表征研究通常采用离线更新和位置变化探测任务，这些范式更多地体现了静态空间能力的逻辑。例如，离线更新范式要求被试记忆静态场景，而位置变化探测范式则要求被试在没有实时交互的情况下判断场景变化。这些任务无法充分反映动态空间能力的实时性和在线性。

此外，大多数物体空间位置关系表征的研究使用桌面虚拟现实或场景记忆实验，这些方法通常要求被试在静态环境中完成任务，无法有效支持动态空间能力的检测。虚拟现实技术虽有潜力提供有效的实验支持平台，但目前的应用尚未充分发挥其在动态空间能力检测中的作用。真实环境中的动态空间能力测量可能会受到环境线索的影响，而虚拟现实环境可以更好地控制实验条件，减少环境线索的干扰。虚拟现实技术提供了一个可控的实验环境，有助于更客观地研究空间表征和动态空间能力。

动态自我中心表征假设（Dynamic Egocentric Representation Hypothesis）是描述人类如何在变化的空间环境中进行导航的理论。该假设认为，个体对物体的空间位置表征是连续且动态更新的，并涉及 3 个关键系统：自我中心位置更新系统、物体中心环境几何表征系统和视点依赖的场景再认系统。在这一过程中，物体相对于观察者的位置通过多维、离散的位置矢量进行编码，这些矢量随着观察者的移动而独立更新，确保了空间信息的实时性和准确性。

自我参照系统模型是由肖尔（Sholl）及其同事提出的一种认知框架，它阐释了自我中心参照系统和物体中心参照系统在空间认知中的协同作用。该模型认为，自我中心参照系统主要负责编码和更新与身体中心坐标相关的自我－物体空间关系，而这些更新会随着个体在环境中的移动而连续进行。与此同时，物体中心参照系统独立运作，利用一个与观察者朝向无关的参照系统来编码物体之间的空间关系。

内在参照系统模型是由穆（Mou）等研究者提出的一种空间认知模型，它主张个体在熟悉环境中的空间表征主要依赖于物体中心系统。该模型强调物体的位置是相对于环境内在的参照方向进行编码的，这一过程与个体的移动无关，反映了一种稳定的空间编码机制。

空间表征二系统模型是由伯吉斯（Burgess）、李（Lee）和斯佩尔克（Spelke）等学者提出的认知模型，旨在解释人类和动物如何在导航过程中表征周围环境。该模型指出，存在两个独立但相互作用的认知过程：一是基于空间几何特征的分析过程，主要处理环境的形状、大小和方向等几何属性信息；二是专注于物体间相互区别的属性分析过程，如物体的具体特征和相互关系。这两个过程共同作用于空间表征，使个体能够在巡航环境中进行有效的空间定位和导航。

二系统解释模型是由沃勒（Waller）和霍奇森（Hodgson）提出的一种理论框架，旨在阐释空间表征中自我中心和物体中心参照系的动态交互。该模型认为物体中心表征与长时空间记忆紧密相关，主要负责存储和回忆环境的稳定特征，而自我中心表征则更多地参与在线的、实时的空间处理。在进行具体的空间判断任务时，这两种表征方式可以根据实验条件和环境中可用线索的具体情况进行转换，从而为个体提供在不同情境下最有效和最准确的空间信息。

何立国（2016）在动态自我中心表征假设、自我参照系统模型、内在参照系统模型、空间表征二系统模型和二系统解释模型的基础上，深入梳理已有研究在实验范式和研究技术上的不足，从强调坐标参照系的数学意义和数学元素入手，采用完全沉浸式虚拟现实技术，渲染一个在线测量的、被试可以来回移动的、可重复反应的虚拟空间场景，探究空间巡航时物体空间位置的表征所依赖的参照系的选择和转换。此外，他还提出了巡航者表征物体位置时对参照点和参照方向的协变选择的理论框架。

物体位置表征的参照系协变选择模型，是一种基于认知过程中参照原点和参照方向的核心作用，以及它们在动态空间导航中的协变关系的认知框架，用于描述和预测个体如何在不同的环境和情境需求下选择和转换空间参照系。该模型提出，个体能够根据自我中心和物体中心的编码策略，建立包括自我中心参照系、绝对参照系、物体中心－自我朝向参照系和内在参照系等在内的不同类型的空间参照系。这些参照系的选择和转换受到环境特征、个体感知和环境熟悉度的影响。

协变是物体位置表征的参照系协变选择模型的内生核心特征。在三维空间导航中，个体选择和使用空间参照系的行为本质上是为了满足基本的生存需求。为了在环境中有效规避障碍、判断距离和触及目标，清晰地认知物体的位置、形状和大小是至关重要的。鉴于人类的认知资源有限，最优的认知策略应当是在保证任务完成的前提下，尽可能地节省认知资源。因此，内在参照系表征由于具备稳定性和长期储存能力，通常被认为是最经济的认知方式。

在实际的空间任务中，内在参照系往往被优先选择，这不仅因为其在表征空间关系时具备稳定性和持久性，还因为环境中的几何特征在个体进行再定向时起着至关重要的作用。这种几何特征的利用表明物体中心参照系同样参与了空间表征的过程。

然而，参照点和参照方向的优先选择并非固定不变。它受到多种因素的影响，包括环境的特点、参照物的意识水平，以及内在参照系表征在匹配提取过程中可能失败的概率。环境特点和参照物的意识水平对参照系的选择有直接影响，而内在参照系表征的失败则可能影响信息的提取和反应的准确性，从而影响空间任务的表现（见图4.4）。

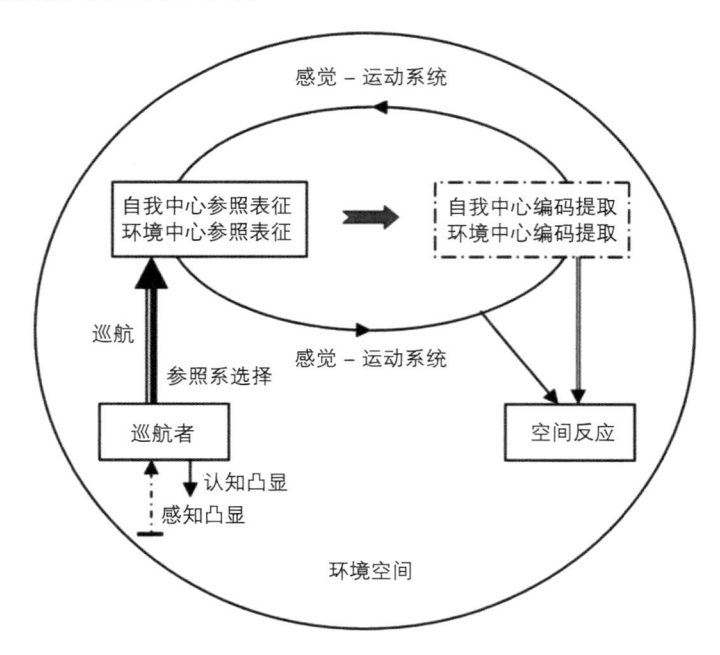

图4.4 物体位置表征的参照系协变选择模型

资料来源：何立国. (2016). *虚拟巡航时空间表征参照系的协变选择* (博士学位论文). 陕西师范大学, 西安.

物体位置表征的参照系协变选择模型可以用于飞行员和驾驶员的空间定向训练，通过模拟真实的飞行或驾驶环境，使用虚拟现实技术帮助他们更好地理解和掌握空间定位和导航技能。同时，它还可以为紧急救援人员设计模拟训练程序，提高他们在复杂环境中的导航和定位能力。开发火灾或灾难逃生模拟系统，训练人们在压力下快速有效地找到安全出口。此外，应用空间表征理论还能指导机器人和自动驾驶车辆的环境感知和路径规划算法的开发，提高机器人在未知环境中的自主导航能力。

运动视觉估计理论

飞行过程中经常会涉及对一个或多个运动客体的运动轨迹进行判断和估计，以及对运动客体的相对位置做出预测和推断的情况。例如，判断在紧急情况下处于同一高度的两架飞机是否会发生冲突危险，以及运动客体何时会发生碰撞或安全经过，并根据预测来进行相应的行为反应。预测运动客体是否发生冲突或者碰撞危险，称为冲突探测。分层冲突探测模型，即干预触发模型（The Intervention Trigger Model）认为冲突探测包括知觉加工和高度（编码高度和飞

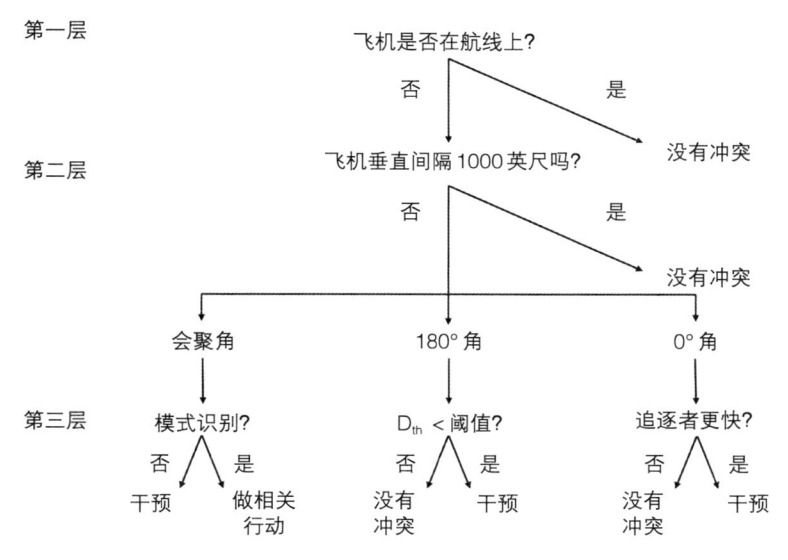

图 4.5 分层冲突探测模型

资料来源：郭亚宁. (2018). *模拟空中交通冲突探测：不同线索条件下的失误作用机制* (博士学位论文). 陕西师范大学, 西安.

机运动方向）、速度信息（高度相同会聚型、追赶型、迎面飞行），以及会聚方向。该模型显示，个体会首先寻找高度信息。当编码高度时，同时也编码飞机朝向。如果朝向是会聚角，则模型存在决策加工；如果朝向是分散角，则回忆飞机高度是否相同。

而一个或不同运动物体到达目标或者相互接触的时间被称为碰撞时间或接触时间。对运动客体到达或经过观察者的剩余时间的预测，称为碰撞或冲突时间（Time-To-Contact/Time-To-Collision, TTC）估计。知觉的可利用性理论（Utilitarian Theory of Perception）认为，人类和动物的视觉具有高度适应性和可变化性，可以利用多种策略完成任务。基于该理论，扩展的Tau理论（Revised Tau Hypothesis）认为，个体可以利用Tau线索或者类似Tau线索来进行TTC估计，即通过物体在视网膜投影间隙（视网膜距离）的变化率来表征物体的运动，通过物体在视网膜上成像的夹角与夹角的变化率的比值来估计TTC。在物体的深度运动中，Tau变量是主要的时间线索，而在物体的横向运动（Transverse Motion）中，由于物体视觉影像扩张率不变，视觉变化类似线性，仅存在视觉边界的收缩信息，此时的距离和速度信息将更加有效。任务类型和刺激种类影响了个体估计TTC时使用的线索信息，在需要做出快速且准确的反应如拦截和制动行为时，个体可能会单独使用Tau线索作为主要信息源，而在其他情况下则可能还使用距离和速度等线索，也存在拦截任务不使用Tau变量的情况。

在进行冲突探测的TTC估计时，不同因素的使用侧重会干扰估计的准确性。在对到达时间进行相对判断时，个体会表现出忽略客体相对速度信息的趋势，距离信息更为"眼见为实"，称为距离-超越-速度偏差（Distance-Over-Speed Bias）或距离偏差（Distance Bias）。当两架飞机间隔较远且快速会聚时，个体通常认为这种情况不太危险，而当两架飞机距离较近并以较慢速度会聚时，个体认为这种情况更加危险，即使两者的TTC相同。空间方位（Orientation）代表了运动客体的位置和运动方向。冲突探测和TTC估计也会受到其他各种线索的干扰，例如，错觉、纹理背景、高级认知因素等。

郭亚宁（2018）对不同情境中个体会使用什么线索进行运动视觉估计进行了探索，包括什么时候使用Tau线索，哪些情况使用了Tau线索，哪些情况既使用Tau线索又使用了其他的线索，或者哪些情况根本就没有使用Tau线索。研究采用模拟空中交通的冲突探测任务，通过4个研究和11个实验，系统操纵速度、距离、时间压力和高度变化线索，考察空间方位、会聚角，以及到达快慢和经过次序对冲突探测中TTC估计的影响。研究结果发现，在进行冲突探测时，会因为对空间方位的感知偏差和距离－超越－速度偏差产生TTC估计偏差，个体更容易依赖距离信息进行轨迹比较，而不是时间估计。在不同线索条件下，个体会采用多种策略进行直接知觉和间接计算的适应性加工。而扩展的Tau理论则适用于客体中心的TTC估计，即个体会使用视觉变量、速度、距离、高度等信息来进行相对和绝对TTC估计。我们可以将相关研究发现与现有的航空交通管理系统和技术进行整合，以测试其在实际操作中的应用价值。

导航策略理论

空间导航能力指个体能从一个环境位置移动到另一个位置的能力，依赖于感觉处理、记忆加工和中央执行功能。空间导航任务范式往往需要研究者创建真实或虚拟的空间情境，在不同空间情境中测量个体对学习过的环境场景的载入及重走任务、远景地标方向辨别等，绩效水平往往受个体空间能力差异的影响。空间导航需要个体确定自身所处位置，明确目的地位置，并且规划出能够准确地从自身位置到达目标位置的路线。根据不同的空间导航任务要求，个体会选择不同的寻路策略来完成任务。然而在空间导航过程中，视角的变化或视线的遮挡，可能导致个体无法准确地完成空间导航任务，造成迷失。只有采取恰当的寻路策略，才能对空间信息进行有效的整合，形成准确的空间表征。根据表征方式，前人概括出两种寻路策略——定向策略和路线策略。定向策略主要依赖于个体对于地图的概览知识，对主体方位的判断及其地理空间基础；而路线策略主要依赖地标信息和指示牌信息。根据不同的空间导航任务要求，个体会选择不同的寻路策略来完成任务；两种寻路策略也并不是相互排斥的，在任务进行的过程中可能发生转换。空间知识发展的理论认为，个体首先获得地标性知识以促进位置识别，其次是连续地标之间的路线知识，最后是定向知识，即认知地图。

兰天珺（2023）采用多种实验设计和技术手段，以全面评估不同寻路策略在空间导航中的作用，并探讨了空间视角、语音干扰以及训练次数对空间导航任务绩效的影响。研究发现，定向策略得分与方向感显著正相关，与空间焦虑显著负相关，表明在复杂的空间导航任务中，定向策略可能更具优势（见表

4.3）；语音干扰显著阻碍了语义编码过程，导致一致视角空间导航任务中的错误次数显著增加；通过训练，个体逐渐从依赖路线策略转向依赖定向策略，空间导航任务绩效显著提升（见图4.6）。证实了通过训练寻找有更适宜的空间导航策略的个体及提高相应人员空间导航能力的可行性，有利于保证航空航天工作有着良好的任务绩效。良好的空间能力也节省了心理资源，降低了心理工作负荷，对多任务加工具有重要意义。同时，也为相关领域的研究提供了新的视角和思路。未来研究可以进一步探讨不同策略在真实飞行场景中的应用效果，以及个体差异对策略选择的影响机制。

表4.3　寻路策略与空间焦虑感、方向感的相关分析

	定向策略	路线策略	空间焦虑	方向感
定向策略	1			
路线策略	−0.38	1		
空间焦虑	−0.69*	0.21	1	
方向感	0.81*	0.33	−0.66*	1

注：*$p < 0.05$。

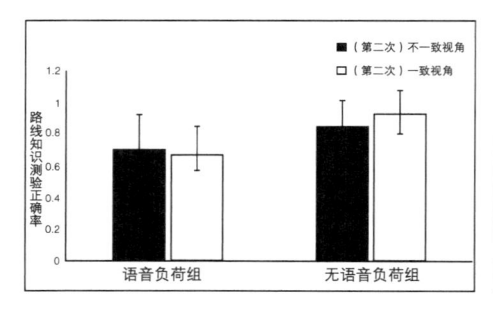

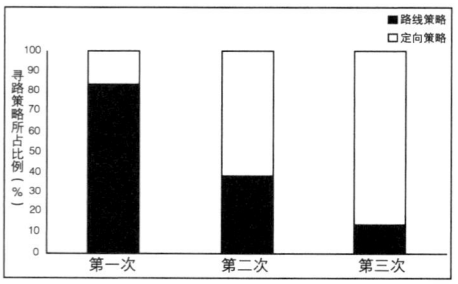

图4.6　情境识别任务准确率结果统计及寻路策略所占比例

资料来源：兰天珺. (2023). 不同寻路策略作用下空间导航行为的差异及语音干扰对策略加工的影响 (硕士学位论文). 陕西师范大学, 西安.

还有研究发现，在高混杂度、高浸入感条件下，导航绩效较高，表现为任务反应时更短、获取信息时间更短、认知负荷更低、主观偏好更大。产生此差异的原因在于高浸入感条件下个体采用了自我中心参照框架。因此，在实际导航界面设计时，若应用场景混杂度较高，可通过提升界面浸入感来提高导航绩

效（李宜倩 等，2024）。此外，心理旋转能力也与寻路绩效相关，低心理旋转能力者寻路绩效较低，在立体地图呈现下，产生追踪手势可提升寻路绩效。因此，针对低心理旋转能力者或交互设计师，在立体导航地图下，可利用追踪手势的增强作用，提高身体与环境及任务的交互感，以提升绩效（李宜倩 等，2023）。

4.3 飞行空间定向障碍的表现形式

为了维持平衡，人体需要前庭系统、视觉系统和本体感觉系统的共同作用，然而，他们容易被各自的错觉所影响。飞行员一旦对输入感觉系统的信息进行了错误的判断，便极有可能导致空间定向障碍。飞行错觉是空间定向障碍的一种形式，是飞行员对感官输入的误解或错误解释而产生的。飞行错觉指在飞行过程中，飞行员对自身与飞机的状态、位置、运动方式，以及空间环境中客观事物的错误感知。这些错觉往往发生迅速且强烈，足以使经验丰富的飞行员采取错误的操作。传统的空间定向障碍研究是基于视性错觉，前庭本体性错觉和前庭视性错觉的信息加工的低级阶段的。人们研究的惯性更多地体现在前庭本体分析器和前庭感受器上，而人们在日常生活中所接受的信息有80%来自视觉。视觉信息是飞行员用以空间定向的信息的最主要来源，当离开地面，在三维空间中飞行时，人体会受到重力、加速度引起的惯性力等的作用。此时，本体、前庭和压力感受器三者整合的信息，可能与视觉信息并不一致。当视觉信息与其他感觉通道提供的信息不一致时，常常引发视性错觉。飞行错觉的发生主要是由错误的感觉信息传入大脑（输入错误）和中枢加工错误两种因素导致。在飞行因素作用下，正确的空间信息不足，大脑接收到的视觉信息与已有的空间知觉条件匹配错误，导致视性错觉。因此，关于视觉-前庭、视觉-本体之间的联合研究是值得我们注意的方向。

巴瓦伊（Bałaj）等人（2019）测量比较了2组被试（飞行员，非飞行员）在2种飞行类型（空间定向障碍，非空间定向障碍）上对3种视觉（由倾斜云层创建的白天的直线和水平飞行产生假地平线错觉S&LF，由向上倾斜跑道创建的带有形状错觉的圆圈到着陆程序C-T-LP，由较窄的跑道创建的具有恒定尺寸错觉的直线进近S-IA）和3种运动错觉（伴有躯体错觉的左转后的直线水平飞行

S&LFALT，具有科里奥利错觉的右倾转弯RBT，伴有倾斜错觉的右转后直线水平飞行S&LFART）的注视行为和飞行表现。研究者仅从3种错觉（假视界，躯体知觉，以及科里奥利错觉）方面应用SD线索，观察与非SD飞行相比视觉注意分布的差异。除着陆外，飞行员的平均注视时间比非飞行员短。

在复杂的气象飞行中，几乎所有飞行员都会产生飞行错觉。飞行错觉通常是一种正常的心理生理现象，其中发生在战斗机飞行员身上最常见，并且发生在复杂的天气、夜间和海上飞行中的可能性很大。飞行错觉，作为影响飞行质量并严重威胁飞行安全的关键因素，一直是国内外航空心理学和航空医学领域研究的重要课题。为了有效预防飞行事故，保障飞行安全，必须对飞行错觉有所了解。应采用多层次、多方面举措进行研究，即它不仅注重生理特征和外部环境特征，而且需要从主观认知层面进行分析。游旭群等人（1994）认为飞行员方向感的差异是导致定向测验结果差异的主要原因。根据空间定向障碍产生的感觉通道，可将其分为3种形式：视性错觉、前庭感官错觉和前庭本体错觉。

4.3.1 视性错觉

当飞机在低空中高速飞行时，飞行速度较快、与地面距离较近，地面观测面积因而减小，飞机前下方会出现盲区。此时，飞行员的心理负荷增加，而且飞行时间有限，很难找到对应的目标。当飞机攀升至高空进行飞行时，感知条件会随着飞行高度的增加而变得更为复杂。具体来说，高空中的光线分布与我们在地面上所熟悉的光线条件存在显著差异，这增加了飞行员对外部环境的感知难度，给眼睛适应性带来了巨大的挑战，因此很难进行视觉感知。

视觉系统主要通过注视模式（Focal）和余光模式（Ambient），来感知外部运动信息。注视模式主要是聚焦眼睛并观察到精确的细节，而余光模式则是概括性地感知物体轮廓。飞行员需通过视觉信息迅速确认其在空间中的位置，这对空间定向具有决定性的影响。当飞行员遵循仪表飞行规则时，主要依靠注视模式，集中注意力查看仪表信息，以较高的空间频率收集细节信息，感知飞行状态。而当飞行员遵循目视飞行规则时，主要依靠余光模式，依赖于环境中的各种参照物提供的视觉线索，可以帮助人体空间定向。此模式不仅涉及中心视野和外围视野的运动感知，还涉及对距离和地面倾斜的感知。

视性错觉通常指的是，当前庭感受器受到加速度刺激时，会触发一系列的前庭-眼动反射，这些反射最终导致了一种视觉上的感知偏差，即我们所说的视性错觉。在各种加速度的作用下，前庭感受器传递的错误空间信息，不仅会导致错误的空间感知，而且会使飞行员"看到"不符合实际的飞机状态和外部环境。在空间定向感知中，视觉占据了约 90% 的主导地位。视性错觉的产生，往往源于人体所接收到的视觉信息与来自其他感觉系统（如前庭系统和本体感受器）的信息之间发生了不一致或冲突。主要分为跑道属性相关错觉、黑洞错觉、自动运动错觉、虚假天地线错觉、相对运动错觉等。

跑道属性相关错觉

跑道的宽度、坡度、地形、灯光、道面情况等因素都有可能对飞行员的判断产生干扰，从而产生对高度的错误感知。发生在跑道上的坠机事故可能是由缺乏视觉信息或与某些地理位置相关的视性错觉造成的（Martinussen & Hunter, 2017）。

倾斜有坡度的跑道会影响飞行员对高度的判断（见图 4.7）。在平坦地形上对上坡跑道进行最终进近，会使飞行员错误地感知飞机飞行高度比实际高度偏

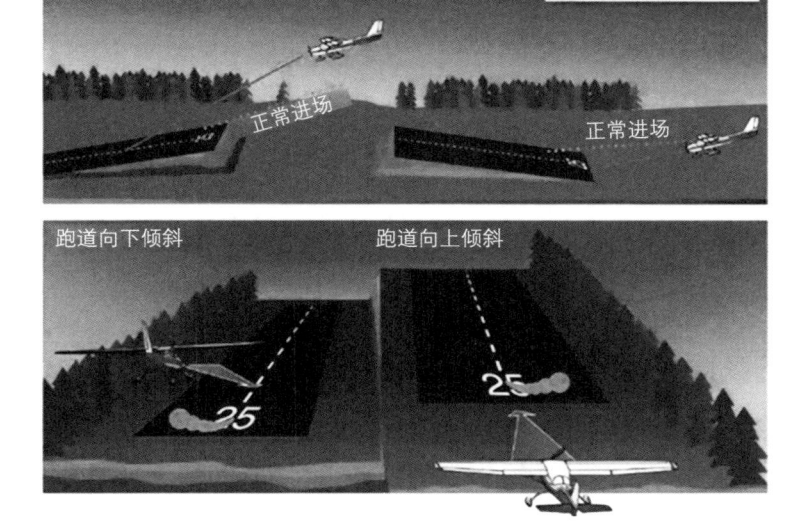

图 4.7　跑道属性相关错觉 – 倾斜程度

资料来源：FAA. (2016b). *Pilot's handbook of aeronautical knowledge (No. FAA-H-8083-25B)*. Federal Aviation Administration.

高，飞行员可能会通过降低飞机的机头来减小高度，使进近高度偏低。这可能会导致低高度失速或未能进近。反之，下坡跑道会引起飞行高度低的错觉，从而使进近较高，导致飞行员为了降低进近高度而使进场速度过快，或者滑出跑道。

在相比普通跑道或训练跑道较宽的跑道上进近时，飞行员的视觉线索使他们对高度距离的判断偏低（FAA, 2016b），从而导致进场线高、落地较重、低空失速或者冲出跑道等问题（见图 4.8）。在窄长的跑道上进近高度低则可能导致飞机拉平过低而与地面障碍物相撞。

图 4.8　跑道属性相关错觉 – 宽窄情况

资料来源：FAA. (2016b). *Pilot's handbook of aeronautical knowledge (No. FAA-H-8083-25B)*. Federal Aviation Administration.

地面直线排列的灯光可能被飞行员识别为跑道灯光，或者在缺乏参照物或其他灯光的跑道，飞行员会感觉到跑道灯光距离很近，飞行高度低于实际高度，从而进近过早，进场线高。根据中国航空安全自愿报告系统，跑道灯光模式和亮度差异会导致飞行员对高度判断不一，将更亮的灯光识别为跑道障碍物。当着陆灯照亮跑道时会造成照明区看起来比无照明区高的错觉，飞行员会比正常进近飞得更高（FAA, 2016b）。

此外，道面情况和跑道环境也会影响飞行员的判断，从而产生错觉。例如，跑道表面被水、冰雪覆盖产生的反光可能让飞行员误以为跑道比实际更远。另外，如果跑道周围缺乏参照物，飞机在水面、黑暗中等地表缺乏特征的单调地形着陆时，飞行员对自己的视觉感知盲目自信，而不是相信仪器，会产生飞行高度高于实际情况的错觉，即黑洞错觉。

黑洞错觉

黑洞错觉是飞行员在进场降落过程中视觉线索严重缺失的情况下，对静态环境信息和动态飞行参数的判断异常，进而导致包括（但不限于）飞行高度和进场角度等在内的多项飞行表现指标处于较为危险范围内的实际飞行和感知判断偏差的错觉现象（见图 4.9）。

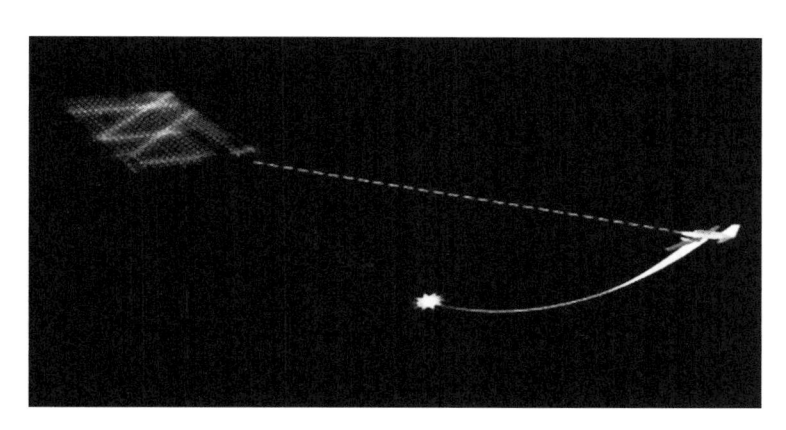

图 4.9　黑洞错觉环境中发生下滑轨迹过高估计示意图
资料来源：常明. (2019). 海军舰载飞行员黑洞错觉：理论、实验及应用——从深度态势感知到混合人工智能. 西安：西北工业大学出版社.

自动运动错觉

自动运动错觉是指当视觉背景中的参照物很少时，如果一直注视某一个固定的物体，很快就会发现该物体自己在视野中发生了移动。例如，一个观察者在暗室里观察一个驻点，经过一段时间后，他会看到光点在移动。此时，如果光点或亮度较小，背景较暗，自动现象就会较为明显。当飞行员在夜间飞行时，很容易对远处的灯光标志产生自动运动错觉，甚至对其他飞机的灯光也产生自动运动错觉。在黑暗背景的微弱暗光下，更容易引起自动运动错觉。经过

6至12秒的注视，可以观察到光点以20°/s或更低的速度朝某个方向或连续朝几个方向移动，但实际上被注视的物体几乎没有明显的位移（Sannigrahi et al., 2020）。

自动运动是视觉、前庭系统和刺激接收相互作用的结果，前庭稳定性不充分或不适当时，眼睛会不由自主地产生漂移，而检查这种漂移需要未被识别的眼球运动传出活动。可以通过周期性转移视线（常明，2013），如耸肩、中断凝视等干预策略减少自动运动错觉（Sannigrahi et al., 2020）。

虚假天地线错觉

天地线是飞行进场过程中最关键的视觉线索之一，虚假天地线错觉体现为将倾斜的参考点当作水平的，或将水平参考物看作倾斜的。由于15000米的高度目视天地线比此高度以下低4°，因此，在此高度以上飞行容易将平行飞行的飞机判断为带坡度飞行，导致倾斜、俯仰、倒飞等错误。对视觉锚点的感知缺乏使飞行员错误地判断了天地线，并根据虚假天地线对飞机进行定位和操纵。例如，在黑夜飞行时，地平线不可见，飞行员可能会将跑道边缘灯的投影收敛点构建代替为隐性地平线，这往往会影响飞机的正常飞行。

有多种理论可以解释虚假天地线错觉。有研究者在模拟着陆的实验中控制了跑道边缘线沿线的纹理线，指定了可见视界线和隐性视界线，证明了提高或降低显式可见的天地线会导致飞行员模拟飞行路径发生变化（Lintern & Liu, 1991）。杆和框架测试及倾斜房间效应表明，倾斜的背景改变了对垂直特征与水平特征的主观感知，根据倾斜常数理论和方向框架理论，飞行员会选取合适的参考框架为正确感知提供重要条件。

相对运动错觉

指物体的相对运动在同一空间上存在误差，相对运动与真实运动的方向垂直，头部或者图像的平移、旋转或逼近都可能引起相对运动的错觉。飞机在海上和云层间飞行时，飞行员常常会出现错误判断物体位移的方向和速度的现象。例如，在有轻微积云的情况下，飞机可能看起来是在云中进进出出，当接近云块时，就像它直接迎面飞向飞行员一样；而在大面积积云或在黑暗中飞行时，飞机可能看起来在空中静止不动。或者，在进行空中加油时，由于周围环境缺乏参照物，当加油机以高于受油机的速度行驶时，受油机飞行员以加油机为参照会产生自身向后退的错觉。飞行员对相对位置的变化和速度感知差异的错觉可能导致对受油机与加油机的距离误判，导致操作不当或者未能正确调整飞行姿态。

4.3.2 前庭感官错觉

倾斜错觉

倾斜错觉（Inclination Illusion）是飞行员最常见的空间定向障碍类型，属于前庭错觉的一种，会导致飞行员错误地感受到自身处于滚动旋转姿态。许多情况都可能导致倾斜错觉，其中最常见的是在仪表操纵飞行时，从转弯恢复至水平飞行。当运动速度低于半规管的感知阈值（0.2°/s 至 0.8°/s）时，尤其是在缓慢的旋转运动中，可能会发生空间定向障碍。飞行员会感觉机翼处于水平的状态，而实际上飞机已经倾斜。如果从转弯姿态下迅速恢复成平飞姿态，半规管会在旋转的过程中受到刺激。因此，尽管仪表显示机翼处于水平姿态，飞行员仍可能感觉飞机是倾斜的。这可能会导致飞行员将身体与感知到的"垂直"方向对齐。或者，飞行员可能会操纵飞机旋转到一个错误的姿态中，以抵消虚假的倾斜感觉。一旦飞行员有了清晰的地平线或地面的视觉参照，倾斜错觉就会立即消失。

墓地螺旋

墓地螺旋（Graveyard Spiral）是一种高速、过陡的快速下降错觉现象（见图 4.10）。由于低于 2°/s 感知阈限，飞行员可能会注意到高度的损失，但感觉不到转弯。随着机翼倾角逐渐增加，此时任何的操作都只会加大转弯并增加下降速度。这种错觉多见于云层或黑夜条件下的飞行中，飞行员无法通过前庭系统意识到飞机倾斜程度的变化，也无法通过受限的视觉信息形成准确判断。飞行员或许可通过听觉感受到风声的快速变化从而意识到飞机逐渐加速的俯冲情况，否则仍会错误地知觉为水平飞行。此外，这种情况下进行的修正尝试有可能会导致更多意识不到的转向轨迹，如果没能及时修正，将可能导致飞机空中解体的严重事故。

墓地旋转

墓地旋转（Graveyard Spin）通常发生在飞行员进入旋转状态时，因为半圆管内液体的运动相应地使毛细胞弯曲，飞行员一开始会有一种与飞机方向相同的旋转感觉。如果飞行员向相反方向踩踏舵并停止盘旋，液体将突然向相反的方向流动。这将使毛细胞向相反的方向弯曲，从而使飞行员产生一种旋转的错觉，而实际上飞机是直线水平飞行的。如果飞行员使用方向舵来纠正这个感知到的旋转，他将不知不觉地重新进入原来的旋转。如果飞行员相信身体的感觉，而不是相信仪表，旋转就会继续。

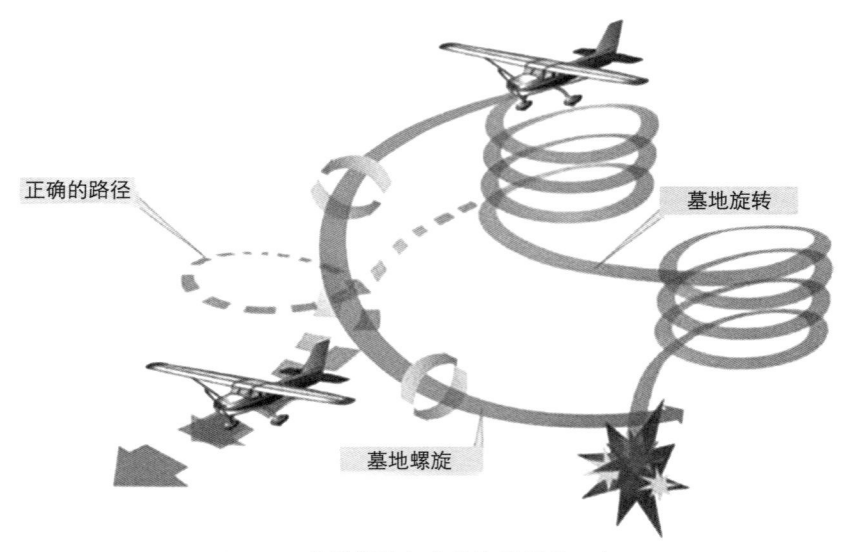

图 4.10　墓地螺旋与墓地旋转错觉示意图
资料来源：FAA. (2016b). *Pilot's handbook of aeronautical knowledge (No. FAA-H-8083-25B)*. Federal Aviation Administration.

科里奥利错觉

当飞行员在飞行过程中受到科里奥利加速度作用时，他们的惯性耦合作用于前庭半规管感受器，这可能引起飞行员产生一系列生理和心理反应，甚至是错误感知。科里奥利错觉，亦称交叉力偶错觉，产生于人体绕一个轴旋转时，又在与旋转轴垂直的另一个轴面内，头部运动所产生的与前两个轴垂直的第三个轴面内。在飞机执行横滚、螺旋、筋斗或盘旋改变坡度等机动动作，以及飞行员进行低头、仰头、左右转头或弯腰等头部动作时，极易发生一种严重的飞行错觉。飞机执行动作时会激活一个半规管，而头部运动则激活另一个。两个半规管同时被刺激会使飞行员产生一种强烈眩晕感，如同飞机同时在翻滚、倾斜和左右摇摆。这种错觉不仅突然发生，而且强度极大，可能会导致飞行员出现强烈的植物神经反应，如心跳加速、出汗等，使飞行员在瞬间失去对飞行状态的正确判断，从而可能导致严重的飞行事故。因此，对于飞行员来说，认识并预防这种错觉至关重要。

科里奥利错觉的产生也与半规管有关。当飞行员头部倾斜或转动时，半规管内的内淋巴液可能会受到科里奥利力的影响。当以恒定的速度进行时，此时内淋巴液和半规管的运动速率相同，旋转的感觉消失。当头部的运动停止时，液体仍会以一定的角度移动，影响壶腹嵴，导致一种虚假的旋转感觉。科里奥利错觉通常发生在旋转过程中，头部偏离对齐位置时。如果一个人在沿着自身 Y 轴向左旋转的同时将头部向前伸，头部就会偏离对齐状态，在科里奥利力的影响下，个体会感觉自己的头部向左倾斜。这种情况可能导致飞行员恶心呕吐，遭遇空间定向障碍。当前庭系统和视觉系统传递的信号不一致时，身体就会产生这些不适感。比如，视觉信号显示身体没有在移动，但前庭系统却检测到并传递了相反的信息（Sanderson et al., 2007）。

根据广义线性模型拟合的曲线对科里奥利错觉的感觉阈限进行估算：当偏航率超 10°/s，伴随头部以 40°的振幅和 55°/s 的俯仰运动时，科里奥利错觉就会发生。模型分析表明，这对应了 6°/s 的内部旋转矢量。有了这个矢量，就可以预测任何其他头部运动的科里奥利错觉感知阈值（Houben et al., 2022）。

4.3.3　前庭本体错觉

倒飞错觉

当飞机从爬升突然转为平飞时，重力和线性加速度感知器官受到过度刺激。这种加速度的组合会让飞行员产生飞机正在倒飞或向后翻滚的错觉，这就是倒飞错觉。此时虽然仪表指示飞机实际上是平飞，飞行员却觉得飞机上下颠倒，出现倒飞倾向，感觉自身也倒悬在空中。比如，飞机在海上飞行时，由于海天一色，找不到地标等方位信息，飞行员通常会因分不清天地方位而产生倒飞错觉。常见的反应是将飞机的机头向下压，以纠正这种感知错误（Martinussen & Hunter, 2017）。

头部向上错觉

头部向上错觉涉及平直飞行中突然的向前直线加速，飞行员感觉到飞机的机头上仰。飞行员对这种错觉的反应可能是向前推动控制杆，使飞机的机头下倾，如图 4.11 所示。夜间从照明良好的机场起飞到黑暗的天空，或者错过仪表信息，在进近时全推油门，都可能导致这种错觉。

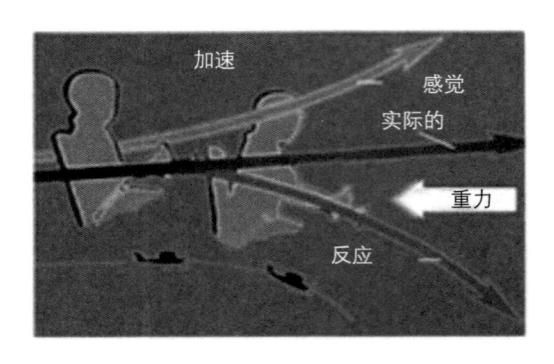

图 4.11　头部向上错觉示意图

资料来源：FAA. (2003). *Medical facts for pilots: Spatial disorientation (No. AM-400-03/01)*. Federal Aviation Administration.

头部向下错觉

头部向下错觉涉及平直飞行中突然的直线减速（例如，使用空气制动器、放下襟翼、减小发动机推力）。这可能导致飞行员感觉到飞机的机头下倾。飞行员的反应可能是抬高机头，如果在低速的最终进场阶段执行这一操作，则可能导致失速。

4.4　飞行空间定向障碍的范式新发展

4.4.1　黑洞错觉与飞行建模

传统黑洞错觉研究范式

（1）黑洞错觉的概念

20 世纪四五十年代，受到第一次世界大战和第二次世界大战期间军事航空心理学研究和战后民用航空业飞速发展的影响，夜间进场中的飞行安全问题越来越受到重视。黑洞错觉这一概念也在此时被首次提出，费纳克（Vinacke）

（1947）对飞行员遇到的飞行错觉进行了详细的分类整理，提出了飞行员在夜间飞行时易产生的深度知觉异常的问题。卡尔弗特（Calvert）（1954）则首次采用黑洞错觉这一名词来描述飞行员在目视飞行中由于视觉参考不足而产生的"被吸引进黑洞中"的错觉现象。受不同研究目的和研究发展的影响，以往研究者对黑洞错觉给出了不同的定义。

最初，研究人员借用黑洞这一当时的研究热点来描述这种在夜间进场降落阶段发生的下滑轨迹异常现象，将深夜、平静水面、浓雾天气、偏远地区平原等受天气或地形因素影响的低能见度和视觉线索缺失情况称为"黑洞条件"（Vinacke, 1947），从环境特点层面可被归类于无对比环境的无特征地形范畴（Featureless Terrain Aspects）（Wulfeck et al., 1958）。卡卢斯（Kallus）和特罗佩（Tropper）（2004）则直接将黑洞错觉定义为一种缺乏边缘视野线索、仅有较少机场灯光的特殊夜间飞行情境（Profile）。

随后，不同研究人员对各项环境因素进行了深入研究。这一时期中，黑洞错觉的定义与具体的环境因素密切相关。有研究认为，黑洞错觉是夜间黑色区域特征与地面灯光照明条件在特定组合情况下的高度估计错觉（Illusion of Height）（Kraft, 1978）；还有研究者从下滑道角度（Glidepath Angle）方面分析，将黑洞错觉定义为飞行员仅依靠地面灯光形成跑道图像形状时所产生的下滑道角度估计错觉（Mertens & Lewis, 1983），这种跑道图像形状反映了目标跑道长宽比率，又被称为形状比率（Form Ratio）；此外，另有研究者从地平线的方面进行分析，认为黑洞错觉是飞行员在夜间进场过程中缺乏对地平线进行准确空间定向，导致仅能依靠跑道边缘灯光进行内隐地平线（Implicit Horizon）感知，最终产生估计偏差的错觉现象（Robinson et al., 2020）。

同时，在对环境因素进行深入分析过程中，研究人员也尝试通过建模的形式来反映飞行员在黑洞错觉环境下依靠有限的视觉线索进行感知判断的内部心理过程。此类研究在对黑洞错觉进行定义时与上述环境因素分析的研究相似，但重点强调了感知偏差的内部认知过程：佩龙（Perrone）（1984）通过对比普通飞行进场环境和黑洞错觉飞行进场环境的差异，认为黑洞错觉是飞行员由于视觉信息缺失，无法对跑道边缘灯光所形成的下滑角估计进行有效校准的情况下，所产生的认知判断失败的错觉现象；吉布（Gibb）（2007）从"异常感知+错误调整"的角度，将黑洞错觉定义为飞行员在视觉线索缺乏的条件下，产生了对下滑轨迹的过高估计，从而将飞行高度错误调整至过低和不安全位置的现象。汤普森（Thompson）（2010）通过计算纵向视觉角度（Visual Vertical Angle）的方法，认为黑洞错觉是飞行员在缺乏包括地平线在内的视觉线索时，在进近降落过程中维持一致的纵向视觉角度而导致的飞行高度过低的现象；而在普通进场降落过程中，这一视角线索将因视觉环境的变化而不断更新，形成有效的信息参考。

从上述不同研究的定义特点不难看出，黑洞错觉研究经历了"发现异常—描述异常—探究因素"的发展历程，但仍未形成较为统一的普遍定义（Chang et al., 2022）。

（2）黑洞错觉的典型理论

①斜角错误知觉理论（Theory of Slant Misperception）。佩龙（1982）提出了视觉倾斜低估模型（Model of Visual Slant Underestimation），认为个体在进行视角估计过程中，目标平面投射在视觉系统的二维信息已足够支撑有效判断。该方法认为以目标平面的投影中线为基准，测量两条实际长度相同的平行线段（与投影中线垂直）在投影平面上的长度变化差异，即可通过计算得出准确的视角估计。由此，佩龙（1983）将此应用于黑洞错觉问题研究，通过对比第一人称视角下目标机场跑道在白天普通进场环境与黑洞错觉进场环境中的二维信息差异，分别提出了飞行员在两种情况下进行视角估计的数学模型：

$$\tan\alpha = \frac{L\sin\theta}{D + L\cos\theta} \qquad 公式\ 1.1$$

$$\tan\beta = \frac{2DL\sin\theta\tan\theta}{W[D + L\cos\theta]} \qquad 公式\ 1.2$$

在白天条件下（公式1.1），θ代表实际的进场轨迹与跑道平面的夹角，即进场角度，α代表下滑视角的估计值，L代表目标跑道的实际长度，D代表视网膜投影平面与降落目标点之间的距离。在夜间条件下（公式1.2），β代表下滑视角的估计值，W代表目标跑道的实际宽度，其余字母所代表含义与公式1.1相同。图4.12中Y代表进场降落目标点与跑道远端终止线之间的距离。

在夜间条件下，跑道周边地形线索信息的缺失使飞行员将无法在横向方向上对Y进行准确知觉，从而导致其在面对相同机场的不同进场环境时需采用不同的估计模型。因此，在做出角度估计的实际位置相同时，$\beta > \alpha$；飞行员将由此对实际飞行高度产生过高估计，若此时飞行员依此模型进行调整，则需降低飞行高度以使 $\beta = \alpha$。佩龙所提出的斜角错误知觉理论从数学模型的角度一定程度上解释了飞行员在黑洞错觉条件下产生飞行高度过高估计的原因。需要注意的是，夜间条件下机场跑道的宽度 W 和长度 L 在整体的角度估计中起到重要作用，两者比值所形成的形状比率也是影响黑洞错觉环境下异常下滑轨迹的重要因素之一。

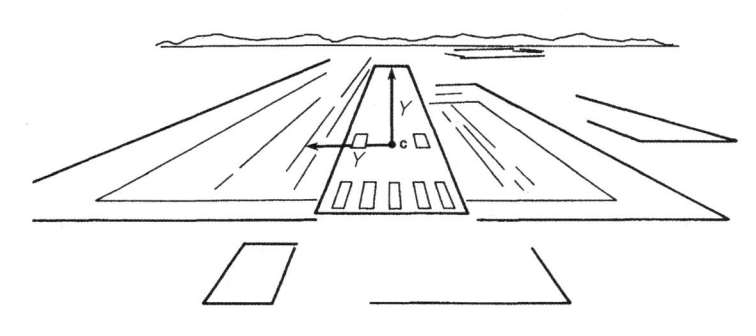

图 4.12　普通日间环境下进场降落的透视信息示意图

资料来源：黄磊. (2023). 黑洞错觉环境对夜间进场飞行安全的影响——基于不同飞行阶段的新视角 (硕士学位论文). 陕西师范大学, 西安.

②地形定向理论 (Terrain Orientation Theory, TOT)。吉布 (2007) 从进场下滑轨迹知觉的角度出发，认为黑洞错觉是飞行员在视觉线索缺乏条件下，由对下滑轨迹的过高估计而产生的对飞行高度进行陡然过低错误调整的现象。基于前人研究中关于地形因素的影响作用结论，吉布提出了地形定向理论，通过对降落平面的整体和局部特征的研究分析，认为跑道及其周边地形环境中，包含了飞行员在下滑轨迹估计过程中所需的全部整体和局部信息线索。该理论认为提供地形线索信息能够帮助飞行员有效克服在估计过程中可能面临的地平线信息缺失或其他跑道属性变化的问题；认为在黑洞错觉等相似场景中加强地形场景信息的显示效果能够有效帮助飞行员进行下滑道知觉，提高飞行安全性。

③维持纵向视角理论 (Constant Visual Vertical Angle Theory)。汤普森提出维持纵向视角理论，认为飞行员固有的维持纵向视角的飞行策略倾向是导致黑洞错觉事故征候的原因之一。具体而言，飞行员在进场降落时通常会参考地平线在视野范围内的上下变化情况来维持飞行稳定性，这种地平线和目标落

点之间形成的视角通常被称为固有H视角。许多研究也支持了固有H视角在目视进场降落过程中的重要作用，特别是在远距离判断中（Palmisano & Gillam, 2005）。然而，在黑洞错觉环境下，用以构建固有H视角的地平线信息严重缺失。因此，汤普森认为，飞行员在难以维持稳定H视角的情况下，可能从潜意识上替换视觉参考线索，从原有的维持相对于地平线和目标落点的进近降落策略，变为维持相对于目标机场跑道近端和远端停止线边缘灯光的进近降落策略。由于飞行姿态的潜在变化，飞行员相对于飞机风挡的视线位置将逐渐上升，飞行高度将进一步下降。该理论从飞行员飞行倾向固定和视觉线索变化的潜意识感知角度，一定程度上解释了黑洞错觉环境下的下滑轨迹过低的产生原因，在解释目标机场跑道本身倾斜角度对黑洞错觉影响的问题上也同样发挥了作用。

④线性偏差错觉理论（Line Bias Illusion Theory）。基于维持纵向视角理论，鲁滨逊（Robinson）等人（2020）提出了线性偏差错觉理论，认为飞行员在日间和夜间飞行过程中的视觉空间感知策略相同，黑洞错觉产生的原因是可用线索的不足。线性偏差错觉理论在视觉线索缺失这一核心观点上与上述理论保持一致，但对黑洞错觉环境中依靠跑道灯光线索的认知加工过程存在一定差异。具体而言，线性偏差错觉理论具有以下3个核心要点：第一，人类的视觉认知系统具有先天的补全画面一致性的倾向；第二，飞行员对地平线的空间定向是所有飞行操作的最主要任务；第三，视觉锚点缺失情况能够严重影响人类对于连续点阵（类似黑洞错觉环境下的跑道两侧灯光）形成的延长线交点的判断准确性。由于视觉透视关系的影响，连续点阵向内侧倾斜并在远处形成延长线相交，飞行员将依靠其对交点的判断形成内隐的地平线感知。因此，该理论认为，黑洞错觉中过低的下滑轨迹主要受到过低的视觉锚点的影响，这种错误感知在飞机进场降落的早期阶段（相对跑道距离较远）较为严重；随着进场降落过程的继续，视觉锚点的判断逐渐接近实际地平线位置。这一定程度上解释了黑洞错觉环境可能不是导致严重的坠毁事故的原因。

（3）黑洞错觉的影响因素

基于现有的研究进展，黑洞错觉的影响因素主要包括地平线、跑道形状比率、地形线索、时间空间信息加工、飞行员心理因素等。

①地平线。相比于其他视觉参考信息，维持相对于地平线的空间定向是飞

行员在飞行过程中的首要任务之一。在飞行进场降落的过程中，飞行员可根据目视环境中仪表台与远方地平线之间形成的视角大小来维持稳定的下滑轨迹。当处于黑洞错觉环境中时，飞行员可能会潜意识地根据跑道灯光延长线在远处的交点形成内隐的地平线估计，但其他视觉参考线索缺失，通常会导致地平线估计的偏差，进而导致黑洞错觉等飞行空间定向障碍问题。

②跑道形状比率。跑道形状比率是指目标降落机场跑道的长度与宽度的比值，反映了目标跑道在飞行员视野中的形状关系，能够显著影响飞行员进场降落过程中的下滑轨迹控制表现（Gibb, 2007; Perrone, 1984）。形状比率的概念整合了早期飞行空间定向障碍研究中对跑道长度和宽度的研究结论。一般来说，当飞行员对目的地机场不够熟悉，或因其他气象和能见度问题导致感知判断异常时，飞行员在相对较窄/较长的跑道上更易产生过陡的下滑轨迹，即黑洞错觉现象（Gibb et al., 2008; Robinson et al., 2020）。

③地形线索。目标机场跑道周边（两侧）的地形复杂度和能见度也会影响飞行员黑洞错觉的发生率。佩龙提出的斜角错误知觉理论认为，飞行员在进行飞机下滑角度估计中的认知计算模型是相同的，但由于夜间环境中跑道周边地形线索的严重缺失，飞行员将难以依靠视觉地形线索对下滑角度计算判断过程进行校准和评价，错误的宽度信息将直接影响飞行员下滑角度判断的准确性。在数学模型比较（详见 Chang et al., 2022）的基础上，这一错误判断通常会导致下滑轨迹的过度下降。

④时间空间信息加工。以往针对黑洞错觉成因的环境因素影响作用的研究中，多为空间信息维度上的探索。常明（2013, 2019）则将 τ 理论引入黑洞错觉研究中，探讨了飞行员进场过程中时间线索和空间线索的双加工机制。τ 理论旨在解释个体如何在感知运动过程中建立物体与自身的时间关系，关注个体的视觉流中物体的扩张率等因素的变化情况，以形成对接近目标物的剩余时间的估算。在黑洞错觉环境进场过程中，常明将飞行员对跑道灯光等信息的感知判断作为时间线索，将进场距离、进场角度、地形密度等信息作为空间线索，分析了飞行员在进场启动和进场调整中对时空信息的加工机制，发现时间线索的信息加工是受控加工，空间线索的信息加工是自动化加工，且会因进场阶段的不同而具有不同的作用效果。该研究是国内航空心理学领域首次针对黑洞错觉问题展开的实证性探索，相关成果已应用至有关单位的飞行员错觉规避选拔与

训练大纲中，取得了较好的效果。

⑤飞行员心理因素。除环境因素外，飞行员进场黑洞错觉还可能受到自身心理因素的影响，包括飞行策略、风险感知、工作负荷、疲劳状态等方面（Chang et al., 2022）。从相关事故发生案例来看，黑洞错觉环境属于明显的仪表飞行气象条件（Instrument Meteorological Conditions, IMC），且飞行员并非全程都无法意识到下滑轨迹的异常状态，然而，仍有飞行员在此条件下持续采用目视飞行规则（Visual Flight Rules, VFR），导致严重的不安全事故。根据美国国家运输管理局的调查研究，76%的此类事件（VFR-IMC）均为有意识发生，与飞行员的错误风险感知存在强相关，而过度自信、热爱飞行、缺少规则意识等因素也会加剧飞行员在风险情境下的冒险行为，产生超过飞行员自身能力水平的行为事件。此外，在黑洞错觉等视线环境条件极差的情况中，飞行员的工作负荷水平将会显著提高（Lehmann et al., 2017），在长时间飞行条件下更易产生疲劳现象，对决策判断和行为操作产生负面影响。

（4）以往黑洞错觉研究中的范式方法

通过对以往黑洞错觉研究的系统性综述回顾（黄磊 等, 2023），传统黑洞错觉的研究范式梳理见表4.4。

表4.4 以往研究中黑洞错觉的实验方法（不完全整理）

分析方法	作者信息	实验内容	数据统计
模拟飞行	克拉夫特（Kraft）（1978）	研究招募了12名平均年龄46岁、平均飞行时长超过10000小时的飞行员被试；实验任务是在不同实验条件下进行模拟飞行进场	因变量为实际飞行高度、估计飞行高度和估计飞行空速。实验数据通过打孔计数器记录，数据统计范围是距离跑道20英里至4.5英里。实验将在8个预设点位对比不同条件下的实验结果
	默滕斯（Mertens）和刘易斯（Lewis）（1983）	实验一要求被试在固定基座的飞行模拟器中进行模拟进场；实验二要求被试控制移动的模型跑道的倾斜角度进行模拟夜间视觉进场。跑道的宽度和长度是可变的	实验一因变量为飞行高度和相对跑道距离，以及采用这两个指标计算得到的进场角度；实验二因变量为进场角度，数据统计范围是距离跑道17000英尺至5000英尺，测量间隔为3000英尺

续表

分析方法	作者信息	实验内容	数据统计
模拟飞行	林特恩（Lintern）和沃克（Walker）（1991）	实验为重复测量设计的模拟进场任务，自变量为两水平的场景细节和三水平的跑道宽度	因变量为飞行高度，数据统计范围是距离跑道2525.6米至696.8米，共收集13个点位的数据，同时转化为视角指标进行分析
	吉布等人（2008）	实验要求被试在不同的地形条件和进近灯光系统配置下进行飞行模拟进近。考察被试在维持理想3°角进场时的精度、偏差和稳定性情况	因变量为飞行高度偏差和标准差；在距离跑道的8个位置分别进行数据采集；后续分析中将8个数据采集点位合并为远距离、中距离、近距离3个点位
	巴尔克利（Bulkeley）等人（2009）	实验采用非飞行员被试，任务是在不同条件下使用简化的飞行控制进行模拟进近	因变量为飞行高度偏差，图表分析的横轴为实验任务耗时的变化
	雅各布斯（Jacobes）等人（2018）	实验要求被试在1000米范围内，在不同的视线高度情况下进行飞行模拟进近	因变量为飞行高度，图表分析的横轴为相对跑道距离的变化
	鲁滨逊等人（2020）	实验要求被试在距离跑道4海里范围内进行飞行模拟进近。起始高度和相对跑道距离在不同条件下存在差异	因变量为飞行高度及其均方根误差，数据统计范围是距离跑道2.5海里至飞行结束
	默滕斯（1979）	实验一要求被试根据夜间条件下的固定跑道轮廓对进近角度进行口头报告；实验二要求被试先在距离跑道8000英尺和26000英尺的位置上进行静态报告，然后在此距离范围内操纵飞行模拟器维持稳定的形状比率，并保持3°角进场	因变量为进场角度估计值；数据统计范围是距离跑道20000英尺至8000英尺
	默滕斯和刘易斯（1983）	实验一要求被试在进近灯光系统有或无的条件下进行模拟视觉进场，并在相距跑道23000英尺至8000英尺范围内控制移动的跑道模型以模拟恒定的"正常"进场角度；实验二任务与实验一相似，但涉及更复杂的进近灯光系统操纵	因变量为进场角度，数据统计范围是距离跑道20000英尺至8000英尺，测量间隔为3000英尺
行为实验	马尔德（Mulder）等人（2000）	实验要求被试通过按键反应来确定飞行着陆操作的时机，该实验不需要模拟飞行控制	因变量为着陆成功率、相对碰撞时间和视角
	尼科尔森（Nicholson）和斯图尔特（Stewart）（2013）	实验要求被试在包含各种实验条件的6个视频中进行距离估计	因变量为距离估计偏差，数据统计范围为由远及近的8个估计任务点

续表

分析方法	作者信息	实验内容	数据统计
行为实验	鲁滨逊等人（2020）	实验要求被试快速准确地估计点状线段延长线交点。该实验不需要模拟飞行控制	因变量为估计偏差和任务反应时
评价分析	卡卢斯和特罗佩（2004）	被试被随机分配至训练组、情境意识组和对照组。在训练组中，包含了黑洞错觉和其他类型的空间定向障碍。实验比较了各组之间的飞行表现以及心理和生理数据差异	因变量包括飞行教员主观评价得分，异常状态恢复耗时，精神和生理指标，心率数据

综上可见，以往黑洞错觉研究范式方法主要为模拟飞行法、行为实验法、评价分析法，一定程度上发展了黑洞错觉等空间定向障碍问题的理论研究。但仍存在以下 3 方面的问题。

①问题定义不清，名词概念混用。从研究导向方面来看，旨在探究环境因素对黑洞错觉影响的相关研究多采用黑洞进场（Black Hole Approach）、黑洞错觉、夜间进场（Night Approach）等名词；而强调事故结果的调查研究则多采用场外接地（Landing Short of Runway）或着陆俯冲（Landing Undershoot）等名词（黄磊，2023）。名词选择虽并非一定导致概念混淆，但采用不同概念描述相同现象的问题应引起重视。在一项针对军航飞行员空间定向障碍的调查问卷中，研究人员就将夜间进场和黑洞进场作同义词对待（Pennings et al., 2020）。概念混淆的问题可能限制后续元分析研究和综述研究的开展，为黑洞错觉理论发展和实验的深入研究带来阻碍。

②研究范式单一，难以应用于实际。近年来黑洞错觉研究多受吉布（2007）提出的下滑道过高估计（Glide Path Overestimation, GPO）概念的影响，认为较陡的下滑轨迹是由飞行员对实际飞行高度的过高估计导致的一种"错误纠正"现象。因此，相关研究多以飞行高度或进场角度来反映黑洞错觉的发生量。但问题在于，下滑轨迹过低并非黑洞错觉特有，其他空间定向障碍问题也可能导致下滑轨迹出现偏差。在实际航空安全和事故调查中，往往需要综合各项飞行参数来构建相关事故的整体发展和变化过程，涉及空速、地速、下降率、高度、角度、距离、动力输入等各项指标，仅以高度和角度指标反映黑洞错觉的发生量可能在一定程度上影响了实验结果的生态效度，影响了理论研究在实际错觉规避训练中的应用效果。

③多为整体分析，缺乏阶段探讨。吉布（2007）对前期黑洞错觉研究进行综述整理，发现研究人员在实验方法设计和测量情境描述时所提及的黑洞错觉发生位置明显有较大差异，相关事故调查也使用"黑洞错觉"这一名词对不同距离范围中的事故现象进行描述，这对后续的元分析研究造成了一定程度的阻碍。近期已有研究对这一问题进行了探讨，亚基契奇（Jakicic）等人（2022）对佩龙（1983）的斜角错误知觉理论提出质疑，并对降落角度过高估计这一结论进行了建模分析和模拟实验检验，结果表明，模型预测结果与做出估计行为时刻的相对跑道距离相关；在接近一定阈值范围时，甚至会出现完全相反的降落角度过低估计的现象。实际上，在鲁滨逊等人（2020）提出线性偏差错觉理论的实验研究中，也同样指出了随着飞行进近降落过程的继续，被试的内隐地平线估计准确性将逐渐提高。上述发现反映了黑洞错觉潜在的动态变化的特点。

黑洞错觉实证研究新进展

常明（2013）以舰载机飞行员作为研究对象，在国内首次分析了进场过程中的时间线索和空间线索在进场启动和进场调整两个阶段中对黑洞错觉发生量的影响机制，并探讨了时间线索和空间线索的信息加工机制差异及认知资源负荷和飞行规则的影响；后续实证研究也是在此基础上的深入，将二分法阶段划分拓展到基于飞行标准操作流程的多阶段多节点划分，能够为黑洞错觉环境影响的差异比较提供更多信息（黄磊 等，2023）。

（1）飞行阶段的划分

研究结合了具体执飞机型的着陆操作流程说明，将以往黑洞错觉研究中进近降落的全程分析方式扩展至针对特定机型和标准操作流程的3个关键阶段（进近阶段、最终进近阶段、降落拉平阶段）和5个关键节点（进近起始点、最终进近起始点、降落拉平起始点、首次着陆点、完全停止点），如图4.13所示。

P1：进近起始点，位于相距跑道3海里、离地高度约1000英尺处。该点位是在理想3°角进场时的初始点，该参考依据选取自美国国家运输安全管理委员会（NTSB，2014）对初始飞行阶段的建议值。需要注意的是，P1点是飞行绩效数据统计的起始点，而非实验任务的起始点。吉布等人（2008）在一项模拟飞行实验中指出，被试需要一段时间调整和适应飞行控制操作，在此阶段内的实验数据将不再适合做正式分析。因此，本实验的模拟飞行任务起始点为相

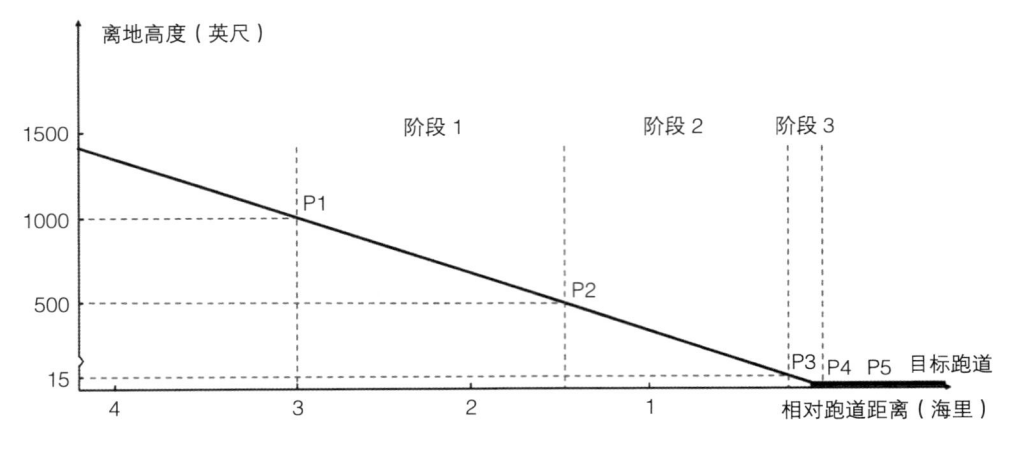

图4.13 关键飞行阶段与飞行节点划分示意图

资料来源：Huang, L., Hou, Y., Chen, Y., You, X., Proctor, R. W., Francis, G., & Chang, M. (2023). How the black hole illusion environment affects operational performance at different flight phases in aviation. *Applied Ergonomics, 113*, 104048.

距跑道4海里、离地高度约1500英尺处。此外，改变任务起始点能够使被试自由选择飞行进场的初始高度，这为分析黑洞错觉环境对飞行绩效在最初阶段的影响作用提供了更多数据支撑。

P2：最终进近阶段起始点，位于离地高度约500英尺处。该高度是塞斯纳-172等通航飞机在目视飞行条件（Visual Meteorological Conditions, VMC）下进行复飞决策的最低决断高度。

P3：降落拉平阶段起始点，位于离地高度约15英尺处。FAA建议通航飞机在离地10英尺至20英尺进行拉平操作，因此，本实验取15英尺中间值进行后续分析。

P4：飞机首次着陆点，是反映飞行着陆表现的一项常用指标。

P5：滑行最终停止点，是反映着陆后表现的一项常用指标。

阶段1：进近阶段，位于P1和P2之间，飞行员需要在此阶段内维持对目标跑道的进近定向。

阶段2：最终进近阶段，位于P2和P3之间，此时飞行员已经过最低复飞决断高度，在此阶段内需要调整并维持相对稳定的飞行姿态，逐渐接近目标跑道。

阶段3：降落拉平阶段，位于P3和P4之间，此时飞行员需要适当拉起俯仰角度，使飞机与跑道相对平行，准备着陆。

（2）飞行参数的划分

研究参考了航空工效学研究中对飞行参数（QAR Data）记录分析的方法（Wang et al., 2018），结合了以往黑洞错觉研究常用的飞行高度和飞行角度信息，采集数据包括飞行高度、空速、地速、下降率、速度比率、横滚角度、俯仰角度、下滑角度、下滑道偏差、拉平距离、着陆位置、完全停止距离、引擎动力、相对跑道距离等，并根据飞行阶段和飞行节点的划分进行了梳理（见表4.5）。

表4.5 不同飞行阶段和飞行节点中采集的飞行参数指标

飞行节点和阶段	飞行参数指标
P1（1000英尺）	高度，空速，地速，俯仰角度
阶段1（1000英尺至500英尺）	下滑道偏差，下滑角度，空速，地速，下降率，速度比率，横滚角度
P2（500英尺）	相对跑道距离，空速，地速，俯仰角度
阶段2（500英尺至15英尺）	下滑道偏差，下滑角度，空速，地速，下降率，速度比率，横滚角度
P3（15英尺）	相对跑道距离，空速，地速，俯仰角度
阶段3（15英尺至0英尺）	拉平距离，引擎动力，空速，地速，横滚角度
P4（0英尺）	着陆位置，着陆时地速
P5（0英尺、空速为0）	完全停止距离

资料来源：黄磊. (2023). 黑洞错觉环境对夜间进场飞行安全的影响——基于不同飞行阶段的新视角 (硕士学位论文). 陕西师范大学, 西安.

（3）数据建模的设定

研究采用基于马尔可夫链蒙特卡洛方法（Markov Chain Monte Carlo, MCMC）的贝叶斯多变量混合效应模型（Multivariate Mixed Effects Model）进行数据拟合，参数估计结果将通过后验均值和95%最大后验密度（Highest Posterior Density, HPD）进行表示，反映了后验数据落入置信区间的范围。后验均值为黑洞错觉环境与普通日间环境的差值，反映了黑洞错觉环境在各指标参数上的效应表现。在构建多元混合效应模型时，研究将所有飞行参数设为因变量，飞行环境作为固定效应，被试之间的差异作为随机效应，被试在重复试次上的差异作为另一嵌套的随机效应。设置迭代（Iteration）次数为130000次，预烧试验（Burn-In）30000次，间隔抽取值（Thin）为100。先验概率分布采用格尔曼（Gelman）建议的弱信息性先验分布（Weakly-Informative Priors）来缓解贝叶斯统计中先验信息设置所带来的主观性问题。

（4）实证研究的结论

结果表明（见图4.14）：在进近阶段内，被试的初始进场高度高于普通日间环境条件，且表现出过陡的下滑轨迹；在最终进近阶段内，被试的飞行轨迹逐渐稳定但整体低于理想情况；在降落拉平阶段，被试可能逐渐意识到黑洞错觉环境所导致的异常情况，但剩余高度和可操作时间严重不足，易导致场外接地或坠毁事故；以往黑洞错觉研究中常用的GPE指标具有一定的适用局限性，未来相关研究的飞行参数应结合具体的飞行阶段进行探讨；通过增加横滚表现偏

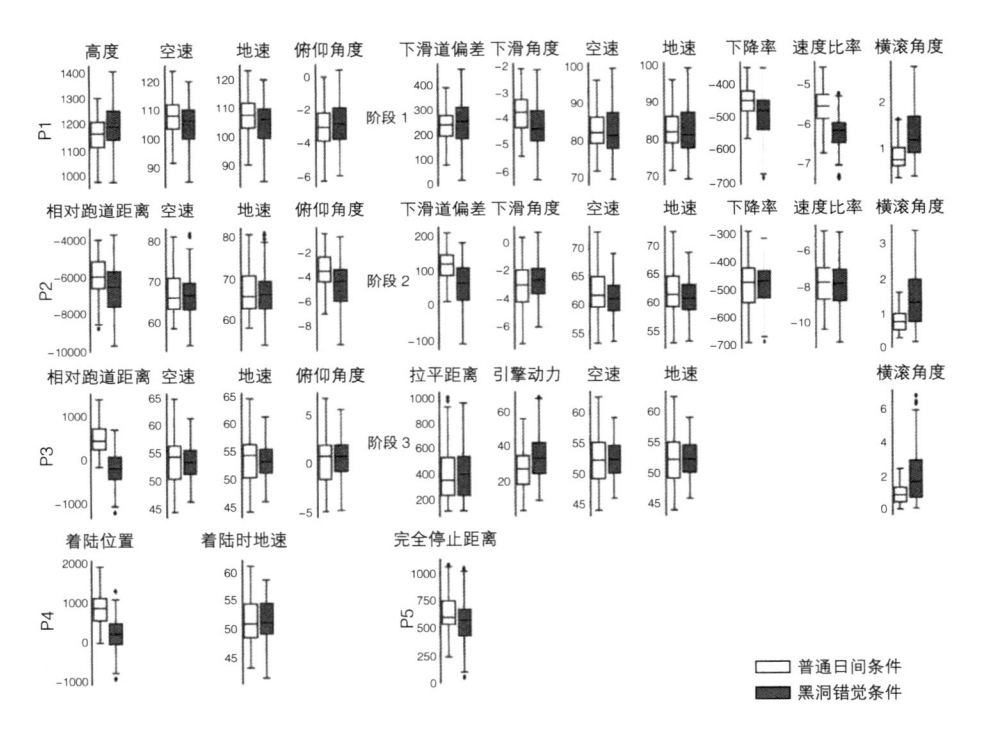

图4.14 黑洞错觉环境对飞行进场表现的影响结果

资料来源：Huang, L., Hou, Y., Chen, Y., You, X., Proctor, R. W., Francis, G., & Chang, M. (2023). How the black hole illusion environment affects operational performance at different flight phases in aviation. *Applied Ergonomics, 113*, 104048.

差的指标，发现了黑洞错觉环境对飞行绩效影响的累积效应，即如果没有在飞行进场的早期阶段正确认知和处理黑洞错觉环境带来的影响，飞行稳定性将随着进场过程的持续而逐渐降低，从而加剧飞行员在黑洞错觉环境中的飞行表现。

面向飞行空间定向障碍的错觉机制建模范式

上述实证研究新进展支持了计算建模技术在黑洞错觉等空间定向障碍问题中的应用效果。通过"多阶段+多指标"研究框架，飞行员在发生空间定向障碍时的行为控制量将得到更加深入和准确的理解。在未来的研究中，飞行阶段划分的概念将扩展至飞行过程的全程（包括起飞、爬升、巡航、下降、进近、着陆等），并根据具体的飞行任务和标准操作流程进行针对性的任务划分，实现研究新范式应用范围的拓宽与发展。陕西师范大学常明团队在此基础上对飞行员模拟飞行中的生理心理适应能力进行了深入探讨，建立了"个性人格-基础认知-飞行绩效"的多维度分析体系。通过机器学习算法（如支持向量机、随机森林等）能够对多模态大数据进行分析，识别出各阶段内不同行为操纵与心理感知（心理量）之间的复杂模式与潜在关系，对揭示个体间空间定向障碍发生时的心理量与行为量的共性与差异具有积极作用。此外，通过深度学习技术构建的神经网络模型，在持续训练和迭代的基础上，能够对协助理解空间定向障碍的多层次因素（如视觉、运动感知、心理状态等）特征进行自动提取，将一定程度上增强模型的预测能力与适应性，在空间定向障碍预防与干预方面具有重要实践意义。

4.4.2 人机协同与空间定向

随着航空业的快速发展，无人机（Unmanned Aerial Vehicle, UAV）技术已经被广泛应用于军事侦察、物流运输、环境监测、应急保障等多个领域。然而，与传统有人机飞行员不同，UAV操作员面临着特异性的飞行挑战，特别是在飞行空间定向方面，UAV操作员和飞行器在物理距离上是分离的，从而导致UAV操作员无法通过自身感官系统直接感知飞行器的位置和姿态，必须依靠传感器和数据流进行远程操控。这种信息加工和控制操作的改变带来了全新的飞行空间定向障碍问题，导致以往基于有人机飞行员的飞行空间定向障碍理论难以直接应用于UAV操作员的选拔与训练中。因此，需要对UAV操作员的飞行空间定向障碍问题进行针对性探讨，提高UAV飞行操作的有效性和安全性。

人机协同的空间定向概念
（1）人机协同的UAV操作员控制体系

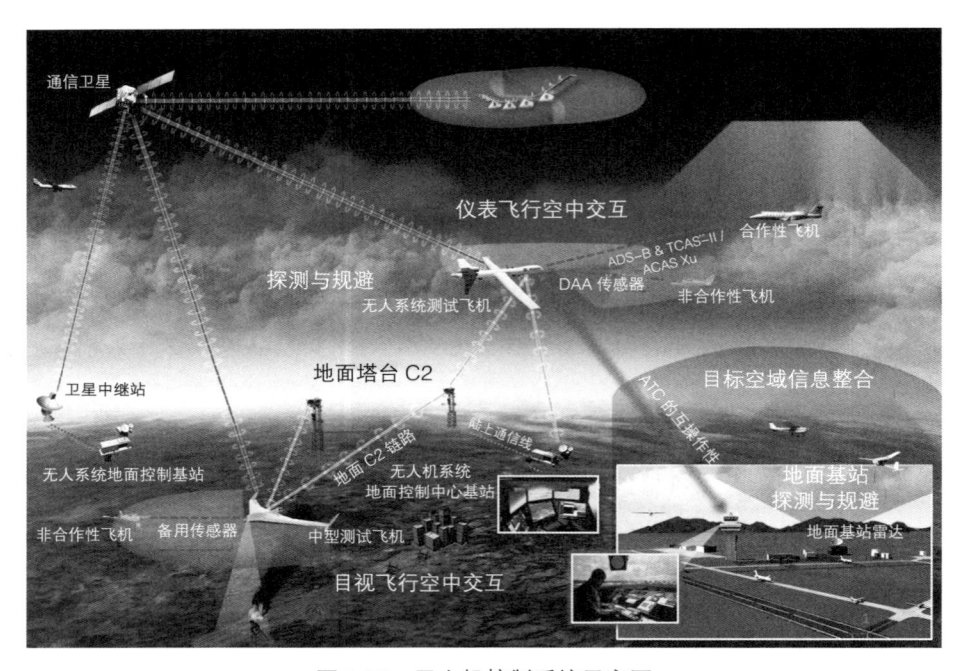

图4.15 无人机控制系统示意图
资料来源：Gipson, L. (2016). UAS integration in the NAS research activities. Retrieved May 6, 2016, from https://www.nasa.gov/directorates/armd/integrated-aviation-systems-program/uas-in-the-nas/uas-integration-in-the-nas-research-activities/

美国国家航空航天局（NASA）曾开展了在不同空域和系统中整合UAV的项目建设，关键部分包括：

通信卫星系统（SatCom）：通信卫星为UAV提供了远程指挥和控制（C2）能力，特别是在超视距飞行（Beyond Visual Line of Sight, BVLOS）场景中。UAV的地面控制站通过卫星链路与UAV进行通信，确保任务的实时执行和信息传递。

无人机系统（UAS）地面控制站（Ground Control Station）：地面控制站通过

地面通信网络或卫星网络与UAV保持联系，操作者可以通过该系统实时监控UAV的飞行状态、发送指令，进行动态调整，保证任务的有效性。人在环路中起到了关键的决策作用，特别是在复杂或紧急情况下，操作者的反应速度和判断能力至关重要。

空中探测与避让（Airborne Detect and Avoid）：UAV配备了探测与避让传感器（DAA Sensors），能够感知空中其他合作或非合作飞行器的位置，并自动进行避让决策。当UAV应对非合作目标时，仍需要依赖操作者的判断进行干预。

地面检测与避让（Ground Based Detect and Avoid）：在终端空域（如机场周边），地面雷达和其他监控系统与空中UAV协同工作，提供额外的情境意识能力。当UAV进入较为复杂的终端空域时，地面控制站和机场塔台人员的介入显得尤为重要，人与系统的协同配合确保了飞行安全。

空中交通管制（ATC）与无人机的协同：图中展示了UAV与ATC的互操作性，表明UAV能够与有人驾驶飞机共享空域，并遵守相同的飞行规则。在复杂的空域整合过程中，操作者的干预和决策能力起到了核心作用。

综上，UAV操作员在进行空间定向时，表现出与传统有人机飞行员不一致的特点，两者在信息感知、任务工况、信息复杂性、信息稳定性、风险感知、控制方式、协同分工等方面存在较大差异。

（2）人机协同系统的空间定向与飞行操纵特点

从感官方面来看，有人机飞行员可通过视觉、听觉、前庭平衡觉、本体觉等途径直接获取飞机的空间位姿状态。而UAV操作员则主要依赖无人机上的各项传感器（如摄像头、GPS、雷达）或其他途径形成间接的空间定向信息，其接收到的是二维的视觉或数据化反馈，缺少自然的三维空间感知。这一情况将对UAV操作员的飞行高度（深度感知）判断造成显著影响，更易产生飞行空间定向障碍问题。针对这一问题，一种解决方案是为UAV操作员提供不同视角的传感信息，例如，在无人机摄像头视野中叠加抬头显示界面（Head-Up Display, HUD），以及借助GPS或雷达信息，在平面地图上显示UAV所在坐标位置的"上帝视角"。虽然从不同视角显示UAV的空间位置关系能够一定程度上弥补操作员借由2D信息构建3D感知的不足，但显示方式差异可能间接导致其他认知失误，且在与其他操作平台（如地面基站、舰船或其他飞机）数据统合形成整体环境的情境意识时，加剧了多源信息间的影响或冲突的风险。这种对于UAV

空间位置关系的错误感知已成为UAV操作员飞行空间定向障碍的主要问题之一（Self et al., 2006）。

此外，任务工况的差异也会对UAV操作员的多感官通道信息整合带来不利影响。以操作员所处的远程控制场景角度分类，可将UAV控制分为地面操作（Ground-Based Operation）和空中操作（Air-Based Operation）两种情况。在地面操作情境中，UAV操作员自身位于静止的操作基站或移动的控制平台上（车辆或舰船）；而在空中操作情境中，UAV操作员自身位于双座型飞机的驾驶室中。在上述情境中，UAV操作员将面临持续的自身前庭感官判断与UAV飞行姿态判断的冲突情境，在空中操作情境中尤为显著。贾维德（Javaid）等人（2024）在实验室场景中，通过虚拟仿真技术（Virtual Reality, VR）和2自由度（2 DOF）的运动平台，模拟了飞行视觉感知与俯仰/横滚方向前庭感知不一致的情境。研究结果表明，视觉－前庭觉不一致情境诱发了严重的空间知觉异常问题，显著降低了模拟飞行任务表现，且增加了晕动病症状（Motion Sickness Symptoms）发生率。

从信息复杂性方面来看，虽然有人机飞行员也会接收多模态信息的感知觉加工，但UAV操作员在此基础上还面临不同类型信息表征形式的有意识转换与整合问题，对认知资源的依赖更为显著。这种信息来源和信息加工的复杂性使得UAV操作员在飞行过程中面临更大的空间定向障碍风险。在一项针对远程控制操作员的眼动研究中，研究者探讨了模拟UAV和无人车（Unmanned Ground Vehicle, UGV）多源视觉反馈对操作员任务绩效和注意分配的影响。与单一视觉反馈相比，多源视觉反馈情境显著提升了操作员的目标识别任务绩效，但并未提升空间定向的表现，此外，多源视觉反馈中成像效果更好的界面获得了操作员更长时间的视觉注意，表明个体的注意分配策略受到信息质量和数量的影响，会在主观上对信息来源做出主要和次要的区分。除了相同感觉通道的信息增加外，还有研究尝试为UAV操作员在远程操纵的条件下，特别是超视距飞行（BVLOS）时，提供额外的听觉信息反馈，以帮助提升操作员的空间定向和飞行表现。邓恩（Dunn）等人（2020）比较分析了UAV操作员在上述条件下完成探寻任务（Spotting Task）和导航任务的表现情况。结果表明，在无风条件下，听觉信息反馈显著降低了UAV操作员在探寻任务中与目标点的水平距离偏差，但未对导航任务起到积极影响；在有风影响的条件下，视觉信息与听觉信息具有显著的交互作用，听觉信息反馈显著提高了 UAV 操作员在 BVLOS 条件下的飞行高度保持精度；但在其他任务条件下，听觉信息反馈在一定程度上干扰了 UAV 操作员的反应判断。综上，由于 UAV 操作员本身所面临的多源信息复杂性特点，在尝试通过增加多模态信息以帮助提升其飞行空间定向表现时，应对不同的飞行任务进行具体分析，调整多模态信息的组合搭配方式，提升系统的整体任务表现。

从信息稳定性方面来看，有人机飞行员在飞行空间定向过程中主要依赖的自身感官和机载仪表信息，在一定程度上具有较高的一致性。而无人机操作员所依靠的多模态传感器数据，或受到远距离传输的影响，常常存在数据延时等问题；特别是在飞行目标任务区域地形环境复杂或信号传输受到干扰时，延时情况会进一步加剧，导致 UAV 操作员更难及时做出空间定向判断。早期研究人员就曾指出，对于有人机飞行员来说，人体的反应时大约为 200 毫秒，但这一性能表现在无人机系统中几乎难以实现。即使相关传感器和通信技术在近 10 年间快速发展，这种对于环境场景完全实时的情境意识仍无法在现有的 UAV 传感器基础上实现。当 UAV 与操作员之间的信息反馈环路的延时超过 1 秒时，操作员将会明显感觉到判断与控制困难（Velichkovskiy，2020）。此外，多模态传感器之间还可能存在数据冲突的问题，当传感器故障异常、数据丢失或信号中断时，数据信息的稳定性和有效性也会受到影响，使得 UAV 操作员需要付出额外的认知资源对不同数据信息进行研判与整合，增加了操作员在关键时刻出现空间定向障碍或控制失误的可能性。

从风险感知方面来看，受到操作环境、心理生理需求差异、生命安全风险等因素的影响，UAV 操作员与有人机飞行员在空间定向过程中的风险感知和风险容忍方面存在较大差异。席维兹（Shvets）等人（2023）将 UAV 操作员分为高敏感性（Hyper-Susceptible）和低敏感性（Hypo-Susceptible）两类，前者在风险感知中受死亡恐惧和感官刺激的影响较大，后者则更多关注绩效与责任，对个人安全的风险感知相对较低。但由于缺少直接的物理危险，UAV 操作员在飞行空间定向过程中的风险感知水平可能相较于直接面临生死考验的有人机飞行员来说更低。对此，在 UAV 操作员的风险管理方法中，也出现了具有针对性的特定运行风险评估（Specific Operations Risk Assessment, SORA）方案，该方案一定程度上借鉴了有人机飞行员的风险管理办法，但针对 UAV 操作员的实际工况进行了针对性调整，移除了对生命危险等方面的评估，增加了对UAV操作员和机载自动化设备交互效率的考量，并允许UAV设备在实时风险评估中进行自动化的操作调整。此外，随着如感知与规避（Sense and Avoid, SAA）等技术的发展，技术手段在UAV操作中的风险控制作用得到了强化，进一步降低了UAV操作员受到直接的物理风险的可能性（Fitrikananda et al., 2023）。尽管如此，UAV操作员也应对此类技术的负面影响予以重视，避免出现因长时间使用而导致的自动化过度依赖和风险容忍程度提高等情况，保持对飞行空间定向环境的有效情境意识，是减少空间定向障碍，保障飞行安全的重要举措之一。

从控制方式方面来看，UAV操作员和有人机飞行员都需要对飞行器的姿态、方向和速度等方面进行精确控制，两者都依赖复杂的导航系统、自动化工具和多模态感知反馈进行辅助决策，特别是在长时间飞行或复杂飞行环境中。有人机飞行员能够直接通过身体感知和仪表数据进行飞行控制，使用方向杆、油门杆、脚舵等仪器对飞行姿态进行调整，能够更加快速地对空间信息做出反应。在发生空间定向障碍时，飞行员能够利用前庭感觉系统感知加速度的变化，虽然可能会导致其他错觉问题，但实时的身体反馈在很大程度上弥补了因视觉与仪表信息不足带来的空间定向困难问题。与此相比，UAV操作员则主要依赖多源传感器和视频数据，使用模拟的飞行摇杆进行直观的飞行控制，同时通过鼠标键盘或其他控制按键来执行数字信息的操纵以及自动化任务的部署等。考虑到UAV操作员所面临的任务的复杂性和其控制切换的实际需求，类似有人机飞行员"手不离杆"的控制方式是难以实现的。

从协同分工方面来看，有人机的飞行情境与执飞机型和任务类别相关，在民用航空和通用航空领域中，常见的机组搭配为"机长+副机长"模式。机长作为主要的飞行控制员（Pilot Flying, PF）来全面负责飞行空间定向的过程，副机长则作为飞行监控员（Pilot Monitoring, PM）来辅助机长进行检查单信息交叉核对和其他飞行控制任务。在军用航空领域中，以执飞机型和任务要求复杂性可将机组搭配方式分为：单座型、双座型、多座型等。与之相比，UAV的机组搭配通常为"三人协作"的方式，由一名操作员直接控制飞行姿态；一名操作员负责传感器系统，并对战场态势进行监控，执行目标搜索、识别和火控瞄准与打击任务；另有一名经验丰富的操作员负责对整体无人机系统状态进行监控，辅助UAV飞行操作员驾驶控制并对快速变化的任务态势进行决策指挥（Zlepko et al., 2020)。在更加复杂的"多人多机"无人机系统控制中,还存在一名指挥官和多名操作员的机组搭配方式,对信息沟通和空间定向感知判断等方面提出了更高要求。

基于此,学界和业界在对UAV操作员进行选拔时,对是否要求其具有有人机飞行经验这一问题仍存在争议:一方面,有人机飞行经验和认知技能能够迁移至UAV操作过程,加快UAV操作员的训练进程;另一方面,以往飞行经验可能对UAV操作控制带来负面迁移影响,更建议选拔没有有人机飞行经验的个体独立学习UAV的运动控制技能,因为在复杂的注意转换和前庭感官缺失的操作条件下,以往的飞行经验可能导致错误的飞行调整,引发其他飞行错觉问题(Chang et al., 2022)。

(3)"人-机-环"系统

理解UAV操作员飞行空间定向障碍的成因机制(见图4.16),离不开在"人-机-环"系统(Man-Machine-Environment System, MMES)框架下的深入研究。该框架关注人(飞行员或操作员)、机(飞机或无人机)、环境(天气、地形、空域等信息)之间的相互作用与影响,强调了三者之间多维交互的复杂性,包含了操作者认知负荷、设备响应自动化、外部环境动态变化等多方因素,并能够在不同情况下进行适应性调整。据此,随着航空技术的不断发展,逐渐形

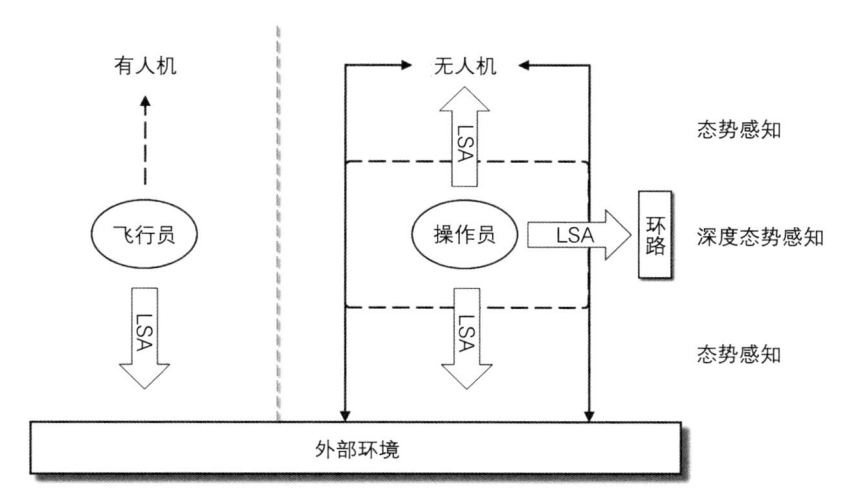

图4.16 "人-机-环"框架下有人机飞行员与UAV操作员飞行空间定向障碍的机制差异
资料来源:常明. (2019). *海军舰载飞行员黑洞错觉:理论、实验及应用——从深度态势感知到混合人工智能*. 西安:西北工业大学出版社.

成了有人机-无人机协同的发展趋势，如军事领域的"编组""忠诚僚机""蜂群"3种集群作战方式。其中，"编组"方式对应了人与人之间的关系、"忠诚僚机"方式对应了人与机之间的关系，"蜂群"方式对应了机与机之间的关系，而在这些不同的集群方式中，均重点强调了"人在回路"（Human-in-the-Loop）的特点。因此，在比较UAV操作员和有人机飞行员的飞行空间定向障碍问题中，可通过"人-机-环"的系统框架进行分析探索，涉及传统情境意识和人对所在环路的深度情境意识叠加的复杂问题，对理解UAV操作员和面向人机混合智能系统的错觉成因机制等方面的人因学研究具有重大意义（常明，2019）。

人机协同中空间定向的情境意识理论新进展

（1）传统情境意识理论

研究表明，情境意识丧失是UAV操作员产生飞行空间定向障碍的主要原因之一，其情境意识影响路径与针对传统有人机飞行员展开的研究的结论相似，但也存在新的特点。情境意识（SA）是指个体对所处环境中各项元素的认知过程，包括对时间和空间线索的感知（第一水平SA）、对线索态势的理解（第二水平SA）、对线索态势在未来状态的预测（第三水平SA）。这一概念框架由恩兹利（1995）提出，已成为国内外认知心理学和人因工程研究领域中应用最为广泛的SA模型。

虽然SA模型建立了外在客观信息到内在主观认知的线索-任务-意识三层级连续动态循环模型，体现了信息在时间和空间上的积累和连续性特点（Endsley，2015），但在实际应用中，难以解释UAV操作员在飞行空间定向过程中的人机搭配、人机交互，甚至是人机混合智能的情境意识过程。因此，需要从"人-机-环"系统框架下对UAV操作员的飞行空间定向情境意识机制进行深入分析。

（2）人机协同深度情境意识理论

斯坦顿（Stanton）等人（2006）提出了分布式情境意识（Distributed Situation Awareness, DSA）理论，强调了系统中"人-机-环"和其他系统在交互过程中各自拥有一定程度的SA，且由于各自视角的不同而存在SA间的差异；又因交互过程的持续，各分布式SA在"人-机-环"系统之间进行交互，促进了个体层面新的认知形成，最终实现系统层级的整体SA。在此基础上，研究人员提出了情境意识加权网络模型（Situation Awareness Weighted Network, SAWN），将传统SA模型和DSA模型相结合，通过节点和连线的方式将个体层面情境意识过程与系统内分布式个体间的情境意识相结合，个体在节点中不仅能作为第一层级SA的加工者，也可以是其他节点进行第一层级SA后的深层次SA的执行者。周胜利等人（2020）提出了人机并行深度情境意识（Human-Machine Parallel Deep Situation Awareness, HMPDSA）模型（见图4.17），采用"以人为中心""人机并行一体"的技术路线，强调人系统和机系统并行合作，共同组成一个"人在环路"的系统，充分发挥各自优势，对空间定向的战场态势进行共同感知、共同认知、共同预测和共同评估，核心是"对人系统和机系统情境意识的感知"，即深度情境意识（Deep Situation Awareness），这一概念在理解UAV操作员飞行空间定向障碍的成因机制方面具有重要理论和实践价值。

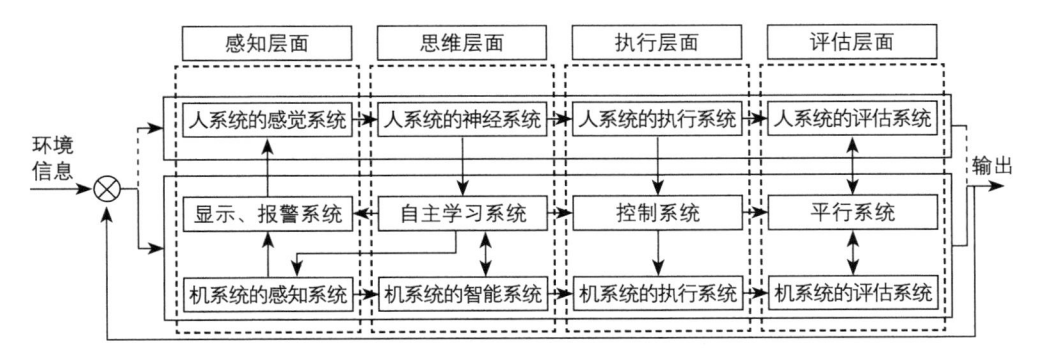

图4.17　UAV操作员人机并行深度情境意识流程图

资料来源：周胜利，沈寿林，张国宁，黄湘远，朱江，闻传花. (2020). 人机智能融合的陆军智能化作战指挥模型体系. 火力与指挥控制, 45(3), 34–41.

作为UAV操作员飞行空间定向过程中获取外部环境信息的直接来源，UAV的视觉信息识别有效性对飞行空间定向障碍的发生具有重要影响。增加UAV传感器在高空目标成像中的显示精度，对操作员通过2D信息建构3D空间并形成空间定向具有重要作用。常明和游旭群（2018）利用合成孔径雷达（Synthetic Aperture Radar, SAR）图像自动目标识别方法阐述了UAV操作员在地面基站中的认知信息加工过程。SAR技术主要用于对地面目标进行远距离成像，通过在无人机等平台移动过程中收集不同角度的雷达数据，将多个观测视角合成一幅清晰的图像，类似于扩展雷达的"孔径"，从而在合成后实现更高分辨率的成像效果，具有不受云层、烟雾或夜晚影响的优点。实证研究表明，在背景冗余信息较多，目标识别贡献很小的情况下，采用阴影分割方法可以较好地对阴影区域进行信息分割解耦；而传统的目标分割方法可能会削弱目标区域的信息判别效果，影响UAV操作员的人机交互识别效率和空间定向表现。在另一项研究中，常明等人（2019）探讨了二维经验模态分解（Bidimensional Empirical Mode Decomposition, BEMD）在SAR图像细节优化方面的促进作用。BEMD是一种用于图像的自适应分解技术，该方法能够将图像信号分解为若干个二维固有模态函数（Bidimensional Intrinsic Mode Functions, BIMFs）和一个剩余分量（Residue），以便捕捉图像中不同尺度的局部特征，在图像去噪和特征提取中具有较好的应用效果。研究结论表明，联合使用BIMFs和原始图像能够提高目标物体的识别性能，在分析UAV操作员对运动和静止目标的图像识别和诱发的操作员错觉方面具有较好的应用价值。

人机协同中的空间定向障碍事故案例

（1）事故经过

2022年9月28日下午，一架MQ-9A无人机在美国内华达州克里奇空军基地（Creech AFB）的08号跑道上发生事故并坠毁。在着陆过程中，UAV的右主起落架失效，导致无人机进入减速旋转，最终停在跑道旁的滑行道交叉口附近，随后起火并被完全毁损。该UAV由发射和回收小组操作，操作人员包括UAV操作员、教官飞行员、传感器操作员以及教官传感器操作员。事故发生时，UAV和操作小组均位于美国内华达州克里奇空军基地。此次事故未造成民用财产损失或人员伤亡，但直接经济损失达约1660万美元。

在完成了几次进场后，传感器操作员将飞行员的平视显示器从前视摄像机切换为多光谱目标系统，以准备下一次计划触地复飞进近。在UAV降至距离地面约25英尺（约7.62米）时，多光谱目标系统未经指令从前向视角转为垂直向下视角。飞行员因这一突发情况出现空间定向障碍，并发出"复飞"指令，同时抬高机头，但由于失去方向感，误将油门减至飞行怠速状态。UAV随后爬升，此时，教官飞行员指示传感器操作员将飞行员的视角切换回前视摄像机。然而，在爬升过程中，飞机速度迅速下降，多个机组成员提醒飞行员注意速度并增大油门。飞行员随即将油门推至最大，但UAV已进入失速状态并开始下坠。

最终，UAV的右主起落架因冲击力过大而断裂，随后脱离机体，在减速旋转后停在跑道一侧，靠近滑行道的交汇处，随后起火并被烧毁。

（2）事故分析

事故调查组开展了人因问题调查，指出了UAV机组在飞行程序执行、视觉扫描、非气象原因视觉受限、空间定向障碍方面的问题。

程序未正确执行：在此次事故中，飞行员未能按照MQ-9A技术手册中的复飞程序操作，错误地将油门减至怠速，而不是推至全速。此外，飞行员在执行复飞时，没有交叉检查事故传感器操作员的显示器，这本可以确认无人机是否仍处于正常飞行状态或已经进入异常姿态。

视觉扫描失败：机组成员（包括飞行员、教官飞行员和传感器操作员）在多光谱目标系统发生向下移动后，集中注意力于失去的视觉参考，忽视了UAV仪表的交叉检查。没有人在关键时刻确认油门位置或及时观察到空速的下降，导致未能及时采取纠正措施。

视觉受限（非天气原因）：多光谱目标系统未经指令向下移动，导致飞行员在进近阶段完全失去了视觉参考，这种情况既出乎意料又让飞行员感到迷惑。此外，地面控制站的布局不方便其他机组成员直接查看飞行员的油门位置，教官飞行员和传感器操作员必须向前倾才能确认油门位置。

空间定向障碍：多光谱目标系统的意外移动使飞行员在关键的飞行阶段产生了UAV机体前倾的错觉，从而导致空间定向障碍。由于远程操控的无人机缺乏身体感知，当视觉参考提供的飞行姿态不准确时，飞行员很难判断无人机的实际姿态和位置。

4.4.3 空间定向与心理选拔

国内空间定向与心理选拔技术的发展

国内飞行员心理选拔技术起源于1958年的空军飞行员心理选拔研究。随后在1964年，空军航空医学研究所的研究人员提出了"招飞点－预校－航校"三级选拔的设想，并开始了仪器检查和纸笔测验的相关研究。在这个阶段，我国基本上沿用了国外的仪器检查、个性特征检测以及纸笔测验这3种心理选拔方法。直到20世纪80年代，中国民用航空局引进了国外先进技术和人才，建立了飞行员选拔系统，并且经过国家批准，把飞行员心理选拔提升为招飞过程的重要参考内容之一。与此同时，空军航空医学研究所提出了新的基于选拔程序、控制程序和效标系统的"筛选－控制"选拔体系。

1994年，我国空军招飞办公室组织北京大学心理系、中国科学院心理研究所、空军航空医学研究所和第四军医大学航空航天医学系等单位的心理学专家，共同研发了由1个专家组、1个主检平台和3个检测平台构成的招飞心理选拔测评系统，主要用于评估被试的个性心理品质、情绪稳定性、成就动机、飞行基本能力、心理运动能力等。1995年，中国民用航空飞行学院受到中国民用航空局的委托，从德国宇航中心引进了全套的飞行选拔系统。

2008年至今，陕西师范大学心理学院航空航天心理学团队持续关注面向飞行空间定向障碍规避的飞行员心理选拔与训练工作，与国内多家航空企业单位合作，研发了多项中国航空飞行员心理选拔系统，对个性心理品质、基本能力和特殊能力三大部分进行了深入探索，在我国民航飞行员和无人机操作员心理选拔与训练领域做出了积极贡献。

目前，空军招飞心理选拔系统在我军飞行员心理选拔系统中是极其完善的。该系统经过了长期的实践检验，已被证实具有较好的选拔效果。具体来说，该系统在综合应用观察法、测验法、访谈法、情境模拟法等技术的基础上开发了3个检测平台：一是采用心理测评仪器对反应速度、注意力、推理能力等基本认知能力进行检测；二是对认知和心理运动能力进行检测；三是采用半结构化访谈和室外活动观察法等技术进行专家评定，最终进行加权计算得出被试的总评成绩。

时至今日，随着技术的进步和科学研究的发展，国内在飞行员选拔上也逐渐引入了新方法，如大数据与人工智能、仿真技术体系、虚拟现实与模拟训练、全面反馈评估等。大数据能够通过分析候选人的历史表现数据以及其他相关特征，利用机器学习算法进行初步筛选，例如利用社交媒体行为、学业表现及运动数据等信息，评估候选人的综合素质。在模拟飞行环境中，可以通过虚拟现实技术对候选人进行培训与测试，评估其反应能力、决策能力以及应对突发事件的能力。此外，孔研（2022）通过对民航与通航飞行员的空间定向障碍问题进行系统性研究，构建了风险指标模型，揭示了飞行员身心健康状况、飞行纪律和自动化系统操作是影响空间定向障碍的关键因素。研究结果强调了飞行员身心健康的重要性，并指出增强飞行员健康与疲劳管理、提升情境意识和决策能力、强化飞行纪律、优化自动化系统操作培训、定期进行模拟机训练、加强机组协调培训、提供充分的飞行前准备、增强飞行员对自动化系统的信任，以及依赖管理和持续教育与培训等策略可以有效预防和克服空间定向障碍。

国际空间定向与心理选拔技术的发展

美军自第一次世界大战以来，在飞行员心理选拔方面已经开展了大量的研究工作，并不断地将研究成果应用和完善于美军的飞行员心理选拔系统中，也因此不断提高了其选拔的有效性。美军的飞行员选拔系统主要包括两个部分：基于访谈的航空适应性评估和基于人机对话的测评系统。其中基于访谈的航空适应性评估主要是通过访谈的形式来了解和评估飞行员的飞行动机、人格特征等信息。而基于人机对话的测评系统是一个综合性的测评系统，包括一系列子系统，如航空选拔成套测验（Aviation Selection Test Battery, ASTB）、基于计算机的能力测试、海军基于操作的成套检验、自动化飞行员测验系统和基本航空技能测试等。

航空选拔成套测验创立于第二次世界大战期间，是用于美国海军、海岸警卫队和海军陆战队的飞行前选拔测试，主要是通过人机对话的方式测试被试的基础能力等（包括阅读理解能力、数学推理能力、空间定向能力、机械理解能力以及飞行动机等），来预测其是否能够成功地完成相应的飞行训练。

基于计算机的能力测试（Computer-Based Performance Test, CBPT）是美国海军在20世纪80年代出于补充ASTB无法测量飞行所需的认知处理和心理过程的目的而研发的。该测试在内容上相比于ASTB增加了通过计算机检测心理运动要素，在操作上相比于传统的按键，增加了操纵控制杆等。CBPT通过追踪任务、人像测试、双耳分听等测试任务评估被试的认知能力、人格特征、心理运动能力等因素，预测其是否能够完成相应的飞行训练。

自动化飞行员测验系统（Automatic Pilot Examination, APEX）是美国海军基于ASTB的重大改进成果，主要体现在：测验算法和形式的改进，即在从纸笔测验或简单的计算机化的形式直接跃升为基于网络的计算机自适应测验形式的同时，改进的算法使不同被试即使所完成的题目不同仍然能够进行比较；增加了ASTB没有的与心理运动相关的测试。

基本航空技能测试（Test of Basic Aviation Skills, TBAS）的雏形是美国空军在 1981 年出于评估认知和心理运动能力的目的而研发的资格测试，后来经过大量的研究，于 1999 年研发出目前的 TBAS。该测试于 2006 年起被用于美国空军的飞行员选拔。

空军军官资格测试（Air Force Officer Qualifying Test, AFOQT）是用于评估申请成为空军军官候选人的人员资格的测试系统。考试包括 516 个多项选择题，分为 12 个部分，涵盖定量、语言、学术能力、飞行员、战斗系统军官和空中战斗管理等领域。考试内容涉及自我描述、语言类比、算术推理、词汇知识、数学知识、阅读理解、情境判断、物理科学、航空信息、仪表理解、表格阅读和块计数。主要测量和评估候选人的人格、语言技能、数学能力、领导力、科学知识以及对航空和飞行原理的理解。包括休息时间在内，测试时间大约为 5 小时，且每个部分都有特定的时间限制。

维也纳心理测试系统（Vienna Test System, VTS）（航空版）是一种专门用于飞行员心理评估的计算机测试系统。该系统由奥地利舒弗里德（SCHUHFRIED）公司开发，目前已经被大量的外军飞行员的信效度检验证明是可靠的。VTS 支持鼠标和键盘输入，并拥有包括光笔、闪光管、运动表现操作面板、脚踏板和周边感知设备等在内的专业输入设备，可以进行散光融合测试、运动表现能力测试等多项特殊能力测试。该系统主要包括 80 多项测验项目和 138 个量表，可用于检测动机特点、心理运动特点、个性特征等多种心理特质。也有国内研究者（如吴颖超等人）应用该系统对我军的空军飞行员进行了测试，发现该系统的测评结果与我军的飞行员心理选拔测评系统的结果之间呈现出了中高程度的一致性，表明该系统对于我军飞行学员选拔具有一定的应用价值。

动态空间能力（Dynamic Spatial Ability, DSA）测试一直是传统空间能力测试中受限于技术实现所缺乏的重要部分。随着计算机技术的飞速发展，众多学者开始尝试开发动态空间能力测试。例如，佩莱格里诺（Pellegrino）等人采用相对到达时间任务和拦截判断任务来进行动态空间能力测试；萨库佐（Saccuzzo）等人采用速度测试和难度测试来进行动态空间能力测试；孔特雷拉斯（Contreras）等人开发了定向动态测试和空间视觉化动态测试。然而相关的研究仍旧比较缺乏，尚未形成大规模的开发工作，并且缺乏综合性测试任务，导致无法进行动态空间加工因素分析。并且目前动态空间能力研究中，对于个体差异的研究更多于一般群体研究、临床研究以及性别差异研究，针对飞行员的相关研究就更少了。虽然如此，众多研究者们还是肯定了动态空间能力对于飞行员的重要性。例如，杨仕云等人通过相对到达时间和距离判断任务，发现飞行员在这两项上的成绩均高于普通人，认为飞行训练提高了飞行员的动态空间能力，并且建议现有的民航招飞选拔应该重视和引入动态空间能力测试。相信随着计算机技术的发展和相关领域研究的不断深入，未来将研发出更加有效的动态空间能力测试技术，这也是未来飞行员空间能力研究的主导方向。

总的来说，美军的飞行员心理选拔技术主要是以心理测验法为主，体现了内容逐渐完善、难度逐渐提升、贴合实际飞行状况、尽可能通过计算机自适应提高检测的准确性和效率等显著特点，为我国的飞行员心理选拔提供了良好的范本。

机器学习在空间定向与心理选拔中的应用

在高风险和高技能要求的行业中，机器学习技术逐渐成为分析和预测复杂心理与行为的重要工具，对于飞行员选拔和空间定向能力评估具有重要的现实意义。有研究者通过使用支持向量机（SVM）算法，分析飞行员在执行飞行任务时的脑电、心电和眼动数据及其行为模式（Wang et al., 2020）。结果表明，脑电中的 θ 波功率谱和心率变异性，能够反映飞行员的认知负荷和决策过程。有研究者利用虚拟现实（VR）技术和支持向量机算法，结合最大信息系数（MIC）特征选择方法，通过分析飞行员在模拟飞行任务中的眼动追踪和飞行动力学数据，构建了可以高效地区分专家飞行员和新手的评估模型。该模型不仅提高了飞行员选拔过程的准确性，而且其可解释性也满足了飞行员选拔过程中对透明度和公正性的需求（Ke et al., 2023）。可见，机器学习技术为飞行员的空间定向能力评估和心理选拔提供了新的视角和工具。通过精确的特征选择和高效的分类算法，可以更好地理解飞行员的行为和认知过程。

4.5 人工智能与飞行空间定向障碍的预防与干预

4.5.1 空间定向与飞行错觉的测量技术

飞行错觉诊断除了依据飞行员的主诉之外，还应该明确鉴定飞行错觉的形态和性质，并给出是否停飞的结论。飞行错觉的诊断程序包括以下 3 个步骤：首先，尽可能详细了解飞行错觉发生的经过、飞行环境、飞行员的身心健康情况等相关信息；其次，根据收集的信息综合判定飞行错觉的形态、性质和分类；最后，对眩晕、晕厥、晕厥前状态、迷惘、神经症、加速度耐力不良、前庭功能不良等情况进行统计，通过地面模拟飞行条件下的飞行错觉检查等有效的手段，做出相应的鉴别诊断。通常当飞行员出现以下 4 种情况时，为了飞行安全应当做出以下现场临时停飞处理：一是飞行员由于飞行错觉的发生而影响了任务的完成；二是所发生的飞行错觉与飞行员的身体状况相关；三是飞行员被怀疑是病理性飞行错觉者或具有某种功能障碍；四是飞行员发生的飞行错觉虽然属于正常的生理心理性，但是本人缺乏克服错觉的能力。

一般来说，被详细诊断为具有正常的生理心理性质而发生飞行错觉的飞行员，可以在队内接受飞行错觉理论知识学习和带飞训练，问题得到解决可实现放飞。如果难以判断其飞行错觉是否属于正常的生理心理性质，应该将飞行员送去医院做进一步诊断或矫正。在此期间，除了全面体检和常规检查之外，还应该重点检查飞行员的前庭神经系统功能和视觉空间认知功能。在飞行错觉的测量与评估中，有代表性的方案包括量表测验、模糊评估、仿真测验等技术。

量表测验技术

量表测验是一种根据调查目的和要求所设计的通过问卷调查来搜集信息的技术，它由一组问题、答案、说明和码表组成。该方法具有文字性、统一性、间接性和真实性等特点。在空间定向能力测评方面，国内比较权威的量表是空军航空医学研究所等机构制定的《飞行错觉水平量表》。该量表不仅能够对空间定向能力进行有效测评，而且有利于开展相应的生理心理训练和飞行卫生保障，包括以下 5 个部分。

（1）飞行错觉发生频率表

该分量表共有 63 个问题，主要包括：在飞行转弯过程中感觉到飞机发生横滚、倾斜、倒飞和带坡度飞行等情况的频率；在夜间和穿云飞行过程中感觉到飞机发生横滚、倾斜、倒飞和带坡度飞行等情况的频率；在高过载飞行过程中感觉到飞机横滚、倾斜、倒飞以及带坡度飞行等情况的频率；在整个飞行过程中出现脱离现象、晕动和"调向"等情况的概率。

（2）海上飞行错觉调查表

该分量表共有13个问题，主要包括在海上飞行过程中感觉到飞机不动、倒飞、带坡度飞行、飞行掉向，以及对距离和高度的判断出现错误等情况的频率。

（3）飞行错觉形态发生频度表

该分量表主要测量9种飞行错觉形态，包括俯仰、倾斜、滚转、旋转、倒飞、距离、方向、速度和辨认错觉。

（4）飞行错觉克服、伴发症状表

该分量表中，飞行错觉克服的情况包括4种：看仪表后仍不能克服；对操作动作有所影响；意识不到出现了错觉；丧失情境意识。发生错觉时出现的伴随症状主要包括：紧张；头晕、出汗、恶心、呕吐；动作费力；"巨手现象"；飞行结束后发生头痛和失眠等情况。

（5）严重飞行错觉发生经历描述

通过文字性叙述的方式，要求飞行员详细描述最严重或者印象最深的飞行错觉发生过程，包括发生时间、身体状况、气象条件、飞行课目、在哪些动作中或者动作后发生错觉、感受到的飞行状态和实际飞行状态、当时是否意识到发生错觉、当时有什么不舒服的感觉及持续了多长时间、看仪表以后是否能够克服、如果成功克服那么是如何克服的、自我感觉这次的飞行错觉对以后的飞行会产生什么影响等。

通过专业统计方法分析以上5个部分，可以得出飞行员的空间定向能力情况，包括：总体来说飞行员发生飞行错觉的程度（也称易感水平）；飞行员发生的飞行错觉主要是哪一种知觉形态和性质；是否存在I型空间定向障碍；是否丧失情境意识；仪表视觉定向能力的水平；飞行错觉发生时的伴随症状及其对飞行员身体和心理健康状况的影响程度。

模糊评估技术

飞行错觉水平的模糊判断模型涉及心理学、感知与认知科学以及航空航天工程等多个领域。该模型基于对实际飞行工作特点的详尽观察,运用模糊区间统计方法,对飞行员可能产生的常见的飞行错觉进行量化评估,采用错觉发生频率这个指标来反映飞行员的空间定向水平。结合心理物理法,对各类飞行错觉的频率量词进行模糊赋值,并拟合出相应的模型来对飞行员的错觉水平进行量化评定(游旭群 等,1994)。模型的表达式如下:

$$I = \sum_{i}^{n} f_i x_i$$

其中,I代表飞行错觉的水平,f_i代表各个飞行员产生错觉的频率,x_i代表各个飞行员产生的错觉的类别。模型包含感知输入、模糊判断、信息处理、决策与反应 4 个模块。其中感知输入包括视觉、听觉和触觉等多种感官通道的信息,飞行员在飞行活动中通过仪表、外部视觉,以及飞机给予的运动反馈来获取信息。模糊判断是指人在不确定或不完整信息下做决策的能力,这种能力可能会受到心理状态、经历和训练水平的影响。信息处理即飞行员应当分析接收到的信息,并将其与既有知识及经验相结合;信息的处理过程可能涉及认知负荷、注意分配等方面的因素。决策与反应是指飞行员需要根据感知与判断的结果,采取相应的飞行动作,该模块涉及对紧急情况的快速反应以及风险评估。飞行错觉水平的模糊判断模型提供了一种结构化的方法,帮助评估飞行员在飞行过程中的错觉水平,从而帮助其做出更有效的判断和决策。

仿真测验技术

模拟机舱能够实现在地面上模拟飞行过程,再加上通过模拟机舱下安装的运动平台制造各种可能引发空间定向障碍的运动状态,使得飞行员能够在模拟飞行条件下感受实际飞行过程中容易出现的空间定向障碍现象。通过眼动仪、特殊设计的行为学交互设备和运动分析设备等,可以对飞行员对抗空间定向障碍的能力进行测评,具体包括飞行员在飞行错觉下的行为模式特征、对模拟飞行错觉的认知准确性、对抗空间定向障碍操作的正确性和效率等。

我国的地面错觉模拟训练自 1984 年发展至今,设备研发包括了电动转椅、视动转笼、飞行仪表视觉定向能力训练器、短臂离心机、多自由度飞行错觉模拟器等方面。飞行错觉模拟通常包括运动控制、视景仿真、仪表仿真、飞机性能仿真、综合管理控制和座舱管理控制等方面，能够在逼真的条件下对飞行员视觉、听觉、前庭觉等通道的信息进行模拟和控制，使飞行员能够安全高效地体验不同类型的飞行错觉。此外，针对某些特定的飞行错觉的模拟仿真与评估，可通过较为简单的计算机设备和软件程序实现。黄磊(2023)采用计算机和模拟仿真控制摇杆等设备，对黑洞错觉环境进行模拟仿真构建，通过对环境光线、视景可视程度、仪表显示效果的控制，在实验室环境下成功再现了黑洞错觉环境对飞行绩效的影响作用，结果支持了简易设备在黑洞错觉等视性错觉模拟方面的可行性。与普通日间环境相比，参与实验测试的被试在黑洞错觉环境下表现出更陡的下滑轨迹，且在此环境下发生了22次坠毁事件；相比而言，参训被试在普通日间环境下未发生任何坠毁事件。此外，在飞行错觉测量与评估中应用模拟飞行仿真技术，不仅能够更好地操纵环境条件变量，使体验和训练过程安全可控，地面基站的操纵方式也能够对无人机操作员的飞行空间定向障碍进行模拟控制，对飞行空间定向障碍理论发展与实证研究范式更新具有积极意义。

4.5.2 空间定向与人机交互系统新发展

在现代航空领域，随着技术发展和自动化系统复杂性的增加，飞行员在执行任务时所面临的挑战也日益增大。特别是在高压力和复杂环境下，空间定向能力的高低直接关系到飞行的安全性和效率。在此背景下，本小节内容综合分析了智能感知技术、智能决策系统与智能协同策略在提升飞行员空间定向能力方面的应用效果。通过探讨智能化的集成技术如何减轻飞行员的认知负荷、提高其对飞行环境的认知以及优化决策过程，旨在为未来飞行员培训、飞行任务规划以及人机交互设计提供理论基础和实践指导。

人工智能与空间定向

空间定向能力，作为飞行员认知架构的核心组成部分，是其在三维空间中进行定位、导航以及决策制定的基础。近年来，人工智能(AI)和增强现实(AR)技术的飞速发展，通过智能感知、智能决策支持和智能协同等手段，优化了飞行员的信息处理流程，增强了其对复杂飞行环境的理解和应对能力。

（1）智能感知与空间定向

空间定向障碍是飞行员在高压力和复杂环境飞行过程中常见的一种认知障碍，可能会导致严重的飞行事故。目前，随着增强现实、机载红外夜视技术（Forward-Looking Infrared, FLIR）和头戴显示器（Head-Mounted Display, HMD）等智能感知技术的发展，在技术层面为空间障碍的预防奠定了坚实的基础。研究表明，智能感知技术在复杂的飞行环境中，可以通过融合点、线特征和人工标志的多特征融合方法，向飞行员提供更准确、更直观的飞行信息，减轻飞行员的认知负荷，提高定向的精度和稳定性，从而降低由定位不准确诱发的空间定向障碍发生风险。此外，机载红外夜视技术可以提高飞行员在夜间低能见度条件下的视觉感知能力，从而有助于减少夜间飞行中空间定向障碍的发生（朱卓 等，2023）。高成志和王丽君（2020）通过考察头戴显示器的人机接口、安装布局和适航性等多方面，设计改善飞行员与感知设备的交互界面，可以有效提升飞行员的情境意识能力，降低空间定向障碍的发生风险。值得注意的是，动效设计在智能感知设备与飞行员交互中，可以通过动态效果引导飞行员更快地识别和处理飞行信息，从而提升飞行绩效。

智能感知技术通过高精度的定位技术、直观的显示界面设计以及动态效果的引导，可以有效提升飞行员的空间定向能力，降低由空间定向障碍引起的飞行事故风险。未来应进一步探索智能感知技术在实际飞行中的应用，并结合飞行员的生理和心理特点，开发更具有人性化、智能化的飞行辅助感知系统。

（2）智能决策支持与空间定向

随着人工智能技术在飞行自动化系统中的应用，航空决策制定的概念也在不断被深化，旨在希望能通过基于算法来优化自动化系统的信息处理能力，为飞行员提供智能决策的辅助，降低飞行员飞行期间的认知负荷，从而提高其空间定向能力和飞行绩效。相关研究人员发现，智能飞行员咨询系统（IPAS）可以通过分析实时天气和空中交通数据辅助飞行员决策，从而增强其空间定向能力（Wulfeck et al., 1958）。研究表明，在高压力的飞行决策情境下，飞行员对智能决策辅助系统的可靠性与信任度的要求很高，会更倾向于能够增强个人情境意识的智能辅助决策系统。另有研究表明，机器学习和深度学习算法等人工智能技术在飞行维护和数据分析方面，可以通过识别关键特征和检测高度相关的特征等途径，增强飞行数据监控算法的效能，从而辅助提高飞行员操作绩效（Helgo, 2023）。将人工智能与算法集成到自动化飞行系统中，让其作为智能决策助手，能够为机组成员及时提供建议，以促进有效沟通，这对于机组成员在复杂环境中维持空间定向有一定的实践意义（Korentsides et al., 2024）。研究发现，人工智能可以通过实时分析飞行员的行为和生理数据（如眼动、心率、皮肤电反应等），动态评估其认知负荷，并提供个性化的反馈和支持，帮助飞行员在保持认知负荷在最佳水平的同时，提高其空间定向能力（Rodenburg et al., 2018）。此外，异常检测技术能够识别出飞行中偏离正常模式的数据，有助于提高飞行安全性和操作绩效，从而间接降低飞行过程中发生空间定向障碍的风险。由此可以看出智能决策支持系统能够通过预测和适应飞行员及飞行状态，提供实时反馈和适应性支持，间接提高飞行员个体的空间定向能力。

（3）智能协同与空间定向

人工智能技术在飞行自动化系统中的应用，能通过实时的数据分析与反馈，增强飞行器综合感知能力，为飞行员提供决策辅助，实现应急自动化处理，提高飞行员情境意识，减轻其认知负荷，从而间接降低复杂环境下空间定向障碍的发生风险。研究表明，语音识别和自然语言处理等人工智能技术应用于飞行员与自动化系统的交互中可以有效降低飞行员操作的复杂性，使其能够更加专注于执行空间定向任务。此外，将人工智能集成在飞行自动化系统中，在紧急情况下能够快速响应，可以减少飞行员在高压力环境下的决策延迟和空间定向障碍的发生风险。智能网联技术的发展，使飞机与其他航空器及飞行平台之间通信更加高效，能通过提供丰富的环境信息，增强飞行员对飞行环境的感知能力，提高飞行员的空间定向任务执行绩效（杨志刚 等，2021）。虽然自动化系统通过集成人工智能可以有效减少空间定向障碍的发生风险，提高飞行的安全性和绩效，但还可能会诱发飞行员与智能人机系统交互的新问题——自动化依赖，这部分内容将在第8章详细展开。随着智能技术的应用与集成，未来需要进一步探究如何实现飞行员与智能自动化系统间交互的协同与分工合作。同时，智能化驾驶舱的布局、交互方式和交互内容将会随着技术的发展发生颠覆性的改变，需要探究飞行员应如何适应新的交互与协同合作方式。

人机交互新问题与应对策略

自动化技术的广泛应用虽然极大提升了操作效率和准确性,却也带来了飞行员技能水平下降的问题。因此,为了提高飞行安全,必须通过提供准确的系统信息、有效的培训以及生态友好的界面设计来调整飞行员对自动化系统的信任和依赖水平,确保自动化系统在保障飞行安全的同时,能提高飞行员的操作绩效。

(1)人机交互界面设计

飞行员在依靠自动化系统的飞行过程中,随着自动化系统可靠性的提高,飞行员对自动化系统的信任水平增加,心智游移的可能性也会随之增加,这会导致飞行员对飞行状态的监控力度下降,从而增加了由自动化引发的惊奇和潜在的安全风险。因此,设计高度可靠且透明的自动化系统对于维持飞行员的情境意识以及降低空间定向障碍的发生风险至关重要(高雨晨曦,2023)。王竞慧(2020)研究发现,姿态飞行显示器的移动飞机格式相比移动地平线格式在异常飞行姿态恢复操作上具有优势,并且扩展地平线设计和新式横滚刻度设计能够提高不同飞行经验水平的飞行员的操作绩效(见图4.18)。此外,扩展地平线设计通过提供更广阔的视野,减少了图形-地面反转的可能性,从而提高了飞行员的空间定向能力。在此基础上,董超武(2022)通过眼动追踪技术,发现符合飞行员认知特征的座舱仪表显示方式能够提高飞行员情境意识和操作绩效,并且还发现将眼动追踪与认知负荷技术相结合可以更加准确地反映飞行员在复杂飞行任务中的视觉信息处理能力。姬鸣和靳芳等人(2017)的研究结果显示,速度、加速度和偏转角度等物理因素会通过影响

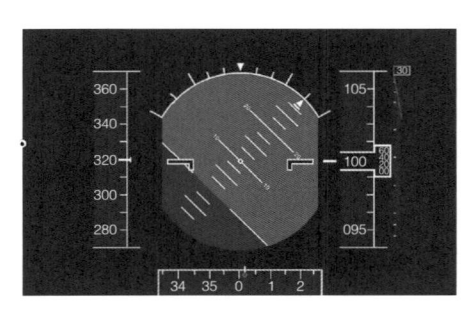

图4.18 经典地平线设计(左图)和扩展地平线设计(右图)移动地平线格式姿态显示器
资料来源:王竞慧.(2020).显示界面设计和参考格式对异常飞行姿态恢复的影响(硕士学位论文).陕西师范大学,西安.

飞行员对飞机运动状态的感知，进而影响空间定向的准确性，并且认为如果能在人机交互界面的设计中考虑如何设计能增强飞行员的时间估计能力，改善导航的反馈方式，将能有效提高飞行空间定向与导航的绩效和飞行的安全水平。因此，在机载系统设计中需要综合考虑以上各类因素，优化与飞行空间定向相关的显示器界面设计，向飞行员提供准确的空间定向，可以有效降低空间定向障碍发生风险。

（2）飞行技能退化

随着自动化系统的应用，飞行员在实际飞行和训练过程中对自动化系统的过度依赖，会出现飞行技能水平下降，进而导致在面对自动化系统故障时难以及时做出准确的判断和决策。随着虚拟现实和增强现实技术的发展，传统的小尺度空间研究的限制得以突破，可以通过在视野中叠加数字信息来增强对现实世界的感知（赵小军 等，2014）。在飞行训练中AR技术能够提供实时的导航和飞行数据，从而增强飞行员的空间定向能力。从认知心理学角度来看，空间认知能力是飞行员在执行飞行任务时所必备的一种关键能力，包括空间定向、空间可视化和空间关系等，通过VR和AR技术进行训练可以显著提高与空间认知相关的能力（张梦迪，2023）。游旭群和赵小军（2015）提出通过将AR和事件相关电位（ERPs）技术相结合，可以记录在与空间方位相关的数字反应联合编码（Spatial Numerical Association of Response Codes, SNARC）效应中的脑电活动，为理解空间认知能力的生理神经机制提供技术支撑。因此，如果能将AR和VR技术应用于飞行员空间定向能力训练中，不仅能提高训练效率和安全性，还能为飞行员在执行复杂任务时提供额外的能力储备。

综上所述，人工智能和增强现实技术通过智能感知、智能决策支持和智能协同策略，极大提升了飞行员的空间定向能力。智能感知技术通过融合多特征信息，提供了更直观的飞行数据，减轻了飞行员的认知负荷，提高了空间定位的准确性；智能决策系统通过实时分析辅助飞行员进行更有效的决策，增强了其在复杂环境中的空间定向能力；智能协同技术则通过高效的通信和数据分析，提升了飞行员的情境意识，降低了发生空间定向障碍的风险。此外，人机交互界面设计的优化、对飞行技能退化问题的重视以及虚拟现实技术在飞行员培训中的应用，都表明了智能技术在提高飞行员操作绩效和飞行安全性方面的潜力。

尽管如此，随着自动化系统可靠性的提高，飞行员对自动化的依赖也带来了新的挑战，包括技能退化和对自动化系统过度信任，这些风险都需要通过加强培训和优化人机交互界面设计来解决。未来，飞行员与智能自动化系统间的协同分工与合作将会成为航空心理学领域发展的关键方向。

第5章
飞行情境意识

2010年11月13日，A320号机执行乌鲁木齐-喀什航班，A319号机执行喀什-乌鲁木齐航班，因喀什机场塔台管制员错误指挥A319进入08号跑道起飞，导致与已获得落地许可使用26号跑道进近的A320对头运行，造成两机分别采取中断起飞和复飞的紧急避让措施，构成一起运输航空严重事故征候。26号跑道进近的A320飞机复飞时的最低高度为564英尺（约172米），08号跑道起飞滑跑的A319飞机中断起飞时的速度为98节（该机V1为141节）。该事件发生的直接原因是管制员在发布A320飞机使用26号跑道落地的指令后，失去情境意识，忘记已发布的着陆许可指令，错误指挥A319飞机使用08号跑道起飞，在见习管制员提醒下，采取A320飞机复飞、A319飞机中断起飞的紧急避让措施。

情境意识作为飞行员对环境信息的内部表征，直接决定了其在复杂、动态环境中决策的有效性与准确性。通过对任务环境中关键要素的感知——如飞机状态、地形和气象条件——飞行员能够构建出完整的情境图景，进而对当前及未来的任务状态进行判断和预测。因此，情境意识的维持效果，是飞行员能否及时识别潜在威胁并做出有效应对的关键。本章介绍情境意识的理论基础及研究取向、分析任务中断对飞行员情境意识的影响以及听觉干扰对情境意识的影响。

5.1 情境意识的理论及研究取向

在过去 70 年间，航空工业技术发展迅速，自动化系统不断更新和进步，飞机自身的安全性能得到了显著提高，而人因失误造成的事故比例不断增加。与此同时，飞机系统运行原理逐渐复杂，飞行环境更加多变，飞行员的任务从过去以操纵为主转变为以监控、管理和决策为主（姬鸣，2015）。因此，飞行员有效地加工处理大量动态信息，做出准确判断显得尤为重要。在这一背景下，研究者提出了情境意识的概念，用以描述飞行员表征和加工复杂动态环境的能力。

航空安全事故与事故征候的分析表明，由人因失误引起的航空安全事故中，超过 80% 的事故可以归结为情境意识错误。同时有研究指出，个体形成并维持良好的情境意识是执行有效决策和完成任务的关键因素，而情境意识微小的失误都会导致灾难性的后果（Endsley, 1995）。目前，情境意识对于保障飞行安全的关键作用已经得到了研究者以及航空安全管理人员的普遍认可，它不仅是评价民航飞行员安全驾驶行为的重要指标（游旭群 等，2009），而且是构成民航飞行员职业胜任力的核心成分。

5.1.1 情境意识的理论取向

当前，最为广泛接受的情境意识定义是由恩兹利（1995）提出的，他认为情境意识是个体在一定时间和空间内，对动态环境要素的感知、理解以及对未来发展状况的预测。

情境意识已经成为航空心理学领域的热点话题，研究者从个体认知加工的角度出发，相继提出了多种理论取向，基于不同的视角对情境意识进行探究。近年来，学者们从工程心理学与工效心理学的角度进行分析，从个体与环境交互及个体间交互两方面，分别构建了分布式情境意识理论（Shared Situation Awareness）和团队情境意识理论。

基于个体导向的传统情境意识理论
（1）信息加工模型
信息加工模型的观点认为，情境意识是个体对外部世界进行认知加工后的产物，涉及注意、记忆等认知结构。最为典型的信息加工模型是恩兹利（1995）提出的信息加工三水平模型，如图5.1所示。该模型在结构上与一般用于解释个体信息加工的模型相似，包括了短时记忆存储、图式和注意等结构。外界信息需要通过注意过程的筛选，方可进入高级认知加工，并在工作记忆中存储。同时，这部分信息会激活长时记忆中的图式，指引个体的行动与决策。

在这一模型中，恩兹利（1995）提出了情境意识3个等级阶段的认知阶段，分别是感知、理解、预测，并以此提出了情境意识的定义。感知阶段（水平1）：个体觉察并获取外部任务环境中各个要素的信息；理解阶段（水平2）：整合上一阶段个体得到的环境要素，并基于长时记忆中的图式与心理模型对各要素进行理解；预测阶段（水平3）：根据对各情境要素的感知和理解以及个体的经验，对外部任务环境的未来发展趋势做出预测，并指引个体做出行动。例如，假设飞行员正在临近危险地形的环境，那么地形就是一个环境要素。若飞行员看到了地形，便意味着他达到了对当前情境中要素的感知（水平1）；若飞行员认识到当前地形存在危险，便意味着他达到了对当前情境的理解（水平2）；若飞行员能准确预估飞机与地形相撞的时间，并确定何时需要机动，便意味着他达到了对情境未来发展状况的预测（水平3）。需要注意的是，这3个阶段并非严密的线性关系，在一定情况下，个体会依据自身对环境的理解和预测，根据自身目标对信息进行有选择的搜索。

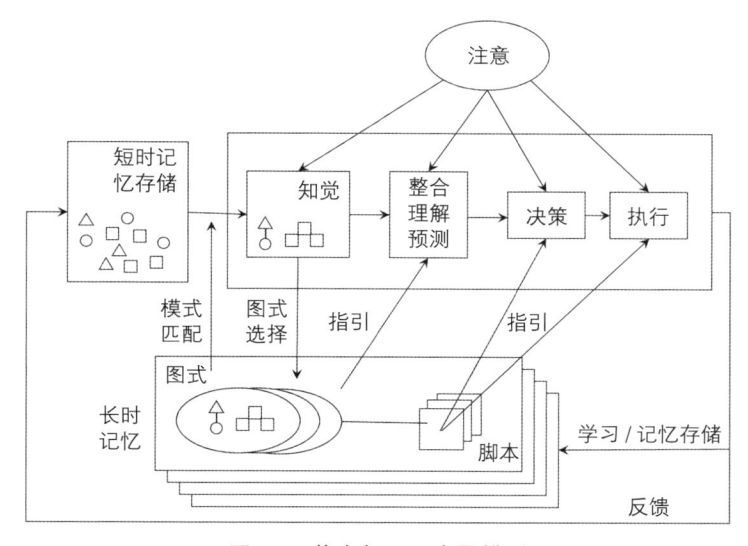

图5.1　信息加工三水平模型

信息加工模型是最为研究者广泛接纳的情境意识理论取向，然而其本身也存在一定的缺陷。首先，信息加工模型所包含的各种认知结构的概念与机制本身并未得到清晰的理解（如注意、图式）。其次，恩兹利强调情境意识是信息加工的产物，然而该模型描述的情境意识三阶段本身是一个动态过程。因此，在恩兹利的模型提出后，相继有研究者提出了其他情境意识模型。

（2）知觉－行动环模型

与产物论的观点不同，部分研究者从过程论的角度出发解释情境意识，认为情境意识是个体与环境进行认知与交互的循环往复的过程，其中最为典型的是知觉－行动环模型。该模型最早由对象、图式、探索这3个部分组成，如图5.2所示。其中，对象指的是与任务相关的可用信息；图式指的是一种由个体的长期经验和训练形成的知识，并系统存储于个体长时记忆的内部理论结构；探索指的是通过观察搜索环境信息。基于此，该模型认为环境对象调整个体图式，图式指引个体对环境的探索，探索行为决定了哪些信息可以作为下一循环的对象。例如，在航线飞行时，图式会继续引导飞行员注意到危险的地形，如果地形不构成威胁，已有图式可能会将飞行员的注意力转移到环境的其他方面（如座舱显示器），探索新的环境信息。可见，知觉－行动环模型意味着信息收集的过程是不间断的，这个过程的开始和结束并没有明确规定。因此，该模型表明形成情境意识的过程是相对动态的。

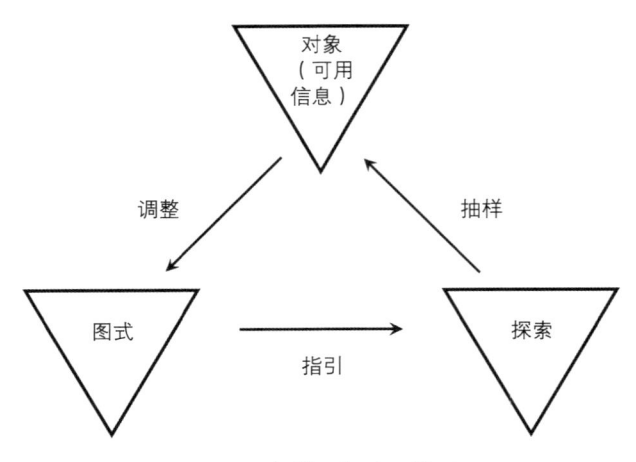

图5.2 知觉－行动环模型

亚当斯等人（1995）扩充了知觉-行动环模型。他们认为在高需求情况下（如紧急事件），图式可以分为显性焦点和隐性焦点两部分。显性焦点一定程度上等同于工作记忆，隐形焦点等同于激活的全部图式。此外，他们还将长时情境记忆和长时语义记忆纳入模型。亚当斯等人指出，长时情境记忆是在任务中构建或激活的图式的完整记录，而长时语义记忆是个体所获取的一般性知识。

然而，知觉-行动环模型中同样包含了许多未被充分理解的认知结构（例如，语义记忆、图式）。而且，该模型并未界定情境意识的开始与结束阶段，因此无法根据该模型发展出测量情境意识加工过程的有效建议。

情境意识成分理论

与前两种理论取向不同，威肯斯（2002）根据飞行任务的特性，将情境意识划分成3种成分：空间意识（Spatial Awareness）、系统意识（System Awareness）、任务意识（Task Awareness）。

（1）空间意识

飞行是在立体空间内进行的操纵活动，因此空间意识是飞行任务中固有的成分。这一过程中，飞行员面临的认知活动往往较为复杂。飞行的顺利完成离不开控制和监控3个重要的飞机朝向参数：俯仰角、坡度、航向。同时，与之对应的是3种飞行位置参数：飞行高度、飞行侧偏、飞行偏航（刘丹，2015）。飞机俯仰角度决定了未来的飞行高度，飞机左右倾斜坡度大小决定了未来的偏航与侧偏。飞行员不仅需要通过其心理模型对以上飞行参数进行表征与认知加工，有时还必须协调朝向控制（如保持姿态以维持升力）和位置控制（如按预计航路飞行）之间的冲突。

（2）系统意识

为了减少飞行员的负荷，设计人员总是不遗余力地升级飞机自动化飞行控制系统。直至今日，飞机自动化系统已可以完成很多任务，包括状态监测、情况推断，以及调整飞行方式（例如，爬升、巡航、下降）。但是，一方面，不断更新的自动化系统不仅运作模式繁多（目前已达到20多种），且内部运行逻辑复杂，再加上不恰当的符号显示方式，对飞行员提出了新的挑战；另一方面，相比于自动化系统所引发的行为，人们对自己所引发的行为的记忆更为深刻，使飞行员监控自动化控制系统的能力也会因飞行中其他任务的影响出现降低。

因此，飞行员保持对系统的认识显得十分重要（姬鸣 等，2021），如何在充分利用自动化减轻任务负荷的同时，让飞行员在执行任务时对自动化系统的变化保持充分的意识，是一个重要的研究问题。

（3）任务意识

飞行员在任务过程中面临着多种任务，按照优先级从高到低的层次结构，大致可以归为4类：飞行、导航、通信和系统管理，简称"ANCS"。尽管这个优先级结构存在灵活性，但飞行任务往往非常繁忙，在重要情况下，飞行员必须始终意识到自己需要执行哪些任务，以及所要执行任务的顺序。尽管飞行员掌握了大量的检查单来帮助自己实现合适的任务管理，强化了飞行员从培训和经验中获得的知识，可以在一定程度上降低前瞻记忆失误的发生概率（周晨琛 等，2020）。然而，这种程序化的检查单在以下几个方面存在问题：第一，飞行员常需要在同一时间内执行多个任务，在任务间快速切换，这种行为无法依靠检查单来完成；第二，检查单并不能详尽地列举出所有的意外情境；第三，许多认知任务，如维持情境意识等，无法编入检查单，但它们对于情境的处理至关重要。因此，这就要求飞行员保持良好的任务意识，掌握良好的任务优先以及任务中断管理能力（姬鸣，2015）。

成分理论的观点以及内容与飞行情境紧密相关，与其他理论取向相比更具有针对性。然而，该理论的3个结构层次难以形成结构化的理论模型，对于心理学研究而言，如何基于该理论探究情境意识的认知机制是存在一定困难的。

团队情境意识理论

传统的情境意识理论对于情境意识在个体内部的发生发展机制做了较为全面的解析，但是对个体交互过程中的情境意识缺乏考虑。复杂社会技术系统往往需要多个操作者合作才能顺利运行，这需要默契的配合与协作、清晰的角色分工，以及有效的成员沟通。尤其是在进入智能时代后，人机协同的应用场景更加广泛，必须确保人与智能之间共同具备良好的情境意识，只有这样才能有效做出决策（Endsley，2023）。因此一些研究者基于个体情境意识的理念，提出了团队情境意识（Team Situation Awareness, TSA）的概念。团队情境意识是"在某一时间点对团队成员之间情况共同的理解"，保障良好团队情境意识的关键是成员信息的交换。团队中的成员对外部情境要素的感知理解和预测不仅会受其他成员情境意识的影响，同时也影响团队其他成员的理解。因此从这个角度来说，团队情境意识是团队对成员共处的某个情境的感知、理解和预测。个体情境意识是团队情境意识的基础，团队情境意识也影响着个体情境意识。

还有研究者基于交互认知的视角，认为团队情境意识是由个体情境意识与团队成员之间的认知互动所组成的（王燕青 等，2022）。基于此，研究者构建了双人团队情境意识交互认知模型。该模型共 3 个层次：第一层次为两个成员各自的认知状况；第二层次为一个成员（A 成员）对另一个成员（B 成员）认知状况的理解和认识；第三层次为一个成员（A 成员）认为另一个成员（B 成员）对自身（A 成员）认知的理解和认识程度（见图 5.3）。

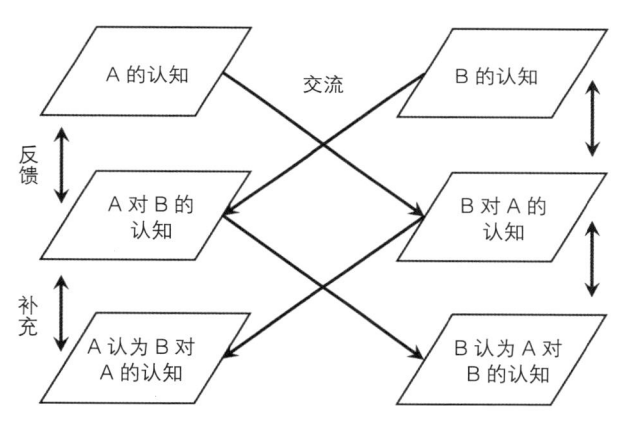

图 5.3　团队情境意识模型

分布式情境意识理论

团队情境意识是基于个体交互理念构建的情境意识概念，但工程心理学的观点认为，应从人机交互的角度进一步考虑情境意识。有研究者从人机系统的角度提出，情境意识不仅存在于团队成员之间，也分布在团队所使用的设备和系统中。斯坦顿等人（2006）正式提出了分布式情境意识（Distributed Situation Awareness, DSA）理论，定义为在系统内部针对特定任务激活的知识。该理论认为，情境意识实际上由系统中不同要素组成的信息网络构成，从而确保关键信息能够在适当的时间内传递。该理论指出，传统情境意识理论主要以个体为导向，并将团队情境意识视为个体情境意识的集合，个体间以及个体与环境间的信息定位相对独立。分布式情境意识理论主张从系统层面研究情境意识，强调系统中所有元素的分散存在和紧密相互作用。尽管这一理论包括个体对外界信息的感知、理解和预测过程，但其认为这些只是整个情境意识系统的一部分，而非全部。

恩兹利（2023）从人－自动化组队的角度指出，透明度和可解释性是构建分布式情境意识的关键（见图 5.4）。透明度指的是智能系统能够使人类理解其当前状态、任务以及未来行为，从而在交互中保持良好的情境意识。可解释性则是追溯性地解释智能系统的决策逻辑，帮助人类理解系统为何采取某些行动。这两者在支持分布式情境意识方面都非常重要，但各有局限，特别是在时间敏感的任务中，透明度可能比可解释性更为关键。此外，恩兹利和琼斯（2024）还指出，设计人机交互系统时应避免引入决策偏差，并创建有效的团队流程和沟通策略，以确保系统的公平性和可靠性，提升人－自动化组队过程中的分布式情境意识整体效能。

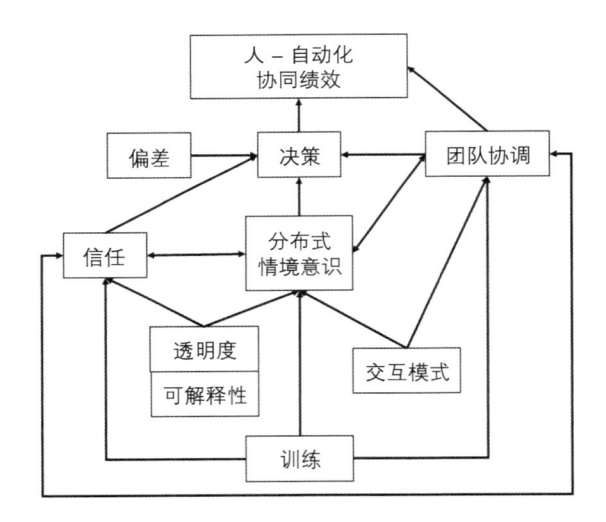

图5.4 人机组队中的分布式情境意识模型

5.1.2 情境意识的测量技术

情境意识的理论取向存在差异，导致了各研究者采纳的情境意识测量技术也有所不同。据统计，目前存在的情境意识测量技术达到了至少 30 种。总体来看，当前的情境意识测量技术大多是针对个体情境意识进行测评的，经典的情境意识测量方法可分为 5 类：冻结探测技术、实时探测技术、事后自评技术、观察者评估技术和绩效评估。近年来，越来越多的研究开始采用生理测量技术对情境意识进行测量，如眼动技术、脑电技术、脑成像技术。

经典情境意识测量技术

（1）冻结探测技术

冻结探测技术（Freeze Probe Techniques）需要在模拟任务环境中才能得以实施，其主要实施逻辑是在若干随机时间点将被试在模拟设备上进行的任务暂停，要求被试回答有关模拟情境的问题，根据被试的答题情况对其情境意识做出评估，随后被试返回任务情境继续操作。其中，情境意识整体评价技术（Situation Awareness Global Assessment Technique, SAGAT）是最为经典的冻结探测技术（Endsley, 1995）。这一技术以恩兹利提出的情境意识信息加工三水平模型为基础，在模拟任务开始前，针对任务情境设计若干情境意识测题。题目必须涵盖感知、理解、预测3个阶段，以及当前情境、系统功能和状态等多个方面。在每一个随机暂停点给被试呈现情境意识测题，以此实现对情境意识的全面评估。

冻结探测技术从客观的角度实现了对情境意识水平的量化，测量结果基本包含了恩兹利的情境意识模型的重要结构。此外，随机暂停点的操纵使得该技术能够得到真实可靠的数据，并不会影响任务的顺利进行，且冻结时长也不会影响测量的准确性。然而，有研究者指出，冻结探测技术对测量问题的设计提出了很高的要求，若设计不当则难以保证测量对象完全是情境意识而不包含记忆（Nguyen et al., 2019），例如无法回忆不太明显的任务元素并不能代表较差的情境意识。此外，最重要的一点是该技术对任务具有侵入性，因此无法将其应用到真实任务场景中。

（2）实时探测技术

为了避免对任务过程的侵入，一些研究者考虑在任务执行期间"在线"呈现一组情境意识测题，但不会冻结任务，该方法称为实时探测技术。具体来说，该技术的实施需要主题专家（Subject Matter Experts, SMEs）在任务执行之前或执行期间准备好有关任务情境的问题，将其在操作者执行任务时的相关时间点实时呈现，并要求操作者以口头报告的方式做出回答，同时记录应答内容和应答时间，用于衡量情境意识得分。

这一技术的优点在于可以应用于真实环境，并降低对任务的入侵程度。然而，在任务期间同步呈现问题的方法并不能完全消除入侵任务的缺陷，因为情境意识的测量仍然在任务执行期间完成，这意味着问题的呈现可能会引导操作者关注相关的情境信息，改变其原有的操作状态，导致结果出现偏差。此外，研究者难以在不可预估的变化环境中使用这项技术，因为某些情境意识问题必须实时生成，这会给研究者带来很大困难。

（3）事后自评技术

事后自评技术要求操作者在结束任务后，根据等级量表对自身情境意识水平进行主观测量，其中最常用的是情境意识评定技术（Situation Awareness Rating Technique, SART）（Taylor, 1990）。该技术通过李克特7点量表对被试的情境意识进行测量，共有10个条目，可以分为3个维度：一是注意资源的需求，包含条目有情境的不稳定性、情境的复杂性和情境的可变性；二是注意资源的供应，包含条目有情境唤醒、注意力集中、注意力分散和剩余程度；三是对情境的理解，包含条目有信息数量、信息质量和信息熟悉度。

事后自评技术使用方便快捷，由于其出现在任务结束之后，因此对操作者执行任务完全没有干扰，从根本上解决了侵入性的问题。该技术的使用不需要搭建复杂的模拟情境，也不需要主题专家的参与，极大地降低了实施成本。更重要的是，由于每个团队成员都可以对自己的情境意识进行自我评价，因此可以应用该技术来评估团队情境意识。然而，该技术作为一种主观评定的方法，其有效性会受到个体任务绩效的影响。一方面，任务中表现更好的操作者在自我评定时会倾向于认为自己有更高的情境意识水平；另一方面，情境意识水平在任务中并非一成不变，操作者对任务末期阶段的回忆会更加清晰，因此被试利用该技术对任务整体情境意识做出的评估可能并不准确。

（4）观察者评估技术

该技术的实施需要主题专家在任务执行期间观察每个操作者的行为，而情境意识的评定是通过对被试执行任务期间所表现出的与情境意识相关的行为实现的。观察者评估技术的主要优点在于非侵入性，可以应用于现实世界的任务。然而，情境意识本质上是一种内部认知过程，真实的情境意识水平不能仅通过观察便得到准确的评估。操作者良好的表现也并不意味着必定拥有良好的情境意识。不仅如此，操作者的行为在有无观察者的情况下也会出现不同。

（5）绩效评估

该技术的完成需要分析和评定操作者在任务过程中的特定事件的行为表现，通过记录与任务相关的绩效特征实现对情境意识的间接测量。该技术无需额外工作即可完成实施，因此它通常作为其他情境意识测量技术的补充，且完全克服了对任务过程的侵入。然而，该技术并非对情境意识的直接测量，绩效水平与情境意识水平也非完全对应。例如，对于新手而言，即使其获得了更高的情境意识水平，但由于缺乏经验，他们仍然可能表现出较差的绩效。

情境意识生理测量技术

（1）眼动指标评估

早期的航空心理学研究大多使用眼动追踪技术开展人机工效及界面设计方面的研究。近年来，利用眼动指标作为情境意识的客观评估手段得到了越来越多的研究者的认可。

视觉是操作者在任务中获取信息最重要的通道，其提供的信息量占任务信息总量的80%，而眼动过程与认知活动密切相关。因此，眼动技术作为评估视觉认知水平的重要方法，能够有效地表征情境意识水平。基于恩兹利的情境意识三水平信息加工模型，研究者发现被试在任务中对重要界面或仪表的注视时长（Dwell Times）与平均注视率（Average Fixation Rate）是表征信息获取水平，也就是水平1情境意识的良好指标，而操作者视觉扫描的规律性程度（以"熵"值表示），具有表征水平3情境意识的良好潜力。

眼动指标评估使得研究者能够在任务过程中收集情境意识相关指标，克服了经典情境意识测量技术存在的侵入性与干扰性缺点，其作为一种客观的生理指标也避免了主观评定的偏差。然而，目前便携式眼动设备尚未达到较高的精确度，因此在实验室之外收集的数据可能不够准确。此外，被试可能会专注于某个环境元素但并不能准确地感知，存在"视而不见"现象（Nguyen et al., 2019）。

（2）脑电指标评估

脑电技术（EEG）在心理学及认知神经科学的研究中已经得到了广泛的使用，恩兹利在早期便已经提出将脑电指标用于评估情境意识过程的可能性（Endsley, 1995）。然而，受到脑电技术研究范式局限性的影响，脑电与情境意识的关系研究仍未取得突破性的进展。近年来，有研究者通过频域分析技术，发现一些EEG指标与情境意识的关系十分密切，能够捕捉个体在任务中的快速反应，如危险感知和未来事件预测。费斯塔（Festa）等人（2024）研究发现，前额区的θ波和β波活动与情境意识的变化显著相关。θ波的增强表明个体在复杂任务中集中注意和处理认知冲突，而β波则与视觉注意力和认知负荷相关，尤其在应对多个潜在危险时更加突出。因此研究者逐渐接受了θ波在情境意识的评估中能够发挥重要作用（冯传宴 等，2020）。脑电测量技术具有无侵入性、时间灵敏度高的优势。然而在具体操作任务中存在的干扰因素过多，导致脑电指标稳定性较差。因此使用脑电指标评估情境意识的有效性仍存在争议。

（3）脑成像指标评估

与脑电指标相似，研究者逐渐尝试利用功能性近红外光谱技术（fNIRS）与功能性磁共振技术（fMRI）等脑成像技术，对不同的脑区或皮层的激活和情境意识的关系进行探索。相比于EEG的瞬时信号反应，fNIRS和fMRI提供了任务执行期间的持续认知监控信息。许多研究发现，前额叶皮层（Prefrontal Cortex, PFC）和扣带回皮层（Anterior Cingulate Cortex, ACC）的激活在情境意识活动中发挥重要作用。费斯塔等人（2024）发现前额叶皮层区域的氧合血红蛋白（Oxyhemoglobin）浓度变化与情境意识的准确性高度相关。在需要做出危险预测的时刻，氧合血红蛋白浓度峰值的变化能够有效预测个体的表现。考塞（Causse）等人（2013）在一项航空情境决策任务中，使用fMRI技术，揭示了前扣带皮层激活与情境意识水平存在关联。然而，与脑电指标的局限性相似，脑成像指标同样是一种间接测量手段，其表征情境意识水平的程度有限。同时，由于实验任务的不同，其准确性也有待进一步探讨。

总体而言，眼动、脑电和脑成像3种技术各具优缺点，能够从不同维度评估情境意识。眼动技术擅长捕捉视觉认知，EEG能够反映任务中的快速认知反应，而脑成像技术则提供了较长时间段的持续监测。虽然这些技术已经为情境意识的研究提供了丰富的生理指标，但在实际任务环境中的应用仍需克服设备精度、外界干扰等方面的挑战，以提高其评估的准确性和可靠性。

5.1.3 情境意识的影响因素

情境意识作为一种高级的认知功能，涉及多个认知加工过程，也受到了许多因素的影响。卢天娇等人（2020）基于恩兹利的情境意识信息加工三水平模型，总结、阅读、分析了国内外的情境意识相关研究，从个体因素与外界因素两方面，构建了情境意识的影响因素模型。

外部因素

飞行员在任务中面临着复杂多变的情境，其情境意识常受到飞行环境、飞行阶段与任务、驾驶舱设计的影响。

（1）飞行环境

在立体空间完成飞行任务是一个复杂多变的过程，因此飞行环境是影响情境意识最重要的外部因素。情境意识的形成和保持离不开对信息的感知、理解和预测，这会受到任务环境信息特征的影响，如地形地貌、光线、气象、特情、情境熟悉度等。一方面，丰富的环境信息可为飞行员决策提供参考；另一方面，搜索线索和加工过程同样会增加认知负荷，降低情境意识。例如，在夜间飞行环境下，飞行员需要更多地注意仪表变化，更加谨慎地对待仪表参数，才能保障安全飞行。因此，飞行环境对飞行员水平1情境意识，也就是感知阶段的直接影响较大，而对于水平2、水平3情境意识的影响更可能是间接的。飞行员会基于经验和当前状态，以自上而下的方式优化信息获取过程中的注意策略。

（2）飞行阶段与任务

在航空领域，军航和民航飞机的性能、用途、操纵方式差异较大，但基本飞行阶段是相同的，包含起飞、爬升、巡航、进近以及着陆。研究发现，不同的飞行阶段对情境意识的需求不同。在起飞、进近和着陆阶段，情境信息更新更为迅速且变化较大，飞行员需要在较短的时间里及时获取并更新信息；同时飞行员在这些阶段也会面临更多操作任务，需要对任务进行优先级排序并管理中断任务（姬鸣，2015）。因此，不同飞行阶段对飞行员加工信息的速度和所需信息量的要求存在显著差异，这会对情境意识产生直接的影响。

民用航空的飞行任务与基本飞行阶段紧密相关，主要以保证平稳、安全地飞行为主。但军用航空的飞行任务不仅包括了以上的常规飞行阶段，而且包含了复杂机动操作、对敌战斗、编队飞行等任务。目前，有关不同类型飞行任务中情境意识的针对性研究数量仍然不多，尤其是军航的复杂操作任务，具有较大危险性，过程中极易丧失情境意识引发事故，后续有必要对该类型任务中情境意识的获取及丢失展开相关研究。

（3）驾驶舱设计

飞机驾驶舱是飞行员与飞机进行人机交互的场所，驾驶舱系统中的自动化系统、显示系统等的设计都会对情境意识产生直接影响。

飞机设计者认为，飞机自动化程度的提高能够降低操作认知负荷，从而减少甚至避免飞行员的人因失误。然而自动化系统的引入一定程度上也带来了新的错误。从飞行人机交互的角度来看，自动化系统带来的过度自信、注意缺失、人的能力和自动化水平无法匹配等问题，反而使现代化驾驶舱增加了新的安全隐患。高度的自动化系统也会造成飞行员对自动化的依赖，一定程度上降低了飞行员对飞行系统的熟悉度，使其过度依赖自动化系统而难以保持高水平的情境意识（王新野 等，2021）。

显示系统设计对情境意识的影响同样十分重要。飞机运行过程中的性能参数需要以合理方式显示在驾驶舱界面上，这样飞行员才能合理有效地对信息进行快速识别。研究者指出，飞机驾驶舱显示界面所涉及的各种因素，如精确度及显示格式、信号组合方式、亮度、颜色等等都会对情境意识产生影响（卢天娇 等，2020）。因此，这就需要设计者对执行不同飞行任务的机型和飞行员进行分析，有针对性地根据不同的信息需求来设计仪表组合形式，优化信息显示方式。一方面，良好的显示设计以及界面布局能够帮助飞行员提升信息加工效率，引导良好的视觉注意分配，增强人机工效，进而提升情境意识（姬鸣 等，2021）。另一方面，信息显示对情境意识的深层影响机制可能来自不同显示系统设计的系统信息透明度。如果飞行员在与界面进行交互时，显示系统增加了飞行员的认知负荷，则可能引发情境意识丧失。因此，设计者需要找到一种加工负荷较低且又能获取关键信息的最优设计，在工作负荷与信息获取之间达到平衡。

个体因素

情境意识作为个体内部的认知功能，会受到认知能力、情绪等个体差异因素的影响。

（1）认知能力因素

大量研究指出，一般认知能力代表个体处理复杂信息的能力，与注意、记忆等认知成分关系密切。卢天娇等人（2020）将这些认知因素对情境意识的影响做了系统性的分析与总结。

①空间能力。空间能力是安全完成飞行工作的基础，是飞行职业胜任能力的重要成分。同时，这一能力也被认为是除飞行经验外对情境意识预测效果最佳的要素（卢天娇 等，2020）。研究者基于情境意识信息加工三水平模型进行分析，发现空间能力与水平1阶段的情境意识联系紧密（Endsley & Bolstad，1994）。一项元分析研究得出了类似的观点，指出空间工作记忆和空间推理能力可为知觉阶段提供有效支持。在一项模拟军航空战情境的研究中，研究者同样证实了飞行员感知阶段的情境意识水平与空间能力关系密切（Sulistyawati et al., 2011）。因此可以认为，空间能力对水平1情境意识的影响最大，且这种影响可能远大于其他认知能力对水平1情境意识的影响。不过，目前尚没有空间能力与水平2和水平3情境意识关系相关的直接研究，这一问题的研究有待进一步深入。

②注意能力。注意是认知过程的基础环节，研究者普遍认为，注意是限制操作者获取和解释环境信息的关键因素。尤其是在感知情境要素的阶段，飞行员需要又快又准地探测当前环境及飞机状态信息，才能保持良好的情境意识。而动态情境的变化、信息过载以及多任务处理都会加速个体有限注意资源的消耗。一般来说注意品质由注意稳定、注意广度、注意分配、注意转移4种特征构成，其中与情境意识关联最密切的是注意分配（刘丹，2015）。有研究指出，飞行员注意分配能力是军航飞行员情境意识的主要预测指标之一（姬鸣，2015）。有研究者同样指出，飞行员在任务中的注意分配会直接影响情境意识（Nguyen et al., 2019）。研究者认为，个体同样能够以自上而下的方式对注意产生引导。因此注意和经验、工作记忆等认知过程的交互作用对情境意识的影响值得进一步考察（卢天娇 等，2020）。

③工作记忆。工作记忆信息作为在进行深入加工前暂时性的存储系统，不仅对情境意识产生巨大的直接影响，而且与注意过程以及高级认知过程联系密切。研究者指出，工作记忆的容量会影响个体信息获取与加工的准确性，同时工作记忆也会影响个体的注意分配与过滤（姬鸣，2015）。不仅如此，还有研究

证实，高阶情境意识的产生同样需要工作记忆的参与。个体对环境发展趋势的准确预测并执行决策，依赖于工作记忆将暂时存储的系统信息与心理模型进行比对。

个体经验的差异可能会产生调节效应，改变工作记忆的影响方向和程度。大量研究表明，对于新手而言，工作记忆对其情境意识的影响比对专家情境意识的影响要更大（李宏伟，2021；解旭东，2022）。这种影响效果的差异主要源于长期的专业经验使得专家掌握了长时工作记忆技能，其中的知识和经验能够补偿工作记忆容量，继而提升操作者的情境意识（Xie et al., 2024）。所以，工作记忆可有效预测新手的情境意识水平，而专家的情境意识则受到其长时工作记忆技能的影响。尽管工作记忆对情境意识的重要影响已经得到了证实，然而短时和长时工作记忆在深层次方面的作用机制，即如何影响情境意识水平的获得和维持过程，仍缺乏深入研究。

（2）情绪

情绪与多种认知过程都联系紧密，因此其对情境意识的影响不可忽视。目前虽有研究提出了情绪影响SA的假设，但对两者的相关实验研究并没有跟进。卢天娇等人（2020）主要从飞行员自身的情绪知觉和情绪状态的角度，分析了情绪对情境意识的影响。研究认为，情绪不仅反映、影响、偏离认知，还控制认知过程的选择。勒文施泰因（Loewenstein）和勒纳（Lerner）（2003）指出，当下的情绪反应可直接影响决策行为和认知评估，这间接证明情绪对水平2和水平3的情境意识产生直接的影响。考塞等人（2013）研究表明，不确定情境和奖励措施引起的压力会导致个体产生消极情绪，这些消极情绪会造成飞行员临时理性决策障碍。以上研究提示我们，情境意识形成和维持的过程均可能受飞行员的情绪影响，使他们形成不准确的情境意识。

5.2 中断任务条件下情境意识的长时工作记忆机制

当任务被中断时，如果操作员能有效保持中断前的情境意识，不受干扰，恢复主任务时便可迅速、完整地重建情境意识，从而避免绩效下降。驾驶舱内的常见错误是任务中断恢复后直接跳到下一个任务或无法及时恢复中断任务的关键信息。事故调查表明，部分空难的发生与飞行员在执行起飞准备的关键步骤时被打断有关。因此，确保飞行员在任务中断后能够保留并迅速恢复情境意识，对于维护飞行安全至关重要。

5.2.1 长时工作记忆概述

长时工作记忆理论提出，个体在熟练活动中可以扩展工作记忆的容量，甚至打破短时记忆的限制。通过将长时工作记忆与长时记忆系统建立连接，信息的保持效果显著增强，持续时间延长。同时，个体的认知结构中形成了提取线索的通路，使得长时工作记忆中的信息能够快速、灵活地更新，以应对任务需求。长时工作记忆是在特定领域中通过练习获得的，专门服务于该领域的存储和检索要求。因此，研究长时工作记忆必须基于个体熟悉的技能背景。例如，运动领域的研究表明，象棋专家经过长期训练，其长时记忆中存储了大量的棋局模式，如步法和套路（赵冰洁 等，2022）。这些棋局模式使专家能够迅速识别棋盘布局，并记忆更多的棋局片段。然而，这种优势仅在面对有意义的棋局时出现，一旦棋局失去意义或变得随机，专家的长时记忆优势就消失了。类似的现象在其他智力运动领域中也得到了验证（赵冰洁 等，2022）。

要获得长时工作记忆，需满足几个条件：第一，认知活动必须是个体熟悉的，只有在熟练的前提下才能生成快速提取的程序；第二，个体对认知材料要高度熟悉，以便从中提取知识和模式；第三，个体需要将认知活动的提取线索联系起来，为信息激活和检索提供路径；第四，认知任务中的材料必须具备意义；第五，记忆中的技能和程序仅限于该特定练习领域。专家通过利用提取结构来存储信息，从而在任务中展现长时工作记忆的优势（张引 等，2024）。研究表明，长时工作记忆是个体在熟练任务中产生的一种能力，它基于专家的知识，实现对长时记忆中信息的快速提取和存储。在熟练的任务中，任务相关信息形成了认知提取结构，与长时记忆相连，从而在任务中表现出长时工作记忆的特性。

长时工作记忆的提取结构机制

在熟练的活动中，个体会将任务信息与相关线索建立联系。随着线索的进一步组织，这些信息形成了线索－编码信息配对，通过激活这些线索能够快速提取任务信息，这被称为提取结构（李宏伟，2021）。提取结构是在长时工作记忆中检索信息的重要认知机制。通过任务相关的提取结构与长时记忆中的信息能够实现快速检索，并将相应的信息提取至短时记忆中加以利用。

提取结构的形成依赖于个体在专业活动中的经验和训练，需要满足以下几个条件。首先，个体必须能够迅速将信息存储到长时记忆中，这通常需要相关领域的大量知识和特定的信息模式。研究表明，不仅记忆专家具备这种能力，其他领域的专家也具有类似的记忆优势。其次，专家必须非常熟悉该领域的活动，这样他们才能准确预测未来对信息检索的需求。最后，操作者需要将编码的信息与适当的线索联系起来，从而在需要时通过激活这些线索，恢复编码时的条件，以便从长时记忆中检索信息。

长时工作记忆与情境意识保持

在飞行任务中，飞行员通过注意和感知不断获取任务相关信息，并结合长时记忆中的经验进行加工与理解。处理后的信息与飞行员已有的知识和心理模型相结合，帮助预测未来情境的变化。索恩（Sohn）和多恩（Doane）（2003）研究了复杂航空任务中，工作记忆和习得技能如何影响长期工作记忆的可访问性。结果表明，随着长时工作记忆技能的提升，工作记忆对任务绩效的影响减弱，但两者仍是重要的预测指标。傅亚强和许百华（2012）研究了情境意识与工作记忆广度及长时工作记忆技能的关系。他们发现，专家的长时工作记忆技能和空间工作记忆广度能够有效预测情境意识。随着长时工作记忆技能的提高，工作记忆广度对情境意识的影响减小。而对于新手来说，空间和语言工作记忆广度也能预测情境意识。

在复杂任务中，任务中断后，操作者通常需要执行其他任务，随后返回到原任务。飞行员在任务中断后，能否顺利恢复中断前的情境意识，往往是影响任务成功与否的重要因素。如果任务中断前的情境意识得到了良好的保持，操作者便能迅速从记忆中恢复任务信息，避免绩效下降。那么，长时工作记忆是否有助于任务中断情况下情境意识的保持？这一过程又依赖何种认知机制？

5.2.2　不同中断任务与被试类型对情境意识的影响研究

研究设计

采用了2（被试类型：新手被试，熟练被试）×3（中断任务类型：无中断，简单中断，复杂中断）的双因素混合研究设计。自变量包括被试类型和中断任务类型。被试类型为被试间因素，中断任务类型为被试内因素；因变量为被试在情境意识测量中的正确率。

（1）被试类型

通过飞行时长区分被试类型。没有任何实际飞行经验的被试归为新手组，而熟练组则由持有私人飞行执照的飞行员组成，平均飞行时间为 261 小时。熟练组成员经过长时间的航空训练，具备丰富的飞行知识和操作经验。

（2）中断任务类型

中断任务的操控基于主任务结束后是否立即进行情境意识测量展开。在无中断条件下，被试在完成主任务后立即进入情境意识测量环节；在简单中断条件下，被试在主任务结束后依指令进行简单中断任务（每个乘法题呈现 3 秒），完成后再进行情境意识测量；复杂中断条件下，被试在模拟飞行监控任务结束后进入复杂中断任务（每个乘法题呈现 2 秒），之后再进行情境意识测量。每种条件下的中断任务均持续 60 秒。

（3）因变量测量

因变量为情境意识的准确性，使用情境意识整体评价技术（SAGAT）形成的问卷进行测量（表 5.1）。情境意识的准确性通过模拟飞行监控任务中的问答正确率衡量。基于恩兹利的情境意识信息加工理论，情境意识从知觉、理解和预测 3 个水平进行评估。评估指标包括被试在 SAGAT 问卷上的答题准确率。在无中断条件下，主任务结束后立即呈现 SAGAT 问题，被试需在 1 分钟内答题，超时未完成则结束任务。在中断条件下，主任务结束后被试转入乘法判断任务，模拟任务中断的情境。完成判断任务后，被试回答 SAGAT 问题。每个视频对应 3 道题目，每种中断类型条件下共呈现 10 个视频。

任务与程序

任务为模拟飞行监控任务。使用来自模拟飞行软件 Prepar3D 的飞行过程驾驶舱的录屏视频截取生成，截取页面如图 5.5 所示。录制的模拟飞行视频包括了飞机从滑行到爬升之后开始巡航最后下降、着陆等部分。每个模拟飞行监控任务视频均呈现 15 秒，要求被试注意监控飞行状态和仪表参数。

每位被试均需接受 3 种中断任务条件的处理，每种条件各 4 次模拟飞行监控任务。无中断条件下，模拟飞行监控任务结束后直接进入情境意识测量；简单中断和复杂中断条件下，被试转移至中断任务，完成乘法题目判断后，进入情境意识测量。

表5.1 情境意识测量问题示例

SA等级	问题	选项
知觉	飞机当前的空速为	A.40至70 B.70至100 C.100至130
理解	飞机推力发生了怎样的变化	A.不变 B.增大 C.减小
预测	若保持当前上升率，多久之后飞机可达到设定飞行高度	A.1分钟至2分钟 B.3分钟至4分钟 C.5分钟至6分钟

图5.5 模拟飞行监控任务界面

资料来源：李宏伟. (2021). 飞行学员情境意识保持的提取结构效应 (硕士学位论文). 陕西师范大学, 西安.

结果与分析

结果显示，中断任务类型对答题正确率的主效应显著，$F(2, 122) = 7.684$，$p < 0.01$，$\eta_p^2 = 0.112$，无中断条件下，情境意识测量问题正确率显著高于简单中断和复杂中断条件。被试类型的主效应显著，$F(1, 61) = 27.903$，$p < 0.01$，$\eta_p^2 = 0.314$，飞行学员情境意识测量问题正确率显著高于新手被试。中断任务类型和被试类型的交互效应显著，$F(2, 122) = 3.613$，$p < 0.05$，$\eta_p^2 = 0.056$，简单效应分析结果表明，对飞行学员来说，中断任务类型对正确率无显著影响。但是对新手被试来说，中断任务类型对问题回答正确率影响显著，无中断任务条

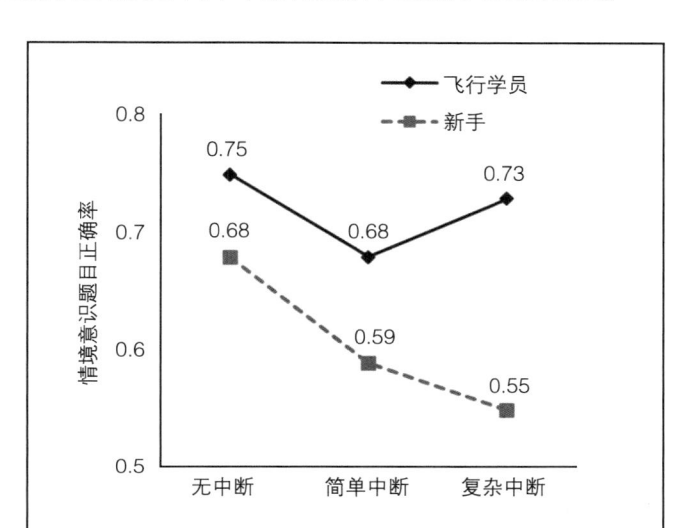

件下答题正确率显著高于简单中断和复杂中断条件(见图 5.6)。

图5.6 中断任务类型和被试类型对情境意识影响的交互作用

资料来源：李宏伟.(2021).飞行学员情境意识保持的提取结构效应(硕士学位论文).陕西师范大学,西安.

在飞机驾驶舱内，任务执行经常会受到影响并中断，这常导致操作者直接进入下一个任务而未回到被中断的任务，或者在返回后无法维持对中断任务的情境意识。本研究探讨了中断任务类型和被试类型对情境意识保持的影响。研究结果显示，在无中断条件下，情境意识测量的正确率显著高于简单和复杂中断条件，这表明中断任务确实对情境意识的保持产生了不利影响。随着中断任务难度的增加，被试保持情境意识的效果也显著下降。

此外，熟练被试的情境意识准确性明显高于新手，并且中断任务类型和被试类型之间存在显著的交互作用。对于熟练的飞行学员，情境意识的准确性在各中断任务条件下均保持在较高水平，且中断任务的复杂性对他们的情境意识保持几乎没有影响。而对于新手来说，无中断任务条件下的情境意识准确性显著高于简单中断和复杂中断条件，这表明飞行学员在受到中断任务影响时，能够更好地保持情境意识。

研究结果显示，中断任务对飞行学员的情境意识几乎没有影响，说明他们的情境意识并非依赖短时工作记忆。短时记忆通常无法保持信息超过一分钟。

组块理论解释了专家具有较大信息存储容量的现象，认为通过训练获得的知识和记忆技能可以使个体有效地提取和处理信息，这些知识是由长时记忆中的组块构成的（赵冰洁 等，2022）。因此，研究者认为飞行学员能保持情境意识的现象，可以通过长时工作记忆理论解释。也就是说，飞行学员能够将情境意识存储在长时工作记忆中，而新手则更多依赖短时记忆，随着中断任务的复杂性增高，新手的情境意识保持能力逐渐下降。

5.2.3　中断任务与长时工作记忆对情境意识的影响机制

为了深入研究情境意识保持过程中影响长时记忆提取的关键因素，该部分的主要目的是探讨中断任务条件下，飞行情境的意义性和飞机飞行状态对新手和熟练被试情境意识保持的影响，从而进一步了解熟练被试在情境意识保持过程中如何有效利用长时工作记忆。

飞行情境的意义性与被试类型情境意识保持的影响

（1）研究设计

采用 2（被试类型：新手，飞行学员）×2（模拟飞行情境意义性：有意义，无意义）的双因素混合研究设计。自变量为被试类型和模拟飞行情境的意义性。被试类型为被试间因素，模拟飞行情境意义性为被试内因素；因变量为被试在情境意识测量问题上的正确率。

①被试类型：与 5.2.2 研究设计部分相同。

②模拟飞行情境的意义性：有意义条件下的模拟飞行仪表和窗外视景均为实际飞行过程中合理且常见的场景。无意义条件下的场景均为在实际飞行过程中不可能发生的情况。

③因变量测量：与 5.2.2 研究设计部分相同。

每位被试都在两种模拟飞行情境任务（有意义/无意义）条件下各完成 4 次模拟飞行情境任务，且每次任务结束后均需完成与 5.2.2 研究设计部分相同的复杂中断任务。

图5.7　无意义飞行情境

资料来源：李宏伟. (2021). 飞行学员情境意识保持的提取结构效应 (硕士学位论文). 陕西师范大学, 西安.

（2）结果

方差分析显示，情境意义性对情境意识测量问题正确率主效应显著，$F(1, 61) = 4.737$，$p < 0.05$，$\eta_p^2 = 0.072$，有意义条件下，情境意识测量问题正确率显著高于情境无意义条件。被试类型的主效应显著，$F(1, 61) = 73.149$，$p < 0.01$，$\eta_p^2 = 0.545$，熟练被试情境意识测量问题正确率显著高于新手被试。模拟飞行监控任务情境的意义性和被试类型的交互效应显著，$F(1, 61) = 6.885$，

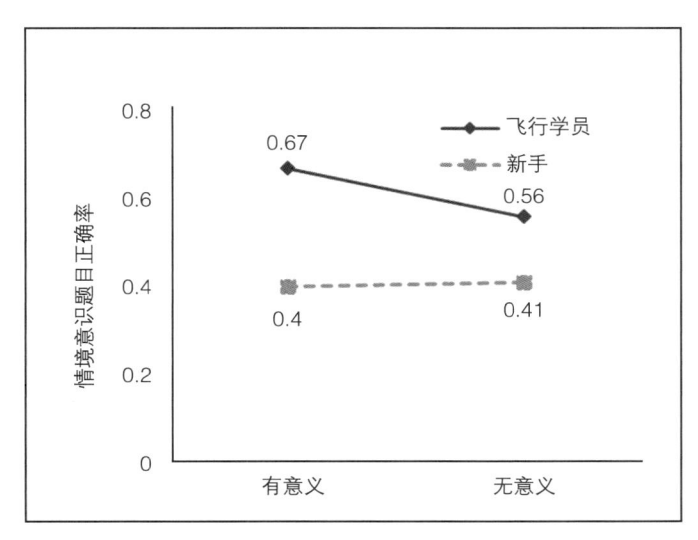

图5.8　情境意义性和被试类型对情境意识影响的交互作用

资料来源：李宏伟. (2021). 飞行学员情境意识保持的提取结构效应 (硕士学位论文). 陕西师范大学, 西安.

$p < 0.05$，$\eta_p^2 = 0.101$。简单效应分析结果显示，对熟练被试来说情境的意义性对情境意识测量问题回答正确率影响显著，有意义情境下问题回答正确率显著高于无意义情境。但是，对新手被试来说，情境的意义性对问题回答正确率无显著影响，无论模拟飞行情境有无意义，情境意识测量问题正确率均保持在较低水平。

（3）分析与讨论

研究结果显示，熟练被试和新手被试的情境意识保持的机制是不同的。那么为什么熟练被试的情境意识可以被保持在长时工作记忆中？这些情境意识的任务信息是如何在长时工作记忆中组织起来的？研究人员认为，有意义和无意义情况下，情境意识准确性的差异反映了飞行员在长时记忆中构建和使用检索结构的能力。在有意义情境中，飞行员能够通过已有的检索结构对情境信息进行编码和提取。而在无意义情境中，由于缺乏匹配的检索结构，信息无法被有效编码与提取。

新手在中断任务中的情境意识保持显著低于飞行学员，这是因为专家通过长期的飞行训练与操作，发展了长时工作记忆技能。研究显示，飞行情境的意义性对情境意识的保持有显著影响。在符合实际飞行情况的有意义情境中，飞行员能够维持较高水平的情境意识；而在不符合实际情况的无意义情境中，情境意识保持在较低水平。

对于新手，无论情境是否有意义，其情境意识在中断任务条件下均保持在较低水平。而飞行学员的情境意识则表现出显著差异。在有意义情境下，飞行学员的情境意识保持较高，而在无意义情境下，情境意识显著降低。这与前人研究一致，专家在熟悉领域中对有意义刺激表现出更好的记忆效果。这是因为专家可以通过长期经验提取关键线索，建立稳定的长时记忆检索结构。结合相关研究结果，说明在有意义情境中，熟练被试通过其在飞行中积累的提取结构，能够有效保持情境意识；而在无意义情境中，提取结构无法匹配，导致长时记忆无法起到作用，情境意识保持能力下降。此外，中断任务削弱了新手的短时记忆能力，进一步影响了情境意识的维持。因此，在有意义情境下，熟练被试的情境意识保持得更好，而在无意义情境中则与新手相似。这表明，飞行学员长时记忆中的提取结构对情境意识的保持起到了关键作用。

中断任务类型与飞行状态对情境意识保持的影响

（1）研究设计

采用 2（中断任务类型：无中断任务，复杂中断任务）×3（飞机控制状态：控制元素，性能元素，异常元素）双因素被试内设计。自变量为中断任务类型和飞机控制状态；因变量为被试在情境意识测量问题上的正确率。

①中断任务类型：与 5.2.2 研究设计部分相同。

②飞机控制状态：在飞行中，飞行员通过控制飞机的姿态和功率，飞机的性能得以体现。飞机的姿态显示出了飞机的纵轴和横轴与地球天地线之间的关系，飞行员通过参照目视参考和操纵发动机的功率输出来控制飞行姿态，使其达到所需的性能，这整个过程被称为飞行"操纵和性能"的方法。基于此，控制元素指示飞行中控制运动的输入设置，包括俯仰、倾斜转弯和功率；性能元素表明飞机作为控制运动的结果，包括高度、航向、空速、爬升率和转弯率等；异常飞行表明飞机当前的状态不可能出现在现实中。

③因变量测量：与 5.2.2 研究设计部分相同。

每位被试要在有无中断任务和 3 种飞机控制状态条件的组合下各完成 6 次模拟飞行监控任务。每次监控结束后均需完成与 5.2.2 研究设计部分相同的复杂中断任务。

（2）结果

情境意识测量问题正确率的方差分析结果显示，中断任务类型的主效应显著，$F(1, 29) = 134.575$，$p < 0.01$，$\eta_p^2 = 0.823$，无中断任务下，情境意识测量问题正确率显著高于复杂中断任务条件。模拟飞行飞机控制状态的主效应显著，$F(2, 58) = 4.916$，$p < 0.05$，$\eta_p^2 = 0.145$，控制飞行状态情境意识测量问题正确率显著高于异常飞行状态。中断任务类型和模拟飞行飞机控制状态的交互效应显著，$F(2, 58) = 4.573$，$p < 0.05$，$\eta_p^2 = 0.136$，简单效应分析表明，在无中断任务下，异常飞行状态、性能飞行状态、控制飞行状态 3 种状态下的情境意识测量问题正确率无显著差异。但是在中断任务条件下，控制飞行状态的情境意识测量问题正确率显著高于异常飞行状态和性能飞行状态，异常飞行状态和性能飞行状态 2 种状态下的正确率差异不显著（见图 5.9）。

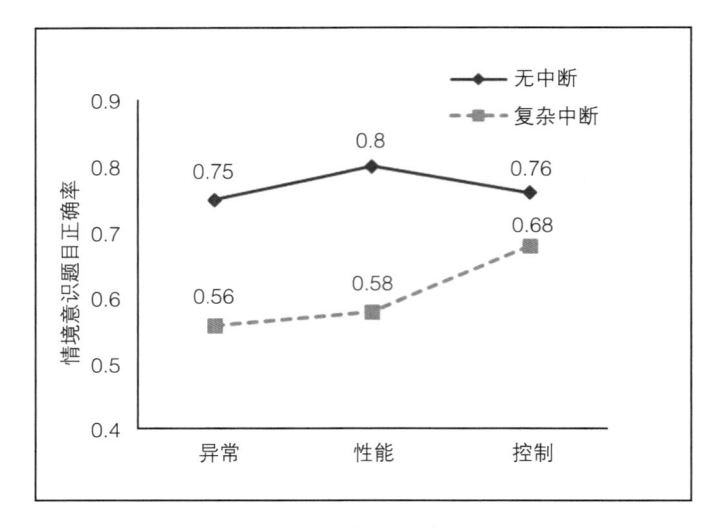

图5.9 中断任务和飞行状态类型对情境意识影响的交互作用

资料来源：李宏伟. (2021). 飞行学员情境意识保持的提取结构效应(硕士学位论文). 陕西师范大学, 西安.

（3）分析与讨论

长时记忆提取结构必须在飞行情境具有意义的情况下才能发挥作用，不可能的飞行情境的情境意识保持无法依赖长时工作记忆。那么，在有意义的飞行情境中的长时记忆提取结构以何种形式存在？研究发现，模拟飞行中飞机的状态对情境意识的保持有显著影响。在飞行过程中，飞机的姿态和功率需通过操控来展现，仪表可以实时提供这些信息，并且允许精确调节。飞行员通过参考姿态和功率指示，决定操控方式。性能仪表反映了飞机的真实状态，包括高度表、空速表、升降速度表、航向指示器和转弯侧滑仪。

该研究对飞行中的飞机状态进行了分类，将正常飞行状态进一步划分为控制飞行状态和性能飞行状态，以评估飞行学员在长时工作记忆提取结构中可能存在的相关认知结构。结果显示，控制飞行状态下的情境意识测量问题正确率显著高于异常飞行状态。

飞机状态对情境意识保持的影响也受到中断任务的调节。在复杂中断任务条件下，异常和性能飞行状态的情境意识保持正确率显著下降，但控制飞行状态的情境意识则保持在较高水平。这表明飞行学员能够利用控制元素（如倾斜、俯仰和功率）建立长时工作记忆的相关结构，而性能元素（如航向、高度和空速）则未能形成相应结构。因此，飞行学员在处理控制元素时的认知过程与处理性能元素时的认知过程存在显著差异。这表明，在飞行情境中，控制性元素的提取结构对于熟练被试的情境意识保持具有重要作用。

综合来看，新手在中断任务情况下的情境意识保持主要依赖短时工作记忆，因此容易受到中断任务干扰；而专家则能够利用长时工作记忆技能来维持情境意识，展现出一定的中断耐受性。长时工作记忆主要依靠提取结构对情境意识保持发挥作用，但这种提取结构主要依靠飞行情境中的控制性元素来构建，且仅在有意义的飞行任务环境中才能发挥作用。

5.3 听觉干扰条件下情境意识的工作记忆机制

飞行员保持良好的情境意识对于确保飞行安全至关重要。然而，在实际飞行过程中，听觉干扰和复杂听觉任务会显著削弱飞行员的视觉认知能力，从而危及他们的情境意识和整体飞行安全。根据报告数据，因听觉干扰导致的飞行事故占所有事故的25%。尽管已有许多研究将关注点集中在情境意识的注意感知层面，但对于更高层次的认知加工则研究较少。尤其是对于在听觉干扰下工作记忆与情境意识之间的关系，研究者们的观点仍不一致。此外，个体经验在这一关系中的作用机制也尚未明确。因此，本研究旨在深入探讨听觉干扰条件下工作记忆对情境意识的影响，并分析眼动模式的变化。这一研究不仅能够填补现有研究的空白，还能为飞行员培训和飞行安全措施的制定提供科学依据，从而提升飞行员在复杂环境下的应对能力，进一步保障飞行安全。

5.3.1 听觉干扰与情境意识

准确感知和处理动态环境信息对于情境意识的形成和保持至关重要。在复杂的社会技术系统中，视觉通道是操作者获取信息的主要渠道。研究表明，约80%的系统信息通过视觉通道传递给操作者。因此，良好的视觉认知处理能力对情境意识有着重要影响。然而，飞行座舱是一个复杂的多任务环境，飞行员在执行任务时不仅需要关注视觉信息，还需管理众多听觉任务，如监听空中交通管制指令、与机组成员进行沟通。有效的听觉信息处理能够帮助飞行员维持情境意识，确保他们对环境的全面理解和及时反应。然而，听觉任务与视觉处理系统之间的认知资源竞争会导致飞行员分心，削弱他们的情境意识和反应能力。研究表明，驾驶舱中的干扰是发生人因事故的重要原因之一。例如，澳大利亚和巴基斯坦的事故报告都显示，飞行员因无线电通信和讨论某问题而分心，忘记放下起落架或导致可控飞行撞地事故。这些案例凸显了听觉干扰对飞行员认知处理和决策能力的重大威胁。听觉干扰在因干扰导致的飞行安全事故中占据了 25% 的比例。这意味着，每 4 起因干扰导致的事故中，就有 1 起是由听觉干扰引起的。听觉干扰不仅对飞行员的注意分配产生负面影响，还会削弱他们对重要任务的反应能力，进而影响整个飞行任务的安全性。因此，理解和管理听觉干扰对飞行员情境意识的影响，对于提升飞行安全水平具有重要意义。在这个背景下，飞行员培训和飞行安全措施制定应当特别关注对听觉干扰的管理。通过提高飞行员在复杂多任务环境下的认知处理能力，减少听觉干扰的负面影响，可以显著提升情境意识，确保飞行任务的安全和顺利进行。这不仅有助于减少由人为因素导致的飞行事故，还能增强飞行员在面对突发状况时的应变能力，进一步保障航空安全。

听觉干扰对情境意识的影响概述

听觉干扰通过内在机制损害情境意识，危害有效决策和安全操作。前期研究多采用双任务范式来探讨听觉干扰对情境意识的影响，揭示了这一现象的广泛存在和严重后果。有研究者在驾驶模拟器中进行了一项实验，要求被试在驾驶过程中进行手机通话（Ma & Kaber, 2005）。实验结果显示，通话过程中被试的情境意识明显降低，难以对驾驶环境中的重要信息做出快速和准确的反应。这表明，即便是简单的听觉干扰，如日常的手机通话，也能显著影响情境意识，危及驾驶安全。卡斯（Kass）等人（2007）的研究进一步揭示了不同经验水平的驾驶员在面对听觉干扰时的表现差异。结果显示，新手驾驶员比专业驾驶员更容易受到干扰的影响，情境意识水平下降更为明显。然而，无论是新手还是专业驾驶员，在使用手机时情境意识都受到了显著影响。这说明，听觉干扰对情境意识的影响具有普遍性，不论驾驶经验如何，都难以完全避免其负面效应。卡贝尔（Kaber）等人（2016）的研究则关注了听觉认知干扰对情境意识的损害，尤其是在风险事件发生前后。研究发现，在高风险事件发生前后的关键时刻，听觉干扰会更加显著地削弱情境意识，使驾驶员难以迅速而准确地识别和应对潜在危险。这一发现表明，听觉干扰在关键时刻的影响尤为严重，可能直接导致安全事故的发生。总体来看，这些研究一致表明，听觉干扰通过多种途径和机制显著损害情境意识，影响个体的认知处理和决策能力。无论是在日常驾驶、复杂任务操作，还是在高风险情境中，听觉干扰都是一个重要的威胁因素。为了提高情境意识水平，确保安全操作，有必要深入研究和理解听觉干扰的影响机制，并采取有效的管理和干预措施。这不仅能够帮助驾驶员和其他操作人员更好地应对多任务环境中的挑战，还能显著提升整体操作的安全性和可靠性。

听觉干扰对情境意识的影响机制

在复杂的社会技术系统中，听觉任务管理是不可避免的环节，因此听觉干扰与情境意识之间的关系一直是研究者讨论的热点。听觉干扰的作用机制也备受关注，大部分研究认为，听觉干扰会导致操作者分心，还探讨了其对情境意识的影响机制，从次要任务的属性、类别以及主任务环境等多个方面展开了深入研究。研究者普遍认为，听觉干扰对情境意识的影响主要归因于认知资源的有限容量。当操作者需要在执行主任务的同时处理次要的听觉任务时，有限的认知资源会被分散，从而导致情境意识的降低。这一影响不仅仅停留在理论层面，还可以通过具体的视觉模式变化得到反映。有研究者通过对比视觉和听觉干扰对驾驶表现和情境意识的影响，发现两者对驾驶任务的干扰方式有所不同（Muhrer & Vollrath, 2011）。视觉干扰主要损害感知过程，使驾驶员难以准确获取和处理环境中的视觉信息，而听觉干扰则影响情境预期，削弱驾驶员对未来驾驶情境的预测能力。这表明，不同类型的干扰会通过不同的机制影响情境意识。总体而言，听觉干扰对情境意识的负面影响是显著的。然而，由于各研究采用的任务和环境不同，研究者对听觉干扰与情境意识关系的具体看法仍存在分歧。一些研究可能发现听觉干扰对特定任务的影响较小，而其他研究则可能发现其影响巨大。这些差异可能与研究设计、任务复杂性、干扰类型以及被试的个体差异等因素有关。为了进一步理解听觉干扰对情境意识的影响，需要佐以更多的系统研究，特别是需要在不同的任务环境和情境下进行更广泛的实验。通过这种方式，可以更好地揭示听觉干扰的作用机制，找到有效的干预措施，帮助操作者在复杂的多任务环境中更好地管理听觉干扰，保持高水平的情境意识，从而确保操作的安全性和效率。这不仅对驾驶员具有重要意义，对其他需要在复杂环境中执行任务的操作人员同样适用。

（1）注意机制

多资源理论认为，视觉和听觉通道在认知处理时依赖独立的注意资源。当次要任务与主任务共享相同模态的认知资源时，会对主任务表现产生更大干扰（Wickens, 2002）。这一理论的核心观点是，认知资源在不同感官通道之间是独立分配的，因此，视觉任务和听觉任务在理想状态下应不会相互干扰。然而，当多个任务需要共享相同的认知资源时，如同时进行两个视觉任务或两个听觉任务，资源竞争会导致主任务表现的显著下降。近年来，研究者开始关注不同感觉通道之间的相互影响，发现跨模态的认知负荷也会对注意力产生影响。这一发现拓展了多资源理论的应用范围，表明高认知负荷的单一模态不仅会影响自身的处理能力，还会降低对另一模态刺激的探测能力，表现为无意失明和无意失聪（朱荣娟，游旭群，2022; White & O'Hare, 2022）。这种现象说明，认知资源虽然在不同模态中独立分配，但在高负荷情况下，不同模态之间的竞争仍然存在。注意资源模态共享理论进一步解释了这一现象，认为认知资源集中且有限，不同模态共享同一中央认知资源，会导致跨模态的意识失败（朱荣娟，游旭群，2022）。这种观点强调了中央认知资源的有限性，当认知任务的总负荷超过资源容量时，无论任务属于哪种模态，都会导致认知处理能力的下降。

随着社会技术系统的复杂化，许多行为都需要整合多感觉的信息输入。例如，现代驾驶员不仅要处理视觉信息，还需要应对复杂的听觉任务，如手机通话和导航指令。相关研究发现，驾驶过程中手机语音交流会显著降低驾驶员的情境意识，因为听觉交流分散了驾驶员对道路环境刺激的注意能力（Kass et al., 2007; Ma & Kaber, 2005）。墨菲和格林（Greene）（2017）在模拟驾驶场景中的研究发现，高听觉负荷会显著降低驾驶员的视觉注意水平，导致无意视盲现象，并损害驾驶绩效。高负荷的听觉任务不仅会影响听觉处理，还会对视觉处理产生负面影响，从而导致整体任务绩效的下降。这些研究表明，随着社会技术系统的复杂化和任务多样性的增加，理解和管理跨模态的认知负荷变得越来越重要。多资源理论和注意资源模态共享理论为我们提供了理解这些现象的理论框架，但实际应用中，还需要结合具体情境和任务特点，制定有效的管理策略。例如，在驾驶培训中，应加强对听觉干扰的管理，通过模拟训练提高驾驶员在复杂环境下的情境意识和认知处理能力。

总体而言，这些研究为我们理解跨模态认知负荷对注意力和任务绩效的影响提供了宝贵的成果，同时也强调了在多任务环境中合理分配和管理认知资源的重要性。通过深入研究和应用这些理论，我们可以更好地设计和优化复杂社会技术系统，提高整体操作的安全性和效率。

（2）视觉追踪机制

研究显示，干扰会显著损害驾驶员的视觉扫描模式。具体而言，当干扰任务的工作量增加时，驾驶员往往会将更多注意力集中在眼前的物体上，而忽略周围的视觉信息。这种注意分配的偏差会导致驾驶员的情境意识受损，使他们难以全面感知和处理驾驶环境中的各种动态变化（Strayer et al., 2016）。斯特雷耶（Strayer）及其同事发现，听觉干扰不仅减少了驾驶员的视觉注意力，还可能导致"视而不见"的现象，即使驾驶员直接看着某个物体，也可能无法有效识别和记忆该物体。这种现象严重影响了驾驶员对驾驶场景的识别和记忆，可能导致对突发情况的反应迟钝和判断失误（Strayer et al., 2016）。

视觉追踪机制研究不仅能反映视觉注意程度和分配情况，还揭示了驾驶员在复杂任务下的高级认知活动。例如，阿巴迪（Ebadi）等人（2020）的研究发现，手机交流引起的听觉干扰会显著影响驾驶员的风险预测行为。受干扰的驾驶员对潜在危险的注视时间明显缩短，预测观察的比例显著降低。这表明，听觉干扰不仅影响驾驶员的即时注意分配，还削弱了他们在驾驶过程中进行风险评估和预测的能力。这些研究表明，听觉干扰在驾驶环境中具有广泛且深远的负面影响。驾驶员在处理听觉干扰时，视觉注意分配的改变会导致对重要驾驶信息的忽视，从而增加事故风险。为此，有必要在驾驶培训和安全策略中加入针对听觉干扰的管理措施。例如，可以通过模拟训练提高驾驶员在复杂环境下的注意分配能力，或开发先进的驾驶辅助系统，帮助驾驶员更有效地监控和处理周围环境信息。总之，眼动机制研究为我们理解听觉干扰对驾驶员视觉注意和情境意识的影响提供了重要的实证依据。这些发现不仅有助于提高驾驶安全性，还为其他需要在复杂多任务环境中操作的领域提供了参考。例如，在航空、航海和高风险工业操作中，理解和管理听觉干扰对情境意识的影响，将有助于提升整体操作的安全性和效率。通过持续的研究和应用，我们可以不断优化操作环境，减少干扰影响，确保更高水平的情境意识和操作安全。

5.3.2 工作记忆与情境意识

情境意识的准确性依赖于工作记忆中存储的信息，对信息的加工、理解以及未来环境的预测起重要作用（姬鸣，2015）。研究者认为，记忆与情境意识关系中的工作记忆是情境意识发展的瓶颈。由于工作记忆信息存储时间及容量的限制，信息遗忘会导致大约9%的情境意识错误。与情境意识相关的信息保存在工作记忆中，水平1情境意识的准确性受工作记忆容量和工作记忆进一步加工程度的影响。同时，工作记忆也会影响视觉注意的成功分配并对环境中的干扰进行过滤，这些都会影响水平1的情境意识。对当下及未来情境的表征是基于长时记忆中的知识的，它引导注意朝向环境中的相关线索，随着情境的变化，心理表征不断更新。因此，长时记忆影响水平2和水平3的情境意识。不过，这一结果往往受到个体经验的影响。新手的情境意识易受工作记忆容量的影响，这是由于新手没有习得更好的长时工作记忆技巧以降低情境意识任务的工作负荷，如果专家具有更高水平的长时工作记忆技巧，那么情境意识会更好。也就是说，长时记忆中的知识与经验会影响操作者的情境意识水平（姬鸣，2015）。

在现实中，飞行员驾驶时，座舱中各种视觉空间信息和语义信息对飞行员工作记忆的要求更高。除了获取舱外及仪表视觉信息以外，飞行员需要与机组人员及空中管制人员进行语音信息传递，操作中情境意识的保持需要视觉空间子系统与语音环子系统的支持，任何子系统容量不足都会导致飞行员情境意识水平降低，从而影响飞行安全。子系统容量有限，需要中央执行系统进行资源分配，并通过情境缓冲器对跨通道信息及长时记忆中的信息进行整合、短暂存储。另外，飞行中空间记忆表征与语义工作记忆表征相互依赖，被试对语义飞行指令的迅速记忆依赖于指令空间信息的心理表征，表明工作记忆视觉空间成分与语音成分在一定条件下共同起作用，影响个体情境意识。同时，空间能力较强的被试在真实飞行中更依赖于工作记忆的视觉空间成分，而空间能力较弱的个体则更多依赖于语音成分（姬鸣，2015）。然而，视觉空间模板与语音环的相互作用及工作记忆多成分模型，对情境意识影响的认知机制仍不明确。

此外，有研究表明工作记忆的认知控制功能可以影响听觉干扰下的任务表现。认知控制是个体有效抑制干扰、更新任务信息和转移注意以达成任务目标的能力（Burgoyne & Engle, 2020; Kaur et al., 2020）。高工作记忆容量（Working

Memory Capacity）的个体通常具备更好的认知控制能力，能够保持任务专注，因此在双任务环境下可以维持良好的绩效（Burgoyne & Engle, 2020）。

研究者认为，这是因为工作记忆中的执行功能与注意控制紧密相连，能够在干扰条件下有效抑制不相关信息，从而将注意力集中于与任务相关的信息，进而维持主任务表现（Cak et al., 2020）。那么，听觉干扰下个体的情境意识水平是否因工作记忆容量的不同而存在差异？这种差异是否能够通过眼动模式的变化体现出来？

5.3.3 听觉干扰与工作记忆对情境意识的影响机制
听觉干扰负荷与应对方式对情境意识的影响

（1）研究设计

采用3（听觉干扰负荷：高负荷，低负荷，无负荷）×2（反应方式：探测反应，辨别反应）的混合设计。被试内变量为反应方式，被试间变量为听觉干扰负荷；因变量为被试在情境意识任务中的得分。

①听觉干扰负荷的操纵：在完成情境意识任务的同时，被试需进行听觉干扰任务。在高负荷条件下，被试判断听到的两个数字相加是否为偶数；在低负荷条件下，被试判断两个数字是否相同；无负荷条件下，被试仅完成情境意识任务，不进行听觉干扰任务。

②反应方式的操纵：在探测反应条件下，被试感知到听觉信息后直接按键响应；在辨别反应条件下，被试根据任务要求对听觉信息进行判断，并选择性地进行按键响应。

③因变量的测量：将被试在情境意识任务中每个试次的按键反应结果与目标组合是否出现进行匹配，并将按键反应转化为4种信号检测指标：击中（Hit, H）、漏报（Miss）、虚警（False Alarm, F）和正确拒斥（Correct Reject）。被试的情境意识水平即为其从错误信息中分离出正确信息的能力，即辨别力水平。使用公式计算被试的情境意识得分，得分越高，代表情境意识水平越高：

$$SA = 0.5 + \left[sign(H-F) \frac{(H+F)2+|H-F|}{4\max(H,F)-4HF} \right]$$

式中 H ——击中率

F ——虚警率

将任务分为不同阶段，以多次测量情境意识。前人研究表明，大多数被试在任务后半段形成完整情境意识，因此本研究选择前半段（第1至第26试次）进行测量，评估情境意识建立过程和相应得分。情境意识分数的范围为–0.4286至1.4286（见图5.10）。

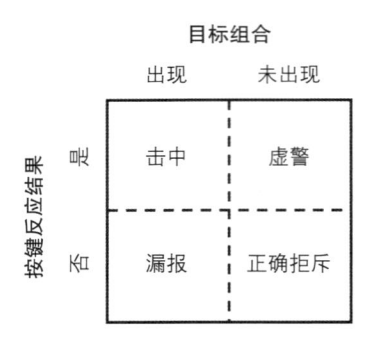

图5.10　按键反应结果与信号检测论指标对应关系

资料来源：解旭东. (2022). 听觉干扰条件下工作记忆对情境意识的影响机制 (硕士学位论文). 陕西师范大学, 西安.

（2）任务与程序

材料包括52张图片，每张图片由4个象限的卡片组成：左上象限包含1到3条线的卡片，右上象限包含红、绿、蓝3种颜色的卡片（用文字表示颜色），左下象限包含横向、纵向和斜向线的卡片，右下象限包含圆形、方形和菱形的卡片。每张图片呈现一种特定的组合，要求被试根据这些视觉信息完成相应的任务，见图5.11。52张图片以7厘米×6厘米的尺寸随机出现。每次图片呈现后，被试需按键判断是否出现目标组合，系统反馈并记录结果。被试需根据反馈逐步提高反应正确率。情境意识任务包括52个正式试次和10个练习试次。每个试次流程如下：注视点呈现500毫秒，然后随机展示图片，持续3000毫秒。接着进入判断阶段，按"←"表示出现，按"→"表示未出现，按键后反馈结果，500毫秒后进入下一个试次。

本研究准备了3套材料。每套材料中都预先定义了特定两个象限的两张卡片组合为目标组合。例如，红色和圆形卡片的组合被设定为目标组合，只有当图片中同时出现这两张卡片时，才称为目标组合出现。材料中一半的图片包含目标组合，另一半则不包含目标组合，以此来测试被试在不同条件下的反应和情境意识水平。

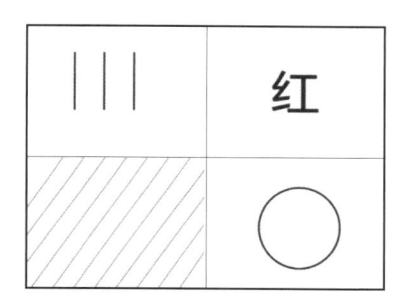

图5.11　情境意识任务材料示例

资料来源：解旭东. (2022). 听觉干扰条件下工作记忆对情境意识的影响机制 (硕士学位论文). 陕西师范大学, 西安.

被试在进行情境意识任务的过程中需同步完成听觉干扰任务。每次图片出现时，播放器会连续播报两个随机数字（例如，"7、6"），每个数字播报时长为400毫秒。被试需要在图片消失前按键判断这两个数字是否相同，或者它们的和是否为偶数。如果判断为"是"，被试需尽快按下空格键进行反应。每种听觉干扰任务包括 52 个正式试次和 10 个练习试次，确保被试能够熟悉任务要求并准确做出判断（见图 5.12 ）。

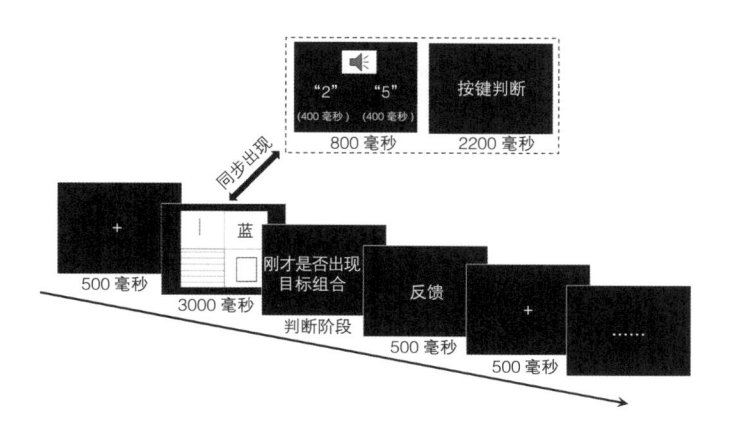

图5.12　任务流程示意图

资料来源：解旭东. (2022). 听觉干扰条件下工作记忆对情境意识的影响机制 (硕士学位论文). 陕西师范大学, 西安.

在正式实验中，被试需要完成两组情境意识任务，每组任务分别接受不同的处理方式：探测反应和辨别反应。为了避免顺序效应，这两种处理的先后顺序在被试内部进行了平衡，即有些被试先进行探测反应，再进行辨别反应，另外的被试则相反。无负荷条件作为基线条件，在此条件下被试无需处理任何听觉干扰，只进行一次任务，以此作为对照。被试面对52张图片，每张图片随机呈现，其展示尺寸为7厘米×6厘米。被试需要按键判断是否出现目标组合，系统即时反馈并记录结果。在情境意识任务的过程中，每次图片出现时，播放器会连续播报两个随机数字（例如，"7、6"），每个数字播报400毫秒。被试需在图片消失前判断两个数字是否相同或其和是否为偶数，并尽快按下空格键进行反应。为了避免疲劳影响，被试每完成一组任务后休息1分钟。整个实验的时长约为20分钟，确保被试在不感到过度疲劳的情况下完成所有任务，保持高水平的注意力和反应能力。

（3）结果与分析

本研究关注听觉干扰下的情境意识水平，被试均通过练习掌握了听觉信息的按键规则，因此数据分析时不剔除任何试次的结果。表5.2提供了被试的情境意识分数描述统计结果。重复测量方差分析结果显示，听觉干扰负荷对情境意识分数有显著主效应，$F(2, 39) = 6.637$，$p = 0.003$，$\eta_p^2 = 0.254$。事后检验显示，无负荷条件下情境意识分数最高，低负荷次之，高负荷最低。高负荷条件与无负荷条件（$p < 0.001$）和低负荷条件（$p = 0.046$）的情境意识分数差异显著，表明听觉干扰负荷对情境意识水平有显著影响。反应方式对情境意识分数也有显著主效应，$F(1, 39) = 7.633$，$p = 0.009$，$\eta_p^2 = 0.164$。辨别反应条件下的情境意识分数显著低于探测反应条件，表明反应方式对情境意识水平有显著影响。听觉干扰负荷与反应方式之间有显著交互效应，$F(2, 39) = 4.222$，$p = 0.022$，$\eta_p^2 = 0.178$，表明反应方式对听觉干扰下的情境意识水平有影响。

表5.2 被试情境意识分数描述性统计（$M \pm SD$）

听觉干扰负荷	反应方式	
	探测反应	辨别反应
无负荷	0.9057 ± 0.0580	0.9057 ± 0.0580
低负荷	0.8654 ± 0.0510	0.8153 ± 0.1915
高负荷	0.8688 ± 0.0650	0.6419 ± 0.3036

资料来源：解旭东. (2022). 听觉干扰条件下工作记忆对情境意识的影响机制(硕士学位论文). 陕西师范大学, 西安.

简单效应分析显示，在探测反应条件下，不同听觉干扰负荷下的情境意识分数没有显著差异，$F(2, 39) = 2.16$，$p = 0.129$，说明探测听觉信息时，干扰对情境意识无显著影响。然而，在辨别反应条件下，不同听觉干扰负荷下的情境意识分数存在显著差异，$F(2, 39) = 5.715$，$p = 0.007$，$\eta_p^2 = 0.227$。事后检验显示，无负荷条件下情境意识分数最高，低负荷次之，高负荷最低。高负荷水平下的情境意识分数显著低于无负荷水平（$p = 0.006$），表明在辨别反应条件下，听觉干扰负荷显著影响情境意识水平。

听觉干扰负荷与工作记忆容量对情境意识的影响

（1）研究设计

采用3（听觉干扰负荷：高负荷，低负荷，无负荷）×2（工作记忆容量：高，低）的混合设计。被试内变量为听觉干扰负荷，被试间变量为工作记忆容量。因变量包括情境意识任务得分以及对任务相关兴趣区（Area of Interest, AOI）的总注视时间和注视次数。

①听觉干扰负荷的操纵：听觉干扰负荷分别设定高负荷、低负荷、无负荷3种条件。

②工作记忆容量的操纵：使用运算广度任务测试被试的工作记忆容量得分，将得分从高到低排序，并按照得分的前27%和后27%分别分为高工作记忆容量组和低工作记忆容量组。

③因变量的测量：测量方式与上一部分相同，通过被试在情境意识任务中的表现进行评分。使用Tobii Pro Glasses2眼动仪收集被试在情境意识任务中的眼动数据，并通过Tobii Pro Lab软件处理和导出总注视时间和注视次数，分析被试在不同干扰条件下的视觉注意模式。

（2）任务与程序

①运算广度测试：按照经典的运算广度测试流程呈现题目。被试首先需要判断等式是否正确，同时记住等式后面的词语。系统记录每组题目的判断正确率。每组题目呈现完毕后，被试按顺序默写记住的词语（见图5.13）。被试正确回忆出的词语总量即为其最终得分，表示其工作记忆容量的水平。共60道题，分为15组，每组包含2至6道题。练习阶段有5道题，以确保被试熟悉测试流程。

②情境意识任务和听觉干扰任务：与"听觉干扰负荷与应对方式对情境意识的影响"部分相同，被试完成情境意识任务和听觉干扰任务时佩戴眼动设备。情境意识任务要求被试通过观察图片进行目标组合的判断，而听觉干扰任务则要求被试在听到数字播报后进行快速判断和反应。这些任务结合眼动数据，可以深入分析被试在不同负荷条件下的视觉注意和认知处理模式。

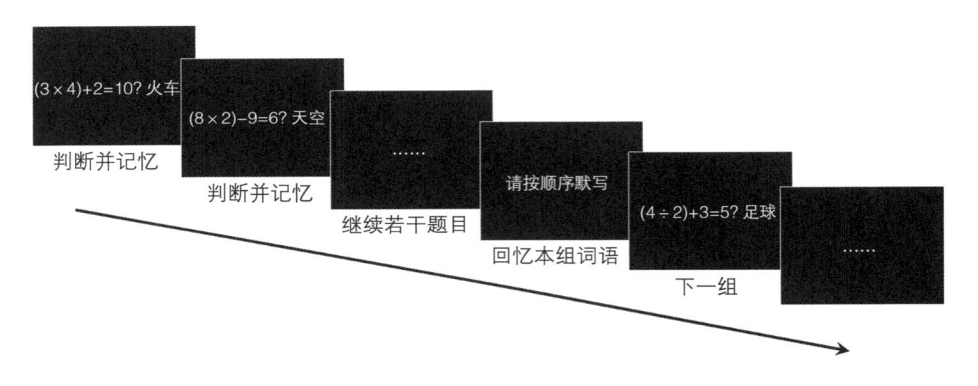

图 5.13　运算广度测试任务流程

资料来源：解旭东. (2022). 听觉干扰条件下工作记忆对情境意识的影响机制 (硕士学位论文). 陕西师范大学, 西安.

被试佩戴眼动仪完成 3 组情境意识任务，分别接受无负荷、低负荷和高负荷 3 种条件的处理。为了避免顺序效应，3 种条件的顺序在被试之间进行了平衡。每完成 1 组任务后，被试休息 1 分钟，完成 3 组任务后，进行工作记忆容量测试。

（3）结果与分析

根据运算广度测试分数，将排名前 27% 和后 27% 的被试分别归为高工作记忆容量组和低工作记忆容量组，各组 15 人，满足样本量要求。高工作记忆容量组的平均分为 78.29 ± 1.54，低工作记忆容量组的平均分为 63.64 ± 3.69。独立样本 t 检验结果表明两组分数差异显著，$t(28) = 13.695$，$p < 0.001$，Cohen's $d = 4.56$，验证了分组的有效性。

表 5.3 展示了高工作记忆容量组和低工作记忆容量组的情境意识分数描述统计结果。重复测量方差分析结果显示，听觉干扰负荷对情境意识分数有显著主效应，$F(2, 27) = 4.347$，$p = 0.023$，$\eta_p^2 = 0.244$。事后检验显示，无负荷条件

下情境意识分数最高，低负荷次之，高负荷最低。高负荷条件下情境意识分数与无负荷条件差异显著（$p = 0.015$），表明听觉干扰负荷对情境意识水平有显著影响。工作记忆容量对情境意识分数也有显著主效应，$F (1, 28) = 9.52$，$p = 0.005$，$\eta_p^2 = 0.254$。高工作记忆容量组的情境意识分数显著高于低工作记忆容量组，表明工作记忆容量对情境意识水平有显著影响。此外，听觉干扰负荷与工作记忆容量之间的交互效应显著，$F (2, 27) = 3.981$，$p = 0.031$，$\eta_p^2 = 0.228$，这表明工作记忆容量对听觉干扰下的情境意识水平有影响。

表5.3 被试情境意识分数描述性统计（$M \pm SD$）

工作记忆容量	听觉干扰负荷		
	无负荷	低负荷	高负荷
高工作记忆容量被试	0.8746 ± 0.0229	0.8738 ± 0.1142	0.8687 ± 0.1113
低工作记忆容量被试	0.8839 ± 0.1227	0.7699 ± 0.2908	0.6546 ± 0.3205

资料来源：解旭东. (2022). 听觉干扰条件下工作记忆对情境意识的影响机制 (硕士学位论文). 陕西师范大学, 西安.

简单效应分析显示，在无负荷条件下，高工作记忆容量组和低工作记忆容量组在情境意识分数上无显著差异，$F (1, 28) = 0.083$，$p = 0.775$，这表明在没有听觉干扰的情况下，工作记忆容量对情境意识水平没有显著影响。也就是说，当被试不需要处理额外的听觉信息时，其情境意识的表现不受工作记忆容量高低的影响。在低负荷条件下，虽然高工作记忆容量组的情境意识分数略高于低工作记忆容量组，但这种差异并不显著，$F (1, 28) = 1.659$，$p = 0.208$。这说明即使在有一些听觉干扰的情况下，工作记忆容量对情境意识的影响也未达到显著水平。低负荷的听觉干扰虽然增加了任务复杂性，但不足以显著区分高低工作记忆容量组在情境意识表现上的差异。然而，在高负荷条件下，情况有所不同。高工作记忆容量组的情境意识分数显著高于低工作记忆容量组，$F (1, 28) = 5.971$，$p = 0.021$，$\eta_p^2 = 0.18$。这表明在高强度听觉干扰的情况下，工作记忆容量对情境意识水平具有显著影响。高工作记忆容量的被试能够更好地处理复杂的听觉干扰，从而维持较高的情境意识水平，而低工作记忆容量的被试在这种高负荷条件下表现较差。这一结果揭示了工作记忆容量在处理复杂任务时的重要性。尤其是在高负荷的干扰条件下，工作记忆容量高的个体能够更有效地分配和利用认知资源，从而维持较高的情境意识。这对实际应用具有重要意义，例如在驾驶、飞行等需要高情境意识的任务中，加强对工作记忆容量的训练和提升，可能有助于优化操作人员在高负荷环境下的表现，提高安全性。总的来说，这些发现不仅深化了我们对听觉干扰和工作记忆容量之间关系的理解，也为如何在复杂环境中提升个体情境意识水平提供了重要的指导。通过进一步研究和应用这些结果，我们可以在多个领域中优化任务设计和人员培训，提高整体操作的安全性和效率。

在分析眼动数据的过程中，发现高工作记忆容量组和低工作记忆容量组各有一名被试的数据出现了伪迹。因此，这两名被试的眼动数据被排除在分析之外。表 5.4 展示了两组被试在任务相关兴趣区的总注视时间的描述统计结果。重复测量方差分析显示，听觉干扰负荷对总注视时间有显著影响，$F(2, 52) = 4.89$，$p = 0.011$，$\eta_p^2 = 0.158$。进一步分析表明，在无负荷条件下，被试在任务相关兴趣区的总注视时间最长，其次是低负荷条件，而高负荷条件下总注视时间最短。这说明听觉干扰负荷显著影响了被试对任务相关视觉信息的注视时间。然而，工作记忆容量对总注视时间的影响并不显著，$F(1, 26) = 1.266$，$p = 0.271$，表明高低工作记忆容量组在注视时间上没有显著差异。此外，听觉干扰负荷与工作记忆容量之间的交互效应也未达到显著水平，$F(2, 52) = 2.53$，$p = 0.089$，表明工作记忆容量未能显著调节不同听觉干扰负荷条件下的总注视时间。这些结果揭示了听觉干扰负荷对被试视觉注意分配的显著影响。具体而言，在无负荷条件下，被试能够花费更多时间注视任务相关的视觉信息，这可能是因为他们的认知资源没有被其他任务占用，从而能够专注于任务本身。然而，随着听觉干扰负荷的增加，被试的总注视时间逐渐减少，这可能是因为听觉任务占用了更多的认知资源，使得他们无法持续专注于视觉信息。尽管高低工作记忆容量组在注视时间上的差异不显著，但这一结果并不意味着工作记忆容量对视觉注意分配没有影响。事实上，在复杂的任务环境中，工作记忆容量可能通过更细微的方式影响个体的注意分配和任务表现。例如，高工作记忆容量的个体可能更善于在听觉干扰和视觉任务之间切换注意力，而这一优势在总注视时间的统计中可能未能显现。此外，听觉干扰负荷与工作记忆容量之间的交互效应未达到显著水平，这表明听觉干扰负荷对注视时间的影响在不同工作记忆容量组之间相对一致。这一发现进一步强调了听觉干扰负荷对视觉注意的直接影响，而不论个体的工作记忆容量如何。总的来说，这些结果为理解听觉干扰对情境意识和视觉注意的影响提供了重要的证据。通过揭示听觉干扰负荷如何改变被试的注视时间，我们可以更好地理解在复杂任务环境中认知资源的分配方式。这不仅对认知心理学研究具有重要意义，也为实际操作中的干扰管理提供了实证支持。未来的研究可以进一步探讨工作记忆容量在多任务环境中的具体作用机制，以及如何通过培训和干预优化个体在高干扰环境中的任务表现。

表5.4 被试对任务相关兴趣区总注视时间的描述性统计（$M \pm SD$）

工作记忆容量	听觉干扰负荷		
	无负荷（秒）	低负荷（秒）	高负荷（秒）
高工作记忆容量被试	104.42 ± 13.80	107.31 ± 13.60	90.40 ± 23.93
低工作记忆容量被试	103.90 ± 17.48	88.05 ± 30.49	88.76 ± 27.04

资料来源：解旭东. (2022). 听觉干扰条件下工作记忆对情境意识的影响机制 (硕士学位论文). 陕西师范大学, 西安.

表 5.5 显示了高工作记忆容量组和低工作记忆容量组在任务相关兴趣区注视次数上的统计结果。通过重复测量方差分析，我们发现听觉干扰负荷对注视次数具有显著的主效应，$F(2, 52) = 4.803$，$p = 0.012$，$\eta_p^2 = 0.156$。进一步的分析显示，在无负荷条件下，被试的注视次数最多；在低负荷条件下，注视次数有所减少；而在高负荷条件下，注视次数最少。这些结果表明，听觉干扰负荷显著影响了被试注视任务相关兴趣区的次数。然而，工作记忆容量对注视次数的影响并不显著，$F(1, 26) = 0.001$，$p = 0.976$。这表明高工作记忆容量组和低工作记忆容量组在注视次数上没有显著差异，意味着工作记忆容量对视觉注意的分配并未表现出明显的影响。此外，听觉干扰负荷与工作记忆容量的交互效应也未达到显著水平，$F(2, 52) = 0.404$，$p = 0.670$，表明工作记忆容量未能显著调节听觉干扰负荷对注视次数的影响。这些结果揭示了听觉干扰负荷对被试视觉注意分配的显著影响。具体而言，在无负荷条件下，被试能够更加频繁地注视任务相关兴趣区，这可能是因为他们的认知资源没有被听觉干扰占用，从而可以更加专注于任务本身。然而，随着听觉干扰负荷的增加，被试的注视次数逐渐减少，这可能是听觉任务占用了更多的认知资源，导致他们在视

觉任务上的注意力和反应能力降低。尽管高低工作记忆容量组在注视次数上的差异不显著，但这一结果并不意味着工作记忆容量对视觉注意分配没有影响。实际上，工作记忆容量可能通过更细微的方式影响个体的注意分配和任务表现。例如，具有高工作记忆容量的个体可能更善于在听觉干扰和视觉任务之间切换注意力，但这种优势在注视次数的统计中未能显现。此外，听觉干扰负荷与工作记忆容量之间的交互效应未达到显著水平，这表明在不同工作记忆容量组中，听觉干扰负荷对注视次数的影响是相对一致的。这一发现进一步强调了听觉干扰负荷对视觉注意的直接影响，而无论个体的工作记忆容量如何。总的来说，这些结果为理解听觉干扰负荷对情境意识和视觉注意的影响提供了重要的证据。通过揭示听觉干扰负荷如何改变被试的注视次数，我们可以更好地理解在复杂任务环境中认知资源的分配方式。这不仅对认知心理学研究具有重要意义，也为实际操作中的干扰管理提供了实证支持。未来的研究可以进一步探讨工作记忆容量在多任务环境中的具体作用机制，并探索如何通过培训和干预优化个体在高干扰环境中的任务表现。这些发现将有助于制定更有效的策略，以优化复杂操作环境中的工作效率和安全性。

表5.5　被试对任务相关兴趣区注视次数的描述性统计（$M \pm SD$）

工作记忆容量	听觉干扰负荷		
	无负荷	低负荷	高负荷
高工作记忆容量被试	341.57 ± 56.91	327.93 ± 69.97	298.14 ± 90.48
低工作记忆容量被试	351.86 ± 79.49	311.86 ± 115.48	301.43 ± 95.37

资料来源：解旭东. (2022). 听觉干扰条件下工作记忆对情境意识的影响机制 (硕士学位论文). 陕西师范大学, 西安.

听觉干扰条件下工作记忆子成分对情境意识的影响

（1）研究设计

采用 2（时间压力：中等时间压力，高时间压力）× 3（干扰任务形式：无干扰任务，视觉干扰任务，语音干扰任务）的混合设计。被试间变量是时间压力，被试内变量是干扰任务形式；因变量为 3 个阶段的情境意识问题的回答正确率，以及决策题目的作答正确率。将 35 名大学生被试随机分为 2 组，分别接受两种不同时间压力条件的处理。

通过预实验设定了时间压力。在中等时间压力条件下，被试完成着陆判断任务的实际时间限制为 19.54 秒，而被试在任务开始前仅仅被告知接下来每一次完成任务的时间都"非常有限"。在高时间压力条件下，被试完成着陆判断任务的实际时间限制为 12.44 秒，而被试在任务开始前仅仅被告知接下来每一次监控任务场景的时间都"极其有限"。在任务过程中，被试不会收到任何时间提示，因此需要对时间的流逝进行估计，做出判断。给予被试客观时间线索进行提示。实验前会告知被试任务时长，同时给予被试一个倒计时的时钟，该时钟会在结束前 5 秒向被试发出提示。

干扰任务形式通过以下方式操纵：在视觉干扰任务条件下，被试在完成风险着陆判断任务的同时完成视觉干扰任务，被试需要判断场景中呈现的字母书写时是否有弧线。在语音干扰任务条件下，被试在完成风险着陆判断任务的同时完成语音干扰任务，被试需要判断场景中呈现的字母的读音中是否有音节 /ee/。

（2）任务与程序

一个基于特定情境的复杂动态任务是进行情境意识研究的关键要素，一个有效的研究任务需要满足以下原则：具备任务复杂性、任务动态性、仿真化的参数信息。刘丹和游旭群（2015）从以上 3 点出发，结合飞行手册相关内容，以及被试与任务难度匹配度，构建了一种风险条件下的着陆判断任务，作为情境意识的研究工具。

该研究工具包括了任务场景及情境意识测量题目（见图 5.14）。任务场景为白色背景，场景中包含一个方位坐标指示。任务画面中，以黑色圆点为标识的飞机在场景中按航向运动，画面下方向被试呈现模拟飞机飞行的参数，从左到右分别是：飞机与机场之间的距离、空速指示、高度指示、航向指示。画面上方 3 个长方形 A、B、C 分别代表 3 个备选机场及其相对位置，长方形上方显示机场天气。机场距离随着飞机运动不断变化，空速仪表和高度仪表参数随机变化（增大或减小）。任务场景模拟了飞机油量匮乏的紧急情况。被试需要对不断变化的任务环境中的关键参数进行深入分析，评估风险并确定最合适的紧急迫降机场。

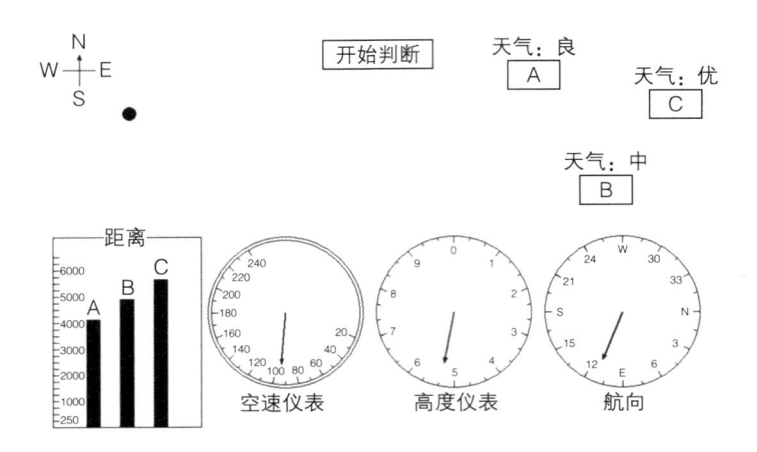

图 5.14 情境意识测量工具界面

资料来源：刘丹. (2015). 时间压力、工作负荷对情境意识及任务决策绩效的影响研究(硕士学位论文). 陕西师范大学, 西安.

刘丹和游旭群（2015）根据这一任务情境，基于情境意识整体评价技术，制定了一系列考察情境意识的测题。这些题目均为选择题，每题共 3 个选项。题目涵盖了感知、理解及预测这 3 个阶段，涉及了所有动态情境中的参数，同时还设计了决策问题，考察决策的准确性。被试每次回答 4 道题，前 3 道是情境意识测评问题，最后 1 道是决策问题，每次的问题均从题库中随机抽取呈现。实验开始前，被试完成PANAS量表测定其情绪状态，确保所有被试情绪平稳且位于同一基线。在实验结束后被试再次完成PANAS量表，通过测定被试情绪，验证时间压力是否产生。

（3）结果与分析

情绪评定结果表明，任务前所有被试情绪均为稳定状态。实验前后情绪测试的结果之间差异显著，$t(31) = -6.17$，$p < 0.01$。因此，实验中对时间压力的操作是有效的。表 5.6 呈现了所有被试在不同时间压力以及干扰任务形式条件下，情境意识各水平测量问题作答的正确率、总体情境意识测量问题作答的正确率，以及决策问题的作答正确率。

对总体情境意识正确率进行分析后发现，时间压力对总体情境意识正确率影响的主效应显著，$F(1, 30) = 6.93$，$p < 0.05$，中等时间压力条件下总体情境意识正确率显著高于高时间压力条件下的正确率；干扰任务形式对总体情境意

表5.6 被试在各种条件下情境意识（SA）和决策问题作答正确率

干扰任务形式	中等时间压力					高时间压力				
	水平1	水平2	水平3	总体SA	决策	水平1	水平2	水平3	总体SA	决策
无干扰	0.84±0.09	0.73±0.09	0.62±0.11	0.73±0.06	0.75±0.09	0.76±0.09	0.66±0.10	0.59±0.13	0.67±0.07	0.69±0.19
语音干扰	0.73±0.13	0.62±0.07	0.59±0.13	0.65±0.08	0.66±0.15	0.66±0.17	0.59±0.19	0.52±0.16	0.59±0.14	0.59±0.13
视觉干扰	0.66±0.12	0.57±0.11	0.56±0.21	0.60±0.11	0.58±0.12	0.59±0.12	0.53±0.11	0.49±0.09	0.54±0.08	0.52±0.10

资料来源：刘丹.(2015).时间压力、工作负荷对情境意识及任务决策绩效的影响研究（硕士学位论文）.陕西师范大学,西安.

识正确率主效应显著，$F(2, 60) = 20.78$，$p < 0.01$，无干扰任务条件下总体情境意识正确率最高，视觉干扰条件下最低。时间压力和干扰任务形式的交互效应不显著。

水平 1 情境意识正确率的分析结果表明：时间压力对水平 1 情境意识正确率的主效应显著，$F(1, 30) = 6.99$，$p < 0.01$，中等时间压力条件下水平 1 情境意识正确率显著高于高时间压力条件下的正确率；干扰任务形式对水平 1 情境意识正确率的主效应显著，$F(2, 60) = 18.07$，$p < 0.01$，无干扰任务条件下水平 1 情境意识正确率最高，视觉干扰条件下最低。时间压力和干扰任务形式对水平 1 情境意识正确率的交互效应不显著。

水平 2 情境意识正确率的分析结果表明：时间压力对水平 2 情境意识正确率的主效应边缘显著，$F(1, 30) = 3.36$，$p = 0.077$；干扰任务形式对水平 2 情境意识正确率的主效应显著，$F(2, 60) = 13.30$，$p < 0.01$，无干扰任务条件下水平 2 情境意识正确率最高，视觉干扰条件下最低。时间压力和干扰任务形式对水平 2 情境意识正确率的交互效应不显著。

水平 3 情境意识正确率的分析结果表明：时间压力对水平 3 情境意识正确率的主效应边缘显著，$F(1, 30) = 3.207$，$p = 0.083$；干扰任务形式对水平 3 情境意识正确率的主效应显著，$F(2, 60) = 3.217$，$p < 0.05$，无干扰任务条件下水平 3 情境意识正确率最高，视觉干扰条件下最低。时间压力和干扰任务形式对水平 3 情境意识正确率的交互效应不显著。

决策问题作答正确率的分析结果表明：时间压力对决策正确率的主效应边缘显著，$F(1, 30) = 3.829$，$p = 0.060$；干扰任务形式对决策正确率主效应显著，$F(2, 60) = 16.00$，$p < 0.01$，无干扰任务条件下决策正确率最高，视觉干扰条件下最低。时间压力和干扰任务形式对决策正确率的交互效应不显著。

上述结果表明，多任务工作产生的认知负荷对情境意识有负面影响，而其影响程度取决于不同的认知负荷形式。这一结果与多资源理论相符合，即当两种任务需要同一种类型的认知资源参与时，两者竞争相同的认知资源。从该实验的两种干扰形式来看，它们占用了不同类型的认知资源，因此施加的认知负荷类型也有所不同。视觉干扰任务的完成需要被试判断所呈现字母的笔画结构，因此占用了视觉认知资源；听觉干扰任务的完成要求被试判断呈现字母的发音音节，因此占用了听觉认知资源。由于视觉信息占个体接受信息总量的

80%，对加工情境意识的形成至关重要（姬鸣 等，2021），因此视觉资源的占用对情境意识的负面影响更为严重。正如结果所显示的，视觉干扰任务条件下，被试的情境意识水平与决策质量均低于听觉干扰任务条件下的水平。

从另一方面来看，视觉干扰任务和语音干扰任务产生的认知负荷，从一定程度上说明了情境意识在工作记忆中的表征方式。实验中视觉干扰任务和语音干扰任务分别需要视觉空间模板和语音环的参与。实验结果显示，两种任务都对情境意识和决策产生了抑制作用，说明工作记忆的子系统均参与到情境意识的加工中。因此，工作记忆子系统是情境意识形成认知机制的重要组成部分，决定情境意识形成过程中的表征特征。

第6章
航空决策

某次飞行中，飞行员在起飞后不久接到了气象更新信息，发现前方有严重的风暴。此时，飞行员面临几个选择：虽然风暴影响较大，可能会绕行，但可以继续飞行；天气情况极端恶劣，返回起点；根据气象报告，寻找替代航道以避免卷入风暴区域。在飞机航行的各个过程和环节中，飞行员会面临像例子中所述的因气象变化、机械故障等多种情况引起的形形色色的问题，并需要他们在短时间、高压力、多任务的情况下做出正确的决策。据研究，约75%的航空事故都与飞行员错误的航空决策有关，因此航空决策是整个航空系统安全的基石。

研究影响飞行员航空决策的因素、理解飞行员在航空决策中的认知过程，揭示他们处理信息、评估风险以及应对突发情况的心理机制，对于飞行员选拔、培训以及整个航空系统规则的制订都具有重要的指导意义。因此，本章节将梳理飞行员航空决策方面的研究，探讨影响飞行员决策过程中的关键因素及决策时飞行员的认知过程。

6.1 航空决策概述

大到政治军事，小到衣食住行，当个体或群体面临不确定事件时都需要基于存储和获得的信息做出决策。决策是决策者为了实现某一特定的目的，根据客观的可能性和自身的经验，在获得一定量信息的基础上，通过某种方式或方法，对目标实现的影响因素进行分析判断，并对下一步行动做出决定的过程。

航空决策（Aeronautical Decision-Making, ADM）作为一种系统性的方法，指飞行员在特定情况下持续确定最佳行动方案的心理过程，这一过程不仅限于选择一条行动路线，还包括对问题的定义、方案的选择和实施以及结果的审查等步骤。大量研究表明，良好的决策能力能够提高飞行安全水平，降低事故的发生率。尤其是在通用航空（General Aviation, GA）中，飞行员决策能力不足被认为是导致高事故率的重要因素之一（Lopes et al., 2024）。通过对航空决策类型、影响因素以及相应理论的研究，人们对航空决策已更加了解，可以采用学习和训练的方式提高飞行员的决策能力以及决策元认知，改善影响飞行员决策质量的因素，降低航空事故的发生率，坚实"决策"这块航空系统安全的基石。

6.1.1　航空决策对飞行安全的影响

在航空决策过程中，飞行员要经过一系列的信息加工和处理。首先需要通过情境意识识别和定义面临的问题或情境；在识别问题后飞行员需要考虑可用的选项，但这些选项往往是有竞争性的，飞行员必须在信息有限的情况下进行选择；评估所有选项后，飞行员需要考虑时间约束和环境压力等因素，选择一个最优选项并付诸实施；最后飞行员需对所做决策的结果进行评估，以进行经验教训学习，为未来的决策提供参考。综上所述，航空决策通常要求飞行员在高度动态和复杂的环境中，在目标冲突和时间约束的高度紧张的情况下，对复杂的问题做出快速决策（Mohan et al., 2024），在这样的前提下飞行员很容易出现决策失误。大量飞行事故分析报告和研究都表明，在所有人为因素引起的飞行事故中，飞行员的决策错误是最主要的原因之一，例如学者基于里森提出的人因失误模型从中国台湾"飞航安全调查委员会"（Aviation Safety Council）获取 1999 年至 2008 年间 51 起飞行事故报告，并使用人为因素分析和分类系统（Human Factors Analysis and Classification System, HFACS）方法对这些事故报告进行了分析，发现有 35 起人为因素造成的飞行事故中存在决策错误，占比高达 68.6%（Li, 2011）。对澳大利亚军方飞行事故数据库中 2001 年 1 月至 2008 年 6 月的 288 起（其中固定翼 194 起，旋转翼 94 起）飞行事故数据进行分析，其研究结果也发现有 20% 至 25% 的航空飞行事故存在决策偏差。

航空决策错误的可怕之处在于，它总是会伴随着存在人员伤亡的重大飞行事故发生，因此，航空决策错误会严重威胁乘客与机组的生命安全，并给航空公司和社会造成巨大的负面影响。例如，2010年8月24日，河南航空有限公司飞行员驾驶飞机从哈尔滨太平国际机场飞往伊春林都机场。航班在伊春林都机场进近时，伊春出现大雾，塔台管制员向飞行机组通报着陆最低能见度为2800米。该航空《飞行运行总手册》规定，首次执行飞行任务时应将着陆最低能见度增加到3600米，但飞行机组没有执行此规定，继续实施进近。按照规定，飞机下降至440米时，驾驶员应能清楚地看到和辨认出计划着陆跑道的目视参考，方可继续下降高度并着陆，但是当时在440米的高度，机长根本看不到跑道，且没有采取复飞的措施，多重失误操作最终导致降落失败，飞机于距跑道延长线690米处坠毁。事故造成44人遇难，52人受伤，直接经济损失达30891万元。国家安全监管总局事故调查组认为此次飞机坠毁的直接原因包括：机长违反该航空《飞行运行总手册》的有关规定，在低于公司最低运行标准时仍然实施进近；飞行机组违反民航局《大型飞机公共航空运输承运人运行合格审定规则》的有关规定，在飞机进入辐射雾，没有建立着陆所必需的目视参考条件下，仍然穿越最低下降高度实施着陆；飞行机组在飞机撞地前出现无线电高度语音提示，且未看见机场跑道的情况下，仍未采取复飞措施，继续盲目实施着陆，导致飞机撞地（刘清贵，2012）。根据上述分析，本次重大飞行事故发生的最主要原因是飞行员忽视航空公司和民航局制定的相关规章制度，并违规操作等。这属于典型的航空决策错误，与飞行员的危险态度和低风险知觉水平密切相关。另外，有研究者认为航空公司在对飞行员的安全文化管理上存在严重不足，这也是引起该重大航空事故的一个潜在因素。飞行员发生人因失误的背后隐藏的更深层次的组织与文化问题值得航空领域的研究者以及从业者深思。因此，全面了解飞行员在飞行过程中的认知心理活动及其背后的影响因素存在其必要性，有助于管理层实施更加有效的管理策略，降低由人为因素造成的航空事故发生概率。

6.1.2 航空决策的类型

随着认知科学的发展，从20世纪50年代开始，决策相关的研究得到越来越多学者的关注。不同领域的研究者基于不同的学科背景，对人类的决策行为有着不同的解释，至今已各自发展出较为完整的理论体系。航空领域的学者在探究驾驶过程中飞行员的决策心理活动时，也受到不同理论流派的影响，分别提出了以不同决策理论为基础的航空决策模型，以此来解释飞行员在决策过程中的心理活动。由于航空工业的特殊性，航空领域的决策过程不同于日常生活其他领域的决策过程。首先，航空决策具有典型的时间紧迫性特征，时间压力经常会对决策过程造成重要影响。飞行器在空中高速运动，任何不确定的飞行情境都有可能造成重大的飞行事故，因此飞行员在驾驶飞机过程中，必须集中注意力以应对任何不确定事件。其次，航空决策的另一个显著特征是规则性。航空飞行器上存在大量传感器、飞行元件以及飞机仪表，因此飞行员操纵飞机的时候必须按照标准操作程序来。另外，航空公司和监管部门也会有针对性地规定当飞行员面对不确定性事件时应当如何反应。除此之外，任何决策过程都存在着不确定性。当面对不确定事件时，飞行员的决策可能产生不同的结果。例如，在恶劣气象条件下飞行时，飞行员做任何决策带来的风险都将显著高于在正常气象条件下所做的决策。

研究者根据决策过程把航空决策分为规范性决策（Normative Decision-Making）和描述性决策（Descriptive Decision-Making），从不同的视角为飞行员应对各种飞行情况的思维过程提供解释。传统的规范性决策把决策者看成完全合乎理性的人，注重探讨决策者应该如何按照最佳参照在多种选择中选择最优解。在规范性决策过程中，决策者致力于将期望的利益最大化或使期望的亏损最小化。规范性决策模型通常被应用于飞行训练和飞行手册中，帮助飞行员在特定情况下制定标准操作程序。这些标准化的程序为飞行员提供了明确的指导，尤其是在紧急情况下，确保飞行安全。描述性决策则主要关注真实世界中决策者是如何做出决策的。这一决策类型考虑到人类行为的复杂性和不确定性，在航空决策中体现为强调飞行员的经验和直觉，突出环境适应性以及考虑多重选择下的认知偏差和情绪影响。总之，规范性决策提供了一种理想化的框架，指导飞行员如何在最佳情况下做出决策，而描述性决策则反映了飞行员在实际操作中的真实行为和思维过程，它们在航空决策中相辅相成，共同发挥着重要作用。此外，航空决策也可以依据决策环境的时间压力和变化程度分为静态环境决策和动态环境决策；根据决策是否有明确规则和程序分为结构化决策、半结构化决策和非结构化决策；基于飞行阶段分为预飞阶段决策、起飞阶段决策、巡航阶段决策、下降阶段决策和着陆阶段决策。

6.1.3 航空决策的影响因素
情境评估

对情境的认知是飞行员通过决策规避风险的前提，已有研究显示，它与注意分配、工作记忆能力等认知因素（姬鸣 等，2011）息息相关，疲劳、工作负荷和心理负荷会通过影响情境意识，直接或者间接成为情境评估不准确的原因。在航空领域，情境意识对飞行员的情境评估以及最终决策至关重要，分为感知、理解和预测3个层次（Tone & Irwin, 2021），与更好的决策质量和安全性直接相关。研究表明大约85%的航空事故报告都提及了情境意识的丧失（Idowu & Shogbonyo, 2022），且进一步的研究发现情境意识的丧失通常会导致可控飞行撞地，这比其他事故类别造成的死亡人数更多。1995年美国航空965航班的坠毁就是由情境意识丧失引起的事故之一，在飞行的进场阶段，对垂直导航、接近地形和关键无线电设备的相对位置方面情境意识丧失，导致飞行员判断失误，飞机撞上山顶，造成159人丧生的惨剧（Idowu & Shogbonyo, 2022）。

另外，在情境评估过程中，飞行员的经验与知识也起到了重要作用。研究表明，在伴随高压与不确定因素的航空决策过程中，优秀飞行员往往具有更快速、有效诊断出问题情境的能力，这能使其在短时间内对复杂情境精确判断，并利用经验-启动模式做出更有效的决策。还有研究采用直升机模拟器观察12名军事飞行员的飞行过程，发现飞行专家在较快速扫描窗外情境的同时，大脑会有意识地根据飞行过程的复杂程度来分配扫描情境的时间，越是复杂的情境，扫描时间就越长。阿尔斯塔姆（Ahlstrom）、欧奈泽（Ohneiser）和卡迪根（Caddigan）（2016）将70名通用航空飞行员分为控制组和实验组，实验组被试携带便携式天气应用程序，研究发现两组飞行员均未能遵守飞行指南而出现违规飞行行为（飞入复杂气象20英里内），但是携带该应用程序的飞行员能够较早中断当前飞行计划，这说明他们有着相对较高的情境意识水平和血氧水平。这些研究结果可以让设计师根据飞行员需求重新升级设计硬件和系统，使其更匹配飞行员的交互需求，有效提升其工作效率和安全绩效水平。

风险评估

杜米特鲁（Dumitru）和斯多库莱特（Stoiculete）（2021）将风险描述为技

术、人力和组织因素的组合。而航空情境中的风险评估是指个体对来自各种环境条件、飞机及其仪表的技术特性以及飞行员行为等潜在危险的主观认知和评价（姬鸣 等，2011）。一般风险评估通过两种途径对航空决策和飞行安全产生影响，途径一是个体准确评估了外部情境，但是知识经验和能力限制，难以准确意识到情境中的风险，进而引起低风险知觉水平下无法及时采取有效行动避免或减缓风险（Li et al., 2023）；途径二则是个体正确评估了外部情境和情境中的风险，但某些动机和人格因素导致他们认为情境中的风险不足为惧，进而导致了不安全行为的发生。风险评估往往伴随着每一次飞行，并且涵盖起飞前—起飞—飞行—降落—落地等所有阶段，做好风险评估并采取合理措施、做出适宜决策可以更好地保证飞行安全。另外，飞行前与遇到恶劣天气前的风险评估尤为重要，此阶段的决策可以帮助飞行员化险为夷，并且降低后期操作难度，这种风险评估需要飞行员具有丰富的飞行经验。

  危险态度可能会影响飞行员在复杂情境中的决策，近期研究表明，无论是军事还是民用飞行员，其危险态度都与卷入事故和意外的概率正相关。姬鸣等人（2012）通过访谈法和问卷调查法探讨现代航线飞行员危险态度特点及其与驾驶安全行为的关系，发现我国飞行员的危险态度包括自信、冲动性、男子气概、焦虑、服从性和风险意识这6个因素，危险态度对飞行员的自动化意识、情境意识、决策和人际合作交流等各方面都表现出了不同程度的负向影响。此外，风险容忍也是影响风险评估的重要人格因素之一。姬鸣等人（2011）研究发现风险容忍显著影响飞行员的驾驶安全行为，风险容忍水平越高的飞行员越可能在不适航的恶劣气象条件下继续执行飞行计划，危险态度在风险容忍和飞行员驾驶安全行为之间起到完全中介作用。霍姆斯（Holmes）（2024）采用个案分析和档案研究联合方法对美国国家运输安全委员会的航空事故数据库中5年的报告进行研究，发现反权威和大男子主义倾向易使飞行员决策失误概率升高，威胁飞行安全。总之，飞行员的风险态度不仅是个体心理的反映，也是航空安全管理的重要组成部分，增强飞行员的风险感知和管理能力，将有助于提高整个航空行业的安全水平。

知识经验
  知识与经验能够帮助飞行员在动态变化的高时间压力情境下不断转换注

意，更快速、准确地进行情境评估和风险评估，以及预测问题发生的可能性，同时有助于飞行员形成更多启发式和条件－动作模式并快速做出准确的航空决策。此外，有经验的飞行员倾向于使用更加灵活的任务管理方式和策略，如在简单飞行过程中，专家飞行员会根据飞行任务的难度，采用灵活的任务管理方式快速有效地完成飞行任务。知识与经验能够弥补年龄增大带来的认知上的不足。研究发现，高龄飞行员更倾向于在低能见度情境下降落，且在进近过程中对飞机控制的精确度较低，但是经验能够弥补年龄增大带来的不足，经验越丰富的大龄飞行员对飞机的控制越精准。近年来，已有学者开始关注专家飞行员在神经基础上的优势。亚当森（Adamson）等人（2014）让20名飞行员（8名一般飞行员、12名专家飞行员）在磁共振扫描仪中执行模拟飞行降落任务，结果发现专家飞行员比一般飞行员的复飞决策更准确，在此过程中检测他们的尾状核激活程度，发现专家飞行员尾状核激活程度显著较低，这一结果为专家飞行员的驾驶优势提供了神经结构上的证据。尾状核的激活代表着更多的扫视和凝视，这与前人研究发现专家能够更好地控制眼睛的扫描模式及其较低的凝视时间结果一致。另外，一些研究者开始探究飞行经验的近期性与飞行决策和绩效的关系。威金斯（Wiggins）、尤里斯（Yuris）和莫尔斯沃思（Molesworth）（2022）进行发动机故障的模拟飞行实验发现，最近的飞行经验和在备用跑道成功着陆的绩效之间有明显的关系，这种效应与大脑氧合的变化有关，即可能与较低水平的认知负荷有关。这启示我们，对于经验不足的飞行员，其最近的飞行经验很重要，它可能会提升新手飞行员识别关键线索的能力，帮助其成功管理关键的飞行事件。

安全文化

航空安全文化是航空组织及其成员所特有的共同特征的集合，通过内在的信仰、价值标准、意会，以及外在的规范、仪式、标志和行为模式体现出来，是确保飞行安全和有效决策的基石。研究表明强大的安全文化能够提高员工的安全意识，降低错误发生的概率，从而提升整体的安全绩效水平（Li et al., 2023）。有学者采用人为因素分析和分类系统对中国台湾"飞航安全调查委员会"在1999年至2008年间发布的51起事故报告进行分析后发现，管理层的错误决定直接影响监管实施，引发不安全行为，间接干扰飞行员在飞行过程中的决策。管理层的决策体现着组织对飞行安全的重视程度,即航空安全文化(Li, 2011)。低水平的安全文化很可能会让飞行员对安全飞行产生模糊看法,间接影响飞行安全,如飞行员在恶劣气象条件下进行复飞决策时,可能会为了将乘客带往目的地或减少燃油损耗所带来的组织压力而推迟执行复飞计划,甚至采取冒险降落行为。

飞行员的安全态度是评价组织安全文化的重要因素。晏碧华等人(2015)采用飞行管理态度问卷2.0(FMAQ 2.0)和两个内隐联想(IAT)测试,分别测试飞行员的外显安全态度与内隐安全态度,并探讨航空安全文化及外显、内隐安全态度的结构关系。研究结果表明,外显安全态度和内隐安全态度对安全绩效都有一定的预测力。换言之,航空安全文化通过影响飞行员的外显和内隐安全态度进而对其安全绩效产生影响。有学者采用访谈法和问卷调查法探究不同文化背景下的飞行员对安全文化的满意度,结果发现与西方飞行员相比,中国飞行员对安全文化的满意度较低,他们更在意与领导维持和谐的关系以避免冲突带来的不良后果,并且较少与他人分享信息与知识(Liao, 2015)。由此可见,我国航空公司有必要建设更符合民情的航空安全文化体系,提高员工对安全文化的满意度,减少由飞行员的危险态度等人为因素引发的严重后果。

社会因素

社会因素也会对飞行员的航空决策产生影响,首先是来自乘客的压力。乘客由于本身的航空安全知识水平相对飞行员较低,且在社会时间压力下可能会鼓励飞行员继续执行错误或高风险的飞行计划。例如,近期调查发现,乘客因素出现在了近54%的VFR-IMC事故中,其概率显著高于其他事故的出现率45%。另外,也有学者建议航空事故人为因素分析系统应该将社会压力纳入其中,因为社会压力可以让飞行员低估环境中存在的潜在危险,从而导致在面对复杂气象条件时做出错误的航空决策。一些学者通过定性分析发现,有16名(约57%)飞行员认为社会压力对他们的决策造成了负面影响,这些压力来自社会中的信息、他人的说服和飞行员的社会自我动机。可见社会压力对航空事故的发生的确存在一定的影响作用。

6.1.4 航空飞行决策训练

工作记忆训练

工作记忆是一种短期记忆，涉及信息的快速储存和处理。它不仅影响个体在复杂环境中的表现，还在多任务处理、注意分配和决策制定中起着核心作用。在飞行过程中，飞行员需要同时处理来自多个渠道的信息，如飞行仪表、导航设备、空中交通和气象条件信息等，因此，强大的工作记忆能力是确保飞行安全和效率的基础。目前工作记忆训练已在一些国家的飞行员中展开，例如加拿大空军就对飞行员工作记忆广度进行了训练。研究者发现工作记忆与决策之间存在紧密的联系，例如，工作记忆容量更大的个体在决策过程中会产生更少的概率性决策，且在执行功能测试中，得分越高的被试在认知要求越高的决策任务中绩效越高。然而，当决策任务对认知要求较低时，工作记忆的高低对其基本没有显著影响。因此，对工作记忆进行针对性的训练可以有效提高个体决策水平。目前，国内外工作记忆训练的研究主要在以下3个方面取得了一定进展：工作记忆训练的方式、工作记忆训练对一般认知能力的影响以及工作记忆训练任务对大脑神经系统的影响。常见的工作记忆训练主要有两种方法：行为训练和经颅直流电刺激训练。

目前，基于行为的工作记忆训练已经取得很大进展。一些学者认为使用n-back任务能够提高个体的流体智力。具体实验操作如下，首先测试所有被试的流体智力，然后将实验组被试按照接受训练的不同时长随机分成4组，最后进行流体智力的后测。比较了实验组和控制组前后测智力数据，结果发现相较于控制组，实验组的智力测试分数有显著的提高，并且随着训练时间的增加，智力测试分数提高的程度也显著增加。然而，也有研究者对此提出了质疑，即虽然已经有研究发现n-back任务训练能够在没有经过训练的其他类型n-back任务上，工作记忆的其他成分以及认知控制任务上产生一定的迁移，但也有一些研究表明在其他的认知任务上n-back训练没有产生广泛迁移。出现这种不一致的研究结果可能是因为单个研究的样本量小、研究所采用的训练任务不同，以及训练的时间长度不同等。为了进一步的探究，研究者使用元分析技术对n-back任务训练进行综合分析，发现训练次数、训练时间长度、训练的任务类型，以及被试的年龄等因素都对迁移的效果没有显著影响。游旭群等人（2021）采用元分析技术检索了2020年以前发表的以18岁至50岁的健康成年人为被试的n-back训练相关文献，探讨n-back任务训练对没有经过训练的n-back任务（最近迁移）、其他工作记忆任务（近迁移）以及认知控制任务（远迁移）的迁移效果。结果发现，n-back任务训练对没有经过训练的n-back任务有中等程度的迁移效果，而对其他工作记忆任务和认知控制任务的迁移效果较小，其研究结果与索韦里（Soveri）等人的发现一致。另外，研究还发现训练次数对最近迁移效果有调节作用，训练次数多于15次时的最近迁移效果显著高于训练次数小于或等于15次时。基于此，游旭群等人提出，未来的工作记忆训练应当采用多种类型的训练任务，训练次数要达到15次以上，这样才能取得理想的迁移效果。

随着神经调控技术的不断进步，认知训练领域也开始尝试使用相应的技术来增强训练的迁移效果。在工作记忆训练领域，应用最广泛的是使用tDCS刺激相关脑区来增强个体的工作记忆能力（朱荣娟 等，2020）。tDCS是一种非侵入性的神经调控方法，通过在头颅表面放置电极来施加微弱而稳定的电流，电流从阳极流向阴极并形成回路影响大脑神经元活动。阳极tDCS使神经元静息膜电位去极化，增强其兴奋性；阴极tDCS使神经元膜电位超极化，抑制其兴奋性，且当被试在做n-back时其背外侧前额叶和后顶叶皮层显著激活。因此，研究者通常选取这两个脑叶作为tDCS的刺激点位。言语工作记忆涉及视觉和听觉言语信息。有学者使用单盲设计探究了经tDCS刺激被试左侧后顶叶皮层和左侧额下回是否能影响视觉和听觉言语工作记忆（Zhu et al., 2020）。在其研究中，51名被试被随机分为刺激左侧后顶叶皮层、左侧额下回和伪刺激3组，使用1.5毫安的阳极tDCS刺激不同脑区20分钟。工作记忆任务为视觉和听觉字母3-back任务。研究结果发现，刺激左侧后顶叶皮层能显著提高被试在视觉言语工作记忆任务中的反应速度，对听觉言语工作记忆没有显著影响。刺激左侧额下回显著提高了视觉和听觉言语工作记忆的反应速度。该结果表明左侧后顶叶皮层在不同言语工作记忆任务中有着特异性作用，而左侧额下回在不同的言语工作记忆任务中的表现没有特异性。后顶叶皮层不但支持空间工作记忆的维持和提取，而且涉及空间工作记忆信息的操作，使用1毫安阳极tDCS刺激被试的右侧背外侧前额叶能显著提高其空间刷新能力。使用2毫安的tDCS刺激被试的背外侧前额叶皮层能增强刷新训练效果，而且这种增强的效果能够维持3个月。基于此，有学者在其研究中探究了tDCS对后顶叶皮层的不同刺激模式是否对空间工作记忆有不同影响（Zhu, 2021）。在其研究中，使用了10分钟tDCS刺激、10分钟tDCS刺激—5分钟休息—10分钟tDCS刺激、10分钟tDCS刺激—20分钟休息—10分钟tDCS刺激这3种刺激模式。研究结果表明，相较于对照组，tDCS刺激能显著提高被试在空间2-back任务中的反应速度；被试在10分钟tDCS刺激—20分钟休息—10分钟tDCS刺激条件下，在空间3-back任务中反应速度更快。

情境判断训练

飞行情境判断往往伴随着决策，在提升飞行员的飞行决策能力方面，情境判断训练（Situational Judgment Training, SJT）是一个有效的方法。在飞行员遇到特殊情境时，经验往往是其做出判断的第一影响因素。经验丰富的飞行员因为应对过类似情境，所以做决策时心理压力相对较低，并且能集中精力进行操作，避免飞行事故。近年来，有大量研究开始探索影响飞行员情境判断的变量，包括个人特质、经验以及环境因素，力求为情境判断训练提供更有效的训练方案。目前研究者已经开发出了一种情境判断测试，用于评估航空飞行员的决策能力。这一测试包含与航空安全决策有关的天气现象、机械故障、生物危机（如飞行员或乘客生病）、社会影响（如乘客请求）、组织（如雇主或空中交通管制请求）5种因素，共51个项目，每个项目描述了一个飞行情境，并提供了4个可能的解决方案，通过专家评分，研究者能够评估飞行员在特定情境下的决策质量（Hunter, 2003）。以下是亨特（Hunter）（2003）SJT项目中的一个例子：

你需要驾驶一架"天使航班"，带着一名护士和一名没有危重症状的儿童病人，去市区机场迎接一辆救护车。你提交了目视飞行规则：这是一个晴朗的夜晚，晚上11点，在60海里外，你注意到电流表显示电池放电，并正确推断出是交流发电机故障。你最好的猜测是你的电池还能维持15到30分钟。你决定：

A. 宣布紧急情况，关闭除1台NAVCOM仪器和应答器外的所有电气系统，按计划继续飞往地区机场。

B. 宣布紧急情况并转移到普兰特城机场，该机场在2点钟方向相距7海里处清晰可见。

C. 宣布紧急情况，关闭除 1 台 NAVCOM 仪器、仪表板灯、对讲机和应答器外的所有电气系统，并备降到正前方相距 40 海里的南区商务机场。

D. 宣布紧急情况，关闭所有电气系统，除了 NAVCOM 仪器、仪表板灯、对讲机和应答器，并备降到德雷珀空军基地，在 10 点钟方向，相距 32 海里处。

从 1963 年开始，VR 技术开始萌发，但发展缓慢。直到 1982 年，VR 技术研究人员将该技术应用到作战仿真方面。从 1996 年开始，美国将 VR 技术大量应用于军事领域的各个方面，研发了适用于军事领域的具有不同作用的仿真系统。目前，美国各空军基地几乎都有用于训练飞行员的飞行模拟器，并已形成联网的训练仿真系统，采用 VR 技术构建与实际飞行装备几乎一致的模拟系统对操作人员进行培训，训练飞行员在各种危险环境下的快速反应能力、心理承受能力等。AR 和 VR 技术的发展为情境判断训练提供了新的思路，更为沉浸式的 VR 技术培训可以帮助建构不同场景、设立模拟空间，让飞行员通过头盔就能有身临其境的飞行体验。VR 在飞行仿真技术方面得到了广泛的应用，采用 VR 技术设计的训练系统能显著提升学员的学习效果，降低训练成本。总之，情境判断训练是提升飞行员决策能力的重要手段，其研究与实施对航空安全具有重要意义。通过不断优化培训方法、评估机制和技术应用，未来的情境判断训练将更加系统化和有效化，从而为航空安全保驾护航。

风险感知训练

现代航空飞行将风险管理看作每个飞行员一项必备技能，而风险感知作为风险管理的核心成分，是飞行员进行准确的风险决策的前提条件。美国国家运输安全委员会报告指出，飞行员决策错误是导致飞行事故发生的第二大原因，而风险感知是飞行员做出决策的基本依据。纳米安（Namian）等人（2016）的研究表明，个体的风险感知水平可以通过训练来提高。在其研究中，研究者将被试分为高参与训练组和低参与训练组。在高参与训练组，被试需要在训练过程中积极主动地参与任务，被试和主试经常高度互动，主试常常及时给被试提供反馈。在低参与训练组，被试只需要专注地听主试讲述，和主试基本没有互动，并且不会得到反馈。研究结果表明，低参与训练组和高参与训练组的训练都能够显著提高被试的风险感知水平。当鼓励被试与主试互动且及时给予被试反馈时，被试的风险感知水平显著高于没有互动且不反馈的低参与训练组被试的风险感知水平。在机动车驾驶领域，研究者发现了相似的结论。研究者根据违反交通规则的情况，将机动车驾驶员分为不需要再培训组、需要再培训组和已经完成再培训组。相比于不需要再培训组，需要再培训组的风险感知水平较低，这表明驾驶员认为自己在驾驶车辆时发生车祸的可能性低于其他人，这样的判断可能导致他们采取危险的驾驶行为，并导致更多的交通违规行为。而已经完成再培训的被试认为自己发生车祸的可能性显著提高，表明经过系统的培训之后其风险感知水平有了显著提升。飞行员的风险感知能力对确保航空安全至关重要，因此构建一个完善的风险感知体系对于指导安全飞行极为关键。在未来对飞行员进行风险感知的训练时，应当考虑到飞行员的飞行动机，并注意到不同机型的飞行员在风险感知上可能存在的差异。此外，组织文化对风险感知的影响也应在未来的培训中得到重视，从而发展出更优的选拔与培训机制。

6.2　航空决策模型

6.2.1 信息加工模型

信息加工理论背景

信息加工（Information Processing, IP）是认知心理学的基本理论。20世纪50年代以后，计算机科学迅猛发展，心理学研究者开始根据计算机信息加工方式来解释人类心理过程，提出了信息加工理论，该理论认为计算机的信息加工方式与人类的大脑信息加工方式相似，具体表现为：外界信息首先由感觉器官进行加工；那些被注意到的信息从感觉通道进入知觉系统；在知觉系统中，工作记忆和长时记忆共同对知觉到的信息进行评估或者赋予其一定的意义；然后信息加工系统需要对评估后的信息进行反应选择，并最终基于反应选择来做出相应的行为（Shahid et al., 2022）。有学者总结了个体信息加工处理模型（见图6.1），我们的感官系统（如眼睛和耳朵）接收并感知刺激或事件，对过去经验的记忆会为这些感知信息提供一些有意义的解释，随后个体可以根据感知到的信息进行行动选择（决定采取什么行动）和执行（做出反应），或者信息也可以暂时存储在工作记忆中，进行思考或信息转换。但工作记忆的容量有限，在这个过程中需要个体投注大量的注意资源，工作记忆可以与长时记忆（它存储了大量由过去经验积累的信息，包括事实和程序，可以被意识适时提取）进行互换，长时记忆可以指导工作记忆做出选择和行动，工作记忆中的重要内容可以存储为长时记忆进行经验的保存。正如图6.1所示，个体的行动通常会产生反馈，然后被再次感知以形成闭环。其中，人类的注意力作为一种有限的资源，在信息处理过程中起着两个关键作用（Lee & Alex, 2013），既可以作为一个选择性代理或过滤器，选择并限制将被感知的信息，又可以作为一个任务管理代理去限制任务（或心理操作）的同时执行（Wickens & Carswell, 2021）。另外，决策偏差可以通过该效应是否影响个体的感知、判断或行动选择来表征（Wickens, 2021）。

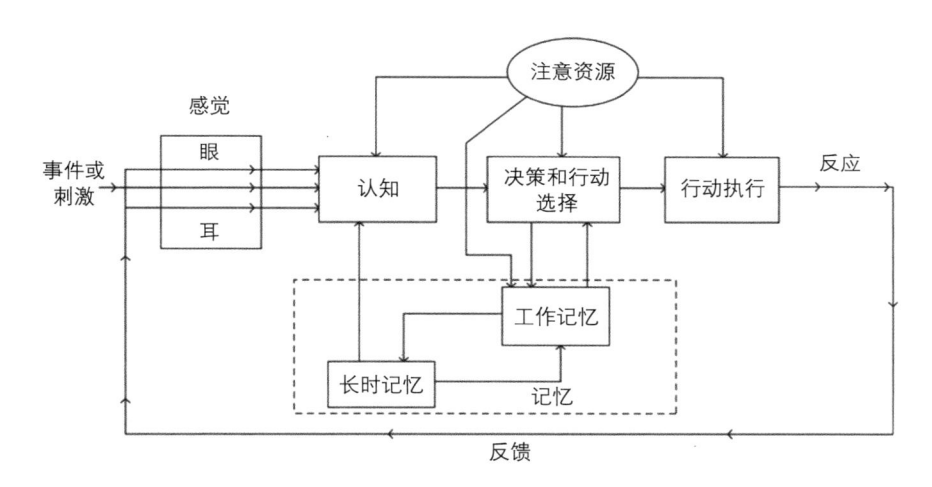

图6.1 信息加工处理模型

近年来，认知神经科学飞速发展，研究者通过脑成像等技术完成了对人类"黑箱"——大脑的部分观察。在认知加工方面，人们可以准确观察到不同类型信息处理过程中大脑的活动模式，这为信息加工理论提供了实证支持，信息加工理论视角更多元，理论模型更完善，在实践应用上也更丰富。奥斯本（Osborn）等人（2024）将信息加工理论应用于职业发展领域，强调思维和记忆过程在职业问题中的重要性，并提供了相应的认知策略，帮助个体解决职业相关的决策问题；多齐尔（Dozier）等人（2023）将信息加工理论应用于教育领域，通过分析学生的学习行为和信息处理方式，给教育者提供启示，帮助其设计出更为有效的教学策略，这提升了学生的学习效果，并为教育评估提供了新的视角。

航空决策的信息加工模型

威肯斯和弗拉赫（1988）在信息加工理论基础上提出了航空决策信息加工模型来阐述飞行员的决策过程，模型如图6.2所示。该模型将飞行员的决策过程主要分为4个步骤（Wickens & Carswell, 2021）：首先，飞行员需要从飞行情境中寻找样本信息或线索，但是这些线索常常是不确定的、模糊的，甚至是错误的。因此在样本信息的搜寻过程中，决策者的选择性注意会根据决策者的经验决定哪些线索能够进入后续的加工，哪些线索被忽视，在信息的选择和搜索中发挥了重要作用。其次，当选择性注意的线索进入后续加工时，决策者需要根据自上而下、由选择性注意过滤而来的外部线索和自下而上的长时记忆的内部线索，对这些线索进行情境评估，即做出决策诊断。在这个过程中，决策者

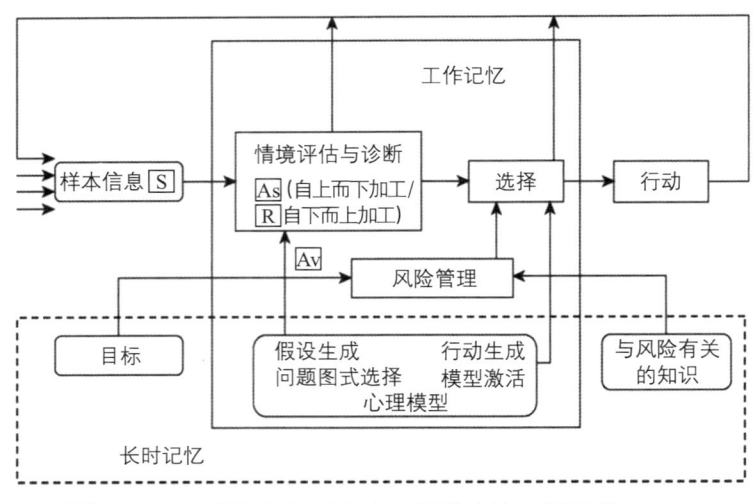

图6.2 航空决策信息加工模型

资料来源：王梓宇, 游旭群. (2017). 航空决策模型及其影响因素分析. *心理科学进展*, 25(11), 2002–2010.

需要对事件的当前和未来状态进行假设,这个假设就是未来其决策的基础,但是在这个过程中长时记忆为决策者提供的有关系统状态的各种假设极可能变成事实的概率只是主观评估,而且选择性注意的线索本身就有可能是错误的。因此诊断和情境评估不一定是准确的,需要决策者进一步收集信息以验证所提出的假设。研究表明,具备优秀决策能力的飞行员通常会花费更长的时间来诊断或评估情境。再次,在收集样本信息并对其进行诊断之后,便是选择,决策者需要根据工作记忆、长时记忆以及心理模型来产生多个可能的备选方案或行动路线。如果决策者对事件的诊断或评估是不确定的,那么在这一阶段决策者可以使用不同的备选方案来看其相对应的风险程度。最后,决策者在找到最优方案后就可以执行该方案,但是如果决策者选择的最优方案也存在很大的潜在风险,或根据被选择的方案解决当前面临的问题后又出现了新问题,决策者就需要重新收集信息,开始新的迭代过程。

威肯斯和弗拉赫(1988)提出的基于信息加工理论的航空决策模型为理解飞行员的决策过程提供了重要的理论框架,信息检索、情境评估、决策选择、响应执行4个阶段以及情境意识和认知负荷等核心概念,揭示了飞行员在复杂和动态的航空情境中进行有效决策的机制,为飞行训练和航空安全提供了指导,也为人机界面设计提供了理论支持。不过,该模型也存在一定的局限,信息加工理论的基础假设是个体绝对理性,能够通过计算每个可能选项的主观期望效用,做出最佳决策,是一个绝对理性决策者在最理想环境中的决策过程。然而人是有限理性的,概率计算每个选项的期望值非常烦琐、耗时,在高时间压力和高负荷的复杂飞行情境中,飞行员很容易出现信息过载和决策偏差的情况,不会严格依照该模型进行信息加工和决策选择。

6.2.2　航空决策框架模型
描述性决策理论背景

描述性决策理论主要关注人们在现实中如何做出选择,强调观察和解释人们的决策行为。这种理论试图揭示人们在真实情境中常常遵循的决策模式和规律,而不是理想或应有的决策过程。描述性决策理论反映了人类在面对复杂选择时的真实反应,包括不理性行为、偏见和认知限制等。它通常基于经验数据,研究实际行为与理论预期之间的差距,以理解决策过程的复杂性

（Morelli et al., 2022）。卡内曼（Kahneman）和特沃斯基（Tversky）提出的前景理论（Prospect Theory）就是描述性决策理论的典型案例，前景理论的核心概念有3个：损失厌恶（Loss Aversion）、参考点（Reference Point）和价值函数（Value Function）。其中，损失厌恶指的是损失对人们的影响通常大于同等收益的影响，即人们宁愿避免损失，而不是获得同样数量的收益。例如，当面临100美元的损失和100美元的收益时，损失带来的痛苦往往比收益带来的快乐更为强烈。参考点指的是人们的决策是以某个点为参考进行的，而不是考量绝对的收益或损失。例如，如果一个人拥有10000美元，再获得1000美元的收益时，他的感受与其初始便拥有11000美元的感受是不同的，前者的心理价值会更高，因为它是10000美元的基础之上的额外收益。价值函数表示前景理论中的价值函数是非线性的，表现出收益和损失不同的特性，对于收益，价值函数是凹形的，意味着边际收益递减；而对于损失，价值函数则是凸形的，表明损失时的心理痛苦呈加剧趋势，这种曲线反映了人们在不同情境下对风险的态度，即人们趋向于在收益领域厌恶风险，在损失领域寻求风险。在这3个概念的基础上提出的前景理论的决策过程可以分为两个阶段：首先是编辑阶段，个体对可能的结果进行初步的整理和分类，选择最相关的参考点；然后是评价阶段，个体会根据编辑阶段的结果进行评估，选择最终的决策。前景理论被一些研究者应用于航空领域，如对于飞行员来说，"时间"可能是比金钱更重要的考虑因素。当面对涉及时间的决策，例如用现有的燃料可以飞行多长时间时，飞行员在时间增益和时间损失情况下都是厌恶风险的。

航空决策框架模型

在描述性决策理论的基础上，贾妮斯（Janis）和曼（Mann）（1977）提出了一个航空决策的描述性决策理论：冲突理论决策模型。该模型认为，决策者的最主要任务是监控环境信息，并将这些信息解释为正常或者异常。加工这些任务的认知活动称为识别（Detection）、诊断（Diagnosis）或维持情境意识（Maintaining Situational Awareness）。飞机运行的目标状态决定了飞行员所期望观察到的信息，并且部分决定了将进行何种观察以及如何对观察到的信息进行诊断。对于技能水平较高的飞行员来说，这种从观察到的信息对其反应的过程实际上是基于飞行员技能水平（Skill-Based Level）或航空公司制定的规章制度（Rule-Based Level）自动进行的。然而，当面对不熟悉或非期望的情境时，飞行员的决策将进入知识水平（Knowledge-Based Level），这个过程将耗费飞行员大量认知资源。飞行员首先需要对线索进行精细加工，然后基于其加工过程做出相应的计划，最后，需要对当前的情境进行检验。霍尔纳格尔（Hollnagel）（1987）认为在贾妮斯和曼提出的决策理论中，计划和决策虽然紧密相关，但是缺失了对计划的概念的界定，对计划中风险评估的分析也不足。风险评估包括对飞行情境中风险的判断和对自身能力是否符合任务需要的判断等内容。

基于贾妮斯和曼提出的冲突理论决策模型，奥黑尔（1992）以描述性决策理论为基础，提出了ADM框架模型，该模型是典型的以任务目标为导向的决策模型。模型如图6.3和图6.4所示。该模型的一个显著特点是，不确定事件的压力对认知表现的影响是明确且能够预测的。许多研究表明，当压力（如时间压力）存在时，决策者的认知能力会发生质的变化。

该决策模型以任务导向为前提，如图6.3所示，飞行员通过监控飞行环境信息、维持情境意识对当前情境是否存在威胁进行判断。当存在威胁时，飞行员首先采用以飞行技能为本或以航空公司制定的规章为本的方式来应对威胁。因此，大多数常规的飞行决策会直接进入反应选择阶段，在这一过程中，飞行员决策错误可能出现在反应执行阶段。但是，当面对意料之外的情境时，飞行员会首先进入风险评估阶段，评估情境的严重程度和自身驾驭情境的能力。决策过程如图6.4所示，飞行员需要评估执行当前目标是否存在威胁，若不存在威胁，则决策者会坚定地执行决策；如果执行决策可能存在威胁，飞行员需要关注其是否有足够的时间寻找新的解决办法。假如没有足够时间，飞行员将过度警觉，并产生恐慌情绪。在这种状态下，决策者可能会冲动地采取第一步行动，似乎是为了远离这种情况，最终可能不再以理性的方式行事。虽然产生恐慌情绪在航空领域中比较罕见，但在其他领域，这种情况屡见不鲜。如果有足够的时间来产生一个可供选择的行动方案，那么飞行员将开始寻找新的替代方案。这是涉及计划的关键步骤，飞行员的发散思维能力在这一过程中起到重要作用。然而，如果飞行员寻找的替代方案不成功，将形成一种防御回避型的决策风格，包括拖延和"推卸责任"。有这种决策风格的飞

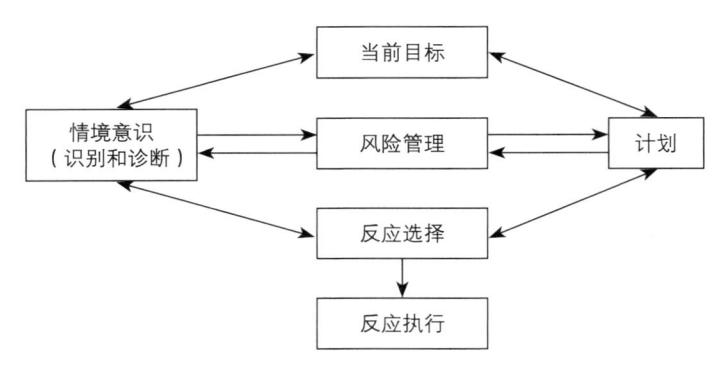

图6.3 ADM框架模型的主要部分

资料来源：王梓宇，游旭群. (2017). 航空决策模型及其影响因素分析. 心理科学进展, 25(11), 2002–2010.

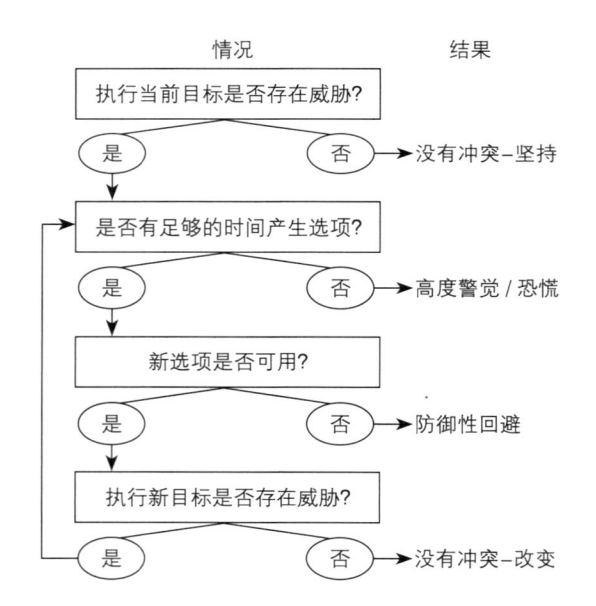

图6.4 ADM框架模型的决策过程

资料来源：王梓宇，游旭群. (2017). 航空决策模型及其影响因素分析. 心理科学进展, 25(11), 2002–2010.

行员将会推迟做出决定，或者花费大量时间将情况传达给航空公司以寻求建议。这两种策略都不可能形成最佳决策，一旦确定了替代方案，飞行员将重新评估该方案的风险。如果这些风险是可控的，那么追求新的目标将取代当前的目标。如果风险过高，飞行员将继续寻找其他方案，直到产生合适方案或者剩余时间被用完。

贾妮斯和曼（1977）在其研究中指出，一个好的决策过程是指决策者成功完成一系列任务的过程，包括收集各种备选方案信息，仔细评估每个行动过程的风险和收益，以及准备应对已知风险的应急计划。好的决策过程需要包括计划的分析和情境意识的识别等过程。航空决策框架模型由一个以目标为导向的过程组成，该过程具有5个独立的部分：情境意识、风险评估、计划、反应选择和反应执行。奥黑尔（1992）提出的航空框架模型包含了完整的航空决策过程，对后来的航空决策研究影响深远。

6.2.3 航空决策过程模型

自然决策背景

自然决策（Natural Decision-Making, NDM）起源于20世纪80年代，旨在研究人们如何在现实环境中进行决策，尤其是在高度复杂和不确定的情况下。自然决策理论强调实践中的决策过程，关注决策者如何在具体情境下根据经验、直觉和情感等因素来做出选择。自然决策有3个特征：首先，自然决策对于在现实世界中完成有意义的任务是不可或缺的，并且是为了实现操作目标而做出的，是一种情境化的决策过程。其次，决策者通过多年的培训和经验获得的知识对于决策过程至关重要，是识别需要做出决策的情境并对其做出适当反应的基础。最后，在自然决策中，决策者在熟悉的情况下通常是通过检索和评估选项来做出决策的，而不是通过深思熟虑的分析过程。

早期的自然决策模型在航空领域中有着朴素的应用。例如，研究者提出，在航空决策中，当面对需要进行决策的情境时，飞行员首先要对该情境有一个很好的定义；接着需要围绕该情境收集数据；而后基于收集到的数据，产生所有可能解决办法；然后，飞行员需要评估所有的解决办法；接着根据评估后的解决办法来做出决策；最后对执行决策的后果进行监控，并评价决策的结果。虽然这是一个看起来还不错的决策模型，但是该模型存在以下几个方面的不足：第一，该模型没有区别专家和新手的差异；第二，该模型没有突出专家的知识和经验；第三，在自然条件下，产生合适的问题解决方案需要更长的时间；第四，该模型对问题情境中的显著差异表现得不敏感；第五，该模型关注的是个人决策者，而不是机组。

航空决策过程模型

识别-启动决策（Recognition-Primed Decision-Making, RPD）模型是航空决策领域中最具影响力的自然决策模型之一（Klein, 1993）。RPD模型的主要特点包括以下方面：决策者首先感知情境并识别出关键的模式或线索，这些模式触发了与过去经验相关的记忆。随后决策者在心中模拟可能的行动方案及其结果，这个过程不需要详尽分析所有可能的选项。然后基于心理模拟的结果，决策者迅速选择一个行动方案，通常在几秒或几分钟内完成。一旦行动方案被执行，决策者将持续监测情境变化，并根据反馈进行必要的调整。RPD模型认为，专家级别的决策者在面对紧急情况时，往往不会进行详尽的理性分析，而是依赖于直觉和经验来快速做出决策。这种决策方式在高风险和时间敏感的情境中尤其常见，如紧急医疗响应、军事指挥和火灾救援等。这种决策模式的有效性在于决策者能够迅速识别情境并启动相应的行动方案，而不是理性分析所有可能的选项。

奥拉沙努（Orasanu）（1995）使用了3种不同的研究方法来探究航空决策过程。首先，研究者使用了实验来探究机组决策过程，研究者使用摄像机记录了多组飞行机组在全任务模拟器中飞行相同的场景，这样能观察到机组人员在特定任务中使用的相关策略。在飞行模拟器任务中，研究者能够保持一定的实验控制，且实验中的录像能够供以开展详细的分析。其次，研究者使用了事故分析法来探究决策过程并使用航空安全报告系统（Aviation Safety Reporting System, ASRS）获取了大量的事故报告。事故报告能够给研究者提供飞行员从自己的角度出发来做出决策的各种情况的细节。但是用该方法不能分析机组成员实际决策的可靠细节，具有一定的主观性。最后，研究者分析了由美国国家运输安全委员会进行的一系列事故调查，其中涉及驾驶舱语音记录器、飞机的仪表、目击者、机组或乘客等反映的信息，事故调查结果的一个重要组成部分是事故发生前对具体事件的详细描述。航空专家会针对每个案例进行深入分析，研究者可根据专家的分析报告总结影响航空决策过程的共同潜在因素。奥拉沙努发现，在航空决策过程中，有一些决策是高度程序化的，并且有明确的规章制度，一类决策基本是飞行员按照本能执行的，例如起飞和着陆。这类基于规则的决策不存在时间压力以及其他风险因素，这在ASRS的事故报告中占据了一大半的比例。另一类决策内容需要飞行员选择哪一个决策更合理或更安全，飞行员会同时面临几种看似合理的选择。然而，决策者必须根据对每种选择可能产生的后果的评估以及它们满足飞行情境的程度来选择。还有一种决策被称为结构不良决策，在某些情境中，飞行员要么不清楚其面临的问题，要么不清楚如何解决面临的问题。也就是说，没有现成的能够被执行的选择。

奥拉沙努在1995年建立的航空决策过程模型如图6.5所示，它将飞行员的决策行为划分为情境评估和选择反应两个主要环节。这两个环节在实际操作中可能会交替进行，因为飞行员采取的任何行动都可能引起飞行环境的变化，从而需要重新评估新的情境（王梓宇，游旭群，2017）。在情境评估环节，飞行员需要考虑3个核心问题：首先，当前飞行任务遇到了什么问题；其次，解决这个问题还有多少时间；最后，这个问题对当前和未来飞行安全的风险有多大。在这个阶段，飞行员一旦意识到威胁，时间的紧迫性和风险的高低将直接影响他们的决策策略。面对时间紧迫和高风险的情况，飞行员往往会依赖航空公司或监管机构已经制定的规则和程序来应对。在时间允许的情况下，如果飞行员遇到不熟悉或不理解的威胁，他们可能会寻求额外的信息来进一步分析情况，比如联系航空公司或地面人员，或与机组成员讨论。一旦飞行

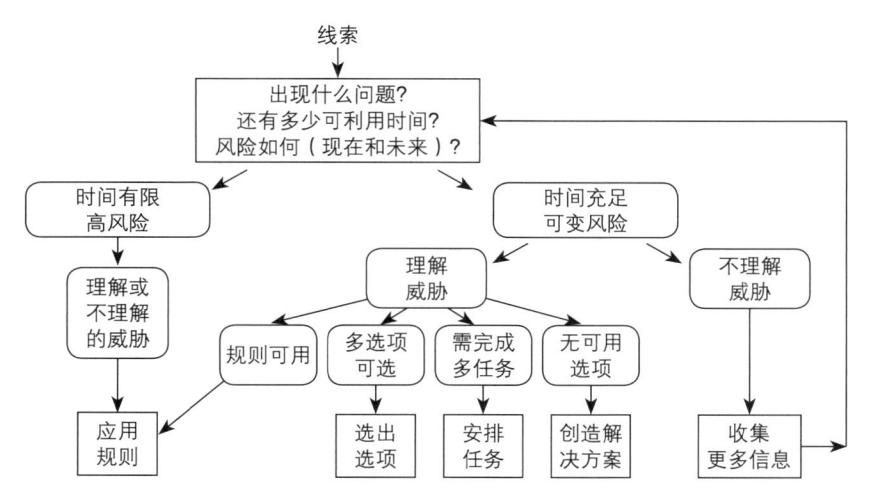

图6.5 识别-启动决策模型

资料来源：王梓宇，游旭群. (2017). 航空决策模型及其影响因素分析. 心理科学进展，25(11), 2002–2010.

员对问题有了充分的理解，他们会根据问题的不确定性和是否有现成的应对方案来决定下一步行动。如果有明确的规则可以应用，飞行员将直接按照规则行动；如果有多个可能的解决方案，他们将选择最合适的一个；如果需要连续完成多个任务，飞行员会依次处理；如果没有现成的解决方案，飞行员将发挥创造性，自行设计解决方案。在这个模型中，认知负荷的高低受两个因素影响：一是情境评估阶段中问题的不确定性；二是在选择反应阶段缺乏基于规则的条件－反应机制。这两个因素各自独立，但共同决定了整个决策过程所需的认知工作量。奥拉沙努的模型强调了飞行员的知识和经验在决策中的重要性，它能帮助飞行员在高压、时间紧张和高风险情况下，以较低的认知成本做出适当的决策。

6.3 航空决策证实性偏差效应及其影响因素研究

6.3.1 航空决策中的证实性偏差效应

个体在思考、判断和决策时，大脑处理信息的方式常常受到多种认知偏差的影响。这些偏差可能导致人们在决策过程中忽略重要信息，从而影响最终的判断和决策质量。其中，证实性偏差（Confirmation Bias）是最为常见的一种认知偏差，它使得个体在评估新信息时受到先前观念或假设的影响，倾向于寻找、解释、关注和记忆那些支持自己已有观点或假设的信息，而忽视或低估与之相悖的数据或解释（吴修良 等，2012）。最新的航空人因研究及事故征候报告表明，飞行员决策过程中的证实性偏差是造成事故及事故征候的重要人为因素，证实性偏差所带来的对信息的选择性注意、对环境线索的无意识解读都会对飞行安全造成影响。

证实性偏差理论机制

沃森（Wason）（1960，1968）通过规则发现任务（Rule Discovery Task, RDT）首次证明了人类认知过程中证实性偏差现象的存在。研究人员给被试一组有既定规则的数列，如 2、4、6，被试需通过不断列举其他数列来检验自己对数列规则的猜测是否正确。被试的每一次猜测都会得到主试的反馈，直到其说出自认为正确的规则为止。结果发现，79%的被试由于证实性偏差的影响，只列举支持其猜测的数列来完成对规则的检验，未能报告出数列的既定规则。在对证实性偏差现象的进一步研究中，沃森（1968）又通过著名的四卡片选择任务（Four Cards Election Task）证明了人们在假设检验过程中易表现出证实倾向。后续大量研究试图从不同角度揭示证实性偏差产生的心理机制，主要有认知机制和动机机制两个方面。在认知机制方面，证实性偏差的解释主要源于个体在处理复杂任务时能力的局限以及采取的认知启发式（Heuristics）策略，如肯定检验策略。这一策略使个体在假设检验中只关注符合预期的证据，而忽略反对的证据，从而增加了决策失误的风险。在动机机制方面，证实性偏差的解释主要基于认知失调（Cognitive Dissonance）和错误规避（Error Avoidance）两种理论。从认知失调理论来看，当个体的信念与新证据相矛盾时，其会产生心理不适，这促使他们选择性地搜索支持原有信念的信息，以减轻不适感。错误规避理论则主要从成本效益分析的视角来理解这一现象，强调个体在决策时更倾向于避免重大损失，而非追求客观真理，这可能会使人们忽视全局，只选择那些能降低错误风险的信息，从而导致证实性偏差的发生。

证实性偏差与航空安全

随着飞行员人为因素导致的航空事故增多，研究者对飞行员决策中认知偏差的关注逐渐加深。马达范（Madhavan）和拉克松（Lacson）（2006）首次探讨了认知偏差对飞行员天气相关决策的影响，并从理论研究角度基于认知偏差理论和决策信息加工模型提出了个体认知过程中的不同偏差类型对飞行员不同决策的影响，其中包括证实性偏差，如图6.6所示。其他研究者在此基础上试图通过实证研究来探讨飞行员天气相关决策情境和飞行员迷航后的位置判断情境下认知偏差对其决策行为的影响。

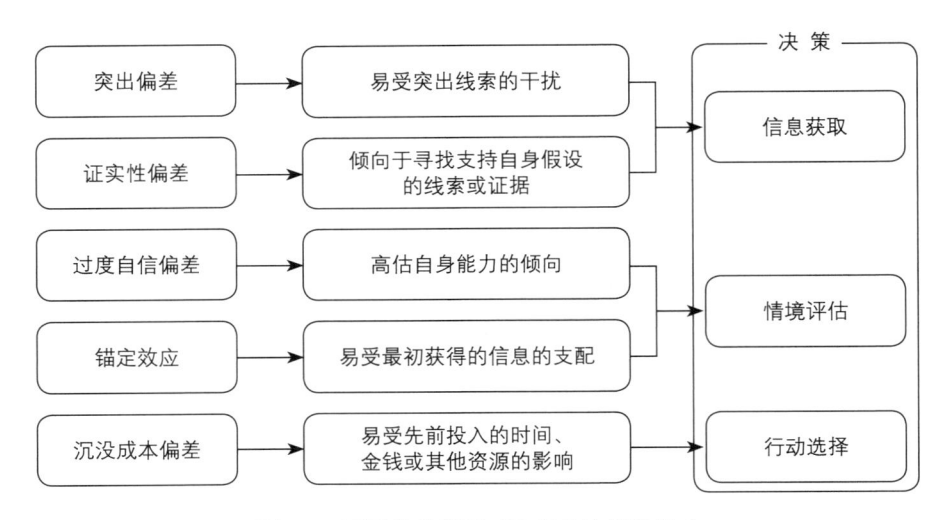

图6.6 不同偏差类型对飞行员决策的影响

资料来源：徐泉. (2019).飞行员空间位置判断中的证实性偏差效应及其影响因素(硕士学位论文).陕西师范大学,西安.

大量的事故调查结果显示，飞行员天气相关决策失误是造成通用航空天气相关事故的主要原因，通常表现为飞行员无意或有意地采用目视飞行规则操纵飞机进入仪表气象条件。这种情况下，飞行员因缺乏来自地面的视觉参考信息，使得对飞机状态进行控制的心理模型和认知技能瞬间失效，从而造成灾难性后果。

沃姆斯利（Walmsley）和吉尔比（Gilbey）（2016）认为飞行员做出糟糕的天气相关决策正是受到证实性偏差的影响，在高时间压力和高认知负荷的飞行情境中无法做出理性决策，并通过实证研究首次调查了飞行员天气相关决策是否受到证实性偏差的影响。在该研究中，创建了五种不同的天气相关场景（例如，乘客不适、引擎发出奇怪的噪声），每个场景下有三条天气线索特征（例如，能看见前面的阵雨），其中两条线索为证实选项，另一条线索为证伪选项，被试在实验过程中需要结合描述天气条件的静态图片，从三条线索中选出一条他认为在决定是否继续采用目视飞行规则飞行时最有用的线索。结果发现，被试实际选择证伪选项的次数与理论上随意选择证伪选项的次数间无显著差异，这表明飞行员在天气相关决策中确实受到了证实性偏差的不利影响。基于该范式，沃姆斯利和吉尔比（2017）通过实验进一步探究了采取去偏差技术是否能降低证实性偏差的影响效应。在实验中，控制组飞行员的实验任务与他们2016年的研究中的相同，对实验组飞行员先进行了考虑替代方案的干预，再让其完成实验任务。结果发现，两组飞行员在证伪选项的选择上没有显著差异，表明考虑替代方案这一去偏差技术未能对飞行员天气决策中的证实性偏差起到有效的干预。由此可见，证实性偏差不但对飞行员天气相关决策造成了不利影响，而且这种影响很难通过某种干预手段消除。

在通用航空的飞行过程中，飞行员有时会出现迷航现象，即飞机在航行中失去方向。这种情况可能导致严重风险，包括进入受限空域（如军事训练区）、可控飞行撞地以及空中碰撞等。因此，飞行员准确判断迷航后飞机位置的能力，是确保飞行安全的关键。事故及事故征候的调查显示，许多飞行员在飞行中至少经历过一次迷航（Gilbey & Hill, 2012），这已被证实是发生航空事故的重要原因。三步骤程序可以帮助通用航空飞行员应对迷航情况（Gilbey & Hill, 2012）。首先，当飞行员意识到迷航时，应改变航向，保持安全高度并降低动力进行绕圈飞行。这种做法可以节省燃油，防止飞机偏离最后已知位置，从而增加重新定位的机会，并降低进入更危险区域的概率。然后，飞行员需根据初始飞行计划、航线、飞行时间、速度和最后已知位置，估算大致位置，并在地图上标记一个圆圈，这个圈被称为不确定圈（Circle of Uncertainty）。最后，飞行员需要在空中寻找地面特征线索，并将其与地图上的信息进行比对，以验证自己的假设。如果圈内的检验结果正确，飞行员便能确认位置；如果不正确，则需扩大不确定圈的直径，重新进行检验。由此可见，飞行员迷航后的位置判断过程实际上是一个假设检验的过程。研究表明，飞行员在检验假设时，常常错误地将不正确的位置假设视为正确的，导致判断失误。因此，吉尔比和希尔（Hill）（2012）指出，飞行员在检验假设过程中的证实倾向是发生位置判断失误的主要原因，即他们往往只关注支持假设位置的地面线索。为了验证这一假设，他们设计了3种基于地图场景的位置判断任务（Location Discovery Tasks）。在这些任务中，被试需从每个场景的地面线索中选择一条认为最有用的线索，两条证实选项、一条证伪选项。结果显示，被试选择证伪选项的次数显著低于理论上随机选择证伪选项的次数，表明线索选择确实受到证实性偏差的影响。

6.3.2 认知风格对航空决策中证实性偏差效应的影响

认知风格与航空决策

认知风格(Cognitive Style)又称为认知方式,最先由奥尔波特(Allport)在1937年开始使用,后续诸多研究者对个体认知风格进行了广泛而深入的研究,并结合具体情境提出了不同的认知风格类型。目前被学术界广泛关注的主要有4种:美国心理学家威特金在对空军飞行员的垂直视知觉研究中提出的场独立性-场依存性认知风格类型;卡根(Kagan)等人依照个体匹配相似图形测试速度提出的冲动(Impulsivity)-沉思(Reflection)型认知风格;达斯(Das)等人根据脑功能研究结果提出的继时(Successive)-同时(Simultaneous)型认知风格;罗丁(Rding)和雷恩(Rayne)依据因素分析法对个体表征信息的言语-表象(Verbal-Imagery)和整体-分析(Wholist-Analytic)方式构建的两维度认知风格类型。

航空场景中的决策具有动态性、时间压力性、多任务性等复杂特点,对飞行员的认知尤其是空间能力提出了更高的要求,而认知风格作为个体在信息加工方式上的偏好差异被证明对个体认知过程、决策及其偏差都产生了非常重要的影响(游旭群,于立身,2000)。一些研究从言语-表象型认知风格类型角度研究个体的空间能力。帕扎利(Pazzaglia)和莫(Moè)(2013)通过问卷研究调查了107名被试的言语-表象型认知风格并检验了不同认知风格对被试两种类型地图学习绩效的影响,结果表明表象型认知风格被试在空间信息丰富的地图上学习绩效更高。科奇-雅努赫塔(Koć-Januchta)等人(2017)基于眼动技术探究了认知风格对材料学习的影响,研究指出表象型认知风格被试更愿意花费时间去查看图片信息,而言语型认知风格被试则更愿意去查看文字信息,并且在文字与图片相结合的材料中学习,表象型认知风格个体的绩效优于言语型认知风格个体。此外,还有一些从场独立性-场依存性认知风格类型角度对飞行员进行的具体研究,例如,游旭群和于立身(2000)发现场独立性认知风格与空间定向水平密切相关,场独立性认知风格是空间定向水平差异的有效预测指标。由此可见,认知风格对航空决策的各个方面都产生了重要影响。

不同负荷条件下认知风格对位置判断中证实性偏差的影响

飞行员迷航后，由于不能准确判断当前所处位置，通常要在高时间压力和高认知负荷条件下，结合地图和地面参照物线索进行假设位置的判断和检验，做出相应的飞行决策。大量研究表明，表象型认知风格个体在空间导航绩效（Weiss & Adler, 1981）、地图信息加工（Koć-Januchta et al., 2017）等方面都明显强于言语型认知风格个体，且存在一定的加工优势。同时，高认知负荷会增加飞行员的失误发生率（姬鸣，2012）。个体在认知资源不足的情况下，往往会采取更多的认知启发式策略来降低认知资源的消耗，从而导致证实性偏差。因此，相较于低认知负荷水平，飞行员在高认知负荷水平下可能会更多地采取肯定检验策略，证实性偏差的程度更为强烈。基于此，徐泉（2019）使用iMotions 6.2软件，按照吉尔比和希尔（2012）的实验范式进行了2（表象型认知风格，言语型认知风格）×2（低认知负荷，高认知负荷）两因素被试间设计，探究言语-表象型认知风格和认知负荷水平对飞行员在位置判断过程中产生的证实性偏差的影响作用和两者的交互效应。

实验的具体操作程序遵循以下步骤：首先是通过认知风格分析系统（CSA）言语-表象子测验对被试进行言语-表象型认知风格的筛选。测验共包括48个陈述句，一半为如"橙子与苹果属于一类"的概念归类项目，一半是如"香蕉和番茄颜色相同"的表象归类项目，且正误描述各半。被试需要对每个句子进行正误判断，将对言语题目（即概念归类项目）的反应与对表象题目（即表象归类项目）的反应的比率作为个体言语-表象认知风格划分的指标，高比率的为表象型，低比率的为言语型，处于中间位置的为双重型。如图6.7所示。

图6.7 言语-表象型认知风格测验示例图

资料来源：徐泉. (2019). *飞行员空间位置判断中的证实性偏差效应及其影响因素* (硕士学位论文). 陕西师范大学, 西安.

其次，基于吉尔比和希尔（2012）的实验范式，实验者让被试在呈现摩托车场景、游艇场景和小型飞机场景的地图中进行位置判断任务（Location Discovery Tasks）。在每个任务和场景中，被试都被要求尽量想象自己已经迷路且迫切需要重新定位，并向其提供了场景的文字描述以及该场景具有指南针标识的地图。

最终，实验结果显示，被试实际选择证伪特征的总次数与预期偶然作答时证伪特征的选择总次数差异显著，$t(64) = -9.856$，$p < 0.001$，$d = 0.78$。被试更多使用证实证据去检验自己所处位置，在位置判断中确实受到了证实性偏差的影响，进一步对被试选择证伪特征的总次数进行性别的独立样本检验，结果显示男性和女性在证伪特征的选择次数上没有显著差异，$t(63) = -0.453$，$p > 0.05$，$d = 0.06$，这表明性别对位置判断中的证实性偏差没有显著影响。言语-表象型认知风格和认知负荷对证伪特征选择次数的主效应均显著，表明言语-表象型认知风格和认知负荷对位置判断中的证实性偏差产生了显著影响；言语-表象型认知风格和认知负荷的交互作用显著（见图6.8），$F(1, 61) = 4.968$，$p < 0.05$，$\eta_p^2 = 0.075$，表明言语-表象型认知风格对位置判断中证实性偏差的影响还要取决于个体的认知负荷水平。进一步的简单效应分析表明，在高认知负荷水平

上，言语型认知风格被试和表象型认知风格被试在证伪特征的选择次数上的差异不显著，$F(1, 61) = 0.535$，$p > 0.05$，$\eta_p^2 = 0.009$，表明在高认知负荷条件下，言语-表象型认知风格对位置判断中的证实性偏差没有产生显著影响。在低认知负荷水平上，言语型认知风格被试和表象型认知风格被试在证伪特征的选择次数上差异显著，言语-表象型认知风格对位置判断中的证实性偏差产生了显著影响，$F(1, 61) = 14.818$，$p < 0.001$，$\eta_p^2 = 0.195$。徐泉（2019）的研究再次证明了航空决策中证实性偏差效应的存在，并且验证了认知风格和认知负荷对飞行员位置判断中证实性偏差的显著影响，两者的交互效应结果启示我们在高认知负荷条件下，飞行员固有的某种信息加工优势可能无法表现出来，未来可考虑通过高负荷认知训练、飞行器人机交互设计等方式降低飞行员的认知负荷，让其能够分配充足的认知资源完成决策，减少决策中证实性偏差的发生。

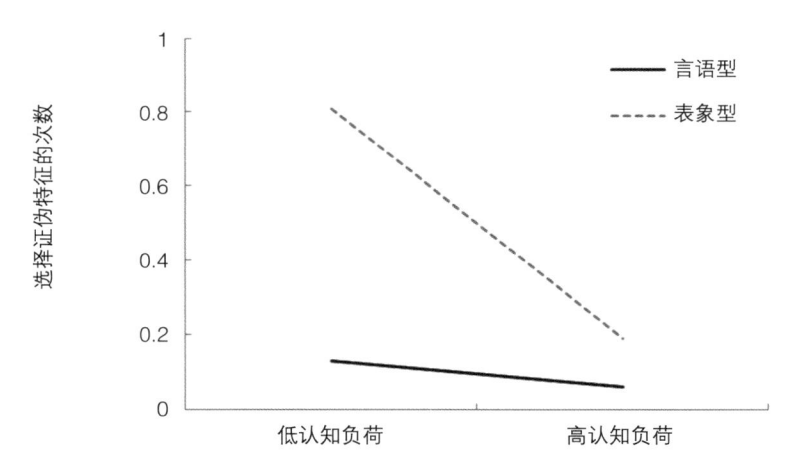

图6.8 认知风格与认知负荷对位置判断中的证实性偏差影响的交互作用
资料来源：徐泉. (2019). 飞行员空间位置判断中的证实性偏差效应及其影响因素 (硕士学位论文). 陕西师范大学, 西安.

不同经验水平下认知风格对位置判断中证实性偏差的影响

在个体差异研究中，关于经验对问题解决、决策和假设检验能力的影响存在争议。一些研究表明，经验丰富的个体因其知识优势，能够更快、更有效地评估假设，从而减少证实性偏差。然而另一些研究指出，个体经验并不总能降低证实性偏差，尤其是在复杂任务中，经验丰富的个体反而可能更加倾向于维护自己的观点，表现出更强的证实性偏差，专家在面对陌生或具有新刺激的任务时也可能比新手更容易失败。也有研究者认为虽然经验有可能降低产生证实性偏差的程度，但并不能完全消除证实性偏差的影响，这可能源于证实性偏差对人们决策和判断影响的普遍性（吴修良 等，2012），即使经验丰富的个体也无法完全避免证实性偏差的影响。因此，为探究经验对证实性偏差的影响是否可能受到认知风格等因素的调节，徐泉基于iMotions 6.2软件，按照吉尔比和希尔（2012）的实验范式进行了2（表象型认知风格，言语型认知风格）×2（有经验，无经验）两因素被试间设计，探究言语－表象型认知风格与经验水平对位置判断过程中产生的证实性偏差的影响及两者的交互效应。

最终研究结果显示，被试实际选择证伪特征的总次数与预期偶然作答时证伪特征的选择总次数差异显著，$t\,(61) = -4.954$，$p < 0.001$，$d = 0.54$。被试更常使用证实证据去检验自己所处位置，在位置判断中确实受到了证实性偏差的影响。方差分析结果表明，言语－表象型认知风格对证伪特征选择次数的主效应显著，$F\,(1, 58) = 5.646$，$p < 0.05$，$\eta_p^2 = 0.089$，表明言语－表象型认知风格对位置判断中的证实性偏差产生了显著影响；经验水平对证伪特征选择次数的主效应不显著，$F\,(1, 58) = 2.375$，$p > 0.05$，$\eta_p^2 = 0.039$，表明经验水平对位置判断中的证实性偏差没有产生显著影响；言语－表象型认知风格和经验水平的交互作用显著（见图6.9），$F\,(1, 58) = 4.474$，$p < 0.05$，$\eta_p^2 = 0.072$，表明言语－表象型认知风格对位置判断中证实性偏差的影响还取决于个体的经验水平。进一步的简单效应分析表明，在言语型认知风格上，不同经验的被试在证伪特征的选择次数上差异显著，$F\,(1, 58) = 6.432$，$p < 0.05$，$\eta_p^2 = 0.1$，表明在言语型认知风格个体中，经验对位置判断中的证实性偏差产生了显著影响。在表象型认知风格上，不同经验的被试在证伪特征的选择次数上差异不显著，$F\,(1, 58) = 0.171$，$p = 0.68$，$\eta_p^2 = 0.003$，表明在表象型认知风格个体中，经验对位置判断中的证实性偏差没有产生显著影响。徐泉（2019）的研究再次证明了航空决策中证实性偏差效应的存在，并且验证了认知风格和经验水平对飞行员位置判断中证实性偏差的影响。两者的交互效应结果启示我们，经验能够帮助言语型认知风格个体降低位置判断中的证实性偏差，因而飞行员训练中应结合个体的认知风格进行差异化训练，以此来提升训练效率并获得更好的训练效果。

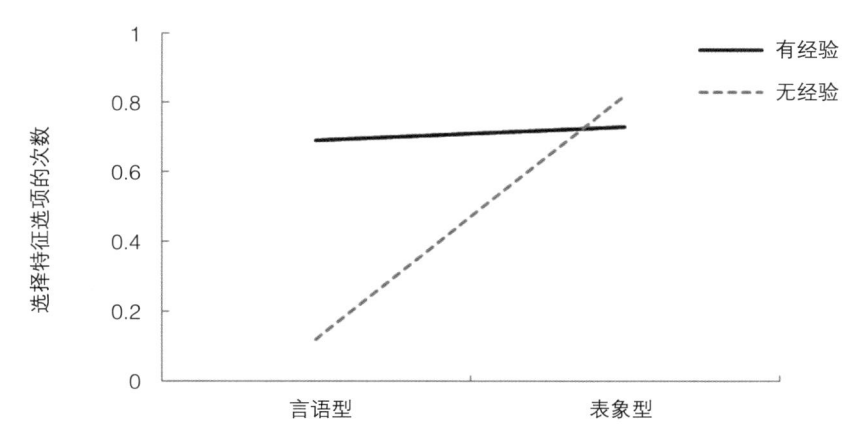

图6.9　认知风格与经验水平对位置判断中的证实性偏差影响的交互作用

资料来源：徐泉.(2019).飞行员空间位置判断中的证实性偏差效应及其影响因素(硕士学位论文).陕西师范大学,西安.

6.3.3　视觉空间能力对航空决策中证实性偏差效应的影响

空间能力与航空决策

空间能力是智力在空间认知系统中的一般表现（鞠成婷，游旭群，2013）。空间因素起源于对机械能力和实际操作能力的研究，研究者们认为空间因素是个体获得操作能力的基础（游旭群，晏碧华，2004），后续大量研究探讨了空间能力的构成成分并提出了不同观点。一些学者认为空间能力可分为空间可视化能力（Spatial Visualization）和空间定向能力（Spatial Orientation）；也有学者提出空间能力包括分析型和非分析型两大类；另外有学者通过因素分析提出，空间能力有空间知觉、心理旋转和空间想象三个方面。虽然空间能力的构成存在争议，但是其中的视觉化能力（Visualization）和空间定向能力（Orientation）已被研究者公认（游旭群，晏碧华，2004）。

空间能力是飞行员在飞行过程中维持合适飞行姿态和进行空间定向的核心能力，受到航空心理学研究者的高度重视。近年来的一些研究表明，良好的空间能力能减少飞行员认知负荷和失误的发生，提升其安全绩效（晏碧华 等，2011）。在视觉空间能力方面，游旭群和于立身（2000）采用戈登在1986年编制的认知侧化成套测验对歼击机飞行员的视觉空间能力进行了评估，发现良好的视觉空间认知可以减少飞行错觉，这是预测飞行定向水平的优质指标。飞行员在迷航后的位置判断过程中需要不断对地图信息及地面空间信息进行表征和加工，大量研究表明视觉空间能力会影响个体对图片或地图信息以及空间信息的处理、预测空间定向和位置判断的绩效，并且具有较强空间能力的人更少受到证实性偏差的影响（Gilbey & Hill, 2012）。由此可见，个体的空间能力对航空决策具有重要的影响。

视觉空间能力和策略对位置判断中证实性偏差的影响

近年来的研究表明，高视觉空间能力的个体往往更擅长地图学习、地图识别以及对文字描述的空间信息的加工，同时个体的视觉空间能力与表象型认知风格存在密切联系（游旭群，晏碧华，2004）。另外，冯传宴等人（2020）通过研究价值和期望操纵注意分配策略，发现不同负荷下注意平均分配时的情境意识均显著低于主次分配和多级分配时的情境意识。基于此，徐泉（2019）采用实验、测验、访谈法相结合的综合性研究方法，探究视觉空间能力和策略对位置判断中证实性偏差的影响。研究的具体操作程序是，首先通过戈登在1986年编制的认知侧化成套测验中的视觉空间能力测验，将被试以百分位数前27%、后27%分为高、低视觉空间能力组，主要由定位测验（Localization Test）、三维旋转测验（Mental Rotation-3D Test）、图画完形测验（Form Completion Test）和木块连接测验（Touching Blocks Test）4个分测验组成（如图6.10）。定位测验共有24个项目，每个项目均由一个长方形方框和位于该方框内某个位置的"×"构成，被试需要尽快记住只在方框内呈现3秒的"×"的位置，并在3秒后出现的空白方框内尽可能准确地标注刚才"×"出现的位置，后续得分借由以"×"为中心的12个大小不同的同心圆（半径差为0.5mm）进行评定，从最内层的圆圈到最外圈依次减1分，共288分；三维旋转测验共包括24个项目，每个项目均由两个"S"形三维结构图形构成，被试需要在15秒的呈现时间里判断每个项目中的"S"形三维结构是否经旋转后一致，答对一题计1分，共24分；图画完形测验共有24个项目，每个项目均为某常见物体的剪影图，被试需要在4页、每页6个剪影图呈现的45秒内尽可能地将剪影图中的物体辨认出来，写出答案，答对一题计1分，共24分；木块连接测验共包括30个项目，每个项目都包含一个由8个至10个大小相等但有一个标有圆点的长方体木块堆积而成的立方体结构。被试需要在项目呈现的 45 秒内数出与标有圆点的木块直接接触的其他木块数目，写出答案，答对一题计 1 分，共 30 分。视觉空间能力测验的总得分由 T = 100 + 15（X − $\bar{X}$）/S 计算的每个分测验所得的标准分相加得到。

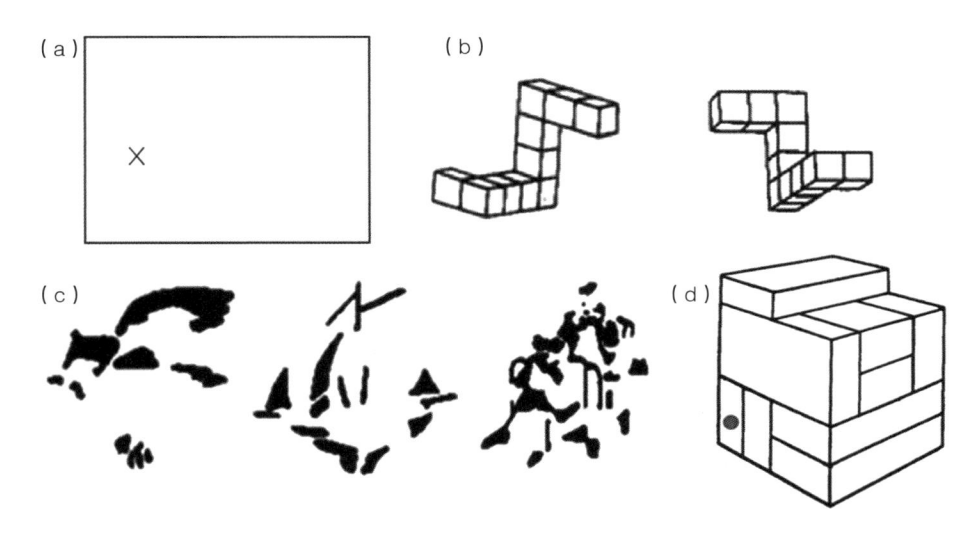

图6.10　定位测验项目示例

资料来源：徐泉.（2019）.飞行员空间位置判断中的证实性偏差效应及其影响因素（硕士学位论文）.陕西师范大学,西安.

此外，被试还在 iMotions 6.2 软件上完成了根据吉尔比和希尔（2012）的实验范式设计的基于地图场景的位置判断任务。在每个被试完成全部实验任务后，通过访谈法对其完成任务过程中采取的决策策略进行调查，并采取主题分析法（Thematic Analysis）对访谈所得材料进行总结归纳，从而对每个被试在任务过程中采取的策略进行归类。最终的结果显示高、低空间能力组被试在证伪特征的选择次数上差异显著，t (24) = 3.414，$p < 0.01$，$d = 0.56$，视觉空间能力对飞行学员位置判断中的证实性偏差产生了显著影响。使用主题分析法对访谈材料进行整理分析，得到根据目标物属性选择特征（策略一）、寻找能够证实假设位置的特征（策略二）、排除地图多处重复出现的特征（策略三）这 3 种不同的策略类型，表 6.1 梳理了不同策略下被试选择证伪特征的总次数，之后以策略类别为因子进行单因素方差分析，表明不同策略对被试选择证伪特征的总次

数影响显著，$F(2, 23) = 17.211$，$p < 0.001$，$\eta_p^2 = 0.6$。进一步多重比较结果表明：策略三与策略一（$MD = 1.278$，$p = 0.000$）和策略二（$MD = 1.742$，$p = 0.000$）在选择证伪特征的总次数的差异上达到显著性水平，策略一与策略二没有显著性差异（$MD = 0.465$，$p = 0.092$）。这表明策略能够降低位置判断中的证实性偏差，且相较于策略一和策略二，被试采用的策略三，即排除地图多处重复出现的特征，能显著降低证实性偏差的强度。

表6.1　不同策略下被试选择证伪特征的总次数

	策略一（$n = 9$）	策略二（$n = 11$）	策略三（$n = 6$）
选择证伪特征的总次数	0.56 ± 0.527	0.09 ± 0.302	1.83 ± 0.983

徐泉（2019）的研究证实了空间能力和策略对飞行员位置判断中证实性偏差的显著影响，使用排除地图多处重复出现的特征的策略能够降低证实性偏差的结果，启示我们良好的策略能够帮助个体迅速、有效地排除无关信息的干扰，完成对关键信息的加工。因此，未来可以考虑通过训练策略选择来降低飞行员位置判断中的证实性偏差，帮助飞行员在遇到类似情境或事件时用良好的策略迅速地做出合理的决定和反应。

视觉空间能力和注意广度对位置判断中证实性偏差的影响

注意广度是飞行员的注意品质中的重要内容之一，它反映了个体在同一时间内能清楚观察到的对象数量或注意范围，受到知觉对象特点、活动任务以及个体知识经验的影响（游旭群，2017）。近些年部分研究表明，注意力在飞行任务中至关重要，因为它影响了飞行员对信息的处理能力和对环境变化的反应，尤其是注意广度，与复杂情况下飞行员做出有效的决策息息相关。基于此，徐泉（2019）假设注意广度越大的个体，在地图阅读过程中能观察并加工到更多的地图信息或线索，从而拥有更好的地图阅读绩效、产生更低的证实性偏差效应。研究使用Tobii X3-120眼动仪和iMotions 6.2软件，基于测验与眼动技术相结合的综合性研究方法，探究视觉空间能力以及注意广度对飞行员位置判断决策中证实性偏差的影响。首先，通过认知侧化成套测验将被试分为高、低视觉空间能力组；其次，让被试完成正式实验中基于地图场景的位置判断任务，并通过眼动仪记录被试完成任务过程中的眼动行为。

参与正式实验的总得分，以百分位数前27%、后27%进行高低分组。首先，被试通过认知侧化成套测验；其次，被试完成根据吉尔比和希尔（2012）的实验范式设计基于地图场景的位置判断任务，并通过眼动仪测量其注意广度，其中广度的眼动指标设置为注视点数值的横坐标的标准差。最终结果显示不同视觉空间能力个体间的注意广度没有显著差异。以注意广度为预测变量，以飞行学员选择证伪特征的总次数为结果变量并进行层次回归分析，结果显示，飞行学员注意广度不能有效预测其选择证伪特征的总次数，表明注意广度对飞行学员位置判断中的证实性偏差没有影响，具体结果见表6.2。徐泉（2019）的研究结果并不能证明其研究假设，他认为产生这一结果的可能原因是研究样本中飞行员人数少，注意广度、实验材料中的地面特征又以文字描述形式呈现，且仅提供了3个地面特征以及2个实验设计的3个客观问题。此外，注意广度对位置判断中证实性偏差的影响，还可能受到其他因素的调节：一方面，注意广度越高，越能够帮助个体在短时间内观察并加工更多的地图信息，从而降低个体的认知负荷，降低位置判断中的证实性偏差；另一方面，虽然高注意广度能够帮助个体在短时间内观察并加工更多的地图信息，即注视到更大的地图范围，但这也有可能导致个体没有捕捉到关键信息并对其进行深层次的加工，从而对个体位置判断中的证实性偏差产生不良影响。

表6.2 注意广度对飞行学员选择证伪特征总次数的层次回归表

变量	模型一 β	模型一 t	模型二 β	模型二 t
第一步：控制变量				
年龄	−0.003	−0.013	−0.010	−0.042
第二步：预测变量				
摩托车场景注意广度			0.080	0.362
游艇场景注意广度			−0.003	−0.011
小型飞机场景注意广度			−0.120	−0.543
F	0.000		0.109	
R^2	0.000		0.020	
Adjust R^2	−0.042		−0.166	
ΔR^2	0.000		0.020	

总之，徐泉（2019）的一系列研究在一定程度上为飞行员位置判断中证实性偏差的干预和应对提供了一些可能的措施：首先，从飞行员心理选拔的角度可以考虑将表象型认知风格作为飞行员心理选拔的评估指标，以降低证实性偏差的影响。其次，从飞行员训练的角度可以考虑通过训练来提升飞行员的视觉空间能力和策略使用水平，进而降低证实性偏差的影响，在训练中应注意结合飞行员不同的认知风格特点，如可着重增加对言语型认知风格飞行员的训练，达到提升训练的效率和效果的作用。最后，从驾驶舱人因设计的角度可以考虑通过改善驾驶舱的人因设计来降低飞行员的认知负荷，进而减少证实性偏差的影响。

第7章
飞行员人格与社会认知机制研究

　　1994年7月20日，一架波音737飞机准备降落在昆明巫家坝机场，塔台数次通话确认后同意其降落，突然，有人惊呼："3Q4452出事了！"按照预案，各部门应急力量马上联动，这架班机载有乘客140人，机组成员8人。救援组很快把所有机组成员和乘客转移到安全地点，有3人重伤、17人轻伤，构成二级飞行事故，初步判断飞机已经报废。据了解，该飞机购买于1993年1月，已使用1年6个月，主要用途为短途客运飞行，飞行时长为4083小时。此次飞行的机组堪称"顶配"：责任机长为资深飞行员，45岁，也是波音737系列飞机教员；驾驶员27岁，有2900小时飞行经验；机械师31岁，有机长资质，有2249小时的飞行经验。

　　经过对飞机的飞行数据记录仪和驾驶舱语音记录仪以及机上仪器的检查，综合了机场气象、跑道条件等综合因素后，调查组把事故原因锁定在人为操作上。经过飞行复盘发现，飞机进场速度过快、着陆太晚，在意识到风险后试图主动刹车，可为时已晚。这是一次驾驶人员误判造成的事故，思想上的麻痹大意导致过度自信，进而致使机组人员在降落窗口的选择上出现了错误，塔台的信息提示显然没有让机组人员警觉。飞机接地晚，导致刹车距离不足，驾驶员最后时刻孤注一掷决定复飞，但跑道用尽，最终冲了出去。当时堪称"顶配"的飞机机组人员犯了错误，值得吸取教训。发生这起飞行事故的主要原因是机组人员过度自信。过度自信是一种个体过高估计自身判断精确度的认知偏差，在决策过程中发挥重要作用。在心理学研究中，人格特质是一种重要的个体差异变量，大五人格中的外向性以及自恋型人格都对过度自信具有一定的预测作用。因此，关注飞行员的人格与社会认知因素对其安全行为的影响机制对于促进航空安全具有重要意义。本章内容将围绕飞行员的人格与社会认知机制展开论述，主要包括空间认知风格对空间认知能力的影响，飞行员人格特质与飞行安全的关系，以及人格和社会认知因素对驾驶安全行为的共同作用机制。

7.1 空间认知风格对空间认知能力的影响

认知风格指的是个体偏好使用的信息加工方式，体现了个体在问题解决过程中收集、组织和处理信息方式的差异（Pazzaglia & Moè, 2013）。研究者从不同角度，提出了许多认知风格的理论模型，如场独立性－场依存性、冲动－沉思型和言语－表象型等，表象型认知风格又可以分为视觉空间型表象者和视觉客体型表象者（鲍旭辉 等，2012）。在认知风格这一概念的基础上，有学者提出了空间认知风格的概念，它特指个体获取和处理空间信息的偏好方式（Nori & Giusberti, 2006）。本节将围绕空间认知风格的理论基础、空间认知风格的个体差异，以及空间认知风格对大尺度和小尺度空间认知能力的影响展开论述。

7.1.1 空间认知风格的理论基础
空间认知风格的基础——空间表征方式

个体在空间导航过程中可用的空间表征方式包括地标表征（Landmark Representation）、路线表征（Route Representation）和整体表征（Survey Representation）（Siegel & White, 1975）。使用地标表征进行空间定向的个体往往只会识记环境中具有知觉显著性或对个体具有明显意义的物体（可称之为地标），并不会识记关于空间的信息，如地标所在的位置。所以在一定程度上也可将地标表征视为一种特殊的图像记忆。例如，到一个新学校的学生可能只记住了教学楼的外观特点，但是并不能对其准确定位。路线表征不仅包括地标特征，还包括地标之间的路径。采用地标表征的观察者是以自身为参照，根据自身所在的位置对环境中的物体进行定位的。此外，与以视觉线索为主的地标表征不同，路线表征以感觉运动为基础，由主体的一连串动作构成。并且，路线表征所包含的动作是特定、连贯和有序列性的，其中的任何动作都不可或缺，且必须出现在特定的序列位置上，否则会导致表征错误。例如，从教学楼到图书馆的序列动作为"前行 50 米—右转—前行 100 米—左转",如果缺少其中的某个动作或者任何一步被放错位置,那么个体都无法到达目的地,出现迷路现象。整体表征是个体对环境整体结构的认知。使用这种表征方式的个体不受自身所处位置的限制,能够运用以环境为中心的参照系编码空间位置间的方向和距离。并且,整体表征中的环境参照系是灵活的,既可能使用相对参照系(如环境中的客体),也可能使用绝对参考框架(如"东南西北"标识)。

上述 3 种表征形式是从低级到高级、循序渐进的,高级表征形式具有低级表征形式所具备的全部特征。具体而言,地标表征仅包括对个体来说具有知觉显著性或有重大意义的客体,但不涉及相关的空间信息;路线表征既包括地标,又包括将地标连接起来的路线;而在整体表征中,除了对地标和地标之间的路线进行表征外,还表征了环境的整体结构。这 3 种空间表征方式并不是绝对独立存在的,个体在完成导航任务时可能只采取其中一种,也可能是某几种的组合。此外,经过多次训练和学习,对环境达到一定的熟悉程度后,每个人都能够使用较为高级的整体表征方式。

空间认知风格的 3 种类型

不同于西格尔(Siegel)和怀特(1975)的观点,帕扎利亚(Pazzaglia)和德贝尼(De Beni)(2001)认为,个体 3 种空间表征方式的发展并非逐渐递进的,可能会停留在某个空间表征阶段,无法使用更高层次的表征形式。在此基础上,他们将个体的空间认知风格划分为 3 种类型:地标型认知风格(Landmark Style)、路线型认知风格(Route Style)和整体型认知风格(Survey Style)。

地标型认知风格的个体主要采用地标表征方式编码空间信息。他们对不同空间要素的掌握程度不高,仅能表征那些具有知觉显著性或对个体有重要影响的物体。有这种空间认知风格的个体能够清楚地描述环境中的标志性物体(地标),却无法准确表征与地标有关的空间信息,如地标之间的空间关系,或者某个地标的确切位置。地标型认知风格的个体一般都依靠地标来实现成功的空间定向。为了避免方向出现错误,他们更倾向于选择相距较近的地标。需要指出的是,即使拥有这种风格的个体无法表征两个地标间的路径,他们还是能够在环境中成功导航,抵达目标。

路线型认知风格的个体主要采用路线表征方式编码空间信息。他们不仅能够表征具有知觉显著性或对个体有重要影响的物体，还能够表征将其连接起来的路径。具体而言，在进行路径导航时，他们根据对地标间路线的记忆来决定在某个地标处要向左转还是向右转，从而完成空间导航。这说明他们既能表征视觉信息，又能表征继时性信息。然而，他们所采用的表征方式是一种固定的运动序列，其灵活性较低，无法进行表征成分和空间关系的重新组合。事实上，这些个体是根据自己的身体位置进行定向的，他们惯常采用的是以自我为中心的参考框架（如头部/腿部、前后、左右）。

整体型认知风格的个体主要采用整体表征方式编码空间信息。相比于上述两种认知风格的个体，这一类型的个体除了可以表征具有知觉显著性或对个体有重要影响的物体、可以使用以自我为中心的参照体系之外，还可以表征环境的整体结构。他们在定位时采用了以客体为中心的参照体系或绝对参照体系，即依靠诸如东南西北之类的空间环境的基本方向进行定位。由此可见，他们既能够表征视觉信息和继时性信息，又可以表征同时性信息。此外，这种类型的个体所采用的表征方式非常灵活，可以促使他们找到新的路径。因此，在空间任务中，整体型认知风格的人更具优势。

空间认知风格的测量

研究者们采用了多种认知任务对个体的空间认知风格类型进行测量，接下来对一些常用的测量任务进行介绍（Nori et al., 2020）。

地标型认知风格的测量。为了测试个体是否属于地标型认知风格，可以使用照片任务和图片任务（如图7.1）。照片任务：被试先花3秒的时间识记一张照片，紧接着从4张照片（其中1张为目标照片，另外3张为干扰照片）中找出之前学习过的那张图片。这些照片呈现了相似的建筑物，但是某个特定的物体会存在或缺失，例如花瓶、汽车、标志等。每名被试需要完成7个试次，正确率在80%及以上的被试可以被认为是显著的地标型认知风格个体。此外，为了更准确地归类于地标型认知风格，个体在路线和整体任务中的正确率应在50%（机会水平）或以下。图片任务：先给被试75秒的时间学习一张纸上的7张图片，然后让其从50张图片中选出刚才学习过的7张图片。在完成这些认知任务时，该类个体可以在不参考任何空间信息的情况下，在心理上表征具有知觉显著性的物体，因此可以用来测量地标型认知风格。

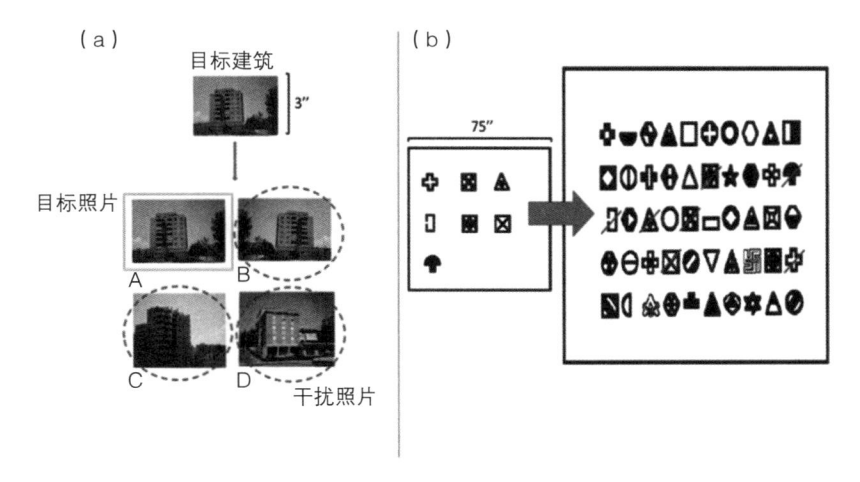

图7.1 地标型认知风格的测量任务

注:(a)照片任务,(b)图片任务。
资料来源: Nori, R., Palmiero, M., Bocchi, A., Giannini, A. M., & Piccardi, L. (2020). The specific role of spatial orientation skills in predicting driving behaviour. *Transportation Research Part F: Traffic Psychology and Behaviour, 71*, 259–271.

路线型认知风格的测量。为了测试个体是否属于路线型认知风格,可以使用拼图任务和地图绘制任务等(如图7.2)。拼图任务:被试先以第一人称视角

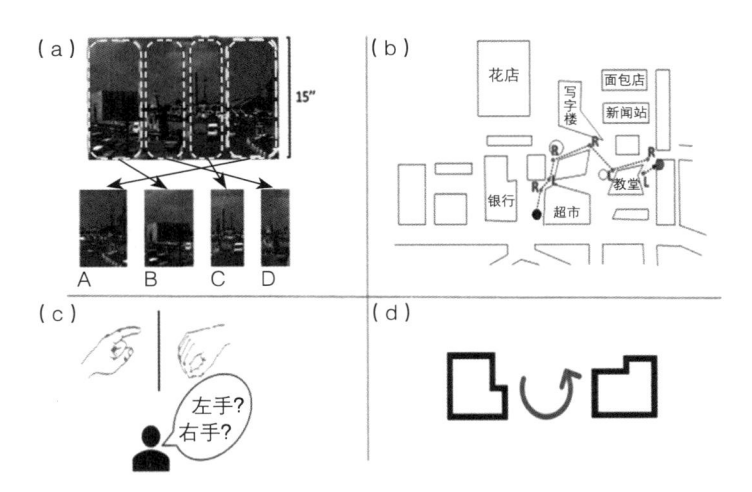

图7.2 路线型认知风格的测量任务

注:(a)拼图任务,(b)地图绘制任务,(c)左-右辨别任务,(d)二维心理旋转任务。
资料来源: Nori, R., Palmiero, M., Bocchi, A., Giannini, A. M., & Piccardi, L. (2020). The specific role of spatial orientation skills in predicting driving behaviour. *Transportation Research Part F: Traffic Psychology and Behaviour, 71*, 259–271.

观察一张代表导航场景的照片 15 秒，然后将导航场景分解为几个独立的部分（3 个至 5 个），被试的任务是按照从左到右的顺序恢复先前呈现的场景照片。地图绘制任务：实验者向被试呈现一张地图，地图上用点和线将两个地标连接起来，被试要想象自己就站在地图中点所在的地方，画出从该位置到目标位置之间的路线。左-右辨别任务：该任务要求被试指出在一张纸上的"手"是左手还是右手。二维心理旋转任务：该任务是让被试观察一对图形，然后要求他指出右侧的图形是否由左侧图形经过平面旋转而来。这几项任务均可以用来测量路线型认知风格，因为为了完成这些空间认知任务，被试需要记住地标，或者使用以自我为中心的参照系组织空间信息。

整体型认知风格的测量。为了测试被试是否属于整体型认知风格，可以使用终点判断任务、三维心理旋转任务和归总任务（如图 7.3）。终点判断任务：每条路径都被打印在一张纸上，从纸的底部开始向上走的路径在到达终点之前中断了。被试的任务是在 3 个备选方案中选出路径的终点。三维心理旋转任务：将一张带有图案和箭头的纸张呈现给被试，让他们根据箭头指示的方向对

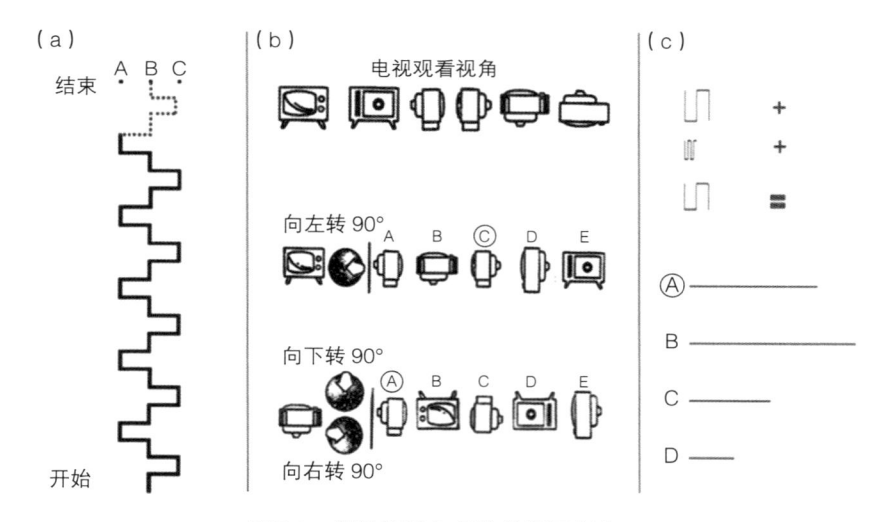

图 7.3 整体型认知风格的测量任务

注：(a) 终点判断任务，(b) 三维心理旋转任务，(c) 归总任务。
资料来源：Nori, R., Palmiero, M., Bocchi, A., Giannini, A. M., & Piccardi, L. (2020). The specific role of spatial orientation skills in predicting driving behaviour. *Transportation Research Part F: Traffic Psychology and Behaviour, 71*, 259–271.

左侧的图片进行心理旋转，然后从 5 个可能的答案中选出一个自己认为正确的。归总任务：实验者在一张纸上呈现一系列散乱的线条，被试需要对这些线条进行一系列心理操作，包括拉直和叠加，然后从备选项中选出那条与目标长度一致的线段。每个被试进行 7 次不同的试验。在这一任务中，个体必须完全依赖以鸟瞰视角为特征的抽象内部表征（以客体为中心的参照系统），即整体表征。在地标、路线以及该任务中的正确率均达到 80% 及以上的被试可认为是整体型认知风格的个体。这三项认知任务之所以可以用来测量整体型认知风格，是因为个体在完成这些认知任务时，只能依靠整体表征这种抽象的内部表征方式。

7.1.2 空间认知风格的个体差异

不同个体的空间认知风格具有差异性。首先，男性和女性的空间认知风格存在差异，男性一般为整体型认知风格，而女性一般为地标型或路线型认知风格（Castelli et al., 2008）。有研究者指出，空间认知风格的性别差异可归因于男性和女性在视觉工作记忆负荷上的差异（Halpern, 2013）。由于空间认知风格的差异，男性和女性在空间认知能力上也表现出差异（Li et al., 2019a）。此外，焦虑水平也是与个体的空间认知风格密切相关的一个重要因素，空间焦虑会影响个体在空间定向过程中的认知资源分配，导致分配给当前操作任务的认知资源数量减少，从而阻碍他们对环境进行细节化的空间表征。因此，具有较高水平空间焦虑的个体一般是地标型或路线型认知风格，而空间焦虑水平较低的个体一般属于整体型认知风格。

性别与空间认知风格

长期以来，心理学和认知神经科学等领域都对性别差异进行了研究。同样地，空间认知风格领域的相关研究也强调了性别差异。在空间任务相关的研究中，男性的任务绩效往往优于女性（Halpern, 2013）。性别差异是引发空间任务绩效差异的一个重要因素。因为男性一般属于整体型认知风格，他们在表征空间信息时通常采用以客体为中心的参照系（环境中的主要方向，即东南西北）或绝对参照系（太阳的位置）进行定向；而女性一般为路线型或地标型认知风格，她们通常借助环境中某个具体的物体或向左转、向右转这样的空间信息确认方向（Castelli et al., 2008）。诺里（Nori）和朱斯贝蒂（Giusberti）（2003）采用编制的空间认知风格测试（Spatial Cognitive Style Test, SCST）对169名不同性别被试的空间认知风格进行测量。结果表明，在45名男性被试中，有27名为整体型认知风格，比例为60%，高于平均水平（33.3%）；而在134名女性被试中，路线型和地标型认知风格的个体各有58名和37名，约占总人数的70.9%，高于平均水平（66.6%），整体型认知风格的被试仅有39名，约占总人数的29.1%。这些认知测验的结果也支持了空间认知风格的性别差异。然而，并非在所有的研究中都发现了空间认知风格的性别差异。有研究者提出，视觉工作记忆负荷可能是导致男性和女性的认知风格出现差异的原因，因为通常认为男性的视觉工作记忆负荷高于女性（Halpern, 2013）。此外，空间任务本身的认知需求也是决定空间认知风格的性别差异是否出现的一个重要因素。有研究者认为，只有在完成心理旋转测试（MRT）这种需要高视觉工作记忆负荷的任务时，才会引发明显的性别差异（Coluccia & Louse, 2004）。而且，如果空间任务的认知需求不断增加，性别差异也会越来越明显。此外，鉴于男性和女性在空间认知风格上存在差异，两者的空间能力也存在一定差异。但是，如果两名被试都是整体型认知风格，那么无论是男性还是女性，他们都能在空间任务上表现优异。

此外，不同性别的个体在寻路任务中的绩效差异也可能与空间认知风格有关。个体在一个陌生环境中能否成功到达目标位置主要依赖路线策略和认知地图策略（Siegel & White, 1975）。路线策略与路线型认知风格有关，主要涉及环境中具体的刺激物，个体借助环境中的显著性信息制定对其而言容易遵循的序列寻路步骤。这些表征的内容主要包括地标信息，以及与环境中以自我为中心的参照系相关的空间信息。认知地图（Cognitive Map）指的是由地标、路线和环境共同组成的心理表征形式，可助力个体完成寻路任务。善于使用认知地图策略的个体在寻路过程中通常使用绝对的空间方位信息，例如：学校在西南方向。所以，当缺乏重要视觉信息（如地标）时，使用路线策略的被试失去了可参考的信息，进而迷路。而使用认知地图策略的个体可以不受影响，顺利完成寻路任务。性别可能是个体使用寻路策略时的影响因素，男性更擅长使用认知地图策略，而女性通常使用路线策略。索西耶（Saucier）等人（2002）通过两个实验探究了男性和女性使用地标参照系和整体参照系完成导航任务时的差异。在实验一中，实验者给被试呈现一定的方向信息，引导其到达陌生校园内的某一场所。结果显示，在整体方向信息引导下的女性到达目的地的时间显著长于那些以地标为参照系的女性和男性被试。实验二采用了一种新的矩阵导航任务，被试需要在不同形式的空间信息引导下到达一个目标位置。结果显示，在环境整体信息引导下的男性被试的绩效优于以地标为参照系的男性，而女性则会在地标空间信息的引导下更快地到达目的地。这些发现说明男性的寻路策略对应整体型认知风格，而女性的寻路策略则对应地标型和路线型认知风格。

空间焦虑与空间认知风格

空间焦虑是一种人格特质，指的是个体在空间环境中因害怕迷失方向而产生恐惧的倾向（Lawton, 1996）。劳顿（Lawton）（1996）最早开发了《空间焦虑量表》对空间焦虑进行测量，该量表共有 8 个项目，被试需要对在陌生环境中寻路时所感受到的焦虑水平进行等级评定，例如"在一个对你而言陌生的城市寻找某一个约定地点时，你有多焦虑呢？"该量表的计分方式为李克特 5 点计分法，从 1 至 5 点计分，"1"代表一点儿也不焦虑，"5"代表非常焦虑。由于其具备操作简单和内容效度高等特点，在世界范围内得到广泛应用。

空间焦虑会影响个体在空间认知风格上的发展及其使用方式。空间焦虑水平较高的个体一般为地标型或路线型认知风格（Lawton, 1996），该类型的个体在空间认知风格测试上的得分较低。焦虑本身可能会干扰个体对认知资源的分配，减少个体对环境特征的关注，或者削弱个体对这些特征进行编码的能力。对于地标型认知风格的个体，当他们在某一个位置错误转弯而偏离路线时，会因为对除地标以外的信息不熟悉而陷入迷茫，这种迷茫会导致空间焦虑，继而可能会持续影响接下来的任务。空间焦虑水平越高的个体，其完成任务的绩效越低，甚至有些人会因为焦虑和紧张害怕导致任务最终失败。鉴于空间焦虑是一种独特的人格特质，具有一定的稳定性，因此这一类个体可能会比其他人更害怕迷路，在空间导航时也更倾向于使用熟悉路线。然而，正是该类型个体尝试探索新路线的动机较低，使得他们缺少对周围环境的体验，因此他们发展出的空间表征方式也较为简单，仅包含了环境中的少量元素。具有较高水平空间焦虑的个体形成的空间表征可能仅包含具有视觉显著性的地标，或者还形成了将这些地标连接起来的路线。因此，这类个体的认知风格为地标型或路线型认知风格。相反，空间焦虑水平较低的个体发展出了较为复杂的空间表征方式，既包括具有知觉显著性的物体和将物体连接起来的路线，还包括关于环境整体构造的信息，因此该类个体对应的是整体型认知风格。一项关于空间焦虑与空间认知风格的研究发现，空间焦虑与路线型认知风格显著正相关，与整体型认知风格显著负相关。

7.1.3 空间认知风格对空间认知能力的影响

空间能力（Spatial Ability）是个体的一种核心认知能力，在智力发展中占有重要地位（鞠成婷，游旭群，2013）。一般而言，空间能力指的是个体理解空间中不同位置之间的关系或想象二维和三维物体运动的能力。此外，空间能力可以分为两大类：大尺度空间能力和小尺度空间能力（Li et al., 2019a）。大尺度空间能力是指个体在大尺度环境中对空间信息进行认知加工的能力。在这个过程中，观察者的视角相对于更大的环境发生了变化，但各个物体之间的空间关系保持不变。大尺度空间能力包括导航能力和空间定向能力。导航能力是指从多种角度理解大尺度环境中物体之间空间关系的能力，而空间能力是指从不同的角度想象物体的能力。小尺度空间能力可以理解为从单个优势角度对二维和三维图像进行心理表征和转换的能力，主要包括空间视觉化和空间关系判断能力。空间视觉化指的是操纵涉及形状的复杂空间信息的能力（如图像折叠或平移）或将二维客体心理转换为三维客体的能力。空间关系判断能力是指识别某一客体的视觉成分之间关系的能力。

空间认知风格对大尺度空间能力的影响

空间认知风格会影响个体在空间定向上的行为表现，具有整体型认知风格的个体在空间任务上的表现更好。有研究者在电脑上采用空间定向动态任务（The Spatial Orientation Dynamic Task-Revised, SODT-R）（Santacreu & Rubio, 1998）对不同认知风格被试的表现进行测试。SODT-R开始后，屏幕上会出现红色和蓝色两个圆点，被试的任务是控制这两个圆点并尽快将它们移动到目标位置。每个被试完成12个目标控制测验，每次测验时限为20秒。最后计算两个圆点间的平均角度偏移量（圆点初始位置和目标位置连成的线段与最终圆点移到的位置和目标位置连成的线段之间的角度）和移动点与目标点之间的直线距离，数值越大，成绩越差（鞠成婷，游旭群，2013）。结果显示，整体型认知风格的被试移动圆点后的平均角度偏移量和直线距离均小于路线型和地标型认知风格的被试，且地标型认知风格的被试在该任务上的表现最差。这是由于被试在完成 SODT-R 时，不但要注意有关的视空信息，如圆点的起点、箭头的位置、目标的位置；而且要注意同时性和继时性信息，如圆点到目标点的运动方向和与目标的距离。这些同时性和继时性信息是被试移动圆点到目标位置的过程中所依据的重要线索。鉴于整体型认知风格的被试能够同时使用显著的视觉空间信息、同时性和继时性信息，所以他们在 SODT-R 中的成绩更好。

然而，整体型认知风格的被试并非在所有空间定向任务中都具有优势，这种优势效应与研究所采用的任务类型有关。当采用语言形式从整体视角（即以物体为中心的视角）呈现空间信息时，整体型认知风格的被试并未在空间任务中表现出明显优势（Pazzaglia & Meneghetti, 2012）。在这项研究中，实验者从整体视角描述空间信息，被试需要学习并记住这些信息，然后由计算机呈现一系列句子，被试的任务是根据先前记忆的内容对物体的空间关系做出正误判断。此外，研究者还要求被试对自己惯常使用的空间表征方式进行评价。结果显示，以整体视角描述空间信息时，被试对空间关系判断的准确性与被试对自己所使用的整体表征方式的评价得分之间无显著相关。对此可能的解释是，当空间信息以物体为中心的视角且以语言形式呈现时，任何个体都能够形成良好的整体心理表征，空间认知风格的作用这时便不再重要了。并且，在某些任务中，整体型认知风格被试的表现甚至差于路线型和地标型认知风格的被试。这些研究采用的实验任务包括学习路线和空间导航任务，具体操作为先以语言形式向被试描述路线，然后让被试按照这些语言描述的信息走完此路线。结果发现，地标型认知风格的被试表现最好，其错误率显著低于整体型认知风格的被试。这可能是因为，采用语言描述任务时，被试会以言语列表的方式记忆地标，这与地标型认知风格的被试惯常使用的表征方式更加接近。除了任务类型之外，学习时长也是影响不同空间认知风格个体在空间任务上表现差异的一个重要因素。只要学习时间够长，路线型和地标型认知风格被试也能像整体型认知风格被试一样，在空间任务上表现良好，而整体型认知风格被试的优势便会降低（Piccardi et al., 2008），但也有后续研究者通过实验指出这种学习时长的促进效应并不存在（Piccardi et al., 2011）。

空间认知风格对小尺度空间能力的影响

诸多研究表明，空间认知风格会影响个体在空间视觉化任务上的表现，且整体型认知风格个体的表现好于路线型和地标型认知风格个体。有研究者采用三维旋转测验对比了整体型认知风格被试和地标型认知风格被试的任务表现（Pazzaglia & De Beni, 2001）。结果发现，整体型认知风格被试的得分显著高于地标型认知风格的被试。其他研究者也发现被试对自己所使用的表征方式的评价分数与其在MRT任务上的得分显著相关。此外，在采用二维心理旋转测试进行的研究中也发现了类似的结果，即整体型认知风格被试的表现最好（Verde et al., 2013）。

对于整体型认知风格被试在MRT中的优势，可以从任务本身的特征进行解释。要想有效完成MRT，被试需要从整体上把握空间信息，形成整体心理图像，运用整体策略对图像进行心理旋转。与此呼应，在3种空间认知风格的被试中，只有整体型认知风格的被试能够采用整体策略进行心理旋转。地标型认知风格的被试擅长加工具有视觉显著性的物体信息，因此在完成MRT时，他们会被静态图像的颜色、形状等视觉信息吸引，从而将较多的认知资源分配到图形的这些特征上，从而忽略了相关的空间信息。比如，如果旋转图像的某个部分被红色覆盖，那么，地标型认知风格的被试可能会过多地关注红色部分，而忽略了对整个图像的心理旋转。路线型认知风格被试的空间表征方式比地标型认知风格被试的更为复杂和高级，他们不仅可以加工物体的视觉属性，还可以加工继时性空间信息，但无法加工同时性空间信息。该类型的被试在完成MRT时，会先识记图像的显著性特征，然后采用以自我为中心的参照系，逐步地进行知觉匹配，最终完成心理旋转。换言之，路线型认知风格被试会将心理旋转的过程进行分解，然后采取序列加工方式解决问题。整体型认知风格的被试对空间进行表征的方式是3种认知风格中最高级和最复杂的，他们可以加工物体的视觉显著特征、继时性空间信息和同时性空间信息。在完成MRT时，该认知风格类型的个体倾向于从整体上加工空间信息，将图像作为一个整体完成心理旋转。这样，他们就能同时把各种不同的信息结合起来，并且在更宽广的视野上进行心理旋转。所以，整体型认知风格的被试在完成MRT时，擅长综合把握各方面信息，更多地使用整体心理旋转的策略。综上，该类型被试完成MRT的表现更好，心理旋转能力也更强。

然而，整体型认知风格的被试并非在所有的MRT中都具有优势，比如在图形变大时，地标型或路线型认知风格的被试成绩更好，而整体型认知风格的被试优势会减弱，甚至消失。有研究通过改变图形的大小，对不同空间认知风格的被试在MRT中的反应时和准确率进行研究。结果发现，当图形较小时，3种类型的被试在反应时指标上无显著差异。但是，当图形变大后，整体型认知风格被试的反应速度显著下降，反应时显著变长，而路线型和地标型认知风格被试的反应时无显著变化。此外，相对于整体型认知风格的被试，路线型和地标型认知风格被试的反应时更短，反应速度更快。然而，被试在MRT中的准确率并不受图形尺寸的影响，无论图形大小，整体型认知风格被试的准确率总是最高的。这些结果说明，图形的尺寸只会影响被试完成心理旋转任务的速度，并不影响其完成任务的准确性。出现这些结果的原因可能是，图形尺寸变大使被试对图形进行内部编码和工作记忆的负荷增加，这就会使整体型认知风格的被试在将图形作为一个整体进行旋转时的难度变大，他们便可能转向关注图形的各个部分，从而增加了其完成MRT所需的时间。

7.2 飞行员人格特质因素研究

随着航空技术的不断发展和航空器的不断优化，以及航空培训普及和深入程度的提升，如今的飞行事故中，单纯由飞行员技术导致的安全事故已大幅减少，由各种人为因素造成的不安全事故在逐年增多。人为因素失误的发生与飞行员的人格特质有着密切关系。人格是个体由遗传和环境决定的各类行为模式的总和，决定着个体对现实问题做出反应的行为模式。所谓特质，通常指在一段时间内、在面对不同情境下，相对稳定的个体特征及个体有别于他人的基本特性。它是人格的有效组成元素，作为一种心理结构，是行动一致性的内在因素，也是测定人格时常用的基本概念。在人格心理学中人们通常用特质这一概念来指代具有情境一致性的相互关联的行为模式，特别是富有表现性或具有个人风格性的行为。

飞行员作为航空运行的重要组成部分，其人格特质和认知、情绪、行为等共同决定着心理健康水平，在面对航空中的突发情况时，不同人格特质的飞行员会有不同的决策和处理方式，所产生的后果也会截然不同。2018年5月14日，由重庆飞往拉萨的四川航空3U8633航班，飞经四川雅安上空9800米高空时，驾驶舱右侧前风挡玻璃突然破裂脱落。面对突发情况，机长刘传健在高空、缺氧、寒冷的状况下，依然冷静应对，保持精准的操纵和正确的决断，最大限度保证飞行安全，最终安全备降成都双流机场。2018年8月16日，某航班在菲律宾马尼拉的机场降落时冲出跑道。当时，马尼拉为强雷暴天气。第一次进近失败，第二次就应该果断备降。由于当事航班机长过于"自信"，没有考虑当时的天气，也没有听从其他机组的意见，导致这一不安全事件发生。因此，研究合格职业飞行员的人格特质对于航空业的安全发展具有重要的理论和实践价值。本节着重阐述飞行员人格特质中的场独立－场依存、大五人格以及其他关于人格特质的因素。

7.2.1 场独立和场依存

飞行员的场独立和场依存

关于飞行员的场独立和场依存的研究可以追溯到第二次世界大战期间，当时飞机驾驶员常因失去方位感而造成失事。为了减少飞机失事，就需要对应征者的方位知觉判断力进行测试。最初的测试方法是：让被试坐在一个可调整、倾斜的房间里，椅子本身也可以作各种角度的转动。房间与椅子的转动，有时方向一致，有时方向不一致。这时要求被试做出对上下方位的判断，并说出其身体与标准垂直线的角度。试验结果表明，场依存者和场独立者表现出不同的认知风格。场独立飞行员表现出非人际定向，在社会活动中不善与人沟通交流，对社会线索不敏感，交际能力差；但是在解决新问题时，善于独立思考，能够抓住问题的关键，灵活地运用已有的知识来解决问题；更有主见，处事有自主精神，决策水平较高。场依存飞行员表现出人际定向，往往更多地利用外在的社会参照来确定自己的态度和行为，特别是在模棱两可的情况下，他们比较注意别人提供的社会线索，优先注意他的人际圈情况，对他人有较大兴趣，表现出善于与人交往的能力；在解决熟悉的问题时，不会发生困难，但让他们解决新问题则缺乏灵活性；缺少独立性，易于接受外来的暗示。除此之外，场独立性随年龄递增而增强，女性比男性更依赖于场依存。整体来说，飞行员的场依存和场独立没有好坏之分,而且可以通过强化训练而改变,尤其是随着航空技术的进步,可以让飞行员在模拟真实环境下进行训练。

飞行员的人格特质影响其身心健康,继而影响航空安全。了解飞行员的场独立和场依存的关系有助于判断其人格特质。对于飞行人员而言,飞行职业要求其理性、充满自信;办事认真、严守规章程序;谦虚谨慎、严于律己等,他们要敬畏生命、敬畏规章、敬畏职责。中国民航大学的高扬、陈炜、孙瑞山等人研究了我国民航飞行员的个性特征及影响因素,如表7.1所示,对所测民航飞行人员的个性特征的因素分析表明,我国飞行员与普通人相比,在稳定性、恃强性、兴奋性和敢为性方面得分较高,在敏感性、怀疑性、幻想性和忧虑性方面得分较低。只有深刻剖析飞行员场独立和场依存两者之间的关系,才能了解每个飞行员的性格特质,更好地保证飞行安全。

表7.1 对所测民航飞行员的个性特征的因素分析

变量	因素一	因素二	因素三	因素四	因素五	因素六	因素七
A 乐群性	0.720						
B 聪慧性						−0.799	
C 稳定性	−0.558						
E 恃强性			0.538				
F 兴奋性			0.832				
G 有恒性				0.608			
H 敢为性							0.607
I 敏感性							0.797
J 怀疑性						0.570	
M 幻想性					0.790		
N 世故性				−0.658			
O 忧虑性	0.675						
Q1 实验性		0.649					
Q2 独立性		0.545					

续表

变量	因素一	因素二	因素三	因素四	因素五	因素六	因素七
Q3 自律性		0.614					
Q4 紧张性					0.599		
特征值	1.995	1.651	1.477	1.318	1.214	1.162	1.065
解释变异量	12.472%	10.317%	9.229%	8.235%	7.587%	7.261%	6.656%
累计解释变异量	12.472%	22.789%	32.018%	40.252%	47.839%	55.100%	61.756%

资料来源：高扬，陈炜，孙瑞山．(2010)．我国民航飞行员个性特征及影响因素研究．中国安全生产科学技术，6(6), 30–34.

场独立和场依存对飞行员决策的影响

因为飞行员是航空运行中的重要一环，所以飞行员决策的正确与否直接影响着航空安全，大部分飞行事故和不安全事件是由飞行员的错误决策导致的。据估计，人为决策失误导致了56%的航空事故。飞行员在面对突发情况时做决定所使用的判断方式，通常可以分为两大类，即基于事实的理性判断和基于自身的动机判断。基于事实的理性判断被定义为飞行员发现并建立与飞行问题有关的所有现有信息的相关性、诊断这些问题、指定备选行动方案以及评估与每一种备选行动方案相关的风险的能力，在现实表现中场依存的飞行员在这方面往往发挥得更好。相应地，基于自身的动机判断被定义为飞行员在可用的时间框架内选择并执行合适行动方案的能力，更多基于自身的飞行经验和独立思考。飞行员的场独立和场依存是长期形成的一种心理特质，是核心的决策过程。影响飞行员情境判断的认知内容包括一般认知过程（如注意策略、专长、信息处理和存储事件的回忆）、情境意识、元认知和自我评价等。因此，研究飞行员的人格特质，用场独立和场依存理论对飞行员的发展态势进行判断至关重要。

从目前的研究结果来看，飞行员自身的因素是影响民航飞行安全最直接的因素。飞行员是直接参与操纵航空器活动的主要人员，因此其决策的正确与否对民航飞行的安全起着至关重要的作用。在一定条件下，飞行员的某些行为会直接导致飞行安全事故或者事件的发生。从心理学角度来说，人的心理变化往往决定着人的行为，也可以说人的行为是心理活动的具体体现，从民航飞行员的角度来说，安全的心理就会决定安全的行为。往更深层次来说，具有某种心理因素、人格特质的人也会受其行为的影响。因此，在研究民航行业时，有必要开展针对场独立和场依存的飞行员的差别研究，分析影响飞行员行为安全的人格特质要素，这有助于提升对飞行员行为安全内在机理的理解，并能从根本上降低民航的事故发生率。

选拔适合的飞行员

飞行员作为民航运输的主体，是民航强国建设的一线直接参与者，其数量和质量直接影响到我国从民航大国转变为民航强国的步伐。有钱就可以购买飞机，获取资质就可以开工建设机场，取得合格证就可以运营航空公司，可是作为一线运行者的民航飞行员，需要长周期的训练，且评估过程复杂，培养专业技术水平要求高，一名民航机长需要8年至10年的培养周期。高昂的学费和较长的培养周期需要有更科学合理的选拔机制及培训模式。

研究发现场独立与场依存者表现出对学科兴趣的差异。场依存者更可能选择的学科有：社会学、人文学科、语言学、初等教育、临床心理学等。场独立者更可能选择：自然科学、数学、艺术、实验心理学、工程学、建筑学等。在招飞选拔中要根据不同的人格特质选择合适的飞行员。

了解飞行员的场独立和场依存后，对飞行员的个性特征进行较为全面准确的定位能为选拔优秀的飞行员奠定基础。实现有针对性地进行民航飞行员人格特质与其职业特性的匹配，以促进飞行员主动调动自身积极性来激发工作潜力，进而积极表现、稳妥飞行，不断增强飞行行为的安全性。反之，人格特质与职业特性不匹配可能加重飞行员的心理负担，出错率也会提升，不仅不利于飞行，还会危胁乘客以及机组工作人员的安全。

7.2.2 大五人格

在心理学中，特质论者认为个体在连续性人格变量或人格维度上存在的基本差异是在量上而不是在质上，因此特质研究的一个关键问题就是探究构成人格的基本特质的内容和数量。自20世纪90年代起，特质论者在人格模式上的描述基本达成了共识，产生了五因素模型。诺曼（Norman）在1963年最早提出五因素模型，其后的研究者也得出了相似的结论，研究的五因素维度是：外倾性、神经质、开放性、宜人性、尽责性。现在绝大多数的特质论者的观点已经趋向于一致：人格的基本结构由五大因素构成，即所谓的大五人格。"大五人格模型"已经在德国、荷兰、西班牙、匈牙利、菲律宾等国获得了验证。我国一些学者也参与了这方面的研究，这为人们进行更深层次的人格特质研究提供了参考。

大五人格与飞行

大五人格是目前比较流行的一种人格测试方法，有结果证明，在测评结果的真实性上，它比卡特尔16种人格因素（16PF）和九型人格更好。通过描述个体人格背后的5种普遍因素，它们能概括大部分人的人格结构，主要表现为：

（1）外倾性（Extraversion）

好交际对不好交际，爱娱乐对严肃，感情丰富对含蓄。在该方面得分高的个体表现出热情、社交、果断、活跃、冒险、乐观等特点。

（2）神经质（Neuroticism）

烦恼对平静，不安全感对安全感，自怜对自我满意。在该方面得分高的个体有焦虑、敌意、压抑、自我意识、冲动、脆弱等特质。

（3）开放性（Openness）

富于想象对务实，寻求变化对遵守惯例，自主对顺从。在该方面得分高的个体具有想象力丰富、审美能力强、情感丰富、求异、创造力强、睿智等特征。

（4）宜人性（Agreebleness）

热心对无情，信赖对怀疑，乐于助人对不合作。包括信任、利他、直率、谦虚、移情等品质。

（5）尽责性（Conscientiousness）

有序对无序，谨慎细心对粗心大意，自律对意志薄弱。包括胜任、公正、条理、尽职、成就、自律、谨慎、克制等特点。

民航业是目前所有行业中风险系数较高的行业，因此从事民航工作的飞行员需要具备对应的人格特质。从我国目前发生的飞行事故的成因来说，约60%是飞行员的个人原因造成的。从表面来看，飞行事故发生是因为飞行员做出了不安全行为，但是造成不安全行为的根源是其人格特质和行为安全理论的不完善。飞行员在大五人格中表现出不同的差异，某些个体存在易发生事故、不安全事件的倾向，还易于表现出不安全大五人格行为。有学者提出大五人格特征与事故相联系的模型，认为人格特征（个性、动机等）是某些行为倾向（如冒险倾向）与不正确态度的基础，这些行为倾向容易引发不安全行为。在飞行过程中，理智型人格特质的个体，其判断依据理性思考且自我控制能力强，人为差错率低；相反，情绪型人格特质则易受外界环境的影响，情绪波动大，易发生人因差错，且不愿听从其他机组建议，CRM执行差。飞行员在特殊情况下的风险决策，会受到个体内在的动机、情绪、自我等人格特质因素的影响。

飞行员五大危险态度

飞行员作为一个特殊的群体，社会关注度高，承担的责任大。在传统飞行员培训和评估中，在前期筛选中主要看身体素质，较少涉及学历、心理和作风等综合素质，后期主要看飞行技术，用所谓的飞行三要素即速度、高度和航向的准确性去判断和评价一个飞行员的飞行技能。

研究发现，飞行员群体中存在五大危险态度：反权威（Anti-authority）、冲动（Impulsivity）、侥幸（Invulnerability）、逞能（Macho Attitudes）、顺从（Resignation）。很多情况下，这5种危险态度会导致飞行员在面临非预期的情况时做出错误的决策，最终导致不安全事件的发生。本章开头的案例中，航班责任机长为资深飞行员，45岁，也是波音737系列飞机教员；驾驶员27岁，有2900小时飞行经验；机械师31岁，有机长资质，有2249小时飞行经验。这3个人有危机状态下的驾机经验，不应出现操作失误和飞机接地晚的问题，但如果出现反权威、逞能等心态，可能导致其执行的偏差如刹车距离不足，在最后时刻孤注一掷决定复飞，或者仍怀侥幸心理，没有认真做理性分析，导致飞机最后冲了出去。产生这起飞行事故的主要原因是机组人员过度自信、反权威和逞能。在对飞行员的职业跟踪调查、职业人格测评中发现不适合飞行的飞行员的人格特质有：自负、武断、争强好胜；忧虑、悲观、孤僻、抑郁、自卑；严肃、无活力；责任感低下；压力耐受差。这说明飞行员人格特质与不安全行为之间存在着紧密联系。

大七人格因素模型的研究内容

在大五人格的基础上，沃勒（Waller）（1999）提出了人格的7个维度：

（1）正情绪性（PEM）

标定词包括抑郁的、郁闷的、勇敢的、活泼的等。

（2）负价（NVAL）

标定词包括心胸狭窄的、自负的、凶暴的等。

（3）正价（PVAL）

标定词包括老练的、机智的、勤劳多产的等。

（4）负情绪性（NEM）

标定词包括坏脾气的、狂怒的、冲动的等。

（5）可靠性（DEP）

标定词包括灵巧的、审慎的、仔细的、拘谨的等。

（6）适意（AGR）

标定词包括慈善的、宽宏大量的、平和的、谦卑的等。

（7）因袭性（CONV）

标定词包括不平常的、乖僻的等。

我国大五人格研究现状

在实际中，大五人格虽然在我国得到普遍的运用，但仍然存在问题：第一，大五人格量表在实践中存在很多的内在关联，当神经质被重新命名为情绪稳定性时，5个基本因素全都存在正相关；第二，5个因素并没有包括人格的全部，尽管几乎任何人格建构都可以由大五人格得到反映，但不能从大五人格中分离出每一个人格构想，大五人格虽然充分体现了人格的静态性，但未能涉及人格最富魅力的动态性；第三，最根本的缺陷是，大五人格没有明确的理论假设，五因素源于因素分析，是在没有理论前提的情况下，从技术角度得出的，五因素模型到底是什么，仅仅依靠五因素并不能理解全部人格。

人格心理学家认为：西方的大五人格结构模型主要反映西方人文和文化的特点，缺乏跨文化的一致性；中国人的人格结构明显不同于西方的大五人格结构，跨文化比较策略会影响比较的结果和结论；衍生的一致性策略是跨文化比较的最佳策略，也是本土心理学的理论基础。

人格特质理论未来展望

由上述对大五人格和大七人格的研究看来，人格特质理论可谓是生机勃勃、百花齐放，但是现存的包括大五人格和大七人格在内的几大特质理论已经显得宽泛化和多元化。因此，人格特质领域需要一个比较全面、系统、综合且更具可取性的理论，它应当是一个在横向上能把握人格的静态结构，在纵向上能解释动态发展过程，同时还具有灵活、开放属性的理论。因此，我们期待人格会在未来成为社会科学研究的核心之一，到那时或许人格特质在一个大理论，一个统一的思想指导下进行研究。

7.2.3 其他因素

心理承受力

飞行员在飞行任务中所表现的非技术技能或社会心理技能，包括CRM、TEM、决策制定、工作量管理、情境意识、飞行自动化管理等，这都有助于保障现代航空安全。一些研究表明，飞行员的人格特质会影响操纵行为，包括大五人格因素（即开放性、尽责性、外倾性、宜人性和神经质）、某些社会认知变量（如态度、感知风险、社会规范和感知）和性格特征（场依存和场独立），这些人格特质是通过遗传因素和长时间社会互动形成的，这表明它们是相对持久的。

飞行员的心理胜任力与心理承受力的关系一直是航空心理学研究的热点课题。有研究发现，很多飞行员在不利的条件下适应良好，使人们认识到心理承受力对航空安全至关重要。有学者认为，成熟型应对方式可以降低情绪衰竭，提高个人成就感，乐观积极的应对方式可促进内在自我完善，在心理应激反应过程中起缓冲作用，在一定程度上是个体心理健康的保护性因素。各因素相互作用，影响着飞行员的心理健康水平。心理承受力是心理素质的组成部分之一，是个体面对应激时的保护因素，在个体应对逆境时起关键的调节作用，可以有效缓解多种负面影响。若有强大的心理承受力，飞行员可以乐观豁达地面对抑郁、焦虑等负性情绪，心理损害也随之降低。未来在飞行员训练体系中，应采取综合性措施提高飞行员的心理承受力，加强应对挫折和困难的教育与培训，改善其认知，提高解决问题的心理素质和能力，从而提高飞行员的心理健康水平，有利于提高航空安全水平。

风险感知

风险感知是识别危险飞行情况的一项重要技能，这种感知可以促使飞行员明确航空环境的复杂认知需求。有学者将风险感知定义为识别一种情况中固有风险的本质认知能力，它包括对外部环境和自身能力的准确评估。低估外部形势或高估个人能力会导致对风险的错误认知。与其他专业人士相比，飞行员更容易准确评估特定飞行风险的发生概率。因此，风险感知经常被认为是导致航空事故的一个因素。在飞行员的人格特质中，不正确地认识固有的风险情况可能会导致不采取行动或采取错误的行动，从而导致事故或不安全事件。相关研究指出，主动性人格通过风险感知对飞行员的情境判断产生直接和间接的影响，而这种影响受认知灵活性的调节（Ji et al., 2018）。此外，认知灵活性削弱了飞行学员的主动性人格与情境判断之间的关系。基于此，航空领域应加大力度，对候选人进行心理选择，提升航空公司飞行员对危险事件的风险感知能力，并开展认知灵活性训练，以提升飞行员的态势判断能力和决策技能。

飞行经验

随着飞行时间和飞行航段以及飞行经验的增加，飞行员的个人控制意识会增强，面对突发情况个体的稳定性更强，决策也更准确。总飞行小时数较少的飞行员更有可能在遭遇极端天气的情况下犯错误，即决定在恶劣天气下继续飞行。而那些经验丰富的飞行员往往能掌握更好的诊断决策技能，会选择在恶劣气象环境附近改变航线，或者选择备降，提高飞行安全度。研究表明，随着总飞行时间的增加，坠机风险会以非线性的方式降低。2013年，游旭群、姬鸣等人就提出了风险感知与飞行经验对航空公司飞行员安全操作行为控制点的影响，并提出如图7.4所示的安全行为模型。我们可以得出经验丰富的飞行员，风险感知能力更强，能在特殊的环境下凭借自身经验做出正确的判断。2009年1月15日，全美航空公司1549号航班紧急迫降哈德逊河，事故原因是鸟撞导致双发引擎失去控制。机长萨伦伯格凭借着数十年飞行的丰富经验，以高超技术紧急迫降于哈德逊河边，机上所有人生还，而且飞机没有受损。在疏散乘客时，他还两度检查机舱，确保没有乘客被困才最后离开机舱，该事件被称为"哈德逊河奇迹"。机长丰富的经验及较强的风险感知能力，是他可以安全迫降的重要原因。

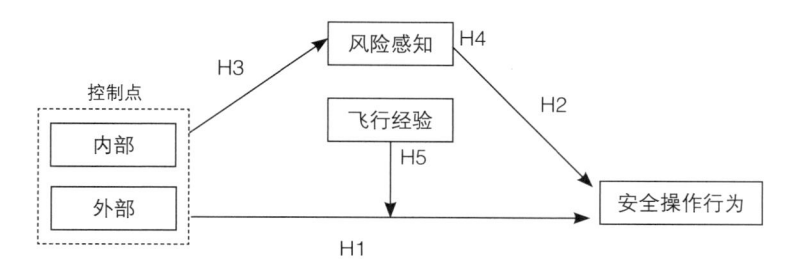

图 7.4　安全行为模型

资料来源：You, X., Ji, M., & Han, H. (2013). The effects of risk perception and flight experience on airline pilots' locus of control with regard to safety operation behaviors. *Accident Analysis and Prevention, 57*, 131–139.

完美主义

完美主义通常被认为是一种人格风格，其特征是力求完美无缺，为表现设定过高的标准，同时倾向于对自己的行为进行过度批评。这种形式的个体为自己设定了高标准，但几乎不允许犯错误，因此他们从不觉得任何事情已做得完美或足够好。有一种是正面的"正常完美主义"，这类个体也为自己设定了高标准，但在目标完成度可接受的情况下可以允许自己做得不完美。神经质的完美主义与精神病理学有关，它被认为是神经质和紊乱人格的标志。许多飞行员具有完美主义倾向，在着陆落在哪个接地区，高度、速度、航向误差小于多少等方面都有严格要求，即使在极端天气等高风险情况下，个人标准高的飞行员也会尽量完美地完成飞行任务。引入快速存取记录器（QAR）以后，民航飞行员技术评价会用QAR评估三级事件、二级事件、一级事件，很多完美主义飞行员为了美化自己的QAR数据，不惜违章操作，得不偿失。

应激与情绪事件

现代应激理论认为，应激是个体面临或察觉到环境变化对机体有威胁或挑战时做出的适应和应对过程。对飞行员而言，应激源的触发点可能是其生活中的事件，也有可能是日常工作。当此类事件达到临界点，就会变成应激源，在一定程度上影响飞行员的心理状态和情绪变化。飞行工作中能力不足、技巧不熟、应对错误、反馈不及时等因素都会引起飞行员事件处理能力下降、注意力分散、无法灵活思考，导致飞行员焦躁、慌张、灰心、压抑，使得心态失衡并出现疏漏或错误动作。

运输行业航空提出飞行员技能全生命周期管理体系，提出核心胜任力、作风胜任力和心理胜任力三位一体的体系，近年来紧抓飞行员作风建设，原因是当生活事件和工作事件影响达到一定程度后会成为一种应激源，对飞行员的情绪和精神状态产生影响。例如人际关系不和谐、家庭矛盾等因素会使飞行员的大量精力消耗在调整人际关系和家庭矛盾上，使其情绪不良；或产生社交回避，消极应对人际关系；或出现羞辱性事件，如有些飞行员认为工作中受到领导不公正批评、处分，晋升失利、待遇比预期差等，更易促发其抑郁状态。提高飞行员心理应激能力对心理症状（焦虑、抑郁）有很好的改善作用，社会支持在民航飞行员心理应激和工作满意度之间起到了缓冲作用。

综上，飞行员人格特质是影响民航安全行为的基础，也是保障机组人员和旅客安全的根本基础。如果民航飞行员的人格特质缺乏安全性，会增加不安全行为的发生概率。当前，随着航空器可靠性的不断提升，民航飞行员的体力负荷越来越小，而面临的信息加工要求和心理负荷越来越大。设备故障所引起的飞行事故发生率已显著下降，而飞行员人因失误所导致的飞行事故或事故征候却逐年增加，其中飞行人员心理因素和人格特质造成的飞行事故占了相当大的比例。可见，对飞行人员进行人格特质训练和教育是非常必要的。

在心理学中，人格是很复杂的概念，其定义没有取得广泛共识，可以认为人格是由行为、表达、情绪和感受等多个特征形成的混合体，是遗传、家庭、社会影响及个人经历等多方面因素塑造的。对于飞行员群体来说，良好的人格特质非常重要，它不仅是对飞行员进行心理选拔的重要指标，还和飞行安全息息相关。在飞行员的行为－人格－环境模型中，行为变量是人格和环境变量的函数，人格结构主要由编码、期望和信念、情感、目标和价值观、能力和自我调节规划等协调因子构成，它们并非孤立存在，而是在经验作用下以独特的方式相互联系，在不同环境下能够保持相对稳定，形成稳定的人格特质。除此之外，民航飞行员人格特质也能在一定程度上改变飞行员工作时的具体情境，为行为安全奠定良好的理论基础，且飞行员的工作环境也可对其行为安全做出反向控制，进而影响飞行员的人格特质。在环境、行为安全和人格特质互相影响的过程中，也可以证明人格特质对行为安全有着潜移默化的作用。研究民航飞行员人格特质与行为安全关系需要从多个角度出发，需结合飞行员心理胜任力模型，才能保障飞行员的行为安全并降低民航发生安全事故的可能性。

7.3 人格与社会认知的作用机制研究

社会认知理论（Social Cognition Theory）强调人的行为会受到人和环境这两个因素的共同影响，为研究个体的社会行为提供了一种新视角。个体应对环境中事物的方式并不是被动的，而是把自己的知觉、思想和信念组织成简单的、有意义的形式。无论环境多么随意和杂乱，个体都赋予它某种意义，将某种概念应用于情境中。因此，个体对世界的组织、知觉和解释会影响其在所有情境，尤其是社会情境中的行为方式。在该研究取向的基础上，航空心理学研究领域已经将一系列社会认知变量纳入飞行员驾驶行为的研究中。本节内容首先介绍经典的社会认知理论，然后分别介绍风险容忍、心理控制源和主动性人格对飞行驾驶安全行为的作用机制。

7.3.1 社会认知理论

在社会认知研究领域，态度一直是一个重要的研究对象。尽管态度不具备人格的稳定性，但它作为一种习得的、较持久的感知形式，无论是否表现出来，它都会影响个体对事物、他人和情境的思维和行为方式。然而，态度对行为的预测效应也曾一度受到质疑，但人们并未因此完全否定态度对行为的影响作用。在道路交通研究领域，艾弗森（Iversen）和伦德莫（Rundmo）（2004）通过调查发现，超速和违规、危险态度以及酒后驾驶态度对驾驶员危险驾驶行为的解释率达到58%以上。自提出飞行员"危险态度"概念以来，研究者们对态度、风险知觉等社会认知因素与飞行员危险驾驶行为的关系进行了广泛的探讨，这些研究成果对现代航线飞行员人因失误及事故预防和干预具有重要参考意义。

接下来将主要介绍备受推崇和广泛应用的计划行为理论（Theory of Planned Behavior, TPB）和健康信念模型（Health Belief Model, HBM）。

计划行为理论

（1）计划行为理论的来源与发展

计划行为理论由菲什拜因（Fishbein）的多属性态度理论（Theory of Multiattribute Attitude）发展而来（Rutter & Quine, 2002）。多属性态度理论认为行为态度决定行为意向，同时，预期的行为结果以及对结果的评估又会影响行为态度。菲什拜因和艾森（Ajzen）（1975）在多属性态度理论的基础上，进一步提出了理性行为理论（Theory of Reasoned Action）。该理论认为行为意向是决定行为的直接因素，并受到行为态度和主观规范的影响。由于实际的行为控制削弱了意图对行为的影响，因此要准确预测和充分理解行为，不仅要评估意图，还要对实际的行为控制进行评估。1985年，艾森在理性行为理论的基础上，增加了"认知行为控制"这一概念，通过测量知觉行为控制替代测量实际控制，初步提出计划行为理论。

（2）计划行为理论的内涵

①非个人意志完全控制的行为同时受到行为意向和实际控制条件的影响和制约，如执行行为个人的能力、资源和机遇等因素。只有当这些控制条件充分时，行为意向才能直接决定实际行为。

②知觉行为控制实际的准确性能够反映实际控制条件，它是实际控制条件的替代测量指标，直接预测行为发生的可能性，其准确性受到知觉行为控制真实程度的影响。

③决定行为意向的主要变量有以下3个：行为态度、主观规范和知觉行为控制，行为态度越积极、主观规范越严格、知觉行为控制越强，行为意向就越大，反之则越小。

④每个个体都拥有大量有关行为的信念，然而只有在特定的时间和环境下，才能够获取少量的行为信念，即突显信念，它也是组成行为态度、主观规范和知觉行为控制的认知与情绪基础。

⑤个人以及社会文化等因素能够通过影响行为信念，间接影响行为态度、主观规范和知觉行为控制，从而最终影响行为意向和实际行为。

⑥行为态度、主观规范和知觉行为控制在概念上可以被区分，但它们可能拥有共同的信念基础，因此它们具有既独立又相关的特性。

（3）计划行为理论的要素

由计划行为理论可知，人的行为模式受到个人行为态度、主观规范和知觉控制的影响，人们在特定的情境中做出行为改变时，常常受到以上3种因素的影响。艾森的计划行为理论包含以下5种要素：

①行为态度（Behavior Attitude）是指个体对特定行为所持有的正面或负面评价，可以从人们执行某种特定行为结果的重要性信念和对结果的评价两个方面，对态度的形成进行解释。

②主观规范（Subjective Norm）是一个比较复杂的概念，它指的是个体在实施某种行动时受到的外界压力。在工作情境中，这些压力可能来自与个体密切相关的重要他人和团体。例如，如果员工认为管理层或同事不关注安全，则他们也可能不认为安全是重要的。主观规范会受到规范信念和顺从动机的影响。规范信念是指个体关于重要他人或团体对其是否应该执行某特定行为的期望，顺从动机是指个体对重要他人或团体对其所报期望的顺从。

③知觉行为控制（Perceived Behavioral Control）是指个体依据以往经验和对阻碍的预估。具体而言，当个体认为其所掌握的资源与机会越多时，他所预估的阻碍就会越少，对行为的知觉控制就越强，反之就会越弱。它对行为具有两种可能的影响方式：一是通过影响行为意向进而影响实际行为，二是直接预测行为。

④行为意向（Behavior Intention）是指个体想要采取特定行为的倾向。行为态度通常无法与行为表现出强相关，这可能是因为有许多潜在因素阻止了态度转变为行为。艾森由此提出了行为意向的概念，作为加强态度和行为之间关系的一个因素。这样，个体的行为态度能够通过预测行为意向，进而预测行为。一系列研究表明，将行为意向纳入计划行为理论中加强了行为态度和行为之间的关系。

⑤行为（Behavior）是指个体实际采取的行动。所有可能影响行为的因素都可能通过行为意向间接地影响行为表现。而行为意向又会受到行为态度、行为规范和知觉行为控制这3种因素的影响。

健康信念模型

（1）健康信念模型的概念

健康信念模型以社会心理学方法为基础，从人们健康信念如何形成的视角，对行为的形成机制和影响因素进行研究。1958年霍赫鲍姆（Hochbaum）对人的健康行为与其健康信念之间的关系进行了研究，1974年贝克尔（Becker）等社会心理学家对此进行了修订与完善，并最终形成了健康信念模型。健康信念模型在心理学的基础上，综合了价值期望理论、认知理论和需要动机理论等，对行为具有较强的预测和解释能力。健康信念模型是行为改变理论中发展比较成熟的理论，目前已经被广泛运用于各研究领域。

（2）健康信念模型的内容

健康信念模型的内容主要包含以下3个部分：

①威胁感知，主要指个体对疾病及其后果严重程度的自我感知，以及对该不良后果发生可能性的主观判断，易感性认知和严重性认知是威胁感知的两个关键信念。

②对行为的评估，由效益认知和阻碍认知组成，指个体对采取健康行动将会带来的利益和实施该行动可能付出的代价和遇到的困难之间的权衡。

③效能期待，是指个体对自身采取或放弃某种行为的能力的自信程度，也称为自我效能感。它代表了个体对自身行为能力的判断和评估，是对自己一定能通过努力实施某种行动并获得预期结果的自信。自我效能感有助于人们认识自身能力水平，并意识到在采取某种行动时会面临阻碍，激发其克服阻碍的信心和意志，最终顺利实施行动，达到目的。

在随后的研究中，健康信念模型又加入了自我效能这一变量，极大地提升了该模型对行为的解释效力（Bandura, 1986）。行为线索以及行为的制约因素等作为健康信念的影响因素，也相继被纳入健康信念模型。目前提及的健康信念模型主要包括易感性认知、严重性认知、效益认知、障碍认知和自我效能5个部分，它们是与行为改变紧密相关的因素。该模型认为，当个体感知到疾病的严重程度、认为不良结果发生的可能性较大，并且觉得采取健康行为后会带来许多益处、在采取行为中所要付出的代价较小时，就易产生健康行为。因此，健康信念的形成对人们接受劝导、采纳健康行为建议、改变不良行为方式具有至关重要的作用，只有健康信念形成，受教育对象才有可能采取健康行为。

7.3.2 风险容忍对驾驶安全行为的作用机制

风险容忍是一种重要的人格特质，近年来在航空心理学研究领域备受关注。研究者对飞行员风险容忍与事故倾向、风险知觉以及危险驾驶行为之间的关系进行了广泛探讨。下面将介绍风险容忍对飞行员驾驶安全行为的直接影响、风险容忍与危险态度，以及风险知觉变量对飞行员驾驶安全行为的作用机制。

风险容忍的概念界定

亨特（2002）认为，风险容忍是个体在追求某个特定目标的过程中愿意承担的风险数量和程度，可以通过个人对风险厌恶的一般倾向和特定情境目标对个体的重要价值来进行衡量。波利（Pauley）等人（2008）指出，飞行员在完成具体任务或实现对自身而言意义重大的目标时，可能会在飞行过程中容忍或接受较高水平的风险去执行飞行计划，如在不适航的恶劣气象条件或地貌过于复杂的情况下依然选择继续飞行。此外，国外的风险管理研究表明，为了能够在感恩节或圣诞节提前回家，飞行员在飞行中对较大风险的接受和容忍程度会提高。因此，研究者通常将风险容忍视为飞行员风险驾驶行为的晴雨表，对飞行员的安全驾驶行为具有重要预测作用。具体而言，与没有风险驾驶行为（如在恶劣气象条件下继续飞行等）倾向的飞行员相比，具有风险驾驶行为倾向的飞行员具有更高的风险容忍或接受水平。换言之，高风险容忍飞行员往往产生较高的事故倾向和较少的驾驶安全行为，而低风险容忍飞行员通常产生较低的事故倾向和较多的驾驶安全行为。

风险容忍对驾驶安全行为的影响——危险态度的中介作用

姬鸣等人（2011）采用问卷法调查了257名中国航线飞行教员、机长和副机长，通过结构方程模型和层次回归分析探讨了风险容忍对飞行员驾驶安全行为的影响，以及风险知觉和危险态度在这一影响过程中所发挥的作用。结果显示，风险容忍到危险态度的路径系数 $\beta = 0.25$（$t = 3.45$，$p < 0.05$），说明风险容忍能够显著正向影响危险态度；危险态度到驾驶安全行为的路径系数 $\beta = -0.59$（$t = -7.98$，$p < 0.01$），说明危险态度能够显著影响飞行员驾驶安全行为；在加入危险态度这一中介变量后，风险容忍到驾驶安全行为的路径系数 β 降低至

−0.03，并且变得不显著（$t = -0.70$，$p > 0.05$），而中介模型对驾驶安全行为变异量的解释率上升为 57.4%（$R^2 = 0.574$）。这一结果表明中介模型优于直接路径模型，危险态度在风险容忍与驾驶安全行为的关系中起到了完全中介作用（见图 7.5）。

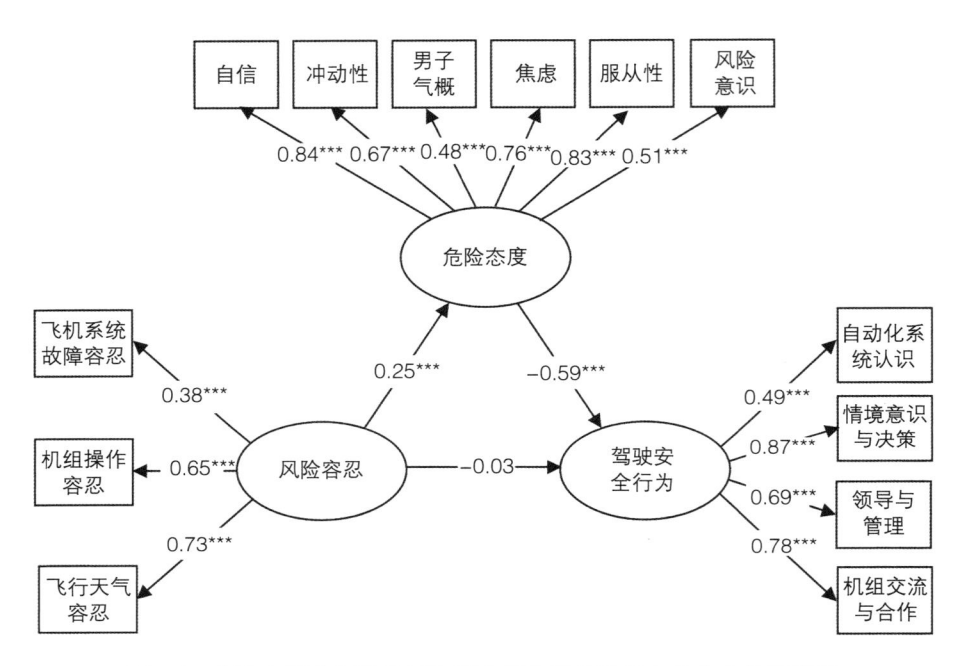

图 7.5 危险态度在风险容忍和驾驶安全行为关系中的中介作用模型
注：***$p < 0.001$。
资料来源：姬鸣, 杨仕云, 赵小军, 鲍旭辉, 游旭群. (2011). 风险容忍对飞行员驾驶安全行为的影响：风险知觉和危险态度的作用. 心理学报, 43 (11), 1308–1319.

对于危险态度在风险容忍和安全驾驶行为之间具有完全中介作用这一结果，可以给出如下解释。低风险容忍飞行员很难容忍对飞行活动具有威胁的风险在较长时间和操作范围内存在，一旦发现就会立刻采取行动来消除这些风险对飞行活动的不良影响（Hunter, 2002）。长期以来，这种人格倾向使他们逐渐形成一种冷静、沉稳、严谨、务实的飞行作风和生活态度（Wetmore & Lu, 2006），这会在一定程度上降低他们的危险态度水平，从而提高了驾驶安全行为水平；相反，高风险容忍飞行员即使觉察到对飞行活动具有威胁的风险刺激，仍然可能在较长时间内或在驾驶操作的可控程度中接受那些刺激，同时被容忍的大多数风险因素并没有直接导致飞行事故或事故征候，这就使得高风险容忍飞行员容易形成盲目乐观甚至漠视标准操作程序的倾向，进而助长了他们的"英雄主义""过于自信"和"反权威性"等危险态度，从而降低了驾驶安全行为水平。此外，这一结果验证了乌勒贝里（Ulleberg）和朗德莫（Rundmo）（2003）在汽车驾驶领域的研究结论，支持了人格特质可以通过影响态度或行为的决定因素间接地影响个体行为的观点（Ajzen & Fishbein, 2005）。

风险容忍对驾驶安全行为的影响——风险知觉的调节作用

风险知觉（Risk Perception）是一种情境风险意识，指个体对外部环境潜在危险的主观认知和评价，以及为应对风险做出的准备行为。亨特（2002）进一步指出，风险知觉受个体特征和情境特征的影响。这说明，即使在同一情境中，不同的人可能收集不同的情境信息，从而知觉到不同水平的风险；同时，有些情境使一些人知觉到高水平的风险，而使另一些人知觉到较低水平的风险。例如，低云或低能见度可能对飞行员在目视气象条件（Visual Meteorological Conditions）下有较高风险，而同样条件下对有经验的飞行员或在仪表气象条件下（Instrument Meteorological Conditions）则有较低风险。因此，风险知觉水平的高低既要求飞行员准确地知觉外部环境，还要求其合理地评估自身能力。任何低估外部情境或高估个人能力的情况都可能使飞行员错误地知觉风险，从而不能及时采取避免或减少风险的有效行动，进而导致危险驾驶行为的发生。

另外，研究指出飞行员自身特点及其所处情境特征可能会对风险容忍与驾驶行为的关系产生影响（Pauley et al., 2008）。而风险知觉作为飞行员对情境特征和自身能力评估的一种能力倾向，不仅隐含在驾驶安全行为之中，还与风险容忍存在密切联系。亨特（2002）的研究显示，飞行员风险知觉与风险容忍呈显著负相关，即低水平的风险知觉可能会带来高水平的风险容忍。也就是说，一旦人们认为情境中的危险水平较低，那么他就愿意接受更多数量和更高程度的风险，从而更可能采取危险指数较高的冒险行为。莫雷斯基（Moreschi）（2004）在金融领域的研究表明，高水平的风险知觉能够准确地预测投资环境中存在的风险数量及其危险程度，从而有效地降低风险容忍对风险投资行为的负面影响。姬鸣等人（2011）的研究结果显示，在控制了年龄、飞行时数、教育程度和职位层次变量之后,风险知觉能够显著正向预测飞行员驾驶安全行为($\beta = 0.27$,$p < 0.001$);风险容忍与风险知觉的交互作用对飞行员驾驶安全行为具有显著的负向预测作用($\beta = -0.11$,$p < 0.01$),数据的解释率达到52%。可见,风险知觉对飞行员风险容忍与驾驶安全行为之间的关系具有调节作用,如表7.2所示。

表7.2 风险知觉对风险容忍作用的调节效应分析结果($N = 257$)

步骤及变量	驾驶安全行为		
	模型一	模型二	模型三
第一步:控制变量			
年龄	0.04	0.04	0.03
飞行时数	0.10*	0.06	0.06
教育程度 大专以上	0.02	0.03	0.02
职位层次 机长	0.12*	0.07	0.07
副驾驶	0.07	0.05	0.05
第二步:主效应			
风险容忍		−0.13***	−0.19***
风险知觉		0.27***	0.31***
第三步:交互作用项			
风险容忍 × 风险知觉			−0.11**
R^2	0.03	0.52	0.54
Adjust R^2	0.01	0.51	0.52
ΔR^2	0.03	0.49	0.01
F	1.37	40.73***	41.02***
ΔF	1.37	189.36***	8.58**

注:*$p < 0.05$,**$p < 0.01$,***$p < 0.001$。
资料来源:姬鸣,杨仕云,赵小军,鲍旭辉,游旭群. (2011).风险容忍对飞行员驾驶安全行为的影响:风险知觉和危险态度的作用. 心理学报, 43(11), 1308–1319.

为了进一步明确风险知觉作为调节变量对结果变量的影响，姬鸣等人（2011）在研究中将风险容忍和风险知觉两变量的得分按照高（M + 1SD）、中（M）、低（M − 1SD）分为3个组来考察调节效应。方差分析结果表明：风险容忍的主效应显著[$F(1, 2) = 11.53$，$p < 0.001$]，风险知觉的主效应显著[$F(1, 2) = 4.19$，$p < 0.001$]；两者的交互效应也显著[$F(1, 4) = 1.97$，$p < 0.01$]，交互效应如图7.6所示。进一步的简单效应分析显示：在中、低风险知觉水平上，高风险容忍组（$n = 59$）飞行员的驾驶安全行为水平显著低于中风险容忍组（$n = 115$）和低风险容忍组（$n = 83$）飞行员[$F(1, 2) = 32.14$，$p < 0.001$；$F(1, 2) = 17.23$，$p < 0.001$]；在高风险知觉水平上，高、中、低风险容忍组飞行员的驾驶安全行为水平不存在显著差异[$F(1, 2) = 0.49$，$p > 0.05$]。这表明高水平的风险知觉能够有效地减弱风险容忍对驾驶安全行为的负向影响。

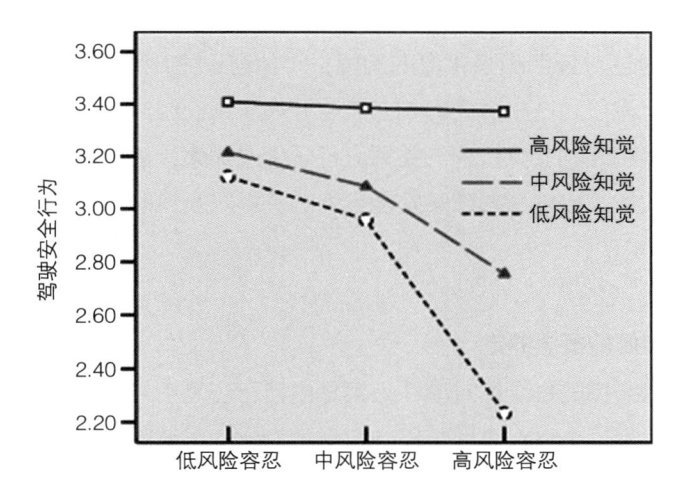

图7.6　风险知觉与风险容忍对驾驶安全行为的交互作用图

资料来源：姬鸣，杨仕云，赵小军，鲍旭辉，游旭群. (2011). 风险容忍对飞行员驾驶安全行为的影响：风险知觉和危险态度的作用. 心理学报, 43(11), 1308–1319.

风险知觉能够削弱风险容忍对驾驶安全行为的负向影响。这一结果启示我们，虽然风险容忍是很难轻易改变的人格特质，但依然可以通过风险知觉训练来提高飞行员的驾驶安全行为水平。然而，以往在航空运输或公路交通领域开展的试图改变和提高风险知觉的大多数安全管理方案在事故预防和干预中未能取得良好效果。这可能是由于以往的训练没有将风险知觉训练与飞行员人格特征如风险容忍有机地结合起来。该研究结果表明，高水平的风险知觉对于维护和提高风险容忍飞行员的驾驶安全行为具有积极的促进作用，而对中、低风险容忍飞行员的驾驶安全行为没有促进作用。说明在训练过程中，单纯地强调风险知觉不一定能提升航线飞行员的作业绩效和安全行为水平，只有在风险知觉训练与个体风险容忍水平相匹配时，才可能发挥风险知觉的促进作用。具体来说，对于风险容忍水平较高的飞行员，开展致力于提高其风险知觉水平的训练，才可能产生积极的结果；而对于风险容忍水平较低的飞行员而言，一味强调风险知觉训练不仅不会提高其作业绩效或安全行为水平，甚至还有可能产生消极影响。

7.3.3 心理控制源对驾驶安全行为的作用机制

心理控制源是个体对"某一特定行为是否导致某一特定结果"这一命题的主观推测，通过对预期和强化值的调整，个体可以主观调控自身行为。因此，控制源会对个体行为产生重要影响。航空心理学家已经对飞行员心理控制源及其与人因失误和驾驶安全行为的关系进行了大量探索。接下来将介绍心理控制源的概念和性质、控制源与驾驶安全行为的关系以及风险知觉和飞行经验在这一关系中的作用。

心理控制源的概念界定

心理控制源指的是个体对事件后果是由自己还是由外部力量所控制的一种泛化预期，体现了个体对事件结果与自身行为之间关系的看法。它是反映个体归因风格的重要指标，根据其控制源的指向性，可以将个体分为内控者和外控者：内控者能够看到自身行为与结果之间的一致性，体会到控制感；而外控者通常把行为结果归因于自己无法控制的力量，如机遇、运气等。

长期以来，人们对控制源的理解大多建立在人格特质的基础上。个体的心理控制源是从概括化期望中发展而来的，是在过去的强化历史基础上逐渐形成的，这些强化经验不仅包括亲身的生活经历，还包含间接的观察学习及社会文化的影响。随着个体年龄的增长，这些强化经验使个体逐渐形成对一般情境的概括化期望。因此，心理控制源具有相对的稳定性和概括性的特点。之所以说心理控制源的稳定性和概括性是相对的，那是因为一个人的控制点是受情境影响的，在特定的情境中是可以改变的。如内控者在经历频繁的挫折和失败时，可能产生外控倾向。而外控者，当在工作中被赋予更大的权利和责任时，常常产生内控倾向。所以心理控制源的稳定性还受到情境的限制。

在此基础上，斯图尔特（Stewart）（2008）指出，控制源在本质上只是一种人格领域的情境状态，并非稳定的人格特质。罗特（Rotter）（1954）的社会学习理论也认为，人格是由自我归因和期望构成的一种情境状态，而不是稳定性特质。情境因素会影响期望，因此情境和期望具有可塑性，而稳定的气质在各种情境下都倾向于保持不变。此外，内外控倾向是一种建立在方法学上的情境状态因素，内外控倾向这种二分式的方法很容易忽略数据中的重要信息。

心理控制源对驾驶安全行为的影响——风险知觉的中介作用

飞行员经常面临在几个备选方案中快速做出选择的紧急情况，而不恰当的选择可能会使飞机受损，甚至机毁人亡（Stewart, 2008）。许多研究都开始关注个体的内外控倾向在事故和风险操作行为中的作用。有研究表明，飞行员群体的内控倾向通常高于外控倾向（Hunter, 2002），并且经验丰富的飞行员的内控倾向与其面临危险事件（没有死亡事故）的数量显著负相关（$r = -0.20$）（Hunter, 2002）。与那些内控倾向得分较高的飞行员相比，内控倾向得分较低的飞行员往往面临更多的航空危险事件。

风险知觉是飞行员快速识别危险飞行情境的一种重要技能，能够帮助飞行员应对复杂航空环境中的认知需求。亨特（2002）将风险知觉定义为个体识别情境中固有风险的基本认知能力，包括对外部情境和自身水平两个方面的评估。个体低估外部情境危险水平或者高估个人能力均会导致对风险的错误知觉。与其他专门人员相比，飞行员更有可能精确地评价特殊飞行风险。然而，在某些情境下，飞行员和驾驶员可能无法精确地感知导致事故的飞行和驾驶风险，没有感知到风险的飞行员和驾驶员可能不会采取规避或其他减少风险的行动，因此导致飞行事件或事故的发生。因此，风险知觉与安全驾驶行为之间具有密切联系。亨特（2006）研究发现，飞行员在风险知觉量表上的得分与先前发生过的负性事件存在显著负相关。具体表现为，有过危险飞行经历的被试倾向于认为情境风险更低，并且对一般航空事件的评估更不准确。姬鸣等人（2011）通过大样本调查发现，与风险感知能力低的飞行员相比，风险感知能力高的飞行员表现出更多驾驶安全行为。

诸多研究表明，内控者有能力整合相关线索，并且忽略不相关线索。因为外控者不够警惕，错误线索更有可能影响外控者而非内控者。内控者更依赖他们自己的时间感，而外控者对时间的估计主要取决于由实验者呈现的信号。在校对文本、感知微小和偶然线索方面，内控者比外控者的测量误差小。在飞行器失灵的高工作负荷情况下，飞行启动与该能力有密切关系。内控者能够更加快速地觉察系统故障，并且专注于控制关键的飞行任务。因此，与外控者相比，内控者在检测和应对紧急情况时反应更加快速。同样，不准确的风险知觉会导致飞行员忽略或误解那些需要立即做出有效决策以避免危害的外部线索。这表明，内外控倾向和风险知觉之间存在关联。

基于以往的研究，游旭群等人（2013）对飞行员的心理控制源与驾驶安全行为的关系，以及风险知觉和飞行经验在这一关系中的作用进行了探究。结构方程模型结果表明，内外控倾向对风险知觉总变异量的解释率为31%。因此，内外控倾向能够通过影响风险知觉间接影响驾驶安全行为（见图7.7）。

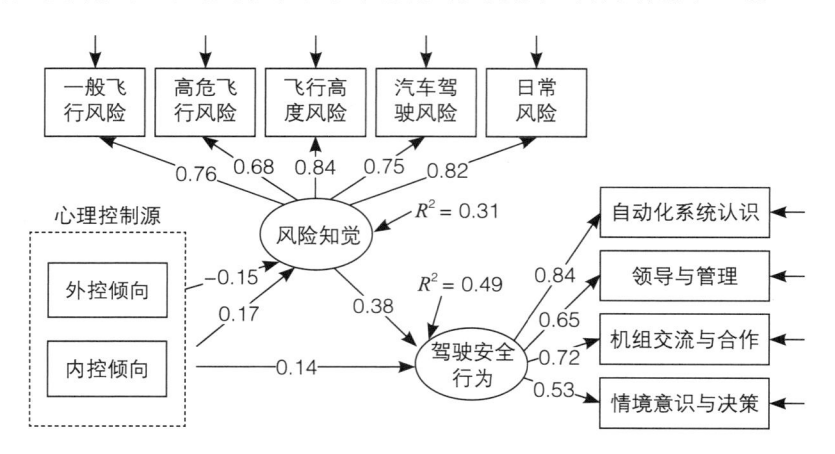

图7.7 心理控制源、风险知觉和驾驶安全行为之间的路径图
资料来源：You, X., Ji, M., & Han, H. (2013). The effects of risk perception and flight experience on airline pilots' locus of control with regard to safety operation behaviors. *Accident Analysis and Prevention, 57*, 131–139.

内控倾向通过影响风险知觉进而影响驾驶安全行为。内控者具备的风险知觉水平较高，展现出更高水平的驾驶安全行为。尽管结果并未表明外控倾向对驾驶安全行为的直接效应，但是与内控倾向类似，外控倾向能够间接影响驾驶安全行为。外控者感知到的航空事故风险较低，其驾驶安全行为水平也较低。在总效应中，内控倾向对驾驶安全行为的间接效应更大（$\beta = 0.21$），而外控倾向的间接效应则较小（$\beta = -0.06$）。基于这些结果，我们有理由相信内外控倾向能够可靠预测飞行员的驾驶安全行为。路径模型显示风险知觉对驾驶安全行为具有直接效应。需要注意的是，风险知觉包括 5 个要素：一般飞行风险、高危飞行风险、飞行高度风险、汽车驾驶风险和日常风险；驾驶安全行为包含以下要素：自动化系统认识、领导与管理、情境意识与决策、机组交流与合作。结果表明，风险知觉的不同方面对驾驶安全行为的影响不同，风险知觉总变异量的 31% 可由内外控倾向加以解释，这表明风险知觉也能够直接影响驾驶安全行为。换句话说，风险知觉可能是驾驶安全行为的附加变量。因此，还需要更多的研究来确定风险知觉的影响因素。这些因素可能包括飞行员如何评估自身能力水平、何种原因导致了对自身能力评估不准确、飞行员如何从环境中收集信息，以及飞行员如何确定线索与高风险情境之间的关系。只有更全面地掌握这些信息，才能开展真正有效的航空安全管理的干预措施和飞行员的安全培训。

风险容忍对驾驶安全行为的影响——飞行经验的调节作用

内控得分能够预测一个人成为高级管理人员的时间，有多年经验的管理人员在内控倾向上的得分显著高于那些经验较少的管理人员。年龄是影响内控倾向的另一个重要因素。亨特（2002）发现内控倾向随年龄增长表现出显著增长趋势。因此，与之相关的飞行员的职业周期成了航空心理学研究的一个热点。斯图尔特（2008）指出，个体早期职业生涯处于经验构建阶段，内控倾向的顶峰一般出现在事业中期。此外，经验可以帮助个体快速判断情境，制订可行的应对措施，经验丰富的个体通常没有必要比较不同行动方案之间的可行性。因此，经验能够帮助个体克服时间压力的影响。事实上，游旭群等人（2013）的研究发现，内控倾向能够显著预测驾驶安全行为（$\beta = 0.14$，$p < 0.05$），而外控倾向对驾驶安全行为的影响并不显著（$\beta = -0.06$，$p > 0.01$）。飞行时间和内控倾向的交互项能够显著预测驾驶安全行为（$\beta = 0.11$，$p < 0.01$）。因此，飞行时间调节了内控倾向和驾驶安全行为之间的关系（如表 7.3 所示）。

表7.3 心理控制源、总飞行时间和驾驶安全行为之间的关系

步骤及变量	模型一 (驾驶安全行为) β	t	模型二 (驾驶安全行为) β	t	模型三 (驾驶安全行为) β	t
第一步:控制变量						
年龄	−0.04	−0.21	−0.04	−0.21	−0.04	−0.21
第二步:预测变量						
总飞行时间	0.11**	2.73	0.11**	2.73	0.11**	2.73
内控倾向			0.15**	3.24	0.14**	3.12
外控倾向			−0.07	−0.36	−0.06	−0.34
总飞行时间 × 内控倾向					0.11**	2.74
总飞行时间 × 外控倾向					−0.05	−0.31
F	0.12**		11.52***		17.83***	
R^2	0.10		0.15		0.27	
ΔR^2	0.09		0.12		0.25	

注: ** $p < 0.01$, *** $p < 0.001$。
资料来源: You, X., Ji, M., & Han, H. (2013). The effects of risk perception and flight experience on airline pilots' locus of control with regard to safety operation behaviors. *Accident Analysis and Prevention, 57*, 131–139.

为了进一步了解总飞行时间的调节效应,将内控倾向得分和总飞行时间分成3组:高分组(M + 1SD)、中等组(M)和低分组(M − 1SD)。图7.8显示了内控倾向和总飞行时间在驾驶安全行为上的交互作用。在一定内控范围内,飞行员驾驶安全行为随着总飞行时间的增加显著提高。也就是说,总飞行时间对内控倾向和驾驶安全行为的关系有显著的调节作用。当内控倾向得分为低或中时,与总飞行时间较短的飞行员相比,总飞行时间较长的飞行员表现出更高水平的驾驶安全行为。然而,当内控倾向得分较高时,与总飞行时间较短的飞行员相比,总飞行时间较长的飞行员表现出较少的驾驶安全行为。这些结果表明,总飞行时间的增加会减弱高内控倾向飞行员在驾驶安全行为上的积极效应,然而,总飞行时间的中等和低分组在该方面不受影响。

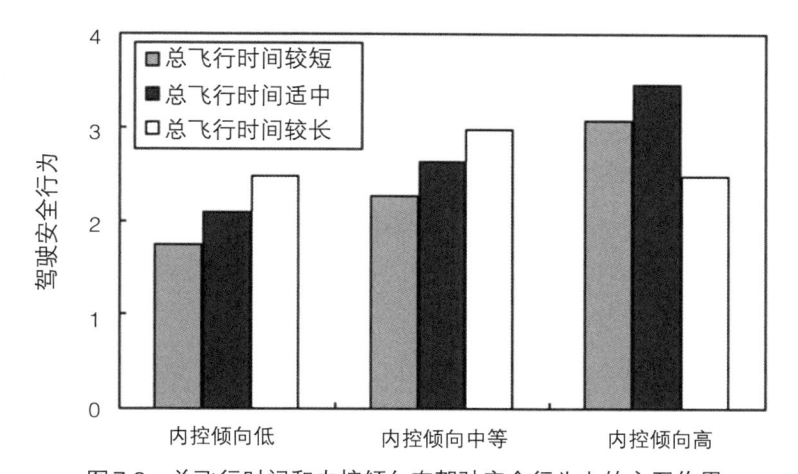

图7.8 总飞行时间和内控倾向在驾驶安全行为上的交互作用

资料来源：You, X., Ji, M., & Han, H. (2013). The effects of risk perception and flight experience on airline pilots' locus of control with regard to safety operation behaviors. *Accident Analysis and Prevention, 57*(8), 131–139.

飞行时间能够调节内外控倾向和驾驶安全行为之间的关系。飞行经验是与飞行任务相关的一个重要因素，尤其是飞行经验能够在一定程度上弥补因年龄增长导致的认知功能的下降。在新异情境中，对领航等复杂任务的过度学习对能力的要求较高，而较少受到年龄的影响。相关研究结果表明，总飞行时间对内控倾向和驾驶安全行为之间的关系具有显著调节作用。具体而言，总飞行时间过高减弱了高内控倾向对飞行员驾驶安全行为的积极作用，而总飞行时间中等或较低水平对飞行员驾驶安全行为在该方面没有显著影响（You et al., 2013）。换言之，当飞行员内控倾向得分达到某一阈值（高水平）时，飞行经验对驾驶安全行为的益处减弱。内外控倾向与飞行时间之间存在合理的期望曲线，高内控者在他们职业生涯中期的绩效达到顶峰。对此可能的解释是：高内控倾向飞行员在早期和中期经验建构阶段可能更"激进"，但在后期更为谨慎。随着飞行时长的增加，他们开始意识到即使是有经验的飞行员仍会出现错误，没有人是无懈可击的。也就是说，当高内控倾向飞行员经历过即使采取预防措施，但事故依然发生后，他们能够比之前知觉到更多的风险。因此，为比较有经验的飞行员设计培训项目，以减少他们"所有事物都在控制之中""不会受到损伤"的观念是可行的，这将有利于提升飞行驾驶安全行为。

7.3.4　主动性人格对驾驶安全行为的作用机制

主动性人格（Proactive Personality）是个体有目的地采取行动并改变环境以实现其目标的一种人格特质倾向，它受先天因素和后天环境的共同作用。近年来受到工业与组织心理学领域的高度重视，人们在以往的研究中广泛探讨了主动性人格与职业倦怠、工作绩效、自我效能以及领导能力之间的关系。接下来的部分将介绍主动性人格的概念和内涵、主动性人格对飞行学员情境判断能力的影响及其风险知觉与认知灵活性在这一影响中所发挥的作用。

主动性人格的概念界定

贝特曼（Bateman）和克兰特（Crant）（1993）在一项关于组织行为中主动性成分的研究中发现，人们在主动采取行动以改变其外部环境的倾向性上存在差异，但这种倾向性难以用大五人格特征予以解释。于是，他们认为这是大五人格所未涉及的一种独特的人格特征，首次提出了主动性人格概念。主动性人格，又称前瞻性人格，指的是个体在识别机会、采取行为和坚持努力改变周围环境的过程中所表现出的相对稳定的差异，并且这种努力在一定程度上不受情境力量限制。此外，这种个体差异会影响个体采取行动改变环境的过程。随着积极组织行为学和积极心理学研究的不断深入，人们发现员工在工作过程中并不总是受到环境的影响，还会采取一系列主动行为试图改变环境，以提高自己对环境的适应能力。基于社会交互理论的观点，人与环境之间是互动的，是相互影响和相互作用的，环境能够影响个体的行为，个体也能通过行为改变环境；人们并不总是被动地接受环境的制约，相反，人们能够有意识地、主动地改变环境（既包括物理环境，也包括社会环境）。主动性水平较低的个体往往是被动的，并安于现状。换句话说，他们是反应性的，并且对维持组织现状感到满意。与之相反，主动性水平较高的个体则不会被动地对工作需求做出反应，而是积极主动地寻找信息，探索环境并把握未来的机会。此外，主动性水平较高的个体通常会积极寻找改善其工作表现的方法，还可能通过做出各种工具性行为来影响工作绩效，例如，寻求信息和技能的发展。主动性人格作为一种独特的人格特质，它贯穿于人的出现、发展与成熟的过程。

主动性人格是对个体行为最具有预测力的一种人格特质，是行为产生个体差异的重要内在因素。需要指出的是，虽然主动性人格和主动性行为具有显著关联，但是两者并不相同。主动性人格对主动性行为的发生具有预测作用，但并不能完全决定主动性行为的发生。这是因为主动性人格只是发生主动性行为的重要影响因素之一，个体的主动性行为还受制于其他因素。主动性人格只是影响主动性行为的个人特征，具备主动性人格的个体不一定表现出主动性行为，同样，表现出主动性行为的个体也并不一定具备主动性人格。因此，坎贝尔（Campbell）（2000）在回顾并总结以往研究的基础上，提出有主动性人格的个体应该具备以下五方面的核心特征：第一，能够胜任自己的工作，专业技术水平高、组织和解决问题能力强、绩效卓越；第二，人际关系良好、具有领导能力和可信赖性；第三，工作态度积极，与组织价值观一致，并且表现出高水平的组织承诺和责任感；第四，有积极进取的品质，如主动性、独立判断、勇于表达自己的想法、高水平的工作投入和工作卷入等；第五，有正直诚信的品质，并具有更高的价值追求。

主动性人格对情境判断的影响——风险知觉的中介作用

在动态和复杂的飞行环境中，飞行员必须具备做出有效决策的能力。其中，有效的情境判断和决策在航空领域尤为重要。情境判断的时效性主要依赖于与之相关的稳定特质和认知能力的相关因素。在理论框架视角下，飞行员的人格特征可能会影响其情境判断能力。与被动性水平较高的个体相比，主动性水平较高的个体更愿意投身于不确定的变化环境、抓住机会，并主动采取行动实现目标。亨特（2003）指出，飞行员情境判断并不是一个线性结构，它与人格和认知能力有关。因此，个体特征和认知变量是预测飞行员决策的关键因子。然而，在实际的飞行员选拔和训练过程中，人格特质的作用常常被忽略。事实上，已有研究表明，人格特质是解释航空安全事故和风险行为中个体差异的一个重要变量，对于提高飞行员在动态环境中情境判断的有效性发挥至关重要的作用。

人格作为一种稳定的个体特质，主要反映了个体对环境的感知和评估，继而影响其行为。主动性人格是一种能够影响环境变化的稳定趋势，与个体的情境判断能力密切联系，而情境判断能力是飞行员驾驶安全行为的核心要素。因此，在航空决策领域整合社会认知和人格取向，考察飞行员潜在情境判断的作用机制十分重要。有学者以 222 名中国民航大学的飞行学员为研究样本，采用结构方程探讨了主动性人格与飞行情境判断的关系，并检验了风险知觉在这一关系中的中介作用（Ji et al., 2018）。结果表明，数据拟合指数良好：χ^2 (699, n = 222) = 1625.14，GFI = 0.94，AGFI = 0.91，CFI = 0.92，NNFI = 0.90，RMSEA = 0.077。主动性人格能够显著地影响飞行学员的情境判断（β = 0.42，p < 0.001），这说明主动性强的飞行学员会表现出更高的情境判断能力。在纳入风险知觉这一中介变量后，主动性人格能够显著正向影响风险知觉（β = 0.19，t = 2.89，p < 0.001），风险知觉能够显著预测飞行情境判断（β = 0.39，t = 4.03，p < 0.001），这些结果说明主动性人格可以通过风险知觉的中介作用间接地对飞行学员的情境判断产生影响。图7.9显示了主动性人格、风险知觉和情境判断的关系路径图。

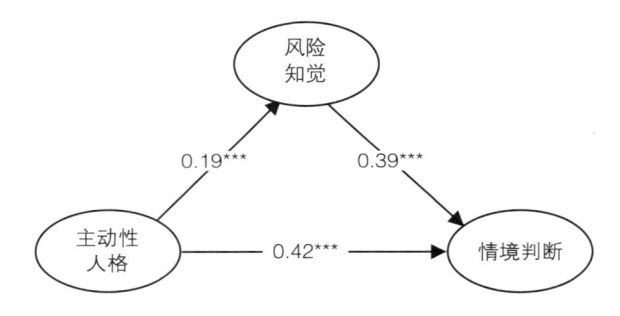

图7.9　主动性人格、风险知觉和情境判断关系路径图

注：***p < 0.01。
资料来源：Ji, M., Xu, Q., Xu, S., Du, Q., & Li, D. (2018). Proactive personality and situational judgment among civil flying cadets: The roles of risk perception and cognitive flexibility. *Transportation Research Part F: Traffic Psychology and Behaviour, 59*, 179–187.

在航空领域，飞行员必须采取最佳决策进行安全操作以确保飞行安全。该研究的结果表明，主动性人格是预测飞行学员情境判断的良好指标，具备主动性人格的飞行学员的情境判断能力较强。

主动性人格对情境判断的影响——认知灵活性的调节作用

飞行员需要在复杂不确定的飞行环境中分析潜在风险，主动做出判断。有效的判断不仅取决于及时性和视角，适应性也是一个关键因素。作为认知控制过程中不可或缺的元素，认知灵活性（Cognitive Flexibility）是指一个人在给定情况下实现可选和可用替代方案的能力，同时保持足够的灵活性以适应环境的变化并保持自我效能。无意识的反应通常会降低动态环境中的灵活性，尤其是在压力状况下。换言之，某些积极稳定的个体特征也可能在特定任务情况下对个体的行为发挥负面作用。姬鸣等人（2018）在研究中探讨了认知灵活性对主动性人格和情境判断关系的调节作用。在控制年龄和飞行时间后，主动性人格和认知灵活性显著提高了情境判断在回归方程中的解释率（见表7.4）。主动性人格能够显著预测情境判断（$\beta = 0.19$，$p < 0.01$），认知灵活性也能够正向预测情境判断（$\beta = 0.23$，$p < 0.01$）。主动性人格和认知灵活性之间的交互项对情境判断有显著的负向预测作用（$\beta = -0.14$，$p < 0.05$）。因此，认知灵活性在情境判断和主动性人格之间具有调节作用。

表7.4 主动性人格、认知灵活性和情境判断之间的回归分析

步骤及变量	模型一 β	模型一 t	模型二 β	模型二 t	模型三 β	模型三 t
第一步：控制变量						
年龄	0.19	1.89	0.14	1.54	0.14	1.56
飞行时间	−0.03	−0.32	−0.04	−0.40	−0.04	−0.41
第二步：预测变量						
主动性人格			0.19	2.69**	0.18	2.60**
认知灵活性			0.23	3.31**	0.24	3.40**
主动性人格 × 认知灵活性					−0.14	−2.27*
F	3.02		9.46**		8.75**	
R^2	0.03		0.15		0.17	
Adjust R^2	0.02		0.13		0.15	

注：*$p < 0.05$，**$p < 0.01$。
资料来源：Ji, M., Xu, Q., Xu, S., Du, Q., & Li, D. (2018). Proactive personality and situational judgment among civil flying cadets: the roles of risk perception and cognitive flexibility. *Transportation Research Part F: Traffic Psychology and Behaviour, 59*, 179–187.

为了进一步理解在不同水平认知灵活性上，主动性人格对情境判断的影响

作用，将主动性人格得分和认知灵活性得分分别分为高分组（M + 1SD）和低分组（M – 1SD）进一步检查其效应，主动性人格和认知灵活性的交互作用见图7.10。无论主动性人格得分高或者低，飞行学员的情境判断能力均随着认知灵活性水平的提高而增加。值得注意的是，主动性人格得分高时，与认知灵活性水平低的飞行学员相比，认知灵活性水平高的飞行学员情境判断更有效。此外，主动性人格得分高但认知灵活性水平较低的个体，并不能做出有效的局势判断。这些结果表明，当认知灵活性水平较高时，主动性人格能够显著预测情境判断水平，反之则较弱。因此，认知灵活性对主动性人格和情境判断具有调节作用。

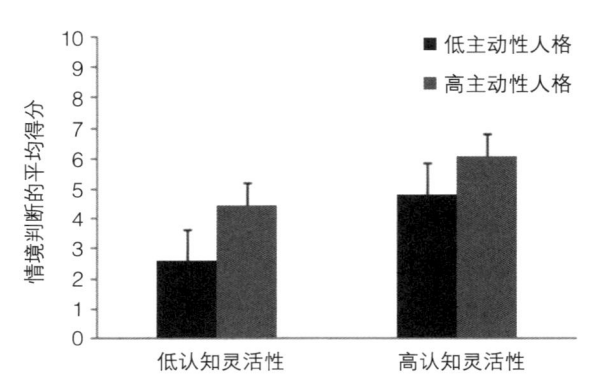

图7.10　主动性人格和认知灵活性在情境判断上的交互作用

资料来源：Ji, M., Xu, Q., Xu, S., Du, Q., & Li, D. (2018). Proactive personality and situational judgment among civil flying cadets: the roles of risk perception and cognitive flexibility. *Transportation Research Part F: Traffic Psychology and Behaviour, 59*, 179–187.

总之，姬鸣等人（2018）的研究结果表明，主动性人格直接影响情境判断，风险知觉在这一关系中起中介作用，认知灵活性这一关系中发挥调节作用。主动性人格是一种影响飞行学员情境判断的积极特质，高风险感知能力和高认知灵活性水平能够强化这种积极效应。积极主动的个体更愿意采取有效措施，提升行为绩效。姬鸣等人的研究与其结论一致，主动性人格对情境判断具有直接影响效应，主动性强的飞行学员对情境判断更准确。此外，认知灵活性显著调节主动性人格和情境判断之间的关系。这一调节效应意味着仅仅依据人格特质（如主动性人格）选拔飞行学员并不合理。尤其是在压力情况和变化情境下，高水平的认知加工和策略选择过程依赖飞行环境情况，这一结果与相关研究结果一致（Chan et al., 2006），只有调整应对策略，飞行员才能在复杂和不确定的环境中做出正确的决策。此外，主动性人格和认知灵活性的交互作用也为人员选拔和培训提供了参考。

虽然姬鸣等人的研究结果为影响飞行学员情境判断的因素提供了新视角，但必须指出，态度、预期惩罚和情感等因素均能影响驾驶行为。其他研究发现，一些稳定的因素也能影响飞行绩效，如安全文化和风险类型（Orasanu et al., 2002）。因此，今后研究可以重点探索与主动性人格和飞行情境判断之间有关的外部因素和其他社会认知变量。另外，研究中飞行学员根据文本描述的飞行场景制定决策，这种方法难以保证真实反映决策水平。因此，未来在飞行模拟器中进行情境判断影响因子的研究十分必要。

7.3.5　职业使命感对飞行安全行为的作用机制

心理学家指出，人们对工作有不同的取向。将工作视为使命的人更能够专注于工作带来的满足感和自我实现，他们能在工作中找到个人意义和目的，以及其社会影响（Wrzesniewski et al., 1997）。使命感已成为管理和职业心理学领域的热门话题。飞行员通常需要长时间执行高风险、高压力的任务，并经历许多生理、心理和环境压力因素，如工作与家庭冲突、工作倦怠和飞行疲劳。拥有强烈使命感的飞行员更有可能认为他们的工作具有意义，因此他们对工作中的压力因素持积极态度。因此，日常的安全任务不会被视为负担，而是一种有意识的行为。研究表明，使命感与积极的工作行为和结果相关，包括组织公民行为、工作满意度、员工绿色行为和工作投入（Zhang et al., 2021）。飞行员的安全行为作为他们积极工作行为和结果的一个方面，也可能受到使命感的积极影响。

职业使命的概念界定

职业心理学家指出，个体会对工作赋予不同的意义（Wrzesniewski et al., 1997）。将工作简单视为工作的人更加关注金钱回报和必要性。另一些人将工作视为职业，并专注于在职业结构中的晋升。将工作视为使命的人认为他们的工作是生活中最重要的一部分，并专注于工作带来的满足感和自我实现。在过去，对使命感的研究显著增多，加深了本研究对这一主题的理解。事实上，使命感这一概念具有宗教背景，在这种背景下，人们相信自己被上天召唤从事具有道德和社会意义的工作（Wrzesniewski et al., 1997）。尽管使命感最初是一个具有宗教根源的概念，从古典和宗教的角度理解为上天对职业的召唤，但它已经演变成一个具有世俗意义的更广泛的概念。

世俗的观点改变了使命感概念的含义，强调了目的感、工作中的意义感、自我实现和亲社会属性。例如，哈勒（Hall）和钱德勒（Chandler）（2005）将使命感定义为目的感，即个体打算做的工作，是他生活目的的体现。埃兰戈乃（Elangovan）等人（2010）提出了使命感的3个基本特征，包括行动导向、目的和个人使命的清晰感，以及亲社会意向。他们将使命感定义为"追求亲社会意图的行为路径，体现个体认为自己想做、应该做和实际做的结合"（Elangovan et al., 2010）。在本研究中，使命感定义为人们找到工作的内在意义，将其视为自我身份核心部分，具有亲社会价值取向，并感受到超越性的召唤（Duffy & Dik, 2013）。

职业使命感对飞行员安全行为的影响：和谐安全激情的中介作用

安全行为包括安全服从和安全参与。安全服从指个体为确保个人和工作场所安全而实践的基本行为，包括以安全方式完成工作和遵守安全程序。相比之下，安全参与是指自愿进行的安全行为，例如帮助同事完成安全任务、推广安全计划和积极参与安全会议。在日常工作中，飞行员不仅必须执行和完成基本的安全职责，还必须积极参与与安全相关的活动，并在空中和地面倡导安全理念，他们的安全行为包括遵守安全行为规程和积极参与与安全相关的工作。

拥有使命感的个体具有利他和亲社会的倾向，以他人为中心，并愿意为他人做出个人牺牲。他们倾向于在工作场所小心谨慎，确保他人的安全。一般来说，具有亲社会倾向的个体更有可能对实现组织目标负有个人责任感。这意味着他们更有可能积极参与活动，展现更多安全行为，以促进组织的安全目标达成。拥有使命感的个体从工作中获得意义感和自我实现感，因为他们将工作视为生活中更有广泛目的和意义的核心部分。这激励他们在工作中展现更强的责任感和奉献精神。飞行员从事高风险行业，他们最重要的任务是安全地飞行。因此，拥有强烈使命感的飞行员可以体验到在安全完成工作时的内心喜悦和满足感。他们愿意对自己的任务和安全负责。具体来说，他们认为安全工作是他们工作的意义和价值所在，并将其视为达成真正自我实现的机会，而非通过金钱或外部奖励来衡量。可见，拥有强烈使命感的飞行员更有可能表现出更高的安全行为。

和谐安全激情指的是在工作场所中，个体自主内化了与安全相关的行为、动作和实践，使其通过自主性和个人认可参与安全行为。和谐安全激情是从工作激情的二元模型中衍生出来的概念，它源自自我决定理论，并假定根据工作活动如何内化到个人身份中，可以产生两种工作激情类型——强迫性工作激情和和谐性工作激情（Vallerand, 2015）。强迫性工作激情与工作活动的受控内化相关联，起源于与工作相关的个人或人际压力，例如对工作角色的社会尊重。相比之下，和谐性工作激情与工作活动的自主内化相关联。这种内化源于人们自愿接受对他们重要的工作活动。这激励他们自愿参与活动，并产生一种自主性和个人认可感，以追求这种活动。自我决定理论认为，和谐性工作激情是一种解释个体行为能量、方向和持续性的动机构建，可以激励个体参与与激情目标相对应的活动（Vallerand, 2015）。因此，使命感可以增强飞行员追求安全目标的动机，即他们的和谐安全激情。这是因为拥有强烈使命感的飞行员在追求达成和改善工作场所安全目标时更有可能满足心理需求（自主性、能力和关系）。此外，根据工作激情的二元模型，当人们参与满足这些基本需求的活动时，他们更有可能将活动自主内化到他们的身份中，并因此体验到和谐安全激情。

一方面，使命感增加了飞行员的和谐安全激情，是因为拥有强烈使命感的飞行员在追求安全目标时更有可能满足其自主性需求。具体来说，使命感鼓励个体为工作活动发展更广泛的意义和目的。这增强了他们对工作活动的内在兴趣和自愿工作的意愿（Duffy & Dik, 2013; Elangovan et al., 2010）。因此，在工作中追求安全目标时，拥有强烈使命感的飞行员是自愿参与这个过程的，而不是外部强制的。这使得他们更有可能感到自己的自主性需求得到满足，从而增强他们追求安全目标的动机，即他们的和谐安全激情。同时，拥有强烈使命感的个体更注重通过自己的努力使世界变得更美好。同样，在追求确保达成安全目标的过程中，具有强烈使命感的飞行员感到他们通过自己的工作对他人的安全和组织的表现产生了积极的影响。因此，他们倾向于更多地满足自己的能力需求，从而增强他们的和谐安全激情。具有强烈使命感的个体具有更高的利他和亲社会倾向，并且他们更重视通过工作活动帮助和造福他人。同样，在工作场所确保他人安全方面，具有强烈使命感的飞行员倾向于认真工作，这有助于实现安全目标并优化公司的安全表现。这使得他们更容易从同事或公司领导那里获得认可，并赢得良好的声誉，从而保持人际关系和未来的互惠。因此，具有强烈使命感的飞行员更有可能满足他们的关系需求，从而提升和谐安全激情水平。

另一方面，作为安全目标的自主动机，和谐安全激情反映了个体安全行为的能量和持久性，这是一种积极的人类行为。具体来说，和谐安全激情促进了人们在工作活动中的更高认知投入，并导致他们对工作角色表现出更多的奉献精神，从而产生有利的结果，包括任务绩效、心理健康和创造力。此外，和谐安全激情可以激发个体在工作活动中的积极情感、兴奋和活力，而这些积极体验使他们更加享受活动。作为外部活动的自主内化，和谐安全激情使人们感到拥有更多的自主权，而自主感反过来又促使个体遵守工作场所的安全程序、规范和计划。因此，具有和谐安全激情的飞行员对工作场所的安全性有一种渴望。因此可以预测，他们将在工作中体验更多的积极情感和自主性，并投入更多精力和时间关注与工作相关的安全问题。符合这些观点，实证研究表明，和谐安全激情促进了个体积极行为的产生，例如组织公民行为和人际帮助。

基于此，徐泉（2019）以343名中国民航飞行员为研究样本，检验和谐安全激情是否在使命感与安全行为之间起到中介作用，结果见表7.5。在模型一中，控制了飞行员年龄和总飞行时间的影响后，发现使命感对安全行为有正向影响（$\beta = 0.44$，$p < 0.001$），表明存在显著的总效应。模型二显示，使命感与和谐安全激情显著相关（$\beta = 0.50$，$p < 0.001$）。此外，模型三显示，和谐安全激情对安全行为有显著影响（$\beta = 0.73$，$p < 0.001$），而使命感与安全行为之间的直接关联仍然显著（$\beta = 0.08$，$p < 0.05$）。偏差校正的Bootstrap分析显示，和谐安全激情在使命感和安全行为之间具有显著的部分中介效应（间接效应 = 0.36，Boot SE = 0.04，95% CI = [0.29，0.43]），中介效应占总效应的比例为81.82%。

表7.5 中介效应检验

预测	模型一（SB） β	模型一（SB） t	模型一（SB） 95%CI	模型二（HSP） β	模型二（HSP） t	模型二（HSP） 95%CI	模型三（SB） β	模型三（SB） t	模型三（SB） 95%CI
年龄	−0.34	−3.35***	[−0.54, 0.14]	−0.16	−1.69	[−0.35, 0.03]	−0.22	2.99**	[0.37, 0.08]
总飞行时间	0.24	2.40*	[0.04, 0.44]	0.09	1.00	[−0.09, 0.28]	0.17	2.35*	[0.03, 0.32]
使命感	0.44	10.40***	[0.36, 0.53]	0.50	12.49***	[0.42, 0.58]	0.08	2.10*	[0.01, 0.15]
和谐安全激情							0.73	16.61***	[0.64, 0.82]
R^2	0.26			0.33			0.61		
F	37.52***			52.10***			121.55***		

注：HSP：和谐安全激情，SB：安全行为。*$p<0.05$，**$p<0.01$，***$p<0.001$。

安全氛围的调节作用

安全氛围是基于个体对工作环境中安全体验的评价而形成的组织氛围的一种特定形式。它被定义为组织中关于安全政策、程序和实践的共享感知（Griffin & Curcuruto, 2016）。安全氛围是组织安全文化在特定时刻的具体表现。它代表了某一时刻安全文化的状态，并被认为是高风险行业组织的重要安全管理指标，如商业航空公司。先前的研究揭示了安全氛围是影响航空公司安全绩效的重要组织因素。与个体因素（例如对工作的使命感）相比，航空公司管理者更有可能通过改善安全氛围来提高工作场所的安全水平。此外，一些研究表明，个体因素在所有环境中都不能始终预测安全行为，个体因素与安全行为之间的关系在不同的组织背景中会发生变化。研究人员呼吁考虑个体-安全关系的潜在调节因素，特别是组织背景因素。

安全氛围削弱了使命感与和谐安全激情之间的正向关系，因为高安全氛围可以弥补缺乏使命感对和谐安全激情的提升作用。这源于自我决定理论的前提，即自主形式的动机可以来自内在或外在。在缺乏内部条件（例如，对工作的使命感）的情况下，外部因素仍然可以满足心理需求并增强和谐安全激情。具体来说，在具有高安全氛围的组织环境中，员工被鼓励表达对组织安全的看法，进行定期的安全培训，并开展更多的组织内安全沟通，形成良好的人际氛围。在这种情况下,即使飞行员没有强烈的使命感,他们仍可能表现出较高水平的和谐安全激情。这是因为他们的组织环境具有高安全氛围,可以促成他们对自主性、能力和关系需求的满足。因此,在高安全氛围中,飞行员的使命感对其和谐安全激情的影响相对较小,因为高安全氛围在某种程度上代替了使命感的作用。相反,在安全氛围较低的组织环境中,缺乏满足飞行员的三种心理需求的特征和条件。在这种情况下,只有飞行员有强烈的使命感,才能实现较高水平的和谐安全激情。换句话说,在低安全氛围中,使命感更有可能在和谐安全激情中起更大作用。最近的研究提供了一些间接证据支持这一观点。例如,多尔(Doerr)(2020)发现安全氛围调节了人格与个体动机之间的关系,安全氛围削弱了责任心与安全动机之间的关系。另一项研究表明,合作心理氛围促进了和谐安全激情的提升,特别是为缺乏内在动机的员工提供了一种补偿。

基于此,徐泉(2019)检验了调节中介模型,测试了4个条件:(1)使命感对安全行为的影响;(2)使命感和安全氛围在预测和谐安全激情方面的交互作用;(3)和谐安全激情对安全行为的影响;(4)使命感通过和谐安全激情对安全行为的间接效应受安全氛围的影响。结果显示在表7.6中。在控制了飞行员年龄和总飞行时间的影响后,发现使命感对安全行为具有正向影响($\beta = 0.08$,$p < 0.05$)。使命感和安全氛围的交互项对和谐安全激情有显著影响($\beta = -0.13$,$p < 0.001$),和谐安全激情对安全行为有正向影响($\beta = 0.73$,$p < 0.001$)。这些结果分别支持了条件(1)(2)和(3)。

表7.6 有调节中介效应检验

预测	模型一(HSP)			模型二(SB)		
	β	t	95%CI	β	t	95%CI
年龄	−0.03	−0.39	[−0.21, 0.14]	−0.22	−2.99**	[−0.37, −0.08]
总飞行时间	0.02	0.28	[−0.14, 0.19]	0.17	2.35*	[0.03, 0.32]
使命感	0.32	7.91***	[0.24, 0.40]	0.08	2.10*	[0.01, 0.15]
安全氛围	0.29	7.47***	[0.21, 0.36]			
使命感 × 安全氛围	−0.13	−4.31***	[−0.19, −0.07]			
HSP				0.73	16.61***	[0.64, 0.82]

续表

预测	模型一（HSP）			模型二（SB）		
	β	t	95%CI	β	t	95%CI
R^2	0.46			0.61		
F	54.34***			121.55***		

注：HSP：和谐安全激情，SB：安全行为。$*p < 0.05$，$**p < 0.01$，$***p < 0.001$。

为了更好地理解使命感和安全氛围对和谐安全激情的交互效应特性，有学者进行了简单斜率检验。通过从平均值中加减一个标准偏差，将和谐安全激情分为高安全氛围和低安全氛围。如图 7.11 所示，结果表明，无论安全氛围是高还是低的，使命感都能显著预测和谐安全激情。在安全氛围水平较低时，使命感对和谐安全激情的预测作用更为显著（$\beta = 0.46$，$t = 10.57$，$p < 0.001$）；而在安全氛围水平较高时，预测作用较弱（$\beta = 0.20$，$t = 3.54$，$p < 0.001$）。

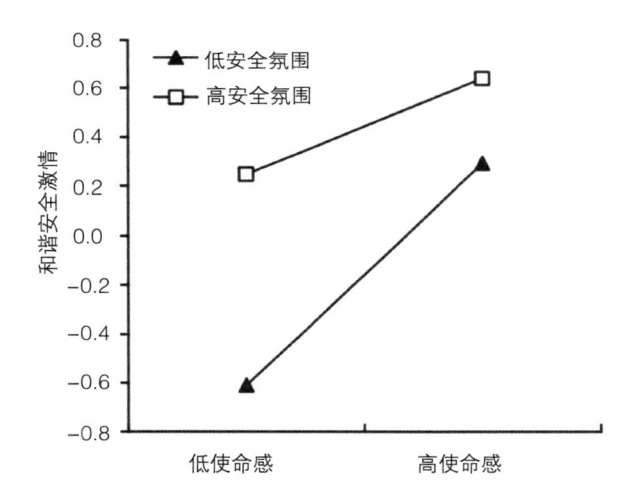

图7.11　使命感与安全氛围对和谐安全激情的影响

资料来源：Xu, Q., Wu, Y., Wang, M., Liu, B., Jiang, J., You, X., & Ji, M. (2022). The relationship between sense of calling and safety behavior among airline pilots: The role of harmonious safety passion and safety climate. *Safety Science, 150*(6), 105718.

此外，偏差校正的Bootstrap分析显示，使命感通过和谐安全激情对安全行为的间接效应受安全氛围的影响。表 7.7 中的结果显示，在安全氛围较低时，使命感对安全行为的条件间接效应较强（$\beta = 0.33$，95% CI = [0.25, 0.41]），而在安全氛围较高时，效应较弱（$\beta = 0.15$，95% CI = [0.07, 0.23]）。该结果支持条件（4）。综上所述，这些结果表明，安全氛围通过和谐安全激情调节使命感与安全行为之间的关系。

表7.7 不同安全氛围水平的间接影响

安全氛围	β	t	95%CI	
			LL	UL
低（M−1SD）	0.33	0.04	0.25	0.41
高（M+1SD）	0.15	0.04	0.07	0.23
差异（高−低）	−0.19	0.05	−0.28	−0.09
有调节的中介效应	−0.09	0.02	−0.14	−0.05

虽然徐泉（2019）揭示了和谐安全激情在使命感与飞行员安全行为关系中具有中介作用，同时安全氛围在增强和谐安全激情以提升使命感较低的飞行员的安全行为方面发挥了补偿性作用，但是基于中国航空集团有限公司飞行员探讨使命感与安全行为及其机制之间的关系，这限制了结果的一般性和外部效度。未来的研究需要进一步确定本研究的研究结果是否适用于其他高风险组织环境（如医疗和海洋行业）和群体（如乘务员），以及是否可以在其他文化背景中得到复制。同时，研究未来可以结合使用多种数据来源，特别是客观记录和行为观察，来反映飞行员的安全行为水平。例如，可以利用快速存取记录器的客观记录数据，以及通过行为观察由飞行专家进行的标准操作规程检查评分。

第 8 章
自动化飞行与人工智能

在航空自动化系统演进的历程中，技术革新带来的效益显而易见，但随之而来的人因工程问题也日益增多，尤其是 2018 年 10 月和 2019 年 3 月，印尼狮航的 610 航班和埃塞俄比亚航空的 302 航班的航空事故震动了全球。调查结果揭示，这两起坠机事故均与波音 737 MAX 飞机上的机动特性增强系统（Maneuvering Characteristics Augmentation System, MCAS）有直接关联。这两起事件不仅导致多国禁飞此型号飞机，还引起了部分飞行员和公众对飞机自动化系统的深度不信任。

虽然自动化技术应用的目的是提高飞行安全性和效率，但实践中发现，飞行员使用自动化系统及与其交互会增加认知负荷和注意力需求，间接增加了飞行风险。这种风险往往更为隐蔽，难以预防，对飞行安全构成了新的威胁。飞行员可能会因为对自动化系统的过度依赖而忽视了对环境和飞行状况的实时监控，导致潜在的危险被忽略。而人工智能（Artificial Intelligence, AI）技术的发展为解决飞行员与自动化系统交互中的人因问题提供了新的机遇。AI 的引入，通过整合专家知识，有助于在复杂飞行场景中为飞行员提供决策支持。然而，飞行自动化系统的人机交互界面等若未能遵循"以人为中心"的设计原则，可能会引发新的飞行安全隐患。本章介绍自动化飞行系统、自动化对飞行安全的影响、自动化飞行中的人因问题、自动化飞行系统与 AI。

8.1 自动化飞行系统概述

得益于自动化技术的迅猛发展，现代飞机已普遍装备了自动驾驶仪、自动油门控制系统、飞行管理计算机等一系列尖端设备。这些先进系统通过大幅减少飞行员的手动操作需求，显著提升了飞行的自动化程度，使得飞行员能够将更多精力集中于飞行计划的优化、战略决策的精准制定等更高层次的任务上，实现高效的自动化控制和精准导航。此外，在复杂的飞行环境中，飞行自动化系统不仅能够有效降低产生人因失误的风险，还能在紧急情况下提供迅速且可靠的决策辅助。本节内容旨在通过对飞行自动化的定义及其历史发展的介绍，分析飞行自动化系统的组成部分与功能，简要回顾其从早期的机械辅助系统到现代智能化飞行管理系统的演变过程，探讨技术进步如何推动飞行自动化的创新与应用。

8.1.1 自动化飞行的定义与发展

自动化飞行的定义

在航空航天领域，自动化的概念涵盖了从基本机械操作到复杂的系统集成的广泛技术应用，并且其概念的外延也随着科技的进步不断扩展。自动化（Automation）一词最早由迪博尔德（Diebold）在1952年提出，自动化既可以表示自动化的操作，也可以表示使事情自动化的过程。现在人们普遍认为自动化是指由机器（通常是计算机）代理，依赖固定的逻辑规则和算法来执行以前由人才能完成的功能。依据上述关于自动化概念的基础，结合自动化系统的发展，本书中所阐述的自动化是指利用机械设备、控制系统、信息技术和人工智能等手段，以最少的人工干预或无需人工直接参与，实现对工作过程或系统的自动操作与控制。自动化系统通常可以执行信息收集、信息处理、分析判断，以及基于处理后的信息进行逻辑判断、决策分析和操纵控制等功能，旨在提高飞行效率、减少人因失误、提升飞机操纵的一致性和可靠性。而自动化飞行则是航空航天领域中应用自动化技术的分支，它涉及使用先进的系统和设备来控制和管理飞机的飞行航线、性能和安全状况，飞行自动化系统通常包括但不限于以下方面：自动驾驶系统、自动油门/推力控制系统、飞行指引系统、自动增压系统、警告系统等。

自动化飞行的概念可以从广义和狭义两个方面理解。广义的自动化飞行是指飞机上所有能够自动执行特定功能的系统，如自动启动、自动着陆、自动故障诊断和处理等，这种定义突出强调了自动化在飞机系统中的应用广泛性和集成性。狭义的自动化飞行则是指：专注于直接影响飞机飞行航线或能量状态的自动引导和控制等系统。这种定义更侧重于自动化系统在飞行操作中的核心作用。但需要注意的是，无论是从广义还是狭义的角度来看，这些系统虽然可以高度自动化，但仍需要飞行员操作、交互和监控（王新野，2022）。因此，飞行员对自动化系统的理解和有效管理是确保飞行安全的关键，而自动化系统的设计与使用也旨在辅助飞行员提高飞行的安全性和效率，同时保持飞行员对飞行操作的最终控制权。

自动化飞行的历史发展

（1）萌芽阶段（1901年之前）

在航空飞行的早期，飞行控制的初步概念主要围绕如何使飞机留在空中并进行相关操纵。莱特兄弟通过滑翔机实验，利用可变翼面前缘和方向舵直接机械连接来控制飞机的姿态和航向，首次实现了飞机的平衡与可控（张汝麟，2003），标志着人对飞行控制的初步理解和实践。

图8.1　滑翔机

资料来源：Wright Brothers. (1900). In Wikipedia. Retrieved December 26, 2024, from https://en.wikipedia.org/wiki/Wright_brothers

(2)早期探索与初步发展阶段(1901年至1931年)

随着飞机技术的进步,飞行控制系统开始引入更多的自动化元素。在这一时期,飞机工程师开始使用基于经验数据的代数和经验法则来保证飞机的最小三轴静稳定性。例如,英国的贝尔斯托(Bairstow)和琼斯对飞机的稳定性进行了系统研究,并提出了稳定性导数的概念(McRuer & Graham, 2004)。此外,Sperry公司开发的自动驾驶仪在20世纪30年代被广泛应用于商业飞行,显著提高了长途飞行的舒适性和安全性。

(3)技术革新与电传系统阶段(1931年至1956年)

为了提高轰炸精度和执行长时间飞行任务,自动驾驶仪成为轰炸机的重要装备。随着飞行速度的提高,即使短时间飞行,人力直接操纵舵面也很困难,部分或全部舵面操纵能量由液压系统提供,人工机械操纵系统演变为助力操纵形式(张汝麟,2003)。喷气式飞机的出现使飞机飞行包线迅速扩大,飞机的稳定性问题以及稳定性与操纵性之间的矛盾,使驾驶员不可能仅靠机械操纵系统对飞机运动进行有效控制。因此,限权增稳系统和控制增稳系统成为当时飞机的基本装备。

(4)现代飞行控制系统阶段(1956年至1981年)

20世纪中叶以后,随着电子技术的发展,飞行控制系统开始向电传飞控系统转变。电传飞控系统通过电子信号传输飞行员的操作指令,极大地提高了系统的响应速度和精确性。例如,F-16战斗机采用了模拟式电传飞控系统,这在当时是技术上的一大突破(吴文海 等,2018)。此外,主动控制技术(Active Control Technology, ACT)和电传飞控系统的应用,对当时的先进飞机(第三、四代军机和先进民机)平台设计的主要影响可归纳为放宽静稳定性(Relaxed Static Stability, RSS)控制技术、机动载荷控制技术、主动涡流控制技术等(张汝麟,2003)。

(5)当代飞行控制系统阶段(1981年至今)

20世纪80年代开始,飞行自动化系统的发展进入了一个新的阶段。现代飞行控制系统不仅包括电传飞控,还整合了飞行管理、导航、推进控制等多种功能,形成了高度集成的综合飞行管理系统。例如,F-22战斗机采用了当时先进的综合飞行/推进控制系统,显著提高了飞机的机动性和任务执行能力(吴文海 等,2018)。此外,随着智能材料和微电子技术的进步,飞行控制系统的智能化水平也不断提升，为飞行器带来了更高的机动性和更好的经济性。目前，随着人工智能技术发展，未来的飞行自动化系统预计将进一步集成机器学习等技术，以实现更高级别的自动飞行和决策支持，使飞行控制系统能够更好地适应复杂多变的飞行环境，提供更加安全、高效的飞行体验。同时，随着新型传感器和通信技术的应用，飞行自动化系统将能够实现更精确的态势感知和更复杂的任务执行。

8.1.2　飞行自动化系统的组成
飞行自动化系统的级别

飞行自动化系统的级别划分是航空领域中一个关键的概念，它根据自动化系统的功能和飞行员的参与程度进行了标准化划分。从完全手动控制到完全自动化，每个级别都定义了飞行员与自动化系统之间的交互和责任分配。这种分类不仅有助于理解自动化技术的发展，还为保障航空安全和操作效率提供了重要的指导。

飞行自动化系统的级别是根据其提供的自动化功能和控制范围来划分的，这些级别反映了飞行员与自动化系统之间责任和控制权的分配。在国际航空领域，飞行自动化系统的级别划分通常遵循由国际民航组织和美国联邦航空管理局等权威机构推荐的划分等级，将飞行员与自动化系统之间的交互标准化，即从手动控制到完全自主运行，为航空安全和飞行效率提供了指导性的框架（Kaber, 2018）（见表 8.1）。

表8.1　飞行自动化系统级别

级别	自动化程度	描述
0	无自动化	飞行员执行所有飞行操作和决策，不依赖任何自动化系统，必须手动控制飞机的各个方面
1	辅助自动化	系统提供基本的飞行辅助功能，如自动油门、自动配平，辅助飞行员进行飞行控制。飞行员负责监督自动化系统的性能，并在必要时进行干预
2	部分自动化	飞机能够在飞行员的监督下自动执行一些飞行任务，如自动导航和自动驾驶，飞行员负责监督和决策。自动化系统开始承担更多的操作任务，但飞行员必须随时准备接管控制
3	条件自动化	在特定的飞行阶段或条件下，飞机可以完全自主控制飞行，飞行员需要在系统请求时或在特定情况下接管控制。自动化系统在这些条件下负责大部分飞行操作，但飞行员必须保持高度的情境意识

续表

级别	自动化程度	描述
4	高度自动化	飞机能够在大多数飞行阶段自主运行,包括起飞、巡航和着陆,飞行员主要负责监督和异常情况下的干预。在这一级别,飞行员的角色转变为监督者,而系统处理大部分飞行任务
5	全自动化	飞机能够在所有飞行阶段完全自主运行,无需飞行员参与,飞行员的角色转变为系统管理员和决策者。这一级别的自动化通常用于无人机或高度自动化的航天器

自动化系统的组成

飞行自动化系统通常由飞行管理计算机(Flight Management Computer, FMC)、自动飞行控制系统(Automatic Flight Control System, AFCS)、传感器、执行机构和人机界面(Human-Machine Interface, HMI)等关键组件组成,这些组件共同协作以实现自动飞行控制(见图8.2)。

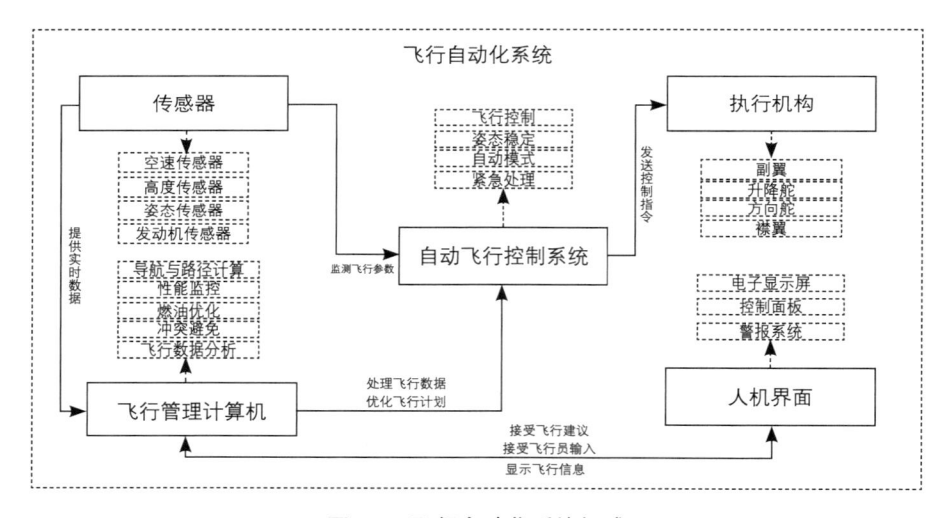

图8.2 飞行自动化系统组成

(1)飞行管理计算机

飞行管理计算机(FMC)是现代航空电子系统中不可或缺的核心组件,它通过高度集成化的功能集合,显著提升了飞行的安全性、经济性和效率。FMC的核心功能包括处理来自机载传感器的飞行数据、进行导航和飞行路径的计算,以及基于这些数据制订最优飞行计划。它不仅能够实时监控飞机的性能参数,如速度、高度和推力,确保飞机在各种飞行条件下达到最佳性能,还能自动控制飞机的航向、高度和速度，降低飞行员的工作负荷。此外，FMC在燃油消耗优化、飞行冲突避免和飞行数据分析方面也发挥着重要作用，通过与空中交通管理系统（Air Traffic Management, ATM）的协同工作，有效避免潜在的飞行冲突，确保飞行航线的安全性和经济性。

FMC的发展不断适应日益复杂的航空环境和运营需求，其功能不断扩展，以满足未来航空运输系统的需求。随着技术的进步，FMC在自动飞行控制、燃油优化、飞行数据分析和通信接口处理方面的应用将更加广泛，为航空业带来更加安全、高效和环保的未来。在紧急情况下，如飞行员失去对飞机的控制能力，FMC甚至能够自动控制飞机，确保乘客的安全。随着航空自动化系统领域的不断发展，FMC将继续作为飞机管理的关键技术，为飞行安全和运营效率提供坚实的保障。

（2）自动飞行控制系统

自动飞行控制系统（AFCS）是现代航空领域的关键技术之一，它通过降低飞行员的工作负荷、提高飞行安全性和效率，对飞行过程进行自动控制和管理。AFCS的核心功能包括维持飞机的预定航向、速度、高度和姿态，以及在特定条件下自动执行起飞、巡航、降落等飞行任务。在起飞阶段，AFCS能够通过控制飞机的俯仰角度来获得所需的升力，确保飞机安全离地；在巡航阶段，系统通过调整发动机推力和飞机的俯仰姿态来维持设定的速度和高度，同时利用导航系统保持预定的航线；在降落过程中，AFCS能够自动对准跑道，控制下降率和姿态，以实现精准着陆（Baomar & Bentley, 2021）。

除了基本的飞行控制功能外，现代AFCS还具备在极端天气条件下操作的能力，如强侧风、风切变、阵风和湍流等。这些系统通过集成先进的传感器和算法，能够实时监测环境变化，并自动调整飞行控制参数以保持飞机的稳定性和安全性（Baomar & Bentley, 2021）。AFCS的另一个重要作用是提高飞行的自动化水平，减少对飞行员的依赖。这不仅有助于解决飞行员短缺的问题，还能通过减少人因失误来提高飞行安全系数。此外，AFCS还能够在飞机出现故障或紧急情况时，自动执行故障诊断和应急处理程序，确保飞行安全。由此可见，自动飞行控制系统通过其高精度和高可靠性的控制功能，显著提升了现代航空运输的安全性和效率。

随着AI和机器学习技术的发展，AFCS有望实现更高级别的自动飞行，进一步推动航空领域的发展。例如，通过使用人工神经网络，AFCS能够学习和模仿经验丰富的飞行员的操作，从而在没有人类干预的情况下执行复杂的飞行任务（Baomar & Bentley, 2021）。

（3）传感器

在飞行自动化系统中，传感器不仅能提供实时数据以确保飞行安全和效率，还能通过精确监测飞机的关键参数来优化飞行性能。在飞行控制系统中，传感器监测飞机的速度、高度、姿态和发动机性能等关键参数，这些数据被用来调整飞机的控制，确保飞机按照预定的飞行路径和性能参数飞行。此外，传感器还被用于实时监测飞机系统的健康状态，及时发现并诊断潜在的故障，减少维护成本并提高飞行的安全性。在现代航空中，传感器可增强飞机的环境感知能力，包括对天气条件、空中交通和其他潜在飞行障碍的感知，对于飞机的导航和避障至关重要。随着飞机电气化技术的发展，传感器在能源管理系统中的作用日益重要，常用于监测和调节飞机的电力使用，确保电力系统的高效和稳定运行。在传感器和其他自动化系统的辅助下，飞行员可以更有效地管理飞行任务，尤其是在面对大量不确定和不完整的传感器数据及情境信息时，自动化系统通过合成关键数据来提高飞机自动化模式和人机界面的连续性，这在传感器发生故障时尤为重要。例如，通过使用不同类型的传感器和系统来合成关键数据，可以在传感器失效的情况下维持自动化系统的连续性。

（4）执行机构

执行机构是飞行自动化系统中不可或缺的组成部分，其主要作用是将控制信号转化为飞机的物理动作，精确地操纵副翼、升降舵和方向舵等控制面，以实现对飞机姿态和轨迹的精确控制。随着航空技术的进步，执行机构的设计趋向于集成化和智能化，以适应不断变化的飞行条件，提高飞行效率。电动静液作动器（Electro Hydrostatic Actuator, EHA）通过将电能转换为液压能，驱动飞机控制面，其设计和性能优化对于提升飞机自动化水平和可靠性至关重要。此外，执行机构在飞机结构的自适应变化中的作用也日益凸显，伺服电动作动器的使用使飞机的机翼能够根据实际飞行条件形变，从而提高气动性能和减少结构负荷。飞行自动化系统中执行器的可靠性和安全性是设计和评估的首要考量因素，而通过内置控制系统可以对飞机执行机构故障检测和响应进行有效监测。由此可见，执行机构在飞行自动化系统中的功能和作用是多方面的，不仅能执行飞行控制命令，还能对飞机结构的自适应变化和系统进行健康监测。未来，随着技术的不断进步，执行机构的设计和功能将继续优化，以满足未来航空领域对飞行自动化的更高需求。

（5）人机界面

飞行自动化系统中的人机界面（HMI）是飞行员与自动化系统之间交互的关键媒介，直接影响飞行操作的安全性和效率（见图8.3）。随着航空技术的发展，HMI已经从传统的机械式仪表系统变为高度集成的电子显示系统，极大地提高了信息的可读性和飞行员的情境意识。现代飞机的HMI设计旨在降低飞行员的工作负荷，提供直观的操作界面，并通过集成先进的传感器和算法来增强飞行安全。

图8.3 A380飞机驾驶舱显示系统界面

资料来源：周贵荣，徐见源，马少博，宗军耀，沈金清，朱海杰. (2024). 大型客机航电系统综合集成关键技术综述. 航空学报，45(5)，253–295.

自动化技术的发展使得飞行员能够更有效地管理飞行任务，如导航、通信和监控飞机状态。自动化系统通过HMI提供实时数据和建议，辅助飞行员做出决策，尤其在复杂或紧急情况下显得尤为重要。例如，自动化系统可以在潜在的飞行冲突中提供适时的警告和建议，从而降低产生人因失误的风险。然而，随着自动化程度的提高，HMI设计也迎来了新的挑战，飞行员可能会过度依赖自动化系统，导致在自动化系统失效时难以迅速接管控制。因此，HMI设计需要在提供自动化辅助和保持飞行员情境意识之间找到平衡点。为了应对这些挑战，研究人员正在开发新一代的认知自适应HMI，这种界面能够根据飞行员的认知状态和任务需求动态调整自动化水平。弗雷里格尔（Feuerriegel）等人（2021）在其研究中提出了无人机管理的沉浸式界面设计，该设计通过减少信息交换延迟带来的不对称性，增强了操作员在执行任务时的情境意识，并减轻了其认知负荷。赛诺斯（Xenos）等人（2024）探究了眼动追踪技术在自适应HMI中的应用，强调了眼动追踪在改善飞行员交互、增强空间意识、引导视线至关键区域以及对飞行员提供信息处理和任务负荷的洞察方面的潜力。这种自适应系统通过实时监测飞行员的生理信号和行为表现，评估其工作负荷和认知状态，从而在需要时提供适当的支持。HMI设计会在此基础之上，继续朝着认知自适应和人机协同的方向发展，以满足更高的飞行安全标准。

8.2　自动化对飞行安全的影响

在现代航空飞行领域，自动化系统的广泛应用已成为一个不可逆转的全球化趋势，这一变革极大地减轻了飞行员的工作负担，显著提升了飞行的安全性和效率。然而，随着自动化程度的不断加深，飞行员的职责范畴亦悄然转变，由传统的"操纵－导航－沟通"三维角色模式，逐渐聚焦于"监控－管理"这一核心职责。这一历史性的转变，虽顺应了科技进步的浪潮，但也带来了新的挑战与更为严苛的考验。例如，在漫长的巡航阶段，自动驾驶仪能够自主承担飞行控制任务，为飞行员提供宝贵的休息时间，并促使他们更加专注于飞行策略的精细调整与持续改进。同时，这一职责的转变也对飞行员提出了新的要求，不仅需要飞行员具备更加敏锐的监控能力，时刻关注自动化系统的运行状态，确保其稳定可靠地执行预定任务，还需要其拥有更为深刻的情境意识以应对可能出现的各种复杂情况。这一转变无疑加重了飞行员的认知负荷，因为飞行员不仅要深入理解和熟练操作这些复杂的自动化系统，还须在系统出现异常时能够迅速做出准确判断，并采取有效应对措施。

8.2.1　自动化对飞行安全影响的积极效应
减少人因失误
飞行自动化系统可以在提供辅助决策、增强情境意识、优化人机交互界面以及确保系统可靠性等方面显著降低人因失误的风险,从而提高飞行安全水平。目前,随着技术的进步,自动化系统已经从简单的辅助工具发展成为能够执行复杂任务的智能决策支持系统。

自动化系统的设计目的是进一步弥补飞行员心理、生理限制,提高对飞机状态的感知,并在紧急情况下提供必要的支持。飞行员在自动化系统的辅助下,可以更专注于关键任务,减少因长时间操作而导致的疲劳和失误。然而,自动化的引入也带来了新的挑战,如飞行员技能退化和对自动化的过度依赖。研究表明,随着自动化程度的提高,飞行员在没有自动化辅助的情况下完成任务的可能性会降低(Adelman et al., 1993)。此外,自动化系统的设计和评估需要考虑性能、工作负荷和情境意识之间的权衡。因此,为了确保飞行员能够有效地与自动化系统交互,系统的设计必须遵循人因工程原则,优化人机界面设计,提供清晰的信息反馈,使飞行员能够理解自动化系统的工作状态和限制。值得注意的是,设计和应用自动化系统之前,必须进行严格的验证,以确保系统能够在各种飞行条件下安全有效地工作。其中涉及对自动化系统的性能、可靠性和人机交互界面进行全面的测试和评估。通过测试,可以识别和解决可能影响飞行员操作和决策的潜在问题,从而减少由自动化系统故障或不当使用导致的人因失误。

增强态势感知

态势感知是指飞行员对周围环境的感知、理解以及对未来事件的预测能力,而飞行自动化系统的应用则会通过增强飞行员的态势感知,在提升飞行安全方面发挥至关重要的作用。目前,随着航空交通需求的增多和飞机系统复杂性的提升,飞行员需要依赖自动化系统来管理和监控飞行中的多个参数。因此,通过自动化系统提供实时数据和辅助决策支持,有助于飞行员更好地理解飞机状态和外部环境,从而做出有效的决策。然而,自动化也带来了挑战,如"监控者困境"(Out-Of-The-Loop Performance Problem),这可能导致飞行员在自动化系统失效时反应迟缓。为了解决这一问题,研究人员提出了多种策略,包括改进人机界面设计、实施自适应自动化和增强反馈机制。中谷(Nakatani)等人(2007)通过研究提出了"以人为中心"的驾驶舱(Human-Centered Cockpit)概念,该概念基于任务分析和事故分析,旨在通过优化人机交互来减少人为因素导致的飞行事故。通过与航空公司飞行员的多次评审和模拟测试，这一概念被证明能够提高飞行员在实际操作环境中的态势感知。赫尔丁（Helldin）和法尔克曼（Falkman）（2012）探讨了在战斗机领域应用以人为中心的自动化（Human-Centered Automation, HCA）的概念，并发现HCA在设计自动化功能时能够降低工作负荷和提高技能水平。另外还有研究通过NASA的飞行员在环飞行模拟研究，评估了数种可提高自动化状态和系统状态感知的技术。这些技术包括用于从低能量状态和失速中恢复的指导算法及显示概念，以及增强的空速控制指示器和为简化交互式电子检查清单设计的增强综合页面等（Kramer et al., 2019）。由此，通过优化人机交互、实施自适应自动化和增强反馈，可以有效地提高飞行员对飞机状态和外部环境的理解，从而做出更好的决策并预防潜在的飞行风险。未来的研究应继续探索如何进一步整合自动化技术，以实现更高效、更安全的人机协同飞行。

提升飞行绩效

飞行自动化系统在提高飞行效率方面发挥着关键作用，通过减少人因失误、优化飞行路径、降低燃油消耗以及提升飞行安全性等方面，显著提升了飞行的整体绩效。随着技术的进步，自动化系统已从辅助飞行工具发展为复杂的飞行管理系统（Flight Management System, FMS），这些系统能够执行飞行规划、导航、性能管理和飞行进度监控等多项任务。尽管自动化系统在减少人为因素引起的事故方面取得了显著成效，但同时也产生了新的错误类型，新问题的出现要求我们对系统设计进行改进，并加强飞行员的培训，以确保能够有效地监控和管理自动化系统。

自动化系统的可靠性和飞行员对其的信任程度是影响飞行效率的两个关键因素（Ferraro et al., 2018）。研究发现，自动化系统的可靠性显著影响了监控性能，而信任程度的影响则不明显。这表明在设计自动化系统时，需要平衡其可靠性和飞行员对其的信任，以确保发挥最佳性能和效率。此外，飞行员对自动化系统的理解程度对其监控自动化系统的能力有显著影响，这要求培训课程不仅要教授自动化系统的操作，还要达成飞行员对系统工作原理的深入理解（Ferraro et al., 2018）。随着自动化系统在驾驶舱中的作用日益增强，对飞行员的技能要求也在变化。飞行员不仅需要掌握基本的飞行技能，还需要具备一定的管理技能，以便更好地与自动化系统协同工作。

综上所述，飞行自动化系统可以通过减少人因失误、增强情境意识、优化飞行路径、降低燃油消耗和提升飞行员的工作绩效等提升飞行绩效。为了充分发挥自动化系统的潜力，需要对系统设计进行持续改进，并加强对飞行员的培训，以确保其能够有效地监控和管理自动化系统。

8.2.2 自动化对飞行安全影响的潜在风险

飞行自动化与飞行员监控、情境意识失效

（1）自动化飞行与飞行监控

在操作自动化系统时，飞行员必须严密监控各项显示参数及系统运行状态，确保所有环节均符合预期。这一过程中，自动化系统集成了多种传感器与显示器，持续输出大量数据与信息，供飞行员即时审视与分析。这些信息对于保障飞行安全具有核心意义，但其日常波动往往较为平稳，这要求飞行员能够长时间维持高水平的注意力，进行被动性监控。

被动性监控（Passive Monitoring），即在没有明显外界刺激的情况下，飞行员需持续保持高度的警觉与专注，这对于捕捉并应对低概率但潜在影响重大的异常事件至关重要。沃姆（Warm）、马修斯（Matthews）和帕拉苏拉曼（Parasuraman）（2007）的研究明确指出，长时间执行此类任务会显著削弱飞行员的注意力，因为持续的高警觉状态对心理构成巨大挑战，并导致大脑工作负荷急剧增高。

与此同时，监控策略的差异也会导致监控任务的结果不佳。扎尔特（Sarter）等人（2007）的研究指出，飞行员往往过分关注基本飞行参数，而忽视了对自动化配置视觉指示的充分监控（见图8.4），导致对自动化模式变化的敏感度降低，可能引发模式意识丧失、模式错误及自动化意外等问题。贾维斯（Jarvis）（2017）的研究也发现，当自动驾驶仪启用时，飞行员对姿态指示器的关注度显著下降，转而更多关注导航显示器，这与监管机构强调的全面监控原则相悖。此外，监控策略的相似性在操作飞行员与监测飞行员间普遍存在，可能导致飞行甲板上的监控盲区重复出现，对飞行安全构成潜在威胁。

图 8.4 驾驶舱控制和显示器

资料来源：Sarter, N. B., Mumaw, R. J., & Wickens, C. D. (2007). Pilots' monitoring strategies and performance on automated flight decks: An empirical study combining behavioral and eye-tracking data. *Human Factors, 49*(3), 347–357.

除了心理层面的考验，被动性监控还对飞行员的生理健康产生深远影响。长时间监控任务易引发疲劳累积，导致注意力分散、反应速度减缓等问题，严重削弱监控效率并增加错误发生的概率，进而危及飞行安全。此外，固定姿势与视线聚焦还易导致肌肉与视觉疲劳，这些生理不适进一步加重了飞行员的心理负担。

为应对上述挑战，飞行员需确保获得充分的休息与恢复训练，以维持最佳的心理与生理状态。然而，实际飞行任务的紧张节奏与连续性往往限制了休息时间的获取，增加了被动性监控的难度。德艾等人（2019）研究认为在自动化系统设计与飞行员培训中应充分考虑人的认知局限性，以提高飞行员对非适应行为的识别与应对能力，从而确保飞行安全。

（2）飞行自动化与情境意识

情境意识作为飞行员对当前飞行环境与状态的全面理解和掌控能力，是保障飞行安全不可或缺的核心要素，直接关联飞行员在紧急情况下做出决策的速度与准确性，对于避免潜在危险至关重要。由情境意识诱发的失误也是导致飞行事故的重要原因之一。

目前，情境意识的研究已从个体层面拓展至团队及系统层面，涵盖如恩兹利三水平模型等在内的个体情境意识理论，以及强调信息交换与成员理解的团队情境意识概念（见图8.5）。系统情境意识则进一步融合了人机交互与信息传递的重要性，全面审视情境意识在复杂飞行环境中的作用。

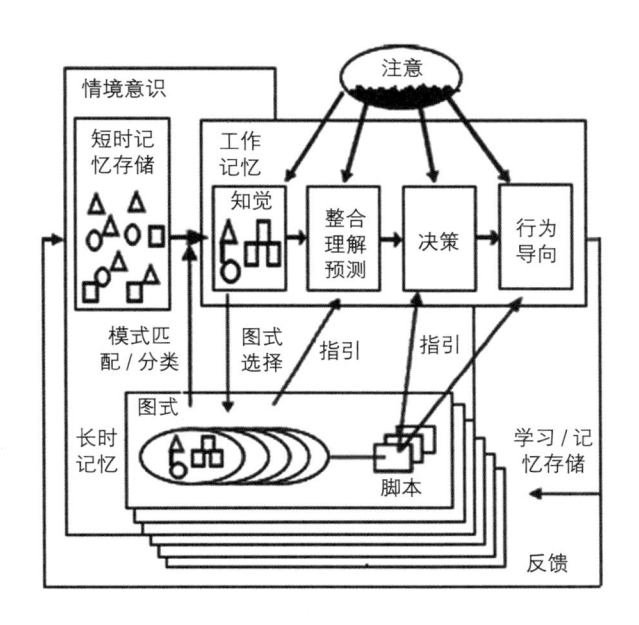

图8.5　情境意识的信息加工机制

资料来源：杨家忠，张侃. (2004). 情境意识的理论模型、测量及其应用. 心理科学进展, *12*(6), 842–850.

虽然设计自动化系统的初衷在于减轻飞行员负担，但实践表明，过度依赖可能适得其反。安塞尔（Ancel）和施（Shih）（2015）指出，飞行员从直接操控转向监控管理角色后，其情境意识可能因缺乏直接参与而减弱，进而增加"自动化惊奇"现象的发生概率，即飞行员在自动化系统未按照预期工作时所产生的突发性认知失调，因心理准备不足而无法迅速适应的现象。这种现象在复杂情境下尤为危险，因为飞行员在管理自动化系统的同时，还需要应对不断变化的飞行环境和突发事件。如果飞行员因为过度依赖自动化而忽视了对实际飞行状况的监控，那么在自动化系统出现故障或异常时，难以迅速反应和采取适当的措施，从而导致严重的安全事故。另外，自动化系统也对飞行员的情境意识提出了新挑战。事实上，情境意识与飞行绩效的关系可能比预期更为复杂，自动化系统设计需考虑如何维持或增强飞行员的情境意识，而非单纯依赖自动化带来的直接性能提升。自动化惊奇现象也提醒我们，飞行员需保持对飞行环境的持续监控，避免过度依赖自动化系统，以应对潜在的突发状况。

信息过载现象在飞行过程中时有发生，这可能会导致飞行员情境意识下降，增加事故风险。例如，在某些航空事故中，飞行员因未能准确获知关键参数而错失干预时机，这凸显了情境意识的重要性。有研究表明，信息质量直接影响情境意识与对技术的信任，高质量信息有助于提升飞行员的情境意识与决策效能。虽然飞行小时数与模拟器训练时间对情境意识的直接影响不显著，但信任技术对飞行员表现的正向作用显著，这表明技术信任是提升个人表现的重要因素。

在飞行自动化系统中，飞行员的自满情绪与认知偏见成为影响飞行安全的关键因素之一（程妮 等，2019）。随着飞机自动化水平的提升，飞行员在飞行过程中易对系统产生过度依赖，滋生自满心理，放松对系统的主动监测，进而削弱对潜在故障的警觉性。这种心理倾向可能导致情境意识的丧失，使飞行员在系统异常时难以及时、准确地应对，增加飞行风险。同样的，飞行员在决策过程中，若过度依赖计算机提供的反馈信息，易形成认知偏见，倾向于忽视其他信息源。当计算机反馈存在误差时，这种偏见将引导飞行员做出错误决策，进一步加剧飞行风险。

综上所述，自动化系统对飞行员监控与情境意识的影响深远。为确保飞行安全，飞行员需加强对自动化系统的理解与操作训练；航空公司与系统设计者亦需不断优化系统，提升透明度与可解释性。通过多方协作，共同应对自动化系统带来的挑战，保障飞行的安全与稳定。

（3）飞行自动化与飞行员监控、情境意识失效的应对策略

①自动化系统设计。为了应对自动化系统带来的监控和情境意识挑战，航空界提出了多种解决策略，自动化系统设计是其中一种。自动化系统应具备更高的透明度和可解释性，使飞行员能够清晰地理解系统的运行原理和状态。当系统出现故障时，飞行员能够迅速识别并采取适当的措施。通过优化驾驶舱的设计和布局，使信息显示更加清晰、准确，减少计算机反馈的缺陷，从而降低

飞行员对计算机信息的过度依赖，减少飞行员的生理负担，提升其工作舒适度。自动化系统的设计也应考虑到人为因素，应该遵循以情境意识为导向的设计原则，直接呈现更高层次的情境意识需求、提供面向目标的信息显示等。未来的自动化系统设计应更加关注如何提升飞行员的情境意识，例如提供适当的反馈和控制权限，以及设计有效的人机交互界面。

②飞行员培训。航空公司应强化飞行员培训，制订全面的培训计划，涵盖自动化系统的操作、监控技巧、突发事件应对等内容。飞行员需要接受定期的模拟训练，通过模拟各种复杂情境，培养在多任务环境下保持警觉的意识，提高在实际操作中的应对能力。此外，培训还应注重心理素质的提升，帮助飞行员培养良好的心理耐力和压力管理能力。在长时间执行被动性监控任务时，心理素质的强弱直接影响飞行员的注意力和反应速度。此外，航空公司还应合理安排飞行任务，确保飞行员能够获得足够的休息时间。并且还可以通过认知训练和神经刺激技术，如经颅直流电刺激可以增强背外侧前额叶皮层的功能，从而可能提高飞行员在复杂和压力情境下的决策质量和适应性行为。

③团队沟通与合作。在飞行过程中，团队沟通与合作至关重要。飞行员应加强与副驾驶、空中交通管制员和机组其他成员的沟通与协作，确保信息的充分共享和及时传递。在面对复杂情境和突发事件时，团队的沟通和协作能够有效提高应对能力，降低情境意识失效的风险。

④监控与反馈机制。航空界应实施多层次监控机制，多层次监控机制是提高飞行安全水平的有效手段。除了飞行员的主动监控外，航空公司还应引入地面监控系统，对飞行过程进行实时监控和异常检测，建立人工预警和预警模型，及时发现潜在安全隐患，提前介入、干预。当飞行过程中出现异常情况时，地面监控系统能够及时向飞行员发出警示，并提供技术支持和操作指导。航空公司还应建立飞行数据记录和分析系统，对飞行员的操作行为进行全面记录和分析，通过数据分析发现潜在的安全隐患，并制定相应的改进措施。结合物联网监控系统的操纵负荷系统中的实时监测与自动化分析典型故障，具有更高的故障检测效率，能够通过关键参数的阈值设定，进行故障判断与预警。该机制比传统故障检测方式更准确可靠，能及时发现操纵负荷系统故障并进行分析，保证系统稳定运行（千雨乐，2024）（见图8.6和图8.7）。

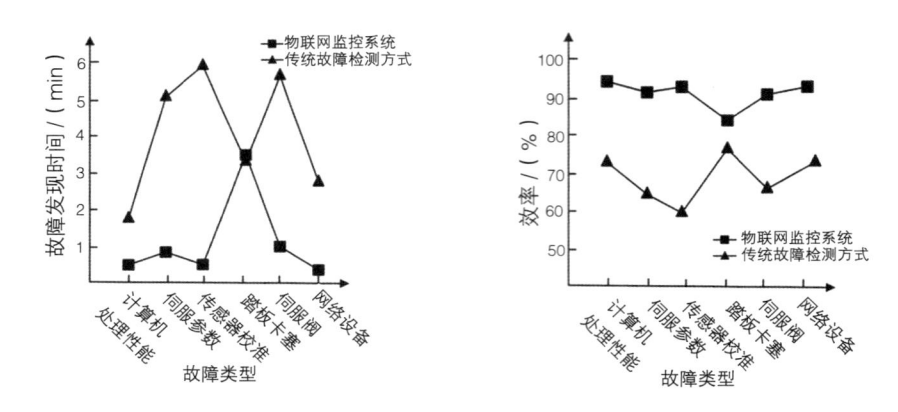

图8.6　故障发现的及时性与处理的高效性

资料来源：千雨乐. (2024). B738飞行模拟机操纵负荷系统典型故障自动化分析与排除. *自动化与仪表*, *39*(2), 35–39+91.

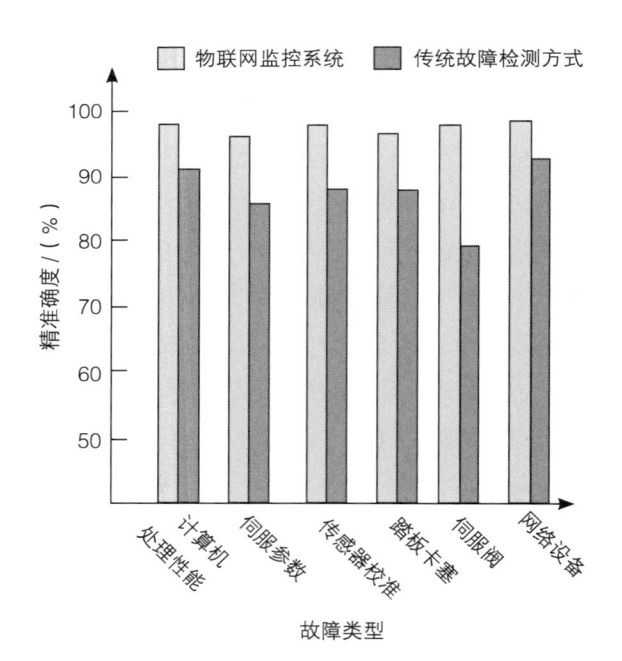

图8.7　故障检测精准度对比结果

资料来源：千雨乐. (2024). B738飞行模拟机操纵负荷系统典型故障自动化分析与排除. *自动化与仪表*, *39*(2), 35–39+91.

随着自动化技术的不断进步，在未来的航空发展中，飞行员的职责和要求也将不断演变。只有不断完善和优化现有的操作机制，才能应对不断变化的挑战，确保飞行的安全和稳定。未来的自动化系统将更加智能化和复杂化，这对飞行员的训练和操作提出了更高的要求。与此同时，未来的自动化系统也将带来更多的机遇。例如，基于人工智能和大数据的智能飞行管理系统，可以进一步提高飞行的效率和安全性。这些新技术的应用，需要航空界不断探索和研究，进而制定更为科学有效的操作规范和培训方案。

（4）自动化对飞行技能水平的影响

自动化系统在提升飞行操作效率的同时，也潜藏着不容忽视的风险。2013年美国联邦航空管理局（FAA）的研究揭示，约四分之一的航空事故及其相关征候直接源于飞行员对自动化系统的过度依赖。这一现象的核心问题在于，当自动化系统突然失效或需要飞行员紧急手动接管时，飞行员往往因长期依赖自动化而陷入被动，可能表现出手足无措，甚至丧失主动应对和解决问题的能力。为了更深入地理解这一风险的本质，我们可以从以下几个关键方面探讨自动化依赖对飞行技能的具体影响：

①技能退化。飞行自动化系统的广泛应用在提高飞行效率的同时，也导致了飞行员对自动化的依赖。长期依赖自动化还可能导致飞行员手动操作技能的退化。自动化系统接管了许多飞行员原本需要手动完成的任务，如飞行路径的控制、导航和通信等，这使得飞行员在长时间内无需进行手动操作，技能逐渐生疏。当自动化系统出现故障或在特殊情况下需要手动控制飞机时，飞行员可能由于技能生疏而无法有效地应对，从而增加了飞行风险。例如，在自动驾驶仪接管飞机时，飞行员仅需监控系统运行情况，而无需进行手动操控，这导致飞行员的手动飞行技能逐渐退化，在一些极端情况下，飞行员可能会在关键时刻失去对飞机的控制能力。例如，2013年韩亚航空214航班事故中，飞行员未能正确操作自动油门系统，导致飞机在进近过程中失速。事故调查显示，飞行员在面对紧急情况时缺乏手动操作技能，未能及时采取有效措施纠正飞机姿态（案例一）。

案例一：2013年韩亚航空214航班事故

背景：2013年7月6日，韩亚航空214航班在旧金山国际机场降落时坠毁，造成3人死亡，180余人受伤。该事故再次引发了关于飞行员与自动化系统关系的讨论，特别是在着陆阶段自动化系统的管理方面。

事故经过：韩亚航空214航班在进近和着陆过程中使用了自动油门系统。然而，在飞机降落时，飞行员错误地认为自动油门系统会保持飞机的着陆速度，因此没有手动调整油门。当飞机速度下降到危险水平时，飞行员未能及时察觉并采取纠正措施，最终导致飞机在跑道前方坠毁。

事故调查：事故调查结果表明，飞行员在操作过程中对自动化系统的依赖过高，导致他们未能及时发现并纠正自动油门系统的异常。特别是飞行员在关键时刻的情境意识缺失，使得他们在自动化系统未按预期工作时未能迅速做出反应。调查还指出，飞行员对自动化系统的功能和操作原理缺乏充分理解，进一步加剧了这一问题。

教训与启示：韩亚航空214航班事故显示了飞行员在着陆阶段对自动化系统过度依赖的风险。为了提高飞行安全，航空公司应加强飞行员在手动操作和自动化系统故障情况下的应对能力培训。此外，自动化系统的设计也应更加直观，提供更明确的操作提示，帮助飞行员在紧急情况下迅速做出正确的判断和决策。

②情境意识下降。自动化系统的广泛应用使飞行员更多地依赖系统提供的数据和信息，而忽视对实际飞行环境的监控。例如，在自动化系统运行正常时，飞行员可能会减少对外界环境的关注，导致情境意识下降。当自动化系统出现故障或异常时，飞行员可能无法迅速理解和应对当前状况，从而增加飞行风险。

自动化系统的设计初衷是减轻飞行员的负担，但这种设计在某些情况下反而会削弱飞行员的情境意识。例如，2009年法航447航班事故中，飞行员未能及时识别、处理自动驾驶仪和自动油门系统断开后的情况，最终导致飞机失控坠毁（案例二）。飞行员过度依赖自动化系统，忽视了对飞行环境的全面监控，导致在系统出现问题时未能迅速采取正确的措施。

案例二：2009年法航447航班事故

背景：2009年，法航447航班在从巴西里约热内卢飞往法国巴黎的途中坠入大西洋，机上228人全部遇难。这次事故引发了全球航空界的广泛关注，成为研究自动化系统和飞行员关系的重要案例。

事故经过：法航447航班在巡航高度遭遇雷暴天气，导致飞机的空速管结冰失效。空速管的失效使得自动驾驶仪和自动油门系统断开，飞机进入手动飞行状态。在此情况下，飞行员需要立即接管飞机的控制。然而，飞行员对自动驾驶系统的过度依赖和手动飞行技能的不足，导致他们未能正确应对失速警告。尽管失速警告持续响起，但飞行员未能采取正确的纠正措施，反而继续拉起机头，最终导致飞机失速坠毁。

事故调查：事故调查报告指出，飞行员在自动驾驶仪和自动油门系统断开后未能及时识别并处理失速情况，反映出飞行员在关键时刻情境意识的缺失。调查发现，飞行员在面对突发情况时表现出明显的混乱和犹豫，缺乏对自动化系统故障的有效应对能力。这一方面是由于飞行员对自动化系统的过度依赖，另一方面是由于他们在训练中缺乏对类似紧急情况的充分演练。

教训与启示：法航447航班事故突显了自动化系统诱发的注意力下降和情境意识失效问题。为了防止类似事故的再次发生，航空界提出了多项改进措施，包括加强飞行员的手动飞行技能培训，增加对紧急情况的模拟演练，以及优化自动化系统的设计。

③决策能力减弱。自动化系统在一定程度上减弱了飞行员的决策能力。自动化系统通常会根据预设的算法和数据进行决策，飞行员只需遵从系统建议，而无需进行复杂的决策过程。这种长期依赖使飞行员在面对复杂和突发情况时，决策能力减弱。例如，在自动化系统失效时，飞行员需要快速做出判断和决策，但由于平时缺乏锻炼，可能无法迅速做出正确决策。在飞行自动化系统的背景下，飞行监控和人为因素的研究显得尤为重要。德艾等人（2019）的研究为我们提供了一个认知连续体的视角，以理解在高压力环境下，如飞行操作中，可能出现的暂时性控制失误。这些失误，或称为固执行为，表现为即使面对矛盾信息，操作员也可能坚持错误的决策或行为。

自动化系统的广泛应用使得飞行员在平时的工作中过度依赖系统进行决策，缺乏对复杂情况下的决策训练，这种依赖在紧急情况下可能会导致严重的后果。例如，1995年美国航空965航班事故中，飞行员在导航系统出现问题时未能及时做出正确的决策，最终导致飞机撞山（案例三）。

案例三：1995年美国航空965航班事故

背景：1995年12月20日，美国航空965航班在接近哥伦比亚卡利机场时坠毁，造成159人死亡。这起飞机撞山事故源于飞行员在自动化导航系统出现问题时未能正确操作。

事故经过：在接近卡利机场的过程中，965 航班的飞行员决定更改飞行路径。然而，在输入新的航路点时，飞行员选择了错误的航路点，导致飞机偏离了预定的航线。由于对导航系统的过度依赖，飞行员未能充分监控飞机的实际飞行轨迹。当他们意识到错误时，已经无法及时采取有效措施纠正航向，最终导致飞机撞山。

事故调查：事故调查显示，飞行员对自动化导航系统的过度依赖和对环境状况的监控不足，是导致事故的主要因素。飞行员在导航系统出现问题时未能及时识别并手动调整飞行路径，最终导致了悲剧的发生。调查还发现，飞行员在紧急情况下的情境意识和决策能力存在明显不足，这进一步暴露了自动化系统诱发的潜在风险。

教训与启示：美国航空 965 航班事故突显了在导航过程中对自动化系统过度依赖的危险。为了解决这一问题，航空界应加强飞行员在手动导航和自动化系统故障情况下的应对能力培训。同时，自动化导航系统的设计应更加直观，提供更明确的操作提示和故障预警，帮助飞行员在紧急情况下迅速做出正确的判断和决策。

④应急反应能力下降。现代飞机上的自动化系统通常具有较高的可靠性，这使得飞行员逐渐习惯于依赖自动化来完成飞行任务，而减少了对系统的主动监测和干预。这种对自动化的依赖可能使飞行员在面对突发情况时无法迅速做出准确的判断和决策，这是因为他们可能对系统的工作原理和潜在故障模式缺乏深入的理解。应急反应能力是飞行员在突发情况下迅速采取有效措施的能力。自动化系统的设计虽然能提高飞行安全性，但其广泛应用使得飞行员平时很少面对突发情况，且在平时的训练中缺乏对突发情况的反应训练，从而导致其应急反应能力下降。例如，2013 年韩亚航空 214 航班事故中，飞行员在自动油门系统失效后，未能及时采取手动措施调整飞机姿态，导致飞机失速坠毁。

飞行技能水平下降的原因

（1）培训不足

自动化系统的广泛应用需要飞行员具备较高的技术素养和适应能力。然而，许多飞行员在训练中对自动化系统的依赖程度较高，缺乏对手动操作和应急情况的充分演练。这种培训不足导致飞行员在面对自动化系统故障时，无法迅速做出正确的判断和决策。例如，2008年英国航空38航班事故中，飞行员在发动机推力丧失时未能及时采取有效的手动控制措施，导致飞机迫降（案例四）。

案例四：2008年英国航空38航班事故

背景：2008年1月17日，英国航空38航班从中国北京飞往英国伦敦，在降落时因发动机推力突然丧失而迫降在跑道前的草地上。机上152人中有47人受伤，无人死亡。这次事故引发了对自动化系统在关键时刻可靠性和飞行员应急反应能力的深入讨论。

事故经过：英国航空38航班在降落过程中，飞行员发现飞机的两个发动机推力突然丧失，导致飞机无法保持正常降落姿态。尽管飞行员迅速采取了手动控制措施，但由于自动化系统未能提供有效的故障提示和应急指导，飞机最终迫降在跑道前的草地上。

事故调查：事故调查报告指出，发动机推力丧失是由燃油系统中的冰晶堵塞引起的。此外，自动化系统未能提供足够的故障提示和应急指导，导致飞行员在紧急情况下缺乏有效的操作依据。

教训与启示：英国航空38航班事故突显了自动化系统在关键时刻的可靠性问题和飞行员应急反应能力的不足。为了提高飞行安全水平，航空公司应加强飞行员在手动操作和自动化系统故障情况下的应对能力培训。此外，自动化系统的设计也应更加注重故障提示和应急指导的功能，帮助飞行员在紧急情况下迅速做出正确的判断和决策。

（2）自满和偏见

过度信任可能导致自满和自动化偏见，而信任不足则可能导致自动化惊奇和对警报系统的不信任。为了提高飞行安全水平，需要通过提供准确的系统信息、有效的培训和用户友好的界面设计来调整操作人员的信任和依赖水平。这些措施有助于确保自动化系统能够在保障飞行安全的同时，提高操作效率（王新野 等，2017）。

8.2.3 自动化系统故障与性能表现权衡

自动化系统故障

现代商用飞机具有极高的安全裕量，其系统失效的概率极低。然而，在高可靠性条件下，仍然无法完全排除如鸟撞、失速、发动机故障以及自动化系统失效等非预期的"黑天鹅事件"（指极难预测且常带来负面反应的不寻常事件）的发生（Sebok & Wickens, 2017）。这些事件的发生不仅挑战了飞机的技术极限，也对飞行员的操作技能、情境意识和应急反应能力提出了严峻考验。

翁纳施（Onnasch）等人（2014）在其研究回顾中总结了先前的自动化水平研究，并提出了一个假设性的模型，该模型探索了自动化程度与其他因素之间的权衡关系。这些因素被分为两个主要类别：常规操作的性能表现和在面临"黑天鹅事件"时的性能表现，以及两个次要类别：工作负荷和情境意识（Onnasch et al., 2014）。模型揭示了自动化水平提高可以增强常规操作的性能，但一旦遭遇系统故障（"黑天鹅事件"发生），性能可能会急剧下降，从而带来严重的风险。

在航空领域，"黑天鹅事件"通常包括鸟撞、失速、发动机故障和自动化系统失效等。这些事件的不可预测性和突发性使得航空安全面临极大的挑战。即便现代商用飞机设计了冗余系统和应急程序，也无法完全消除"黑天鹅事件"带来的风险。

（1）鸟撞

鸟撞事件在航空史上时有发生。尽管飞机的引擎和机身设计考虑了抗击鸟撞的能力，但高空高速飞行中的鸟撞事件仍然可能导致严重的事故。例如，2009年1月15日，美国航空1549航班在纽约拉瓜迪亚机场起飞后不久遭遇鸟撞，导致两台发动机同时失效。幸运的是，机长萨利·萨伦伯格成功迫降，所有乘客和机组成员都幸免于难。

（2）失速

失速是飞行中非常危险的状况，指的是飞机的翼面无法产生足够的升力支持飞行。失速通常发生在飞行员操纵不当或飞行条件恶劣的情况下。例如，2014年，亚航QZ8501航班从印尼飞往新加坡途中，因气象雷达故障导致自动驾驶仪失灵，但飞行员未能及时发现和纠正，飞机进入失速状态，最终机毁人亡。

（3）发动机故障

发动机是飞机的核心部件，其故障可能导致严重的安全事故。2010年11月4日，澳航32航班在起飞后不久遭遇发动机爆炸，导致多重系统故障。机组成员凭借冷静和专业的操作，成功备降新加坡樟宜机场，避免了更大的灾难。

（4）自动化系统失效

现代飞机依赖高度自动化系统来辅助飞行员操作，但这些系统的复杂性和潜在故障风险也带来了新的挑战。例如，2018年狮航610航班（案例五）和2019年埃塞俄比亚航空302航班（案例六）的两起波音737 MAX坠机事故就暴露了其系统MCAS在设计和培训中的重大缺陷，导致数百人遇难。

案例五：2018年狮航610航班事故

背景：2018年10月29日，狮航610航班从印尼雅加达飞往邦加槟港的途中坠海，机上189人全部遇难。这起事故引发了全球航空界的广泛关注，成为研究波音737的MCAS系统和飞行员关系的重要案例。

事故经过：狮航610航班起飞后不久，飞行员发现飞机出现俯冲趋势。尽管飞行员多次尝试纠正，但由于MCAS持续干预，飞机最终失控坠毁。MCAS系统是波音737 MAX机型的新增系统，旨在防止飞机在特定情况下失速。然而，MCAS系统的设计和操作复杂性，加上飞行员对其运行原理缺乏充分理解，导致了这次惨剧的发生。

事故调查：事故调查报告指出，飞行员对MCAS系统的操作原理和故障处理程序缺乏充分的理解和训练，反映出飞行员在关键时刻情境意识和应急反应能力的缺失。调查还发现，飞行员在自动化系统出现问题时，未能及时采取有效的手动操作措施，导致飞机失控坠毁。

教训与启示：狮航610航班事故突显了自动化系统设计和飞行员培训不足的风险。为了防止类似事故的再次发生，航空界提出了多项改进措施，包括加强飞行员对新型自动化系统的培训，增加对紧急情况的模拟演练，以及优化自动化系统的设计，使其在故障时能够提供更清晰的提示和指导。

案例六：2019年埃塞俄比亚航空302航班事故

背景：2019年3月10日，埃塞俄比亚航空302航班在从埃塞俄比亚飞往肯尼亚的途中坠毁，机上157人全部遇难。这起事故再次引发了对波音737

MAX 机型的 MCAS 的质疑，成为研究自动化依赖和飞行员技能水平的重要案例。

事故经过：埃塞俄比亚航空 302 航班起飞后不久，飞行员发现飞机出现俯冲趋势。虽然飞行员多次尝试纠正，但由于 MCAS 持续干预，飞机最终失控坠毁。调查显示，飞行员在面对 MCAS 的干预时，未能及时采取正确的手动操作措施，导致飞机失控。

事故调查：事故调查报告指出，飞行员对 MCAS 的操作原理和故障处理程序缺乏充分的理解和训练，导致在系统出现问题时，无法迅速做出正确的判断和决策。调查还发现，飞行员在平时的训练中缺乏对类似紧急情况的演练，进一步加剧了问题的严重性。

教训与启示：埃塞俄比亚航空 302 航班事故再次突显了自动化系统设计和飞行员培训不足的风险。为了防止类似事故的再次发生，航空界提出了多项改进措施，包括加强飞行员对新型自动化系统的培训，增加对紧急情况的模拟演练，以及优化自动化系统的设计，使其在故障时能够提供更清晰的提示和指导。

自动化水平与性能表现的权衡

翁纳施等人（2014）在研究回顾中提出了一个假设性的模型，探索了自动化程度与其他因素之间的权衡关系。该模型揭示了自动化水平提高可以增强常规操作的性能，但在遭遇"黑天鹅事件"时，性能可能会急剧下降，从而带来严重的风险。

（1）常规操作的性能表现

在常规操作条件下，自动化系统可以显著提高飞行效率和安全性。例如，自动驾驶仪可以减轻飞行员的操作负担，使其能够专注于其他重要任务。然而，过度依赖自动化系统可能导致飞行员的操作技能逐渐退化，影响其在紧急情况下的应对表现。

（2）"黑天鹅事件"发生时的性能表现

在面对"黑天鹅事件"时，自动化系统的可靠性和飞行员的应急反应能力至关重要。自动化系统一旦失效，飞行员需要迅速接管对飞机的控制，并采取适当的措施处理紧急情况。然而，由于过度依赖自动化系统，飞行员可能在系统失效时表现出手足无措的情况，无法迅速做出正确的决策。

（3）工作负荷

自动化系统的引入在一定程度上减轻了飞行员的工作负担，但也带来了新的问题。高自动化水平可能导致飞行员在长时间监控系统的过程中出现疲劳和注意力下降的情况。工作负荷过高会影响飞行员的认知资源分配，使其在面对紧急情况时无法迅速反应。

（4）情境意识

情境意识是飞行员在飞行过程中保持全局掌控能力的关键因素。高自动化水平可能导致飞行员对自动化系统过度依赖，忽视对飞行环境的全面监控，进而影响其情境意识。在系统出现故障时，情境意识的下降会增加发生飞行事故的风险。

自动化系统故障的分析

（1）自动化系统故障的分类

自动化系统故障可以根据不同的标准进行分类，常见的分类方式包括按故障的性质分类、按故障的影响分类、按故障的可检测性分类、按故障的发展速度分类、按故障发生的频率分类等（见表8.2）。

表8.2 自动化系统故障的分类

分类标准	故障类型	故障描述
故障的性质	硬件故障	由物理组件损坏或老化引起
	软件故障	由程序错误、软件缺陷或数据错误引起
	环境因素	由外部环境条件（如温度、压力、辐射等）引起
故障的影响	轻微故障	对系统性能影响较小，可能不会导致任务失败
	严重故障	严重影响系统性能，可能导致任务失败或安全事故
	灾难性故障	导致系统完全失效，可能造成人员伤亡或重大财产损失
故障的检测	明显故障	易于检测和识别
	隐蔽故障	难以通过常规检测手段发现
故障的发展速度	突发性故障	快速发生，需要立即响应
	渐进性故障	可能有一定的预警时间
故障的频率	随机故障	故障发生的时间和频率不可预测，通常与外部环境因素有关
	周期性故障	特定的时间间隔内重复发生，通常由系统的设计缺陷或操作条件的变化导致

（2）自动化系统的故障分析

故障检测和诊断是确保自动化系统可靠性和安全性的重要步骤，能够快速识别异常情况，深入分析故障原因，并提供解决方案。在自动化系统故障分析中，采用有效的故障分析方法至关重要，其中最常见的两种方法是故障模式及影响分析（Failure Mode and Effects Analysis, FMEA）（见图8.8）和故障树分析（Fault Tree Analysis, FTA）。

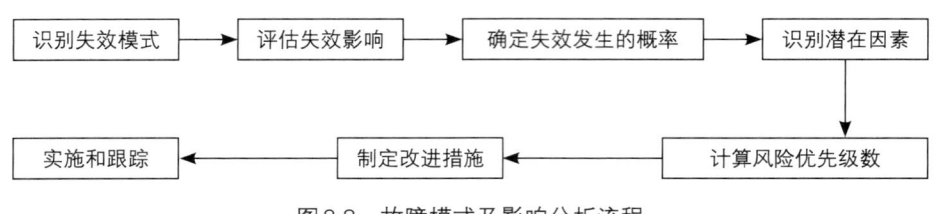

识别失效模式 → 评估失效影响 → 确定失效发生的概率 → 识别潜在因素

实施和跟踪 ← 制定改进措施 ← 计算风险优先级数

图8.8　故障模式及影响分析流程

FMEA是一种系统化的预防性方法，用于识别和分析潜在的故障模式及其对系统的影响。它主要关注每个组件或过程可能发生的故障，并评估这些故障对系统整体性能的影响（马勇 等，2016）。其分析过程包括识别可能导致系统失效的故障模式，对每个故障模式进行评估，确定其对系统功能的影响程度，分析每个故障模式的根本成因，识别导致故障的潜在因素，进行风险优先级数（RPN）计算，识别需要优先处理的故障模式，针对高RPN的故障模式，制定和实施相应的改进措施，以降低故障发生的可能性或减轻其影响。

FTA是一种自顶向下的图形化的分析工具，用于识别导致特定不良事件的各种原因。它通过构建故障树，展示系统故障的逻辑结构。故障树分析的步骤包括定义顶层事件、确定要分析的主要故障或不良事件，从顶层事件开始，向下逐层分析构建故障树，分析确定导致顶层事件发生的底层事件并评估其发生的概率，进行定量分析，识别影响系统可靠性的主要因素，最后基于分析结果，制定措施以降低故障发生的概率（Chen et al., 2022）（见图8.9）。

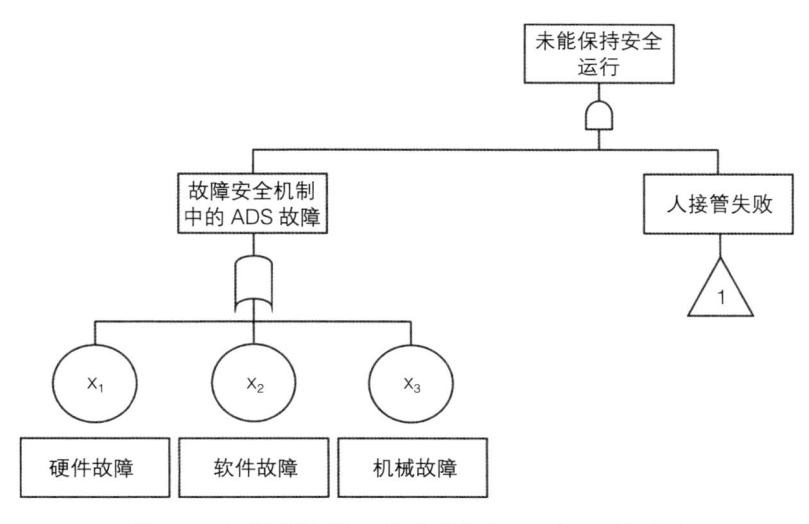

第8章　自动化飞行与人工智能　379

图8.9　自动驾驶过程中安全操控的FTA（人因分支）

资料来源：Chen, K., Chen, H. W., Bisantz, A., Shen, S., & Sahin, E. (2022). Where failures may occur in automated driving: A fault tree analysis approach. *Journal of Cognitive Engineering and Decision Making, 17*(2), 147–165.

故障模式及影响分析和故障树分析是自动化系统故障分析中不可或缺的工具。两者的结合使用能够为工程师提供全方位的故障识别和分析支持，从而有效提升系统的安全性和可靠性。通过系统的故障分析，不仅可以降低故障发生的概率，还可以在发生故障时迅速采取有效措施，减少损失。这对于现代复杂的自动化系统而言，具有重要的现实意义和应用价值。

（3）自动化系统故障的应对策略

为了应对"黑天鹅事件"等带来的挑战，航空界需要采取多方面的策略，提高飞行安全。

①强化飞行员培训。加强飞行员在手动操作和应急情况处理方面的培训，确保飞行员在自动化系统失效时能够迅速接管并有效处理紧急情况。培训应包括模拟器训练、实际飞行演练和紧急情况演练，帮助飞行员保持高水平的操作技能和应急反应能力。

②优化自动化系统设计。改进自动化系统的设计，提高系统的可靠性并增强故障提示功能。自动化系统应具备清晰的故障提示和应急指导，帮助飞行员在系统出现问题时迅速做出正确的判断和决策。此外，自动化系统应增强与飞

行员的协同能力，优化人机互动的效果。

③管理工作负荷和疲劳。航空公司和监管机构应制定合理的工作时间和休息安排，管理飞行员的工作负荷和疲劳。通过合理的排班和休息制度，确保飞行员在飞行任务中保持最佳的心理和生理状态，降低工作负荷和疲劳对飞行安全的影响。

④情境意识。飞行员应在飞行过程中保持高度的情境意识，全面监控飞行环境和系统状态。培训和演练中应注重情境意识的培养，帮助飞行员在面对复杂情况时保持全局掌控能力。航空公司应提供必要的支持和资源，帮助飞行员提升情境意识。

⑤建立有效的应急响应机制。航空公司应制订详细的应急响应计划，确保在"黑天鹅事件"发生时能够迅速采取有效措施。应急响应机制应包括预设程序、应急通信流程和危机管理指南等内容，确保飞行员在关键时刻能够有效应对。

8.2.4　自动化系统的不确定性
气象因素对飞行自动化系统的影响

（1）温度与湿度

在飞行自动化系统中，温度和湿度是两个至关重要的环境参数，会显著影响系统的整体性能。温度的波动会直接影响飞机的升力和阻力，进而需要飞行自动化系统对飞机状态进行细致的调整。此外，温度对传感器材料的物理特性也有显著影响，尤其是表面声波（Surface Acoustic Wave, SAW）传感器，其在不同温度下的性能变化突显了温度补偿机制在系统设计中的必要性。湿度的变化通过影响大气的电导率和信号传输效率，对通信系统和雷达系统的性能产生影响。在高湿环境下，传感器表面可能会凝结，进一步影响传感器的稳定性和准确性。因此，为了优化飞行轨迹，准确的气象信息获取必不可少。研究表明，克里金技术作为一种可靠的空间插值方法，能够提升气象数据收集的精确度，进而优化飞行路径（Chen et al., 2022）。

（2）风速和风向

飞行自动化系统中，风速和风向会对飞机的起飞、爬升、巡航、进近和着陆等各个阶段产生显著影响。风速的变化直接影响飞机升力和阻力的平衡，而风向的变化则影响飞机的航迹和飞行效率。飞行自动化系统必须实时准确地监测和预测这两项气象变量，以确保飞行路径的优化和飞行安全。风速是飞行自动化系统中一个关键的输入参数，它影响飞机的起飞性能、飞行路径规划和燃油效率。在起飞阶段，逆风可以增加升力，帮助飞机更有效地离地；侧风则可能导致飞机侧滑，需要飞行自动化系统进行调整以维持飞机的稳定性。在巡航阶段，风速的变化会影响飞机的地速和燃油消耗，因此，准确的风速信息对于飞行路径优化和燃油管理至关重要。此外，强风和风切变现象可能对飞机的飞行稳定性和安全性构成威胁，特别是在飞机接近地面时。

目前的机器学习方法，包括支持向量机、神经网络、决策树和集成学习等算法已被用于预测风速和风向。通过分析历史气象数据，可以预测未来的风速和风向变化，从而为飞行自动化系统提供决策支持。此外，特征选择技术，如主成分分析（PCA）、递归特征消除（RFECV）和分布式梯度增强库（XGBoost），已被用于识别、筛选对风速和风向预测最重要的气象特征，从而提高预测模型的性能。

（3）降水和能见度

研究表明，降水不仅会直接影响飞机的空气动力学性能，还可能导致飞机表面形成积冰，进而影响飞行自动化系统的准确性和可靠性（Politovich & Bernstein, 1995）。此外，降水导致的低能见度条件要求飞行自动化系统具备更高的精确性和可靠性，以确保飞机在复杂气象条件下的安全运行。能见度作为飞行员进行视觉参考的关键因素，其降低会直接影响飞机的起飞和着陆过程。在低能见度条件下，飞行员难以通过目视进行导航，因此必须依赖于自动化系统提供的精确数据进行操作（Kwasiborska et al., 2023）。例如，仪表着陆系统（ILS）能够在低能见度条件下引导飞机安全着陆，而这一过程的准确性和可靠性在很大程度上取决于能见度条件。

（4）空域环境的复杂性

空中交通密度、空域限制构成了一个复杂的交互网络，对自动化系统的运行效率和安全性产生深远影响。随着城市空中交通（Urban Air Mobility, UAM）的快速发展，预计日常运营将涉及数千次飞行，这在任何现有空域中都是前所未有的高密度。为了管理这种高密度的航空交通，提出了各种空域结构，如管道空域（Tube Airspace），这是一种预先定义路径和特定高度的飞行方式。尽管管道空域在减少冲突方面具有潜在优势，但其对交通流量的影响尚未得到完全解决。卡明斯（Cummings）和马赫马萨尼（Mahmassani）（2023）通过模拟研究了在管道空域结构中，使用四维系统基本图来衡量空中交通流量的影响。研究发现，尽管管道空域能够减少冲突，但在高密度条件下，空间限制可能会导致飞行器速度降低和流量减少。此外，研究还探讨了在管道空域和非结构化空域之间的过渡区域可能会形成瓶颈，增加冲突率并降低流量（Cummings & Mahmassani, 2023）。

（5）传感器噪声和故障

在飞行自动化系统中，传感器的噪声和故障会直接影响飞行自动化系统的准确性和可靠性，从而影响飞行安全。传感器噪声通常是由内部电子元件的随机波动、外部环境的电磁干扰，或是传感器与环境相互作用的非理想响应引起的。这些噪声会导致传感器输出的信号失真，增加控制算法处理的复杂度，从而影响飞行自动化系统的稳定性和响应性（唐强 等，2020）。传感器故障可能由硬件损坏、软件缺陷或环境极端条件引起，会导致数据完全失真或失效，对飞行安全构成直接威胁。例如，一个故障的陀螺仪可能提供错误的角度信息，导致飞行自动化系统无法正确维持飞机的姿态（马立群 等，2022）。为了提高飞行自动化系统的鲁棒性，研究人员开发了多种传感器故障诊断和容错技术，包括基于模型的方法——卡尔曼滤波器和滑模观测器，以及基于信息的方法——信号处理技术和机器学习算法。这些技术旨在通过监测和分析传感器数据的统计特性，及时发现并隔离故障，确保系统即使在部分传感器失效的情况下也能安全运行。

（6）自动化系统参数的变化与不确定性

自动化系统参数的变化与不确定性会直接影响自动化系统的稳定性、响应性和性能。这些变化可能包括扰动信号（如风切变和湍流）、动态扰动（如飞行器质量变化或发动机推力波动）以及参数不确定性（系统模型中的未知或不精确参数）。这些因素都可能导致系统模型与实际飞行条件之间产生偏差，从而影响飞行安全。为了应对这些挑战，研究人员开发并验证了多种控制策略，包括鲁棒控制策略、自适应控制策略和智能控制策略。鲁棒控制策略专注于设计能够抵御参数变化和外部扰动影响的系统，以确保在不确定条件下的性能；自适应控制策略则允许系统根据实时数据调整控制参数，以适应环境的变化；智能控制策略是基于机器学习的方法，提供了更灵活和自适应的策略，以优化飞行路径并减少风险。

8.3 自动化飞行中的人因问题

在现代航空领域，飞行员与自动化系统之间的协同直接影响到飞行的安全性与效率。随着技术的发展，飞行员的角色逐渐改变，转向监督与管理，降低了工作负荷并提升了操作精度，然而，这种转变同时引入了新的挑战，尤其是在有效的人机协同方面。自动化系统的广泛应用虽然便捷，但也引发了信任度下降和认知失配等问题，特别是在系统故障或操作不符预期时，飞行员可能难以适应。此外，飞行员的心理模型因系统复杂性而受到限制，无法涵盖所有可能的状态，这在新情况出现时容易导致认知失配。长期依赖自动化还可能导致过度信任，进而形成自动化惊奇的现象，给飞行安全带来潜在威胁。因此，明确飞行员与自动化系统的分工与融合是降低人因失误风险的关键。

8.3.1 自动化信任与依赖
支持适当信任的心理模型
（1）心理模型的定义与重要性

在讨论人机交互时，研究人员常用"心理模型"来描述人们对技术的理解、预测和推断（Moray, 1999）。心理模型是操作员通过对系统的操作预测和故障分析所推断出来的，概括了系统的核心特性，虽不完全精确，但足以指导操作（Moray, 1999）。这些模型随着操作员对系统的了解和互动不断演变。建构心理模型的目的在于提高功能性而非技术精确性，且会根据操作员的目标进行调整。如果操作员对自动化的理解有误，可能会认为系统无法实现预期目标。例如，贝贾托（Beggiato）等人（2015）发现心理模型较完整的被试对系统的信任度更高。反之，福格（Fogg）和曾（Tseng）（1999）指出，当界面与用户心理模型不符时，界面可能被视为不可信。

心理模型的重要性在于它们能够帮助操作员预测系统行为，理解系统运行状态，并在系统出现故障时做出合理的判断和反应。心理模型不仅在航空领域，在其他高风险和高复杂性的操作环境中也具有重要意义。例如，在医疗领域，医生对医疗设备的心理模型可以帮助他们在设备出现故障时迅速做出诊断和处理。在工业自动化领域，工人对生产设备的心理模型可以帮助他们在设备运行异常时迅速排查和解决问题。

在人机交互中，用户对自动化系统的心理模型对其信任水平有重要影响。如果用户的心理模型与系统的实际行为相匹配，他们更有可能对自动化系统产生信任，这种信任被认为是适当的。适当信任意味着用户对自动化系统的信任水平与系统的实际能力和可靠性相匹配。心理模型与适当信任之间的关系体现在以下方面：理解与预测（准确的心理模型使用户能够更好地理解自动化系统的功能和限制，从而预测系统的行为）；信任发展（随着用户对系统的理解加深，他们对系统的信任也会发展和调整）；信任校准（用户的心理模型影响他们如何根据系统的表现来校准信任水平）；行为决策（心理模型指导用户在与自动化系统交互时的行为和决策）；系统接受度（用户对自动化系统的信任水平影响他们接受和使用系统的程度）。侯艺婷（2023）的研究表明，人机交互中的信任态度会受到多种因素影响，且动态变化，自动化可靠性和任务难度会显著影响情境信任，且相较于人－机组队，人－人组队的信任会变得更为缓和。

（2）设计者的心理模型

设计者的心理模型同样关键，它考虑到了自动化任务的技术限制和参与者的能力。用户模型通常通过系统表现和指导性文档间接形成，设计模型和用户模型应保持一致。通过增强自动化透明度和培训力度，可以夯实信任的基础——表现、过程和目的，以校准系统功能与用户期望。

设计者的心理模型不仅影响系统的设计，还影响用户的体验和信任度。设计者需要充分理解用户的需求和心理模型，并在设计中充分考虑这些因素，以确保系统的易用性和可靠性。例如，在设计自动驾驶汽车时，设计者需要考虑司机的驾驶习惯和心理模型，并在界面设计中提供清晰的操作指引和实时反馈，以帮助司机更好地理解和控制车辆。在设计智能家居系统时，设计者需要考虑用户的日常生活习惯和心理模型，并提供便捷的操作界面和个性化的设置选项，以优化用户的使用体验和提高信任度。

任务模型、分析模型和意图模型

（1）任务模型

任务模型向操作者展示自动化如何运作的信息。例如，在高度自动化的无人飞行中，系统需在各阶段向乘客和飞行员明确当前和即将执行的任务，以建立共享的理解（即透明度）。如果显示信息与飞机实际行动一致，将增强信任；反之，则减弱。未显示阶段信息时，信任可能因无法预测变化而波动。

任务模型是自动化透明度的重要组成部分，通过向用户展示系统的操作过程和任务状态，可以帮助用户更好地理解和控制系统。例如，在自动驾驶汽车的过程中，任务模型可以向驾驶员展示车辆当前的行驶状态、路线规划和操作步骤，使驾驶员能够实时掌握车辆的运行情况。在智能家居系统中，任务模型可以向用户展示设备的运行状态、控制选项和任务进展，使用户能够轻松掌握系统的使用方法和操作步骤。

（2）分析模型

分析模型可帮助用户理解自动化的决策过程。例如，显示风速和临界值突破情况可以帮助飞行员根据环境调整对自动化的信任。过多的分析信息可能超出飞行员的信息处理能力，飞行员在基本培训时应关注自动化工具的工作原理及其局限。

分析模型是自动化透明度的另一个重要组成部分，通过向用户展示系统的决策过程和算法逻辑，可以帮助用户更好地理解和评估系统的可靠性和性能。例如，在自动驾驶汽车中，分析模型可以向驾驶员展示车辆的感知数据、决策逻辑和操作步骤，使驾驶员能够清楚地了解车辆行驶的决策过程和操作原理。在智能家居系统中，分析模型可以向用户展示设备的控制逻辑、操作步骤和故障原因，使用户能够更好地理解和评估系统的可靠性。

（3）意图模型

意图模型向用户说明自动化的设计目的，应在传递自动化目的时使用熟悉的功能关联，例如，使用地面GPS导航工具的用户模型。不熟悉这些工具的用户可能因缺乏信任而拒绝使用，而熟悉的用户可能因不适应新系统而误判。因此，从设计阶段就应确保用户模型与设计模型一致，以避免产生错误的交互反应。

意图模型也是自动化透明度的重要组成部分，通过向用户展示系统的设计目的和操作意图，可以帮助用户更好地理解和评估系统的功能和性能。例如，在自动驾驶汽车中，意图模型可以向驾驶员展示车辆的设计目的、操作意图和安全策略，使驾驶员能够更好地理解和评估车辆的性能。在智能家居系统中，意图模型可以向用户展示设备的设计目的、操作意图和使用策略，使用户能够更好地理解和评估系统的功能。

信任与信任校准

信任在飞行自动化中的定义多样，通常涉及对自动化系统在不确定和脆弱情况下的期望。李（Lee）和西伊（See）（2004）将信任描述为"在不确定性和脆弱性的情境中，个体相信一个代理将帮助实现其目标的态度"，被广泛使用。这一定义强调了信任的核心思想，即个体相信自动化系统能够有效地完成任务，从而帮助操作人员在复杂和不可预见的情况下做出决策。

信任通常在人与自动化系统的关系中以校准或适当的程度来描述，这指的是信任与系统实际可靠性之间的匹配程度。迈耶（Mayer）等人（1995）在人际信任文献中指出，可靠性是指被信任对象具备实现信任者目标的能力、慈善性和正直性。信任校准涉及对系统能力的正确评估，并在此基础上建立适当的信任水平。

信任校准是确保用户对自动化系统有适当信任水平的重要机制。信任校准的目标是使用户对系统的信任程度与系统的实际性能和可靠性相匹配。当系统的实际性能高于用户的预期时，用户的信任度应相应增加；当系统的实际性能低于预期时，用户的信任度应相应降低。信任校准的有效性直接关系到用户能否充分利用自动化系统的优势，并在系统出现故障时及时采取适当的干预措施。闫芮（2021）的研究结果表明，任务难度和自动化错误类型会影响操作者的信任水平，不同人机信任修复策略对信任修复效果存在差异，反馈对人机信任修复有积极影响，而道歉和否认策略则可能会导致信任水平降低。

根据德维瑟（de Visser）等人（2020）、李和西伊（2004）以及其他学者的研究，操作者可能会高估自动化系统，认为其能力超出实际，从而导致系统的滥用，或是操作者对系统能力的低估，导致不信任和放弃使用，这都是信任校准的不当表现（王新野 等，2017）。用户可能默认"专家级别"的自动化系统会正常工作，从而在系统运行时从事其他活动，忽视了系统可能出现未被发现错误的风险。过度信任是自动化滥用的关键因素,可能会导致灾难性后果,特别是在自动化系统罕见失败时,操作者常常因未准备好进行干预和接管而处于"环路之外"的状态(Parasuraman & Manzey, 2010)。

在航空领域,对自动化任务的过度信任已经导致多起航空事故(王新野等,2017),但不信任自动化技术会导致未充分利用其潜力和优势。例如,在军事飞行中,部分飞行员因对关键但不可靠的警报系统缺乏信任而时常关闭这些系统,有的甚至移除了飞行告警系统。这些例子表明,信任校准不当不仅会导致对系统的滥用或忽视,还可能带来严重的安全风险和资源浪费。

(1)信任校准的过程

具体来说,信任校准的过程包括以下几个方面:

①初始信任形成。用户对自动化系统的初始信任通常基于先前的经验、推荐、宣传等外部信息。

②经验积累。随着用户与自动化系统的交互,通过系统的连续表现来调整信任水平。如果系统表现稳定且可靠,信任将增强;反之,如果系统频繁失败,信任将下降。

③信任评估。用户会根据自动化系统在特定情境下的表现来评估其可靠性,这可能包括系统在异常情况下的反应和恢复能力。

④信任调整。用户根据评估结果调整对自动化系统的信任水平。这可能涉及增加对自动化系统的依赖(当信任增强时)或减少依赖并采取更多的手动控制(当信任减弱时)。

⑤持续校准。信任校准是一个动态过程,随着时间的推移和经验的积累,用户不断调整他们的信任水平以符合系统的实际性能。

(2)信任校准的必要性

信任校准在飞行自动化中至关重要,主要体现在以下几个方面:

①提高安全性。不当的信任水平可能导致飞行员对自动化系统的过度依赖或过度怀疑,这都可能引发安全隐患。例如,过度依赖系统可能导致飞行员在关键时刻未能及时接管控制,造成事故。相反,若飞行员对系统的信任不足,可能会导致不必要的手动操作,从而增加错误的风险。

②优化操作效率。信任的适当校准能够提升人机协同的效率。在复杂的飞行任务中,飞行员与自动化系统的有效配合可以显著提高操作的精确性和响应

速度。反之，信任校准不当可能导致操作效率的下降，影响飞行任务的成功执行。

③增强飞行员的决策能力。通过对系统的了解和信任的调节，飞行员能够更加自信地做出决策。在关键时刻，飞行员的判断和反应能力是确保安全飞行的重要因素。信任校准有助于飞行员在复杂情况下保持冷静并做出正确的反应。

④减少自动化偏差。在自动化系统中，飞行员常常会面临自动化偏差问题，这种偏差可能源于对系统能力的误判。信任校准能够帮助飞行员更好地理解系统的局限性，从而减少因错误信任导致的决策失误。

（3）信任校准的影响因素

信任校准受到多种因素的影响，包括：

①系统设计。自动化系统的设计和性能直接影响飞行员的信任水平。系统的透明度和可解释性越高，飞行员越容易形成准确的信任判断。

②经验与培训。飞行员的经验和培训程度也是影响信任校准的关键因素。经过培训的飞行员能够更好地理解系统的功能和局限性，从而进行更有效的信任校准。

③操作条件。在不同的飞行环境下，操作条件也会影响飞行员的信任水平。例如，在恶劣天气条件下，飞行员可能对自动化系统的信任度降低，从而影响其操作决策。

（4）信任的分辨率和特异性

除校准外，信任的分辨率和特异性也是评估信任适当性的关键特征。分辨率反映信任对自动化能力水平的敏感性。例如，如果操作者对60%和90%可靠度的系统同样信任，表明其分辨率较低；90%可靠度系统信任稍高于89%系统，表明其分辨率较高。特异性关注于特定情境下，针对特定功能的信任水平。研究表明，系统整体的信任度会影响人们对单独部件的信任反应（Keller & Rice, 2009）。

信任的分辨率和特异性决定了用户在不同情境下对系统的信任水平。例如，在自动驾驶汽车中，用户可能对汽车的自动驾驶功能有很高的信任度，但对其停车辅助功能的信任度较低。这种差异可能源于用户对不同功能的认知和经验。高分辨率的信任意味着用户能够根据系统的实际性能和可靠性，灵活调整对不同功能的信任水平。低分辨率的信任则可能导致用户对系统的整体评价不够准确，从而影响系统的使用效果和安全性。

信任的特异性还体现在用户对不同情境下系统的信任水平方面。例如，在日常驾驶中，用户可能对自动驾驶汽车的信任度较高，但在复杂的城市交通环境中，用户的信任度可能会下降。这种信任的特异性反映了用户在不同情境下对系统性能和可靠性的不同预期和评价。为了提高信任的分辨率和特异性，系统设计者需要在不同情境下测试和验证系统的性能，确保系统在各种使用条件下都能稳定运行，并向用户提供详细的性能说明和使用指南。

（5）信任的发展过程

信任的发展过程可以分为以下几个阶段：

①初始信任。用户在初次接触自动化系统时，信任主要基于对系统的初步印象和外部信息，如产品说明、他人推荐和媒体报道等。这一阶段的信任通常较为脆弱，容易受到系统初始表现的影响。

②信任建立。随着用户逐渐体验和使用系统，信任逐渐建立。这一阶段的信任主要基于系统的实际表现和用户的亲身体验。系统的可靠性、稳定性和易用性是影响信任建立的关键因素。

③信任维护。在信任建立后，如何维护和巩固信任是系统设计的重点。通过持续提供高质量的服务、及时响应用户反馈和不断优化系统性能，可以有效维护用户的信任。

④信任恢复。当系统出现故障或未能按预期运行时，用户的信任程度可能会下降。如何迅速有效地恢复用户的信任是一个挑战。及时、透明地处理问题，提供详细的故障说明和解决方案，并进行相应的补救，可以帮助恢复用户的信任。

信任的发展过程不仅是一个线性的过程，还是一个动态、反复的过程。在不同阶段，用户对系统的信任会随着系统表现、外部信息和个人体验的变化而不断调整。系统设计者需要充分理解信任的发展过程，在系统设计、开发等过程中不断优化和改进，以确保用户对系统的持续信任。

（6）可操作化的信任校准

信任通常被认为是自动化系统与人类用户之间交互的重要组成部分，特别是在自动化系统的校准过程中，信任校准通常用来描述和解释用户对自动化系统的反应行为，如遵从性、依赖性和同意率。与信任校准相关的两种常见行为包括概率匹配和系统监控。

概率匹配描述了人们如何将自己的同意率调整至与自动化决策辅助和警报系统的预期可靠性一致的行为模式。研究显示，人们对警报系统的同意率通常与他们感知的可靠性相符。例如，如果一个警报系统的可靠性为75%，用户的同意率也将接近75%。这种行为是基于人类对系统可靠性的感知来校准信任。然而，这种模式可能导致性能表现不佳，例如，如果系统的可靠性为80%，则完全信任系统（即100%的同意率）可能会导致更高的正确响应率，而概率匹配可能会导致较低的正确响应率。

系统监控是另一种信任校准策略，它涉及评估自动化的可靠性，并据此调整监控强度。这种策略可以是自满的、怀疑的或者是经过良好校准的（即"最佳观察者"）。研究显示，过于自满的监控者通常未能有效干预或识别自动化系统中的低频故障。这可能是因为他们过分信任系统而忽略了必要的监控和检查。

德维瑟等人（2020）为理解和应用信任校准提供了一个新的视角。这种理论侧重于维持人机之间的公平关系，通过预期的和未预期的信任违反来维护信任校准。这种方法不仅提供了维护人类与自主代理之间校准信任的机制，而且还允许通过建立自主代理的响应偏差来调节信任，从而更精准地管理人机交互中的信任问题。

（7）自动化依赖与信任

在飞行自动化系统领域，信任和依赖性是评估人机交互效果的两个关键因素。自动化信任通常指个体对自动化系统性能和可靠性的预期，是一种用户对自动化系统的认知或情感状态，而自动化依赖性则是一种行为反应，体现在个体对自动化系统的实际使用行为上，指用户在执行任务时，倾向于依赖自动化系统而非手动操作（Patton & Wickens, 2024）。

自动化信任和自动化依赖之间存在相互关联，信任在测定人依赖自动化系统的意愿时起了主导作用（王新野 等，2017）（见图8.10）。巴顿（Patton）和威肯斯（2024）通过综合分析现有文献，揭示了信任与依赖性之间的微妙关系，并指出在自动化系统中，过度依赖可能导致监控不足，而信任不足可能导致自动化系统的潜力未能充分发挥。研究强调，尽管信任对于确保自动化系统的接受度和有效使用至关重要，但依赖性行为则直接影响飞行安全。例如，过度依赖可能导致在自动化系统失效时的应对不力，而信任不足可能使飞行员错过自动化系统提供的关键信息。邱燕（2023）的研究表明，不同自动化信任倾向对自动化信任与依赖会产生不同影响，强调了在设计自动化系统时考虑个体差异的重要性。而信任倾向性是影响自动化信任和依赖的重要因素，外显信任倾向和内隐信任偏好均对自动化信任和依赖有显著影响，且在不同情境下的影响程度不同。因此，理解信任与依赖性的关系对于设计有效的人机交互界面和制定相应的培训程序至关重要。此外，研究还指出，自动化系统的可靠性是影响信任和依赖性的重要因素。高可靠性的自动化系统能够更快地增强用户的信任感，但这种信任感的提升并不一定使得依赖性行为的增加。

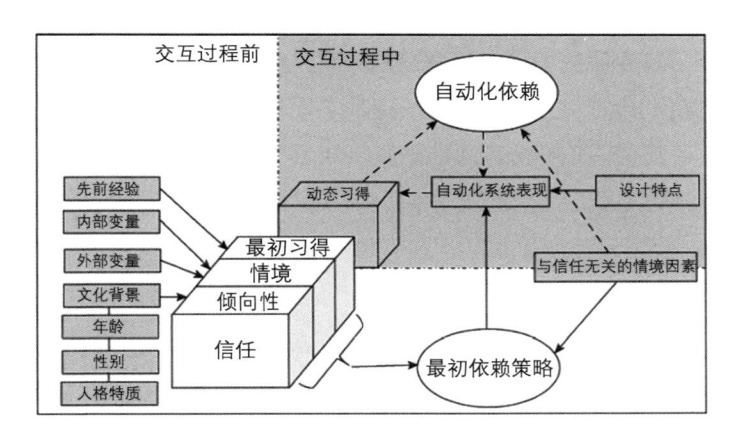

图8.10 影响自动化信任和依赖因素的全能模型

资料来源：王新野, 李苑, 常明, 游旭群. (2017). 自动化信任和依赖对航空安全的危害及其改进. 心理科学进展, 25(9), 1614–1622.

自动化依赖的形成因素

（1）信任度

用户对自动化系统的信任度越高，依赖程度就越大。信任度来源于系统的稳定性、可靠性和历史表现。当自动化系统完全可靠时，操作者表现出更高的自动化依赖水平，包括更高的遵从行为和信任行为的一致率，以及更短的反应时间。

（2）复杂性和工作负荷

任务的复杂性越高，用户越倾向于依赖自动化系统，以减少认知负担。高经验水平的操作者在自动化系统出现故障时，表现出较低的依赖程度，而在高工作负荷条件下，操作者的自动化依赖水平提高（李佳员，2024; Keller & Rice, 2009）。

（3）培训、经验和知识水平

飞行员在训练中对自动化系统的依赖程度越高，在实际操作中也越倾向于依赖自动化。纳瓦罗（Navarro）等人（2021）的研究揭示了专业知识水平对自动化依赖的影响，发现专家飞行员在选择自动化解决方案时，更倾向于选择能够与其专业技能互补的合作控制模式，而非完全依赖自动化的监督控制模式。这表明专家飞行员在自动化系统的使用上表现出更高的选择性和控制性，这可能有助于维持其专业技能和情境意识。然而，新手飞行员则更可能选择可降低工作负荷的自动化解决方案，这可能反映了他们对自动化系统的过度依赖和对自身能力的不自信。这种依赖可能限制了新手飞行员技能的发展和情境意识的提升。

自动化依赖对飞行安全的影响

自动化系统在现代航空中的广泛应用，虽然提高了飞行的安全性和效率，但也带来了新的挑战和风险。自动化依赖对飞行安全的潜在威胁主要体现在以下两个方面：

（1）技术故障风险

自动化系统虽然在绝大多数情况下表现出色，但仍存在技术故障的风险。一旦自动化系统出现故障，飞行员需要立即接管飞机的控制。如果飞行员过度依赖自动化系统，可能在系统发生故障时无法迅速做出反应，导致安全事故。例如，2018年狮航610航班事故中，飞行员未能及时识别和纠正MCAS系统的异常，最终导致飞机失控坠毁。

（2）人机交互问题

自动化系统的广泛应用改变了飞行员的工作方式，飞行员更多地与系统进行互动，而非直接操控飞机。这种人机互动方式虽然减少了飞行员的工作负担，但也可能导致飞行员在面对突发情况时反应不及时。例如，2019年埃塞俄比亚航空 302 航班事故中，飞行员在面对 MCAS 系统干预时未能及时采取手动措施，导致飞机失控坠毁。

自动化依赖的应对措施与改进策略

为了应对自动化依赖带来的挑战和风险，航空界提出了多种改进策略，以提高飞行安全水平。以下是一些主要的应对措施和改进策略：

（1）加强飞行员培训

提高飞行员的培训水平是应对自动化依赖的关键。培训应包括手动飞行技能、情境意识训练和应急情况处理等内容。通过模拟器训练和实际飞行操作，帮助飞行员熟练掌握手动操作技能，并提高其在复杂情况下的应对能力。李佳员（2024）通过构建基于教员评语的自然语言处理智能模型，为飞行学员工作负荷管理能力的评估提供了新的视角。该研究不仅深入分析了飞行训练中工作负荷管理能力的重要性，还提出了结合三维胜任力评估模型与预训练模型的评估方法。

（2）促进人机协同

改进自动化系统的设计，提升系统与飞行员之间的协同能力。例如，设计更加智能化的自动化系统，能够更好地与飞行员进行信息交互和决策支持，而不是简单地执行预设的操作。研究发现，用户信任伙伴主要受可靠性影响，风险影响不明确。无显著自动化偏见，表明对自动化的认知已转变，不再盲目依赖。行为信任方面，低风险组信任校准于人类伙伴组不精确，高风险组则更依赖可靠性校准。这表明用户信任自动化系统受可靠性、风险、社会规则等多因素影响。设计者应据任务风险调整交互策略。

（3）强化情境意识训练

加强飞行员的情境意识训练，使其能够全面理解和掌控飞行环境的各种因素。通过案例分析、模拟器训练和团队合作演练等方式，提高飞行员在复杂环境下的应对能力和决策水平。

（4）制订应急响应计划

制订和实施详细的应急响应计划，帮助飞行员在自动化系统失效或异常情况下迅速做出正确的判断和应对措施。应急响应计划应包括预设程序、应急通信流程和危机管理指南等内容，确保在关键时刻能够有效应对。

（5）加强安全文化建设

建立和加强航空公司的安全文化，鼓励飞行员报告和分享自动化系统使用中的问题和经验。通过安全会议、定期复训和安全倡导活动，增强全员的安全意识和责任感，共同致力于提升飞行安全水平。

8.3.2 惊奇效应与自动化惊奇

惊奇效应与自动化惊奇概述

（1）惊奇效应与自动化惊奇的定义

惊奇效应是（Surprise Effect）"对突然、意外和强烈的刺激（例如，大声喧哗、闪光灯）的一种未学习的、快速的、类似反射的反应"。在航空航天领域，"惊奇效应"通常指的是飞行员或宇航员在特定飞行条件下经历的突然、意外的生理或心理反应，这些反应可能会影响他们的表现和决策。这种现象又被称为惊吓效应（Startle Effect）。特别是在欧洲航空安全局（European Aviation Safety Agency, EASA）的研究报告中提到的惊吓效应管理（Startle Effect Management），强调了其可能以多种有害的方式影响飞行员的表现，包括从单纯的分心到不适当的行为或仓促的决策制定。

长期使用自动化系统后，操作者可能形成对自动化的过度信任（自满），并产生依赖。这种自满和依赖使飞行员假设一旦输入参数设定，飞机的自动化系统就会如预期般运行。然而，当自动化系统未按预期执行或根本不执行时，飞行员会对此感到惊奇，即发生自动化惊奇（Hollnagel & Woods, 2005）。威纳（1988）最早描述了自动化惊奇为操作员对自动化行为感到意外的情况，而伍兹（Woods）和扎尔特（Sarter）进一步扩展了其涵盖的响应范围，包括操作者在忙碌时自动化系统不应干扰其操作、找寻方法让自动化系统执行特定任务、如何阻止自动化系统的某些操作、以及必须持续监控自动化系统以防不经意间的变化等。这种现象在现代航空中十分普遍，且对飞行安全构成了显著威胁。

自动化惊奇可能带来偏离FMS程序、人工接管/校正、备降、复飞、航向引导/ATC协助、工作负荷明显增高、速度严重偏离、航线/路径严重偏离、高度严重偏离、不稳定飞行、机体受损等严重后果。荷兰研究人员发现自动化惊奇在航空领域普遍存在，尽管其直接后果通常较为温和（Boer & Hurts, 2017）。然而，自动化惊奇仍是飞行安全的潜在威胁。德克尔（Dekker）（2014）指出，自动化惊奇通常在飞行员察觉到自动化系统异常后才被发现，届时可能已造成严重后果。这种惊奇效应可能使飞行员的注意力过于集中，增加心理负担，降低情境意识，有时甚至会暂时失控。此外，由此引发的操作错误可能降低飞行员控制飞机的能力，扰乱空中交通，迫使空中交通管制员调整其他航线。因此，关注并理解自动化惊奇的影响非常重要（见表8.3）。

表8.3 自动化惊奇的后果及严重性

严重程度	后果类型	N	N	%	Cum%
1	无	32	32	11	11
2	降低自动化程度	48	73	26	37
	校正后恢复使用自动化	14			
	偏离FMS程序	11			
3	人工接管/校正	64	108	38	75
	备降	2			
	复飞	6			
	航向引导/ATC协助	25			
	工作负荷明显增高	11			
4	速度严重偏离	16	44	16	91
	航线/路径严重偏离	7			
	高度严重偏离	15			
	上报安全报告/技术日志	6			
5	不稳定飞行	2	2	1	92
6	机体受损	0	0	0	0
n.a.	其他	22	22	8	100
	总计	281	281	100	

资料来源：王新野. (2022). 自动化的悖论——自动化诱发的飞行人因失误研究 (博士学位论文). 陕西师范大学, 西安.

（2）自动化惊奇的成因

自动化惊奇的成因主要包括以下方面：

①过度依赖自动化。飞行员对自动化系统的过度依赖是导致自动化惊奇的重要因素。长期依赖自动化系统会使飞行员的手动操作技能逐渐退化，从而在系统失效时无法迅速接管控制。

②心理模型的不准确。飞行员的心理模型通常由工作培训和经验塑造，用于推理并控制技术系统的运行。然而，随着自动化系统的复杂性增高，飞行员

的心理模型可能无法准确反映系统的所有状态。这种不准确的心理模型在系统出现异常时容易导致认知失配，进而引发自动化惊奇。

③自动化系统设计缺陷。自动化系统的设计缺陷也是导致自动化惊奇的原因之一。例如，自动化界面的不透明度会使飞行员难以理解系统的操作和状态，从而在系统出现异常时无法迅速做出正确的判断和操作。

④信息处理错误。飞行员在使用自动化系统时，可能会因为处理错误数据、误解数据或数据失误而产生错误的预期。当系统未按照预期运行时，飞行员会感到意外，从而引发自动化惊奇。

⑤自动化系统相关的知识匮乏。自动化系统就像一个"黑匣子"，操作员输入指令等待自动反馈，但他们可能不知道或者不理解自动化系统是如何处理这些指令的。另外，自动化系统的逻辑可能与正常人类的认知推理模式相反，这就可能引发一场"人机大战"。

⑥疲劳和高工作负荷、倦怠、抑郁等。疲劳和高工作负荷可能导致操作者反应迟钝和注意力分散，难以及时响应系统的突然介入请求。倦怠可能削弱对自动化系统的信任和满意度，降低对异常情况的警觉性。抑郁则可能影响操作者的情绪和动机，减少他们处理自动化惊奇的积极性。这些因素共同作用，可能导致在自动化系统出现意外、需要人工干预时，操作者无法迅速有效地做出反应，增加了产生操作错误和事故的风险（Diarra et al., 2023）。

事实上这些因素并不是孤立地影响自动化惊奇的，它们之间也会相互作用，影响自动化惊奇。

（3）自动化惊奇的理论分析

①预期与心理模型的关键作用。德克尔（2014）强调了自动化惊奇中"预期"或"心理模型"的关键作用。心理模型通常是指由工作培训和经验塑造，帮助飞行员推理并控制技术系统的潜在运行机制。飞行员用这些模型判断哪些系统变量需要监控，解释这些变量的值，并更新对系统当前状态的理解。他们比较系统的实际状态与期望状态，并适时调整以确保一致性（王新野 等，2017）。

在现代飞机的复杂控制系统中，飞行员不能监控所有变量，因此会专注于可靠预测系统状态的关键变量。这种策略通常有效，但在异常情况下可能会误解系统状态，导致进一步的安全问题。随着飞机驾驶舱自动化系统的复杂性增高，飞行员的心理模型准确性降低。这些模型是同态的，即每个模型点代表多个现实状态，而非精确对应。这限制了模型只涵盖已遇到的状态，而未包含所有可能的系统状态。当出现新情况时，模型的局限性显现，可能导致认知失配。这种失配可能由自动化设计不当或使用方式不当引起。自动化界面的不透明度加剧了这一问题，使飞行员难以理解系统操作，人机交互失败通常源于界面未能适当支持任务执行（Sherry et al., 2002）。

②认知失配与模式混淆。认知失配包含多种类型，其中模式混淆尤为关键，飞行员可能误以为系统处于某种模式，而实际上是另一种。这种混淆在自动化惊奇中起到了重要作用，特别是当同一操作在不同模式下可能导致截然不同的结果时（Baxter et al., 2007）。德克尔（2014）将模式混淆和自动化惊奇视为认知失配的明显例子。飞行员经常反映飞行管理系统行为不当，有时飞行管理计算机（FMC）似乎会自作主张地取消高度限制或更改操作模式，引发意外。因此，自动化惊奇出现的原因通常是输入信息不准确或心理模型错误。飞行员对自动化系统的预期可能因处理错误数据、误解数据或数据失误而错误，或者对自动化在特定情况下的行为理解有误，导致预期失准。

（4）自动化惊奇的影响

①心理负担增加。自动化惊奇会导致飞行员的心理负担增加。在自动化系统失效的瞬间，飞行员需要快速评估情况并接管手动控制。这种突发情况会导致飞行员的认知负荷骤增，增加了操作失误的可能性。

②情境意识下降。自动化惊奇会影响飞行员的情境意识。在自动化系统运行正常时，飞行员可能会逐渐放松警惕，依赖系统提供的信息和控制。然而，当系统出现故障时，飞行员可能无法迅速调整心态和操作方式，导致对当前飞行状态和环境的全面理解不足。

③操作错误增加。由于自动化惊奇带来的紧张和混乱，飞行员更容易在操作中犯错。这些错误可能包括错误的输入、误解系统提示或未能及时采取必要的操作，从而增加了发生飞行事故的风险。

（5）自动化惊奇的应对策略

为了减少自动化惊奇对飞行安全的影响，需要采取一系列应对策略：

①加强培训。飞行员需要接受全面的培训，掌握自动化系统的操作原理和故障处理方法。通过模拟器训练和实际飞行演练，提升飞行员在自动化系统失效时的应急反应能力和操作技能。

②优化自动化系统设计。改进自动化系统的设计，增强系统的透明度和可解释性，使飞行员能够更好地理解和监控系统的运行状态。在设计过程中应充分考虑飞行员的操作习惯和心理模型，减少系统设计缺陷对操作的影响。

③提升情境意识。飞行员应在飞行过程中保持高度的情境意识，全面监控飞行环境和系统状态。通过培训和演练，帮助飞行员在面对复杂情况时保持全局掌控能力，减少自动化惊奇带来的风险。

④改进人机交互。优化人机交互界面，使飞行员能够更直观地获取系统信息和操作提示。通过增强现实技术和智能驾驶舱设计，辅助飞行员提高工作效率和情境意识。

（6）飞行员与自动化系统交互中的信任

在现代科技迅速发展的背景下，自动化系统的广泛应用带来了诸多便利，同时也引发了一系列问题。尤其是当自动化系统出现故障或操作不符预期时，用户对这些系统的信任度往往会削弱。一旦信任度下降，用户可能会选择放弃使用这些先进的技术（王新野 等，2017）。此外，汤梦晗（2019）的研究表明，人机信任的建立是一个复杂的过程，受到自动化程度、人格特征和人际信任等因素的影响，人格特征在人际信任与倾向性信任之间起调节作用，而合理的人机信任对于自动驾驶技术的普及和推广至关重要。随着AI技术的不断进步和赋能，这些自动化系统的自主性正在不断增强，使得它们在许多方面更加智能和高效，向更高水平的自主性迈进，极大地提升了操作的便捷性。

（7）自动化透明度与信任

自动化透明度定义为系统与人之间信息互通，增进人机合作的共识和共同目标（Lyons et al., 2017）。莱昂斯（Lyons）（2013）提出了一个系统透明度设计框架，侧重于自动化系统共享的信息，包括其对任务的理解、执行任务的方式及其在特定环境下的意图和限制。这些信息展示的自动化透明度，通过任务模型、分析模型和意图模型来体现，与支持信任的信息（表现、过程和目的）紧密相关。

自动化透明度是增强用户信任的重要因素。透明的系统可以帮助用户更好地理解系统的运行状态和决策过程，从而提高用户的信任度和满意度。例如，在自动驾驶汽车中，透明的系统可以向司机实时展示车辆的感知数据和决策信息，使司机能够清楚地了解车辆的行驶状态和操作意图，从而增强司机对车辆的信任。在智能家居系统中，透明的系统可以向用户实时展示设备的运行状态和控制选项，使用户能够轻松掌握系统的使用方法和操作步骤，从而提高用户的信任和满意度。

同时，自动化透明度还通过校准信任、错误管理、提高接受度等增强用户信任。透明度允许用户根据系统的实际表现来调整他们的信任水平，从而实现信任的适当校准。在系统出错时，透明度可以帮助用户理解错误的原因，从而更有效地进行错误管理和恢复信任。高透明度的系统更容易被用户接受，因为它减少了用户的不确定性和对未知的恐惧。

（8）自动化透明度与信任校准

信任校准是确保用户对自动化系统有适当信任水平的重要机制，而自动化透明度是实现信任校准的重要手段。通过向用户提供清晰、易懂的操作指引和实时反馈，自动化透明度可以帮助用户更好地理解和评估系统的性能和可靠性，从而实现信任校准。

例如，在自动驾驶汽车中，通过向司机提供实时的感知数据和决策信息，自动化透明度可以帮助司机更好地理解和评估车辆的性能和可靠性，从而实现信任校准。在智能家居系统中，通过向用户提供实时的设备运行状态和控制选项，自动化透明度可以帮助用户更好地理解和评估系统的性能和可靠性，从而实现信任校准。

在航空领域，通过增强自动化透明度，可以帮助飞行员更好地理解和评估自动化系统的性能和可靠性，从而实现信任校准。例如，通过任务模型、分析模型和意图模型，飞行员可以清楚地了解系统的操作过程和决策依据，从而更好地校准对系统的信任水平。在遇到系统故障或未预期情况时，飞行员能够迅速理解系统的状态和故障原因，从而及时采取适当的干预措施。

8.3.3　工作负荷与伐木工效应

工作负荷

工作负荷（Workload）在航空心理学和人因工程学中指的是飞行员在执行任务过程中所感受到的心理和生理负担。它反映了任务对飞行员资源的需求，包括注意力、记忆、判断和体力等多个方面。工作负荷的概念不仅限于航空领域，也广泛应用于其他需要高强度决策和操作的领域，如医疗、军事和工业控制等。高工作负荷会对航空安全产生多方面影响，具体表现如下：

（1）注意力分散和失误增加

在高工作负荷条件下，飞行员的注意力可能会分散，导致对关键信息的监控不足。例如，在飞行过程中，飞行员需要同时监控多个仪表、与空中交通管制员进行通信、评估天气状况等。这些任务的积累可能导致飞行员忽视某些重要的信息或操作，从而增加操作失误的风险。

（2）决策质量下降

高工作负荷会削弱飞行员的决策能力。在紧急情况下，飞行员需要快速评估情况并做出正确的决策。然而，过高的工作负荷可能导致认知资源的耗竭，使飞行员在面对复杂和动态环境时难以迅速做出最佳决策，增加了错误判断的可能性。

（3）应急反应能力减弱

在高工作负荷条件下，飞行员的应急反应能力可能会受到影响。长时间的高强度任务会导致飞行员的疲劳积累，影响其反应速度和操作精度。在紧急情况下，飞行员需要迅速采取措施，但高工作负荷可能导致其反应迟缓或操作不当，从而增加事故风险。

（4）情境意识下降

情境意识是指飞行员对当前飞行状态和周围环境的全面理解和掌控能力。高工作负荷会导致飞行员的情境意识下降，使其难以全面掌握飞行环境的变化。这种情况下，飞行员可能无法及时发现潜在的危险，增加了发生飞行事故的风险。

（5）生理和心理健康影响

长时间的高工作负荷不仅会对飞行员的操作能力产生影响，还会对其生理和心理健康产生负面影响。长期的高负荷工作可能导致飞行员的疲劳、压力增加，甚至引发健康问题。这不仅影响飞行员的操作能力，还可能导致其在飞行任务中的表现下降。

伐木工效应

伐木工效应（Lumberjack Effect）在航空心理学中指的是自动化程度越高的情况下，自动化一旦失效，自动化的危害就越大。这种效应突显了飞行员在高度自动化环境中操作技能的退化，以及在自动化系统失效时应急反应能力的不足。伐木工效应会带来以下安全风险：

（1）认知负荷增加

自动化系统的复杂性和潜在故障会增加飞行员的认知负荷。飞行员需要同时监控多个系统，在系统出现故障时迅速识别问题并采取措施。这种高负荷的认知任务在自动化系统失效时带来的认知阻碍尤为显著，飞行员可能会由于信息过载而难以做出正确的决策。

（2）应急反应能力减弱

自动化系统失效时，飞行员需要迅速做出决策并采取行动。然而，过度依赖自动化系统会导致飞行员在面对系统失效时反应迟缓，无法及时采取有效措施。这种应急反应能力的减弱增加了飞行风险。

（3）情境意识下降

高度依赖自动化系统会使飞行员的情境意识下降。在常规操作中，自动化系统可以提供精确的控制和信息，但在系统失效时，飞行员需要依靠自己的判断和反应。然而，过度依赖自动化系统会导致飞行员在系统失效时缺乏全面的情境意识，增加了操作失误的可能性。

8.3.4　飞行员与自动化系统的协同

飞行员与自动化系统的协同又称人机协同，是指人类操作员与自动化系统在共同的任务或目标上相互协作和交互的过程。在这一过程中，人和机器各自发挥其独特的优势，提高整体的工作效率、准确性和适应性。人机协同概念强调了在动态环境中人与机器如何通过优势互补、有效沟通和适应性行为，实现高效协作。在这一协作模式中，人通常负责处理灵活性、创造性和决策要求高的任务，而机器则承担重复性高、精度要求严格的工作。人机协同的核心在于建立一种双向的交互机制，使得人与机器能够相互理解和预测对方的行为，以达成共同的工作目标。从上述定义中可以看出，人机协同的定义涵盖了互补性、交互性、适应性和信任建立等多个方面。互补性体现为人类的认知能力和机器的计算及执行能力之间的相互补充；交互性强调了人机之间的直接沟通和行为协调；适应性要求系统能够灵活应对环境变化和任务需求；信任建立则关乎人类对机器性能和决策的信任程度，这对于确保协同工作的成功至关重要。

飞行员与自动化系统的感知

（1）飞行员的感知特征

飞行员在执行飞行任务时的视觉搜索能力、动觉感知、听觉感知以及对风险的感知直接关系到飞行操作的安全性和绩效。然而，由于生理限制、主观性偏差或情境感知不足，飞行员可能会遇到各种感知错觉，如视觉、动觉和听觉错觉，这些错觉可能影响飞行操作的准确性和安全性。

①视觉与风险感知特征。飞行员为了克服生理限制、主观性偏差和情境感知偏差等，需要依赖客观数据，例如飞行仪表和其他客观信息源，以及通过训练和模拟体验来提高对各种错觉的识别和应对能力。有学者研究发现，在模拟飞行中，F-16战斗机飞行员在执行空对地任务时，表现优异的飞行员在注视持续时间、注视次数、扫视路径稳定性以及距离上表现出更好的视觉搜索特征（Hsu et al., 2015）。在上述研究基础上，莫哈纳韦卢（Mohanavelu）等人（2020）分析了战斗机飞行员在不同飞行工作负荷条件下的心率变异性和主观量表评估（NASA-TLX），发现无论是在正常条件下还是低能见度条件下，或是在执行次要认知任务时，飞行员的心率变异性特征和NASA-TLX评分在统计学上均存在显著差异。由此可见，工作负荷的增高可能会影响飞行员的操作绩效。除视觉感知和认知负荷对飞行员操作绩效有影响之外，还有研究发现风险感知和飞行经验对飞行员的安全操作行为（SOB）也有显著影响。内部控制源（LOC）直接作用于飞行员的安全操作行为，而风险感知在LOC和SOB之间起到中介作用。飞行时间的增加在飞行员职业生涯的早期和中期阶段对具有高内部控制源的飞行员的安全助益更为显著。此结果进一步证明飞行员的风险感知能力可以通过训练和经验的积累得到提高。

②视错觉与注意特征。空间定向障碍（SD）是飞行员在飞行中常见的问题，它可能导致飞行员无法正确感知飞机或自身相对于地球表面和重力垂直线的位置和运动状态，从而增加了事故发生的风险。吉布（Gibb）等人（2011）的研究指出，SD在航空事故中占有显著比例，并强调了对准确识别和有效应对SD的策略的需求，以及改进飞行员培训和事故调查程序的必要性。巴瓦伊（Bałaj）等人（2019）通过模拟实验研究了SD对飞行员和非飞行员视觉注意力分布的影响，发现SD线索对两组人群的影响相似，表明即使是经验丰富的飞行员也无

法完全规避SD的影响。另一方面，德艾等人（2019）通过眼动追踪技术研究了飞行员在执行复飞操作时的表现和视觉扫描行为，发现许多飞行员在复飞过程中出现了关键轨迹偏差等错误，这些错误可能是事故发生的前兆。此外，格利克森（Glicksohn）和瑙尔－齐夫（Naor-Ziv）（2016）还探讨了飞行员的个性特征和认知风格，发现飞行员在团体镶嵌图形测验上表现更好，表明具备场独立性的认知风格、神经质得分较低的飞行员经验寻求得分较高。由此可见，飞行员的感知特征是多维度的，包括视觉运动的准确性、心理工作负荷的管理以及对风险感知的能力，这对于飞行员在复杂飞行环境中的决策制定和管理操作至关重要。因此，为了提升飞行员对飞行时的感知和情境感知能力，可以采取一系列措施，包括医学检查、人因训练、模拟飞行训练、事故和事件分析、制定应对不确定情况的程序，以及通过持续的反馈更新意识和培训计划等措施，确保飞行员在面对复杂和动态的飞行环境时，能够做出准确的判断和反应。

综上所述，飞行员的感知特征是确保飞行安全的关键。未来的研究需要进一步探索感知、认知负荷对飞行员操作绩效的影响，开发有效的训练程序，并利用先进的生理测量技术来评估飞行员的认知状态，这将为航空航天领域中飞行员的训练、选拔以及人因工程领域提供重要的理论支持和实践指导。

（2）自动化系统的感知特征

①感知精确性强。与飞行员相比，自动化系统的感知最主要的优点就是精确性强。飞机的传感器可以对相关的物理量进行定量检测，可以对相关的物理量检测达到一定的精确度，而飞行员对这些物理量只能通过定性的估计来比较大小。

②环境适应性强。自动化系统的传感器对环境具有高度的承受能力，在人无法承受的环境中，传感器往往可以正常工作。例如，在有毒或有射线刺激的环境下的监测，以及在超高压、超低压及核辐射环境下的检测等。

③感知范围广。到目前为止，飞机传感器能感知的范围远远超过飞行员的感知范围。例如，人所看不到的红外线、紫外线，听不到的超声波等过强或过弱的感知信号，大部分飞机传感器能检测出来。

④感知的统一性。因为所设计的传感器具有统一的标准，所以用几个同种传感器所检测出的量具有统一性，不像飞行员的感知那样，会表现出个体的差异性。

⑤综合感知困难。飞机的传感器在感知单一信息时，往往很精确，范围很广，但是当有许多综合信息需要同时感知时，实现起来就不如飞行员那么方便。但传感器可以通过多传感器集成最佳地综合使用多传感器信息，使得智能系统具有完成某一特定任务所需的完备信息。多传感器融合是指将经过集成处理的多传感器信息进行合成，形成对环境某一特征的一种表达式。经过集成与融合的多传感器信息能完善、精确地反映环境特征。实现多传感器信息融合的方法有很多，常用的方法有加权平均法、卡尔曼滤波法、贝叶斯估计法、统计决策论法、具有置信因子的产生式规则法、模糊逻辑法、神经网络法，等等。

为了很好地实现人机一体化感知技术，下面通过对飞行员和自动化系统的感知特征的比较，明确人机感知的不同（见表8.4）。

表8.4 人机感知特征的比较

感知特征	飞行员	自动化系统
感知信息类型	模糊信息	精确信息
感知信息范围	有一定的限制性	感知范围广
感知精度	精度低，有时还会产生错觉	精度高
环境适应性	受生理条件限制	环境适应性强
对信息的理解性	理解性强	理解性弱
综合感知能力	综合感知能力强	综合感知困难
统一性	个体感知差异大，统一性差	信息感知统一

资料来源：陈鹰，杨灿军.(2006).人机智能系统理论与方法.杭州：浙江大学出版社.

飞行员与自动化系统的分工

（1）信息感知分工

在人机一体化智能系统中，飞行员与飞行智能感知系统的有效分工是实现高效协作的关键。鉴于当前技术发展水平，飞行员与机器作为两个独立的智能体，在信息感知上各具优势。为达成感知层面的一体化协作，需明确分工，确保各自优势得到充分发挥并相互补充。具体而言，对精确度要求极高的定量信息的处理，如速度、加速度及距离等，应交由飞行智能感知系统，通过高精度传感器进行精确测量；而对于模糊性较强的定性信息，飞行员凭借丰富的经验和直观感受能够迅速准确地把握，此类信息的感知任务则更适合由飞行员承担。此外，考虑到飞行员的感知存在生理与心理的局限性，对超出其感知阈值范围或恶劣环境下的信息的加工，应依靠飞行智能感知任务系统完成。值得注意的是，飞行员具备整体综合性、选择性和理解性等高级感知能力，对涉及全局性、多义性的复杂信息的加工，飞行员的处理往往更为适宜。因此，在分工时还需充分发挥飞行员的这些优势。同时，应充分利用飞行员多感官协同工作的特点，如视觉、听觉、触觉、嗅觉等，以获取更为全面、丰富的辅助信息，为飞行决策提供有力支持。综上所述，合理的人机信息感知分工是实现人机一体化智能系统高效运行的重要保障。

（2）人机信息感知融合

在现代航空领域，飞行员与飞机自动化系统之间的协同（Pilot-Automation Interaction, PAI）是确保飞行安全与效率的关键。随着航空技术的发展，飞行员的角色逐渐从直接操作转向监督和管理自动化系统。这种转变有效降低了工作负荷，提高了操作精度，但也带来了人机协同的新挑战。研究表明，飞行员在管理自动化系统时更倾向于采用管理同意（Management-By-Consent）策略，要求系统在行动前获得明确同意。然而，在高时间压力和高工作负荷下，飞行员可能转向管理例外（Management-By-Exception）策略，允许系统在特定情况下自主决策。此外，普拉-罗班（Plat-Robain）等人（1998）指出，在非典型故障情境中，飞行员管理自动化系统时会遇到困难。马尔斯托（Marstall）等人（2016）则探讨了如何通过情境感知计算来防止飞行员在自动驾驶系统不活跃时出现空间定向障碍。认知角度的研究显示，使用更高级别自动化时，飞行员虽然会进行更高层次的思考，但也更易分心。因此，飞行员与自动化系统的有效协作是一个复杂过程，要求飞行员深入理解系统并在必要时进行有效控制。未来的研究需继续探索优化飞行员与自动化系统之间的交互，提高对系统的信任，并在设计中充分考虑人的因素，以确保飞行的安全与效率。

在智能人机一体化系统中，飞行员与飞行智能感知系统的有效分工与融合是实现高效协作的关键。在分工方面，应合理划分感知任务，使自动化系统负责高精度的定量信息，而飞行员处理模糊性和整体综合性的定性信息。在融合方面，需实现人机感知信息的无缝对接与交互，使飞行员能够充分理解机器所感知的精确数据，并以可视化、语音化等形式呈现。同时，飞行员的语言信息需适当量化，以便自动化系统能准确捕捉和分析。可以通过模糊化技术处理机器感知信息，将其映射至特定论域，并划分为多级模糊集，以隶属度函数描述信息的模糊程度。对于语言变量信息，可采用模糊定位规则和语言算子进行量化，以准确反映飞行员的感知意图。在此基础上，构建模糊推理规则，以促进人机感知信息的深度融合。值得注意的是，飞行员与自动化系统的一体化应强调相互监测与制约机制，确保飞行员与飞行智能感知系统持续监测彼此及自身状态，以在复杂多变的飞行环境中保持高度的协同性与适应性。这种全面的感知融合与监护机制将进一步提升飞行系统的安全性与可靠性，为飞行任务的顺利完成提供坚实保障。

8.4 自动化飞行系统与人工智能

随着飞行自动化技术的不断进步，人工智能在飞行控制系统中的应用日益广泛，显著提升了飞行安全性和效率。现代飞行自动化系统通过集成先进的传感器、通信设备和控制算法，能够实时监测和调节飞行状态，从而降低人因失误的发生概率。然而，随着自动化程度的提高，系统的复杂性也随之增加，带来了数据泄露、系统透明度和可解释性等一系列潜在风险，不仅会影响飞行员在紧急情况下的决策能力，还对航空安全体系提出了新的挑战。

8.4.1 自动化飞行系统的智能化

人工智能与飞行控制系统

（1）智能决策支持系统

智能决策支持系统（Intelligent Decision Support System, IDSS）通过集成如神经网络、模糊逻辑、进化计算和智能代理等人工智能技术，显著提升了飞行员和空中交通管制员处理复杂、不确定和非结构化问题的决策绩效。人工智能作为飞机智能决策支持系统的一部分，能够执行自主操作并与飞行员进行有效沟通，但需要注意，智能决策支持系统中的人工智能代理的设计需要考虑其具身化程度，即代理是否具有物理形态，这可能影响用户对其的信任和接受度。此外，飞行员对AI代理的熟练度和代理本身的能力共同决定了IDSS的有效性。研究表明，高能力AI代理能够显著提升飞行员的决策绩效与其信心水平（Peng et al., 2024）。克里森（Christen）等人（2023）对有意义的人类控制这一概念进行了重新审视，提出在安全领域中 AI 系统可能会"控制"人的决策，即 AI 系统通过咨询和判断等机制，可以在不直接做出决策的情况下影响人的决策过程。相比于以往的模式，这种观点重点讨论了 AI 系统在决策过程中的主动作用。因此，在人工智能的时代背景下，飞机的智能决策支持系统在飞行控制系统中的应用正逐渐从辅助人决策转变为与人协同决策，甚至在特定情况或领域中还可能引导或影响人的决策，这同时也对人机交互界面设计、人机责任分配以及确保智能决策支持系统的透明度和可解释性提出了新的要求。未来的研究需要关注如何优化人机交互，并通过培训和教育提高用户对 AI 决策支持的理解和接受度。

（2）自动飞行与导航技术

自动飞行与导航技术的发展对于提高航空器的安全性、效率和可靠性有着重要的现实意义。自动飞行控制系统的研究涵盖了利用先进的算法和传感器技术，通过综合来自惯性导航系统（Inertial Navigation System, INS）、全球定位系统和视觉系统等多种传感器的数据，提供精确的位置和姿态信息，从而实现飞机在复杂环境中精确的自主导航与飞行控制（Hassan et al., 2024）。视觉导航技术利用摄像头和图像识别算法，为飞机提供精确的位置和姿态信息，在着陆过程中，视觉系统能够识别地面标志或特征，引导飞机安全着陆。此外，通过采用遗传算法、粒子群优化和深度强化学习等方法来提升飞机控制系统的自动化，不仅提高了飞行效率，还增强了飞机对复杂环境的适应能力。

（3）人机协同与控制界面设计

人机协同与控制界面设计是确保飞行操作安全与效率的核心。随着技术的发展，飞机驾驶舱的自动化水平不断提升，对飞行员的决策支持能力不断增强。然而，在自动化系统的设计中必须考虑人因工程原则，确保飞行员能够在保持情境意识的同时，还能有效管理和控制自动化系统。

人机交互界面经历了从机械式、电子机械式到电子光学式飞行舱的演变，发展至今天，现代飞行舱则更广泛地采用了集成化和数字化的显示系统。随着技术的进步，飞行舱的自动化功能也不断增强，飞行员逐渐从操作者转变为监督者和管理者。随之而来的问题是，飞行员可能会因为过度依赖自动化系统而降低对基本飞行技能的维持，导致在自动化系统失效时难以及时有效地接管控制。此外，自动化系统的不透明度可能会增高飞行员的工作负荷，降低对飞行状态的理解和控制。因此，为了改善人机交互，研究者提出了增强飞行员的情境意识、提供更加明确和及时的反馈，以及改进人机交互界面的可用性的观点，通过实施更加以人为中心的设计方法，更好地整合人机交互界面与飞行员的工作负荷、情境意识和决策过程，适应性人机交互界面就是在这一理念下应运而生的。适应性人机交互界面可以通过实时监测飞行员的生理和心理状态，根据飞行员的能力和需求动态调整其功能及表现形式，从而提供个性化的决策支持和任务管理（Lim et al., 2018）。需要注意的是，适应性自动化系统的设计需要考虑飞行员的认知和行为习惯，以确保飞行员对自动化系统的信任和接受度。总之，人机协同与控制界面会随着技术的进步更加注重飞行员的中心地位，通过提供更加直观、灵活和适应性强的人机交互界面，来支持飞行员在复杂飞行任务中的决策和操作。

人工智能与飞行安全分析

（1）数据收集与处理的智能化

人工智能技术通过其数据分析和模式识别能力，极大地提升了飞行安全分析的智能化水平。尤其是在数据收集与处理方面，它从庞大的飞行数据集中提取关键的安全相关信息，为预防事故、剖析事故原因以及优化飞行操作提供了强有力的支持。

智能化的数据收集与处理是确保飞行安全的重要前提。通过应用AI技术，可以有效地从飞行操作、维护日志、气象条件以及飞机健康状况等多源数据中提取深层次的信息，利用机器学习算法对飞行数据进行深入分析，能够揭示事故的潜在模式和异常行为，从而预测和预防可能的飞行事故。深度学习技术，特别是长短期记忆（Long Short-Term Memory, LSTM）网络，在预测交通事故风险方面表现出了较高的准确性，这同样适用于飞行安全分析。众所周知，人为因素是导致飞行事故的主要原因。AI技术可以通过分析飞行员的行为模式、生理和心理状态等来分析飞行员的决策过程，以及识别可能导致事故的不安全行为（Abduljabbar et al., 2019）。此外，AI技术还能够辅助飞行员进行决策，提供实时的操作建议，从而减少发生人因失误的可能。

（2）飞行安全分析预测模型的构建与应用

飞行安全分析中，构建有效的预测模型需要综合考虑多种因素，包括人为因素、机械故障、环境条件等。预测模型的构建通常包括数据收集、特征选择、模型训练和验证等步骤。在数据收集阶段，需要从飞行操作、维护日志、历史事故报告等多方面获取数据。在随后的特征选择阶段，通过对数据的分析，识别出与飞行安全相关的特征，这些特征可能包括飞行员的操作习惯、飞机的维护周期、天气条件等。

在模型训练阶段，可以采用多种机器学习算法，如随机森林（Random Forest, RF）、支持向量机（Support Vector Machines, SVM）、神经网络（Neural Network, NN）、深度学习（Deep Learning, DL）等算法，这些算法能够从历史数据中找出潜在的规律和关联，从而构建预测模型。诺盖拉（Nogueira）等人（2023）提出了一个能够预测航空事件中失事结果的模型，该模型使用人为因素和飞行信息作为输入信息，并应用了随机森林和人工神经网络算法构建模型，模型预测准确率高达90%。在构建完成预测模型后就可以将其应用于飞行操作风险评估、飞机维护预测、事故原因分析等。通过实时监控飞机的运行状态，并结合预测模型的分析结果，飞行管理人员可以提前识别潜在的风险，并采取相应的预防措施，如调整飞行计划、进行额外的维护检查等。除此之外，预测模型还可以辅助飞行员在复杂的气象条件下进行决策，可以提供风险评估，帮助飞行员决定是否推迟起飞时间或改变航线。在飞机维护方面，预测模型能够预测飞机各部件的剩余使用寿命，从而实现基于条件的质量维护，减少非计划性的停机时间。虽然飞行安全预测模型在理论上具有巨大的应用潜力，但在实际应用中仍面临预测模型的准确性受到数据质量、特征选择和算法性能的影响，以及如何将预测模型与现有的飞行操作和维护流程相结合等现实问题。未来的研究仍需进一步探索如何提高模型的准确性、鲁棒性和实用性，以及如何将这些模型更好地融入飞行操作和维护实践中。

人工智能与空中交通管理

（1）空中交通流量管理

人工智能可以通过增强决策支持系统（Decision Support System, DSS），在预测交通流量、优化资源分配和缓解拥堵方面发挥重要作用。德加斯（Degas）等人（2022）提出的描述性、预测性和规定性的概念框架进一步强调了AI

在决策过程中的应用潜力,尤其是在解释性人工智能(Explainable Artificial Intelligence, EAI)的帮助下,AI系统能够更好地被终端用户接受。此外,基斯塔(Kistan)等人(2017)从进化的角度概述了空中交通流量管理(Air Traffic Flow Management, ATFM)技术的发展,并讨论了未来相关技术演变所需的技术和监管演变,指出AI研发工作在实现更安全、更高效的流量管理方面的巨大前景。未来的研究方向将聚焦于提高AI系统的解释能力和进一步整合进现有的ATFM流程,同时随着无人机的普及,AI在无人机交通管理(Unmanned Traffic Management, UTM)中的应用也将成为研究热点(Kistan et al., 2017)。

(2)航班调度与优化

AI技术应用于航班调度与优化,不仅能够处理和分析大量复杂的数据,还能预测航班延误,优化航班路径,并提高整体的运行效率。此外,AI在提高航班调度的准确性方面也发挥着重要作用。AI系统可以预测和评估潜在的航班冲突,并提出有效的解决方案。在提高运行效率方面,AI算法能够实时调整航班计划,减少延误,并提高机场的运营效率,这对于降低航空公司的运营成本和提升旅客体验至关重要。虽然AI在ATFM中的应用前景广阔,但仍面临一些挑战,包括AI系统的决策过程的透明度和可解释性、AI系统必须能够适应不断变化的空中交通环境,以及数据隐私和安全性,这些都是在ATFM中应用AI时必须考虑的问题。

8.4.2 自动化飞行系统的风险与应对

飞行自动化系统通过集成先进的传感器、通信设备和控制算法,极大地提高了飞行的安全性和效率。然而,随着自动化程度的提高,系统的复杂性增高,可能会产生数据泄露,系统透明度和可解释性不足,以及影响飞行员在紧急情况下的决策和操纵等一系列风险。

数据隐私和安全

人工智能与机器学习等技术在自动化系统中的应用极大提高了航空运输的安全性和效率。然而,新技术的运用也带来了新的数据和网络安全风险,需要通过技术、组织和监管措施等多维度实施综合管理。

（1）无人机自动化系统

目前，随着无人机在国防、执法、灾难响应和产品交付等领域的广泛应用，确保其导航系统的安全性和数据的隐私性变得尤为重要。自主无人机依赖于无线通信网络和深度学习模型进行导航，但系统容易受到通信网络或深度学习模型的影响，这会导致窃听、中间人攻击、成员推断和重建的风险增加。为了解决这一问题，研究人员提出了结合强化学习（Reinforcement Learning, RL）和全同态加密（Fully Homomorphic Encryption, FHE）的方法来实现安全的自主无人机导航。通过在加密输入图像上执行推理，FHE允许在加密数据上进行计算，从而确保只有授权方能够解密导航结果（Shevchuk & Steniakin, 2023）。

在无人机数据共享方面，物联网云平台（Internet of Drones, IoD）系统通常用于管理和共享大规模的无人机数据。然而，如何在资源有限的无人机和开放、分布式的环境中保护高度敏感的无人机数据仍是挑战（Zhao et al., 2024）。研究表明，基于区块链的隐私感知数据访问控制（Blockchain-based Privacy-Aware Data Access Control, BPADAC）方案可以通过利用区块链和分布式哈希表（Distributed Hash Table, DHT）技术，实现对分布式、可信的无人机数据访问和存储。此外，BPADAC方案还设计了公开且不可否认的用户追踪机制，以防止用户密钥滥用和内部攻击。

（2）空中交通管理系统

随着无人机交通管理的引入，空中交通管理系统中数据的安全性、可扩展性和对安全数据的需求日益增加。针对此，阿克森（Axon）等人（2023）依托区块链、自学习网络架构和解释性人工智能等技术，初步构建了安全、可靠且可扩展的网络，通过案例研究，展示了联合学习无人机交通管理如何使用真实的空中交通和天气数据，并将其安全地解释给人类操作员。此外，在航空通信数据的保护方面，通过引入基于语义的可搜索加密方案，可以有效提高数据的安全性和传输效率。

飞行自动化系统的风险管理是一个需要综合考虑技术、人因和组织因素的复杂过程。通过有效的培训、设计透明度、人机协同和系统监控，可以最大限度地减少自动化系统的风险，并提高其在飞行操作中的应用效果。同时，加强数据安全与隐私保护措施，对于维护乘客和航空公司的信任以及遵守法律法规至关重要。

透明度和可解释性

（1）透明度和可解释性的定义

在飞行自动化系统领域的研究中，透明度被定义为一个过程，其中自动化系统或其设计者向利益相关者提供诚实且包含与系统行为、决策或活动原因相关的细节，并以利益相关者能够理解的抽象层次和形式呈现。这使得用户能够洞察系统内部的工作机制，理解数据是如何处理，以及系统是如何从输入到输出进行推理的。透明度的目标是建立并维护用户对系统的信任，尤其是在对安全性和可靠性要求极高的自动化飞行系统应用当中。在自动飞行系统中，透明度意味着系统的算法、数据来源和运行机制是明晰的，飞行员可以审查所有相关信息，以评估系统的可靠性和安全性。

可解释性是透明度的子集，指自动化系统的内部状态和决策过程对于非专家利益相关者的可接近性和理解程度，以及系统能够提供清晰、易于理解的解释，以帮助人类用户理解环境发生的情况以及机器代理为何以某种方式行动（Agrawal & Cleland-Huang, 2021）。在飞行自动化系统中，可解释性尤为关键，它直接关系到飞行安全和飞行员对系统的信任度。例如，当无人机在遇到障碍物时做出避障决策，一个具备可解释性的系统能够提供这种决策背后的逻辑和原因，从而增强用户对系统行为的理解与信任。

（2）自动化系统的透明度和可解释性

自动化系统中的透明度和可解释性是增强用户信任的核心要素，但一些系统往往缺乏向操作员清晰解释其决策过程的能力。不透明度可能导致飞行员对系统的行为和意图产生误解，增加操作风险。当飞行自动化系统透明度不足时，飞行员可能无法准确判断系统行为的可靠性和预期结果。这可能导致飞行员对系统产生不信任，从而在关键时刻拒绝依赖自动化决策，增加了人因失误的发生风险。例如，当飞行员无法理解自动化系统为何推荐特定的飞行路径或策略时，可能会选择不执行这些操作，即使这些操作是基于优化飞行性能和安全考量的。此外，缺乏可解释性也可能导致飞行员在自动化系统出现意外行为时无法及时做出适当的响应。在紧急情况下，如果飞行员无法迅速理解系统行为背后的原因，可能无法有效地控制飞机，从而导致事故发生风险增加。此外，不透明的自动化系统可能会掩盖潜在的设计缺陷或故障模式，使得飞行员难以发现和报告问题，并且还可能使系统难以满足监管要求，导致无法获得认证，从而限制其应用。

波音787梦想客机采用了先进的飞行管理系统，在设计时突显了自动化系统的透明度的重要性。该系统通过任务模型、分析模型和意图模型向飞行员提供全面的操作信息。任务模型显示当前飞行任务的详细信息，包括飞行计划、航路和高度。分析模型则展示了系统的决策过程，例如，飞行管理系统如何计算最佳飞行路径和油耗。意图模型则说明了系统的设计目的和操作意图，例如，如何通过优化飞行路径来节省燃料和减少排放。

图8.11 波音787梦想客机驾驶舱

资料来源：DeVries, P. D. (2008). Boeing 787 Dreamliner: Avionics and electronic flight bag. *International Journal of Services and Standards, 4*(2), 217–223.

通过这种透明的设计，飞行员可以清楚地了解系统的运行状态和操作逻辑，从而增强对系统的信任。例如，当飞行管理系统建议更改飞行路径时，飞行员可以查看分析模型，了解系统做出这一决策的依据和逻辑，从而更放心地接受系统的建议。

（3）自动化系统透明度的影响因素

自动化系统的不透明度是由复杂的算法、有效解释机制的缺乏、高度集成的系统架构，以及人的认知限制等多种因素造成的。自动化系统的核心往往依赖于复杂的算法，这些算法是实现数据处理和决策制定的基础。尤其是AI和机器学习（Machine Learning, ML）系统通常采用深度学习网络和强化学习策略这类高级算法来处理复杂的任务，这些算法的内部工作机制通常对非专业用户不可见，从而增加了系统的不可解释性。此外，透明度要求系统能够为其决策过程提供清晰的解释。然而，当前许多自主系统并未配备有效的解释机制，这使得即使在功能性安全得到保障的情况下，系统仍然可能受到质疑。这种缺乏透明度的情况可能会导致用户对系统的信任度下降，进而影响系统的整体接受度和可靠性。

目前，现代自动化系统往往由多个高度集成的组件构成，这些组件之间的交互关系可能极为复杂，不仅增加了理解系统行为的难度，也对系统的可解释性构成了挑战。认知神经科学的研究表明，在复杂的多机器人环境中，尤其是自主、移动且需要间歇性干预的环境中，人可能难以保持情境意识（Agrawal & Cleland-Huang, 2021）。因此，为了建立飞行员对自动化系统的信任，必须确保系统的决策过程的可解释性和透明度。

（4）自动化系统透明度和可解释性的建立

在空中交通管理系统中，通过整合区块链技术和解释性人工智能，可以显著增强空中交通管理系统的安全性与透明度（Axon et al., 2023）。区块链技术以其不可篡改的数据链网络，为无人机交通管理提供了一个可靠的数据基础设施，从而为飞行自动化系统带来了一定的透明度和可信赖度。

在智能自动驾驶系统（Intelligent Autonomous System, IAS）中，通过模仿人类飞行员的决策过程，能够执行超出现代自动驾驶仪和人类飞行员能力的飞行任务。这种系统的设计不仅提升了飞行的安全性，而且通过其可解释的决策过程，增强了飞行员对自动化系统的信任。

在小型无人机系统（Small Unmanned Aircraft System, SUAS）中，通过信息聚类、不确定性优先级、事件-行动故障避免等方法，能够提高小型无人机系统在复杂环境中的自主导航能力，同时确保人类操作员能够理解和监督无人机（Agrawal & Cleland-Huang, 2021）。此外，将逻辑推理与可解释性相结合，能使系统在执行任务时提供清晰的决策解释，这对于在紧急情况下增强操作员的决策能力至关重要。

技术失误和故障的风险应对

（1）技术失误与故障

自动化飞行系统中，主要的技术故障包括软件故障、硬件失效、自动化模式错误等方面：

①软件故障与传感器失效。在自动化飞行系统的架构中，软件负责执行复杂的控制算法和决策制定过程。软件故障，包括算法设计中存在的缺陷或数据处理的不准确，都可能对飞行系统的性能产生深远的影响。例如，算法设计中的缺陷可能导致飞行器在自动着陆过程中计算出不恰当的下降速率，而数据处理的失误则可能使飞行控制系统对外界环境变化做出不准确的反应。由此可见，软件层面的故障不仅增加了飞行器偏离预定飞行路径的风险，还可能导致整个控制系统的效能降低或完全失效。此外，在自动化飞行系统的运作中，多种传感器（如全球定位系统、雷达等）被用于环境感知和飞行状态判断。传感器的失效或其数据不准确可能严重妨碍系统对飞行器状态的正确评估，从而增加了飞行器发生事故的风险。由此可见，在无人机操作过程中应确保传感器数据准确，利用飞行轨迹数据分析方法来评估飞行技术误差。值得注意的是，即使是微小的传感器误差也有可能在飞行过程中逐渐累积，对飞行安全构成潜在威胁。

②自动化模式错误。自动化模式错误是指"由飞行机组采取行动或不采取行动，导致偏离组织或飞行机组的意图或期望"。自动化模式错误可能源于多种因素，包括但不限于飞行机组对自动化系统的误解、自动化系统的故障或异常，以及飞行机组与自动化系统之间的交互问题。例如，飞行机组可能未能正确设置自动驾驶仪的高度或速度，或者在错误的模式下执行自动化操作，这些都可能导致飞机状态异常，增加事故发生的风险。

（2）自动化系统故障管理与风险响应

故障响应是指在航空飞行中，当出现技术故障或意外情况时，系统采取的自我修复或调整的措施。有效的故障响应不仅涉及对系统异常的快速识别和隔离，还包括采取措施维持飞行器的稳定运行和性能。而故障管理则进一步涵盖了预防性维护、系统冗余设计以及对潜在故障的持续监控，旨在最大化减小故障发生的概率并控制其影响。

为了有效应对技术故障，飞行自主系统采用多种响应策略：

①系统重配置。在航天器的故障管理策略中，系统重配置是关键。它允许航天器在检测到故障时自动调整操作模式，以维持任务的连续性和航天器的安全。这种重配置通常涉及激活传感器、执行机构或处理器等备用组件，以替代已经失效或性能下降的主要部件。通过该机制，即使在部分硬件发生故障的情况下，航天器也能够继续执行核心任务，并保持在一个安全和可控的状态。系统重配置的过程通常包括以下几个关键步骤。

故障检测：航天器上的故障检测系统需要识别出异常行为或性能下降的硬件组件，通过实时监控关键参数、使用冗余传感器进行交叉验证或实施定期的自检程序实现。

故障诊断：一旦检测到潜在的故障，系统将进行更深入的诊断，以确定故障的性质和位置。其中涉及分析故障模式、影响及潜在的故障源。

故障隔离：在确定故障组件后，系统将采取措施将其从主操作模式中隔离，以防止故障扩散到其他系统部分，包括关闭故障组件的电源、断开其数据连接或将其从主控制回路中移除。

系统重配置：隔离故障组件后，系统将自动切换到备用组件，以恢复或维持关键功能。其中涉及激活备用传感器、启动冗余执行机构或切换到备用处理器。

性能恢复：系统重配置后，航天器将尝试恢复到其正常操作状态或进入一个安全模式，该模式能够保证航天器在等待地面控制中心进一步指令时保持稳定。

持续监控与适应：在系统重配置后，航天器将继续监控其状态，并根据需要进行进一步的调整，以适应新的操作条件和限制。

②故障检测与隔离系统。故障检测与隔离（Fault Detection and Isolation，FDI）系统是飞行自动化系统中的关键组成部分，目的是确保飞行安全和任务的成功执行。FDI系统包括一系列的策略、设计决策和要求，用于在飞行操作过程中检测、识别和响应航天器系统中的故障。该系统的设计旨在减轻故障对任务的影响，并提高航天器的可靠性和鲁棒性。FDI系统通常包含以下几个关键功能。

故障检测：实时监控航天器的关键子系统和组件，以识别任何偏离正常操作参数的行为，涉及对传感器读数、执行机构的响应，或系统内部状态的持续分析。

故障诊断：一旦检测到异常，系统将进行更深入的分析，以确定故障的性质和位置，包括使用算法来评估数据模式，识别故障的特定迹象。

故障隔离：确定故障源后，FDI系统将采取措施隔离故障，防止其影响扩散到其他系统部分，主要涉及关闭故障组件的电源、切换到备用系统，或调整系统配置。

故障响应：根据故障的性质和严重程度，FDI系统将执行预定义的响应措施，包括切换到安全模式、执行紧急程序，或通知地面控制中心以进行干预等。

故障恢复：在故障被隔离和控制后，FDI系统将协助航天器恢复到正常或降级的操作状态，这可能需要重新配置系统资源，或执行特定的恢复操作。

健康管理：FDI系统还可能对航天器整体健康状况进行持续评估，预测潜在故障，并在故障发生前采取预防措施。

③主动故障容错策略。在现代飞行自动化系统中，主动故障容错策略对于确保飞行安全至关重要。随着飞行器，特别是高超声速飞行器（Hypersonic Vehicles）的复杂性增高，在飞行过程中可能会遇到极端环境和操作条件，这增加了对飞行器控制系统可靠性的要求。而故障容错控制策略能够检测和应对飞行过程中的潜在故障，确保飞行器的安全运行（Zhao et al., 2024）。主动故障容错策略的核心在于其能够主动响应系统故障，通过利用状态观测器或历史数据，并结合控制理论（如滑模控制、最优控制和预测控制）进行故障诊断，控制器能够根据诊断结果做出相应调整，实现对系统故障的主动响应和处理。

第9章
安全文化对飞行安全的影响

2010年8月24日，北京时间21:38，一架ERJ-190飞机执行哈尔滨至伊春定期客运航班任务，在伊春林都机场实施进近的过程中，在跑道入口端外1100米处擦树，最终坠毁在跑道延长线690米处。飞机撞地后两台发动机、起落架脱落，左机翼断开，机身破裂，燃油泄漏并起火，飞机完全烧毁，造成机上96人中，52人受伤、44人遇难的特别重大航空器事故。事后调查发现，飞行事故的直接原因是机长违规操作，在能见度低于最低标准3600米的情况下仍然实施进近。同时，飞行机组在飞机撞地前出现无线电高度语音提示，且在未看见机场跑道的情况下，仍未采取复飞措施，继续盲目实施着陆，最终导致飞机撞地。这一空难事件深刻反映出航空公司安全管理薄弱、安全文化缺失的问题。

在过去几十年里，有关事故起因的理论经过技术时期、人因失误时期、社会技术时期，近年来发展到第四阶段，这一阶段通常被称为"安全文化"阶段。自20世纪80年代以来，安全文化对航空、航天、核电、石油化工等复杂社会技术系统的安全运行作用越来越受到重视。其中，航空安全文化、管理机制和飞行安全之间的关系问题已经成为当代许多发达国家航空安全管理领域中的一个重大且具有方向性的课题。所谓航空安全文化，是指航空组织成员关于安全问题的价值观、态度及行为方式的集合体，通过个体变量对组织安全保障和安全绩效产生深远影响。从组织事故发生的路径来看，不良安全文化影响各级防御措施中的人与设备，是造成各种潜在失效和现行失效的根本原因。因此，要实现航空系统的安全运行，不仅要从个体层面的心理选拔和训练出发，还需要从组织层面乃至社会层面的航空安全文化出发，通过管理使得航空系统成员具备良好的安全意识和价值观念。

作为现代航空安全管理的一种新型策略，航空安全文化对人因失误及飞行安全的影响已经得到了国际航空组织及众多航空企业的高度重视。本章将重点介绍安全文化的定义、理论模型和作用机制，航空安全文化的概念、维度和评估方式，航空安全文化对飞行安全的影响和建设路径以及中国航空安全氛围、航空安全文化的基本特征及其对飞行机组行为的影响。

9.1 航空安全文化

事故发生的偶然性、动态特性说明了安全规章制度在预防事故中的刻板性，而安全文化作为一种组织成员的核心价值观念，不仅能深刻地影响组织和个人的态度和行为，还为人们理解动态事故情境下个体与组织所扮演的先行变量提供了一个总体框架。人们对航空安全文化的关注起源于 1991 年美国国内的一场民航空难和哥伦比亚号航天飞机失事。1997 年，在美国国家运输安全委员会召开的国家运输安全会议上，航空安全文化成为独特且极显眼的主题。此后，安全文化逐渐进入了人们对航空事故分析的研究视野。本节将介绍安全文化的定义、理论模型、作用机制以及航空安全文化的概念、维度和评估方法。

9.1.1 安全文化概述

安全文化的定义

在安全管理领域，20 世纪 70 年代后，人们开始注意到安全态度、安全管理承诺对安全的影响。1986 年，切尔诺贝利核电站事故发生后，许多组织因素和社会因素进入安全控制研究视野，人们意识到仅靠规章制度并不能杜绝不安全行为，规章制度毕竟是有限的，而文化却能渗透到组织的每一个角落、每一层次上，使员工能够进行社会控制和自我控制。因此，国际原子能机构的核安全咨询组首次使用了安全文化的概念，认为安全文化是决定组织的安全与健康管理承诺、风格和效率的那些个体或组织的价值观、态度、认知、胜任力以及行为模式的产物。李和哈里森（Harrison）（2000）认为，对安全文化来说有两点是关键的：一是通过提供便利的工具来避免事故或伤害是组织中每个人的职责；二是角色行为与社会规范的强化相结合，有共同的期待或产生相同的生活方式，并传递给每一个组织成员。此外，操作者并不是孤立地完成他们的职责或与技术发生互动，而是作为一个植根于特定文化中的组织员工，以团队协作的形式开展工作。

由此可见，安全文化是指组织和个人所具有的特性和态度的总和，它首先保证作为操作系统的安全问题受到与其重要性相匹配的重视。英国健康与安全执行局进一步提出，单位的安全文化是个人和群体的价值、态度、观念、能力和行为方式的产物，它决定了对机构健康和安全管理的承诺，以及该机构的管理风格和熟练度。安全文化由两大部分组成：一是机制，由组织政策、程序和管理行为决定的框架；二是在此机制中工作且受益的个人和组织的集体反应，如价值观、信念、行为等。具体表现为人工产物、制度、精神、价值规范等4个层次的安全文化。其中，价值规范是最重要的，其他各层的目的就是使每个个体形成良好的价值规范，而价值规范的有效实现，离不开内在谦虚谨慎的工作态度、操作技术上的精益求精，以及组织鼓励个人在安全事务上的责任心和组织整体的不断自我完善。毫无疑问的是，安全文化建设是当今高科技、高风险企业生存与发展的基石，通过对安全文化中事故先行变量的有效评估，可以为人因失误的对抗和事故预防提供一个有效的预测性管理工具，从而为组织安全保健的维护和安全水平的提高起到重要的推动作用。

对于安全文化的研究，不同的学者给出了不同的定义。吴浩捷（2013）认为可以从4个角度来理解安全文化。第一，安全文化是由组织文化的概念衍生而来的，是组织文化中涉及安全的部分。正如伯恩斯（Byrnes）等人（2022）所说，安全文化是组织文化的一个子方面，会影响成员对组织健康和安全绩效的态度和行为。第二，安全文化在来源上具有多层属性。最直观的描述来自格兰敦（Glendon）和斯坦顿（Stanton）（2000），他们将安全文化分为三层，其中最上层的是人工产物，例如可直接观察到的行为、规章制度等；中间层次是信念与价值观，不能直接观察到，但可以依据人们的行为表现进行评估；最下层的则是基本意会层，个体意识不到，但又在方方面面影响着人们对于安全的看法和行为。第三，人在安全文化的感知中起到了重要的作用。奥斯曼（Osman）等人（2019）将其定义为与组织的结构相互作用以产生行为规范的共同价值观和信念。第四，安全文化具有多个维度。最具代表性的是库珀（Cooper）

（2000）将其分解为主观内部心理因素（安全氛围）、客观情境因素（安全管理系统）和可持续观察到的行为因素（安全行为）。

安全文化的理论模型

（1）安全文化的盖勒模型

真正的标准化的或者更完备的说明性安全文化模型是盖勒（Geller）（1994）提出的，他区分了安全文化中的3个动态的和相互作用的因素：人因，包括知识、技术、能力、智力、动机和人格；行为，包括遵守、训练、认识和交流；环境，包括设备、工具、机器、日常事务和环境的温度（见图9.1）。而且他提出了10个基本成分，形成安全文化整体性的基础。通过"5个过程或干涉范围"这些基本原理的功能得以实现。从根本上讲，盖勒应用的是行为主义的原理和社会学习理论。不过，该模型中没有说明所有成分之间的关系，也没有说明它们的优先级。

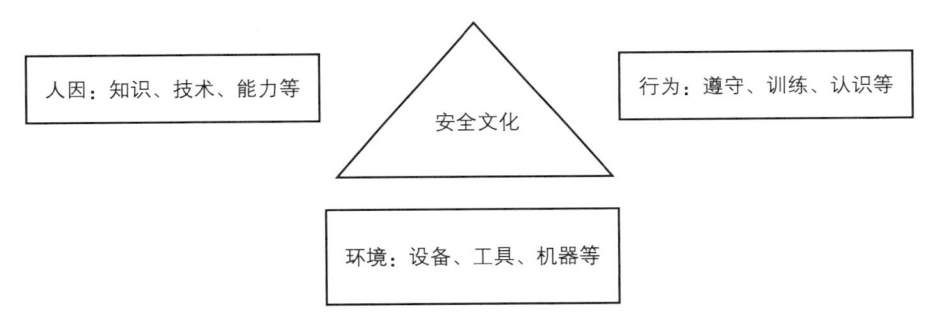

图9.1 安全文化的盖勒模型

资料来源：Geller, E. S. (1994). Ten principles for achieving a total safety culture. *Professional Safety, 39*(9), 18–24.

（2）安全文化的层次模型

一些学者认为安全文化或组织文化有不同的层次（Glendon & Stanton, 2000），最上层的是那些可观察到的人工产物，包括规章制度、故事、仪式、习语等；中间层次是信念与价值观，是人们行为的内在意向，是内隐的，但个体能够明确意识到，并且可以从各种行为中推测出来；最下层次的则是基本意会，个体意识不到，已经成为想当然正确和合理的（见图9.2）。盖德蒙德

（Guldenmund）（2000）根据文化模型对安全文化做出了解释，他认为基本意会在指导人们的行为，告诉群体成员如何观察、思考和感知事物。至于安全态度、行为、组织实践等都是基本意会在各个层次、各个问题上的具体表达。在高风险组织中，这些意会不一定就是针对安全问题的，但决定了人们对安全问题的看法。例如，一个人认为组织的规章制度是无效的，那么他对安全规章制度也是持否定态度的。同时，他对什么是安全的、什么是不安全的看法反映了人们对现实的看法；关于车间、隐患与环境卫生的看法以及在安全问题上花费的时间反映了人们的空间观；对人必犯错、有些人更容易出事故等看法反映了对人性的看法；在什么事情上应该发挥人的主观能动性、在什么事情上采取必要的等待反映了对人类活动的看法；人与人之间是竞争的、个人主义的还是合作的，对于他人的不安全行为采取什么样的态度，反映了关系的本质。

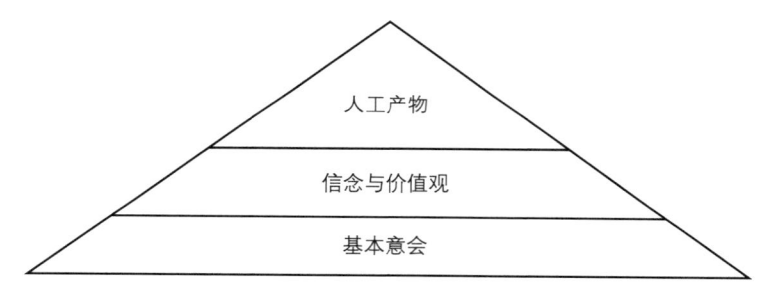

图9.2 安全文化的层次模型

资料来源：Glendon, A. I., & Stanton, N. A. (2000). Perspectives on safety culture. *Safety Science, 34*(1–3), 193–214.

（3）安全文化的交互作用模型

库珀（2000）在社会认知理论的基础上提出了安全文化的交互作用模型（Reciprocal Model of Safety Culture）（见图9.3）。它是继英国健康与安全执行局安全文化测量使用者指南和工具之后被广泛认可的一个模型。该模型认为，安全文化是由安全氛围（Safety Climate）、安全管理系统（Safety Management Systems）和行为（Behaviour）构成的。其中，安全氛围是安全文化的心理因素，指组织成员的安全态度、行为规范、价值观念以及员工对他们工作环境的总体意识，集中反映个体对安全的重视程度及其在工作环境中的作用；安全管理系统属于安全文化的情境成分，被认为是组织的结构内容，主要包括组织的安全政策、工作程序、报告体系、报酬体系、信息沟通机制和管理系统等方面；行为指认知因素，它体现了个体在安全操作中所必须具备的判断力、决策力、问题解决能力以及复杂情境中的应激水平。在这个模型中，主观的内在心理因素（如态度和感知）通过安全氛围问卷评估，实际与安全有关的行为通过检测清单评估，情境特征通过安全管理系统的检测或观察评估。这个模型是多层次的，人在安全管理系统、安全氛围和行为这三个维度中都存在。

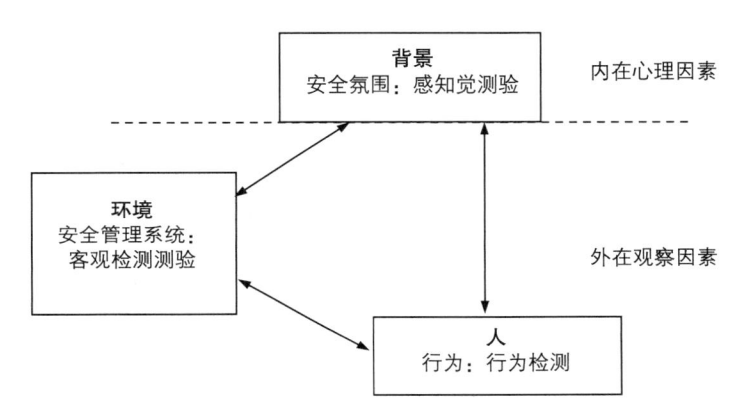

图9.3 安全文化的交互作用模型

资料来源：Cooper, M. D. (2000). Towards a model of safety culture. *Safety Science, 36*(2), 111–136.

（4）安全文化的态度模型

有学者根据探索性因素分析结果提出了安全态度模型。该模型以安全文化作为组织的核心价值观念，是以人们对安全及环境的态度而加以表征的。安全态度模型的结构由安全协调的有效性、个人职责、个人怀疑态度、个人对风险的抵御能力以及工作环境的危险性等5个维度构成安全文化的结构成分。同时，该模型提出了组织中存在的4种安全态度，如对硬件的态度，包括安全硬件和物质（有形）危险；对软件的态度，包括规范和程序、法规、安全管理和政策；对人的态度，包括所有工作人员、主管、管理者、安全委员会、专家、权威、协会；对风险的态度，包括危险行为和关于危险的规章制度。具体模型如图9.4所示。

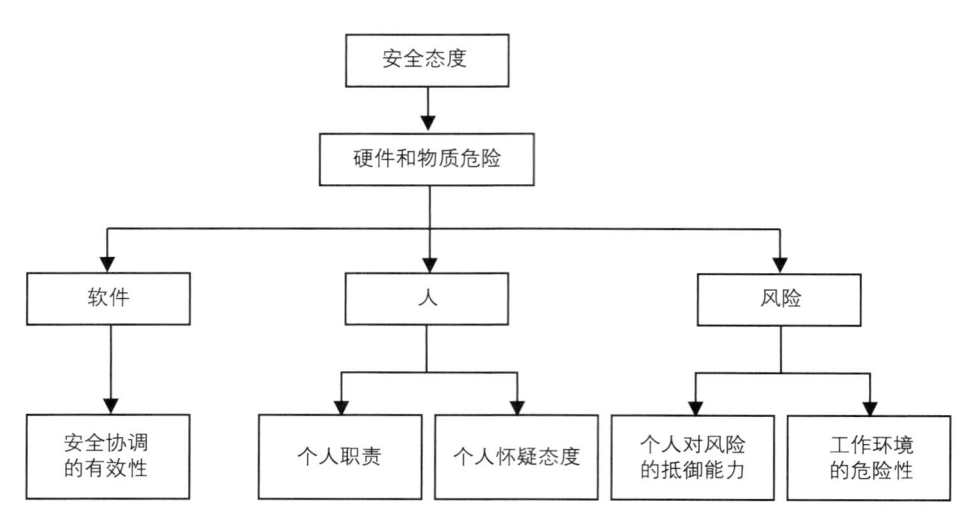

图9.4 安全文化的态度模型

资料来源：Cox, S., Cox, T. (1991). The structure of employee attitudes to safety: A European example. *Work & Stress,* 5(2), 93–106.

（5）安全文化的社会技术模型

格罗特（Grote）和昆兹勒（Künzler）（2000）提出了安全文化社会技术模型，强调认识安全文化的社会技术性质的重要性，并认为从社会技术系统的角度来看，在开发安全文化模型时，考虑人、技术和组织之间的相互作用是很重要的。安全文化依赖于两个关键假设：一是社会和技术子系统必须共同优化；二是系统具有从源头控制方差的能力。这两个假设使有效的安全管理系统（集成社会和技术方面）和团队的自我调节（能够自我管理）得以实现。同时，他们认为安全文化的社会技术模型应具有以下特征：一是物质特性（外显的，但难以破译），将安全纳入组织结构和流程，并对技术和组织进行联合优化；二是非物质特征（内隐的，被认为是理所当然的），安全应被整合到工作过程中的观念以及社会技术设计原则相关的规范之中。格罗特和昆兹勒使用了多种方法来衡量安全文化，包括问卷调查、专家访谈和安全审计期间的工作场所观察。他们发现，这些方法可用于加深人们对现有安全规范和价值的认识。这种方法在格罗特（2008）的研究中得到了验证，该研究围绕组织如何管理安全相关信息，将组织分成3种不同类型：生成型组织、固化型组织和病态型组织。生成型组织通常积极搜集信息，鼓励成员提出想法，安全责任是生成型组织内所有成员共同承担的责任，如果发生安全故障，就会展开全员调查。在固化型组织中，信息可能被忽视，新的想法可能引起问题，安全的责任虽然被划分，但安全故障会得到公平处理。在病态型组织中，举报者往往会被严厉对待，安全故障会被掩盖，新想法会被劝阻，安全责任会被忽视。为了发展有效的安全文化，组织需要努力成为生成型组织，避免成为病态型组织。

安全文化的作用机制

文化是一个组织对外适应和对内整合的机制。一个组织具有良好文化，管理者和员工都能很好地融入其中，将会产生更强的组织承诺，运行更有效率，也会有更好的效益。尽管组织可能拥有一个主流文化，但在整个组织中对相同主题的表达很可能存在着巨大的差异。在实际工作中，在对安全和效益进行权衡时，有的部门偏重于安全，而有的部门偏重于效益。重视安全的部门会在工作开始之前对所有的风险进行详细的评估，而重视效益的部门可能会为了提高生产率而忽视工作安全。不同类型的文化在组织中会出现安全现象多样化。

有学者发现，单纯的技术与设备的进步并不能杜绝事故的发生。无论安全控制成功与否，其关键在于人这一变量（Liu et al., 2021）。员工对安全的态度、价值观与卷入程度以及管理层的价值观（对员工福利的关注）、管理和组织实践（培训的充分性、安全设施的供应、安全管理系统的质量），以及沟通等文化因素影响了许多组织过程，从而产生与安全有关的结果，例如事故和事故征候。一切组织措施或安全措施的落实最终体现在员工行为上，不良安全文化作为潜在失效因素威胁组织的安全，而良好安全文化通过社会途径把员工的行为控制在组织期望的目标上，从而保证组织的安全运行。

安全文化包括许多重要的因素，如管理价值观（对员工福利的关注）、管理和组织实践（培训的充分性、安全设施的供应、安全管理系统的质量）、沟通以及员工对车间健康与安全活动的参与。这些文化因素影响许多组织过程，从而产生与安全有关的结果，诸如事故和事故征候。尼尔（Neal）等人（2000）的职务绩效理论提出了安全绩效模型，这一模型区分了安全绩效的内容、决定因素和绩效的先行变量。绩效的内容是给定职务涉及的与工作有关的关键行为。该模型包括两种安全绩效：安全遵守和安全参与。安全文化对安全绩效的影响受员工安全知识和激励程度的调节。安全知识与技能更多地影响安全遵守，而安全动机更多地影响安全参与。

里森（1997）则从组织事故发生路径的角度来分析安全文化对安全绩效的影响。他认为现代复杂社会技术系统发展具有以下 4 种特征：系统越来越自动化；系统越来越复杂和危险；系统越来越不透明；系统具备越来越多的防御设施和技术。由此，他提出了贡献因素（Contributing Factors）、潜在失效（Latent Failures）和现行失效（Active Failures）等概念。事故的发生存在多重原因（Multi-Causality），管理失效、人因失误、违章都是引起事故的前端因素，只有多种人因失误、违章或技术失效等在时间上重合，才能共同引发事故（见图9.5）。事故路径只有经过各级纵深防御系统才能产生严重后果，所有的环节也只受那些在整个组织中起作用的因素影响，安全文化就是其中最显著的因素。文化渗透到组织的每一个角落，也只有文化才能影响所有的防御系统，包括人与设备。

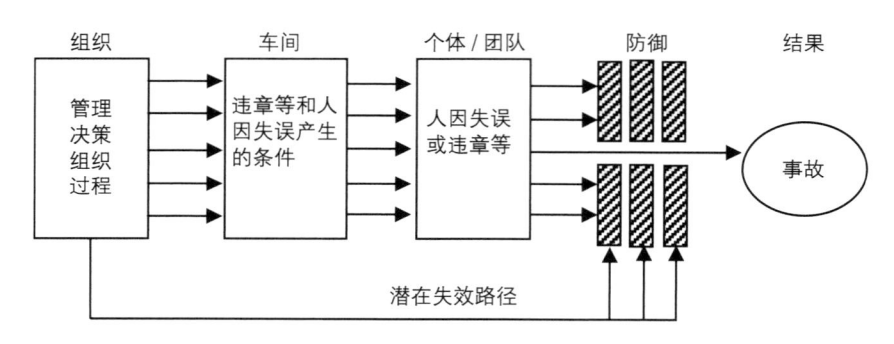

图9.5 组织事故原因模型

资料来源：于广涛，王二平，李永娟. (2003). 安全文化在复杂社会技术系统安全控制中的作用. *中国安全科学学报*, 13(10), 8–11+85.

安全文化是安全管理绩效的有效指标，能够预示对工作中危险控制的能力与结果。李和哈里森（2000）提出核电站安全绩效的指标包括：有效的沟通，目标及目标的达成手段在组织各个水平上的共同理解；良好的组织学习，组织适时地调节自己来确认变化并对变化做出回应；组织聚焦，使组织成员的注意力放在组织的安全与健康上；外部因素，包括组织的财政状况、经济环境以及组织体制的影响。这些指标并不限于安全问题，与组织安全文化的方方面面都有关。

9.1.2 航空安全文化

航空安全文化的概念

航空业对安全文化的关注源于 1991 年美国国内的一场民航空难。1997年，在美国国家运输安全委员会召开的国家运输安全会议上，安全文化成为独特且极显眼的主题。美国著名航空心理学家梅里特（Merritt）和黑尔姆赖希（Helmreich）（1996）提出，"文化是个体和自己所在团体里的成员共同分享的特定的价值观、信仰、礼仪、符号和行为，这些共有特征尤其在和另外一个群体作比较时表现出来。"在此基础上，黑尔姆赖希（1998）进行了进一步阐述，个体把对共同的安全重要性的信仰表现在自己的行为中，以及对"每个成员愿意支持组织的安全规范和为了共同的目的支持其他成员"这种观念的理解上。布鲁内勒（Brunelle）和博伊德（Boyd）（2023）认为航空安全文化是指在组织内优先考虑安全的共同价值观、信仰、态度和实践。它包括各级员工将安全置于其他目标之上的集体承诺。比斯贝（Bisbey）等人（2021）强调良好的安全文化促进有关安全问题的公开沟通，鼓励报告不安全行为并营造安全是日常运营中不可或缺的一部分。

虽然每个研究者对航空安全文化的理解有所差异，但是航空公司更像是大学和医院这样的组织，而不像一般意义上的公司，是因为它的核心是由大量高水平的专业人员和有专业知识支持的飞行员组成的。另外还需要注意的是，飞行员是有独特文化的群体，因为其工作环境特殊，经常在空间隔离的状态下工作，工作强度大且责任重大，社会外界对他们的了解不多。因此具体的研究定义虽然有差异，但是主体思想是一致的：航空安全文化是航空组织及其成员所特有的共同特征的集合，通过内在的信仰、价值标准、意会以及外在的规范、仪式、标志和行为体现出来。

航空安全文化的维度

对航空安全内涵的界定，每个研究因实际情况不同而有差异，即由其具体的内容维度界定。例如坎迈尔-米勒（Kammeyer-Mueller）和万贝里（Wanberg）（2003）提出了航空安全文化的 4 个维度：广而告之的文化、报告文化、灵活性的文化、学习型文化。弗莱明（Fleming）（2005）指出安全文化有管理承诺和组织透明度、组织沟通、生产效率和安全的权衡、学习型组织等 10 个成分。

布鲁内勒和博伊德（2023）在综述中总结道，良好的安全文化由以下因素构成：高级管理层注重安全；全体职员理解工作场所内的危险；高级管理层愿意接受批评并以开放的态度对待对立意见；高级管理层培养鼓励反馈的氛围；强调有关安全信息沟通的重要性；发扬现实的、可利用性的安全规则；确保员工受过良好的教育和培训，保证员工充分理解不安全行为的后果。

目前主流的观点是克雷默（Kramer）等人（2007）提出的航空安全文化的维度，包括以下5个方面：组织承诺（Organizational Commitment），一个组织的高层管理在促进组织安全文化发展方面一直被认为扮演关键角色；管理参与（Management Involvement），通过日常的接触可以在高层管理、中层管理和普通员工之间进行对安全的看法交流，从而进一步影响员工按规范操作以及安全操作实践的程度；员工权限（Employee Empowerment），错误可以定位在组织的任何一个层次，然而一线员工（例如飞行员）经常扮演防止错误发生的最后一道防线这类角色，对防止事故发生也是如此；奖励系统（Reward Systems），组织安全文化的一个关键组成成分是一种方式，在这种方式中，安全和不安全的行为都要被评价，而且，根据这些评价结果开展的奖赏和惩罚具有一致性；报告系统（Reporting Systems），"一个真实的安全文化的基础是它是一个报告文化"。一个有效、系统的报告需要在事故发生前定义安全管理的弱点和不足，在事故发生之前，组织前摄性学习的能力和自主性，以及根据指标和在类似的错误的基础上调整行为对改善安全至关重要。

李书全和钱利军（2009）系统梳理了航空安全文化的不同要素及运行模式。他们认为，航空安全文化包括精神文化（安全价值观、安全态度等）、制度文化（安全制度、标准体系等）、行为文化（行为规范、人机协调等）和物态文化（作业环境、物质保障等）4个子系统。此外，航空安全文化通过前馈和反馈两种方式指导安全实践。安全文化评价系统作为一种前摄性管理工具，以前馈方式指导企业对安全计划进行调整。自愿报告和事故分析系统构成航空安全文化运行模式中的反馈系统。反馈系统在安全事故发生后通过事故分析总结改进安全实践活动。如图9.6所示，该模式将安全文化诸要素置于安全文化模式的大系统中，全面地考察它们之间的互动关系及其对管理模式变革的影响。通过体系内运行机制的作用，促使航空安全文化管理水平提高，也通过影响员工行为进而影响企业安全绩效。

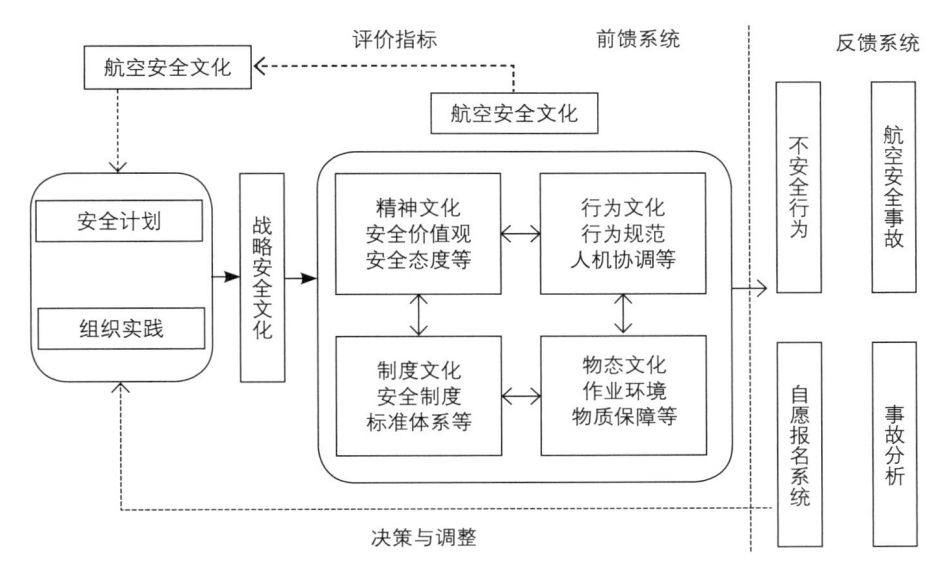

图9.6 航空安全文化运行模式

资料来源：李书全，钱利军. (2009). 航空安全文化运行模式研究. 中国安全科学学报, 19(9), 64–70+179.

航空安全文化的评估

安全文化作为组织文化的重要组成部分，是影响组织成员安全态度和行为的核心价值体系，通过个体变量对组织安全保障和安全绩效产生深远的影响。在安全态度与价值观层面上，利用问卷调查的形式探讨航空安全文化的结构成分，不仅揭示了安全文化现象背后的基本隐形内涵，同时也有助于我们理解特定文化因素在现代航空安全管理中的重要作用。近年来，对于航空安全问题的关注已经从人因失误的个体因素转移到安全文化的组织层面，这为航空安全管理水平的提高和飞行事故的预防提供了一个新的视角。然而，航空安全文化的概念至今仍然没有形成一个完备的内容体系，目前研究者大多站在个体的立场，围绕组织的安全态度和核心价值观来描述航空安全文化。事实上，航空安全文化作为组织和个体的态度、情感、价值观及行为方式的混合体，是职业文化、组织文化和民族文化相互作用的产物，它不仅包括意识层面的安全氛围，而且包括行为层面的安全操作技能以及组织层面的安全管理系统，单纯的态度和价值观念很难对其进行系统、准确地反映。有些学者认为基本隐形假设才是文化本身，应该深入挖掘这种文化现象背后的基本内涵，深刻关注文化的动态过程，充分认识其产生、形成和发展阶段的不同特征（游旭群 等，2008）。因此，要全面地评估航空安全文化，必须基于一个文化的完备模型，考虑它的多面本质，不能仅限于态度与价值观层次，还要把安全行为和安全管理系统的评估放在同样重要的位置。

（1）安全文化的评估方法

安全文化的评估方法包括量化评估法和质性评估法。量化评估法是用数字测量或高度标准化的程序，如采用问卷调查法、大数据分析法、模糊综合评价法等对安全文化进行评分。质性评估法则重在获取研究对象大量的、深入的信息，包括观察法、访谈法和案例分析等。

①量化评估法指的是按照某种标准来测定研究对象的特征数值，或对数量化的数据进行收集和分析，以揭示某些因素之间的数量变化规律。它以精确、客观的方式揭示安全文化的现状、发展趋势及存在的问题，为制定有效的安全策略和措施提供科学依据。安全文化领域常用的量化评估法包括问卷调查法、大数据分析法、模糊综合评价法。

问卷调查法旨在通过标准化的问卷工具收集和分析数据，以揭示社会现象、探究人类行为及其背后的原因。这种方法的核心在于研究者根据研究目的设计问卷，向特定样本群体发放，并通过受访者的回答来收集相关数据。问卷调查法的优点在于其标准化和可量化。调查问卷的可靠性和有效性往往经过科学的检验，研究者可以确保每个受访者都面对相同的问题和选项，从而保证了数据的可比性和一致性。此外，问卷调查法通常能够在短时间内收集到大量数据，且成本相对较低，使得研究能够更广泛地覆盖目标群体，提高研究的代表性和普适性。例如，有研究者采用自我管理的安全文化问卷对某地区大学生的安全文化进行了调查（Gong, 2019）。结果发现，大学生安全文化水平存在性别差异，女性的安全文化水平高于男性。此外，了解更多安全相关知识的个体的安全文化水平会更高。然而，问卷调查法也存在局限性。例如，受访者的回答可能受到主观因素的影响，导致数据存在偏差。此外，问卷设计的质量直接关系到数据的可靠性和有效性，如果问卷设计不当，可能导致数据质量下降，甚至影响研究结论的准确性。

大数据分析法融合计算机科学、数学、统计学等多个领域的技术，能够对规模巨大、多维度、高维度的数据进行处理、分析和挖掘，以揭示社会现象背后的深层规律和关联性。在数字化时代，各类在线平台、社交媒体等网络工具产生了庞大的数据集合，这些数据记录了大量有价值的信息。大数据分析法提供了更全面的数据样本，克服了传统方法样本数据有限的问题，使得研究结果更加接近真实情况。它还可以通过机器学习和数据挖掘技术，挖掘出变量之间的潜在关系，为社会科学研究提供新的视角和思路。例如，有研究者使用社交媒体数据对社会公共安全文化进行了评估，通过关键词筛选和提取的方式，收集了 2015 年至 2019 年间某平台上某地区所有涉及公共安全文化的用户文本数据，并运用情感分析和主题建模技术进行数据处理（Sujon & Dai, 2021）。结果发现，该地区大部分民众认为公共安全十分重要；然而，同样有较多民众对预防不安全事件的可能性持中立或消极态度。由此可以看出，大数据分析方法能够帮助研究者从更广泛、更全面的数据源中获取信息，得出更为精确和全面的结论。然而，该方法往往更侧重于数据的数量而非质量。在处理数据时，它可能过于关注数据的规模和覆盖范围，而忽视了数据的真实性和准确性。此外，大数据的复杂性和多维度性，导致很难准确捕捉和解释社会现象的深层含义和背景。

模糊综合评价法是在综合考虑与评价对象相关的所有因素的基础上，运用模糊变换原理和模糊数学理论来描述模糊信息，通过构建模糊评价矩阵和确定权重向量，计算各评价对象的模糊综合评价值，将专家定性评价转换为定量评分。该方法可有效处理评价过程中存在的模糊性和不确定性，使评价结果更加接近实际情况，并能够综合考虑多个评价因素，从而得到一个全面、系统的评价结果。例如，有研究者运用模糊综合评价法，建立了高校安全文化建设水平的模糊综合评价模型，并以此对某高校安全文化建设进行定量评估（Hu et al., 2022）。结果发现，使用模糊综合评价法得出的评估结果与实际调查结果具有高度一致性，证实了这种评估方法的可行性。不过需要注意的是，模糊综合评价法涉及模糊矩阵的运算和权重向量的确定，其计算过程相对复杂，需要一定的数学基础和计算能力。此外，在将定性信息转化为定量信息的过程中，可能会损失一些重要信息，影响评价结果的准确性。

②质性评估法。在安全文化的评估研究中，除量化评估法外，质性评估法也十分重要。使用质性评估方法时，研究对象通常被视为信息提供者，他们与研究者直接或间接互动，并且在讨论中使用他们自己的术语和概念描述观点。

因此，在质性评估中，可以获得研究对象用自身语言描述的大量深入的信息。常用的质性评估法有观察法、访谈法、案例分析等。

观察法是研究文化现象的有效方法。在自然条件下，通过对被试群体心理现象的外部活动进行有系统、有计划的观察，从中发现心理现象产生和发展的规律性。在对安全文化进行评估时，通常将观察法与其他定量研究结合起来，为理论构建和新理论的验证提供丰富的定性信息。例如，库珀等人（2019）开发了一个安全文化的评估工具，在对该工具相关标准有效性进行验证时，选取了实际的安全绩效作为效标。将观察到的重伤事件、急救次数、未遂事故数量等实际发生的安全事故与安全文化模型中提出的主题如安全领导、安全遵循等自我报告测量得分进行相关分析，以验证安全文化模型中各主题的有效性。观察法表面上看具有较高的生态效度，其不足之处是在未经控制的条件下，事件很难严格按相同的方式出现，因此观察的结果也难以进行检验和验证。同时，观察的结果也很容易受到观察者本人兴趣、愿望以及知识经验等的影响。

访谈法能够帮助了解人们心中的一些基本信念，可用于探讨个体对安全文化的理解，一般分为个体深度访谈和专家小组座谈。在对安全文化进行评估时，访谈法一般也与定量研究相结合，为定量研究确定关键主题，有助于对定量研究结果的解释。赵晓妮（2008）对中国民航领域安全文化进行了评估，在已有研究的基础上，通过对16名飞行员进行个体深度访谈，界定了中国文化背景下航空业安全文化的内容构成，提出航线飞行员职业文化、航空组织安全文化和驾驶舱文化3个独立的部分，并在此模型基础上编制了航空安全文化问卷，探讨了其对机组安全飞行行为的影响。访谈法能够获得研究对象大量深入的信息，对于理解和解释安全文化深层次的基本假设是有效的，但无法进行大样本访谈，同时需要巨大的经济成本和时间成本。

案例分析有时也会作为安全文化的评估方法，它要求对所分析的案例进行深入而详尽的观察与研究，以便发现影响某种行为和心理现象的因素。案例分析通常也与其他方法，如观察法、文献分析法等联合使用。例如，奈维斯塔德（Naevestad）等人（2019）基于挪威石油工业、北美铁路以及原子能机构3个组织的经验，探讨了如何将安全文化纳入监管工作，并提出11种影响安全文化的监管策略，以此促进组织改善自身的安全文化水平。案例分析的不足之处在于只使用了少量的案例，研究得出的结论也许仅仅适用于某类情况，因此在推广运用得出的结论或归纳更概括的结论时，必须谨慎。

（2）航空安全文化的评估工具

安全文化作为组织文化的重要组成部分，是心理、情境和行为因素相互作用的产物，其核心特征是通过组织成员对组织内部安全管理的态度加以表征的（Cooper, 2000）。因此，大多数航空安全文化的评估工具都建立在航空组织成员的安全态度上。

①管理态度调查问卷。基于现代航线飞行驾驶员的工作特性，美国航空航天安全人因项目首席科学家黑尔姆赖希等人建立起了旨在诊断航空公司飞行安全文化特征的评价工具——FMAQ 2.0。它不仅被广泛应用于全球46家国际知名航空公司的安全文化诊断，还成为了国际民航组织衡量各国航空企业飞行安全管理水平的一个重要工具（Helmreich, 2000）。FMAQ 2.0 由针对航线飞行员对各种组织工作状态评价的3个分量表所构成：本态度评价量表，由航线飞行员对训练、管理和团队协作方面的基本评价以及飞行员对组织氛围、工作及训练状况的满意度两个部分组成。其中航线飞行员对训练、管理及团队协作状况的基本评价包括20项评价内容，旨在考察飞行员对组织内部运行状况的直接评价；飞行员对组织、工作及训练的满意度评价由25个项目构成，主要涉及对工作状况个人主观感受方面的评价。评定等级分为极低、低、中、高、极高5个等级。飞行管理态度评价量表，由34个项目构成，重点考察和评价航线飞行员在日常的飞行安全管理，以及飞行驾驶工作中彼此间的交流协作状况、权利梯度大小以及对风险决策特性的评价。自动化驾驶态度评价量表，由17个项目构成，旨在考察现代航线飞行员是否因驾驶作业方式的改变而产生了对自动驾驶设备的过分依赖、骄傲及自满等消极态度。飞行管理态度评价量表和自动化驾驶态度评价量表均采用李克特量表计分。为避免被试的反应定势，部分题目是反向计分的。

②航空安全态度量表（The Aviation Safety Attitude Scale, ASAS）是亨特（2005）为了探明飞行员风险态度的结构成分，在调查美国样本的基础上建立的。最初的量表由描述飞行员及时决策情况和飞行期间飞行员操作行为的10种情境组成，采用李克特量表5点计分，共27个项目。经过因素分析后发现，考察飞行员仔细、谨慎预测事故的项目具有较高的一致性，而且与引发航空事件的确认因素呈显著相关，随后他又建立了新风险态度量表（The New

Hazardous Attitude Scale），共 88 个项目，由 6 个分量表组成，分别是形势判断测试、刺激和冒险量表、航空安全形势控制测验、风险意识量表、风险容忍度量表和风险事件量表。

9.2　航空安全文化与飞行安全

安全文化对于安全结果的重要性正如戈登等人（2007）、希（Chi）和林（Lin）（2022）所述，如果仅有安全管理体系，但没有真正的安全承诺或文化，那么该管理体系将不会有效，因为决策不会优先考虑安全。迄今为止，已有很多研究揭示出安全文化和安全结果之间存在着密切关系。在航空领域，飞行员的操作也是处于特定的文化情境之中，安全文化既具有民族的、行业的共性特征，又因企业的不同而有所不同，因此，职业文化、组织文化和民族文化会对飞行安全产生或积极或消极的影响。同时，安全文化不同要素的建设对飞行安全同样至关重要。本节将介绍航空安全文化中职业、组织和民族文化对飞行安全的影响，以及从精神、行为、制度和物态文化角度出发的建设路径。

9.2.1　职业、组织和民族文化对飞行安全的影响

职业文化

职业文化是在长期实践活动中，逐步形成并被大家认可和遵循的，带有职业特色的价值取向、行为方式、奉献精神和道德规范的总和，其核心内容是成员的群体价值观。从系统论的观点来看，职业文化是职业行为、职业规范以及职业精神组成的多层次复合体，这些多层次的要素形成了动态活力，影响着个体的心理和行为。有关飞行机组行为和态度的早期调查中，尽管人们意识到了飞行员职业文化的存在和表现形式，但是不能直接理解它对安全的影响效力。强烈的职业文化根源是非常明显的——飞行员在早期是极其危险的工作，其在战斗或者特技飞行中的行为让人们充满了敬畏感。为了保证这种高风险的尝试，要求个体具有一种强烈的坚韧性（Invulnerability）和效能感。正如丘吉尔对不列颠之战中女飞行员的描述一样，尊重和羡慕从青少年时代就已经产生，同时这也助长了少数人的骄傲情绪。个人漠视危险和坚韧性的这种情况在早期宇航员中达到了极点（所有被选拔出来的宇航员都来自在这种测试中等级较高

的飞行员），并且被定义为一种永恒的必要品质。

当系统地评估飞行员自身的工作态度和个人能力时，20 多个国家的 15000 名飞行员体现了一致性程度较高的飞行员文化（Merritt & Helmreich, 1996）。优秀飞行员表现出来的积极方面是非常热爱自己的工作，他们为自己的工作感到骄傲并对飞行工作投入了极大热情。测量 19 个国家的飞行员对"我喜欢我的工作"项目的反应，在 5 点量表上 1 是"非常不赞同"，5 是"非常赞同"。没有一个组的平均数低于 4.5，个别组的平均数达到了 4.9。

在消极方面，飞行员普遍认同他们会对压力（如对疲劳的忍耐），表现出不切实际的自我知觉。同时，飞行员报告他们的决策从未受到飞行意外事件的损害，以及一个真正职业的飞行员一旦进入驾驶舱就能将个人问题放在后面。有学者在内科医生和海员中也发现了他们同样存在不切实际的态度（Merritt & Helmreich, 1996）。研究小组成员在 CRM 研讨会上观察到了这种态度的行为结果。在这个研讨会上，一个飞行员提出"检查单是差劲和微弱的"。图 9.7 表明了飞行员职业文化对安全的积极和消极影响，职业文化中的积极因素能够使飞行员产生把握飞行各个环节的良好动机和职业自豪感，成为一名富有合作精神的机组成员。而像坚韧性这类职业文化中的消极因素则往往会导致飞行员对飞行安全措施、操作程序以及团队工作的漠视。

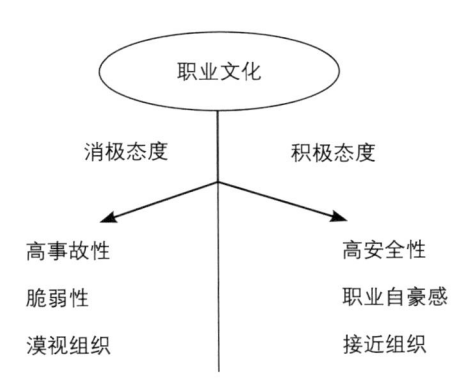

图9.7　飞行员职业文化对飞行安全的影响

资料来源：Helmreich, R. L. (1998, April). Error management as organisational strategy. In *Proceedings of the IATA Human Factors Seminar* (pp. 1–7). Bangkok, Thailand: International Air Transport Association.

组织文化

当前针对高科技领域中的事故及事故征候成因的调查正日益集中于组织文化的重要影响方面。英国著名心理学家里森（1990; 1997）在自己的研究工作中发现了组织文化在核电站、炼油厂等许多重大工业事故中的作用，如三哩岛和切尔诺贝利核电站事故。

首先，安全文化是组织通过主动搜集必要的飞行资料并采取积极的预防措施，以降低失误发生概率以及失误发生后果严重程度的一种工作状态（Merritt & Helmreich, 1996）。这其中包括实施有效的训练和在飞行实践中不断强化训练的效果，并且还要在操作人员和管理部门之间建立起一条对事故隐患进行交流的畅通渠道。其次，组织行为决定着个体为其组织工作的自豪感和满意度。尽管这种态度对安全水平的影响是间接的，但对维护和提高安全水平方面的作用的确是不容置疑的。当组织文化变得积极而富有影响力时，飞行员以及有关部门就会更加容易接受诸如CRM等新的理念及其相关训练，因此认真对待组织文化对于提高CRM和相关人因训练质量、维护航空安全水平具有十分重要的意义。组织文化对机组行为的影响，如图9.8所示。

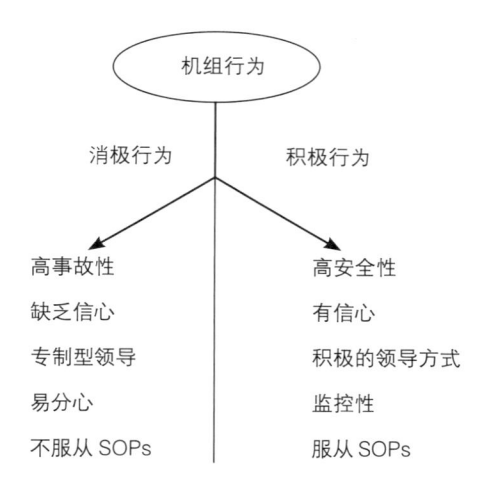

图9.8 组织文化对飞行安全的影响

资料来源：Helmreich, R. L. (1998, April). Error management as organisational strategy. In *Proceedings of the IATA Human Factors Seminar* (pp. 1–7). Bangkok, Thailand: International Air Transport Association.

民族文化

驾驶舱内没有文化差异的观点一直非常普遍，原因之一就是全世界的飞行员在驾驶舱内所执行的都是从一点安全飞行到另外一点的共同任务。然而，从所获得的资料来看，飞行员的工作方式会因民族文化的不同而产生显著差异，并且这种差异对于确保飞行安全具有重要意义。研究表明，民族文化中有3个维度对驾驶舱内机组成员的行为方式有显著影响，如图9.9所示。

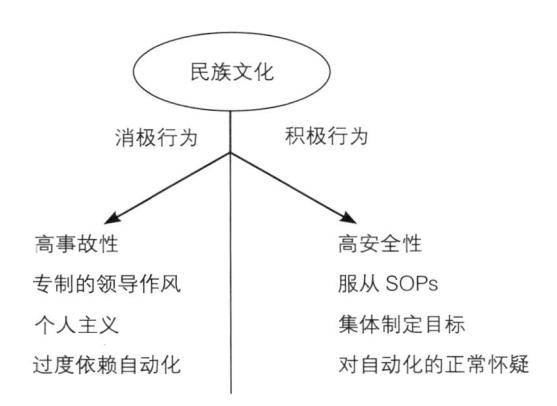

```
              民族文化
            /        \
      消极行为      积极行为
         ↓             ↓
      高事故性       高安全性
   专制的领导作风    服从 SOPs
      个人主义     集体制定目标
   过度依赖自动化  对自动化的正常怀疑
```

图9.9 民族文化对飞行安全的影响

资料来源：Helmreich, R. L. (1998, April). Error management as organisational strategy. In *Proceedings of the IATA Human Factors Seminar* (pp. 1–7). Bangkok, Thailand: International Air Transport Association.

维度1：权利梯度（Power Distance, PD），是指对上下级之间权利分配差异的认可程度。具体表现为下属能否对其上司的决策和行动以及领导方式（民主对专制）提出应有的质疑。它是影响驾驶舱内机组人员行为的首要因素。

维度2：个人主义与集体主义维度（Individualism-Collectivism），该维度可用来衡量和标识个体的行为方式在个人主义与集体主义文化上所表现出来的差异程度。

维度3：规则性-灵活性维度，又称规则和次序性维度，是指评价人们对于各种飞行规则和操作程序必要性的认识，以及遵守和执行这些规则的坚定性水平。

尽管威胁和失误管理在全球范围内都被普遍认可，但这并不意味着同样的CRM训练在土耳其和美国都能起效。为机组人员提供的关于失误管理的基本原理以及相关行为应对策略的描述，都需要放在与当前文化相一致的背景之下。例如，在个人主义、低权利梯度的文化背景中，如美国，年轻机组人员所表现出的自信和果断可以被当作一种有效的工作策略并舒适地实践。相反，若是在高权利梯度的文化当中，只是轻易地主张年轻人要自信而果断，则有可能被看作古怪而不切实际。另外，只有在被认为是保护组织（或团体内）利益，以及保全机长面子、阻止他继续犯错的情况下，果断的行为才能被接受。想要使训练策略适合文化背景，还有很长的路要走。我们看到，测试失误管理的工作对研究者和实践者来说都是一项挑战，并且跨文化合作在这个领域中将会是至关重要的。

从预防失误发生和维护飞行安全的角度分析，国家文化无好坏之分，是因为每种文化中都有影响实现飞行安全目标的积极、消极因素，但是某些组织文化特征将会影响人们维护航空安全的积极性，不利于在组织内部打造一个良好的安全文化氛围。拒绝或漠视威胁安全方面的信息称之为一种"病态的"企业文化。在这类组织中，唯一能够起到维护安全作用的主要是来自飞行员职业文化和国家文化中某些积极的因素。组织文化在安全维护过程中的作用显然没有得到充分的体现。从根本上讲，组织应在构筑一个良好的安全文化方面承担必要的责任，且应充分发挥职业文化和民族文化中积极因素的影响，根除其中的消极因素。

9.2.2　航空安全文化建设与飞行安全

近年来，作为提高飞行员可靠性的新型策略，安全文化对人因失误及飞行事故的影响在民航、通航等领域受到高度重视。安全文化作为一种组织成员关于安全问题的价值观、态度及行为方式的集合体，通过个体变量对组织绩效产生深远影响。因此，安全文化建设对于提高飞行员的可靠性、提升个体和组织的安全绩效至关重要。对安全文化进行建设，首先应梳理安全文化的不同要素和结构。大多数研究表明，安全文化有着不同的要素和层次，例如库珀（2000）提出的交互作用模型认为安全文化是由安全氛围、安全行为和安全管理系统构成的，分别示意安全文化的心理因素、认知因素和环境因素。安全文化的层次模型则将安全文化由内向外分为多个层次：最下层的是基本意会，指难以意识到的感知、观念和行为等；中间层是信念与价值观，是人们行为的内在意向，能被个体明确意识到,并且从各种行为中推测出来;最上层的是可观察的人工产物,包括规章制度、故事、仪式、习语等(Glendon & Stanton, 2000)。本小节借鉴航空安全文化模型(李书全,钱利军,2009),也将安全文化由内到外分为安全精神文化(心理因素)、行为文化(行为因素)、制度文化(环境因素中涉及政策、程序等的部分)和物态文化(环境因素中涉及物质保障、工作环境等的部分)4个要素,分别介绍如何通过这4个要素来构建安全文化,以此提升飞行安全水平。

安全精神文化建设与飞行安全

安全精神文化属于安全文化的心理因素,主要包括安全价值观、安全态度、安全操作意识、安全精神激励等方面。安全精神文化建设重在发挥安全文化的引领作用,有两种有效的方式:一是开展多元宣传,二是党建与安全相结合。

(1)开展多元宣传

孙雪松(2016)从内容和形式两方面探讨了开展多元宣传对安全精神文化建设的重要性。首先在宣传内容方面,要积极挖掘组织中优秀的基层员工,塑造有亲切感、"够得到"的正面典型,激发其他员工效仿学习。可开设"基层员工讲坛"等,通过自主学习、成效输出、互动提问来提升员工的安全意识和成就感。其次在宣传形式方面,充分发挥共享优势。利用新技术、新科技,创新培训宣传手段,打造跨业务、跨部门、跨地区的云交流等平台。还可以营造诸如员工沙龙、访谈活动等轻松互动的学习氛围,通过关怀身边人、身边事的方式,更有利于员工对安全文化理念的吸收和认同。

(2)党建与安全相结合

安全精神文化建设的第二种有效方式是党建与安全相结合。一项新时代中国民航安全文化建设研究显示,可以从3个方面发挥党建工作星火燎原的作用,不断提升安全文化的引领力。首先,应将党建工作覆盖到各个角落,创建"党建+安全"的安全文化推广模式,形成党建与安全文化建设深度融合的良好局面。明确安全文化建设的政治属性,解决人员思想上的问题。不断完善"党政同责、一岗双责、齐抓共管、失职追责"的责任体系,突出党政领导的责任。其次,应充分发挥党支部的堡垒作用,将党建工作深入一线,强化党支部的作用，促进党小组在班组层面的建设，引领并促进安全文化的正向发展。通过深入学习党史、航空发展史，传承和弘扬优良安全传统。最后，应当更好地发挥党员先锋模范作用，开展"党员身边无违章""党员安全示范岗"等评选活动，鼓励更多有共同安全信念的员工加入，树立榜样，进一步提升安全文化的引领力。

安全行为文化建设与飞行安全

安全行为文化属于安全文化的行为因素，主要包括领导安全管理、决策和指挥行为及员工的安全操作行为等。安全行为文化建设重在发挥安全文化的凝聚作用，有两种有效的方式：一是组织安全承诺，二是个体安全参与。

（1）组织安全承诺

组织安全承诺的核心要素是组织中各级管理者对于安全的重视程度。只有当管理者通过自身行动努力改善安全、践行对安全的承诺，而不是只为了遵守安全条例、使安全监管机构满意而去实施安全措施时，才能获得基层员工的信任，使他们对安全管理体系产生更为积极的看法（Gutzeit et al., 2021）。因此，各级管理者在开展安全管理工作时的态度与方法直接决定着单位的安全文化走向，应当以身作则、以上率下。只有构建良好的、富有亲和力的、能被广泛接受和认可，并让基层员工自觉自愿地为之努力的信任文化，才能让各种安全理念和任务要求深入人心，才能将风险与隐患约束在可控状态内。此外，在具体操作环节，也有一些措施可以显著改善组织安全行为文化，例如清晰、准确地向各级员工传达有关安全重要性的信号；认可并表扬他们的安全理念，积极反馈他们的安全建议，多方派遣参加安全培训；营造良好的学习氛围，鼓励引导飞行员、机务维修等安全关键人员分享信息，交流讨论。

（2）个体安全参与

安全行为文化建设的第二种有效途径是个体积极的安全参与行为。要提升个体的安全参与意愿，一个重要的因素是在组织中营造出良好的包容氛围（苏丹，2006）。只有建立一道道防线，才能最大限度地提高安全系数。当安全错误出现的时候，首先要查找管理上的漏洞，并堵塞它，使之不再犯同类的错误，再对人为原因进行分析，做出处理。处理要坚持公正处罚文化。对那些不负责任、明知故犯、有意造成错误的要严肃处理、给予处罚。但对那些积极努力、无意之中犯了错误的，只要本人讲清教训，并起到警示作用，就从轻或不予处罚。这有利于调动积极性，提高组织的凝聚力。在具体措施上，应建立航空安全自愿报告系统，以所有的飞行员都可能出错的平等和宽容的态度为出发点，鼓励各级员工将亲身经历的问题、所犯的差错、产生的困惑、置身于事件过程中的体验及时作报告（报告者不会因为自己的行为承担责任）。这既有利于及时发现隐患，把握安全状态，又能使这类安全信息得以广泛交流共享，使组织整体受益。

安全制度文化建设与飞行安全

安全制度文化属于安全文化的环境因素，是环境因素中涉及有关安全的政策、程序、体系标准以及信息沟通机制等的方面。安全制度文化建设重在发挥安全文化的约束作用，有两种有效的方式：一是制度标准化，二是强化执行力。

（1）制度标准化

推动安全制度的标准化一直是航空业安全制度建设的方向。赵博伦（2021）论述了我国民用航空安全制度建设目前可能存在的不足以及改进的措施。例如，模糊的监管事项、信息报告政策的不完备、实践评价方法的科学性不足，以及管理层在安全文化水平把握上的系统标准缺失，都亟待改进。特别是某些规章制度的表述不够清晰、奖惩规则不明确，甚至存在超出实际工作范围的情况，这些都影响了其可操作性。因此，提高安全制度的标准化和可操作性至关重要。关键部门如飞行部、工程技术部应重点完善安全规章制度，指导人员安全作业，优化安全管理工作。例如，飞行员和机务维修人员要持续优化完善清单工卡工作制度，最大程度地减少人为失误因素带来的安全隐患。另外，飞行部、航安部、工程技术部应分别制定各自的工作方案，细化具体措施，梳理完善各部门安全工作制度流程，用检查单式的各项措施确保安全生产有序进行。

（2）强化执行力

安全制度文化建设的第二种有效方式是强化安全制度的执行力。执行力的强化取决于事前的隐患排查和事后的责任落实（杨子俊男，张嘉昕，2023）。在事前的隐患排查方面，各级员工应当保持对潜在问题的敏锐洞察，定期开展安全隐患的深度排查与综合治理。对于发现的问题，应进行系统分类并归纳其潜在规律，剖析其产生的根本原因，进而制定出有针对性的防范策略，有效化解安全工作中的核心风险。同时，需制定详尽的整改方案，确保系统性改进的持续推进，并坚持实施闭环管理模式，确保每一项安全措施都能得到有效落实，从而不断优化、完善整个安全管理体系。在事后的责任落实方面，应明确认识到基层员工对规章制度的理解、认同和执行情况可能与实际需求间存在一定差距。例如，发现安全风险未能得到及时上报和处理、不安全的操作行为频发，以及出现不安全事件时相关责任方难以明确。这些问题都反映出安全制度在执行上的不足。为了解决这些问题，必须对无章可循、有章不循、遵章不严、违章不惩、追责不全、问责不力这六大典型问题进行严格问责。要在规章制度的刚性约束下，继续推进安全制度建设，通过构建有形的制度来塑造无形的安全文化，从而确保安全制度的全面、有效实施。

安全物态文化建设与飞行安全

安全物态文化也属于安全文化的环境因素，是环境因素中涉及有关安全的基础设施、物质保障、工作环境等的方面。安全物态文化建设重在发挥安全文化的激励作用，有两种有效的方式：一是构建物质奖励机制，二是提升心理幸福感。

（1）构建物质奖励机制

良好的物质奖励机制有助于激发各级员工遵守安全规定和流程的动力。霍志勤（2005）认为应当从4个方面对奖励机制进行细化，以此来提升安全物态文化建设水平。首先，为了激发飞行员、机务维修等相关人员自愿报告不安全事件的意愿，应明确公布自愿报告的奖励措施和相应的减轻或免罚标准，从而为自愿报告系统提供明确的制度保障。其次，任务绩效考核标准应基于考核目的进行细化，包括考核原则、内容和形式的清晰界定。同时，将考核结果与组织奖惩制度紧密结合，以正向激励为导向。再次，针对绩效考核体系，还应进行深度的解构与调整，特别是在奖励分配的时间节点上，需确保其更为合理、及时的反馈，能有效激励各级员工坚守职责、遵循制度、防范风险、主动进行安全参与。最后，在评优评奖、年终述职等环节中，应确保评选规则的高度透明并严格依照章程执行，以此增强各级员工的参与感，获得其广泛的信任与支持。

（2）提升心理幸福感

安全物态文化建设的第二种有效方式是提升员工的幸福感和获得感。葛新鹏（2023）认为可以从3个方面进行建设。首先，应当做好后勤保障服务，各单位应积极发挥党政工团的作用，深入了解飞行员、机务维修等安全关键人员的实际需求，确保他们的基本需求得到满足，如提供舒适的休息环境、便捷的餐饮服务，从而消除他们在休息、餐饮等方面的顾虑。在满足基本需求的基础上，应进一步关注他们的其他需求，并结合各单位的实际情况，提供更加多元化的福利，包括节日的慰问和福利发放、建设完善的体育设施以及组织各类团队活动，以增强各级员工的幸福感和归属感。此外，为了确保关键人员工作的稳定性和积极性，还应科学评估飞行员、机务等专业资质人员的待遇水平，构建合理的待遇体系，进一步提升关键人员的获得感，激发他们的工作热情和创新精神。其次，还应关注各级员工的心理健康状况。在新时代背景下，不仅要继承传统的思想政治工作和谈心谈话的方式，更应进一步构建全面的心理健康维护支持体系。这一体系应科学、系统地监测各级员工的心理健康状态，特别是对于关键岗位人员，需要实施定期的心理健康评估。同时，应提供及时的心理疏导和动态支持，增强他们的自我心理调适能力，确保关键队伍的稳定，为积极营造安全文化奠定坚实的基础。最后，应纾解从业人员的身心压力。针对安全关键人员，要结合实际情况优化排班管理体系，除了满足规章要求的上岗作业时间标准外，还要动态关注因排班不合理可能造成的人员疲劳和压力过大的情况，及时优化调整排班模式。同时要加大新技术在安全保障环节的应用，通过建立完善的综合安全管理信息系统，减少安全关键人员的重复性工作，这有利于他们将有限的精力投入到核心工作中，提升其自我实现的成就感。

9.3 中国航空安全文化的研究与实践

9.3.1 中国航空安全文化的结构研究

中国航空安全文化的结构

根据黑尔姆赖希的研究结论，赵晓妮（2008）认为安全文化受国家文化、组织文化和职业文化的制约。

在此基础上，赵晓妮（2008）建立了中国文化背景下的航空安全文化的结构模型，即航线飞行员职业文化、航空组织安全文化和驾驶舱文化3个部分，每个部分都由独立的内容构成。其中航线飞行员职业文化由职业自豪感、安全责任感和工作压力感3个具体维度组成；航空组织安全文化有5个具体维度，分别是组织承诺、组织安全态度、飞行员授权、报告文化和组织支持；驾驶舱文化包括权利梯度、交流协作、应激水平和自动化认知4个维度。结构方程模型检验结果表明，所有的回归系数都大于0.50，航空组织安全文化具有最高的标准化回归系数，即具有最高载荷值的是航空组织安全文化，航空安全文化成为3个维度中最能反映"航空安全文化"效度的指标，而职业文化维度的回归系数最小，为0.85。这也证实了黑尔姆赖希（1998）的结论，即航空安全文化受组织文化的影响最大。

中国航空安全氛围的结构

安全氛围是安全文化的一个组成部分，可以看作安全文化的即时展示、一种表面特征。安全氛围因子结构的确定，是安全氛围研究中最重要的环节之一，也是进一步探索安全氛围对安全行为影响机制的基础。高娟和游旭群（2007）在对中国航空安全氛围进行命名时，参考弗兰（Flin）等人确定的安全氛围的大五因子，并结合飞行时数2000小时以上的空勤人员和安全氛围研究专家的意见，确定了感知安全管理态度、感知风险、安全教育、感知压力和安全参与与交流等5个因子。其中，安全管理态度能够解释总体变异量的30%，是安全氛围中最有影响力的因子。研究者对安全氛围问卷进行了内部一致性信度分析，结果表明，问卷具有良好的内部一致性信度。同时，采用探索性因子分析和验证性因子分析两种方法，验证了问卷的结构效度，并确定了研究中安全氛围的因子结构。研究结果表明，该问卷满足作为空勤人员安全氛围状况的测评工具的基本要求。这为下一步探求安全氛围对安全行为的影响机制奠定了基础。

由于组织中工作经验及组织要求的不同，安全氛围的因子结构会有所区别。例如，感知风险与感知压力两个因子，一些学者将其列入安全氛围的因子结构中，而另一些学者则认为，安全氛围仅仅包含个体评估工作场所安全特性的因子，而对压力的感知不能作为安全氛围的因子结构。因此，有的学者将其作为中介变量对安全氛围与安全行为进行研究。安全氛围应该包括组织成员共享的关于工作环境的安全性，以及时刻的安全管理是如何被执行的。核设施安全委员会也从社会心理学的角度出发，将安全文化作为个人和群体的价值、观念、态度、能力和行为方式的产物。我们认为，对于工作和工作环境中危险性的知觉，以及由空间和时间紧迫性所造成的个体对于压力的感知也应该从属于安全氛围的因子结构中。另外，安全教育和安全参与与交流，当其属于组织的管理政策所明确要求的方面时，也应该作为组织层面的因子归入安全氛围的因子结构中。

9.3.2 中国航空安全文化对飞行员安全行为的影响

直接影响

赵晓妮（2008）从航空安全文化3个具体组成部分的角度出发，探讨了航空安全文化对机组安全飞行行为的影响，结果发现：飞行员职业文化和航空组织安全文化通过驾驶舱文化影响安全飞行行为，而航空安全氛围在驾驶舱文化对机组安全飞行行为的影响中起部分中介作用。航空安全文化影响安全飞行行为的4条路径及其总效应如下文所示。

（1）职业文化→驾驶舱文化→飞行行为，其总效应为：$0.48 \times 0.52 \approx 0.25$。

（2）航空组织安全文化→驾驶舱文化→飞行行为，其总效应为：$0.42 \times 0.52 \approx 0.22$。

（3）职业文化→驾驶舱文化→航空安全氛围→飞行行为，其总效应为：$0.48 \times 0.26 \times 0.48 \approx 0.06$。

（4）航空组织安全文化→驾驶舱文化→航空安全氛围→飞行行为，其总效应为：$0.42 \times 0.26 \times 0.48 \approx 0.05$。

研究证明了飞行员职业文化和航空组织安全文化通过驾驶舱文化影响安全飞行行为，而航空安全氛围在驾驶舱文化对机组安全飞行行为的影响中起部分中介作用。

间接影响

安全文化作为一种组织因素，除了对安全行为的直接影响外，还可能在人格因素、社会认知因素与安全行为关系间起调节作用。徐帅（2020）探讨了防御性悲观主义、飞行管理态度、安全文化与航空公司飞行员安全绩效之间的关系。研究结果表明，安全文化正向影响飞行员的安全绩效水平，此外，安全文化在防御性悲观与安全绩效的关系中具有显著的负向调节作用，随着安全文化水平取值的增加，防御性悲观对安全绩效的正向影响逐渐减弱。也就是说，在一个良好的安全文化环境中，人格特征对飞行员安全行为的影响会慢慢朝着此文化倡导的方向转变。

此外，安全氛围通常被认为是安全文化的一个组成部分，可以看作安全文化的短暂"快照"，一种当前的表面特征，同样在一些其他变量和安全行为的关系中具有上述类似的调节作用。有学者以 321 名中国商业航空公司飞行员为样本，检验了一个调节中介模型（Xu et al., 2022），在该模型中，飞行员的使命感与安全行为之间的关系以和谐的安全激情为中介，并受到安全氛围的调节。结果表明，使命感对飞行员的安全行为有直接的正向影响，这种关系部分地受到和谐安全激情的调节。此外，安全氛围对使命感与和谐安全激情之间的正向关系，以及使命感通过和谐安全激情对安全行为的间接影响具有负向调节作用。特别是，当安全氛围较低时，使命感对和谐安全激情的影响更大，对安全行为的间接影响也更大。类似地，有学者发现安全氛围在主动性人格与安全绩效的关系中具有显著的调节作用，较高水平的安全氛围减弱了主动性人格对安全绩效的正向预测作用（Ji et al., 2019）。换句话说，在安全氛围水平较高的组织中，即使是主动性人格特质较弱的人员也更愿意并且可能更加努力地提升他们的安全绩效。

9.3.3 中国航空安全文化的实践研究

游旭群等人与中国民用航空华北地区管理局、中国新华航空集团有限公司合作，研究系统诊断公司的安全文化特征，探求组织系统及飞行管理态度中存在的危及航空安全的负性因素，并对来自国内四家大航空公司的 872 名飞行人员进行了评估。评估工具由 5 部分构成。第一部分为基本态度问卷，包括飞行员对训练、管理和协作人员的基本评价，以及飞行员对组织、工作及训练的满意度；第二部分为飞行管理态度问卷；第三部分为领导风格问卷；第四部分为驾驶舱自动化态度问卷；第五部分为飞行员的背景资料。

研究发现：第一，安全文化与安全管理态度是用以衡量安全工作质量的重要尺度，对安全文化和安全管理态度的评价可以为开展人因训练提供科学依据，而飞行员飞行管理态度问卷是评价和诊断飞行员管理态度及航空公司安全文化特征的有效工具。第二，自动化驾驶依赖等因素与飞行员的风险意识密切相关，是影响航空安全的重要因素。第三，安全文化具有民族文化特征，参加调查的绝大多数飞行员都主张在飞行中与其他机组成员坦诚交流自身的状态、互相监控彼此的征候，认为良好的交流协作技能对于维护飞行安全来说，与纯熟的飞行技术一样重要。反映出强烈的集体主义精神，在这种氛围中，更容易实现机组内部有效的协调和交流，这种团队合作态度为CRM训练的开展打下了良好的基础。第四，安全文化受职业特征的影响，航空工业领域所包含的职业有很多种，如飞行员、乘务员、维修保养工程师、地勤人员、空中交通控制人员等，形成了不同的亚文化群，可称为职业和工作团体文化。这些职业通常有不同的文化标准。以飞行员和乘务员为例，即使他们在同一班机工作，但他们各自所具有的稳定的特征是不同的。第五，安全文化受组织特征的影响，组织文化在根本上塑造着工作人员对安全的洞察、对安全重要性的认识和安全行为。一个组织的安全文化是好是坏，有赖于组织对安全和利益之间冲突的经常性处理方式，以及它如何协调安全与利益之间的关系、如何看待不安全的界定等问题，同时，这在很大程度上依赖于对组织信息交流的模式。

近年来，中国航空安全文化建设受到越来越多的重视。2023年4月，中国民航局发布《关于加强新时代民航安全文化建设的意见》，指出民航安全文化是民航行业在民用航空安全实践活动中逐渐形成、占主导地位并为绝大多数安全从业者所接受的，对民航安全的态度、理念、价值观和行为方式、行为准则的总称。提出的新时代民航安全文化建设的11项主要任务，包括坚决贯彻总体国家安全观，牢固树立安全发展理念；大力弘扬和践行忧患文化，始终保持清醒头脑和高度警惕；大力弘扬和践行责任文化，促进安全责任压紧压实；大力弘扬和践行法治文化，提升安全工作法治水平和运行合规性；大力弘扬和践行诚信文化，提高行业安全管理自律度和美誉度；大力弘扬和践行协同文化，强化生产组织和安全管理的系统性；大力弘扬和践行报告文化，提升安全管理信息化程度和决策科学性；大力弘扬和践行公正文化，切实保护和激发干部员工的积极性、创造性；大力弘扬和践行精益文化，不断提升安全管理效能和设施设备适航性；大力弘扬和践行严管厚爱文化，做到惩罚和奖励并重、约束与激励兼顾；大力弘扬和践行求真务实文化，坚决反对形式主义、官僚主义等不良作风。这些任务是民航倡导并践行安全文化核心价值理念和主要价值体系的具体实践，综合衡量了民航各专业各领域的运行特点和安全要求，包括总体国家安全观、安全发展理念，以及责任、法治、精益等精神和要求，也包括国际民航组织提倡的报告、公正、诚信等得到普遍认可的国际民航安全文化，还包括忧患、协同、求真务实等中国民航优秀传统安全文化，尽量做到系统融合、兼容并包，并充分体现新时代行业安全文化基本特征。

第10章
飞行员心理选拔

2015年3月24日,德国之翼航空公司的一架空客A320-211客机在从西班牙巴塞罗那飞往德国杜塞尔多夫的途中坠毁在法国阿尔卑斯山,导致机上144名乘客和6名机组人员全部遇难。调查显示,事故是由副驾驶安德烈亚斯·鲁比茨(Andreas Lubitz)故意操纵飞机撞向山脉导致的。进一步的调查揭示,鲁比茨在事发前曾多次因抑郁症接受治疗,其精神状态存在严重问题。此案例突显了在飞行员选拔和管理中进行严格心理评估的重要性。

鲁比茨的抑郁症史如果能及时发现并有效管理,或许可以避免悲剧的发生。此外,飞行员的心理状况应定期进行评估,不仅仅是在选拔初期。在鲁比茨的案例中,尽管他有抑郁症史,但并未在持续的飞行生涯中得到足够的重视和监控。

通过对鲁比茨案例的深入分析,研究人员可以进一步了解飞行员心理品质对飞行安全的影响,推动航空心理学领域的理论研究和实践发展。航空公司和监管机构可以据此案例完善飞行员心理评估和管理制度,提升飞行安全性,减少人为因素导致的航空事故。该事故是一个典型案例,展示了飞行员心理对飞行安全的重大影响。通过加强飞行员心理选拔和持续地管理其心理品质,可以有效减少类似悲剧的发生。本章涉及飞行员心理选拔概述,飞行员心理选拔的内容、方法和标准,以及飞行员心理选拔的前沿技术与应用。

10.1 飞行员心理选拔概述

飞行员心理选拔是指通过一系列心理测评和评估方法，识别和筛选适合飞行员职业的候选者。其目的是确保候选者具备必要的心理素质，以应对飞行过程中可能遇到的压力、复杂决策和突发情况等。然而，飞行员心理选拔在不同时代有不同的要求，本节内容将介绍飞行员心理选拔的历史与现状、系统的建立以及未来展望。

10.1.1 飞行员心理选拔历史

心理学与人类的航空活动发生联系始于第一次世界大战时期。当人类在战争中将 20 世纪初才发明的飞机用于作战目的时，求胜的愿望使得作战双方都对飞行员的心理品质给予了极大关注。军事心理学家最初应用一些简单的心理学方法和测试挑选飞行员，显著提高了飞行员驾驶飞机的作战效率，由此揭开了飞行员心理选拔研究的序幕。

国外飞行员心理选拔历史及现状

以德国和美国为代表，军事飞行员心理选拔的主要内容体现在候选者的基本认知能力、心理运动能力和人格特征等方面。虽然各国空军在测验方法和解释标准上存在差异，但核心选拔内容基本一致。民航飞行员以执行航班飞行为主要任务，以机组成员协同作业为主要工作特性，其心理品质的要求与军事飞行员相比具有很大差异。在两次世界大战时，欧美各航空公司充分利用军方已经建立的选拔技术来改进民航飞行员的选拔流程。例如，美国联邦航空局发起的民航飞行员训练项目（Civil Pilot Training Program, CPTP）不仅为美国各大航空公司和飞行学校培养了大量的民航飞行员，还为后续的选拔标准制定提供了宝贵的经验。然而，随着美国进一步深度参与第二次世界大战，CPTP 也随之终止，这导致民航飞行员的选拔过程进入了一段停滞期。这一阶段的历史背景影响了后续飞行员选拔的标准和方法，使得民航飞行员的选拔体系在面对人才需求时显得更加紧迫和必要。

第二次世界大战结束后，航空心理学的研究逐渐开始关注军用航空与民用航空操作特征之间的差异。这一时期，研究者深入探索了飞行员心理素质要求的不同，例如，大五人格特征与特定的空间认知能力在军航和民航飞行绩效上的预测差异。这些研究为飞行员的选拔提供了新的视角，使得选拔标准更加科学和个性化。随着心理学的不断发展，研究者们开始重视与民航飞行员认知加工相关的通信干扰和信息传递问题。这些因素，包括地面塔台指挥员的指令传递及空地通信对飞行员信息加工能力的要求等，直接影响飞行安全和飞行绩效，进而对航班运营的整体效率产生重要影响。

虽然军事飞行员和民航飞行员在心理选拔上各有特点，但两者的选拔过程和心理素质要求的不断更新，充分体现了航空心理学在提升飞行安全和飞行效率方面的深远影响。未来，随着科技的发展与研究的深入，飞行员选拔将更加注重个体差异，结合心理学、数据分析等多学科的理论与方法，为飞行员的选拔与培训提供更为全面和科学的支持。这种转变不仅将提高飞行员选拔的有效性，还将促进航空领域的整体发展，确保飞行安全与效率的进一步提升。

我国飞行员心理选拔现状及存在的不足

我国民航飞行员心理选拔起步较晚。早期的中国民航是从空军方面衍生出来的，无论是管理风格还是飞行员选拔与训练基本沿袭了空军的模式，因而国内多数飞行员选拔测验的研究还是基于军事飞行作业特点所设计的，诸如视知觉速度、编码速度以及空间定向能力等，仅覆盖了民航飞行员部分心理品质，而对于民航飞行员所需要的机组协调与交流、自动化驾驶、风险认知与预防、决策、仪表飞行等方面的心理素质涉及甚少。直到20世纪80年代后期，中国民航局逐步建立民航飞行员选拔体系，并于1989年正式启用了自主研发的纸笔测试系统。同时，中国南方航空公司和中国民航飞行学院也先后于1994年和1995年引进了德国民航飞行员选拔系统。特别是1994年，中国民航局开始与德国宇航中心（Deutsches Zentrum für Luft-und Raumfahrt, DLR）和德国汉莎航空公司（LH）合作，开始将DLR/LH飞行员心理选拔系统修订为适合中国环境条件的飞行员心理选拔工具。另外，一些科研机构，如陕西师范大学、中国民航局医学研究中心也在本土文化基础上构建了既符合现代民航作业特征又适合中国飞行员心理和行为特征的心理选拔工具，取得了一定的研究成果。从国内民航飞行员选拔的实际来看，目前的选拔方式以考察候选者的身体条件为主，淘汰率为80%至90%，而飞行基本能力或个性测验在选拔中所占的分量仍然微乎其微。在目前的心理测试中，只进行一套简短纸笔测验，主要包括知觉速度和空间定向任务，淘汰率较低。从国内现行测验体系来看，还存在诸多问题。

（1）选拔内容缺乏效度

从目前我国民航飞行员心理选拔内容来看，主要存在以下问题：一是测试内容单一，过于注重一般能力/智力和人格特质的考察。塞尔斯特罗姆（Sehlström）等人（2024）采用判别分析探讨了哪些个性特征和适应性评估可能影响瑞典军事飞行学员顺利完成训练。研究分析了2004年至2020年间182名飞行学员（平均年龄24岁，标准差4.2，96%为男性，4%为女性）的相关信息。模型表明，个性特征如精力、职业动机、学习预期和领导潜力均有助于飞行学员完成训练。二是简单模仿的成分多，缺乏系统的文化适应性评价研究。大多数国内民航飞行员心理选拔测验是基于军事飞行员心理选拔内容或国外民航飞行员选拔内容而模拟构建的，这会导致作业特征差异和文化适应的问题。因此，国内研究者应根据我国的文化背景对我国民航飞行员的心理和行为特征做出更为系统的基础研究。三是以考察个体技术性心理品质为主，忽略了与提升机组作业绩效相关的心理品质（游旭群 等，2007）。现代飞行员选拔已不再过分关注候选人单独的操作水平，而是更加注重候选人在团队中的行为方式，包括AI组队。长期以来，对飞行员训练成绩的预测一直在我国飞行员心理选拔研究领域中占有主导地位。事实上，这种建立在飞行技术能力预测基础之上的飞行员选拔系统忽略了对候选者有效操作潜能方面的考察，导致一些潜在的人因失误影响因素未引入选拔测试系统。

（2）选拔手段单一

国内民航飞行员心理选拔测验大多采用单一的纸笔测验手段，这种测验具有实施简便、经济的优点，可在短时间内获得大量资料，特别适合大规模的团体测验，但它无法对候选者实际的行为表现进行测量，如言语表达能力、操作能力等。针对目前测验形式的局限性，将来心理选拔的测验应该选择更加多样的测试形式，注重计算机辅助性测验、仪器测试、行为观察、情境测验和结构化访谈以及个人自传等。

（3）选拔系统与训练系统脱节

国内无论是民航局还是各大航空公司，目前都已经充分认识到心理选拔对提高候选者淘汰率以及飞行驾驶安全行为的重要性，但是有关心理训练或人因技能训练的价值和作用仍然没有得到应有的重视。从世界范围来看，当今的选拔测验虽然在一定程度上降低了飞行训练的淘汰率，但在随后的高级飞行训练阶段以及后来的民航飞行中，人因失误所导致的事故率并未因现行测验的使用而显著降低。也就是说，一套好的民航飞行员选拔测验不仅要解决候选者能否通过飞行训练的问题，还必须为今后从 CRM 训练角度上根本解决潜在人因失误奠定一个良好的工作基础。

（4）缺乏统一的心理选拔系统

目前国内无论是自主研发的飞行员心理选拔测验，还是引进国外的成套选拔系统，均未形成一套内容和形式统一的心理选拔标准。这不仅给这些工具的信度和效度评估造成很大困难，而且严重影响了目前我国民航飞行员心理选拔工作的规范性和标准化。因此，为了更好地提高我国民航飞行员心理选拔的有效性，将来的研究应该系统地诊断和评估目前这些工具的科学性，准确识别各种测验的有效成分，以便整合成一套既符合从事民航飞行的共同职业标准，又适合本民族文化和社会经济发展状况的心理选拔系统。

10.1.2　中国民航飞行员心理选拔系统的建立

针对国内民航飞行员心理选拔过程中存在的问题，要建立一套有效且适合中国文化特点的民航飞行员心理选拔系统，应从以下几个方面着手。

第一，以安全为导向。随着现代航空技术的发展，飞行事故的成因与以往相比发生了很大的变化。在飞行事故统计中，由飞行员人因失误所导致的飞行事故或事故征候逐年增加，目前已占到事故成因的 60% 至 80%。因此，如何提高人的可靠性，最大程度上克服和避免飞行员失误的发生，已成为当今世界各国普遍关注的一个热点。以往研究发现，一些人格因素、认知因素和社会心理因素可对人因失误产生重要影响。因此，如果将上述心理因素结合起来选拔民航飞行员，这样获得的理论支持和实践依据显然更有科学价值。

第二，能力特征与心理状态相结合。影响现代民航安全驾驶行为的因素不仅涉及飞行员自身稳定的能力特征，而且还包含那些与驾驶操作环境密切相关的心理状态因素。事实上，心理状态具有深刻的情境依赖性和事件依赖性，会持续影响能力特征对驾驶安全行为的作用。换言之，飞行员能力特征对驾驶安全行为和工作绩效的预测效率在很大程度上取决于其心理状态水平。遗憾的是，长期以来有关飞行安全心理特征的研究从未对飞行操作情境中相关动态心理因素给予足够的重视。以往的研究要么只集中在静态、稳定的能力特征与驾驶行为绩效以及飞行员选拔训练的关系研究上，要么只从心理状态因素的个别变量，如情境意识、认知负荷以及情绪状态等单一因素对飞行员决策及失误的影响入手，无法从根本上阐明飞行员能力特征、驾驶心理状态因素与驾驶安全行为之间的内在机制（游旭群 等，2014）。因此，将民航飞行员心理选拔内容分离为稳定的能力特征和动态性的心理状态，无疑能更好地预测飞行员的驾驶安全行为绩效。

第三，人格特质与人格状态因素相结合。就人格对行为的预测研究而言，一直存在特质性与情境性的争论。特质论认为，无论个体处于何种情境，其行为模式均取决于其长期以来所形成的特质；而情境论则认为，不同情境下的行为不能仅从特质的角度理解，应该把它看成个体对情境事件的反应产物。事实上，行为是特质与情境交互作用的结果，特质可能只在与之相关的某个情境中获得体现，同样，某些情境也会反映出特质。显然，特质和情境因素对个体行为具有双重约束作用。也就是说，如果从对驾驶行为，特别是对飞行员可能出现的失误行为预测和诊断的角度看，应该同时关注情境性和特质性的交互作用。因此，在民航飞行员心理选拔研究中，应该考虑到这两大因素对飞行员失误行为的预测和诊断价值。

10.1.3 飞行员心理选拔展望

在当下航空业中，飞行员的角色已从传统的驾驶者转变为综合的管理者。这一转变不仅反映了飞行任务的复杂性和多样性，也对飞行员的选拔和培训提出了更高的要求。飞行员心理选拔也随之演变，以确保所选拔的飞行员不仅具备扎实的飞行技术，还具备良好的心理素质和团队协作能力。

（1）飞行员角色的演变

随着航空技术的不断发展，飞行员的工作内容和职责也发生了显著变化。现代飞行员的工作内容不仅仅是操控飞机，还包括对飞行过程的全面管理，涵盖风险评估、决策制定、团队协作及沟通管理等多个方面。这一转变促使飞行员的选拔和培训过程变得更加多元化。在动态且复杂的环境中，飞行员需要快速适应各种突发情况，包括机械故障、恶劣天气和其他可能影响飞行安全的因素。然而，就目前的选拔现状而言，缺乏真实情况下的作业绩效数据与选拔数据的关联是飞行员选拔研究中的致命缺陷。因此，评估飞行员在复杂环境下的表现变得尤为重要。

其次，优秀的飞行员不仅是技术的执行者，更是团队的管理者。研究表明，高情商的飞行员在危机情况下表现出色，能够有效沟通并协调机组成员的行动（Dugger et al., 2022）。此外，CRM培训的引入进一步强调了飞行员在团队环境中的角色，旨在提升团队协作和沟通能力，以应对复杂飞行任务的挑战（游旭群 等，2007）。因此，飞行员心理选拔的标准和方法也需要进行相应的调整，以适应这一变化。在心理选拔中应采用更加全面的评估工具，如情绪智力测试、团队合作模拟和压力管理评估，以确保其在压力环境中具有出色表现。

（2）心理选拔的多维度评估

在现代航空领域，飞行员的角色不仅限于技术操作，他们还必须在动态环境中担任团队领导者。因此，情商（EQ）在选拔过程中的重要性更加突出。高情商的飞行员能够敏锐地识别自己及机组成员的情绪变化，从而在关键时刻有效沟通，调动团队的积极性。研究显示，高情商的飞行员在遇到危机时，能够通过积极的情感管理策略，缓解团队的紧张氛围，提升决策的效率与质量（Dugger et al., 2022）。这种能力在紧急情况下尤为重要，因为机组成员的心理状态直接影响飞行安全和应急响应能力。此外，压力管理能力的提升也是飞行员选拔的重要组成部分。高压环境下的飞行操作要求飞行员能够迅速评估情况，做出精准判断。因此，航空公司逐渐引入高仿真的压力模拟测试。这些测试能够创造出真实飞行过程中可能遭遇的各种紧急情况，如设备故障、气候变化或其他突发事件，评估飞行员在这些情况下的表现。通过观察他们的决策过程、沟通能力以及在压力下的应对方式，航空公司能够更全面地了解候选者的心理素质。

这种多维度的评估方法不仅有助于提高飞行员心理选拔的科学性与有效性，还为航空安全奠定了坚实的基础。选拔过程中，心理评估与实际操作能力的结合，确保选出的飞行员不仅具备扎实的技术能力，还有出色的心理素质。这种综合考量能够有效降低产生人为错误的风险，从而显著提升飞行安全水平。

（3）数据驱动的选拔工具

近年来，数据科学和机器学习技术的引入为飞行员心理选拔提供了全新的视角和工具。通过分析历史数据，航空公司能够识别出成功飞行员的共同特征和模式。这些数据驱动的评估工具不仅能分析飞行员的个人背景和心理特征，还能综合考虑其飞行表现和应对压力的能力，从而实现全面的评估。具体而言，航空公司可以利用机器学习算法对大量的选拔数据进行分析，找出那些与飞行表现显著相关的因素。这种方法使得选拔流程更加科学和系统化，能够减少人为偏差，提高选拔的准确性。例如，通过聚类分析，可以将候选飞行员分为不同的群体，识别在特定条件下表现优秀的潜在飞行员。此外，数据驱动的选拔工具还可以实时监测飞行员的表现，持续更新和优化评估标准。这种动态调整的能力，使得航空公司能够根据最新的行业趋势和技术进步，不断改进选拔流程，确保筛选出适应不断变化飞行环境的优秀人才。

（4）效标的演变

在飞行员心理选拔的效标方面，除了技能评估，越来越多的研究开始关注飞行员在复杂和动态环境中的表现。例如，情境适应性评估工具的引入，旨在评估飞行员在实际飞行过程中如何应对变化和不确定性。这种评估方法更贴近真实飞行环境，可以更准确地预测飞行员在实际工作中的表现。此外，研究者也开始关注飞行员的心理健康状况和职业倦怠问题。因此，在心理选拔中，评估飞行员的心理状态和应对压力的能力也逐渐成为重点。

（5）未来的发展方向

未来，飞行员心理选拔的研究将更加注重跨学科的合作。心理学、数据科学和航空工程等领域的结合，为飞行员选拔提供了更全面的理论基础和实践指导。此外，随着人工智能技术的发展，自动化评估工具的应用将成为趋势。这些工具能够实时分析飞行员的表现，提供即时反馈，帮助飞行员不断提升技能。同时，随着全球航空市场的变化，飞行员的选拔标准可能会因文化背景和工作环境的不同而有所调整。不同地区和文化对团队合作、沟通方式和压力管理的理解与要求各不相同。因此，针对不同地区和文化的选拔方法和评估工具也将成为研究的重点。这不仅有助于确保选拔过程的公平性和有效性，还能增强飞行员适应多元文化工作环境的能力。在这种背景下，研究者需要深入探讨如何将文化因素融入心理评估工具中，以便更好地评估飞行员在特定文化和工作环境中的适应能力。

总体而言，飞行员心理选拔的研究正在向更全面、更科学的方向发展。从传统的技能评估到如今对非认知能力、情绪智力和适应能力的关注，飞行员选拔方法的演变体现了航空业对飞行员素质的更高要求。未来的飞行员选拔将会更加依赖数据分析和先进的评估工具，为航空公司培养更优秀和安全的飞行团队。

10.2 飞行员心理选拔的内容、方法和标准

心理选拔是候选人进入飞行职业的必要环节，在飞行选拔中占据重要地位。通过飞行选拔，可以对候选人的相关心理品质进行检测，进而选取符合飞行职业需求的飞行学员。这对于降低训练成本、实现飞行安全的提质增效具有重要意义。本节将以往飞行员心理选拔的内容、方法与标准进行归纳、梳理，以期为飞行员心理选拔过程的优化提供新的视角。

10.2.1 心理选拔的内容

人格选拔

（1）人格特质

彭聃龄（2019）提出，人格是构成一个人的思想、情感以及行为的特有模式，这个独特模式包含了一个人区别于他人的稳定而统一的心理品质。因此，人格具有稳定性、整体性、独特性以及功能性的特点。更为重要的是，人格特质对行为的影响可以通过特定的环境得以显现。在充满压力与挑战的飞行作业条件下，人格特质对于飞行安全的作用不容忽视。

美国联邦航空管理局于2019年发布了技术报告《飞行员选拔中的最佳实践》（*Best Practice in Pilot Selection*）（Broach et al., 2019）。该报告回顾了以往飞行员选拔的有关研究，指出人格测试是选入（Select In）阶段的主要内容之一，并且明确了人格特质的预测效力。布罗伊尔（Breuer）等人（2023）在探讨人格特质在飞行选拔中的作用时，归纳了7类人格特质，依次为外倾性、神经质、尽责性、开放性、宜人性、自信和特质焦虑。其中前五项是大五人格的主要组成部分。元分析结果显示，尽责性可以正向预测飞行训练结果，而神经质

起到负向预测的效果（Breuer et al., 2023）。与大五人格类似，卡特尔 16 种人格因素从乐群性（A）、聪慧性（B）和稳定性（C）等 16 个方面阐述了个体的人格特征。此外，主动性人格能够影响飞行学员的风险知觉和情境判断进而影响飞行安全，因此，在飞行选拔中有必要对候选人进行主动性人格测试。

戴琨等人（2010）基于航线飞行员的作业特征，结合先前的人格量表和访谈结果，编制了可应用于飞行选拔的航线飞行员人格量表。该量表由航线飞行员特质分量表和航线飞行情境人格量表两部分组成。其中，航线飞行员特质分量表包括高稳定－低紧张、活跃性、敢为性和低忧虑性 4 个因子，而航线飞行情境人格量表由情境适应、协作沟通、自主决策和管理支配四因子构成。

（2）人格倾向

人格倾向是人格中的动力结构，也是个性结构中最为活跃的因素，决定了个体对客观事物的态度和行为对象的选择，并制约着个体的全部心理活动。人格倾向主要包括动机、价值、理想、信念等因素。随着有关动机因素与绩效关系的研究的深入，动机在飞行选拔中受到的重视也越来越多，一系列用于动机测试的工具和方案被不断更新。美国明尼苏达大学受委托开发了一个飞行员选拔系统，该测试包括认知、态度、人格等多个测试模块（Forsman, 2012）。其中，学业动机（Academic Motivation）通过学业动机量表（Academic Motivation Scale）进行测量。后续开展的实证研究验证了该量表的有效性。美国空军开发了一种自我报告测试用于测量飞行学员的飞行动机（Trent & Rose, 2021）。在对收集到的 16911 份量表进行分析后，发现该量表在信度、预测效度和结构效度等方面的表现非常优异，提示该测试不仅可以用于飞行员选拔，还具备提升选拔效率、降低选拔成本、扩大选拔范围的潜在可能性。

我国一直以来都非常重视飞行员的动机选拔。傅双喜（2000）研制了招飞心理选拔评价系统，该系统主要包括飞行员基本能力、特殊能力、情绪稳定性、飞行动机、人格特征等内容。其中，飞行动机由 6 个分量表测量。我国出台了《中国民航运输航空飞行员技能全生命周期管理体系建设实施路线图》，该路线图的特点之一便是根据中国特色的管理实践扩展传统胜任力，同时引入自我概念、特质和动机等要素，关联引申至心理和作风（中国民用航空局，2020）。

（3）人格障碍

与情绪、情感不同，人格特质是具有稳定性的，能够长期影响个体各方面的行为。然而，一些人格特质也可能发展成人格障碍，使得个体丧失灵活性和适应性，并对他们的工作能力以及社交能力造成长期性、普遍性的损害。精确地诊断人格障碍并非易事，对人格障碍的分类也常受到一些实证数据的质疑。为进一步规范和统一人格障碍及其他精神障碍的诊断和分类，中华医学会精神分会（2001）发布了《中国精神障碍分类与诊断标准第三版》，对一些主要的精神障碍进行了分类。其中，人格障碍被划分到人格障碍、习惯和冲动控制障碍、性心理障碍类别下。根据《中国精神障碍分类与诊断标准第三版》提出的分类标准，人格障碍主要包括以下9类，分别为偏执性人格障碍、分裂样人格障碍、反社会性人格障碍、冲动性人格障碍（攻击性人格障碍）、表演性（癔症性）人格障碍、强迫性人格障碍、焦虑性人格障碍、依赖性人格障碍，以及其他或待分类的人格障碍。

当前，美国已经将人格障碍列为飞行员选拔的重要项目之一（King，2014）。在淘汰阶段，主要采用心理测量等方式来评估候选人的精神障碍。值得注意的是，心理测量只能对候选人的精神健康状况做出初步的诊断。在得出正式结论之前，还需要进行更加全面的心理学或者精神检查。心理测量使用的是第二版明尼苏达多项人格量表（Minnesota Multiphasic Personality Inventory-2，MMPI-2）。MMPI-2包括效度量表、临床量表、补充量表和内容量表，其测量范围涵盖疑病症、抑郁症、焦虑等多类精神病症。在实际应用过程中，FAA将MMPI-2测量的划界分数设定为95%，一旦候选人的分数超过设定的阈值，就需要对其精神健康状况进行更加全面的检查。

我国针对人格障碍的选拔起步较晚，目前对此高度重视。郎晓光等人（2016）回顾性分析了10年间（2005年6月至2015年6月）在空军总医院住院诊治的126例飞行人员精神障碍类疾病的临床资料。研究结果显示，飞行不合格精神障碍类疾病的前3位分别为无精神病性症状的抑郁、恶劣心境以及适应障碍。我国空军特色医学中心于2019年发布了《空军飞行学员医学选拔边缘问题航空医学鉴定专家共识》，在精神科部分指出，不伴发神经症、应激相关障碍、躯体症状及相关障碍、心境障碍、冲动控制障碍、人格障碍倾向的单纯咬甲行为，结论为合格，并要求人格障碍按照国际疾病分类或《精神障碍诊断与统计手册(第五版)》诊断,而非症状学诊断(邹志康 等,2019)。

社会认知选拔

(1)社交胜任力

社交胜任力(Social Competence)被定义为有效处理人际社交的能力。具体而言,拥有良好社交胜任力的个体能够与他人相处融洽,形成和维持亲密的关系,并在社交环境中以恰当方式做出回应。在飞行作业过程中,社交胜任力对于机组之间的沟通、交流尤为重要。FAA发布了一份有关飞行选拔的技术报告,指出为进一步提升驾驶舱内的交流与合作,在飞行选拔过程中应该对社交胜任力测试予以重视(Broach et al., 2019)。

德国宇航中心(DLR)开展了一项与社交胜任力有关的研究。该研究在初始飞行员选拔中使用了人际胜任力问卷(Interpersonal Competence Questionnaire, ICQ)、气质结构量表(Temperament Structure Scales, TSS)、社交技能量表(Social Skills Inventory, SSI)以及评估中心(Assessment Centers, AC)等,发现AC评分与选拔成功的相关性最高(Hoermann et al., 2007)。其中,ICQ涵盖人际与关系的启动、个人利益主张、个人信息自我公开、他人的情绪指出和人际冲突管理5个分维度,TSS包括外向性、支配性和同理心等10个维度,SSI由情绪表现力、情绪敏感性、情绪控制、社交表现力、社交敏感性以及社交控制6个维度构成。不同于量表测试,AC包含了4种与飞行员行为有关的演练,反映了合作、冲突管理、同理心、自我反省、主动性、灵活性和压力抵抗7个维度的状况。之后,DLR进一步探究了飞行员社交胜任力选拔中的评估问题,发现新引入的SSI量表与传统测量方法AC在相关概念评估的系统性差异上是一致的,因此,DLR建议将SSI测量作为传统社交胜任力选拔的附加部分,而非取代原来的选拔工具(Hoermann & Goerke, 2014)。马丁努森(Martinussen)(2014)回顾了DLR在飞行员社交胜任力选拔问题上所进行的研究,认为在将TSS等测量方法纳入飞行员选拔系统之前,DLR还需考虑以下两点问题:一是需要进一步检验TSS对长期飞行绩效的预测的有效性,二是需要检验认知能力与社交胜任力之间更为复杂的关系。

(2)危险态度

美国安博瑞德航空航天大学(Embry-Riddle Aeronautical University, ERAU)

的研究人员提出了飞行员的5种危险态度，分别为反权威性、冲动性、坚韧性、男子气概以及屈从性。此后，FAA构建了用于确定飞行员危险思维模式的自陈量表，即旧版飞行员危险态度量表，后续开发的新版飞行员危险态度量表包含6个维度：顺从、反权威性、焦虑、冲动性、自信以及男子气概。

上述有关危险态度的研究多出自西方背景之下，然而，态度作为一种社会认知变量，其形成和发展在一定程度上会受到民族文化、组织文化以及职业文化的影响。因此，若将形成于西方背景下的危险态度直接应用于中国飞行员难免会出现文化适应问题。鉴于此，姬鸣等人（2012）构建了基于中国文化背景的航线飞行员危险态度问卷。该问卷被广泛应用于我国航线飞行员的安全操作行为研究中（Gao & Wang, 2023），表现出了良好的适用性。

虽然危险态度会对飞行员的安全行为产生负面影响，但是以往的研究更倾向于建议通过培训等手段来干预飞行员的危险态度，而非通过选拔的方式将具有高危险态度的候选人拒之门外。不过，近年来，航空心理专家已经考虑将危险态度测量纳入飞行员选拔系统。有学者初步构建了飞行员心理胜任力测评指标体系，并将危险态度纳入了测评范畴（Zhang et al., 2022）。他们的研究对于完善当前的飞行员选拔测评指标体系具有重要意义。

能力选拔

能力被定义为个体在信息加工过程中所展现出的综合能力，通常可被划分为基本认知能力和在特定职业中表现出的特殊能力。飞行作业作为一项技术要求极高的实践活动，飞行员不仅需要具备出色的基本认知能力，还需要表现出优异的飞行特殊能力。

（1）基本认知能力

游旭群和姬鸣（2008）编制了面向航线飞行选拔的能力倾向测验，指出飞行一般能力（即基础认知能力）应该涵盖注意分配能力、工作记忆能力、判断力、决策力和数学推理能力5个维度。韩杨（2013）认为飞行能力包括空间认知能力、工作记忆和短时记忆、良好的注意品质等7类，其中有6类属于个体的基本认知能力，分别为注意分配能力、工作记忆能力、判断力、决策力、数学推理能力以及语言理解能力。

情境意识的维持需要注意资源的投入。飞机运行过程中，飞行员需要同时处理多种任务。多任务作业则涉及不同任务之间注意资源的分配。注意资源一旦分配不当，就可能造成情境意识丧失，严重威胁飞行安全。注意分配能力测试一直是飞行选拔的重点内容。陕西师范大学和中国南方航空有限公司合作研发了航线飞行员心理选拔系统，其中，飞行员注意分配能力测试包括注意广度测验和注意稳定性（警戒任务）测验。民航医学中心研制的民航飞行学员认知能力倾向测试系统中包含双重任务模块（姜薇 等，2014）。通过驾驶舱内的操作界面来评估操作和监视的双重任务管理能力，完成多重任务要求候选人能够有效地进行反应，在任务间迅速切换，进行平行信息处理，根据任务的优先性适当分配处理方法。

工作记忆是人的信息加工模型的重要组成部分，与行动选择等认知活动关联紧密（Wickens & Carswell，2021）。而且，工作记忆能力能够预测飞行员的情境意识水平。同时，情境意识丧失是飞行事故的重要致因。因此，在飞行选拔中，有必要关注候选人的工作记忆能力。工作记忆通常被划分为语言环路、视觉空间模板以及中央执行系统等3个主要成分。朱荣娟（2021）分别采用言语复杂操作广度任务、空间复杂操作广度任务以及视听2-back任务来测量上述工作记忆的3个成分。3个任务的主要实施程序如图10.1所示。电子科技大学开发的初始飞行员能力倾向性选拔系统中同样包含工作记忆能力测试（罗亚光，2010）。该测试由短时记忆测试，数字、光电数相加测试以及二维数字搜索3部分构成。

情境判断被认为是最核心的决策过程的一部分，与飞行事故关联极为密切。游旭群和姬鸣（2008）认为在航线飞行员选拔中，需要测试候选人的判断力，并提供了判断力的测试内容，以图片的形式向候选人呈现各种图形的组合，共有三行，候选人需要分析其中两行图形所提供的线索，推断出局部与整体的关系，之后，从5个备选答案中找出第三行缺失的图形。第四军医大学开发了用于飞行选拔的DXC-6型多项群体心理测评系统。该测评系统同样包括类似的图形推理题目，要求候选人通过分析9个图形（三行三列）的颜色和形状来推断符合问题要求的图形（韩杨，2013）。图形组合测试同样可以测量候选人的逻辑推理能力。在该测试中，会向候选人提供一个原图形，这些图形可以分为两类：一类是完整的图形，需要候选人推理其按结构拆分后放在一起的图形；另一类是已拆分且随机堆放在一起的图形，需要候选人推理其按结构组成

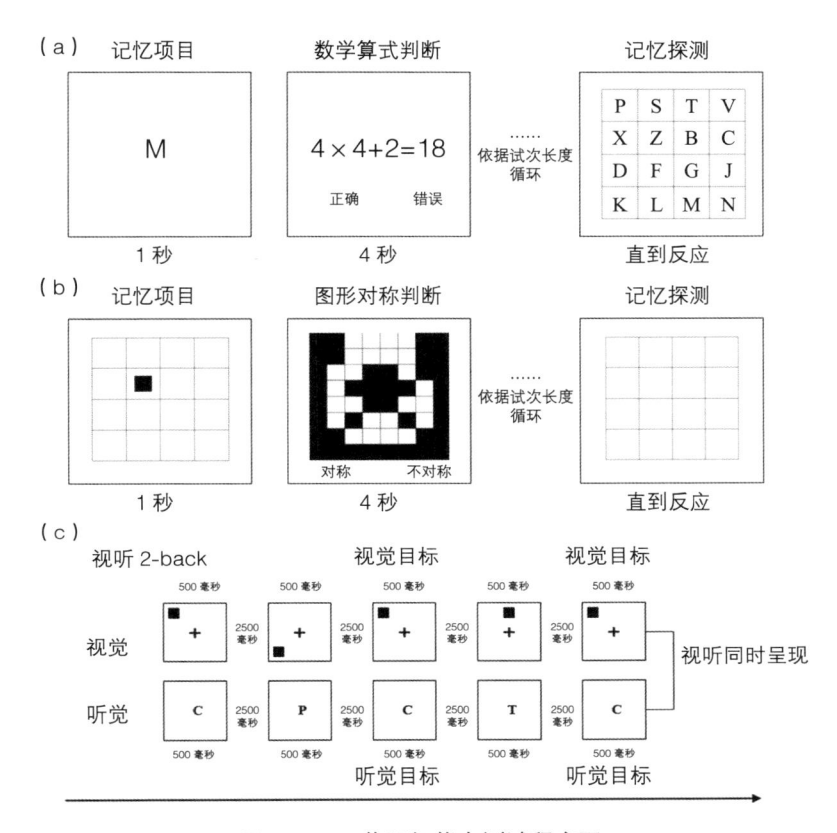

图 10.1　工作记忆能力测试程序图

资料来源：朱荣娟. (2021). *任务负荷和工作记忆对航空听觉警报失聪的影响机制* (博士学位论文). 陕西师范大学, 西安.

的完整图形。候选人依据自己推理的结果在 5 个选项中做出选择。

伴随飞机可靠性的不断提升，人的差错已逐渐成为飞行安全的重要影响因素。在众多人的差错中，决策差错如计划延续差错（Plan Continued Error, PCE）通常具有较高的风险，为飞行安全带来了严重的隐患。因此，决策力测试也成为飞行选拔极为重要的内容。游旭群和姬鸣（2008）提供了飞行选拔中决策力的测试内容，即向候选人呈现一系列可以完成当前任务的方法，并要求其根据任务的性质与要求，选择出一种完成任务最为合适的方法。

数学推理能力是指个体对数量关系的理解并发现各数字之间规律的能力。在飞机运行过程中，飞行员凭借数学推理能力可以在缺少足够细节的条件下，推断出客体和空间关系的一般特性。对于飞行选拔，游旭群和姬鸣（2008）提出了一种可以测量候选人数学推理能力的任务。该任务可分为两个部分：在第一部分，候选人需要基于给出的条件推理出数字的排列规律，并在5个选项中进行选择；第二部分中，候选人需要结合给出的提示，得出其数量关系，并计算出对应的数字。

CRM被认为是解决人的因素所带来威胁的有效途径，它作为一类非技术技能，非常注重机组之间的沟通合作。而语言理解是进行有效沟通的前提条件之一，对于CRM技能的提升尤为重要。DXC-6型多项群体心理测评系统中，词语理解与工作执行测试可以用来测量飞行员候选人的语言理解能力（韩杨，2013）。在该测验中，首先向候选人播放一段语音以描述几个图形之间的位置关系。之后，候选人需要在5个选项中做出选择（见图10.2）。

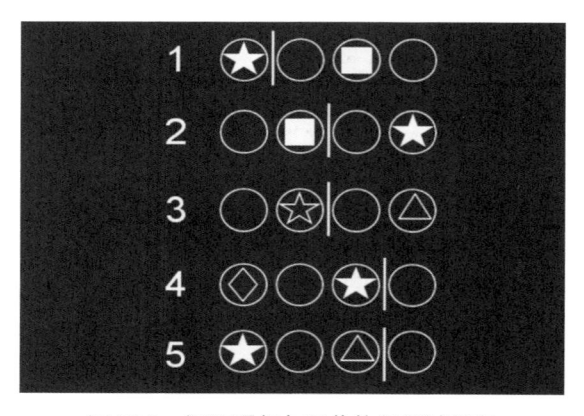

图10.2　词语理解与工作执行测试任务

资料来源：韩杨.(2013).民航飞行员基本认知能力测验及其平行测验的编制(硕士学位论文).第四军医大学,西安.

（2）特殊能力

特殊能力是指在完成某种特定的职业任务时所需要的特殊能力倾向。就飞行作业而言，其特殊能力主要为空间定向（Spatial Orientation, SO）能力。SO被定义为个体感知外部客体的空间特征以及判断自身与外界空间关系的认知过程。飞行员一旦对自己所在的空间位置或者动作产生了错误的感知或者判断，空间定向障碍便发生了，它会对飞行安全造成严重威胁（Brink et al., 2024）。飞行选拔作为一种干预SD的措施，受到了极高的关注。通过选拔，让具有更高SO能力的候选人进入飞行领域，对于保障飞行安全具有重要意义。当前有关

SO能力的测量，主要涵盖二维空间和三维空间两类。

关于飞行选拔中的二维空间定向能力测试，第四军医大学提出了方向推理任务（韩杨，2013）。该任务在开始时会向候选人提供一段描述不同点之间的相对位置的文字，并要求候选人通过给出的信息推断出某一点相对于另一点的位置方向，并在给出的选项中做出选择（见图10.3）。光点呈现任务同样可以用来测试个体的空间定向能力（宋晓蕾 等，2021）。该任务分为继时任务和同时任务两部分。在继时任务中，候选人需要确定两个先后出现的目标点的相对位置；在同时任务中，候选人需要确定两个同时出现的目标点的相对位置。

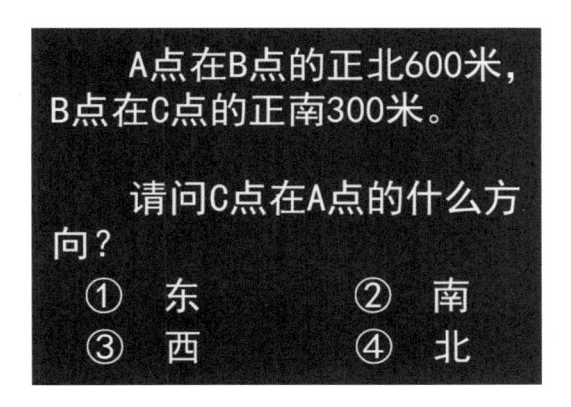

> A点在B点的正北600米，
> B点在C点的正南300米。
>
> 请问C点在A点的什么方向？
> ① 东　　② 南
> ③ 西　　④ 北

图10.3　方向推理任务

资料来源：韩杨. (2013). *民航飞行员基本认知能力测验及其平行测验的编制* (硕士学位论文). 第四军医大学, 西安.

对于三维空间定向能力测量，舍恩菲尔德（Schoenfeld）等人（2010）提出了虚拟水迷宫任务。该任务通过显示器向候选人呈现一个小岛，并要求他们结合一系列的地标与线索，进行定向导航，寻找被藏起的宝箱（见图10.4）。威纳等人（2020）采用了基于三维空间的路线重走任务、路线回溯任务和定向接近任务来测试个体的SO能力。其中，路线重走任务用来评估候选人学习陌生路线并且按照学习过程中的方向重走上述路线的能力，路线回溯任务可以测试候选人经过某一道路后找到回到起点的路线的能力，定向接近任务则可以测评候选人对道路的地标进行构型编码的能力。

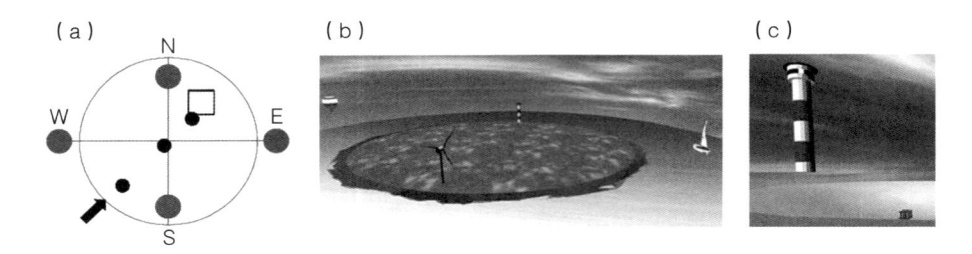

图10.4　虚拟水迷宫任务

资料来源：Schoenfeld, R., Lehmann, W., & Leplow, B. (2010). Effects of age and sex in mental rotation and spatial learning from virtual environments. *Journal of Individual Differences, 31*(2), 78–82.

此外，也有研究指出可以采用圣巴巴拉方向量表（SBSOD）来测量候选人的空间能力（历莹，2022）。该量表采用李克特7点计分法，共15道题目，可分为空间再定向和学习空间布局两个维度。量表得分越高表明个体的空间能力越强。

10.2.2　心理选拔的方法

心理选拔方法的类别

杨业兵等人（2016）对飞行员心理选拔方法进行了梳理，指出心理选拔方法可以分为以下4类，即行为观察法、测验法、调查法和情境模拟法。游旭群等人（2007）整理了7种飞行员心理选拔方法，分别为纸笔测验法、仪器检测法、结构访谈法、行为观察法、飞行模拟器检测法、情境测验法和传记法。本节结合先前研究，依据测试过程中的所需材料和技术手段，将飞行员心理选拔方法分为纸笔测验法、仪器检测法、访谈法、观察法以及传记法。

纸笔测验法是一种传统的心理选拔方法，通过在纸上呈现指导语和题目的形式，要求候选人作答，并根据回答的结果对候选人自身情况进行评估。纸笔测验法具有成本低、便于操作等特点，适用于团体测试。结合特定的量表和任务，采用纸笔测验法可以测量候选人的人格特质、人格倾向、人格障碍、态度、胜任力、一般认知能力以及空间定向能力等特征。当前，伴随信息技术的进步，纸笔测试已逐渐被计算机辅助测试所取代。但两者间主要是测试形式的变化，其主要测试内容是一致的。

仪器检测法是指采用仪器设备对候选人能力进行检测的方法，它既涵盖注意分配、工作记忆能力在内的一般认知能力，又包括飞行特殊能力。美国空军在航空选拔成套测验的基础上增加了基于计算机的能力测试作为补充（杨业兵等，2016）。该测试使用了操纵杆等设备，更加注重候选人的心理运动能力。

访谈法是指心理选拔过程中，专家通过谈话的方式从候选人处获取相关信息的过程。依据访谈的结构化程度，可以分为无结构化、半结构化以及结构化访谈三类。其中，结构化访谈是飞行选拔中使用最多的类别。空军心理选拔使用的三平台系统就包含访谈法。通过访谈，考官可以直接了解候选人的飞行动机、情绪稳定性，结合纸笔测验的结果，能够对候选人的心理品质做出更加全面的评价。

观察法是指通过系统地、有目的地对候选人的行为表现进行观察，并依据观察结果来探究候选人的心理活动过程和变化规律的方法。另外，使用观察法时，为了保证观察的客观性和严谨性，通常会用到录像、录音等技术手段作为辅助。用于检测飞行选拔候选人社交胜任力的评估中心测试就属于观察法的一种。评估中心测试需要4个经过训练的观察者，在特定的情境下对候选人的行为表现进行合作、冲突管理等7个维度的评估，以此检测他们的社交胜任力（Hoerman et al., 2007）。另外，空军招飞的三平台系统也使用了观察法。

传记法是一种通过个人的以往的记录，探究个体心理活动特征以及发展规律的方法。游旭群等人指出飞行员心理选拔中，传记法通常作为心理选拔的辅助手段。而且，传记法主要在早期飞行员选拔中使用。当前，随着测量技术和信息技术的发展，传记法的使用程度和频次也较以往有所变化。

心理选拔的流程

当前关于飞行员心理选拔的流程主要分为以下两类：空军和民航招飞心理选拔采用三平台系统，包含3个主要环节（游旭群 等，2007）；海军招飞心理选拔采用四平台系统，由4个主要环节构成（尹琛彬，2023）。

在空军招飞三平台系统中，一平台主要采用心理测评设备对候选人的基本认知能力、情绪稳定性和动机进行测试；二平台多采用飞行模拟器检测法，检测候选人与飞行有关的特殊能力；三平台主要采用行为观察法、情境测验法和访谈法，以综合考察候选人的能力、人格特质、人格倾向等因素。民航招飞采用的三平台系统与空军招飞的三平台系统在程序上基本相同。海军招飞四平台系统主要包括4个检测平台，一平台为基本认知能力测试，二平台为飞行特殊能力测试，三平台是专家职能面试，四平台考察了候选人的舰载飞行潜质。不难发现，海军招飞四平台系统与空军、民航招飞的三平台系统在流程上是非常相近的，其主要区别在于海军招飞四平台系统增加了检测舰载飞行潜质的四平台。

10.2.3 心理选拔标准界定

常模

常模是指常模分数构成的分布，是解释心理测验结果的基础。常模分数是依据常模样本的测验结果，由原始分数按照一定的规律转化出来的有参照点和单位的一种分数形式。常模有三种表现形式：转换表、剖面图、均值与标准差。在标准化的测验中，转换表是最常被采用的形式。常模的建立必须首先在将来实际接受该测验的全体对象中抽取足以代表该总体的样本，然后对该样本进行测量，并依据正态分布进行统计学计算。而这个有代表性的样本就是常模团体，所获得的结果就是常模。性别、年龄、教育程度、职业、社会经济地位、种族等因素都可以作为制定常模团体的标准。飞行员选拔测验的常模团体主要是应届高中毕业生。常模样本量依据总体对象的数量而定，一般全国常模需要2000人至3000人。

常模一般分为三种类型：发展常模、百分位常模和标准分数常模。在飞行员心理选拔测验中，主要采用标准分数常模（Z）。标准分数常模属于等距量表，由根据常模团体特性分类的一系列平均数和标准差组成。标准分数代表某一个体的某种心理特征在该常模团体中所占位次。标准分数常模的基本计算公式：

$$Z = (X-M)/SD$$

其中，X为常模中该群体的原始分数值，M为某被试的原始分数，SD为常模中该群体的原始分数的标准差。这是平均数为0，标准差为1的标准分数常模的计算公式。

标准九分制

标准九分制（Stanine）是标准分数的一种，最早被美国空军采用，目前已经广泛用于各国飞行员心理选拔。标准九分制是以 5 为均值，2 为标准差的标准分数，计算公式为：

$$标准九分 = 5+2(X-M)/SD$$

标准九分依正态分布规则，将原始分数划分为 9 部分，最高为 9 分，最低为 1 分，5 分为中间值。我国空军飞行员心理选拔标准的确定也采用标准九分制。以什么分值作为候选者的录取标准，是依据候选者与录取人数比、每次选拔任务量以及候选者人群特点而确定的。

选拔预测的决策过程

（1）职务分析

职务分析（Job Analysis）又称工作分析，是对飞行工作任务特点与技能要求进行描述和研究，以探讨不同飞行职务特点对人类行为的要求，即一名优秀飞行员应该具备什么样的心理品质。职务分析是飞行员选拔和心理训练绩效评价的前提。

（2）提取预测分子和效标

根据职务分析结果，提取与飞行职务要求相匹配的心理特征（预测因子），或根据飞行职务要求建立新的测验，即回答一名优秀飞行员应该采取什么样的心理测验的问题。同时，根据职务分析结果选择一个或多个敏感的、相关的、可靠的效标。

（3）实施测量

选定效标和预测因子后，根据一定的测验方式和程序，采用修订的或新编的心理测验技术对飞行员候选者或现役飞行员实施测量。

（4）预测因子效度分析

心理选拔测验有两种形式：一种是预测性测验，即飞行员候选者测试完成一段时间后测量效标数据，然后将前期心理测验数据（预测因子）与效标数据做相关分析；另一种是同时对现役飞行员进行心理测验和效标评价，然后对两者进行相关分析。前者称为预测效度，如果预测因子与效标相关性高，说明预测因子与未来的工作成功有密切的关系。后者称为同时效度，如果预测因子与效标相关性低，则说明预测因子无法对将来飞行成功与否进行预测。

（5）确定预测因子的效用

通过研究，在许多预测因子中筛选出几项预测性较高的因子，并确定如何有效使用相关因子以提高飞行学员心理选拔的质量。因为好的预测因子必须精心设计呈现方式，并通过精心组织和计划实施测验，才能保证其真实有效。除此之外，预测因子的效用还受到心理选拔的录取率和测验成本等因素的影响。

（6）再分析

随着未来的新型飞机的出现，飞行技术对人的要求会发生变化，同时人们的心理素质也会发生一定的变化，预测因子的效度可能会下降。因此，要定期对预测因子的效度进行评价。

预测效果评价

在心理选拔中，根据心理测验结果所做的飞行能力评定仅仅是一种预测。其预测效果必须与日后的飞行学习成绩和实际飞行训练成绩（效标）的评定结果进行比较，方可确定这些预测性测验的有效性。心理选拔研究常常对一批飞行员候选者实施预测性心理测验，当他们参加一段时间的飞行学习和训练后，再将心理测验成绩与飞行学习和训练成绩（效标）进行比较。

图 10.5 说明了在该类人群分布状态下心理选拔测验和飞行训练成功之间的关系。纵坐标为效标分数，横坐标为心理测验预测分数。在纵坐标上，效标分数在临界点以上为飞行训练成功，在临界点以下为飞行训练失败。在横坐标上，预测分数在临界点右侧为选拔录取对象，在临界点左侧为选拔淘汰对象。坐标图中间长径自左下向右上的椭圆形区域，代表着一种人群分布情况。

A 部分：正确录用。指心理选拔测验的预测分数和飞行训练成功与否的效标分数均在临界点以上。经过心理选拔测验评定为录取合格，在日后的飞行训练中被评为训练成功者。

B 部分：错误录用。指心理选拔测验的预测分数在临界点以上，但训练成绩的效标分数则在临界点以下。经心理选拔测验评定为录取合格，但在日后的飞行训练中评定为训练失败者。

C 部分：错误拒绝。指选拔测验的预测分数在临界点之下，但在训练成绩的效标分数则在临界点以上。经心理选拔测验评定为应淘汰者，在日后的飞行

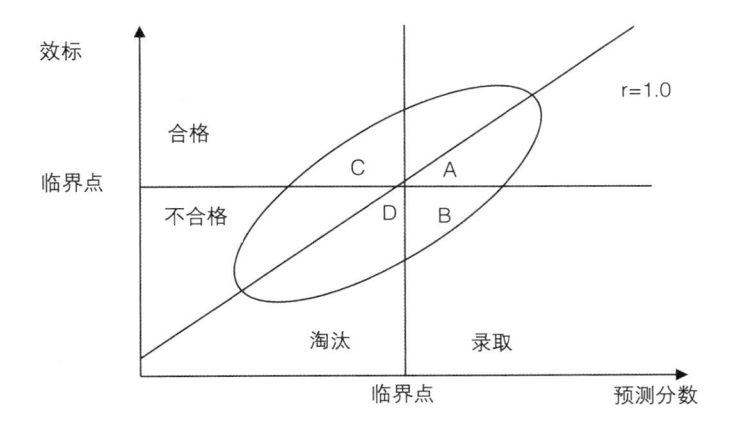

图10.5 心理选拔的预测分数与飞行训练的效标分数的关系

资料来源：皇甫恩，苗丹民．(主编)．(2000)．航空航天心理学．西安：陕西科学技术出版社．

训练中评定为训练成功者。

D部分：正确拒绝。指心理选拔测验的预测分数和飞行训练成功与否的效标分数均在临界点以下。经心理选拔测验评定为淘汰，在日后的飞行训练中评为训练失败者。

根据以上心理选拔测验的预测分数和飞行训练成绩效标之间的4种结果，可以计算出评价选拔测验预测性的几个指标。

（1）预测合格符合率

又称正命中率，指在心理选拔测验预测合格人群中，日后训练也合格的人所占百分比。即正确录用与预测分数在临界点之上的候选者之比的百分率。预测合格符合率越高，被错误录取的人数就越少。预测合格符合率的高低，与选拔测验录用标准的高低和测量人群的心理特点有关。

$$预测合格符合率 = A/(A+B) \times 100\%$$

（2）预测淘汰符合率

指在心理选拔测验中，预测淘汰的人数与日后飞行训练中被技术淘汰的人所占的百分比。即正确拒绝与预测分数在临界点之下的候选者之比的百分率。预测淘汰符合率越高，被错误淘汰的人就越少。预测淘汰符合率的高低，也与选拔测验录用标准的高低和测量人群的心理特点有关。

$$预测淘汰符合率 = D/(D+C) \times 100\%$$

（3）筛除率

指在全体飞行训练不合格的人数中，被心理选拔测验错误录用的人所占百分比。即错误录用与效标分数在临界点之下的候选者之比的百分率。筛除率愈高，被错误录用的人数就愈多。

$$筛除率 = B/(B+D) \times 100\%$$

（4）损失率

又称错淘率，指在飞行训练合格的人数中，被心理选拔测验淘汰的人所占百分比。即错误拒绝与效标分数在临界点之上候选者之比的百分率。损失率愈高，被错误淘汰的人数就愈多。

$$损失率 = C/(C+A) \times 100\%$$

（5）淘汰率

指在全体飞行不合格的候选者中，心理选拔测验预测淘汰的人数在其中所占的比率。

$$淘汰率 = D/(B+D) \times 100\%$$

（6）总预测符合率

指在全体候选者中正确录用和正确拒绝的人数所占百分比。总预测符合率的高低，受到预测合格符合率和预测淘汰符合率高低的影响，即正确录用和正确拒绝比例大小的影响。

$$总预测符合率 = (A+D)/(A+B+C+D) \times 100\%$$

10.3 飞行员心理选拔前沿技术与应用

随着航空工业的迅猛发展，技术不断革新，这对飞行员的能力素质提出了新的要求。因此，飞行员心理选拔方法也应与时俱进。本节内容将重点介绍新时代飞行员心理选拔的情境测验技术、基于学科交叉的多模态分析以及面向智能飞行系统的心理选拔研究。

10.3.1 情境测验技术

情境测验技术旨在通过模拟真实或虚拟的情境，深入观察和测量候选者在特定环境下的心理状态、行为反应和认知能力。这种技术通常涉及与实际工作环境密切相关的任务设计，使参与者在面对各种挑战和压力时，能够展现其真实的反应和决策过程。情境测验技术的关键在于它能够创建与现实世界高度相似的情境，通常包括多种复杂因素，例如突发事件、任务优先级的变化或团队协作的需求。参与者在这些情境中必须运用他们的知识和技能，做出即时决策，并采取相应的行动。这种交互式的测试方式能够更全面地反映个体在面对压力时的心理承受能力、应变能力以及问题解决能力。

与传统心理测试相比，情境测验技术的优势在于其更高的真实性和可靠性。传统测试往往依赖于标准化问卷或静态情境，可能无法全面反映个体在真实工作环境中的表现。而情境测验技术通过多维度的情境设置，能够捕捉到参与者在复杂和动态环境中的真实表现，提供更可靠的选拔依据（Causse et al., 2024）。美国空军2015年在空军军官资格测试（Air Force Officer Qualifying Test, AFOQT）中增加了情境判断测试（Situational Judgment Test, SJT）。SJT与美国空军军官职业资格测验的评估目标一致，即提升心理选拔的有效性，同时规避传统心理测试的相关不足。巴伦（Barron）等人（2024）研究发现基于情境脚本的SJT比传统的标准纸笔测验或基于视频的测验具有更高的内部可靠性，但基于情境脚本的SJT比标准纸笔测验耗时多。因此，研究者判断其内部可靠性的提高很可能是由于SJT所需的时间较长。此外，他们还发现，基于情境脚本和基于视频格式的测验都与职业胜任力无关，但在沟通和决策能力（更以认知为导向）的测验上，纸笔测验的分数（效标分数）与SJT评估的两种能力显著相关。

情境感知具有文化差异（Endsley, 2023），因此，利用情境测验技术时，尤其需要进行本土化研究。简尽涵和姬鸣（2022）基于情境交互技术构建空间视角转换能力的情境测验。首先，研究1基于路线地图测验范式构建三维的城市场景。随后招募40名大学生被试进行预测验，根据数据进行项目分析和项目筛选，最终确定35个项目合成情境测验。最后招募43名大学生被试进行正式测验，同时要求完成地图巡航测验、客体视角测验、计时左右任务和三维心理旋转测验以检验情境测验的有效性。研究2招募75名被试（包括17名民航飞行员和17名民航飞行学员）进行情境测验，测验过程中采集fNIRS数据来探究任务期间的激活脑区以及不同被试群体的激活差异。研究1的测验结果表明，情境测验与3个经典测验的相关系数均显著，相容效度良好；同时情境测验与三维心理旋转测验的相关系数显著，且该相关系数显著小于情境测验与地图巡航测验的相关系数，即具有较好的构想效度。而研究2中将飞行员这个高能力群体作为效标，飞行员、飞行学员和大学生被试的测验成绩方差分析的结果显著，多重比较发现飞行员与飞行学员的成绩显著优于普通大学生，说明具有良好的校标关联效度；使用fNIRS对新测验的空间视角转换相关激活脑区进行了验证，从神经激活的角度佐证了情境测验的有效性。此外，研究2中对三类被试脑区激活的方差分析发现，在右侧额中回的前额区域，飞行员组的激活水平显著高于大学生组；在布罗卡区的左侧额下回三角部，飞行员组、飞行学员组的激活水平均显著高于大学生组。综上，该研究开发了一款可靠有效的空间视角转换情境测验，可用于飞行员选拔；发现了飞行员、飞行学员和大学生在空间视角转换脑区激活方面的差异。

在应用层面，陕西师范大学航空心理学课题组于2024年开发了针对我国本土现役飞行员心理健康水平研究的情境交互式测验工具。该测量工具结合民航飞行员专家以及课题组成员的充分论证，确定了心理健康性和心理安全性内容的具体指标，开发流程如图10.6所示。实践证明，该工具能够识别飞行员的身心健康状况，及时筛查出具有心理障碍倾向的人员并进行追踪预警，提供有针对性的干预方案。该工具为我国新时代飞行员的心理选拔提供了切实有效的应用参考。

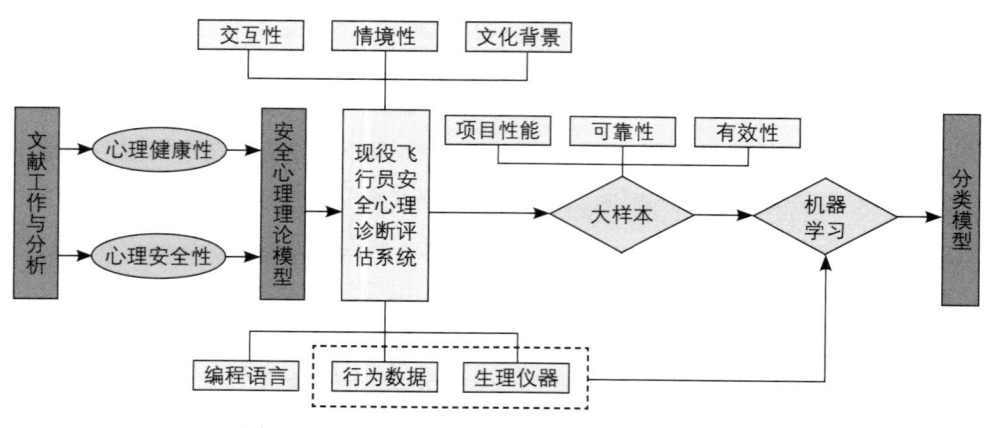

图10.6 现役飞行员心理健康水平的情境交互式测验工具技术路线图

总之，情境测验技术作为一种前沿的心理评估工具，不仅提高了选拔过程的科学性和有效性，也为组织在关键人才选拔和培养上提供了更深入的洞察，确保能够选拔出适应能力强、表现优异的优秀人才。

10.3.2　基于学科交叉的多模态分析

心理选拔不仅仅依赖心理学，还需要结合生物学、工程学、神经科学、人工智能等多个学科的研究成果。例如，未来可能通过整合心理数据、生物特征数据、行为数据、脑神经数据以及AI算法的分析来实现更为全面和动态的心理选拔。多模态数据分析能够提供个体心理状态的全面视图。这种综合评估不仅有助于识别飞行员的潜在心理问题，还能更好地了解其在高压环境下的应对能力，即在优胜劣汰的基础上达到优中选优。事实上，曾思瑶等人指出，任何一个预测准确率高的选拔模型或者标准都不可能是由单一或简单计算得出来的，它一定是基于大数据所得到的。实践是检验真理的唯一标准，因此，未来心理选拔模型的数据链必须能与训练和实战中的数据链相汇合。

在研究层面，多模态数据分析已经运用到多个领域，如情感识别、欺骗检测、医疗诊断、教育评估、人机交互等；而在心理选拔领域，有学者使用高密度脑电图（EEG）、心电图（ECG）和眼动信号探索了飞行员在飞行模拟器操作过程中的认知行为。该研究发现执行飞行任务时，飞行员的生理特征在脑电图 θ 波功率谱、心电RMSSD和平均凝视时间上呈现出节律性变化（Wang et al., 2018）。此外，飞行员在执行目标任务时的生理信号比空目标任务时更敏感，且不同生理特征之间具有一定相关性。除认知表现之外，相关研究者也基于多模态数据分析探索了心理健康问题，如有学者基于多模态生物信号（即脑电图、心电图、呼吸和皮电活动）和多模态深度学习（MDL）网络开发了飞行员精神状态（即分心、工作负荷、疲劳和正常）的检测系统（Han et al., 2020）。该研究利用飞行模拟器构建实验环境，以诱导出不同的心理状态并收集生物信号。还有学者设计了由卷积神经网络和长短期记忆模型组成的MDL架构，这能有效地组合不同生物信号的信息。该研究实验结果表明，利用多模态生物信号和所提出的MDL可以显著提高飞行员心理状态的检测精度。此外，由于AI算法的快速发展，多模态分析在一定程度上不仅仅体现于数据多模态，也体现于算法的多模态，即使用多模态算法分析单模态数据或者多模态数据，从而取得更加精准可靠的结果。比如，阿尔沙米迪（Alreshidi）等人（2023）在NASA网站上公开发布了一种用于从EEG数据中去除人工信号的自动预处理管道、一种基于黎曼几何分析的特征提取方法，以及一种混合集成学习技术，该技术结合了几个机器学习分类器的结果。该方法对18名参加飞行实验的飞行员EEG数据的判别准确率达到86%，在小样本条件下也取得了良好的效果。

在应用层面，陕西师范大学航空心理学团队近年来对上万名大学生、数百名人格障碍患者和高倾向就诊者、59名飞行员和飞行学员进行了调查和实验，采集了高人格障碍倾向人群和低人格障碍倾向人群的行为指标（项目选择、反应时）、生理指标（皮电和心率）和脑电指标（静息态），并通过深度学习方法对多维参数进行分析，构建了飞行员精神病性诊断选拔工具。结果发现以行为指标和生理指标为参数模型的分类准确性达到了87.7%。总体上看，该选拔软件具有良好的稳定性和准确性，较好地解决了以往选拔中存在的问题，可以作为飞行员心理选拔中精神病性诊断的有效工具。此外，团队还基于行为、脑电和近红外成像实验，通过对6000余名大学生、数百名飞行员和学员的调查和实验，构建了飞行员职业胜任力选拔工具，利用机器学习算法进行特征分类，其有效性达到了80%以上。

综上，基于学科交叉的多模态数据分析不仅提升了飞行员心理选拔的准确性和全面性，还促进了不同领域知识的融合。通过整合心理、生理、神经科学和行为等多方面的数据，这种分析方法能够实时评估飞行员在高压环境下的心理状态与应对能力。在研究和实际成果应用方面都验证了这一方法的有效性。可以说，多模态数据分析方法为心理选拔工具的开发提供了有力支持，展示了其在航空心理学领域的广阔前景。

10.3.3 面向智能飞行系统的心理选拔研究

人工智能技术的发展已成为我国国家战略的重点，必将深刻影响各个领域，包括飞行员心理选拔系统的改革与优化。当前，我国飞行员心理选拔系统的完善不仅仅依赖于具体的工作方法和技术的创新，更在于选拔思路的转变。从过去的国外经验模仿，转向结合我国独特国情和航空工业智能化进程，亟需重视人机交互、人机协同及人机信任等关键问题。这些新挑战要求我们构建更加动态、智能化的选拔体系，利用AI技术实现更精准的心理状态评估，进而优化飞行员选拔过程，确保安全与高效。然而，我国目前的飞行员心理选拔主要存在对人机互动过程中的心理问题重视不够。随着智能飞行系统的普及，人机交互的复杂性提升，但目前的选拔体系往往未能充分考虑这一因素。这可能导致选拔过程中对飞行员在实际操作中与 AI 系统互动的能力评估不足。事实上，智能飞行时代的飞行员需要具备良好的智能飞行系统适应与学习能力，人机互信、协作、管理能力，以及较好的情境意识能力等，而针对这些能力的心理选拔尚未纳入现有的飞行员心理选拔系统中。其可能原因在于，智能化飞行系统目前仍处于高速发展阶段，相关技术标准尚未形成，如美国波音公司、法国空客公司、中国商用飞机公司、美国航空航天管理局、欧州航天局以及中国民航局等民航领军企业和管理机构对智能飞行系统应用尚未形成共识，这导致智能化心理选拔应用仍处于酝酿阶段。

虽然针对智能飞行系统的飞行员心理选拔在应用层面具有较大现实差距，但陕西师范大学航空心理学研究团队瞄准未来应用前沿，扎根基础研究领域，探索智能飞行系统下飞行员核心胜任力特征。例如，在智能驾驶系统的视角下，航空任务中的碰撞时间估计能力被视为关键认知能力，尤其是在自动驾驶和驾驶辅助系统中。飞行员在着陆过程中基于智能驾驶系统需要判断飞机何时到达地面，并准确预测其他航空器是否可能进入碰撞路径。对此，团队成员通过 4 个研究和 7 个实验探究了时间结构线索对预测运动任务的影响及其神经机制，从实验方面揭示了个体时间结构知觉能力对任务绩效具有影响作用（秦奎元，2023）。该研究为飞行员心理选拔，尤其是认知胜任力层面的选拔提供了新的研究视角。

此外，在智能飞行系统中，飞行员的情境意识至关重要。情境意识体现了飞行员对飞行环境、飞机状态及潜在风险的理解和掌控能力。对此，团队成员探讨了复杂动态环境下听觉工作记忆任务对情境意识和眼动模式的影响，揭示了听觉工作记忆负荷影响知觉和投射阶段的情境反应；更多的飞行经验可以克服在投射阶段情境意识的损害（Xie et al., 2024）。该研究提示在未来飞行员心理选拔过程中，候选者的听觉工作记忆或许是情境意识能力的重要影响指标。

在自动化信任研究方面，团队成员基于模拟飞行任务，借助眼动测量技术探索了自动化信任倾向对自动化信任和依赖的影响。研究结果表明，在自动化效能被明确感知的情况下，自动化外显信任倾向会对自动化信任水平产生影响。在自动化效能模糊的情况下，自动化的内隐信任偏好会主导人们的依赖行为，而高工作负荷会加剧人们对自动化效能的不确定感知，并进一步影响人们的依赖行为，个体对自动化的内隐信任偏好对依赖行为有重要影响（邱燕，2023）。该研究丰富了自动化信任和依赖相关理论，为未来建立针对航空自动化信任和依赖模型提供了理论参考，并且为有效校准自动化信任和依赖提供了新的视角，对飞行人员的选拔和训练都具有参考意义。

参考文献

Abduljabbar, R., Dia, H., Liyanage, S., & Bagloee, S. (2019). Applications of artificial intelligence in transport: An overview. *Sustainability, 11*, 189.

Adams, M. J., Tenney, Y. J., & Pew, R. W. (1995). Situation awareness and the cognitive management of complex systems. *Human Factors, 37*(1), 85–104.

Adamson, M. M., Taylor, J. L., Heraldez, D., Khorasani, A., Noda, A., Hernandez, B., & Yesavage, J. A. (2014). Higher landing accuracy in expert pilots is associated with lower activity in the caudate nucleus. *PLOS One, 9*(11), Article e0112607. DOI: 10.1371/journal.pone.0112607

Adelman, L., Cohen, M. S., Bresnick, T. A., Chinnis, J. J., & Laskey, K. B. (1993). Real-time expert systems interfaces, cognitive processes, and task performance: An empirical assessment. *Human Factors, 35*(2), 243–261.

Agrawal, A., & Cleland-Huang, J. (2021). Explaining autonomous decisions in swarms of human-on-the-loop small unmanned aerial systems. In *proceedings of the AAAI Conference on Human Computation & Crowdsourcing*.

Ahlstrom, U., Ohneiser, O., & Caddigan, E. (2016). Portable weather applications for general aviation pilots. *Human Factors, 58*, 864–885.

Ahmadi, N., Romoser, M., & Salmon, C. (2022). Improving the tactical scanning of student pilots: A gaze-based training intervention for transition from visual flight into instrument meteorological conditions. *Applied Ergonomics, 100*, 103642.

Ajzen, I. (1989). Attitude structure and behavior. In A. R. Pratkanis, S. J. Beckler,

& A. G. Greenwald (Eds.), *Attitude structure and function* (pp. 241–274). Lawrence Erlbaum.

Ajzen, I., & Fishbein, M. (2005). The influence of attitudes on behavior. In D. Albarracín, B. T. Johnson, & M. P. Zanna (Eds.), *The handbook of attitudes* (pp. 173–221). Lawrence Erlbaum Associates.

Alreshidi, I., Moulitsas, I., & Jenkins, K. W. (2023). Multimodal approach for pilot mental state detection based on EEG. *Sensors, 23*(17), 7350.

Ancel, E., & Shih, A. T. (2015). Bayesian Safety Risk Modeling of Human-Flightdeck Automation Interaction. NASA/TM-2015-218791.

Axon, L., Panagiotakopoulos, D., Ayo, S., Sanchez-Hernandez, C., Zong, Y., Brown, S., ... Guo, W. (2023). Securing autonomous air traffic management: Blockchain networks driven by explainable AI. *ArXiv*, abs/2304.14095.

Bałaj, B., Lewkowicz, R., Francuz, P., Augustynowicz, P., Fudali-Czyż, A., Stróżak, P., & Truszczyński, O. (2019). Spatial disorientation cue effects on gaze behaviour in pilots and non-pilots. *Cognition, Technology & Work, 21*(3), 473–486.

Baldwin, C. L., & Coyne, J. (2005). Dissociable aspects of mental workload: Examinations of the P300 ERP component and performance assessments. *Psychologia, 48*, 102–119.

Bandura, A. (1986). *Social foundations of thought and action: A social cognitive theory*. NJ: Prentice-Hall.

Baomar, H., & Bentley, P. J. (2021). Autonomous flight cycles and extreme landings of airliners beyond the current limits and capabilities using artificial neural networks. *Applied Intelligence (Dordrecht, Netherlands), 51*(9), 6349–6375.

Barron, L. G., Aguilar, I. D., Rose, M. R., & Carretta, T. R. (2024). Development of a situational judgment test to supplement current US air force measures of officership. *Military Psychology, 36*(1), 33–48.

Bateman, T. S., & Crant, J. M. (1993). The proactive component of organizational behavior: A measure and correlates. *Journal of Organizational Behavior, 14*(2), 103–118.

Baxter, G. D., Besnard, D., & Riley, D. (2007). Cognitive mismatches in the cockpit: Will they ever be a thing of the past? *Applied Ergonomics, 38*(4), 417–423.

Bayramova, R., Toffalini, E., Bonato, M., & Grassi, M. (2021). Auditory selective attention under working memory load. *Psychological Research, 85*(7), 2667–2681.

Bednarek, H., Janewicz, M., & Przedniczek, M. (2019). The influence of sloping cloud in the visual field on the cognitive determinants of military pilots' behavior. *International Journal of Occupational Medicine and Environmental Health, 32*(5), 653–662.

Beggiato, M., Pereira, M., Petzoldt, T., & Krems, J. (2015). Learning and development of trust, acceptance and the mental model of ACC. A longitudinal on-road study. *Transportation Research Part F: Traffic Psychology and Behaviour, 35*, 75–84.

Bird, F. (1974). *Management guide to loss control*. Atlanta, GA: Institute Press.

Bisbey, T. M., Kilcullen, M. P., Thomas, E. J., Ottosen, M. J., Tsao, K., & Salas, E. (2021). Safety culture: An integration of existing models and a framework for understanding its development. *Human Factors, 63*(1), 88–110.

Boeing. (2022). *Statistical summary of commercial jet airplane accidents (1959–2021)*. Boeing.

Boer, R. J. D., & Hurts, K. (2017). Automation surprise: Results of a field survey of dutch pilots. *Aviation Psychology and Applied Human Factors, 7*(1), 28–41.

Breuer, S., Ortner, T. M., Gruber, F. M., Hofstetter, D., & Scherndl, T. (2023). Aviation and personality: Do measures of personality predict pilot training success? Updated meta-analyses. *Personality and Individual Differences, 202*, 111918.

Brink, A., Keramidas, M. E., Bergsten, E., & Eiken, O. (2024). Influence of spatial orientation training in a centrifuge on the ability of fighter pilots to assess the bank angle during flight without visual references. *Journal of Neurophysiology, 132*(3), 710–721.

Broach, D., Schroeder, D., & Gildea, K. (2019). *Best practices in pilot selection* (No. DOT/FAA/AM-19/6). United States. Department of Transportation. Federal Aviation Administration. Office of Aviation. Civil Aerospace Medical Institute.

Brunelle, N. D., & Boyd, P. A. (2023). Aviation safety culture: A historical perspective. In *Human Factors in Aviation and Aerospace* (pp. 11–40). Academic Press.

Bulkley, N. K., Dyre, B. P., Lew, R., & Caufield, K. (2009). A peripherally-located virtual instrument landing display affords more precise control of approach path during simulated landings than traditional instrument landing displays. *Proceedings of the Human Factors and Ergonomics Society Annual Meeting, 53*(1), 31–35.

Burgoyne, A. P., & Engle, R. W. (2020). Attention control: A cornerstone of higher-order cognition. *Current Directions in Psychological Science, 29*(6), 624–630.

Byrnes, K. P., Rhoades, D. L., Williams, M. J., Arnaud, A. U., & Schneider, A. H. (2022). The effect of a safety crisis on safety culture and safety climate: The resilience of a flight training organization during COVID-19. *Transport Policy, 117*, 181–191.

Cak, S., Say, B., & Misirlisoy, M. (2020). Effects of working memory, attention, and expertise on pilots' situation awareness. *Cognition, Technology & Work, 22*(1), 85–94.

Calvert, E. S. (1954). Visual judgments in motion. *Journal of Navigation, 7*(3), 233–251.

Campbell, D. J. (2000). The proactive employee: Managing workplace initiative. *Academy of Management Perspectives, 14*(3), 52–66.

Campos, A., & Campos-Juanatey, D. (2020). Do gender, discipline, and mental rotation influence orientation on "you-are-here" maps. *SAGE Open, 10*, 1–7.

Cao, S., & Liu, Y. (2013). Queueing network-adaptive control of thought rational (QN-ACTR): An integrated cognitive architecture for modelling complex cognitive and multi-task performance. *International Journal of Human Factors Modelling and Simulation, 4*(1), 63–86.

Carretta, T. R., & Ree, M. J. (1995). Air force officer qualifying test validity for predicting pilot training performance. *Journal of Business and Psychology, 9*(4), 379–388.

Castelli, L., Latini Corazzini, L., & Geminiani, G. C. (2008). Spatial navigation in large-scale virtual environments: Gender differences in survey tasks. *Computers in Human Behavior, 24*(4), 1643–1667.

Causse, M., Mouratille, D., Rouillard, Y., El Yagoubi, R., Matton, N., & Hidalgo-Muñoz, A. (2024). How a pilot's brain copes with stress and mental load? Insights from the executive control network. *Behavioural Brain Research, 456*, 114698.

Causse, M., Parmentier, F. B., Mouratille, D., Thibaut, D., Kisselenko, M., & Fabre, E. (2022). Busy and confused? High risk of missed alerts in the cockpit: An electrophysiological study. *Brain Research, 1793*, 148035.

Causse, M., Péran, P., Dehais, F., Caravasso, C. F., Zeffiro, T., Sabatini, U., & Pastor, J. (2013). Affective decision making under uncertainty during a plausible aviation task: An fMRI study. *NeuroImage, 71*(1), 19–29.

Chan, C. L., Chan, T. H., & Ng, S. M. (2006). The strength-focused and meaning-oriented approach to resilience and transformation (SMART): A body-mind-spirit approach to trauma management. *Social Work in Health Care, 43*(2–3), 9–36.

Chang, M., Huang, L., You, X., Wang, P., Francis, G., & Proctor, R. W. (2022). The black hole illusion: A neglected source of aviation accidents. *International Journal of Industrial Ergonomics, 87,* 103235.

Chang, M., & You, X. (2018). Target recognition in SAR images based on information-decoupled representation. *Remote Sensing, 10*(1), 138.

Chang, M., You, X., & Cao, Z. (2019). Bidimensional empirical mode decomposition for SAR image feature extraction with application to target recognition. *IEEE Access, 7,* 135720–135731.

Chen, G., Fricke, H., Okhrin, O., & Rosenow, J. (2022). Importance of weather conditions in a flight corridor. *Stats, 5*(1), 312–338.

Chen, K., Chen, H. W., Bisantz, A., Shen, S., & Sahin, E. (2022). Where failures may occur in automated driving: A fault tree analysis approach. *Journal of Cognitive Engineering and Decision Making, 17*(2), 147–165.

Chi, C. F., & Lin, Y. C. (2022). The development of a safety management system (SMS) framework based on root cause analysis of disabling accidents. *International Journal of Industrial Ergonomics, 92,* 103351.

Christen, M., Burri, T., Kandul, S., & Vörös, P. (2023). Who is controlling whom? Reframing "meaningful human control" of AI systems in security. *Ethics and Information Technology, 25*(1), 10.

Cocchi, L., Schenk, F., Volken, H., Bovet, P., Parnas, J., & Vianin, P. (2007). Visuo-spatial processing in a dynamic and a static working memory paradigm in schizophrenia. *Psychiatry Research, 152*(2–3), 129–142.

Coluccia, E., & Louse, G. (2004). Gender differences in spatial orientation: A review. *Journal of Environmental Psychology, 24*(3), 329–340.

Cooper, M. D. (2000). Towards a model of safety culture. *Safety Science, 36*(2), 111–136.

Cooper, M. D., Collins, M., Bernard, R., Schwann, S., & Knox, R. J. (2019). Criterion-related validity of the cultural web when assessing safety culture. *Safety Science, 111*, 49–66.

Cox, S., & Cox, T. (1991). The structure of employee attitudes to safety: A European example. *Work & Stress, 5*(2), 93–106.

Coyne, J. T., Dollinger, S., Brown, N., Foroughi, C., Sibley, C., & Phillips, H. (2021). Limitations of current spatial ability testing for military aviators. *Military Psychology, 34*(1), 33–46.

Crant, J. M. (2000). Proactive behavior in organizations. *Journal of Management, 26*(3), 435–462.

Cummings, C., & Mahmassani, H. S. (2023). Measuring the impact of airspace restrictions on air traffic flow using four-dimensional system fundamental diagrams for urban air mobility. *Transportation Research Record, 2677*(1), 1012–1026.

De Visser, E. J., Peeters, M. M., Jung, M. F., Kohn, S., Shaw, T., Pak, R., & Neerincx, M. (2020). Towards a theory of longitudinal trust calibration in human-robot teams. *International Journal of Social Robotics, 12*(2), 459–478.

Degas, A., Islam, M. R., Hurter, C., Barua, S., Rahman, H., Poudel, M., ... Aricó, P. (2022). A survey on artificial intelligence (AI) and explainable AI in air traffic management: Current trends and development with future research trajectory. *Applied Sciences, 12*(3), 1295.

Dehais, F., Causse, M., Vachon, F., Régis, N., Menant, E., & Tremblay, S. (2014). Failure to detect critical auditory alerts in the cockpit: Evidence for inattentional deafness. *Human Factors, 56*(4), 631–644.

Dehais, F., Roy, R. N., & Scannella, S. (2019). Inattentional deafness to auditory alarms: Inter-individual differences, electrophysiological signature and single trial classification. *Behavioural Brain Research, 360*, 51–59.

Dekker, S. (2014). *The field guide to understanding 'human error'* (3rd ed.).

London: CRC Press.

DeMik, R. J., & Welsh, B. W. (2007). Evaluating voice and data link air traffic control communications for general aviation. *The Collegiate Aviation Review International, 25*(2), 30–37.

DeVries, P. D. (2008). Boeing 787 Dreamliner: Avionics and electronic flight bag. *International Journal of Services and Standards, 4*(2), 217–223.

Diarra, M., Marchitto, M., Bressolle, M., Baccino, T., & Drai-Zerbib, V. (2023). A narrative review of the interconnection between pilot acute stress, startle, and surprise effects in the aviation context: Contribution of physiological measurements. *Frontiers in Neuroergonomics, 4*, Article e1059476. DOI: 10.3389/fnrgo.2023.1059476

Doerr, A. J. (2020). When and how personality predicts workplace safety: Evaluating a moderated mediation model. *Journal of Safety Research, 75*, 275–283.

Dozier, V. C., Epstein, S., Garis, J. W., Hoover, M., Hultman, J. D., Hyatt, T., ... Vuorinen, R. (2023). *Cognitive information processing: Career theory, research, and practice.* Florida State Open Publishing.

Duffy, R. D., & Dik, B. J. (2013). Research on calling: What have we learned and where are we going? *Journal of Vocational Behavior, 83*(3), 428–436.

Dugger, Z., Petrides, K. V., Carnegie, N., & McCrory, B. (2022). Trait emotional intelligence in American pilots. *Scientific Reports, 12*(1), 15033.

Dumitru, M., & Stoiculete, A. (2021). Risk management in reducing the occurrence of aviation events. *Scientific Research and Education in the Air Force,* 85–90.

Dunn, M. J. M., Molesworth, B. R. C., Koo, T., & Lodewijks, G. (2020). Effects of auditory and visual feedback on remote pilot manual flying performance. *Ergonomics, 63*(11), 1380–1393.

Ebadi, Y., Pai, G., Samuel, S., & Fisher, D. L. (2020). Impact of cognitive distractions on drivers' hazardous event anticipation and mitigation behavior in vehicle-bicycle conflict situations. *Transportation Research Record, 2674*(7), 504–513.

Edwards, E. (1988). Introductory overview. In E. Wiener, & D. Nagel (Eds.), *Human factors in aviation* (pp. 3–25). Academic Press.

Elangovan, A. R., Pinder, C. C., McLean, M. (2010). Callings and organizational behavior. *Journal of Vocational Behavior, 76*(3), 428–440.

Endsley, M. R. (1995). Toward a theory of situation awareness in dynamic systems. *Human Factors, 37*(1), 32–64.

Endsley, M. R. (1996). Automation and situation awareness. In R. Parasuraman, & M. Mouloua (Eds.), *Automation and human performance: Theory and applications* (pp. 163–181). Lawrence Erlbaum Associates.

Endsley, M. R. (2015). Situation awareness misconceptions and misunderstandings. *Journal of Cognitive Engineering and Decision Making, 9*(1), 4–32.

Endsley, M. R. (2021). Situation awareness. In G. Salvendy, & W. Karwowski (Eds.), *Handbook of human factors and ergonomics* (pp. 434–455). John Wiley & Sons.

Endsley, M. R. (2023). Supporting human-AI teams: Transparency, explainability, and situation awareness. *Computers in Human Behavior, 140*, 107574.

Endsley, M. R., & Bolstad, C. A. (1994). Individual differences in pilot situation awareness. *The International Journal of Aviation Psychology, 4*(3), 241–264.

Endsley, M. R., & Jones, D. G. (2011). *Designing for situation awareness: An approach to user-centered design* (2nd ed.). London: CRC Press.

Endsley, M. R., & Jones, D. G. (2024). Situation awareness oriented design: Review and future directions. *International Journal of Human-Computer Interaction, 40*(7), 1487–1504.

Endsley, M. R., & Kiris, E. O. (1995). The out-of-the-loop performance problem and level of control in automation. *Human Factors, 37*(2), 381–394.

FAA. (2003). *Medical facts for pilots: Spatial disorientation (No. AM-400-03/01)*. Federal Aviation Administration.

FAA. (2016a). *Airplane flying handbook (No. FAA-H-8083-3B)*. Federal Aviation Administration.

FAA. (2016b). *Pilot's handbook of aeronautical knowledge (No. FAA-H-8083-25B)*. Federal Aviation Administration.

Fabre, E. F., Peysakhovich, V., & Causse, M. (2017). Measuring the amplitude of the N100 component to predict the occurrence of the inattentional deafness phenomenon. In K. S. Hale, & K. M. Stanney (Eds.), *Advances in neuroergonomics and cognitive engineering: Proceedings of the AHFE 2016 international conference on neuroergonomics and cognitive engineering, July 27–31, 2016, Walt Disney World®, Florida, USA* (pp. 77–84). Springer.

Federal Aviation Administration. (2013). *Fatigue risk management systems for aviation safety* (Advisory Circular 120–103A). Washington, DC: Author.

Feng, C., Wanyan, X., Liu, S., Chen, H., Zhuang, D., & Wang, X. (2020). Influence of different attention allocation strategies under workloads on situation awareness. *Acta Aeronautica et Astronautica Sinica, 41*(3), 123307.

Ferraro, J., Clark, L., Christy, N., & Mouloua, M. (2018). Effects of automation reliability and trust on system monitoring performance in simulated flight tasks. *Proceedings of the Human Factors and Ergonomics Society Annual Meeting, 62*(1), 1232–1236.

Festa, E. K., Bracken, B. K., Desrochers, P. C., Winder, A. T., Strong, P. K., & Endsley, M. R. (2024). EEG and fNIRS are associated with situation awareness (hazard) prediction during a driving task. *Ergonomics, 67*(12), 1993–2008.

Feuerriegel, S., Geraldes, R., Goncalves, A., Liu, Z., & Prendinger, H. (2021). Interface design for human-machine collaborations in drone management.

IEEE Access, 9, 107462–107475.

Fishbein, M., & Ajzen, I. (1975). *Belief, attitude, intention, and behavior: An introduction to theory and research.* Reading, MA: Addison-Wesley.

Fitrikananda, B. P., Jenie, Y. I., Sasongko, R. A., & Muhammad, H. (2023). Risk assessment method for UAV's sense and avoid system based on multi-parameter quantification and monte carlo simulation. *Aerospace, 10*(9), 781.

Fleming, M. (2005). Patient safety culture measurement and improvement: A "how to" guide. *Healthcare Quarterly, 8*, 14–19.

Fogg, B. J., & Tseng, H. (1999). The elements of computer credibility. In M. G. Williams, & M. W. Altom (Eds.), *CHI'99: Proceedings of the SIGCHI conference on human factors in computing systems* (pp. 80–87). ACM.

Forsman, J. W. (2012). *The creation and validation of a pilot selection system for a Midwestern University aviation department* (Unpublished master's thesis). Minnesota State University, Mankato.

Foyle, D. C., & Hooey, B. L. (2007). *Human performance modeling in aviation.* London: CRC Press.

Fudali-Czyż, A., Lewkowicz, R., Francuz, P., Stróżak, P., Augustynowicz, P., Truszczyński, O., & Bałaj, B. (2024). An attentive blank stare under simulator-induced spatial disorientation events. *Human Factors, 66*(2), 317–335.

Gal, R., & Mangelsdorff, A. D. (2004). 军事心理学手册（苗丹民，王京生，刘立 等译）. 北京：中国轻工业出版社.

Gao, S., & Wang, L. (2023). More experience might not bring more safety: Negative moderating effect of pilots' flight experience on their safety performance. *International Journal of Industrial Ergonomics, 95*, 103430.

Garvey, W. (2016). *A gulfstream crash triggers a finding of unsettling data.* Aviation Week Network.

Geller, E. S. (1994). Ten principles for achieving a total safety culture. *Professional Safety, 39*(9), 18–24.

Giancola, M., Verde, P., Cacciapuoti, L., Angelino, G., Piccardi, L., Bocchi, A., Palmiero, M., & Nori, R. (2021). Do advanced spatial strategies depend on the number of flight hours? The case of military pilots. *Brain Sciences, 11*(7), 851.

Gibb, R. (2007). Visual spatial disorientation: Revisiting the black hole illusion. *Aviation Space and Environmental Medicine, 78*(8), 801–808.

Gibb, R., Ercoline, B., & Scharff, L. (2011). Spatial disorientation: Decades of pilot fatalities. *Aviation Space and Environmental Medicine, 82*(7), 717–724.

Gibb, R., Schvaneveldt, R., & Gray, R. (2008). Visual misperception in aviation: Glide path performance in a black hole environment. *Human Factors, 50*(4), 699–711.

Gilbey, A., & Hill, S. (2012). Confirmation bias in general aviation lost procedures. *Applied Cognitive Psychology, 26*(5), 785–795.

Gipson, L. (2016). UAS integration in the NAS research activities. Retrieved May 6, 2016, from https://www.nasa.gov/directorates/armd/integrated-aviation-systems-program/uas-in-the-nas/uas-integration-in-the-nas-research-activities/

Giraudet, L., St-Louis, M. E., Scannella, S., & Causse, M. (2015). P300 event-related potential as an indicator of inattentional deafness? *PLOS One, 10*(2), Article e0118556. https://doi.org/10.1371/journal.pone.0118556

Glendon, A. I., & Stanton, N. A. (2000). Perspectives on safety culture. *Safety Science, 34*(1–3), 193–214.

Glicksohn, J., & Naor-Ziv, R. (2016). Personality profiling of pilots: Traits and cognitive style. *International Journal of Personality Psychology, 2*, 7–14.

Gong, Y. (2019). Safety culture among Chinese undergraduates: A survey at a university. *Safety Science, 111*, 17–21.

Gordon, H. W., Silverberg-Shalev, R., & Czernilas, J. (1982). Hemispheric asymmetry in fighter and helicopter pilots. *Acta Psychologica, 52*(1–2), 33–40.

Gordon, R., Kirwan, B., & Perrin, E. (2007). Measuring safety culture in a research and development centre: A comparison of two methods in the air traffic management domain. *Safety Science, 45*(6), 669–695.

Griffin, M. A., & Curcuruto, M. (2016). Safety climate in organizations. *Annual Reviews, 3*, 191–212.

Grote, G. (2008). Diagnosis of safety culture: A replication and extension towards assessing "safe" organizational change processes. *Safety Science, 46*(3), 450–460.

Grote, G. & Künzler, C. (2000). Diagnosis of safety culture in safety management audits. *Safety Science, 34*(1–3), 131–150.

Guldenmund, F. W. (2000). The nature of safety culture: A review of theory and research. *Safety Science, 34*(1–3), 215–257.

Gutzeit, M. F., O'Brien, H., Valentine, J. E. (2021). Organizational safety culture: The foundation for safety and quality improvement. In R. K. Shah, & S. A. Godambe (Eds.), *Patient safety and quality improvement in healthcare* (pp. 15–35). Springer.

Hall, D. T., Chandler, D. E. (2005). Psychological success: When the career is a calling. *Journal of Organizational Behavior, 26*(2), 155–176.

Halpern, D. F. (2013). *Sex differences in cognitive abilities* (eBook). New York: Psychology Press.

Han, S. Y., Kwak, N. S., Oh, T., & Lee, S. W. (2020). Classification of pilots' mental states using a multimodal deep learning network. *Biocybernetics and Biomedical Engineering, 40*(1), 324–336.

Hassan, K., Thakur, A. K., Singh, G., Singh, J., Gupta, L. R., & Singh, R. (2024). Application of artificial intelligence in aerospace engineering and its future directions: A Systematic quantitative literature review. *Archives of Computational Methods in Engineering, 31*(7), 4031–4086.

Healy, A. F., Schneider, V. I., McCormick, B., Fierman, D. M., Buck-Gengler,

C. J., & Barshi, I. (2013). Which modality is best for presenting navigation instructions? *Journal of Applied Research in Memory and Cognition, 2*(3), 192–199.

Hegarty, M., Montello, D. R., Richardson, A. E., Ishikawa, T., & Lovelace, K. (2006). Spatial abilities at different scales: Individual differences in aptitude-test performance and spatial-layout learning. *Intelligence, 34*(2), 151–176.

Heinrich, H. W., Petersen, D., & Roos, N. (1980). *Industrial accident prevention: A safety management approach* (5th ed.). New York: McGraw-Hill.

Helgo, M. (2023). Deep learning and machine learning algorithms for enhanced aircraft maintenance and flight data analysis. *Journal of Robotics Spectrum*, 90–99.

Helldin, T., & Falkman, G. (2012, March). Human-centered automation for improving situation awareness in the fighter aircraft domain. In *proceedings of the 2012 IEEE International Multi-Disciplinary Conference on Cognitive Methods in Situation Awareness and Decision Support* (pp. 191–197), New Orleans, LA, USA.

Helleberg, J. R., & Wickens, C. D. (2003). Effects of data-link modality and display redundancy on pilot performance: An attentional perspective. *The International Journal of Aviation Psychology, 13*(3), 189–210.

Helmreich, R. L. (1998, April). Error management as organisational strategy. In *Proceedings of the IATA Human Factors Seminar* (pp. 1–7). Bangkok, Thailand: International Air Transport Association.

Helmreich, R. L. (2000). Culture, threat, and error: Assessing system in aviation: The management commitment. Proceedings of a conference. London: Royal Aeronautical Society.

Hoermann, H., Radke, B., & Hoeft, S. (2007). Measurement of social competence in pilot selection. In *proceedings of the 2007 International Symposium *on Aviation Psychology* (pp. 263–267). Wright State University.

Hoermann, H. J., & Goerke, P. (2014). Assessment of social competence for pilot selection. *The International Journal of Aviation Psychology, 24*(1), 6–28.

Hollnagel, E. (1987). Information and reasoning in intelligent decision support systems. *International Journal of Man-Machine Studies, 27*(5–6), 665–678.

Hollnagel, E., & Woods, D. D. (2005). *Joint cognitive systems: Foundations of cognitive systems engineering* (1st ed.). London: CRC Press.

Holmes, A. (2024). Hazardous attitude factors influence risk perception in general aviation pilots. *Advances in Aerospace Science and Technology, 9*(3), 85–93.

Houben, M. M. J., Meskers, A. J. H., Bos, J. E., & Groen, E. L. (2022). The perception threshold of the vestibular coriolis illusion. *Journal of Vestibular Research: Equilibrium & Orientation, 32*(4), 317–324.

Hsu, C., Lin, S., & Li, W. (2015). Visual movement and mental-workload for pilot performance assessment. In D. Harris (Ed.), *Engineering psychology and cognitive ergonomics* (pp. 356–364). Springer.

Hu, R., Zhang, Y., & Gu, B. (2022). Comprehensive evaluation of university safety culture construction level based on "2-4" model. *International Journal of Environmental Research and Public Health, 19*(23), 16145.

Huang, L., Hou, Y., Chen, Y., You, X., Proctor, R. W., Francis, G., & Chang, M. (2023). How the black hole illusion environment affects operational performance at different flight phases in aviation. *Applied Ergonomics, 113*, 104048.

Hughes, A. M., Hancock, G. M., Marlow, S. L., Stowers, K., & Salas, E. (2019). Cardiac measures of cognitive workload: A meta-analysis. *Human Factors, 61*(3), 393–414.

Hunter, D. R. (2002). *Risk perception and risk tolerance in aircraft pilots* (No. DOT/FAA/AM-02/17). United States. Department of Transportation. Federal Aviation Administration. Office of Aviation. Civil Aerospace Medical Institute.

Hunter, D. R. (2003). Measuring general aviation pilot judgment using a situational judgment technique. *The International Journal of Aviation Psychology, 13*(4), 373–386.

Hunter, D. R. (2005). Measurement of hazardous attitudes among pilots. *The International Journal of Aviation Psychology, 15*(1), 23–43.

Hunter, D. R. (2006). Risk perception among general aviation pilots. *The International Journal of Aviation Psychology, 16*(2), 135–144.

Hutchinson, B. T., Pammer, K., Bandara, K., & Jack, B. N. (2022). A tale of two theories: A meta-analysis of the attention set and load theories of inattentional blindness. *Psychological Bulletin, 148*(5–6), 370–396.

Idowu, A., & Shogbonyo, M. (2022). Situational awareness and workload management in aviation: A case analysis of the crash of American Airlines Flight 965. *The Collegiate Aviation Review International, 14*(1), 60–73.

Iversen, H., & Rundmo, T. (2004). Attitudes towards traffic safety, driving behaviour and accident involvement among the Norwegian public. *Ergonomics, 47*(5), 555–572.

Jacobs, D. M., Morice, A. H. P., Camachon, C., & Montagne, G. (2018). Eye position affects flight altitude in visual approach to landing independent of level of expertise of pilot. *PLOS One, 13*(5), Article e0197585. DOI: 10.1371/journal.pone.0197585

Jakicic, V., Boyer, L., & Francis, G. (2022). Investigating a computational explanation of the black hole illusion. *The International Journal of Aerospace Psychology, 32*(4), 203–226.

Janis, I. L., & Mann, L. (1977). *Decision making: A psychological analysis of conflict, choice, and commitment*. New York: Free Press.

Jarvis, S. R. (2017). Concurrent pilot instrument monitoring in the automated multi-crew airline Cockpit. *Aerospace Medicine Human Performance, 88*(12), 1100–1106.

Javaid, A., Rasool, S., & Maqsood, A. (2024). Analysis of visual and vestibular information on motion sickness in flight simulation. *Aerospace, 11*(2), 139.

Ji, M., Liu, B., Li, H., Yang, S., & Li, Y. (2019). The effects of safety attitude and safety climate on flight attendants' proactive personality with regard to safety behaviors. *Journal of Air Transport Management, 78*, 80–86.

Ji, M., Xu, Q., Xu, S., Du, Q., & Li, D. (2018). Proactive personality and situational judgment among civil flying cadets: The roles of risk perception and cognitive flexibility. *Transportation Research Part F: Traffic Psychology and Behaviour, 59*, 179–187.

Johnson, J. F., Barron, L. G., Carretta, T. R., & Rose, M. R. (2017). Predictive validity of spatial ability and perceptual speed tests for aviator training. *The International Journal of Aerospace Psychology, 27*(3–4), 109–120.

Kaber, D. B. (2018). A conceptual framework of autonomous and automated agents. *Theoretical Issues in Ergonomics Science, 19*(4), 406–430.

Kaber, D. B., Jin, S., Zahabi, M., & Pankok, C. (2016). The effect of driver cognitive abilities and distractions on situation awareness and performance under hazard conditions. *Transportation Research Part F: Traffic Psychology and Behaviour, 42*, 177–194.

Kallus, K. W., & Tropper, K. (2004). Evaluation of a spatial disorientation simulator training for jet pilots. *International Journal of Applied Aviation Studies, 4*(1), 45–56.

Kammeyer-Mueller, J. D., & Wanberg, C. R. (2003). Unwrapping the organizational entry process: Disentangling multiple antecedents and their pathways to adjustment. *Journal of Applied Psychology, 88*(5), 779–794.

Kass, S. J., Cole, K. S., & Stanny, C. J. (2007). Effects of distraction and experience on situation awareness and simulated driving. *Transportation Research*

Part F: Traffic Psychology and Behaviour, 10(4), 321–329.

Kaur, A., Chaujar, R., & Chinnadurai, V. (2020). Effects of neural mechanisms of pretask resting EEG alpha information on situational awareness: A functional connectivity approach. *Human Factors, 62*(7), 1150–1170.

Ke, L., Zhang, G., He, J., Li, Y., Li, Y., Liu, X., & Fang, P. (2023). Pilot selection in the era of virtual reality: Algorithms for accurate and interpretable machine learning models. *Aerospace, 10*, 394.

Keller, D., & Rice, S. (2009). System-wide versus component-specific trust using multiple aids. *The Journal of General Psychology, 137*(1), 114–128.

Key, K., Hu, P., Choi, I., & Schroeder, D. (2023). *Safety culture assessment and continuous improvement in aviation: A literature review* (No. DOT/FAA/AM-23/13). United States. Department of Transportation. Federal Aviation Administration. Office of Aviation. Civil Aerospace Medical Institute.

King, R. E. (2014). Personality (and psychopathology) assessment in the selection of pilots. *The International Journal of Aviation Psychology, 24*(1), 61–73.

Kistan, T., Gardi, A., Sabatini, R., Ramasamy, S., & Batuwangala, E. (2017). An evolutionary outlook of air traffic flow management techniques. *Progress in Aerospace Sciences, 88*, 15–42.

Klein, G. A. (1993). A recognition-primed decision (RPD) model of rapid decision making. In G. A. Klein, J. Orasanu, R. Calderwood, & C. E. Zsambok (Eds.), *Decision making in action* (pp. 138–147). Ablex Publishing.

Koć-Januchta, M., Höffler, T., Thoma, G. B., Prechtl, H., & Leutner, D. (2017). Visualizers versus verbalizers: Effects of cognitive style on learning with texts and pictures–An eye-tracking study. *Computers in Human Behavior, 68*, 170–179.

Korentsides, J., Keebler, J. R., Fausett, C. M., Patel, S. M., & Lazzara, E. H. (2024). Human-AI teams in aviation: Considerations from human factors and team science. *Journal of Aviation/Aerospace Education & Research, 33*(4).

Kosslyn, S. M., Flynn, R. A., Amsterdam, J. B., & Wang, G. (1990). Components of high-level vision: A cognitive neuroscience analysis and accounts of neurological syndromes. *Cognition, 34*(3), 203–277.

Kowalczuk, K. P., Gazdzinski, S. P., Janewicz, M., Gąsik, M., Lewkowicz, R., & Wyleżoł, M. (2016). Hypoxia and coriolis illusion in pilots during simulated flight. *Aerospace Medicine and Human Performance, 87*(2), 108–113.

Kraft, C. L. (1978). A psychophysical contribution to air safety: Simulator studies of visual illusions in night visual approaches. In H. L. Pick, H. W. Leibowitz, J. E. Singer, A. Steinschneider, & H. W. Stevenson (Eds.), *Psychology: From research to practice* (pp. 363–385). Springer.

Kramer, A. F., Wiegmann, D. A., & Kirlik, A. (Eds.). (2007). *Attention: From theory to practice* (Vol. 4). New York: Oxford University Press.

Kramer, L. J., Etherington, T. J., Evans, E. T., Daniels, T. S., Young, S. D., Barnes, J. R., ... Sherry, L. (2019). Evaluation of technology concepts for energy, automation, and system state awareness in commercial airline flight decks. *AIAA Scitech 2019 Forum*.

Kwasiborska, A., Grabowski, M., Sedlackova, A. N., & Novak, A. (2023). The influence of visibility on the opportunity to perform flight operations with various categories of the instrument landing system. *Sensors (Basel), 23*(18), 7953.

Latorella, K. A., & Prabhu, P. V. (2000). A review of human error in aviation maintenance and inspection. *International Journal of Industrial Ergonomics, 26*(2), 133–161.

Lavie, N. (1995). Perceptual load as a necessary condition for selective attention. *Journal of Experimental Psychology: Human Perception and Performance, 21*(3), 451–468.

Lavie, N., Hirst, A., de Fockert, J. W., & Viding, E. (2004). Load theory of selective attention and cognitive control. *Journal of Experimental Psychology: General, 133*(3), 339–354.

Lawton, C. A. (1996). Strategies for indoor wayfinding: The role of orientation. *Journal of Environmental Psychology, 16*(2), 137–145.

Lee, J. D., & Kirlik, A. (Eds.). (2013). *The Oxford handbook of cognitive engineering*. New York: Oxford University Press.

Lee, J. D., & See, K. A. (2004). Trust in automation: Designing for appropriate reliance. *Human Factors, 46*(1), 50–80.

Lee, T., & Harrison, K. (2000). Assessing safety culture in nuclear power stations. *Safety Science, 34*(1–3), 61–97.

Legault, I., Troje, N. F., & Faubert, J. (2012). Healthy older observers cannot use biological-motion point-light information efficiently within 4 m of themselves. *i-Perception, 3*(2), 104–111.

Lehmann, P. H., Jones, M., & Höfinger, M. (2017). Impact of turbulence and degraded visual environment on pilot workload. *CEAS Aeronautical Journal, 8*(3), 413–428.

Li, W. C. (2011). The casual factors of aviation accidents related to decision errors in the cockpit by system approach. *Journal of Aeronautics, Astronautics and Aviation, 43*(3), 147–154.

Li, X., Romli, F. I., Azrad, S., & Zhahir, M. A. M. (2023). An overview of civil aviation accidents and risk analysis. *Proceedings of Aerospace Society Malaysia, 1*(1), 53–62.

Li, Y., Kong, F., Ji, M., Luo, Y., Lan, J., & You, X. (2019). Shared and distinct neural bases of large-and small-scale spatial ability: A coordinate-based activation likelihood estimation meta-analysis. *Frontiers in Neuroscience, 12*, 1021.

Li, Y., Kong, F., Luo, Y., Zeng, S., & You, X. (2019). Gender differences in large-scale and small-scale spatial ability: A systematic review based on behavioral and neuroimaging research. *Frontiers in Behavioral Neuroscience, 13*, 128.

Liao, M. Y. (2015). Safety culture in commercial aviation: Differences in perspective between Chinese and Western pilots. *Safety Science, 79*, 193–205.

Lim, Y., Gardi, A., Sabatini, R., Ramasamy, S., Kistan, T., Ezer, N., ... Bolia, R. (2018). Avionics human-machine interfaces and interactions for manned and unmanned aircraft. *Progress in Aerospace Sciences, 102*, 1–46.

Lintern, G., & Liu, Y. (1991). Explicit and implicit horizons for simulated landing approaches. *Human Factors, 33*(4), 401–417.

Lintern, G., & Walker, M. B. (1991). Scene content and runway breadth effects on simulated landing approaches. *The International Journal of Aviation Psychology, 1*(2), 117–132.

Liu, P., Zhang, R., Yin, Z., & Li, Z. (2021). Human errors and human reliability. In G. Salvendy, & W. Karwowski (Eds.), *Handbook of human factors and ergonomics* (pp. 514–572). John Wiley & Sons.

Loewenstein, G., & Lerner, J. S. (2003). The role of affect in decision making. In R. J. Davidson, K. R. Scherer, & H. H. Goldsmith (Eds.), *Handbook of affective science* (pp. 619–642). Oxford University Press.

Lopes, N. M., Neves, F. T., & Aparicio, M. (2024). Key insights from preflight planning for safety improvement in general aviation: A systematic literature review. *Applied Sciences, 14*(9), 3771.

Lounis, C., Peysakhovich, V., & Causse, M. (2021). Visual scanning strategies in the cockpit are modulated by pilots' expertise: A flight simulator study. *PLOS One, 16*(2), Article e0247061. DOI: 10.1371/journal.pone.0247061

Lu, Y., Zheng, Y., Wang, Z., & Fu, S. (2020). Pilots' visual scanning behaviors during an instrument landing system approach. *Aerospace Medicine and Human Performance, 91*(6), 511–517.

Lunn, J., Sjoblom, A., Ward, J., Soto-Faraco, S., & Forster, S. (2019). Multisensory enhancement of attention depends on whether you are already paying attention. *Cognition, 187,* 38–49.

Lyons, J. B. (2013). Being transparent about transparency: A model for human-robot interaction. In *proceedings of the AAAI Spring Symposium-Technical Report*, 48–53.

Lyons, J. B., Clark, M. A., Wagner, A. R., & Schuelke, M. J. (2017). Certifiable Trust in Autonomous Systems: Making the Intractable Tangible. *AI Magazine, 38*(3), 37–49.

Ma, R., & Kaber, D. B. (2005). Situation awareness and workload in driving while using adaptive cruise control and a cell phone. *International Journal of Industrial Ergonomics, 35*(10), 939–953.

Macdonald, J. S., & Lavie, N. (2011). Visual perceptual load induces inattentional deafness. *Attention, Perception, & Psychophysics, 73*(6), 1780–1789.

Mack, A., & Rock, I. (1998). *Inattentional blindness.* Cambridge, MA: MIT Press.

Madhavan, P., & Lacson, F. C. (2006). Psychological factors affecting pilots' decisions to navigate in deteriorating weather. *North American Journal of Psychology, 8*(1), 47–62.

Marstall, J., Miller, M. E., & Poisson, R. J. (2016). Collaboration in the cockpit: Human-system interaction beyond the autopilot. *Ergonomics in Design, 24*(1), 4–8.

Martinussen, M. (2014). Commentary on the article by hoermann and goerke: Do pilots need social competence? *The International Journal of Aviation Psychology, 24*(1), 32–35.

Martinussen, M., & Hunter, D. R. (2017). *Aviation psychology and human factors* (2nd ed.). London: CRC Press.

Matton, N., Paubel, P., Cegarra, J., & Raufaste, E. (2016). Differences in multitask resource reallocation after change in task values. *Human Factors, 58*(8), 1128–1142.

Mayer, R. C., Davis, J. H., & Schoorman, F. D. (1995). An integrative model of organizational trust. *Academy of Management Review, 20*(3), 709–734.

McRuer, D. T., & Graham, D. (2004). Flight control century: Triumphs of the systems approach. *Journal of Guidance, Control, and Dynamics, 27*(2), 161–173.

Merritt, A. C., & Helmreich, R. L. (1996). Human factors on the flight deck: The influence of national culture. *Journal of Cross-Cultural Psychology, 27*(1), 5–24.

Mertens, H. W. (1979). *Runway image shape as a cue for judgment of approach angle* (Technical Report No. FAA-AM-79-25). Civil Aerospace Medical Institute, FAA.

Mertens, H. W., & Lewis, M. F. (1983). Effects of approach lighting and variation in visible runway length on perception of approach angle in simulated night landings. *Aviation, Space, and Environmental Medicine, 54*(6), 500–506.

Mika, B., Grzegorczyk, K., Galant-Gołębiewska, M., & Maciejewska, M. (2022). The effect of the flight experience on the visual behavior of pilots–A preliminary study. *Journal of KONBiN, 52*(3), 53–76.

Mohan, A., Simonovic, B., Vione, K. C., & Stupple, E. (2024). Examining flight time, cognitive reflection, workload, stress and metacognition on decision making performance for pilots during flight simulation. *Ergonomics*. Advance online publication. https://doi.org/10.1080/00140139.2024.2404642

Mohanavelu, K., Poonguzhali, S., Ravi, D., Singh, P., Mahajabin, M., Ramachandran, K., ... Jayaraman, S. (2020). Cognitive workload analysis of fighter aircraft pilots in flight simulator environment. *Defence Science Journal, 70*(2), 131–139.

Moray, N. (1999). Mental models in theory and practice. *Attention and Perfor-

mance, 17, 222–258.

Morelli, M., Casagrande, M., & Forte, G. (2022). Decision making: A theoretical review. *Integrative Psychological and Behavioral Science, 56*, 609–629.

Moreschi, R. W. (2004). Incorporating investor risk tolerance into the financial planning process. *Journal of Personal Finance, 3*(3), 89–98.

Most, S. B., Simons, D. J., Scholl, B. J., Jimenez, R., Clifford, E., & Chabris, C. F. (2001). How not to be seen: The contribution of similarity and selective ignoring to sustained inattentional blindness. *Psychological Science, 12*(1), 9–17.

Muhrer, E., & Vollrath, M. (2011). The effect of visual and cognitive distraction on driver's anticipation in a simulated car following scenario. *Transportation Research Part F: Traffic Psychology and Behaviour, 14*(6), 555–566.

Mulder, M., Pleijsant, J. M., van der Vaart, H., & van Wieringen, P. (2000). The effects of pictorial detail on the timing of the landing flare: Results of a visual simulation experiment. *The International Journal of Aviation Psychology, 10*(3), 291–315.

Murphy, G., & Greene, C. M. (2017). The elephant in the road: Auditory perceptual load affects driver perception and awareness. *Applied Cognitive Psychology, 31*(2), 258–263.

Nævestad, T. O., Hesjevoll, I. S., Ranestad, K., & Antonsen, S. (2019). Strategies regulatory authorities can use to influence safety culture in organizations: Lessons based on experiences from three sectors. *Safety Science, 118*, 409–423.

Naikar, N. (2017). Cognitive work analysis: An influential legacy extending beyond human factors and engineering. *Applied Ergonomics, 59*, 528–540.

Nakatani, T., Honda, K., & Nakata, Y. (2007). Improvement approach of the automation system in aviation for flight safety. In C. Stephanidis (Ed.), *Universal Access in HCI, Part II, HCII 2007, LNCS 4555* (pp. 497–506). Springer.

Namian, M., Albert, A., Zuluaga, C. M., & Behm, M. (2016). Role of safety training: Impact on hazard recognition and safety risk perception. *Journal of Construction Engineering and Management, 142*(12), 04016073.

Navarro, J., Allali, S., Cabrignac, N., & Cegarra, J. (2021). Impact of pilot's expertise on selection, use, trust, and acceptance of automation. *IEEE Transactions on Human-Machine Systems, 51*(5), 432–441.

Navon, D., & Gopher, D. (1979). On the economy of the human-processing system. *Psychological Review, 86*(3), 214–255.

Neal, A., Griffin, M. A., & Hart, P. M. (2000). The impact of organizational climate on safety climate and individual behavior. *Safety Science, 34*(1–3), 99–109.

Neisser, U., & Becklen, R. (1975). Selective looking: Attending to visually specified events. *Cognitive Psychology, 7*(4), 480–494.

Nguyen, T., Lim, C. P., Nguyen, N. D., Gordon-Brown, L., & Nahavandi, S. (2019). A review of situation awareness assessment approaches in aviation environments. *IEEE Systems Journal, 13*(3), 3590–3603.

Nicholson, C. M., & Stewart, P. C. (2013). Effects of lighting and distraction on the black hole illusion in visual approaches. *International Journal of Aviation Psychology, 23*(4), 319–334.

Nogueira, R. P. R., Melício, R., Valério, D., & Santos, L. F. (2023). Learning methods and predictive modeling to identify failure by human factors in the aviation industry. *Applied Sciences, 13*(6), 4069.

Nori, R., & Giusberti, F. (2003). Cognitive styles: Errors in directional judgments. *Perception, 32*(3), 307–320.

Nori, R., & Giusberti, F. (2006). Predicting cognitive styles from spatial abilities. *American Journal of Psychology, 119*(1), 67–86.

Nori, R., Palmiero, M., Bocchi, A., Giannini, A. M., & Piccardi, L. (2020). The specific role of spatial orientation skills in predicting driving behaviour.

Transportation Research Part F: Traffic Psychology and Behaviour, 71, 259–271.

Norman, D. A. (1981). Categorization of action slips. *Psychological Review, 88*(1), 1–15.

Norman, D. A. (1986). *User centered system design: New perspectives on human-computer interaction* (1st ed.). London: CRC Press.

Norman, D. A., & Bobrow, D. G. (1975). On data-limited and resource-limited processes. *Cognitive Psychology, 7*(1), 44–64.

O'Hare, D. (1992). The "artful" decision maker: A framework model for aeronautical decision making. *The International Journal of Aviation Psychology, 2*(3), 175–191.

Onnasch, L., Wickens, C. D., Li, H., & Manzey, D. (2014). Human performance consequences of stages and levels of automation: An integrated meta-analysis. *Human Factors, 56*(3), 476–488.

Orasanu, J. (1995, October). Training for aviation decision making: The naturalistic decision making perspective. In *Proceedings of the 39th Annual Meeting of the Human Factors and Ergonomics Society Meeting*. San Diego, CA.

Orasanu, J., Fischer, U., & Davison, J. (2002). Risk perception: A critical element of aviation safety. *IFAC Proceedings Volumes, 35*(1), 49–58.

Osborn, D. S., Hayden, S. C., Sampson, J. P., Dozier, V. C., Hultman, J., & Bennett, E. (2024). Cognitive information processing: Synergizing theory, research and practice. *British Journal of Guidance & Counselling, 52*(1), 94–109.

Osman, A., Khalid, K., & AlFqeeh, F. M. (2019). Exploring the role of safety culture factors towards safety behaviour in small-medium enterprise. *International Journal of Entrepreneurship, 23*(3), 1–11.

Palmisano, S., & Gillam, B. (2005). Visual perception of touchdown point during simulated landing. *Journal of Experimental Psychology Applied, 11*(1),

19–32.

Parasuraman, R., & Manzey, D. H. (2010). Complacency and bias in human use of automation: An attentional integration. *Human Factors, 52*(3), 381–410.

Parasuraman, R. & Rizzo, M. (Eds.). (2006). *Neuroergonomics: The brain at work.* New York: Oxford University Press.

Patton, C. E., & Wickens, C. D. (2024). The relationship of trust and dependence. *Ergonomics, 67*(11), 1535–1552.

Pauley, K., O'Hare, D., Wiggins, M. (2008). Risk tolerance and pilot involvement in hazardous events and flight into adverse weather. *Journal of Safety Research, 39*(4), 403–411.

Pazzaglia, F., & De Beni, R. (2001). Strategies of processing spatial information in survey and landmark-centred individuals. *European Journal of Cognitive Psychology, 13*(4), 493–508.

Pazzaglia, F., & Meneghetti, C. (2012). Spatial text processing in relation to spatial abilities and spatial styles. *Journal of Cognitive Psychology, 24*(8), 972–980.

Pazzaglia, F., & Moè, A. (2013). Cognitive styles and mental rotation ability in map learning. *Cognitive Processing, 14*(4), 391–399.

Peng, L., Li, D., Zhang, Z., Zhang, T., Huang, A., Yang, S., & Hu, Y. (2024). Human-AI collaboration: Unraveling the effects of user proficiency and AI agent capability in intelligent decision support systems. *International Journal of Industrial Ergonomics, 103*, 103629.

Pennings, H. J. M., Oprins, E., Wittenberg, H., Houben, M. M. J., Groen, E. L., & Groen, E. (2020). Spatial disorientation survey among military pilots. *Aerospace Medicine and Human Performance, 91*(1), 4–10.

Perrone, J. A. (1982). Visual slant underestimation: A general model. *Perception, 11*(6), 641–654.

Perrone, J. A. (1984). Visual slant misperception and the 'black-hole' landing situation. *Aviation Space and Environmental Medicine, 55*(11), 1020–1025.

Peterson, D. (1978). *Techniques of safety management*. New York: McGraw-Hill.

Piccardi, L., Iaria, G., Ricci, M., Bianchini, F., Zompanti, L., & Guariglia, C. (2008). Walking in the Corsi test: Which type of memory do you need? *Neuroscience Letters, 432*(2), 127–131.

Piccardi, L., Risetti, M., Nori, R., Tanzilli, A., Bernardi, L., & Guariglia, C. (2011). Perspective changing in primary and secondary learning: A gender difference study. *Learning and Individual Differences, 21*(1), 114–118.

Plat-Robain, M., Rogalski, J., & Amalberti, R. (1998). Pilote-automation interactions and cooperation in highly automated cockpits. In G. Boy, C. Graeber, & J. M. Robert (Eds.), *HCI-Aero'98: International Conference on Human-computer Interaction in Aeronautics*. Polytechnic International Press.

Politovich, M. K., & Bernstein, B. C. (1995). Production and depletion of supercooled liquid water in a colorado winter storm. *Journal of Applied Meteorology and Climatology, 34*(12), 2631–2648.

Posner, M. I., & Boies, S. J. (1971). Components of attention. *Psychological Review, 78*(5), 391–408.

Qin, K., Liu, Y., Liu, S., Li, Y., Li, Y., & You, X. (2024). Neural mechanisms for integrating time and visual velocity cues in a prediction motion task: An fNIRS study. *Psychophysiology, 61*(1), Article e14425. DOI: 10.1111/psyp.14425

Rasmussen, J., Pejtersen, A. M., & Goodstein, L. P. (1994). *Cognitive systems engineering*. New York: Wiley.

Rasmussen, J., & Vicente, J. K. (1989). Coping with human errors through system design: Implications for ecological interface design. *International Journal of Man-Machine Studies, 31*(5), 517–534.

Reason, J. (1990). *Human Error*. Cambridge: Cambridge university press.

Reason, J. (1997). *Managing the Risks of Organizational Accidents*. London:

Ashgate.

Ren, H., Song, Y., Wang, J., Hu, Y., & Lei, J. (2018, November). A deep learning approach to the citywide traffic accident risk prediction. In *Proceedings of the 2018 21st International Conference on Intelligent Transportation Systems* (ITSC) (pp. 3346–3351). Maui, HI, USA.

Robinson, F. E., Williams, H., & Biggs, A. T. (2020). Preliminary support for the line bias illusion as a contributor to black hole effects. *The International Journal of Aerospace Psychology, 30*(3–4), 130–151.

Rodenburg, D., Hungler, P., Etemad, S. A., Howes, D. W., Szulewski, A., & Mclellan, J. (2018). Dynamically adaptive simulation based on expertise and cognitive load. *2018 IEEE Games, Entertainment, Media Conference (GEM)*, Galway, Ireland, 1–6.

Rotter, J. B. (1954). *Social learning and clinical psychology.* NJ: Prentice-Hall.

Rutter, D., & Quine, L. (Eds.). (2002). *Changing health behaviour: Intervention and research with social cognition models.* London: Open University Press.

Sanderson, J., Oman, C. M., & Harris, L. R. (2007). Measurement of oscillopsia induced by vestibular Coriolis stimulation. *Journal of Vestibular Research, 17*(5–6), 289–299.

Sannigrahi, P., Kumar, A., Mishra, S., & Nataraja, M. S. (2020). Autokinesis illusion in fighter flying revisited. *Indian Journal of Aerospace Medicine, 64*(2), 56–61.

Santacreu, J., & Rubio, V. (1998). *SODT-R and SVDT: Dynamic computerized tests for the assessment of spatial ability (Technical report).* Madrid: Universidad Autónoma de Madrid.

Sarter, N. B., Mumaw, R. J., & Wickens, C. D. (2007). Pilots' monitoring strategies and performance on automated flight decks: An empirical study combining behavioral and eye-tracking data. *Hum an Factors, 49*(3), 347–357.

Saucier, D. M., Green, S. M., Leason, J., MacFadden, A., Bell, S., & Elias, L.

J. (2002). Are sex differences in navigation caused by sexually dimorphic strategies or by differences in the ability to use the strategies? *Behavioral Neuroscience, 116*(3), 403–410.

Schlossmacher, I., Dellert, T., Bruchmann, M., & Straube, T. (2021). Dissociating neural correlates of consciousness and task relevance during auditory processing. *NeuroImage, 228*, 117712.

Schoenfeld, R., Lehmann, W., & Leplow, B. (2010). Effects of age and sex in mental rotation and spatial learning from virtual environments. *Journal of Individual Differences, 31*(2), 78–82.

Sebok, A., & Wickens, C. D. (2017). Implementing lumberjacks and black swans into model-based tools to support human-automation interaction. *Human Factors, 59*(2), 189–203.

Sehlström, M., Ljungberg, J. K., Nyström, M. B. T., & Claeson, A. S. (2024). Relations of personality factors and suitability ratings to Swedish military pilot education completion. *International Journal of Selection and Assessment*. Article e12492. https://doi.org/10.1111/ijsa.12492

Self, B. P., Ercoline, W. R., Olson, W. A., & Tvaryanas, A. P. (2006). 10. Spatial Disorientation in Uninhabited Aerial Vehicles. In N. J. Cooke, H. L. Pringle, H. K. Pedersen, & O. Connor (Eds.), *Human Factors of Remotely Operated Vehicles* (Vol. 7, pp. 133–146). Emerald Group Publishing Limited.

Shahid, S. H., Khan, M. A., & Ishtiaq, M. (2022). An overview of the information processing approach and its application to memory, language, and working memory. *Pakistan Languages and Humanities Review, 6*(3), 615–628.

Shao, F., Lu, T., Wang, X., Liu, Z., Zhang, Y., Liu, X., & Wu, S. (2021). The influence of pilot's attention allocation on instrument reading during take-off: The mediating effect of attention span. *Applied Ergonomics, 90*, 103245.

Shappell, S. A., & Wiegmann, D. A. (2001). Applying reason: The human factors analysis and classification system (HFACS). *Human Factors and Aerospace*

Safety, 1(1), 59–86.

Sherry, L., Polson, P., & Fear, M. (2002). Designing user-interfaces for the cockpit: Five common design errors and how to avoid them. *SAE Technical Papers*. DOI: 10.4271/2002-01-2968

Shevchuk, D., & Steniakin, I. (2023). Holistic approach to ensuring safety and cybersecurity in the use of intelligent technologies in air transport. *Electronics and Control Systems, 1*, 97–101.

Shvets, A. V., Kalnysh, V. V., & Maltsev, O. V. (2023). The influence of occupational environment on formation of psycho-emotional stress among remote pilots of unmanned aircraft systems. *Zaporozhye Medical Journal, 25*(1), Article e264763. https://doi.org/10.14739/2310-1210.2023.1.264763

Siegel, A. W., & White, S. H. (1975). The development of spatial representations of large-scale environments. *Advances in Child Development and Behavior, 10*, 9–55.

Simons, D. J., Hults, C. M., & Ding, Y. (2024). Individual differences in inattentional blindness. *Psychonomic Bulletin & Review, 31*(4), 1471–1502.

Sohn, Y. W., & Doane, S. M. (2003). Roles of working memory capacity and long-term working memory skill in complex task performance. *Memory & Cognition, 31*(3), 458–466.

Stahn, A. C., & Kühn, S. (2021). Brains in space: The importance of understanding the impact of long-duration spaceflight on spatial cognition and its neural circuitry. *Cognitive Processing, 22*(1), 105–114.

Stanton, N. A., Stewart, R., Harris, D., Houghton, R. J., Baber, C., McMaster, R., ... Green, D. (2006). Distributed situation awareness in dynamic systems: Theoretical development and application of an ergonomics methodology. *Ergonomics, 49*(12–13), 1288–1311.

Steelman, K. S., Talleur, D. A., Carbonari, R., Yamani, Y., Nunes, A., & McCarley, J. S. (2013). Auditory, visual, and bimodal data link displays and how they support pilot performance. *Aviation, Space, and Environmental Medicine, 84*(6), 560–566.

Stewart, J. E. (2008). Locus of control and self-attribution as mediators of hazardous attitudes among aviators: A review and suggested applications. *International Journal of Applied Aviation Studies, 8*(2), 263–279.

Strayer, D. L., & Fisher, D. L. (2016). Spider: A framework for understanding driver distraction. *Human Factors, 58*(1), 5–12.

Sujon, M., & Dai, F. (2021). Social media mining for understanding traffic safety culture in Washington state using Twitter data. *Journal of Computing in Civil Engineering, 35*(1), 04020059.

Sulistyawati, K., Wickens, C. D., & Chui, Y. P. (2011). Prediction in situation awareness: Confidence bias and underlying cognitive abilities. *The International Journal of Aviation Psychology, 21*(2), 153–174.

Sutton, J. E., Buset, M., & Keller, M. (2014). Navigation experience and mental representations of the environment: Do pilots build better cognitive maps? *PLOS One, 9*(3), Article e90058. DOI: 10.1371/journal.pone.0090058

Sweller, J., van Merrienboer, J. J. G., & Paas, F. G. W. C. (1998). Cognitive architecture and instructional design. *Educational Psychology Review, 10*(3), 251–296.

Taylor, R. M. (2017). Situational awareness rating technique (Sart): The development of a tool for aircrew systems design. In E. Salas (Ed.), *Situational Awareness* (pp. 111–128). Routledge.

Temme, L. A., Nagy, R., & Persson, I. (2024). The U.S. Army Aeromedical Research Laboratory Virtual Reality Vection System. *Military Medicine, 189*(Suppl. 3), 751–758.

Thompson, R. C. (2010). The "black hole" night visual approach: Calculated approach paths resulting from flying a constant visual vertical angle to level and upslope runways. *The International Journal of Aviation Psychology,*

20(1), 59–73.

Tone, I. R., & Irwin, A. (2021). Safety in the field: Assessing the impact of stress and fatigue on situation awareness in Irish and British farmers. In N. L. Black, W. P. Neumann, & I. Noy (Eds.), *Proceedings of the 21st Congress of the International Ergonomics Association (IEA 2021)* (pp. 274–283). Springer.

Tong, Y., & Zhou, T. M. (2024). The effect of background information and motion speed on the performance of TTC estimation. *BMC Psychology, 12*(1), 17.

Trent, J. D., & Rose, M. R. (2021). Measuring motivation in pilot training applicants. *21st International Symposium on Aviation Psychology* (pp. 25–29). Wright State University.

Ulleberg, P., & Rundmo, T. (2003). Personality, attitudes and risk perception as predictors of risky driving behaviour among young drivers. *Safety Science, 41*(5), 427–443.

Uttal, D. H., Meadow, N. G., Tipton, E., Hand, L. L., Alden, A. R., Warren, C., & Newcombe, N. S. (2013). The malleability of spatial skills: A meta-analysis of training studies. *Psychological Bulletin, 139*(2), 352–402.

Vallerand, R. J. (2015). *The psychology of passion: A dualistic model*. New York: Oxford University Press.

Van der Heiden, R. M. A., Kenemans, J. L., Donker, S. F., & Janssen, C. P. (2022). The effect of cognitive load on auditory susceptibility during automated driving. *Human Factors, 64*(7), 1195–1209.

Velichkovskiy, B. B. (2020). Engineering-psychological problems of unmanned aerial vehicles interface design. *National Psychological Journal, 13*(1), 31–39.

Verde, P., Piccardi, L., Bianchini, F., Trivelloni, P., Guariglia, C., & Tomao, E. (2013). Gender effects on mental rotation in pilots vs. nonpilots. *Aviation,*

Space, and Environmental Medicine, 84(7), 726–729.

Vinacke, W. E. (1947). Illusions experienced by aircraft pilots while flying. *The Journal of Aviation Medicine, 18*(4), 308–325.

Waller, N. G. (1999). Evaluating the structure of personality. In C. R. Cloninger (Ed.), *Personality and psychopathology* (pp. 155–197). American Psychiatric Association.

Walmsley, S., & Gilbey, A. (2016). Cognitive biases in visual pilots' weather-related decision making. *Applied Cognitive Psychology, 30*(4), 532–543.

Walmsley, S., & Gilbey, A. (2017). Debiasing visual pilots' weather-related decision making. *Applied Ergonomics, 65*, 200–208.

Wang, L., Ren, Y., & Wu, C. (2018). Effects of flare operation on landing safety: A study based on ANOVA of real flight data. *Safety Science, 102*, 14–25.

Wang, X., Gong, G., Li, N., & Ding, L. (2020). Use of multimodal physiological signals to explore pilots' cognitive behaviour during flight strike task performance. *Medicine in Novel Technology and Devices, 5*, 100030.

Wang, X., Gong, G., Li, N., Ding, L., & Ma, Y. (2020). Decoding pilot behavior consciousness of EEG, ECG, eye movements via an SVM machine learning model. *International Journal of Modeling, Simulation, and Scientific Computing, 11*(4), 2050028.

Warm, J. S., Matthews, G., & Parasuraman, R. (2007). Cerebral hemodynamics and vigilance performance. *Military Psychology, 21*(Suppl.1), S75–S100.

Wason, P. C. (1960). On the failure to eliminate hypotheses in a conceptual task. *Quarterly Journal of Experimental Psychology, 12*(3), 129–140.

Wason, P. C. (1968). Reasoning about a rule. *Quarterly Journal of Experimental Psychology, 20*(3), 273–281.

Weaver, D. (1971). Symptoms of operational error. *Professional Safety, 104*(2), 39–42.

Weiss, H. M., & Adler, S. (1981). Cognitive complexity and the structure of implicit leadership theories. *Journal of Applied Psychology, 66*(1), 69–78.

Wetmore, M., & Lu, C. (2006). The effects of hazardous attitudes on crew resource management skills. *International Journal of Applied Aviation Studies, 6*(1), 165–182.

White, A., & O'Hare, D. (2022). In plane sight: Inattentional blindness affects visual detection of external targets in simulated flight. *Applied Ergonomics, 98*, 103578.

Wickens, C. (1980). The structure of attentional resources. In R. S. Nickerson (Eds.), *Attention and Performance VIII* (pp. 239–257). Psychology Press.

Wickens, C. (2021). Attention: Theory, principles, models and applications. *International Journal of Human-Computer Interaction, 37*(5), 403–417.

Wickens, C. D. (2002). Multiple resources and performance prediction. *Theoretical Issues in Ergonomics Science, 3*(2), 159–177.

Wickens, C. D., & Carswell, C. M. (2021). Information processing. In G. Salvendy, & W. Karwowski (Eds.), *Handbook of human factors and ergonomics* (pp. 114–158). John Wiley & Sons.

Wickens, C. D., Goh, J., Helleberg, J., Horrey, W. J., & Talleur, D. A. (2003). Attentional models of multitask pilot performance using advanced display technology. *Human Factors, 45*(3), 360–380.

Wickens, C. D., McCarley, J. S., Alexander, A. L., Thomas, L. C., Ambinder, M., & Zheng, S. (2007). Attention-situation awareness (A-sa) model of pilot error. *Human Performance Modeling in Aviation*, 213–239.

Wickens, C. D., & Flach, J. M. (1988). Information processing. In E. L. Wiener, & D. C. Nagel (Eds.), *Human factors in aviation* (pp. 111–155). Academic Press.

Wiener, E. L., & Nagel, D. C. (1988). *Human factors in aviation*. San Diego, CA: Academic Press.

Wiener, J. (1994). Looking Out and Looking In. *Journal of Analytical Psycholo-*

gy, *39*(3), 331–350.

Wiener, J. M., Carroll, D., Moeller, S., Bibi, I., Ivanova, D., Allen, P., & Wolbers, T. (2020). A novel virtual-reality-based route-learning test suite: Assessing the effects of cognitive aging on navigation. *Behavior Research Methods, 52*(2), 630–640.

Wiggins, M. W., Yuris, N., & Molesworth, B. R. C. (2022). Recent experience and performance during a critical in-flight event. *Applied Cognitive Psychology, 36*(6), 1292–1299.

Woods, D. D., & Sarter, N. B. (2000). Learning from automation surprises and "going sour" accidents. In N. B. Sarter, & R. Amalberti (Eds.), *Cognitive engineering in the aviation domain* (pp. 327–353). Lawrence Erlbaum Associates Publishers.

Wrzesniewski, A., McCauley, C., Rozin, P., Schwartz, B. (1997). Jobs, careers, and callings: People's relations to their work. *Journal of Research in Personality, 31*(1), 21–33.

Wulfeck, J. W., Weisz, Á., & Raben, M. W. (1958). *Vision in military aviation* (WADC technical report Nos. 58–399). Wright Air Development Center.

Xenos, M., Mallas, A., & Minas, D. (2024). Using eye-tracking for adaptive human-machine interfaces for pilots: A literature review and sample cases. *Journal of Physics: Conference Series, 2716*, 012072.

Xie, X., Li, T., Xu, S., Yu, Y., Ma, Y., Liu, Z., & Ji, M. (2024). The effects of auditory working memory task on situation awareness in complex dynamic environments: An eye-movement study. *Human Factors, 66*(7), 1844–1859.

Xu, Q., Wu, Y., Wang, M., Liu, B., Jiang, J., You, X., & Ji, M. (2022). The relationship between sense of calling and safety behavior among airline pilots: The role of harmonious safety passion and safety climate. *Safety Science, 150*(6), 105718.

Yacoub, N., Lakusta, L., & Yang, Y. (2024). Sex differences in direction giving:

Are boys better than girls? *Journal of Experimental Child Psychology, 244*, 105958.

Yang, T., Guo, Y., Wang, X., Wu, S., Wang, X., Wang, H., & Liu, X. (2024). The influence of representational gravity on spatial orientation: An eye movement study. *Current Psychology, 43*(16), 14485–14493.

You, X., Ji, M., & Han, H. (2013). The effects of risk perception and flight experience on airline pilots' locus of control with regard to safety operation behaviors. *Accident Analysis and Prevention, 57*, 131–139.

Zhang, M., Wang, L., Zou, Y., Peng, J., Cai, Y., & Li, S. (2022). Preliminary research on evaluation index of professional adaptability for airline transport pilot. In D. Harris, & W. C. Li (Eds.), *International Conference on Human-Computer Interaction* (pp. 473–487). Springer.

Zhang, M., Wang, M., Feng, H., Liu, X., Zhai, L., Xu, X., & Jin, Z. (2023). Pilots' spatial visualization ability assessment based on virtual reality. *Aerospace Medicine and Human Performance, 94*(6), 422–428.

Zhang, Z., Zhang, Y., & Jia, M. (2021). Does a sense of calling facilitate sustainability? Research on the influence of calling on employee green behavior. *Business Strategy and the Environment, 30*(7), 3145–3159.

Zhao, J., Lu, P., Du, C., & Cao, F. (2024). Active fault-tolerant strategy for flight vehicles: Transfer learning-based fault diagnosis and fixed-time fault-tolerant control. *IEEE Transactions on Aerospace and Electronic Systems, 60*(1), 1047–1059.

Zhu, R., Luo, Y., Wang, Z., & You, X. (2020). Modality effects in verbal working memory updating: Transcranial direct current stimulation over human inferior frontal gyrus and posterior parietal cortex. *Brain and Cognition, 145*, 105630.

Zhu, R., Luo, Y., Wang, Z., & You, X. (2021). Within-session repeated transcranial direct current stimulation of the posterior parietal cortex enhances spatial working memory. *Cognitive Neuroscience, 13*(9), 1–12.

Zhu, R., Ma, X., & You, X. (2023). The effect of working memory load on inattentional deafness during aeronautical decision-making. *Applied Ergonomics, 113*(7), 104099.

Zhu, R., Wang, Z., & You, X. (2021). Anodal transcranial direct current stimulation over the posterior parietal cortex enhances three-dimensional mental rotation ability. *Neuroscience Research, 170*, 208–216.

Zhu, R., & You, X. (2022). The cognitive factors of auditory alarms deafness. *Journal of Psychological Science, 45*(5), 1045–1052.

Zlepko, S. M., Koval, L. G., Shtofel, D. Kh., Homolinskyi, V. O., & Palamarchuk, M. I. (2020). Peculiarities of psycho-physiological selection of operators for unmanned aviation systems. *2020 IEEE 15th International Conference on Advanced Trends in Radioelectronics, Telecommunications and Computer Engineering (TCSET)*, 628–631.

鲍旭辉, 何立国, 石梅, 游旭群. (2012). 客体－空间表象和言语认知风格模型及其测量. *心理科学进展, 20*(4), 523–531.

常明. (2013). 进场过程中时空线索对黑洞错觉的影响机制：面向舰载机飞行员的选拔与训练研究 (博士学位论文). 陕西师范大学, 西安.

常明. (2019). 海军舰载飞行员黑洞错觉：理论、实验及应用——从深度态势感知到混合人工智能. 西安：西北工业大学出版社.

陈鹰, 杨灿军. (2006). 人机智能系统理论与方法. 杭州：浙江大学出版社.

程妮, 吴海桥, 仇志凡. (2019). 飞行员与机载计算机交互建模及其问题研究. *航空计算技术, 49*(4), 105–108.

崔旭阳. (2021). 注意分配方式与负荷对多任务管理的影响：飞行经验的调节效应 (硕士学位论文). 陕西师范大学, 西安.

戴琨. (2010). 基于选拔的中国航线飞行员人格结构研究 (博士学位论文). 陕西师范大学, 西安.

戴琨, 晏碧华, 杨仕云, 游旭群. (2010). 飞行员动态空间表征建构的策略研究. *心理科学*, *33*(1), 87–91.

第 9 期民航中青年安全业务骨干培训班安全文化课题组. (2023). 新时代中国民航安全文化建设研究. *民航管理*, (2), 34–38.

董超武. (2022). *空间化多感觉整合促进地–空协作处置飞行险情* (硕士学位论文). 陕西师范大学, 西安.

冯传宴, 完颜笑如, 刘双, 陈浩, 庄达民, 王鑫. (2020). 负荷条件下注意力分配策略对情境意识的影响. *航空学报*, *41*(3), 129–138.

傅双喜. (2000). 飞行员心理选拔测评系统研究. *中国信息导报*, (1), 23–26.

傅亚强, 许百华. (2012). 工作记忆在监控作业情境意识保持中的作用. *心理科学*, *35*(5), 1077–1082.

高成志, 王丽君. (2020). 民用飞机头戴式显示器设计研究. *科技创新与应用*, (12), 90–92.

高娟, 游旭群. (2007). 安全氛围及其对影响机制研究. *宁夏大学学报 (人文社会科学版)*, *29*(3), 48–53.

高扬, 陈炜, 孙瑞山. (2010). 我国民航飞行员个性特征及影响因素研究. *中国安全生产科学技术*, *6*(6), 30–34.

高雨晨曦. (2023). *自动化背景下不同感觉通道心智游移对飞行安全的影响及对策研究* (硕士学位论文). 陕西师范大学, 西安.

葛新鹏. (2023). *SD 航空公司安全文化建设研究* (硕士学位论文). 西南大学, 重庆.

郭森. (2021). *飞行场景中头–躯失谐对空间参照框架选取的影响* (硕士学位论文). 陕西师范大学, 西安.

郭亚宁. (2010). *注意定势和刺激特征对非预期物体觉察的影响* (硕士学位论文). 陕西师范大学, 西安.

郭亚宁. (2018). *模拟空中交通冲突探测: 不同线索条件下的失误作用机制* (博士学位论文). 陕西师范大学, 西安.

韩杨. (2013). *民航飞行员基本认知能力测验及其平行测验的编制* (硕士学位论文). 第四军医大学, 西安.

何立国. (2016). *虚拟巡航时空间表征参照系的协变选择* (博士学位论文). 陕西师范大学, 西安.

何立国, 黄杰, 李苑, 鞠成婷, 陈玉明, 郭田友, 游旭群. (2017). 情绪对表象扫描眼动的影响. *心理科学*, *40*(4), 808–814.

贺雅. (2024). *基于多重参照系冲突的空间认知能力训练* (硕士学位论文). 广州大学, 广州.

侯艺婷. (2023). *人机交互中信任态度的影响模式及动态变化模式* (硕士学位论文). 陕西师范大学, 西安.

皇甫恩, 苗丹民. (主编). (2000). *航空航天心理学*. 西安: 陕西科学技术出版社.

黄磊. (2023). *黑洞错觉环境对夜间进场飞行安全的影响——基于不同飞行阶段的新视角* (硕士学位论文). 陕西师范大学, 西安.

霍志勤. (2005). 民用航空安全文化建设刍论. *中国民航学院学报*, *23*(1), 41–45.

霍志勤, 吕人力, 史亚杰. (2007). 民航运行中的威胁与差错管理. *中国安全科学学报*, *17*(12), 60–65.

姬鸣. (2012). *任务优先及中断——基于"专家"飞行员的CTM失误研究* (博士学位论文). 陕西师范大学, 西安.

姬鸣. (2015). *飞行员人因失误的心理机制研究*. 北京: 科学出版社.

姬鸣, 刘真, 杨仕云, 鲍旭辉, 游旭群. (2012). 航线飞行员危险态度测量及对驾驶安全行为的影响. *心理科学*, *35*(1), 202–207.

姬鸣, 解旭东, 邱燕. (2021). 飞行座舱人因设计中的眼动追踪技术应用. *包装工程*, *42*(18), 84–93+10.

姬鸣, 杨仕云, 赵小军, 鲍旭辉, 游旭群. (2011). 风险容忍对飞行员驾驶安全行为的影响: 风险知觉和危险态度的作用. *心理学报*, *43*(11), 1308–1319.

简尽涵, 姬鸣. (2022). 空间视角转换情境测验的有效性: 基于行为和fNIRS的证据. *第二十四届全国心理学学术会议摘要集* (pp. 2058–2059). 陕西师范大学心理学院陕西省行为与认知科学重点实验室.

姜薇, 潘静, 丰廷宗. (2014). 民航飞行学员认知能力倾向测试系统的研制及信效度检验. *解放军预防医学杂志*, *32*(2), 122–124.

蒋家丽, 戚玥, 雷秀雅, 卢骊霏, 于晓. (2024). 符号与非符号空间－数字反应编码联合效应的发展: 言语能力、视空间能力和工作记忆的作用. *心理学报*, *56*(6), 714–730.

靳芳. (2017). *飞行空间导航绩效影响因素探究及时间压缩效应* (硕士学位论文). 陕西师范大学, 西安.

鞠成婷, 游旭群. (2013). 空间能力测验及其研究应用. *心理科学*, *36*(2), 463–468.

孔研. (2022). *民航与通航空间定向障碍风险指标模型研究* (硕士学位论文). 陕西师范大学, 西安.

兰天珺. (2023). *不同寻路策略作用下空间导航行为的差异及语音干扰对策略加工的影响* (硕士学位论文). 陕西师范大学, 西安.

郎晓光, 刘红巾, 齐建林. (2016). 飞行人员精神障碍类疾病住院及停飞疾病谱分析. *空军医学杂志*, *32*(4), 220–223.

李宏伟. (2021). *飞行学员情境意识保持的提取结构效应* (硕士学位论文). 陕西师范大学, 西安.

李佳员. (2024). *基于自然语言处理的飞行学员工作负荷管理能力评估研究* (硕士学位论文). 中国民用航空飞行学院, 德阳.

李鹏程, 戴立操, 张力, 陈国华, 赵明. (2010). 组织定向的人因失误因果模型及影响关系研究. *中国安全科学学报*, *20*(4), 75–82.

李书全, 钱利军. (2009). 航空安全文化运行模式研究. *中国安全科学学报*, *19*(9), 64–70+179.

李宜倩, 姬鸣, 宋晓蕾. (2024). 不同显示混杂度下浸入感对导航绩效的影响——空间参照框架的作用. *心理科学*, *47*(2), 290–299.

李宜倩, 乔子轩, 宋晓蕾. (2023). 产生追踪手势对个体寻路绩效增强的设计研究. *包装工程*, *44*(20), 59–64+115.

李智. (2013). 从一起航空运输严重事故征候看航空领域的威胁与差错管理. 中国民航飞行学院学报, 24(5), 24–27.

历莹. (2022). 心理旋转对空间定向的影响: 空间更新的加工机制 (博士学位论文). 陕西师范大学, 西安.

梁三才, 游旭群. (2011). 视觉表象扫描加工中的认知控制. 心理科学, 34(2), 293–296.

刘博. (2023). 无人机视角下视觉搜索绩效的影响因素研究——以模拟城市场景为例 (博士学位论文). 陕西师范大学, 西安.

刘丹. (2015). 时间压力、工作负荷对情境意识及任务决策绩效的影响研究 (硕士学位论文). 陕西师范大学, 西安.

刘宁, 游旭群, 皇甫恩, 商维宁, 苗丹民, 霍权. (1994). 飞行学员空间认知特征与飞行能力的关系. 中华航空医学杂志, 5(1), 21–24.

刘清贵. (2012). 伊春"8·24"飞行事故的启示. 中国民用航空, (8), 42–45.

刘勇强, 贾保国, 田辉, 崔海华, 李鹏程, 曲峻学. (2024). 基于多特征融合的增强现实跟踪定位方法研究. 航空科学技术, 35(9), 80–91.

刘煜. (2022). 注意负荷和时间结构在预测运动估计中的作用研究 (硕士学位论文). 陕西师范大学, 西安.

刘真, 晏碧华, 李瑛, 杨仕云, 游旭群. (2016). 静止与动态定位任务中飞行员视觉空间模板的表征计算. 心理科学, 39(4), 814–819.

卢天娇, 汤梦晗, 江涛, 周晨琛, 游旭群. (2020). 飞行员情景意识的影响因素剖析: 基于 Endsley 的三级理论. 应用心理学, 26(3), 195–207.

罗亚光. (2010). 初始飞行员能力倾向性选拔系统的构建研究 (硕士学位论文). 电子科技大学, 成都.

马立群, 孙晓哲, 杨士斌, 杨建忠. (2022). 民用飞机飞控系统传感器故障诊断研究综述. 电光与控制, 29(1), 56–60.

马勇, 马建峰, 孙聪, 张双, 崔西宁, 李亚晖. (2016). 飞行控制系统组件化故障模式与影响分析方法. 西安电子科技大学学报 (自然科学版), 43(2), 174–179.

彭聃龄.(主编).(2019).*普通心理学(第5版)*.北京:北京师范大学出版社.

千雨乐.(2024).B738飞行模拟机操纵负荷系统典型故障自动化分析与排除.*自动化与仪表*,*39*(2),35–39+91.

钱国英,游旭群.(2008).图形旋转的记忆效应.*心理科学*,*31*(2),285–288.

秦奎元.(2023).*时间结构线索对预测运动任务的影响及其神经机制*(博士学位论文).陕西师范大学,西安.

秦奎元,李瑛,陈文翔,李苑,游旭群.(2022).时间结构和速度线索对碰撞时间估计的影响.*心理科学*,*45*(4),803–810.

邱化珂.(2024).*自适应注意控制训练对情境意识和飞行绩效的影响研究*(硕士学位论文).中国人民解放军空军军医大学,西安.

邱燕.(2023).*模拟飞行任务中,自动化信任倾向对自动化信任与依赖的影响*(硕士学位论文).陕西师范大学,西安.

宋晓蕾,葛贤亮,张凯歌,王丹,葛列众.(2021).不同环境中空间定向能力的研究与应用.*航天医学与医学工程*,*34*(4),328–338.

宋晓蕾,游旭群.(2011).视觉表象产生加工的可塑性水平研究.*心理科学*,*34*(1),7–14.

苏丹.(2006).*东方航空公司安全文化建设的研究*(硕士学位论文).西北大学,西安.

孙瑞山,赵宁,李敬强.(2015).民航飞行员人格特质与行为安全的理论分析.*人类工效学*,*21*(3),50–54+82.

孙雪松.(2016).多元促进飞行安全文化模型及实践研究.*民航管理*,(5),26–29.

汤梦晗.(2019).*不同自动化程度对人机信任的影响:人格特征的调节作用*(硕士学位论文).陕西师范大学,西安.

唐强,雷志荣,史龙.(2020).基于L1趋势滤波的飞控传感器降噪方法.*导航定位与授时*,*7*(1),55–59.

王昊,沈俊,王伟,宗玉国,戴永红,戴金平,雷勇.(2001).飞行人员场依存性-独立性认知方式分析.*海军医学杂志*,*22*(2),110–112.

王竞慧. (2020). 显示界面设计和参考格式对异常飞行姿态恢复的影响 (硕士学位论文). 陕西师范大学, 西安.

王新野. (2022). 自动化的悖论——自动化诱发的飞行人因失误研究 (博士学位论文). 陕西师范大学, 西安.

王新野, 李姝, 蔡文皓, 罗扬眉, 游旭群. (2021). 飞行中惊吓和惊奇的管理——拓展的 Landman 模型. 心理科学, 44(6), 1432–1439.

王新野, 李苑, 常明, 游旭群. (2017). 自动化信任和依赖对航空安全的危害及其改进. 心理科学进展, 25(9), 1614–1622.

王燕青, 林育任, 马宇飞. (2022). 任务沟通与团队情境意识对机场应急救援绩效的影响机制分析. 安全与环境学报, 22(6), 3303–3311.

王永刚, 李苗. (2015). 飞行员的空间能力与其安全绩效的关系研究. 中国安全科学学报, 25(8), 141–145.

王永刚, 马文婷. (2023). 飞行员驾驶技能、飞行作风及自我效能感对安全绩效的影响. 中国安全生产科学技术, 19(11), 180–187.

王梓宇, 游旭群. (2017). 航空决策模型及其影响因素分析. 心理科学进展, 25(11), 2002–2010.

吴朝辉, 俞一鹏, 潘纲, 王跃明. (2014). 脑机融合系统综述. 生命科学, 26(6), 645–649.

吴浩捷. (2013). 建设项目安全文化和行为安全的理论与实证研究 (博士学位论文). 清华大学, 北京.

吴文海, 高阳, 汪节. (2018). 飞行控制系统的发展历程、现状与趋势. 飞行力学, 36(4), 1–5+10.

吴修良, 徐富明, 王伟, 马向阳, 匡海敏. (2012). 判断与决策中的证实性偏差. 心理科学进展, 20(7), 1080–1088.

夏振康. (2016). 单双任务下导航信息最优空间提示方式探索 (硕士学位论文). 陕西师范大学, 西安.

解旭东. (2022). 听觉干扰条件下工作记忆对情境意识的影响机制 (硕士学位论文). 陕西师范大学, 西安.

徐泉. (2019). 飞行员空间位置判断中的证实性偏差效应及其影响因素 (硕士学位论文). 陕西师范大学, 西安.

徐帅. (2020). *防御性悲观对飞行员安全绩效的影响——飞行管理态度和安全文化的作用* (硕士学位论文). 陕西师范大学, 西安.

许为, 高在峰, 葛列众. (2024). 智能时代人因科学研究的新范式取向及重点. *心理学报*, *56*(3), 363–382.

闫芮. (2021). 不同自动化程度操作中人机信任的影响因素研究 (硕士学位论文). 陕西师范大学, 西安.

晏碧华, 陈云云, 张雅静, 王梦馨. (2019). 运动空间定向判断中的方向偏差及飞行惯性. *心理科学*, *42*(3), 556–562.

晏碧华, 姬鸣, 赵小军, 屠金路, 游旭群. (2015). 根植于航空安全文化的内隐安全态度的预测效应. *心理学报*, *47*(1), 119–128.

晏碧华, 游旭群. (2015). 相对到达时间任务中飞行员对客体特征与运动特征的分离. *心理学报*, *47*(2), 212–213.

晏碧华, 游旭群, 屠金路. (2008). 视觉空间关系判断的分离与协同. *心理科学*, *31*(1), 113–116+120.

晏碧华, 游旭群, 杨仕云. (2011). 飞行员在空间定向动态任务中的加工优势. *人类工效学*, *17*(4), 5–8.

杨家忠, 张侃. (2004). 情境意识的理论模型、测量及其应用. *心理科学进展*, *12*(6), 842–850.

杨仕云, 晏碧华, 游旭群. (2009). 民航飞行员、飞行学员动态空间能力加工水平检测. *心理科学*, *32*(1), 71–73+70.

杨天奇, 毋琳, 崔怡, 郭亚宁, 王一飞, 徐宁, … 刘旭峰. (2023). 空间视觉化中信息加工的相互干扰作用. *空军军医大学学报*, *44*(10), 987–990.

杨业兵, 李鸣皋, 韩磊, 张佳丽. (2016). 飞行相关岗位心理选拔对我军舰载机飞行员心理选拔的启示. *空军医学杂志*, *32*(5), 306–309.

杨志刚, 张炯, 李博, 曾锐, 毛研勋. (2021). 民用飞机智能飞行技术综述. *航空学报*, *42*(4), 265–274.

杨子俊男, 张嘉昕. (2023). 新时代民航安全文化建设路径初探. *长沙航空职业技术学院学报, 23*(2), 81–85+91.

尹琛彬. (2023). 海军招飞心理选拔飞行能力预测效度检验分析. *空军航空医学, 40*(2), 142–145.

游旭群. (2004). 视觉特征提取加工中的认知可塑性. *心理科学, 27*(1), 46–50.

游旭群. (主编). (2017). *航空心理学：理论、实践与应用*. 杭州: 浙江教育出版社.

游旭群, 顾祥华, 李瑛, 杨仕云, 赵晓妮, 晏碧华. (2007). 现代航线飞行员选拔进展——基于机组资源管理技能测验的飞行员选拔研究. *中华航空航天医学杂志, 18*(1), 67–71.

游旭群, 姬鸣. (2008). 航线飞行能力倾向选拔测验的编制. *心理研究, 1*(1), 43–50.

游旭群, 姬鸣, 戴鲲, 杨仕云, 常明. (2009). 航线驾驶安全行为多维评价量表的构建. *心理学报, 41*(12), 1237–1251.

游旭群, 姬鸣, 顾祥华, 杨仕云. (2008). 航空安全文化评估新进展. *心理与行为研究, 6*(2), 130–136.

游旭群, 姬鸣, 杨仕云. (2014). 民航飞行员心理选拔现状分析. *中华航空航天医学杂志, 25*(4), 308–312.

游旭群, 李晶. (2010). 基于参数表征的数量空间关系加工. *心理学报, 42*(12), 1097–1108.

游旭群, 李倩钦, 张桢埩, 黄浦江, 刘志远. (2021). N-back 任务训练迁移效果及其影响因素: 来自元分析的证据. *心理与行为研究, 19*(6), 794–801.

游旭群, 刘宁, 任建军, 皇甫恩, 王荣根, 张建云, 叶万钧. (1994). 飞行错觉水平评定方法的初步研究. *心理科学*, (3), 133–136+154+192.

游旭群, 苗丹民. (1991). 空间认知技能在选拔军事飞行员中的重要作用. *心理科学*, (4), 37–40+28+66.

游旭群, 晏碧华. (2004). 视觉空间能力的认知加工特性. *陕西师范大学学报*

(哲学社会科学版), 33(2), 102–107.

游旭群, 杨治良. (2002a). 视觉空间关系识别中的认知加工特性. 心理学报, 34(4), 344–350.

游旭群, 杨治良. (2002b). 视觉表象扫描加工可塑性水平的研究. 心理科学, 25(1), 18–21+125.

游旭群, 叶万均, 张建云, 王荣根, 宗玉国, 于立身. (1998). 飞行员表象运动推断加工特点的试验研究. 中华航空航天医学杂志, 9(3), 10–13.

游旭群, 于立身. (2000). 认知特征、场独立性与飞行空间定向关系的研究. 心理学报, 32(2), 158–163.

游旭群, 张媛, 刘登攀. (2008). 仿真场景下类别空间关系判断中的注意分配. 心理学报, 40(7), 759–765.

游旭群, 赵小军. (2015). 基于增强现实和ERPs架构的SNARC效应展望. 心理科学, 38(2), 258–262.

于广涛, 王二平, 李永娟. (2003). 安全文化在复杂社会技术系统安全控制中的作用. 中国安全科学学报, 13(10), 8–11+85.

曾波, 刘思峰, 方志耕, 谢乃明. (2009). 灰色组合预测模型及其应用. 中国管理科学, 17(5), 150–155.

张梦迪. (2023). 基于虚拟现实技术的飞行人员空间认知能力评价研究 (硕士学位论文). 安徽医科大学, 合肥.

张汝麟. (2003). 飞行控制与飞机发展. 北京航空航天大学学报, 29(12), 1077–1083.

张引, 李月, 梁腾飞, 陈江涛, 刘强. (2024). 自动激活的长时联结表征对工作记忆的促进效应. 心理学报, 56(10), 1328–1339.

张媛, 钟瑶, 杨柳娜, 刘登攀. (2017). 三维情境中类别空间关系加工的影响因素研究——观察角度、刺激位置及背景属性. 心理与行为研究, 15(6), 734–742.

赵冰洁, 张琪涵, 陈怡馨, 章鹏, 白学军. (2022). 智力运动专家领域内知觉与记忆的加工特点及其机制. 心理科学进展, 30(9), 1993–2003.

赵博伦. (2021). 夯实关键岗位作风建设 如履如临确保民航安全. 中国航班, (9), 121–123.

赵盼盼. (2018). 空间焦虑和参考系对飞行空间导航绩效的影响 (硕士学位论文). 陕西师范大学, 西安.

赵小军, 游旭群, 张伟. (2014). 心理学研究中的增强现实技术. 人类工效学, 20(2), 86–90.

赵晓妮. (2008). 航空安全文化对机组安全飞行行为的影响研究 (博士学位论文). 陕西师范大学, 西安.

中国民用航空局. (2020). 中国民航运输航空飞行员技能全生命周期管理体系建设实施路线图. 北京: 中国民用航空局.

中华医学会精神分会. (2001). 中国精神障碍分类与诊断标准第三版 (精神障碍分类). 中华精神科杂志, 34(3), 184–188.

周晨琛, 姬鸣, 周圆, 徐泉, 游旭群. (2020). 不同注意状态下前瞻记忆意图后效的抑制效应. 心理科学, 43(4), 777–784.

周贵荣, 徐见源, 马少博, 宗军耀, 沈金清, 朱海杰. (2024). 大型客机航电系统综合集成关键技术综述. 航空学报, 45(5), 253–295.

周胜利, 沈寿林, 张国宁, 黄湘远, 朱江, 闻传花. (2020). 人机智能融合的陆军智能化作战指挥模型体系. 火力与指挥控制, 45(3), 34–41.

朱荣娟. (2021). 任务负荷和工作记忆对航空听觉警报失聪的影响机制 (博士学位论文). 陕西师范大学, 西安.

朱荣娟, 罗扬眉, 王梓宇, 游旭群. (2020). 工作记忆刷新及其训练效应——经颅直流电刺激的作用. 心理科学, 43(5), 1065–1071.

朱荣娟, 游旭群. (2022). 听觉警报失聪的认知因素. 心理科学, 45(5), 1045–1052.

周胜利, 沈寿林, 张国宁, 黄湘远, 朱江, 闻传花. (2020). 人机智能融合的陆军智能化作战指挥模型体系. 火力与指挥控制, 45(3), 34–41.

朱卓, 李季波, 马承启. (2023). 机载红外夜视技术及其发展趋势. 真空电子技术, (6), 90–95.

邹志康, 晋亮, 厉晓杰, 李浩, 王文辰, 张金龙, ... 史久美. (2019). 空军飞行学员医学选拔边缘问题航空医学鉴定专家共识(2019版). *空军医学杂志, 35*(4), 277–282.